Die Gewinnung von Erdöl

mit besonderer Berücksichtigung der bergmännischen Gewinnung

Von

Gottfried Schneiders

Bergwerksdirektor

Mit 295 Textabbildungen

Springer-Verlag Berlin Heidelberg GmbH

1927

ISBN 978-3-642-90370-0   ISBN 978-3-642-92227-5 (eBook)
DOI 10.1007/ 978-3-642-92227-5

Vorwort.

Die vorliegende Schrift ist das Ergebnis einer langjährigen bergmännischen Praxis, welche mir in leitender Stellung eine Fülle allgemein bergtechnischer Aufgaben zur Lösung zuwies, und die mich während des Weltkrieges an die Spitze der elsässischen Ölbergwerksbetriebe führte. Die auffallenden Erfolge, welche der Erdölbergbau, dieser jüngste Zweig der Bergtechnik, im Elsaß zeitigte, machten es klar, daß auf dem von den Deutschen während des Krieges in der damals herrschenden Erdölnot betretenen Wege noch bisher ungeahnte Erfolge zu erzielen sind, und daß die Erfassung der Erdölschätze auf bergmännischem Wege eine der dankbarsten bergmännischen Probleme ist. Dieser Erkenntnis habe ich in einer Reihe von Veröffentlichungen in der Zeitschrift „Petroleum", sowie in Vorträgen Ausdruck gegeben, und ich habe mich dieser Aufgabe und ihrer praktischen Lösung nach dem Kriege gewidmet.

Zahlreiche Anfragen aus Interessentenkreisen boten mir in Verfolg meiner diesbezüglichen Arbeiten umfangreiches Material. Das Problem stellte sich dabei in so mannigfaltiger Form dar, daß es gar nicht möglich schien, die verschiedenartigsten Verhältnisse nach einem einheitlichen Schema zu behandeln, oder gar den elsässischen Bergwerksbetrieb ohne weiteres anderwärts zu kopieren. Bei meinen mit der Praxis Hand in Hand gehenden Studien sowie bei zahlreichen Reisen durch die Ölfelder drängte sich mir immer mehr die Überzeugung auf, daß das vielgestaltige Problem der Erdölgewinnung durch unterirdischen Grubenbetrieb nur in einer zusammenfassenden Arbeit klar zur Anschauung gebracht werden kann. Insbesondere auch eine bergtechnische Studienreise durch die zwar kleinen, aber vielgestaltigen Ölfelder Japans bestärkten mich in dieser Auffassung.

Als die Verlagsbuchhandlung sich erbot, meine Erfahrungen und Studien auf dem Gebiete der Erdölgewinnung in einer zusammenhängenden Schrift der Öffentlichkeit vorzulegen, habe ich daher dankend und gerne die Gelegenheit wahrgenommen, im Zusammenhang die Technik der Erdölgewinnung, insbesondere die Gewinnung auf bergmännischem Wege zu bearbeiten und das Ergebnis meiner Erfahrung und Studien der Öffentlichkeit zu übergeben.

Bei Bearbeitung des Buches bin ich mir wohl der Schwierigkeiten bewußt gewesen, welche darin liegen, eine erst im Anfangsstadium ihrer Entwicklung stehende vielgestaltige Technik in ihren Grundzügen zu zeichnen. Auch zweifele ich nicht daran, daß die weitere Verfolgung des einmal betretenen Weges der unterirdischen Erdölgewinnung noch eine überraschende Ausbildung ergeben und Verbesserungen und Vervollkommnungen zeitigen wird, die vielleicht zu anderen Betriebsmaßnahmen als hier dargestellt führen. Immerhin glaube ich, daß die vorliegende Schrift einem weiten Bedürfnisse Rechnung trägt und dazu beitragen wird, den Erdölbergbau in schnelleren Fluß zu bringen. Ich bitte daher um Nachsicht, falls diese Grundzüge auf einzelnen Gebieten zu zurückhaltend, an anderer Stelle vielleicht zu abschließend erscheinen sollten.

Das Buch ist für ziemlich weit voneinander arbeitende Fachkreise bestimmt. Es wendet sich zunächst an die Ölinteressenten, die im allgemeinen mit der bergmännischen Praxis weniger vertraut sind und daher kaum ein klares Bild über den Umfang, die Bedeutung und die Schwierigkeiten der unterirdischen Betriebsweise besitzen. Die vorliegende Schrift will ihnen diesen Einblick geben und ihnen zeigen, wie die Gefahren erfolgreich zu bekämpfen sind, und wie aus ihrem Arbeitsfelde noch ungeahnte Schätze zu heben sind.

Es wendet sich aber auch an die in den älteren Zweigen des Bergbaues tätigen Bergtechniker, da der Erdölbergbau nicht wenige bergmännische Fragen aufwirft, die auch für sie von Bedeutung sind. Ich hoffe daher, daß diese Schrift auch allgemeinem Interesse in bergmännischen Kreisen begegnet, und diese aus ihr vielleicht Anregung zu Versuchen und Verbesserungen schöpfen.

Bei der Bearbeitung des umfangreichen Gebietes war eine kurze Darstellung der bisher ausschließlich üblichen Methode der Erdölgewinnung durch Tiefbohrbetrieb nicht zu umgehen, zumal die Bohrlöcher so wertvolle Hilfsdienste bei dem unterirdischen Bergwerksbetriebe zu leisten vermögen. Außerdem sind die dem Sondenbetriebe eigentümlichen Gewinnungsmethoden sinngemäß auf den Streckenbetrieb zu übertragen. Die Tiefbohrungen finden zudem eine Parallele in den unterirdischen Horizontal- und Schrägbohrungen. Ein kurzer Überblick über die Gewinnungstechnik durch Tiefbohrungen schien aus diesem Grunde angebracht.

Berlin-Lichterfelde, im Juli 1927.

Gottfried Schneiders.

Inhaltsverzeichnis.

Dritter Teil.
Die Gewinnung von Erdöl durch unterirdischen Bergwerksbetrieb.

Einleitung.

1. Bedeutung des Erdöls in Wirtschaft und Politik. Im Verlauf der letzten Jahrzehnte hat sich das Erdöl in der Weltwirtschaft eine Stellung von ausschlaggebender Bedeutung errungen, die angesichts der Schnelligkeit seines Siegeslaufes in der Kulturgeschichte nicht ihresgleichen findet. Das Verkehrswesen wurde durch das Erdöl vollständig revolutioniert. Das Eisenbahn- und Schiffahrtswesen geriet immer mehr in Abhängigkeit von ihm; das Fischereigewerbe stellte sich immer mehr auf den Betrieb mit Öl ein, die Landwirtschaft in den die Welt versorgenden großen Getreideproduktionsgebieten bemächtigte sich mehr und mehr des Ölmotors; kurz: zu Lande und zu Wasser sowohl als in der Luft hat das Erdöl seine Herrschaft angetreten. Es ist eine Großmacht ersten Ranges geworden, von welcher auch die politische Geltung der Staaten im Konzert der Völker abhängt. Unterbindet man einem Lande die Erdölproduktion und Erdölzufuhr, so ist es entwaffnet, selbst wenn es Millionenheere in Bewegung setzen kann. Daher richtet sich auch mit Ausgang des Weltkrieges die Politik aller Großmächte auf die Sicherstellung ihrer Erdölversorgung, sei es, daß jedes Land die seiner Flagge unterworfenen Ölgebiete auf das intensivste auszubeuten bestrebt ist, sei es, daß es durch Verträge die Belieferung mit Erdöl sicherstellt. Der amerikanische Marinesachverständige hat die Sachlage richtig dargelegt, wenn er im Jahre 1920 in der „Financiel news" schrieb: Der Nation, welche unbegrenzte Vorräte von Erdöl kontrolliert, gehört die Zukunft für die nächsten 50—60 Jahre.

2. Statistik der Erdölproduktion. Die stetig steigende Bedeutung des Erdöls für die Weltwirtschaft und Weltpolitik wird klar, wenn man seine Produktionsstatistik in dem letzten halben Jahrhundert verfolgt. Während das Erdöl vom Jahre seiner Geburt, das ist im Jahre 1859, bis zum Jahre 1875 im wirtschaftlichen Leben nur für die Beleuchtung Bedeutung hatte und daneben noch als Schmiermittel eine bescheidene Rolle spielte, begann von diesem Zeitpunkte an der schnelle Aufstieg. Im Jahre 1890 erreichte die Weltproduktion 50 Mill. Barrels Öl, das Barrel zu 159 l oder rund $1^1/_2$ hl gerechnet. Im Jahre 1900 betrug die Förderung 150 Mill. Barrels, im Jahre 1910 überschritt sie bereits das Doppelte dieser Zahl, nämlich rund 327 Mill. Barrels.

Im Jahre 1914 war die Ölproduktion   407 646 000 Barrels
„   „   1915 „   „   „   432 226 000   „
„   „   1920 „   „   „   696 217 000   „
„   „   1921 „   „   „   766 023 000   „
„   „   1922 „   „   „   854 809 000   „
„   „   1923 „   „   „   1 018 900 000   „
„   „   1924 „   „   „   1 013 010 000   „
„   „   1925 „   „   „   1 058 679 000   „

Die nachstehende Abb. 1 stellt die Steigerung der Weltproduktion graphisch dar. Sie zeigt, wie sich die Ordinate, d. h. der Weltjahresertrag, im Vergleich zur Produktion des vorigen Jahrhunderts fast bis ins unendliche verliert. Es unterliegt keiner Frage, daß, wenn die Weltwirtschaftskrise im laufenden Jahrzehnt nicht mit der nie dagewesenen Schärfe eingesetzt hätte, die Kurve nach dem Kriege noch weit steiler verlaufen würde, und daß die momentane Stagnierung der Ausbeute nur eine vorübergehende Erscheinung ist. Das Bild der Gesamtkurve dürfte sich auch in Zukunft nach Überwindung der Krise kaum ändern, sondern, wie bisher, innerhalb jeden Jahrzehntes eine Verdoppelung der Ausbeute zeitigen, so daß im Jahre 1930 mit einer Jahresproduktion von 1 500 000 Barrels zu rechnen ist.

Die weitere rapide Steigerung des Konsums ist vor allen Dingen durch das Anschwellen des Automobilverkehrs begründet. Ist doch die Zahl der Automobile vom Jahre 1920—1925 in den Vereinigten Staaten von etwa 9,6 Mill. auf 21,4 Mill. gestiegen, hat sich also in 5 Jahren mehr wie verdoppelt. Die Zahl der Auto-Personen-Kilometer hat in Amerika bereits die Höhe der Eisenbahn-Personen-Kilometer überschritten. In den übrigen Kulturländern ist

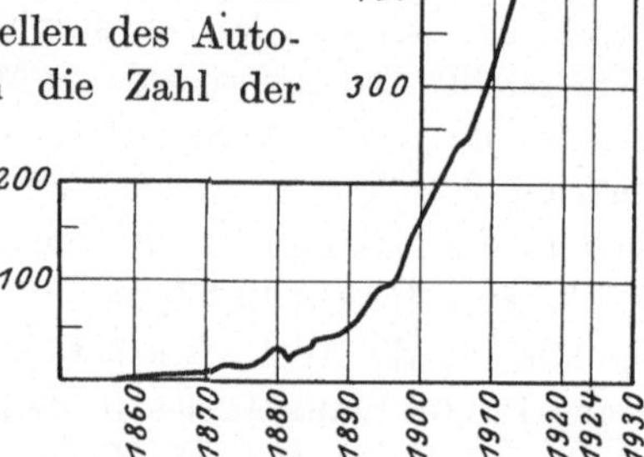

Abb. 1. Graphische Darstellung der Ölweltproduktion.

der Zeitpunkt vorauszusehen, an dem hier das gleiche der Fall sein wird.

Von der Weltproduktion im Jahre 1924 entstammen etwa 718 Mill. Barrels, d. h. etwa 71,5%, aus den Vereinigten Staaten, 145 Mill. Barrels, d. h. 14,2% aus Mexiko und nicht einmal 15% wurden von der gesamten übrigen Erde geliefert.

3. Die Erschöpfung der Ölvorräte der Welt. Angesichts dieser enormen Steigerung des Verbrauches entsteht die Frage, ob die Ölproduktion mit dem Bedarf gleichen Schritt halten kann, wenn die Öllager auch in Zukunft in der bisher üblichen Gewinnungsweise ausgebeutet werden. Diese Frage muß bestimmt verneint werden; denn das Öl ist ein Naturprodukt, welches auf der Erde nur in begrenztem Maße vorhanden ist und sich nicht erneuert. Die Grenze der Vorräte ist also vorgezeichnet. Es machen sich aber auch schon die Zeichen der beginnenden Erschöpfung bemerkbar. Die Zahl der Bohrungen steigt in Amerika von Jahr zu Jahr; aber die Entdeckung neuer Ölfelder nimmt im Verhältnis zur Zahl der Bohrlöcher ständig ab. Auch die Erträgnisse der Einzelbohrlöcher erreichen durchschnittlich nicht mehr die Höhe verflossener Zeiten. Dabei wird die Aussicht, neue Felder zu entdecken, immer geringer, da der Bohrmeißel selbst in die entlegensten Gebiete gedrungen ist, und die nördliche Hälfte der neuen Welt so gründlich nach Erdöl erforscht ist, daß wenigstens hier von Überraschungen im günstigen Sinne kaum mehr die Rede sein kann. Für Nordamerika, das bisherige Hauptproduktionsland, steht die Erschöpfung innerhalb eines Menschenalters mit ziemlicher Sicherheit fest. Sie wurde von den amerikanischen Geologen bei der bisherigen Ausbeute in nur etwa 15—25 Jahren erwartet. Südamerika, Persien, Mesopotamien und Hinterindien sind die Gebiete, die dann die Versorgung der Welt mit Öl noch einige Zeit aufrechterhalten können. Die geol. Survey of the U. S. stellte bereits im Jahre 1915 in einer Erhebung fest, daß in den Vereinigten Staaten mit Sicherheit nur noch 7629 Mill. Barrels Öl gefördert werden können. Zu Beginn des Jahres 1923 erweiterte das genannte Institut seine Schätzungen für die gesamte, Erdöl produzierende Erdoberfläche. Das Resultat zeigt umstehende Tabelle, die der Zeitschrift „Petroleum", Jahrg. 1923, Nr. 35, S. 1260[1]) entnommen ist.

Selbstverständlich können die vorstehenden Zahlen nicht Anspruch darauf machen, mit Zuverlässigkeit die Ölreserven der Welt zu bestimmen; sie tun aber dar, daß in einem Menschenalter die Erdölnot in der ganzen Welt den Aufbau der modernen Weltwirtschaft und ihre Errungenschaften wieder in Frage stellt, falls die Technik nicht neue Wege zur Erschließung von Ölschätzen einschlägt.

4. Die zukünftige Ölversorgung der Welt. Sieht man von der Verflüssigung der Kohle nach dem Berginverfahren, welches wahrscheinlich eine große Zukunft hat, ab, so stehen der Technik zwei Wege offen, um der versiegenden Ölausbeute zu begegnen. Einmal kann sie die ungeheuren Ölmassen, die in den bituminösen Schiefern enthalten sind, in den Dienst der Menschheit stellen; zum anderen Male kann sie die Öllagerstätten, aus welchen sie bisher den Weltbedarf deckte, viel intensiver und gründlicher ausbeuten, als dies bis jetzt der Fall gewesen ist. Beide Wege stehen noch im Anfang ihrer Entwicklung.

---

[1]) Schneiders: Gefahrenbekämpfung im Erdölbergbau. Petroleum, 1924, v. 10. März.

Mutmaßliche Ölvorräte der Erde.

	Millionen Faß	In Prozenten der		Gewinnung 1922.	Unter Zugrundelegung d. Jahresgewinnung 1922 sind die Ölvorräte erschöpft nach Jahren
		Gesamtmenge	Vorräte der U.S.	je 1000 Faß	
Insgesamt	43 055	100,00	—	851 540	50,6
Davon:					
Vereinigte Staaten .	7 000	16,26	100,00	551 197	12,7
Kanada	955	2,31	14,21	179	5558,7
Mexiko	4 525	10,51	64,64	195 057	24,5
Nördl. Südamerika einschl. Peru . . .	5 730	13,31	81,86	10 435	549,1
Südl. Südamerika einschl. Bolivien .	3 550	8,25	50,71	2 674	1327,6
Algerien u. Ägypten .	925	2,15	13,21	1 197	772,8
Persien und Mesopotamien . . .	5 820	13,52	83,14	21 154	275,1
Südöstl. Rußland, südwestl. Sibirien u. u. Kaukasus . . .	5 830	13,54	83,29	} 35 091	192,5
Nordrußland und Sachalin	925	2,15	13,21		
Rumänien, Galizien u. Westeuropa . .	1 135	2,64	16,21	15 652	72,5
Japan u. Formosa .	1 235	2,87	17,64	2 004	616,3
China	1 375	3,19	19,64	} 10 895	217,5
Indien	R995	2,31	14,21		
Ostindien	3 015	7,00	43,07	16 000	188,4

Die Gewinnung von Öl aus bituminösen Schiefern, den sog. Ölschiefern, zeigt eine schier unbegrenzte Möglichkeit, die Welt mit Öl zu versorgen, da die Schiefer in ungeheuren Ausdehnungen vorhanden sind. Das Öl ist in ihnen nicht im hydrierten, sondern im festen Aggregatzustand fein verteilt enthalten. Aus diesem Zustande ist es durch Schwelen oder durch Extrahieren mittels leichtflüssiger Kohlenwasserstoffe zu gewinnen. Bei dem heutigen Stande der Technik kann als roher Anhaltspunkt für die Ausbeutbarkeit der Ölschiefer gelten, daß der Bitumengehalt mindestens 7—8 Gewichtsprozente sein muß, um die Verschwelung zu lohnen. Dazu erwartet man eine gewisse Ausbeute an Ammoniumsulfat. Die schottischen Ölschiefer enthalten etwa 10 Gewichtsprozente Öl und liefern pro Tonne etwa $^3/_4$—1 hl Öl ; die Greenriver- und Texasschiefer weisen einen Gehalt an Öl von 1—1$^1/_2$ hl, die Albertaschiefer in Kanada 1—2 hl, die Elkoschiefer in Nevada 2 hl, die Norfolkschiefer in England 1—3 hl, die Varschiefer in Frankreich sowie die estländischen Schiefer 2—3 hl und die Neusüdwalesschiefer 3 hl pro Tonne auf. Die brasilianischen Ölschiefer geben eine Maximalausbeute bis zu 4 hl; die Schiefer in den östlichen Vereinigten Staaten, die Ohioschiefer, hingegen, welche für die Öllieferung auch in Frage kommen könnten, zeigen einen Ölgehalt von durchschnittlich nur 50—75 l pro Tonne. Die mandschurischen Ölschiefer, die für Japan ein besonderes Interesse haben, zeigen einen Maximalölgehalt von 8% und liefern durchschnittlich nach Versuchen etwa 50 l pro Tonne.

Wenn auch aus diesen Daten ersichtlich ist, daß der Ölgehalt der Ölschiefer im allgemeinen ein hoher ist und dadurch Anreiz zu ihrer Ausbeute gegeben ist, so ist das Problem der Gewinnung von Öl aus Ölschiefern doch nicht einfach. Vor allen Dingen erfordert eine Ölschieferschwelanlage einen großen Kapitalaufwand. Man kann nach Gavin rechnen, daß eine Schieferschwelretorte, die täglich 400 l Öl aus 4 t Schiefer erzeugt, 5000 Dollar oder pro Barrel 2000 Dollar kostet. Die ganze Anlage ist mit 3000 Dollar pro Barrel täglicher Ölproduktion in Rechnung zu setzen. Eine Schwelanlage, in welcher täglich 1000 t Ölschiefer mit einer Ölausbeute von 1 Barrel pro Tonne verarbeitet werden, beanspruchte nach gleicher Quelle im Jahre 1924 ein Anlagekapital von rund 2500000 Dollar, wozu die Anlagekosten für den Schiefergewinnungsbetrieb kommen.

Dennoch wäre das hohe Anlagekapital zu ertragen, wenn nicht auch die Betriebskosten relativ hoch wären. Zunächst muß man damit rechnen, daß die Retorten, die den Hauptteil des Anlagekapitals ausmachen, innerhalb eines Zeitraumes von 15 Jahren erneuert werden müssen. Die Amortisationsquote ist demnach hoch. Die Gewinnungskosten der Tonne Schiefergestein sind nach deutschen Verhältnissen mit etwa 5 M. in Rechnung zu stellen; gleich hoch sind die Kosten der Schwelerei, Raffination und Ammoniumsulfatfabrikation, so daß die Tonne Ölschiefer zu gewinnen und auszubeuten etwa 10 M. kosten würde. Die schottischen Schiefergruben verteilen ihre Selbstproduktionskosten nach folgendem Schlüssel ihrer Gesamtkosten:

Unkosten im Bergbau	52,77%
Schwelen	18,56%
Raffinieren	15,10%
Ammoniumsulfatgewinnung	13,57%
	100,00%

Nimmt man die Selbstkosten pro 100 kg Schwelöl, exklusive Raffination und Ammoniumsulfatgewinnung sowie exklusive Amortisation der Schwelanlage, mit 10 M. an, so bleibt kaum ein Gewinn übrig. Dieser wird vornehmlich durch die Raffination und Ammoniumsulfatfabrikation erzielt. Tatsächlich sieht man denn auch, daß die Ölschieferindustrie im allgemeinen nur unter Unterstützung des Staates, insbesondere in Frankreich und in Schottland, eine nicht gerade goldene Existenz fristet.

Auch in den Vereinigten Staaten macht die Schieferölerzeugung nur langsame Fortschritte. Nur in Estland nimmt die Verarbeitung der Öl-

schiefer einen bemerkenswerten schnellen Aufschwung und weist auch
finanziell befriedigende Resultate auf, während in Australien große
Kapitalien in der Ölschieferindustrie angelegt worden sind, die bisher
ein durchaus negatives Ergebnis zeitigten.

Es mag sein, daß die reicheren Ölschiefer in anderen Ländern bedeutend günstigere Voraussetzungen für eine lukrative Ölindustrie
bergen. Im großen und ganzen ist aber das Problem der Verarbeitung
der Ölschiefer heute noch nicht so weit gelöst, daß sie mit Sicherheit
die Versorgung der Welt mit Öl übernehmen könnten.

Der andere Weg, der die intensivere Ausbeute der bisher erschlossenen Öllager durch bergmännische unterirdische Gewinnung
verfolgt, scheint demgegenüber einfacher. Der Darlegung dieser Betriebsweise sind vornehmlich die folgenden Blätter gewidmet.

Erster Teil

Geologie und Erschließung der Öllagerstätten.
I. Geologie des Erdöls.

5. Definition und Eigenschaften des Erdöls. Das Erdöl ist eine brennbare Flüssigkeit organischen Ursprungs, die im Innern der Erde gewisse Gesteine getränkt und die in ihnen befindlichen Hohlräume ausgefüllt hat. Seine Färbung ist tiefschwarz, dunkelbraun, rotbraun bis hellgelb oder hellgrün. Das spezifische Gewicht schwankt von 0,7—1. Der Geruch ist stechend aromatisch. Die durchsichtigen Öle besitzen eine starke Lichtbrechung und sind meistens rechtsdrehend; sie zeichnen sich aus durch starke Fluoreszenz.

Vom chemischen Standpunkt aus betrachtet, besteht das Erdöl aus einem Gemenge verschiedener Kohlenwasserstoffe, welche vornehmlich entweder auf die Methanreihe (Paraffinreihe) $C_n H_{2n} + {}_2$ oder auf die Naphthenreihe $C_n H_{2n}$ zurückzuführen sind.

In geringer Menge sind meistens außerdem Sauerstoff, Stickstoff, Schwefel und Wasser beigemischt.

An der Luft verflüchtigen sich die leichter siedenden Gemengteile des Erdöls, insbesondere die der Paraffinreihe, und wird das der Verdunstung ausgesetzte Erdöl infolgedessen immer schwerer und zähflüssiger, bis schließlich nur noch Paraffin- resp. Asphaltrückstände bleiben. Diesen Prozeß kann man in der Natur an den sog. Ölausbissen oft beobachten.

Die Siedetemperatur der verschiedenen Öle schwankt zwischen 74^0 und 300^0 C. Je schwerer das Öl, um so höher liegt im allgemeinen der Siedepunkt.

Die Verbrennungswärme beträgt etwa 10000—11500 Kalorien, der nutzbare Heizwert 9500—11000 Kalorien. Je höher der Gehalt an Wasserstoff, d. h. je leichter das Öl ist, um so höher ist im allgemeinen der Heizwert. Da der Wasserstoffgehalt der Paraffinreihe größer ist als der der Naphthenreihe, so ist der Heizwert der ersteren auch der größere.

Der Flammpunkt der Erdöle ist diejenige Temperatur, bei welcher die Verdunstung des Öls so intensiv erfolgt, daß die über der Öloberfläche liegende Luftschicht bis zur unteren Grenze der Entzündungs-

und Brandfähigkeit gesättigt bleibt. Praktisch liegt der Flammpunkt mancher Leichtöle bereits bei Zimmertemperatur (17⁰—20⁰ C). In geschlossenen Gefäßen sinkt er herab.

Der Stockpunkt ist diejenige Temperatur, bei welcher das Öl so steif wird, daß es nicht mehr fließt. Er hat in arktischen Ölfeldern eine erhöhte praktische Bedeutung, da ein hoher Stockpunkt die Gewinnungsarbeit und die Transportmöglichkeit des Rohöls unter Umständen erschwert.

Von großer Wichtigkeit bei den nachfolgenden Betrachtungen ist die Viskosität. Es ist dies die Zeit, in der eine bestimmte Menge Öl durch ein dünnes Röhrchen, dessen Abmessungen festgelegt sind, abtropft. Dabei wird die Durchflußzeit für Wasser bei 20⁰ gleich 1 gesetzt. Die Öle haben somit eine größere Viskosität als das Wasser, jedoch nimmt die Viskosität mit steigender Temperatur ab. So können Schweröle etwa bei 50⁰ C eine Viskosität von 60 aufweisen, während bei 100⁰ die Viskosität auf etwa 7 heruntersinkt, das Öl also vollständig dünnflüssig wird.

6. Einteilung der Erdölarten. Schon die vorstehende Charakterisierung des Erdöls zeigt dasselbe in mancherlei Abarten mit allen Übergangsstufen. Im beruflichen Leben hat man gewöhnlich die Klassifizierung nach dem spezifischen Gewicht vorzunehmen und unterscheidet danach:

Sehr leichte Öle mit einem spezifischen Gewicht von 0,7—0,8;
leichte bis mittelschwere Öle von 0,8—0,9;
Schweröle von 0,9—1,0.

Die leichten Öle sind bei gewöhnlicher Temperatur dünnflüssig, verflüchtigen sich mit geringen Rückständen bei 0—150⁰ C und liefern hauptsächlich Gasolin und Benzin, sind also reicher an Wasserstoff und bauen sich vorwiegend auf der Paraffinreihe auf.

Die Schweröle sind zähflüssig und verflüchtigen sich meist erst bei einer Erhitzung, die oberhalb 300⁰ liegt. Sie liefern vorwiegend Asphaltöle, Schmieröle und als Rückstand Masut und Asphalt. Der Schwefelgehalt ist bei diesen Ölen meist relativ groß.

Zwischen diesen Extremen liegen die leichten bis mittelschweren Öle mit einem spezifischen Gewicht von 0,8—0,9, die sich bei einer Temperatur von 150—300⁰ C verflüchtigen und vorwiegend Kerosin (Leuchtöl) liefern.

In vielen Betrieben wird das Öl auch durch Angabe der Schwere in Grad Baumé charakterisiert. Die Beziehungen zwischen spezifischem Gewicht und Grad Baumé ergeben sich nach folgender Formel:

$$\sigma = \frac{145,88 + n}{145,88},$$ worin σ das spezifische Gewicht und n die Grade nach Baumé bedeuten.

7. Erdgas. Das Erdöl ist in der Natur im Erdinnern fast regelmäßig von verwandten Kohlenwasserstoffen, insbesondere von Erdgas, begleitet, welches zweifelsohne sowohl nach seiner chemischen Zusammensetzung als auch nach seiner Entstehung in engster Beziehung zum Erdöl steht. Das Erdgas besteht vorwiegend, d. h. zu 80—100$^0/_0$ aus Methan, CH_4; dazu treten die höheren Glieder der Methanreihe, also Äthan, C_2H_6, Propan, C_3H_8, Butan, C_4H_{10} usw. Besteht das Erdgas fast aus reinem Methan, höchstens mit geringen Beimengungen der ersten Glieder der Methanreihe, so nennt man es trockenes Erdgas; sind ihm die höheren, sich leicht verflüssigenden Glieder der Methanreihe, Pentan, Hexan und Heptan beigemengt, so nennt man das Gas ein nasses Erdgas.

Sind diese sich leicht verflüssigenden Glieder im Erdgas enthalten, so können sie aus dem nassen Erdgas leicht durch Kompression abgeschieden werden und liefern dann Petroleumäther, Gasolin und Leichtbenzin. Oft findet man dem Erdgas Schwefelwasserstoff, Kohlensäure und Stickstoff, häufig auch Spuren von Sauerstoff beigemischt. Über den genetischen Zusammenhang und die technische Bedeutung von Schwefelwasserstoff und Kohlensäure mit Erdgas resp. Erdöl sei auf das hierüber im Kapitel Wetterlehre (Nr. 254) Gesagte hingewiesen.

8. Asphalt und Paraffin. Oft stehen mit Erdölvorkommen auch Asphaltlager in genetischem Zusammenhang, indem sie als natürliche Verdunstungsrückstände aus asphaltreichen Ölen erscheinen. Hierbei wirkt aber auch eine gewisse Sauerstoffaufnahme aus der Luft, also eine Oxydation des Öls, mit, wodurch auch harzartige Verbindungen entstehen. Asphalt ist bei gewöhnlicher Temperatur fest, schmilzt aber bei etwa 100° C. Er ist von braunschwarzer oder schwarzer Farbe und hat matten bis Fettglanz, muscheligen Bruch und ein spezifisches Gewicht von 1—1,2.

Das entsprechende Rückstandsprodukt der Öle mit Paraffinbasis ist das Erdwachs oder der Ozokerit, ein Gemenge von amorphen, vorwiegend aus den festen Gliedern der Methanreihe hervorgegangenen Paraffinen. Das Erdwachs ist ebenfalls fest, hat eine schwarze bis hellgelbe Farbe, ein spezifisches Gewicht von 0,84—0,97 und schmilzt bei 50—100° C.

Asphalt und Erdwachs sind, wie das Rohöl überhaupt, in Benzin löslich. Hierauf beruht das Extraktionsverfahren, gemäß welchem ölhaltige Gesteine oder sonstige Substanzen mittels Benzin oder Leichtpetroleum „extrahiert" werden.

9. Andere Begleiter des Erdöls. Ein fast ständiger Begleiter des Erdöls ist Salzwasser, wodurch auf einen engen Zusammenhang von Erdöl und Salz hingewiesen wird. Das das Erdöl begleitende Salzwasser enthält oft reichlich Bromide und Jodide, so daß die Salzwasser zu

Brom- und Jodwassern werden. Wohl regelmäßig ist in dem Erdöl und in den es begleitenden Salzwassern Schwefel, des öfteren auch Schwefelwasserstoff gelöst. Am auffallendsten ist aber die Erscheinung, daß die Öllager von Texas oft von mächtigen Lagern reinen Schwefels begleitet werden.

Ist das Erdöl mit Wasser innig gemischt, so bildet es mit demselben eine Emulsion. Die meisten Emulsionen scheiden in der Ruhe das Wasser vermöge seines größeren spezifischen Gewichtes bald aus. Andere Öle aber gehen mit Wasser eine schwer wieder zu trennende Emulsion ein. Die Entmischung wird durch Erwärmen der Emulsion begünstigt.

10. Die Ölträger. Das flüssige Erdöl tritt in der Natur in der Regel nicht als ein selbständiges Mineral auf, sondern ist an ein Gestein porösen Charakters gebunden. Das Öl hat das Gestein getränkt und die Poren desselben gefüllt. Von der Größe der Poren, dem sog. Porenvolumen, d. i. dem Verhältnis der Hohlräume zu dem Volumen der festen Gesteinsmasse, hängt der Ölgehalt einer Öllagerstätte in erster Linie ab. Wie sich rechnerisch leicht erweisen läßt, beträgt der Maximalporenraum eines Gesteins theoretisch etwa $47^0/_0$, wenn man die Gesteinspartikel als Kugeln von gleichem Durchmesser betrachtet, minimal etwa $26^0/_0$. Unter den gemachten Voraussetzungen ist das Porenvolumen jedenfalls eine Konstante. Wird dieselbe überschritten, so verliert der Ölträger seine Konsistenz und wird schwimmend. Derartig schwimmende Ölträger sind verschiedentlich bekanntgeworden, so z. B. im Summerlanddistrikt in Kalifornien, gewisse Öllager in Texas usw. Aber auch gewisse Schweröllager in Zentraleuropa weisen anscheinend ein Porenvolumen auf, welches oberhalb der Maximalgrenze liegt. In der Praxis wird man mit einem mittleren Porenvolumen der Ölträger von $15—30^0/_0$ rechnen können.

Als Ölträger erscheinen in der Natur lediglich Trümmergesteine, also Sande, Sandsteine, vulkanische Tuffe, Kalksteine und erdige Kreide. Auch Tone und Schiefertone können mit flüssigem Erdöl imprägniert sein, insbesondere dann, wenn sie durch tektonische Kräfte zerrüttet und zermürbt sind und von einem Gewirr feiner und feinster Spalten durchsetzt sind, in denen das Öl festgehalten wird. Dabei erscheint es selbst nicht ausgeschlossen, daß Erdöl auch gelegentlich in zersetzte Eruptivgesteine, z. B., wie mehrfach beobachtet worden ist, in Granit oder auch in ausgelaugte Salzräume und Gipsschlotten einwandert; für die Praxis haben derartige Ölvorkommen aber nur untergeordnete Bedeutung. Die ältesten Bohrungen in Pennsylvanien, in Titusville, wurden indessen in solch unregelmäßig zusammengeschwemmten Lagern fündig.

11. Undurchlässigkeit des Nebengesteins. Voraussetzung jedes Öllagers ist neben der Porösität des Ölträgers, daß das Öllager von undurchlässigen Schichten sowohl im Liegenden wie im Hangenden begleitet ist. Dadurch wird das Öl derart von dem Zutritt der Atmosphärilien abgeschlossen, daß eine Verdunstung und Asphaltierung des Öls oder eine Verdrängung desselben durch die schweren Tageswässer und damit ein Abwandern des Öls in räumlich zwar ausgedehntere, aber minder Öl sammelnde und konzentrierende Gebiete unmöglich ist. In der Regel besteht das konservierende Nebengestein aus Schiefer, Ton, Mergel, dichten Kalken u. dgl. Oft aber wird es auch vom Ölträger selbst gebildet, der dann aber petrographisch einen anderen Charakter annimmt und sich durch Einlagerung von Zementen, Tonen usw. so verdichtet, daß er seine Porösität ganz einbüßt und undurchlässig wird. Man spricht dann von der Kappe (cap rock) des Öllagers, während der eigentlich ergiebige Teil des Lagers als „pay streak" bekannt ist.

Das Deckgebirge ist manches Mal nur wenige Meter mächtig. Manches Mal aber erlangt es eine Mächtigkeit von mehreren tausend Metern. Wird das Deckgebirge durch Denudation oder Erosion an einzelnen Stellen abgetragen, oder wird es durch Verwerfungsspalten durchbrochen, so wird dem Öl dadurch Gelegenheit gegeben, in natürliche Öl- oder Teerquellen auf der Erdoberfläche auszutreten und zu asphaltieren.

12. Die Öllager. Das mit Öl getränkte Gestein wird als Öllagerstätte oder Öllager bezeichnet. Es erscheint, wie auch andere nutzbare Lagerstätten sedimentären Ursprungs, in Form von Flözen und Lagern, meist aber als Linsen sehr unregelmäßiger Gestalt, die manches Mal in fast launisch scheinender Weise durch Verfüllen der Poren mit feinem, zementierendem Bindemittel vertauben. Oft treten derartige Öllager zu mehreren auf, welche durch undurchlässige, nichtporöse Begleitgesteine voneinander getrennt sind. In der Regel enthalten dabei die Lager ein um so schwereres Öl, je näher sie sich der Tagesoberfläche befinden. Es ist dies eine Folge der Einwirkung der Atmosphärilien sowie der eher gebotenen Möglichkeit, die leichtflüchtigen Bestandteile des Öls in die freie Atmosphäre entweichen zu lassen. Man kann aber auch zuweilen die umgekehrte Erscheinung beobachten, daß nämlich das Öl mit zunehmender Teufe schwerer wird. Ganz besonders ist das letztere der Fall, wenn das Liegende des Öl führenden Schichtenbündels aus Eruptivgesteinen vulkanischen Charakters besteht und dadurch eine Art Kontaktmetamorphose, d. h. eine Asphaltisierung des Öls in Erscheinung tritt.

13. Tektonik der Öllager. Da die Öllager als Flöze, Lager und Linsen auftreten, so nehmen sie auch an allen tektonischen Veränderungen der Erdrinde teil. Sie erleiden Verdrückungen und schrumpfen infolgedessen zusammen oder verschwinden vollständig, um sich in kleinerem oder größerem Abstande wieder aufzutun; sie schwellen an und erlangen oft auf kurze Erstreckung eine große Mächtigkeit. Oft reihen sich Anschwellungen mit ziemlicher Regelmäßigkeit an Verdrückungen, und es entsteht die Perlschnurstruktur. Oft schieben sich taube Zwischenmittel ein, bald zerschlägt sich das Lager zu mehreren Lagern, bald scharen sich mehrere Lager zu einem zusammen. Die Öllager verfolgen bestimmte, manches Mal schnell wechselnde Streich- und Fallrichtungen, sie bilden Sättel und Mulden, sie erleiden Faltungen und Knickungen, Überkippungen, Überschiebungen und Sprünge. Durch die Störungen kann das Lager nur eine einfache Flexur erleiden oder durch alle Zwischenstufen hindurch bis zur ewigen Teufe verworfen werden.

Von Interesse sind auch ganz dünne, das Lager durchsetzende Risse, die nur das Lager selbst, nicht aber das Nebengestein durchsetzen und daher als Trockenrisse gedeutet werden können; sie sind in der Regel mit dichten tonigen Massen gefüllt, die das Öl sperren, d. h. sie beeinflussen diesseits und jenseits der Risse plötzlich die Ölführung der Lager unvermutet zum Besseren oder Schlechteren (vgl. Nr. 74).

14. Tafellager und Antiklinallager. Von größter Wichtigkeit für die Ausdehnung der Öllager ist der tektonische Aufbau der ölführenden Gebirgsschichten. Nur in einer begrenzten Anzahl von Fällen dehnen sich die Öllager in horizontaler oder nahezu horizontaler Richtung viele Meilen weit aus; dann handelt es sich um Lager, die Blumer treffend als Tafellager bezeichnet[1]), als welche hauptsächlich die kanadischen, appalachischen, Lima-, Indiana-, Illinois- und Midkontinentfelder bekannt sind. Meist aber ist das Öl an mehr oder weniger scharfe Faltungen gebunden und findet sich dann hauptsächlich in Sätteln oder Antiklinalen. Man kann sich leicht vorstellen, daß die Antiklinale ein natürliches Sammelreservoir für das Öl darstellt. Das ursprünglich in einem horizontal ausgebreiteten porösen Gestein mehr oder weniger diffus oder in vertikaler Ausdehnung nur in sehr geringer Mächtigkeit verteilte Öl begann nämlich eine Wanderung, sobald eine Faltung oder Neigung der Schichten infolge von sich in der Erdrinde auswirkenden Kräften einsetzte. Das in dem Träger gleichzeitig enthaltene Salzwasser suchte vermöge seiner größeren Dichte das unterste Niveau der Falte einzunehmen, also sich im Muldentiefsten oder der Synklinalen anzusammeln. Das spezifisch leichtere Öl hingegen strebte einem höheren Niveau in der Falte zu, suchte sich also oberhalb des Salzwassers in der Sattelachse oder in deren Nähe zu sammeln. Die noch leichteren Kohlenwasserstoffgase, also vor allen Dingen das Erdgas, wurden dem höchsten Punkte der Sattelachse oder der Kuppe zugedrängt und bildeten somit dort ein natürliches Gasreservoir, welches meistens unter hohem Druck steht. Es bildeten sich also in der

---

[1]) Vgl. Blumer, Dr. Ernst: Die Erdöllagerstätten. Stuttgart.

Antiklinalen drei abgegrenzte Niveaus: die unterste vom Salzwasser eingenommene Zone, darüber der Bereich des Erdöles und zu oberst das Gasbecken (s. Abb. 2). Die Trennungslinie im Profil zwischen Öl und Salzwasser bezeichnet man als die Salzwasserlinie, das Wasser selbst als Endwasser. Es ist im allgemeinen als totes Wasser auf-

zufassen, welches unterhalb des Öles wie in einem Becken ruhig angesammelt ist und das über seinem Niveau angesammelte Öl nicht bedroht.

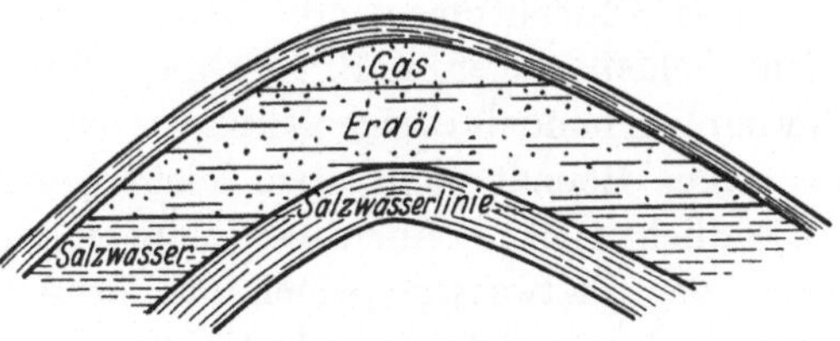

Abb. 2. Ölantiklinale.

Hat die Antiklinale eine nur geringe Längenerstreckung und sinkt die antiklinale Achse schon bald wieder nach beiden Enden ein, so spricht man von einem Kuppel- oder Scheitellager oder auch von einem Dome.

15. Schenkellager und Synklinallager. Manches Mal ist das Öllager nur in einem Schenkel der Antiklinalen ausgebildet, nämlich dann, wenn das Öllager nach dem Scheitel der Antiklinalen auskeilt oder durch eine vor dem Scheitel verlaufende Verwerfung abgeschnitten ist (Abb. 3 und 4). Dann spricht man nach Blumer von Schenkel-

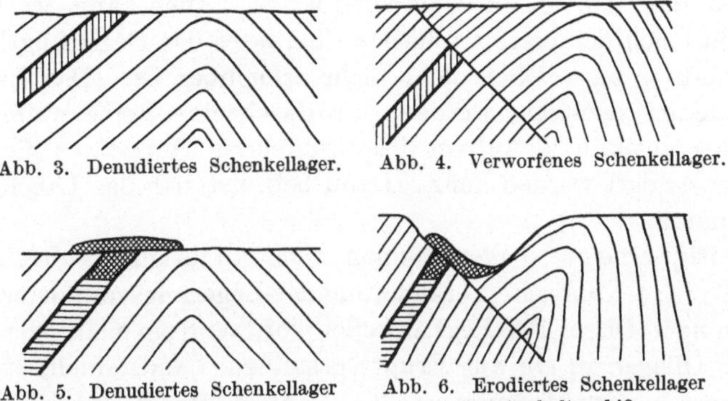

Abb. 3. Denudiertes Schenkellager. Abb. 4. Verworfenes Schenkellager.

Abb. 5. Denudiertes Schenkellager Abb. 6. Erodiertes Schenkellager
mit Asphaltausbiß. mit Asphaltausbiß.

lagern. Derartige Schenkellager streichen sehr oft infolge von Denudation und Erosion zutage aus und geben dann Veranlassung zu Asphaltbildungen (Abb. 5 und 6). Die Asphaltausbisse an dem Ausgehenden solcher Lager können so mächtig und dicht sein, daß die ausgehenden Schichtenköpfe dadurch vollständig wieder verheilt werden und das zurückgebliebene Erdöl als solches konserviert wird.

Bei Schenkellagern ist es naturgemäß, daß man über Tage oft sehr zahlreichen Ölausbissen und Asphaltvorkommen begegnet. Es ist aber darum keineswegs gesagt, daß der Untergrund besonders ölreich sein muß. Im Gegenteil werden die an die zahlreichen Ölausbisse sich knüpfenden Hoffnungen sehr oft auf das herbste enttäuscht, da das Öl längst die Gelegenheit wahrgenommen hat, aus der Lagerstätte zu entweichen, so daß die zahlreichen Ölausbisse nur noch die Zeugen vergangenen Ölreichtums sind. Freilich hat man auch wiederum sehr reiche Schenkellager, z. B. in Rumänien und Kalifornien, erschlossen. Gewöhnlich handelt es sich dann aber um Schweröl, dem das Auswandern aus seiner Heimat nicht allzu leicht gewesen ist.

Endlich auch können bei mangelndem oder beschränktem Auftreten der Endwasser, jedoch nur in seltenen Fällen die ölgefüllten Schenkel der Antiklinalen sehr tief evtl. bis zur Achse der anschließenden Mulde herunterreichen. Dann ist das Öllager als Synklinallager zur Ausbildung gekommen.

16. Monoklinalen. Auch die Tafellager lassen z. T. noch schwache Wellen erkennen. Manches Mal erscheint ein solches Lager auf meilenweite Erstreckung hin kaum merklich geneigt; in einem solchen Falle ist oft eine Scheidung der verschiedenen Fluida, insbesondere die „Salzwasserlinie", bei der Erschließung der Lager nicht mehr scharf zu erkennen. Auch bei den Schenkellagern tritt oft der Fall ein, daß der Gegenflügel nicht mehr wahrnehmbar ist, sei es, daß er zu tief verworfen ist, sei es, daß er durch Erosion zerstört ist. Auch kann der Fall eintreten, daß sich der petrographische Charakter des Gegenflügels derart ändert, daß er als solcher nicht mehr erkennbar ist. Das Bild kann endlich derart verwischt werden, daß durch eine Reihe weiterer Störungen der antiklinale Aufbau des ölführenden Horizontes nicht mehr herauskonstruiert werden kann. Dann befindet sich das Lager in einer Monoklinalen.

Einseitig geneigte Lager können auch ab origine auftreten, also ohne daß eine tektonische Veränderung der Lagerungsverhältnisse stattgefunden hat. Dieser Fall liegt zuweilen vor, wenn ein mehr oder weniger geneigtes Öllager an ein aus Eruptivgesteinen, Sandsteinen, Quarziten u. dgl. bestehendes Massiv anstößt. Dann haben die infolge der Verwitterung dieser Gesteine einem Meeresbecken zugeschwemmten Sande als Ölsammler gedient; die Öllager begleiten dann in einem mehr oder weniger breiten Bande den Rand des jüngeren Beckens.

17. Geologisches Alter der Erdöllagerstätten. Das Erdöl tritt in allen geologischen Zeitaltern vom unteren Silur bis zur Gegenwart auf. Besonders ölreiche Formationen sind aber das Untersilur, das Devon, das Karbon, die Kreide und das Tertiär. Das Tertiär liefert heute wohl $60^0/_0$ der gesamten Ölausbeute; etwa $30^0/_0$ entstammen dem Paläozoikum. Paläozoische Öllager sind auf die östliche und nordöstliche Hälfte von Nordamerika beschränkt.

Je älter die Formationen sind, um so unwahrscheinlicher ist es, daß die Schichten das ihnen vor geologischen Zeiten innewohnende Öl bis auf die Jetztzeit erhalten haben. Denn die ölführenden Schichten sind selbstverständlich von allen Bewegungen, Störungen, Erosionen usw. der nachfolgenden Zeitalter mit betroffen worden und haben infolgedessen meistens reichlich Gelegenheit gehabt, in vielen Kanälen aus ihrer Lagerstätte zu entweichen. Nur wenn die Lagerstätte durch alle geologischen Zeiträume hindurch fast unberührt und ungestört in ihrer ursprünglichen horizontalen Lage erhalten geblieben ist oder auch, wenn sie durch geringfügige Hebungen oder Senkungen nur wenig geneigt wurde, blieb die Möglichkeit gewahrt, daß das Öl von den ältesten geologischen Zeiten bis heute in unverminderter Masse und unveränderter chemischer Zusammensetzung meist als Leichtöl erhalten blieb. Mit diesem seltenen Spiel der Naturgewalten wurde einzigartig die östliche Hälfte von Nordamerika beglückt, weshalb dort die reichen und ausgedehnten paläozoischen Ölfelder ihren Ölreichtum trotz ihres unendlichen Alters behaupten konnten.

18. Die Entstehung des Erdöls. Hinsichtlich der Entstehung des Erdöls hat sich heute ganz allgemein die Ansicht Geltung verschafft, daß das Öl organischen Ursprungs ist und der Zersetzung pflanzlicher und tierischer Stoffe seine Entstehung verdankt. Die Ansammlung dieser sich zersetzenden organischen Materie ist weniger in der Meerestiefe, als vielmehr in seichten Meeresbuchten und küstennahen Gewässern erfolgt. In diesen wurden die verwesenden Massen mit Tonschlamm bedeckt und konnten sich hier unter dem Druck der auflagernden jüngeren Sedimente unter Druckdestillation derart chemisch verändern, daß allmählich eine Vorstufe der Ölbildung erreicht wurde. Unter steter weiterer chemischer Veränderung, die im einzelnen zu verfolgen hier zu weit führen würde, vollendete sich die Ölbildung. Das Gewicht der überlagernden, erst allmählich zu festem Gestein übergehenden Massen preßte das Öl dabei aus seinem Ursitz heraus in aufnahmefähige poröse Gesteine, insbesondere in Sandsteine. Demnach steht die Bildung von Öllagern mit der Entstehung von Ölschiefern in engstem Zusammenhang. Die Ölschiefer enthalten den Rest des ausgepreßten Öls.

Der auffallende Mangel an Fossilien in den Öllagerstätten ist nicht allein durch die chemische Reaktion des Erdöls auf die fossilfähigen Bestandteile einer untergegangenen organischen Welt zu erklären. Es ist vielmehr anzunehmen, daß die Ursubstanz des Erdöls durch gerüstlose, in ungeheuerer Menge verbreitete Lebewesen gebildet wurde. Sich diese unermeßliche organische Masse in den seichten Küstengewässern beheimatet zu denken, ist kaum angängig. Denn dabei wäre das biologische Gleichgewicht in den Flachseen gar nicht aufrechtzuerhalten gewesen. Es ist vielmehr anzunehmen, daß die Zufuhr gerüstloser, organischer

Substanz zum großen Teil auch vom Lande her erfolgt ist, wie wir es auch heute noch beim Niedergang gewaltiger Insektenschwärme, die in Gewässern verenden, beobachten können.

Schon Ochsenius hat auf eine derartige Anhäufung organischer Substanz als Urelement der Ölbildung hingewiesen, als er berichtete, daß im Jahre 1890 im Roten Meer ein Dampfer 57 Stunden lang ununterbrochen durch einen Heuschreckenschwarm fuhr, der durch den Wind ins Rote Meer verschlagen wurde. Bedenkt man die ungeheure Vermehrungsfähigkeit der Insektenwelt, den starken Gehalt an animalischen Ölen in ihrem Leibe, ihre teilweise amphibische Lebensweise, ihre Fluggewandtheit, ihr Segeln mit dem Winde, ihr plötzliches Massensterben bei Witterungsumschlag oder nach der Eiablage, ihre nahe Verwandtschaft mit dem zahllosen Volke der Trilobiten, so kann man sich wohl vorstellen, daß eine solche Anhäufung organischer Massen in einer flachen Meeresbucht unendliches Material für die Bildung von Erdöl zu liefern vermochte. Das Insektenleben war zweifelsohne in der Vorzeit viel reicher entwickelt, als wir nach den dürftigen erhaltenen Resten anzunehmen geneigt sind, wie sich dies sofort zeigt, wenn die Gelegenheit zur Fossilisierung gegeben war. Dann erscheinen die Insekten ja geradezu als gesteinsbildend, wie z. B. im Indusienkalk, und die Artenzahl steigt sprunghaft, wie dies die Bernsteineinschlüsse zeigen.

Derartige Insektenwanderungen, deren Teilnehmer nach zahlreichen Berichten oft meterhoch den Boden meilenweit im Umkreise bedecken oder tagelang in unermeßlichen, 20 und mehr Meter mächtigen Wolken einherziehen, deren Kot wie Riesenschauer aus der fliegenden Wolke niederrieselt, welche Flüsse und Seen auch heute noch mit einer fußhohen Schicht organischer Masse verhüllen, sind eben auch für die geologische Vorzeit als geologisches Phänomen zu bewerten und nicht nur als biologische Erscheinung zu beachten, die in den geologischen Zeitläufen spurlos vorübergegangen ist.

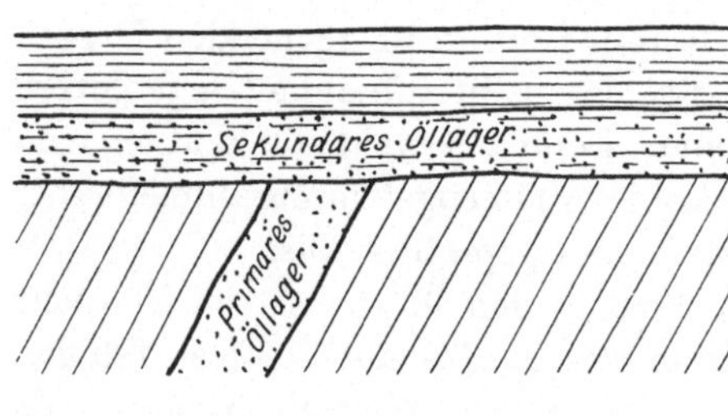

Abb. 7. Sekundäres Öllager.

Durch solche plötzliche, periodisch wiederkehrende Zufuhr von Massen kleiner Tierleichen wurde das biologische Gleichgewicht in den in Rede stehenden seichten Gewässern und Meeresbuchten gestört, was entweder ein Absterben oder ein Auswandern der betreffenden Meeresfaune zur Folge hatte.

19. Primäre und sekundäre Öllager. Man unterscheidet primäre und sekundäre Öllager. Bei den ersten ist das Öl in den ursprünglichen porösen Lagern verblieben. Bei den sekundären Öllagern sind die Schichtenköpfe der Primärlager durch Denudation und Erosion abgetragen; in die über denselben sich diskordant ablagernden, porösen Sande ist darauf das Erdöl eingewandert, so daß manches Mal die sekundären, jüngeren Formationen ölreicher sind als die älteren Öllager (Abb. 7). Vortreffliche Beispiele solcher Sekundärlager liefern insbesondere manche auf älteren, ölführenden Schichtenköpfen ruhenden Erdöllagr Nordamerikas.

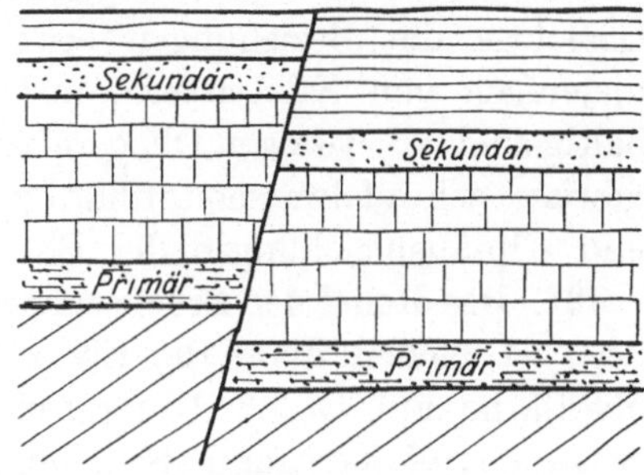

Abb. 8. Sekundäres Öllager infolge Verwerfung.

Desgleichen können auch sekundäre Öllager dadurch entstanden sein, daß Spalten den jüngeren und älteren Schichtenkomplex durchsetzt haben, auf welchen das Öl aus dem primären Lager aufgestiegen ist und sich in die einem jüngeren Horizonte angehörenden porösen Lager ergossen hat (Abb. 8).

II. Aufsuchen von Öllagern.

20. Natürliche Anzeichen für Erdöl. Bei der Untersuchung eines Gebietes auf etwa vorhandene Öllager wird man vor allen Dingen den Erdölanzeichen nachgehen. Als solche dienen zunächst Ölquellen, natürliche Quellen, bei denen das austretende Wasser mehr oder weniger stark mit Öl vermischt ist. Zuweilen tritt aus Ölquellen auch fast reines Öl aus. Ferner sind als Zeichen für den Ölgehalt des Untergrundes die schon mehrfach erwähnten Ölausbisse, Teerkuhlen und Asphaltkuchen, anzusehen. Nicht immer aber sind, wie bereits im vorigen Kapitel hervorgehoben, derartige Ölausbisse, falls sie zahlreich auftreten, ein sicheres Zeichen dafür, daß im Untergrunde auch gewaltige Ölschätze vorhanden sind. Trotzdem bleiben selbstverständlich zunächst die natürlichen Ölausbisse die besten Führer bei der Suche nach Erdöl.

Weitere Anzeichen für die Höffigkeit der Geländes für Erdöl sind die Ausströmungen von Erdgas, welches vielleicht durch Zufall oder durch Menschenhand entzündet, schon im Altertum in Südosteuropa, in Südwest- und Südasien, z. B. in Baku, als ewiges Feuer die Aufmerksamkeit der Menschheit erregten. Da das Erdgas fast ständiger Begleiter des Erdöls ist, ist man berechtigt, Erdöl in der Nähe von Erdgasquellen zu vermuten. Ja, noch mehr: Große Erdgasfelder, wie z. B. das Lima-Indianafeld, sind ursprünglich reine Gasfelder gewesen und wurden erst, als die unterirdischen Gasreservoire sich der Erschöpfung näherten, zu Ölproduzenten größten Stils. Freilich brauchen Gasexhalationen keineswegs notgedrungen mit Erdöllagern in Verbindung zu stehen, wie die Geschichte mancher Gasvorkommen ebenfalls erwiesen hat.

21. Vorkommen von Begleitern des Erdöls. Weiterhin wird der Ölgeologe die Beziehungen etwa nachgewiesener Salzmassive sowie diejenigen von Salzwassern, insbesondere, wenn sie brom- und jodhaltig sind, zu etwaigen Öllagern zu prüfen haben. Endlich auch müssen gewisse schwefelwasserstoffhaltige Wasser sowie Schwefelvorkommen und Gipsausbleichungen der Beachtung unterzogen werden.

22. Das Relief der Erdoberfläche. Bei manchen Ölfeldern, insbesondere bei solchen, die in der Ebene liegen, weist die Orographie der Erdoberfläche auf Öl im Untergrunde hin. Es sind die mit Salzseen, Schlammvulkanen und Schlammkegeln bedeckten Gebiete, welche manches Mal mit ziemlicher Sicherheit einen Rückschluß auf in der Tiefe vorhandene Öllager gestatten. Alle diese Bildungen sind ja meistens nichts weiter als Auswirkungen von Gasausströmungen aus schlammigem Untergrund.

Im Relief der Erdoberfläche verraten auch die manches Mal aus verfestigten Sedimenten gebildeten, aus Kalk, Dolomit, Schwefel und Steinsalz bestehenden Dome, die über der Ebene emporragen, den Ölgehalt der unterteufenden Schichten. So sind im Golffelde die kleinen mounds, die die südliche Küste von Texas und Louisiana in großer Zahl umsäumen, für die Erbohrung von Erdöllagern geradezu leitend.

23. Untersuchung der geologischen Stufenfolge und ihres petrographischen Charakters. Hat man das in Rede stehende Gebiet nach allen diesen Anzeichen untersucht, so ist zunächst die Schichtenfolge festzustellen und zu untersuchen, ob in dem Untergrunde der für die Erdölführung in Betracht kommenden Gebiete Schichten vorhanden sind, welche vermöge ihres zur Porosität neigenden Charakters zur Aufnahme von Erdöl geeignet sind. Von besonderer Wichtigkeit ist dabei, wenn festgestellt werden kann, daß die für die Erdölgewinnung in Frage kommende Schichtengruppe von mächtigen bituminösen Schiefern unterteuft wird, die derselben Formation angehören oder nur wenig älter sind. In manchen Fällen verraten die bituminösen Schiefer sich und das in ihnen oder in ihren hangenden Schichten vorhandene Öl durch ihre rote Färbung als ausgebrannte Brandschiefer. Derartige rote Schiefer sind zuweilen leitend. So führte die brandrote Farbe der Schiefer im hohen Norden zur Entdeckung der Öllager in Fort Norman in Kanada. Ebenso in Pennsylvanien wie in Pechelbronn gibt die rote Leitschicht die Orientierung.

Es ist auch zu prüfen, ob etwa benachbarte Bergzüge, Vulkane usw. sandiges Material zu liefern vermochten, welches dem Öle als Speicher diente.

Hat man sich über den petrographischen und sedimentären Charakter der Schichtengruppe und über ihre Stratigraphie ausreichend unterrichtet, so wird man sich vor allem nunmehr mit der Tektonik der Schichtenfolge zu befassen haben und das Verhalten und die Ausdehnung etwa vorhandener Antiklinalen festzustellen haben.

Erst wenn man alle diese Fragen einer gewissenhaften Prüfung unterzogen hat, darf man sich über einen geeigneten Ansatzpunkt für eine Schürf- oder Tiefbohrung schlüssig werden.

Zuweilen liegen aber trotz einer Menge von Aufschlüssen die geologischen Verhältnisse dennoch sehr unklar, und muß man schon mehr oder weniger auf Zufallstreffer rechnen. Im übrigen ist daran zu erinnern, daß gerade den ergiebigsten Ölfeldern der Vereinigten Staaten, nämlich den des appalachischen, Lima-Indiana-, Illinois- und Midcontinentfeldes, natürliche Aufschlüsse fast gänzlich mangeln und ihre Erschließung oft dem Zufall, nämlich Wasserbohrungen, zu verdanken ist.

24. Geophysikalische Untersuchungen. In neuerer Zeit sucht man auch bei vollständig verdecktem Bilde der geologischen Verhältnisse den Untergrund auf geophysikalischem Wege zu erforschen und so festzustellen, an welchen Punkten und in welchen Teufen Öl und sonstige nutzbaren Mineralien zu erwarten sind.

Ohne auf die Beschreibung der feinmechanischen Instrumente näher einzugehen, sei hier nur kurz auf die auf streng wissenschaftlicher Basis stehenden geophysikalischen Untersuchungen hingewiesen. Es stehen hauptsächlich die folgenden Methoden in Anwendung:

1. Die Einführung elektrischer Ströme in die Erde mit Aufzeichnung des Weges, den sie nehmen. Auf diese Weise findet man gut leitende Gesteinshorizonte und daneben solche Gesteinsmassen, die dem elektrischen Strome erheblichen Widerstand entgegenstellen.

2. Beobachtung des Erdmagnetismus an verschiedenen Punkten der Erdoberfläche, so der Änderung der Intensität des Erdmagnetismus, der Abweichungen der Deklination und Inklination.

3. Beobachtung der in der Erde zirkulierenden Erdströme und der von den Gesteinsmassen ausgehenden elektromotorischen Kräfte.

4. Messung der Schwerkraft verschiedenen Ortes, um aus dem verschiedenen spezifischen Gewicht der Gesteine im Untergrund Rückschlüsse auf deren petrographische Natur ziehen zu können.

5. Beobachtung des Verlaufes der bei Erschütterungen, Explosionen usw. entstehenden Erschütterungswellen, die sich durch das Gestein fortpflanzen.

Alle diese Methoden geben keineswegs an, daß etwa Öl im Untergrund vorhanden ist, sondern sie zeigen nur, daß die petrographischen Verhältnisse für die Ansammlung von Öl günstig oder ungünstig sind. Tatsächlich kann das verschiedene Verhalten der geophysikalischen

Instrumente auf manchen anderen, mehr zufälligen Verhältnissen im
Erdinnern begründet sein. Der Wert dieser Beobachtungen für die
Praxis ist somit noch eng begrenzt, jedoch steht zu hoffen, daß die
Erfahrungen, die die geophysikalische Beobachtung des Untergrundes
im Laufe der Zeit sammeln wird, auch der Erdölgeologie und der Berg-
wirtschaft crhebliche Dienste leisten werden.

III. Erschließung und Ausbeutung von Öllagern.

25. Allgemeines. Wird ein von undurchlässigen Schichten über-
decktes Erdöllager an irgendeiner Stelle bloßgelegt, so fließt das Öl
aus den es beherbergenden Poren mit mehr oder weniger starker Intensität aus und ergießt sich in den dem Erdöl nunmehr zur Verfügung
stehenden offenen Raum. Die Intensität des Ölausflusses, seine Dauer,
Geschwindigkeit und Menge ist abhängig von der Durchlässigkeit des
ölführenden Gesteins, von dem in demselben vorhandenen Gasdruck
und von der Viskosität des Öls. Diese Faktoren bestimmen auch den
räumlichen Umfang des sich entleerenden Gesteins, den Aktionsbereich.

Die Durchlässigkeit des Ölträgers wird in erster Linie bedingt durch
das Porenvolumen, in zweiter Linie aber durch die Korngröße der
einzelnen, die Lagerstätte bildenden Gesteinspartikel. Bei einem bestimmten Porenvolumen ist die Durchlässigkeit um so größer, je größer
die Körner, d. h. diese als Kugeln von gleichem Durchmesser vorausgesetzt, je größer die Poren sind. Slichter bestimmte für reinen Sand
und Wasser die Durchflußmenge nach der Formel: $Q = \dfrac{c\,d^2\,P}{1}$; darin
bedeutet c eine vom Porenvolumen abhängige Konstante, P den hydrostatischen Druck, 1 die Länge des Durchflußweges und d den Durchmesser der Körner resp. die Weite der Poren. Bei einem Porenvolumen
von $26^0/_0$ ist die Konstante $c = 3{,}32$, bei einem solchen von $30^0/_0$ $5{,}33$,
bei $40^0/_0$ $13{,}8$, bei $47^0/_0$ $23{,}7$. Aus der Formel ergibt sich, daß die Ausflußmenge im quadratischen Verhältnis zum Korndurchmesser zunimmt und
in ebenfalls beinahe quadratischem Verhältnis zu dem durch die Konstante c bestimmten Porenvolumen steht. Betrachtet man eine Porenfolge
als ein kapillares Röhrensystem, so nimmt die Durchgangsgeschwindig-
keit nach den Versuchen von Poisseuille in guter Übereinstimmung
hiermit in der vierten Potenz zur Porengröße zu. Poisseuille kleidete
das Ergebnis seiner Untersuchungen in folgende Formel: $Q = \dfrac{k\,P\,R^4}{1}$.

In derselben bedeutet: Q die Ausflußmenge pro Sekunde, P den Druck,
unter dem die Flüssigkeit steht, R den Durchmesser der Kapillarröhre,
hier also die durchschnittliche Porengröße und l die Länge des Weges
(den mittleren Aktionsbereich). k ist eine Zahl, die für jede Flüssigkeit
konstant ist. Je größer sie ist, um so größer ist die Fluidität der Flüssig-

keit, desto geringer ist ihre Reibung. Für Öl ist die Fluidität eine Funktion der Viskosität und somit geringer als diejenige von Wasser.

26. Bedeutung des Gasdruckes für den Ölaustritt. Das in der Lagerstätte vorhandene Gas steht immer unter einer gewissen Spannung, die auch auf dem mit ihm in Berührung befindlichen Öl lastet. Dieser Gasdruck kann sehr bedeutend sein; sind doch mehrfach Gasdrücke von über 100 Atm. festgestellt worden. Unter diesem Gasdruck wird das Öl aus den Poren verdrängt, sobald ihm durch Herstellung einer Öffnung in den es einschließenden Gebirgswänden Gelegenheit zum Entweichen gegeben wird. Das Volumen des verdrängten Öls entspricht dem Volumen, auf welches das Gas expandiert. Trotz hohen Gasdrucks kann somit die Menge des unter demselben austretenden Öls gering sein, wenn das Endvolumen des Gases gering ist. Nach dem Mariottschen Gesetz bestimmt sich das Endgasvolumen, d. h. die Gesamtmenge des unter Gasdruck austretenden Öls nach der Formel: $p : p_1 = v_1 : v \cdot$

$v = \dfrac{v_1 p_1}{p}$. Es ist dies eine Größe, welche von der Größe der Austrittsöffnung unabhängig ist. Die Gesamtmenge des aus einer Öffnung unter Gasdruck zu gewinnenden Öls wird also von der Größe der Öffnung theoretisch nicht beeinflußt; ihre Größe hat nur Einfluß auf die Geschwindigkeit des Ölaustritts und somit auf die pro Zeiteinheit zu gewinnende Menge Öl.

27. Ölaustritt pro Zeiteinheit unter Wirkung des Gasdrucks. Die Menge des unter der Wirkung des Gasdrucks aus der Lagerstätte pro Zeiteinheit durch eine Austrittsöffnung von bestimmter Größe f austretenden Öls ergibt sich nach der Formel: $Q = f\sqrt{2gh}$, worin h die dem Gasdruck entsprechende Wassersäulenhöhe angibt.

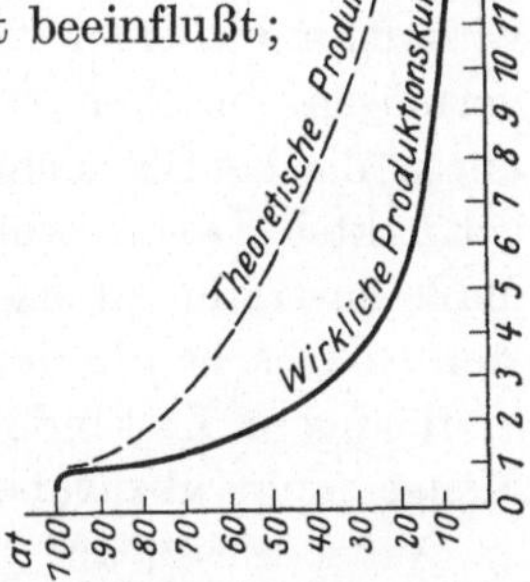

Abb. 9. Produktionskurve.

Da diese Größe nach dem Mariottschen Gesetz mit fortschreitender Expansion stetig abnimmt, nimmt somit auch der Ölaustritt pro Zeiteinheit, etwa pro Woche oder pro Monat ständig ab. Stellt man den Ertrag graphisch dar, so erhält man eine Deklinationskurve, welche einer Parabel entsprechen würde (Abb. 9). In der Praxis wird diese sich aus der Theorie ergebende Parabel dadurch entstellt, daß man meistens bestrebt ist, die Ölproduktion im Gesamtgebiet zu steigern und zu diesem Zweck die Anzahl der Gewinnungspunkte, also etwa die Zahl der Bohrlöcher zu vermehren. Namentlich bei zu geringem Abstand derselben voneinander wird die Kurve einen schnelleren Abfall aufweisen. Entweicht das Gas selbst, so hat dies ebenfalls eine steilere Kurve zur Folge. Infolgedessen nähert sich die Deklinationskurve im allgemeinen praktisch mehr der Hyperbel.

Nachdem das im Öllager vorhandene Gas vollständig expandiert ist, erfolgt der Austritt von Öl nur noch durch die eigene Schwere des Öls, wodurch es der ihm gebotenen Öffnung weiter, jedoch in der Regel in einem trägen Tempo, zufließt.

28. Der Einfluß der Viskosität. Nach den Erörterungen in Nr. 25 ist der Faktor k für die pro Zeiteinheit austretende Ölmenge ebenfalls bestimmend. Die Größe k ist um so kleiner, je viskoser das Öl ist. Daraus ergibt sich, daß mit Zunahme der Zähflüssigkeit des Öls der Ölzufluß pro Zeiteinheit entsprechend abnimmt. Erreicht die Größe k einen gewissen unteren Grenzwert, so hört der Ausfluß trotz der Größe des Gasdrucks und der Weite der Poren auf. Umgekehrt wird dünnflüssiges Öl immer leichter den Weg zur Austrittsstelle finden als das zähflüssige, teerartige Öl, da in dem Leichtöl die inneren und äußeren Reibungswiderstände so gering sind, daß es leicht in Bewegung versetzt werden kann.

29. Öllagerstätten ohne Ölausfluß. Die Durchlässigkeit des Gebirges kann so gering, der Gasdruck so niedrig und die Viskosität des Öls so hoch sein, daß die Lagerstätte überhaupt kein Öl mehr zum Abfluß bringen kann. Solche Fälle liegen häufig vor, wenn der Ölträger erdig oder tonig ist, selbst wenn es sich um leichtflüssiges Öl handelt. Dann wird man vielleicht nur „Ölspuren" in den Aufschlüssen zu erkennen vermögen, obschon tatsächlich ein großer, mit flüssigem Öl erfüllter, unterirdischer Ölspeicher vorliegt. Ein derartiges, allerdings mit Schweröl getränktes Lager, welches nicht imstande ist, Öl in nennenswertem Maße austreten zu lassen, ist z. B. das Ölkreidelager von Heide in Holstein[1]). Obschon in demselben auf kleinem Raum etwa 1 Mill. Tonnen Öl in flüssigem Zustande nachgewiesen sind, vermag es Öl in lohnender Menge nicht abzugeben.

Außer diesen auf Undurchlässigkeit des Ölträgers, Mangel an Gasdruck und zu hoher Viskosität des Öls beruhenden Momenten, die den Austritt des Öls verhindern, können auch in der Tektonik begründete Verhältnisse vorliegen, die den Ölzufluß unterbinden, auf welche aber erst bei Betrachtung der unterirdischen Ölgewinnung in Nr. 74 eingegangen werden soll.

---

[1]) Vgl. Sommermeier, Dr.: Zeitschr. Petroleum. 1926. S. 84.

Zweiter Teil

Die Gewinnung des Erdöls durch Tiefbohrungen.

IV. Die Herstellung von Bohrlöchern.

30. Extensive und intensive Ausbeutung der Öllager durch Bohrlöcher und Zechenbetrieb. Nachdem die geologischen Verhältnisse eines mit Wahrscheinlichkeit ölhaltigen Gebietes aus den an der Erdoberfläche sich bietenden Aufschlüssen soweit wie möglich geklärt sind, wird man dazu übergehen, auch die Lagerungsverhältnisse im Untergrund festzustellen. Dies geschieht durch Seicht- und Tiefbohrungen. Zum Unterschied von den Bohrungen, welche nur den Zweck verfolgen, nutzbare Mineralien in der Tiefe festzustellen, sind die Bohrungen auf Erdöl überwiegend Bohrungen, welche lediglich Produktionszwecken dienen. Ja, der Sondenbetrieb war bisher fast ausschließlich diejenige Betriebsweise, vermittels welcher das Öl aus der Tiefe zutage gefördert wurde. Jedoch ist ausschließliche Ölförderung durch Tiefbohrlöcher in der Mehrzahl der Fälle nur eine Art Raubbau und jedenfalls eine extensive Wirtschaftsform, da sich herausgestellt hat, daß der weitaus größte Teil des in der Lagerstätte vorhandenen Erdöls durch Bohrlöcher allein nicht zu gewinnen ist. Diese Erkenntnis führte in der Not des Krieges in Deutschland dazu, an Stelle der extensiven, nur eine gewisse Übersättigung der Lager bei ihrer Ausbeutung berücksichtigenden Gewinnungsweise durch Bohrlöcher die intensive Ausbeutung durch Schacht- und Streckenbetrieb zu setzen. Die Tiefbohrungen sind und bleiben indessen die Vorstufe für den Schachtbetrieb.

31. Das Tiefbohrwesen; Einteilung der Bohrmethoden. Die Herstellung eines Bohrloches erfolgt durch einen Bohrer, der durch ein Gestänge so in Tätigkeit versetzt wird, daß er das unter ihm anstehende Gestein aus dem Gesamtverbande des Untergrundes löst und auf diese Weise ein sich ständig vertiefendes röhrenförmiges Loch, das Bohrloch, herstellt. Der Bohrer kann seine Arbeit entweder stoßend oder drehend leisten. Beim stoßenden Bohren sprengt der Bohrer bei jedem Aufschlage auf der Bohrlochsohle aus dieser kleine Gesteinspartikelchen heraus. Beim drehenden Bohren hingegen schabt der rotierende Bohrer aus dem Gestein ständig kleinere oder größere Mengen des Gesteins ab. Um die abgebohrten Gebirgsmassen, den Bohrschmand, das Bohrmehl oder Bohrgut, aus dem Bohrloch zu entfernen, kann man entweder die eigentliche Bohrarbeit unterbrechen, oder aber die Entfernung des Bohrgutes erfolgt gleichzeitig während des Bohrens durch einen kontinuierlich aus dem Bohrloch aufsteigenden künstlichen

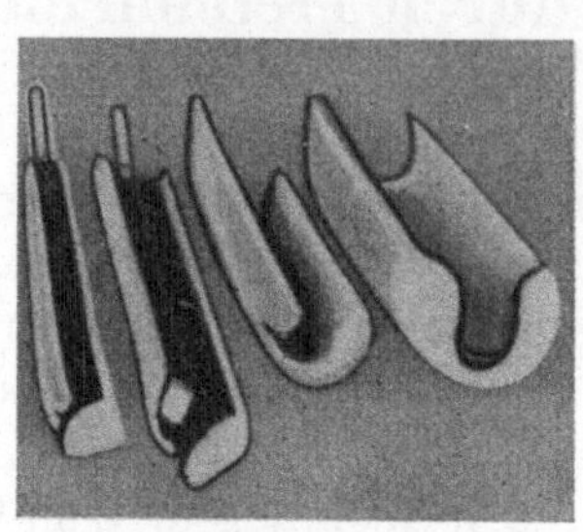

Abb. 10. Schappen.
(M. u. R. Schmidt, Hohenturm bei Halle.)

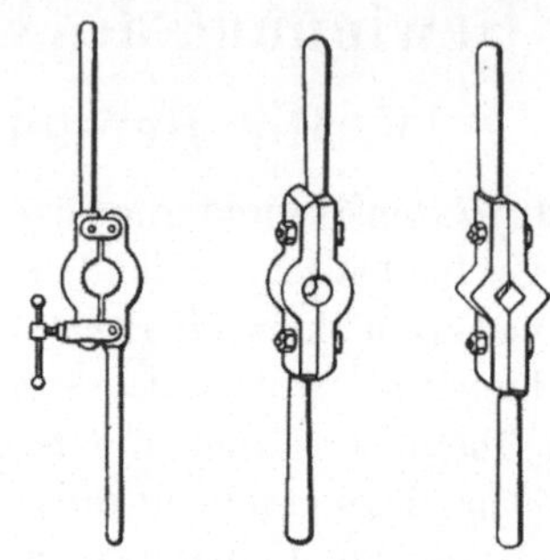

Abb. 11. Krückel oder Bohrgriffe.
(M. u. R. Schmidt, Hohenturm bei Halle.)

Wasserstrom, der die Gesteinspartikel mit sich nach oben führt. Danach unterscheidet man auch Trockenbohrungen und Spülbohrungen. Für Ölbohrungen ist, sobald man sich dem Lager nähert, die Trockenbohrung vorzuziehen.

32. Seicht- oder Flachbohrungen. Bohrungen in geringer Tiefe bei milden Gebirgsschichten erfolgen meistens drehend mit der Schappe;

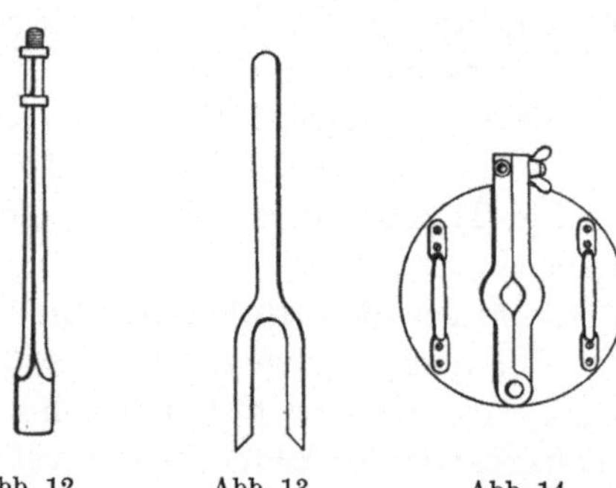

dieselbe ist ein Hohlzylinder, der unten mit einer nach innen umgebogenen Schneide versehen ist und der Länge nach aufgeschlitzt ist (Abb. 10). Das Gestänge besteht aus vierkantigen Eisenstangen oder aus einem Röhrengestänge. Die einzelnen Längen werden mittels Muffen aufeinander geschraubt. Die Drehung der Schappe wird von Hand am

Abb. 12.   Abb. 13.   Abb. 14.
Massivgestänge. Abfanggabel.   Abfangteller.
(M. u. R. Schmidt, Hohenturm bei Halle.)

Krückel vermittels einer an dem Gestänge angeschraubten doppelgriffigen Gestängeschelle (Abb. 11) bewerkstelligt.

An den Verbindungsstellen ist das Massivgestänge zu einem oder zwei Bunden verdickt (Abb. 12), an denen es mit der Abfanggabel oder dem Abfangteller (Abb. 13 und 14) abgefangen wird. Zum Ausziehen und Einlassen des Gestänges genügt ein einfacher Drei- oder Vierbock mit Seilrolle.

Ist das Gebirge sehr locker, sandig oder kiesig, so erfolgt die Flachbohrung mittels der Sandpumpe, Abb. 15, oder des Ventilbohrers, Abb. 16. Ist das Gebirge fester, so zieht man den Schneckenbohrer vor.

Hat sich der Schappen- resp. der Ventilbohrer mit Gebirgsmassen gefüllt, so wird er zur Entleerung zutage gefördert.

Ist das Gebirge für die angeführten Bohrgeräte zu fest, so wird es mit einem Bohrmeißel (Abb. 17) stoßend zerbohrt.

Die 11—17 dargestellten Einrichtungen werden z. T. auch bei Tiefbohrungen verwandt. Die Methoden der Verrohrung, der Reparaturen und Fangarbeiten sind bei Flachbohrungen dieselben wie bei Tiefbohrungen, weshalb auf das Nachfolgende hingewiesen sei.

33. Tiefbohrungen. Allgemeines. Soll das Bohrloch bis zu größerer Teufe abgebohrt werden, so genügt der Antrieb von Hand nicht mehr. Die gesamten Manipulationen müssen alsdann unter Anwendung maschineller Einrichtungen durchgeführt werden. Mit der Fabrikation von Bohrwerkzeugen jeden Systems beschäftigt sich in Deutschland hauptsächlich die im In- und Ausland

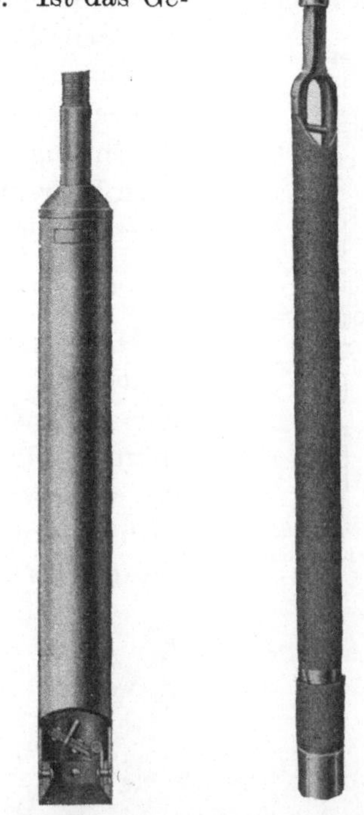

Abb. 15. Sandpumpe.　Abb. 16. Ventilbohrer.
(Alfred Wirth & Co., Erkelenz.)

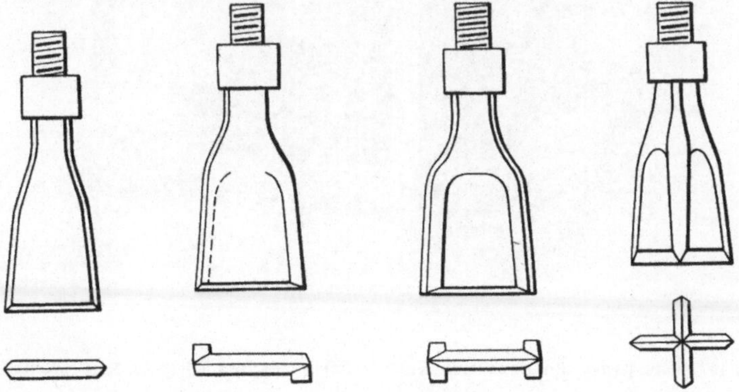

Abb. 17. Bohrmeißelformen.　(M. u. R. Schmidt, Hohenturm bei Halle.)

bestens bekannte Firma Alfred Wirth & Co., Erkelenz. In den letzten Jahrzehnten hat auch die Firma Haniel & Lueg (Gutehoffnungshütte) sich besonders im Auslande ein großes Absatzgebiet ihrer Bohreinrichtung (Seilschlagkran, Rotarysystem) erobert. Weiterhin kommen für die Lieferung von Bohreinrichtungen auch noch andere Spezialfirmen, so die Peiner Maschinenbaugesellschaft, Peine, in Betracht. Die maschinellen Bohreinrichtungen können den Bohrer entweder stoßend oder drehend seine Arbeit verrichten lassen.

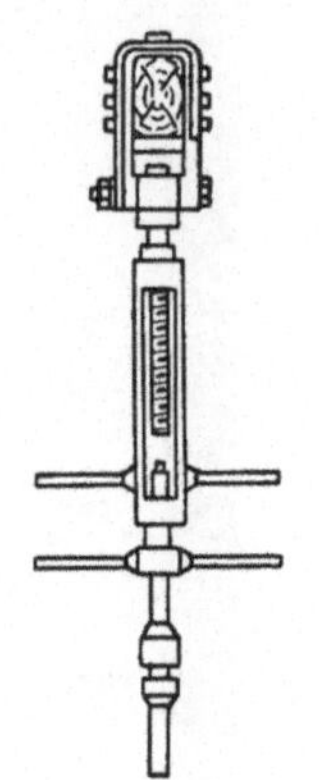

Abb. 18. Nachlaßschraube mit Krückelstück.

Das stoßende Bohren.

34. Trockenbohren. Das stoßende Bohren kann bei geringer Teufe mit einem festen, schmiedeeisernen oder hölzernen Gestänge von quadratischem Querschnitt erfolgen. Über Tage ist alsdann ein hölzerner oder eiserner Bohrturm mit Seilrolle aufgestellt, welcher zum Aufholen und Einlassen des Bohrers mitsamt des Gestänges sowie zum Aufholen des Bohr-

Abb. 19. Kanadischer Bohrkran mit Kurbelbeltrieb. (Alfred Wirth & Co., Erkelenz.)

schmandes benutzt wird. Der Antrieb des Bohrers erfolgt durch einen Schlagzylinder mit Balancier oder Schwengel, an dessen Vorderende zum Verlängern des Gestänges eine Nachlaßschraube mit dem zum Umsetzen des Bohrers dienenden Krückelstück (Abb. 18) angebracht ist. In neuerer Zeit ist an Stelle des Schlagzylinders zumeist der Kurbelbetrieb getreten (Abb. 19). Die Abb. 17 zeigt den Bohrmeißel in verschiedenen Ausführungen.

Um die Wucht des Schlages zu erhöhen, ist über dem Meißel eine Schwerstange angebracht (Abb. 20). Zur Entnahme größerer Gesteins proben bedient man sich des Kernbohrers (Abb. 21).

Das Aufholen des Bohrschmandes erfolgt durch den Schlammlöffel oder die Schlammbüchse, einen Apparat, der in seiner Bauart dem Ventilbohrer entspricht (Abb. 15 und 16). Das Löffeln erfolgt am Seil vermittels einer Kabelwinde. Da der Bohrschmand zutage gefördert wird, ohne daß hierzu die Förderarbeit eines aufsteigenden Wasserstromes benutzt wird, so nennt man diese Bohrmethode auch „Trockenbohren", obschon das Bohrloch dabei wohl mit Wasser angefüllt sein kann.

35. Rutschere und Freifallapparat. Beim Bohren in größerer Teufe würde das Gestänge zu starken Erschütterungen ausgesetzt sein, wenn diese sich ohne Auslösung und ohne Federung durch dasselbe in ganzer Länge fortpflanzen würden. Man hat daher oberhalb des Meißels resp. der Schwerstange Zwischenstücke angebracht, welche den Bohrer bei oder vor dem Aufschlage des Meißels vom Gestänge lösen und dadurch die Erschütterungen des Meißels vom Gestänge fernhalten. Das einfachste, diesem Zweck beim Aufschlagen des Bohrers dienende Zwischenstück ist die Rutschere (Abb. 22), eine einfache ineinandergleitende Schere. Das Bohren mit der Rutschere ist auch unter dem Namen „Kanadisches Bohren" bekannt.

Ein anderes, die Fortpflanzung der Erschütterung des Meißels auf das Gestänge unterbindendes Mittel ist der Freifallapparat. Im Gegensatz zur Rutschere lösen die Freifallapparate den Bohrer vom Gestänge, nicht beim Aufschlagen auf der Bohrlochsohle, sondern wenn der Meißel angehoben ist. Es sind vornehmlich zwei Typen im Ge-

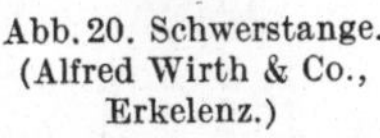

Abb. 20. Schwerstange.
(Alfred Wirth & Co.,
Erkelenz.)

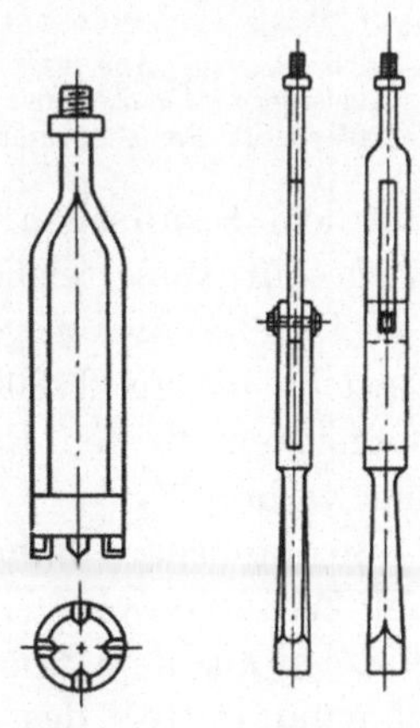

Abb. 21.
Kernbohrer.

Abb. 22.
Rutschere.

brauch: der Freifallapparat von Kind und der Freifallapparat von Fabian.

Der Kindsche Freifallapparat (Abb. 23) wirkt dadurch, daß zwei abwechselnd sich öffnende und schließende Haken (a) den an einem Abfallstück (b) hängenden Bohrer von der Bohrlochsohle emporziehen und, nachdem er hochgezogen ist, ihn wieder fallen lassen. Diese Wirkung wird durch einen Schirm (c) erzielt, einen Holzteller, welcher seine aufwärts gerichtete Bewegung noch fortsetzen kann, wenn Balancier und Gestänge ihren Hub bereits beendet haben, und der dabei einen Gleitkeil (d), das Herzstück, ebenfalls nach oben zieht und dadurch die Haken öffnet. Wesentlich erleichtert wird das Abwerfen, wenn der Balancier mit ziemlicher Geschwindigkeit federnd auf einen Prellbock aufschlägt und das Gestänge zum Stillstand bringt, während der Freifallschirm seine aufwärts gerichtete Bewegung vermöge seiner lebendigen Kraft noch fortsetzt und dadurch vermittels des Herzstückes die Freifallhaken vom Abfallstück auslöst.

Der Fabiansche Freifallapparat (Abb. 24) beruht darauf, daß ein Querkeil (a) einer mit dem Bohrer verbundenen Stange (b) in einem Schlitz (c) des oberen Anschlußgestänges gleitet, in dem er zwangsläufig auf einen Ruhesitz gebracht wird. Von diesem wird er durch einen drehenden Ruck des über Tage operierenden Krückelführers abgeworfen, sobald der Balancier resp. der Bohrer seine Hubhöhe erreicht hat.

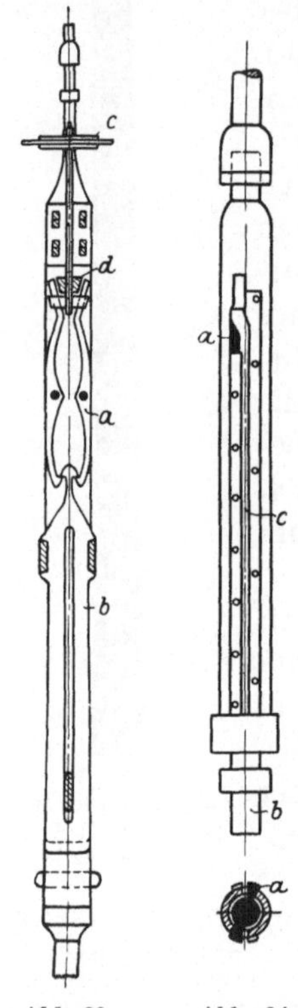

Abb. 23.   Abb. 24.
Kindscher   Fabianscher
Freifallapparat. Freifallapparat.

Nach dem kanadischen Rutscherensystem und dem Kindschen Freifallprinzip wurden bis zum Beginn des Weltkrieges in wasserreichem Gebirge eine Anzahl von Schächten bis zu 5 m Durchmesser abgebohrt. Die Schachtbohrer erreichten dabei ein Gewicht bis zu 25000 kg (vgl. Nr. 121). Heute ist das kanadische Bohrsystem in den Erdölgebieten von Galizien und Rumänien noch sehr verbreitet.

36. Stoßendes Bohren mit Spülung. Bei der Trockenbohrung geht viel Zeit dadurch verloren, daß der Bohrer mitsamt dem Gestänge jedesmal aus dem Bohrloche entfernt werden muß, ehe man den Bohrschmand mittels des Schlammlöffels zutage heben kann. Außerdem wird die Wirkung der Meißelschläge dadurch verringert, daß der

Bohrmeißel bei jedem Schlage nicht die reine Bohrlochsohle trifft, sondern erst eine mehr oder weniger mächtige Schlammschicht durchstoßen muß, ehe er auf der Bohrlochsohle aufschlägt. Infolgedessen zieht man es in vielen Fällen vor, den Bohrschmand während des Bohrens zu entfernen. Zu diesem Zweck benutzt man als Gestänge ein hohles, röhrenförmiges Gestänge, durch welches mittels einer Druckpumpe ein Wasserstrom bis zum Bohrlochtiefsten geleitet wird, der zwischen Gestänge und Bohrlochwand mit dem Bohrschlamm beladen wieder zutage aufsteigt. In festerem Gebirge kommt auch die umgekehrte Spülung zur Anwendung, bei welcher der Spülstrom zwischen Bohrlochwand und Gestänge abwärts geführt wird und im Gestänge mit Bohrschmand beladen wieder aufsteigt. Die umgekehrte Spülung hat den Vorteil, daß die Geschwindigkeit des aufsteigenden Wasserstromes größer ist und dadurch größere Gesteinspartikel und Gebirgsproben zutage gebracht werden. Um dem Spülstrom einen möglichst ungehemmten Durchfluß durch das Röhrengestänge zu ermöglichen, werden die Gestänge innen mit glatter, d. h. den Röhrenquerschnitt nicht verengenden Verbindungen versehen. Über Tage wird der Spülstrom durch den Holländer oder Drehkopf (Abb. 25) eingeleitet. Der Bohrmeißel ist zum Zwecke der Spülung in seiner Längsrichtung durchbohrt, so daß der Spülstrom immer im Bohrlochtiefsten austritt.

Sowohl die Rutscheren- als besonders die Freifallbohrung werden neuerdings durch besondere degenrohrähnliche Umgestaltung unter Verwendung von

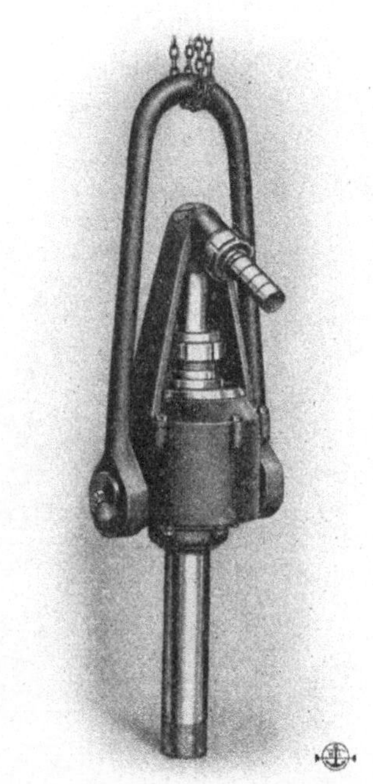

Abb. 25. Spulkopf
(Haniel & Lueg, Dusseldorf).

Hohlgestängen auch zu Spülbohrungen ausgebildet.

37. Dickspülung. Wenn das Gebirge gebräch ist, und die Wände wenig standhaft sind, kann man dadurch auf die Bohrlochwände einen stützenden Druck ausüben, daß man zur Spülung eine spezifisch schwere Flüssigkeit benutzt. Der hydrostatische, von innen nach außen gerichtete Druck dieser spezifisch schweren Flüssigkeit wird am leichtesten durch Beimischung von Lehm oder Tonschlamm zum Spülwasser hergestellt. Eine Spülung mit einem schweren, lehm- oder tonhaltigen Wasser bezeichnet man als Dickspülung.

38. Schnellschlagbohren. Besonders bei den neueren Schnellschlagverfahren wird das Bohrmehl zutage gespült. Hierbei verzichtet man auf die beweglichen Zwischenstücke der Rutschere oder des Freifalls, so daß der Bohrer mit dem Gestänge bis zum Balancier über Tage in starrer Verbindung steht. Das Gestänge ist dabei aber federnd aufgehängt (Abb. 26). Beim Bohrkran von Raky werden beim Niedergehen des vorderen Schwengelendes die Federn auseinandergezogen, beim Hochziehen federn sie zurück. Dadurch bleibt das Gestänge beim Aufschlagen des Meißels stets in Zugspannung.

Das Nachlassen des Gestänges erfolgt durch Klemmschlüssel (Springschlüssel), die vorn am Schwengelkopf angebracht sind, und bei jedem Umsetzen des Bohrers für einen kurzen Moment etwas gelüftet werden, so daß das Gestänge durch sein Eigengewicht durch den Klemmschlüssel durchschlüpft und tiefer sinkt. Wesentlich ist bei der Schnellschlagmethode, daß die Zahl der pro Minute erfolgenden Schläge sich um ein Mehrfaches gegenüber den Trokkenbohrmethoden stei

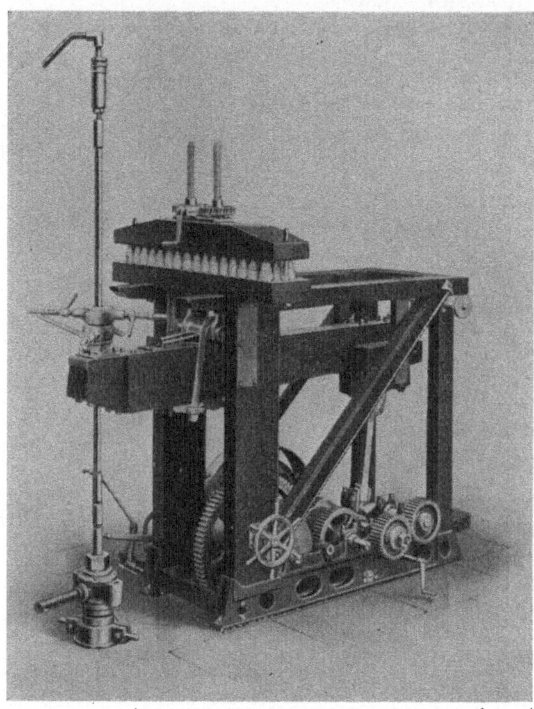

Abb. 26. Schnellschlagkran von Racky (Alfred Wirth).

gern läßt (80—150 Schläge gegen 30—60 bei Rutscheren- und Freifallbetrieb), wobei andererseits die Schlaghöhe des Meißels auf 5—20 cm gegen 60—80 cm, verringert wird. Die Leistungen des Schnellschlagverfahrens sind ganz bedeutend; namentlich in weicheren, tertiären Schichten sind Tagesfortschritte von 200 und mehr Metern keine Seltenheit.

Andere Schnellschlagbohreinrichtungen benutzen zum Antrieb ein Seil, an welchem das Bohrgestänge aufgehängt ist. Das Seil ist an einem Schwengel befestigt, der um eine horizontale Achse schwingt, wodurch das Bohrgestänge in auf und ab gehende Bewegung versetzt wird. Hierbei ersetzt die Elastizität des Seiles die federnde Verlagerung des Gestänges. Die Seilschlagkrane haben den Vorteil, daß man ohne Unterbrechung die gesamte Turmhöhe abbohren kann, bevor das Gestänge verlängert werden muß (Abb. 27 u. 28).

39. Seilbohrungen. Das starre Gestänge kann beim stoßenden Bohren auch durch ein Seil ersetzt werden, an dem der Bohrer hängt. Diese Bohrmethode ist schon uralt und bereits seit mehr als 2000 Jahren in China in Benutzung. Sie hat den Vorteil, daß sich beim Einlassen und Aufholen des Bohrers das Seil auf eine Trommel aufwickelt, wodurch sehr viel Zeit erspart wird. Außerdem sind Brüche des Gestänges und die damit zusammenhängenden, zeitraubenden und kost-

Abb. 27. Seilschlagkran (Haniel & Lueg, Düsseldorf).

spieligen Fangarbeiten bei dieser Bohrmethode vermieden, da ein Bruch des elastischen Bohrseiles kaum zu erwarten ist. Der Antrieb erfolgt durch einen Schwengel, an dessen mit einer Stellschraube versehenem Kopf das Seil angeklemmt ist. Beim Bohren wird das Seil abwechselnd nach rechts und links gedreht. Bei dieser Einrichtung glaubte man früher, nur mit Kreuzmeißel bohren zu können, da man befürchtete, das Bohrloch würde zu leicht unrund und führe zu Verklemmungen. Diesem Übelstand begegnet man bei Bohrungen mit Flachmeißel dadurch, daß man das Bohrloch von Zeit zu Zeit mit einem röhrenförmigen Meißel nachbüchst, und die Füchse aus der Bohrlochwand entfernt

Eine Verbindung der Spülung mit dem Seilbohrverfahren ist natürlich schwierig; daher muß der Schmand gelöffelt werden, was meistens durch eine besondere Löffelmaschine mit Löffelseil ausgeführt wird.

Das chinesische Bohren mit Seil fand seine Hauptanwendung in den amerikanischen Ölfeldern, woselbst mit diesem Verfahren die meisten älteren Bohrungen niedergebracht worden sind Daher heißt es auch pennsylvanisches oder kalifornisches Seilbohrverfahren Man hat mit dem Seilbohren daselbst bereits Teufen von etwa 1600 m erreicht.

Der Seilbohrmethode nahe verwandt ist das japanische Bambuhsystem, bei dem der Bohrer an einem biegsamen Bambuhgestänge befestigt ist, welches beim Aufholen des Bohrers auf großer hölzerner Trommel aufgewickelt wird.

Drehendes Bohren.

40. Spülung beim drehenden Bohren. Drehende Bohrmethoden. Für feste Gebirgsschichten ist dre-

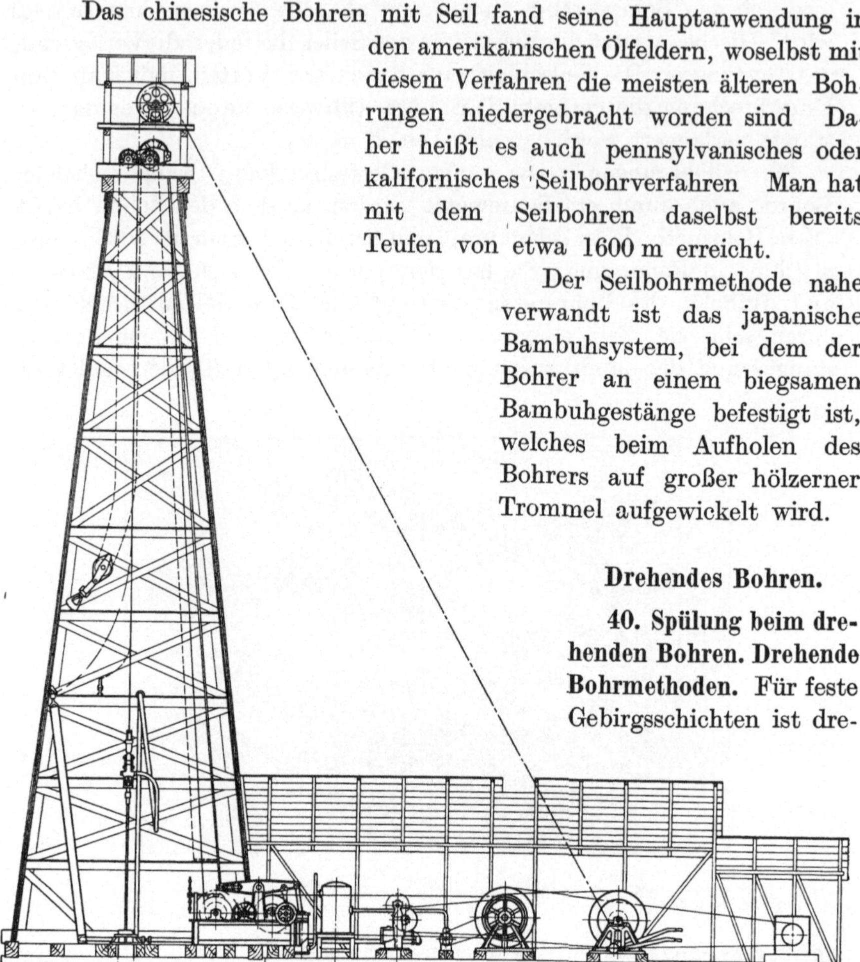

Abb. 28. Bohranlage mit Seilschlagkran (Haniel & Lueg, Düsseldorf).

hendes Trockenbohren (Nr. 32) nicht mehr geeignet, da das Schneidwerkzeug dabei zu sehr abgestumpft würde und außerdem die sich im Bohrlochtiefsten ansammelnden Schmandmassen den rotierenden Bohrer einklemmen würden. Im festen Gebirge ist somit bei drehendem Bohren nur Bohren mit Spülung möglich. Der Spülstrom wird dabei ebenso wie bei der stoßenden Spülbohrung durch eine Druckpumpe erzeugt, die ihn bis zur Bohrlochsohle führt und ihn mit Schmand beladen wieder zutage bringt.

Für drehendes Bohren kommen nur zwei Systeme: die Diamantbohrmethode und das Rotarysystem, in Betracht.

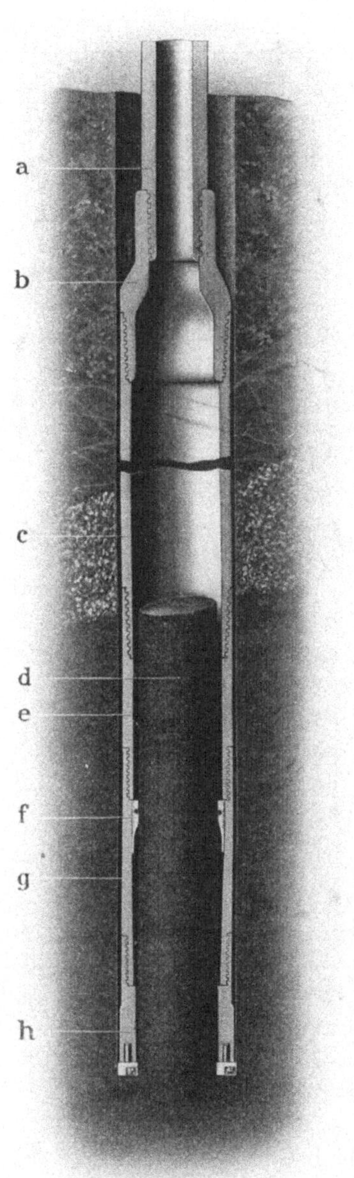

41. Das Diamantbohren. Im Prinzip besteht das Diamantbohrsystem darin, daß (Abb. 29 und 30) eine zylindrische, hohle Stahlbohrkrone auf ihrer unteren kreisringförmigen Fläche mit einer Anzahl Diamanten besetzt ist und auf der Bohrlochsohle rotiert. Die Diamanten schaben dabei das Gebirge als feinstes Bohrmehl ab, und es entsteht ein röhrenförmiger Hohlraum von kreisringförmigem Querschnitt, in dem zentrisch ein zylindrischer unversehrter Rest des Gebirges, der Kern, stehengeblieben ist. Dieser Kern wird darauf durch

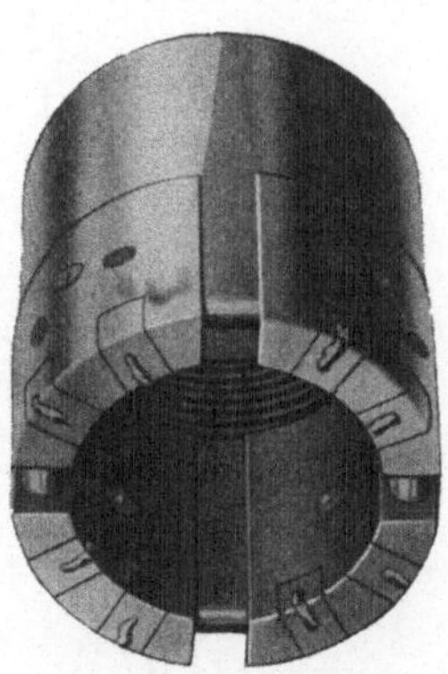

Abb. 30. Diamantbohrkrone.
(Peiner Maschinenbaugesellschaft, Peine).

einen oberhalb der Krone angebrachten Kernfänger abgebrochen und zutage gefördert.

Als beste Diamanten für Bohrzwecke gelten die dunklen Karbonate. Zur Aufnahme der Diamanten ist die Bohrkrone unten mit einem Ring aus weichem Eisen versehen, in dessen unteres Ende, der Lippe, Löcher gebohrt werden, in welche die Diamanten eingesetzt

Abb. 29. Zusammensetzung des Diamantbohrgestänges. (Peiner Maschinenbaugesellschaft, Peine.) a) Gestänge; b) Übergang von Gestänge auf Kernrohr; c) Kernrohr; d) Kern; e) Übergang von Kernrohr auf Krone; f) Fangring; g) Fangkonus; h) Bohrkrone mit Disken.

Schneiders, Erdöl.

3

und durch Verstemmen der Lochränder festgehalten werden. Manchmal werden die Diamanten auch in auswechselbare Eisenwürfel (Disken) eingesetzt. Nuten gestatten dem Spülstrom Durchfluß.

Der oberhalb der Krone angebrachte Kernfänger ist ein 10—20 m langes Rohr von etwas weiterem Querschnitt, als ihn das Gestänge

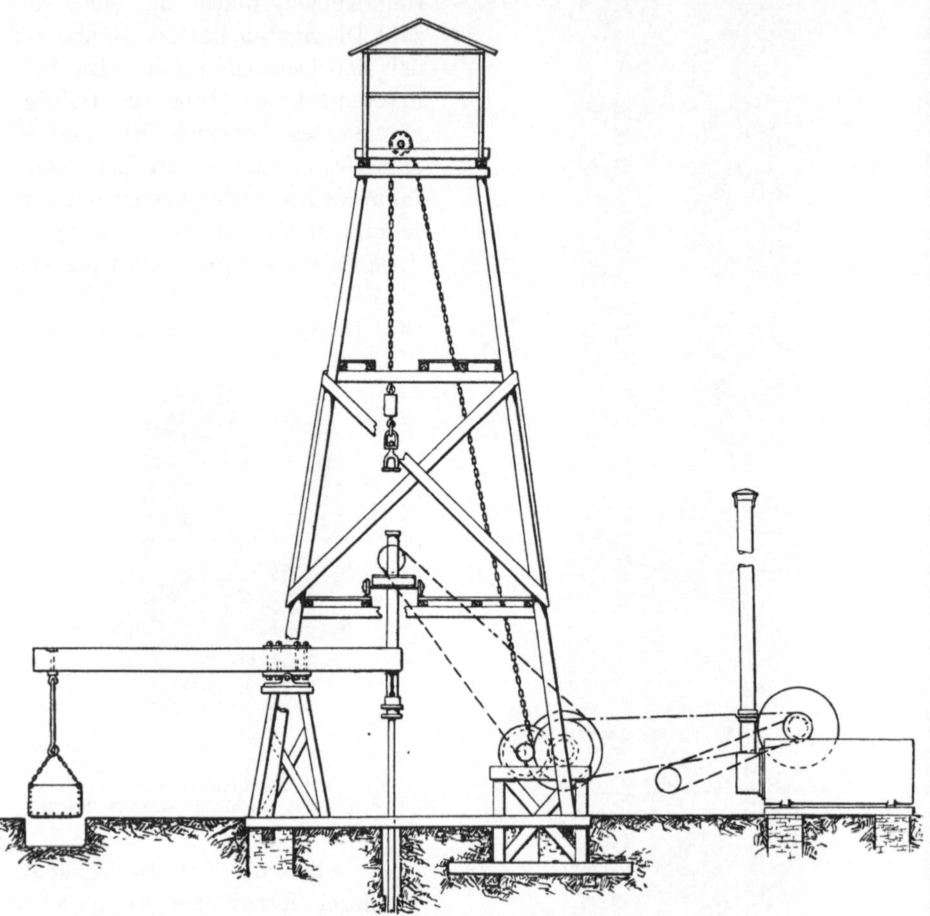

Abb. 31. Diamantbohreinrichtung mit Ausgleich des Gestängegewichtes.

aufweist, in welches sich beim Bohren der Kern hineinschiebt. In demselben liegt unten ein offener federnder Stahlring, der mit widerhakigen Zähnen versehen ist. Da das unterste Ende des Kernrohres ein wenig konisch nach unten zuläuft, so verengt sich beim Anheben des Kernrohres resp. des Gestänges der Federring, seine Zähne schneiden in den stehengebliebenen Kern ein und reißen ihn ab, so daß er zutage gebracht werden kann. Vielfach werden die Kerne auch dadurch abgebrochen, daß grobe Quarz- und Kieskörner eingespült werden, welche den Kern im Kernrohre klemmen und abbrechen.

Mit zunehmender Teufe würde das Gewicht des Gestänges die Diamanten zerdrücken. Daher wird dieses über Tage durch ein an einem Schwengel angebrachtes Gegengewicht so weit abgefangen, daß nur das zulässige Gestängegewicht auf die Diamantkrone drückt. Auch hängt wohl das Gestänge während der Bohrarbeit unter Zwischenschaltung eines Seilwirbels oder Kugellagers am Seil, dessen Ende ein ausbalancierendes Gewicht trägt (Abb. 31, 32).

Das Gestänge wird durch den Bohrwagen (Abb. 33) in Rotation versetzt. Dieser besteht aus einem fahrbaren Rahmen mit Antriebsriemenscheibe und einem konischen Räderpaare, meist mit zwei Führungsstangen für die Rotationsschelle. Der Bohrwagen ist meistens auf einer Bühne oberhalb · der Tagessohle angebracht.

Der größte Vorteil der Diamantbohrung besteht darin, daß man in den Kernen ganz unvermischte Gebirgsproben erhält, welche ein Studium der Gebirgsverhältnisse gestatten. Aus dem Kern kann man auch den Einfallswinkel der Schichten und bei vorsichtigem Fördern des Kernrohres auch die Streich- und Fallrichtung erkennen. Der Fortschritt ist im allgemeinen bei Diamantbohrungen in festem Gebirge größer als bei anderen Bohrsystemen. Ein Nachteil liegt einmal in dem großen Risiko des Diamantverlustes, also der großen Kosten, und ferner darin, daß das Bohrloch gar zu leicht von der vertikalen Richtung abweicht. Die Diamantbohrung eignet sich besonders für große Teufen.

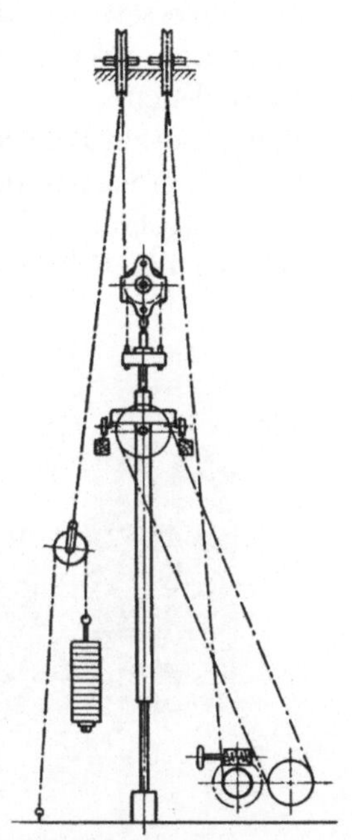

Abb. 32. Diamantbohreinrichtung der Deutschen Tiefbohr A.-G.

42. Bohrungen mit Ersatz der Diamanten. In weicherem Gebirge kann man auch anstatt der Diamantkrone eine mit Zähnen ausgerüstete Stahlkrone anwenden, deren Zähne entweder eingeschnitten oder eingesetzt sind. Ist das Gebirge noch

Abb 33. Bohrwagen. (Alfred Wirth, Erkelenz.)

weicher, so tritt an Stelle der Zahnkrone eine Fräserkrone, die entweder als Hohlkrone oder als Fräservollkrone ausgebildet ist.

Bei Diamantbohrungen in Konglomeraten und Quarziten usw.
ist der Diamantverlust sehr groß. Man verzichtet daher bei schwierigen
Gebirgsverhältnissen oft auf
die Verwendung von Diamanten und ersetzt sie durch scharf-
splitterige Schrotkörner aus
Koquillenguß, die mit dem
Spülstrom zur Bohrlochsohle gebracht werden. In der Kronen-
lippe eingebrachte Vertiefungen
nehmen die Schrotkörner mit,

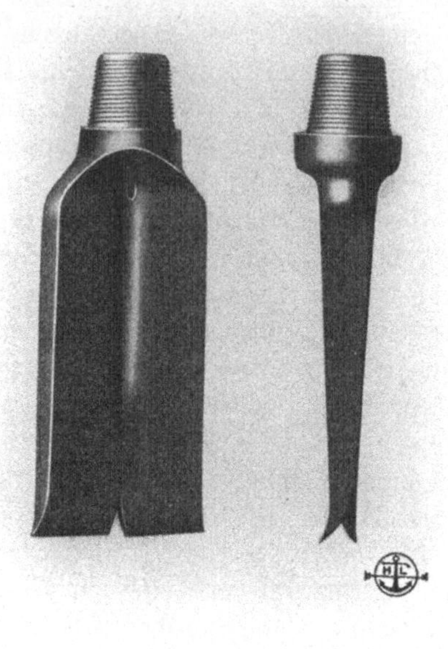

Abb. 34. Fräserkronen.
(Haniel & Lueg, Dusseldorf.)

Abb. 35. Fischschwanzmeißel.
(Haniel & Lueg, Dusseldorf.)

deren scharfe Kanten das Gebirge aus der Bohrlochsohle herausschaben.

43. Das Rotarysystem. Das Rotarybohren ist ein drehendes Bohren
mit einem Meißel, dessen Schneiden fischschwanzförmig umgebogen

Abb. 36. Drehtisch. (Alfred Wirth, Erkelenz.)

sind (Abb. 35). Die Einrichtung besteht in der Hauptsache aus einem
Drehtisch (Abb. 36), der mit den Schwellen des Bohrturmes fest ver-

bunden ist und den Rotationsantrieb des Gestänges vermittelt. Die Drehtischplatte ruht auf Kegelrollen und hat einen Durchlaß von etwa 500 mm und eine Aussparung, so daß der Meißel durchgefördert werden kann. Auf dem Drehtisch ist eine Klemmvorrichtung (Abb. 37) aufgesetzt, welche die Rotation der Tischplatte auf die in ihr eingeklemmte 10—12 m lange Mitnehmerstange (Abb. 38) überträgt. Die Abb. 39

Abb. 37. Klemmvorrichtung. (Alfred Wirth.)

Abb. 38.
Mitnehmerstange.
(Alfred Wirth,
Erkelenz.)

Abb. 39. Rotarybohrung im Niitsufelde in Japan.

zeigt eine Rotarybohrung im Niitsufelde in Japan. Die Mitnehmerstange ist oben vermittels eines Übergangsstückes am Spülkopf an dem Bohrgestänge angeschlossen. Der Spülkopf und somit das gesamte Gestänge mit Meißel hängt an einem Flaschenzug, dessen Seile wieder über Turmrollen laufen; von dort geht das Förderseil zu einer auf der Rasenhängebank befindlichen Fördertrommel.

Das Verfahren wird meistens unter Dickspülung in bereits aufgeschlossenen Erdölgebieten angewandt und setzt dabei eine möglichst gleichmäßige Beschaffenheit des Gebirges und eine geringe Festigkeit bei großer Mächtigkeit desselben voraus. Die tertiären Deckschichten mancher Erdöllager sind für das Durchbohren mittels des Rotarysystems sehr geeignet.

Die Umdrehungszahl des Bohrers — und das ist mit das Charakteristische des Systems — ist eine sehr große und schwankt zwischen 30 und 90 Touren pro Minute; dabei drückt der Bohrer nicht mit der Gestängewucht auf die Sohle, sondern schwebt mehr oder weniger dicht über ihr, und die erodierende Kraft des in schnelle Rotation versetzten Spülwassers ist ein die Arbeit des Bohrers wesentlich unterstützendes Moment.

Jedoch können, zumal bei steilem Einfallen der Gebirgsschichten, härtere Zwischenlagen bei dem Rotarysystem außerordentlich störend sein. Trifft man auf derartige härtere Schichten, oder hat man es mit einer steilen Schichtenstellung zu tun, so ersetzt man den Fischschwanzbohrer oft durch einen mit rotierenden Fräsern ausgerüsteten Bohrer.

44. Bedingungen für die Anwendung der verschiedenen Bohrsysteme. Bei den meisten Bohrungen, zumal in unbekannten Gebieten, also bei Aufschlußbohrungen ist es von Wichtigkeit, daß die Einrichtung so getroffen wird, daß man ohne Schwierigkeit von einem Bohrsystem zum anderen übergehen kann, um den oft unvermutet veränderten Verhältnissen Rechnung zu tragen. Dies gilt auch von Ölbohrungen in bekanntem Gebirge, bei welchen man, sobald der Ölhorizont zu erwarten ist, in der Regel von der Spülbohrung zur Trockenbohrung überzugehen pflegt, um die Ölschichten rechtzeitig zu erkennen und das oder die Lager selbst vor einer Verwässerung zu bewahren.

Das kanadische und Freifallbohren verzeichnet zwar meist nur mäßige Fortschritte, läßt sich aber fast in jedem Gebirge ausführen.

Ebenso ist das Schnellschlagbohren in hartem und mildem Gebirge durchzuführen und eignet sich besonders für mittlere Teufen. Bei diesem System ist die Ausrüstung der Bohrapparate mit einer Einrichtung, um zuweilen zum Kernbohren überzugehen, besonders erwünscht.

Das Seilbohren eignet sich für festes und halbfestes Gestein bis zu großen Teufen.

Das Rotarysystem gestattet in milden Gebirgsschichten bis zu großen Teufen einen schnellen Fortschritt.

Die Diamantbohrungen kommen vornehmlich in festem Gebirge in jeder Teufe namentlich dann zur Anwendung, wenn es sich um Aufschlußbohrungen handelt.

Die Kosten eines Bohrloches betragen in Deutschland je nach der Natur des Gebirges bei mittleren Teufen etwa 50—100 M. pro Meter. Für amerikanische Verhältnisse werden im Jahre 1924 folgende Bohrkosten angegeben:

	Dollar	durchschnittliche Teufe
West Kentucky	3925	1150 Fuß
Glen pool ⎫ Oklahoma . . . ⎧	4000	1500 ,,
Cushing pool ⎭	9000	2575 ,,
Pennsylvanien	10000	2100 ,,
Smackover	17000	2600 ,,
Kansas	22000	2200 ,,
Saltcreek	25000	2300 ,,
Burbank	30000	3000 ,,
Tonkawes	37500	2600 ,,
Nord-Texas	40000	3500 ,,
Huntington Beach	60000	2500 ,,
bis	100000	bis 4000 ,,
Santa Fe Springs	85000	2500 ,,
bis	125000	bis 4500 ,,
Mexiko	15000	1750 ,,
bis zu	250000	2700 — 3500 ,,

Besondere Arbeiten beim Bohren.

45. Fang- und Reparaturarbeiten. Bei Bohrungen ereignen sich des öfteren Brüche des Gestänges, die zu beseitigen die nötigen Vorkehrungen getroffen sein müssen. Um das im Bohrloch verbliebene Gestänge zu fangen, bedient man sich der Fangdorne für Hohlgestänge,

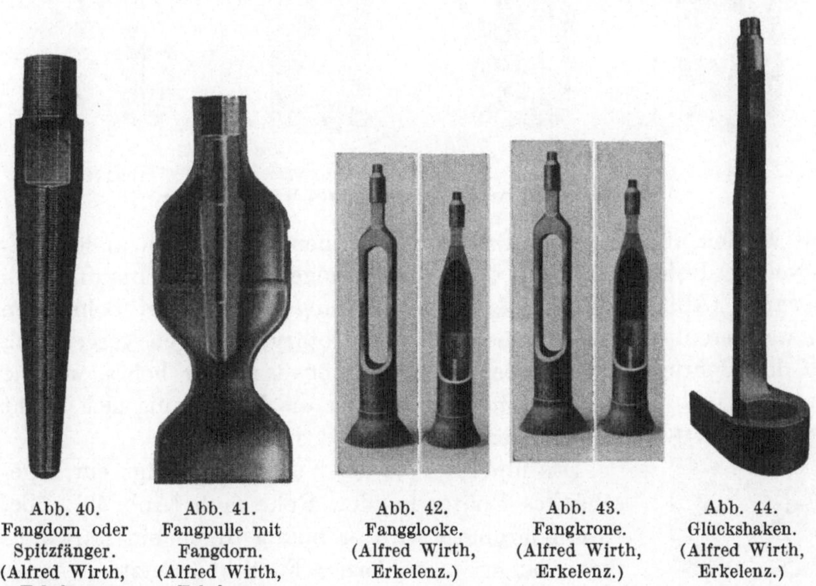

Abb. 40.	Abb. 41.	Abb. 42.	Abb. 43.	Abb. 44.
Fangdorn oder Spitzfänger. (Alfred Wirth, Erkelenz.)	Fangpulle mit Fangdorn. (Alfred Wirth, Erkelenz.)	Fangglocke. (Alfred Wirth, Erkelenz.)	Fangkrone. (Alfred Wirth, Erkelenz.)	Glückshaken. (Alfred Wirth, Erkelenz.)

Abb. 40, und der Fangglocke für Hohl- und Massivgestänge. Zum Fangen schwerer Gegenstände verwendet man auch Fangkronen, welche innen mit Fangklappen ausgerüstet sind (Abb. 43). Abb. 44 zeigt einen Glückshaken, mit dem das abgebrochene Gestänge aufgerichtet und gefangen wird.

46. Die Verrohrung. Fast alle Bohrlöcher bedürfen einer Verrohrung, welche durch Einbau schmiedeeiserner oder stählerner Rohre bewerkstelligt wird. Die Verrohrung soll aber bei Ölbohrungen nicht nur wie bei Bohrungen auf feste nutzbare Mineralien den Nachfall oder das Auswaschen der Bohrlochwandungen durch den Spülstrom sowie Spülverluste usw. verhüten, sondern vor allen Dingen den Zutritt hangender Wasser zum Öllager und eine damit in Zusammenhang stehende Verwässerung des Lagers unterbinden.

Die Rohre sind entweder genietete Blechrohre, geschweißte flußeiserne Rohre oder nahtlos gewalzte Stahlrohre. Sie haben meist eine außen glatte Verbindung und sind dann an der Verbindungsstelle eingezogen (Abb. 45) oder durch eine Innenmuffe verbunden (Abb. 48).

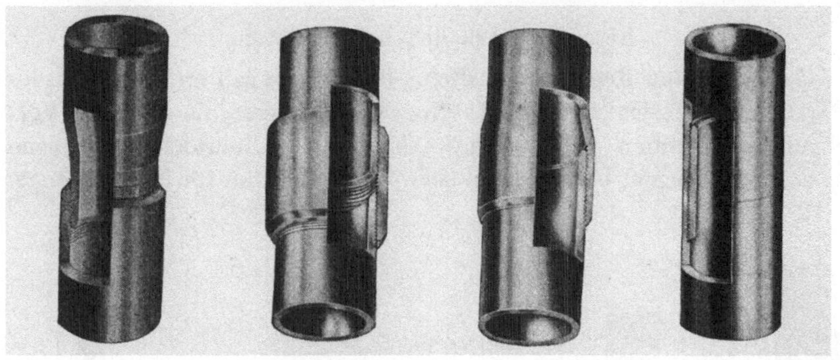

Abb. 45.   Abb. 46.   Abb. 47.   Abb. 48.
Abb. 45—48. Rohrverbindungen. (Alfred Wirth, Erkelenz.)

Oft werden aber auch bei Ölbohrungen innen glatte, nach außen aufgeweitete Rohre (Abb. 47) oder Verbindungen mit Außenmuffen angewandt (Abb. 46). Die letztere Verbindung wird oft bei Bohrungen in weicherem Gebirge, namentlich bei Rotarybohrungen vorgezogen, da das Bohrloch sich hierbei gewöhnlich etwas weiter bohrt, wie die Bohrerbreite angibt, und die Verrohrung sich leicht unterschneiden läßt.

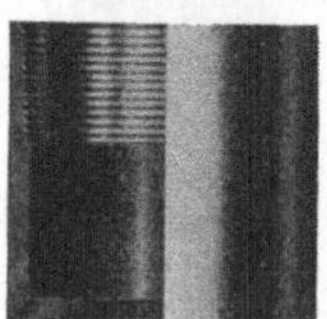

Abb. 49.
Rohrschuh.
(Alfred Wirth,
Erkelenz.)

Das untere Ende der Verrohrung trägt ein zugeschärftes Rohrende, den Rohrschuh (Abb. 49). Bei Erdölbohrungen wird er häufig durch ein starkwandiges, längeres, stählernes Fußrohr ersetzt.

47. Das Unterschneiden. Im allgemeinen wird man bestrebt sein, jede Rohrtour so tief wie möglich in das Bohrloch einzubringen. Bietet das Gebirge aber einen zu großen Widerstand, so muß man den Rohrschuh unterschneiden. Das einfachste Mittel hierzu ist ein Exzentermeißel. Abb. 50 zeigt einen solchen für Trockenbohrung, Abb. 51

einen für Spülbohrung. Wirksamer sind aber die Unterschneider. Auch diese werden für Trockenbohrung (Abb. 52) und für Spülbohrung (Abb. 53) ausgeführt. Gewöhnlich sind die Unterschneider oder Erweiterungsbohrer mit 2 oder 4 Schneidbacken ausgerüstet, die durch Federn nach auswärts gedrückt werden, sich beim Hochziehen des Gestänges aber wieder einziehen.

48. Mehrmalige Verrohrung. Wenn die Rohre auch durch Unterschneiden nicht mehr tiefer zu bringen sind, so muß man engere Rohre einbringen, also den Bohrlochdurchmesser verkleinern. Die Abb. 54—57 zeigen verschiedene Arten der Verrohrung.

Abb. 50.
Exzentermeißel.
(Alfred Wirth,
Erkelenz.)

Beim rotierenden Bohren werden die Bohrrohre mit einem Gewinde versehen, welches demjenigen des Gestänges entgegengesetzt gerichtet ist, damit durch die Reibung des Gestänges an den Bohrrohren diese nicht auseinandergeschraubt werden.

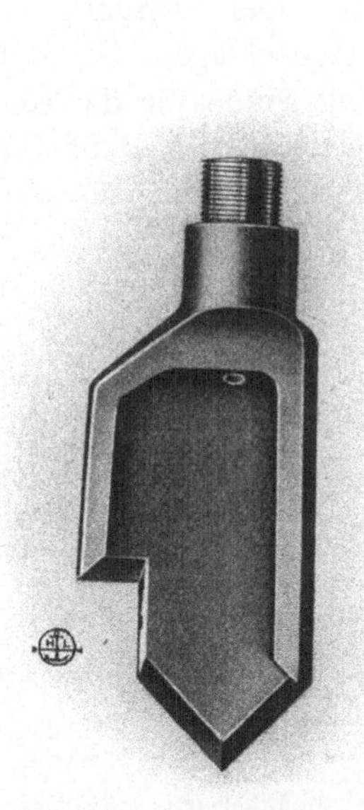

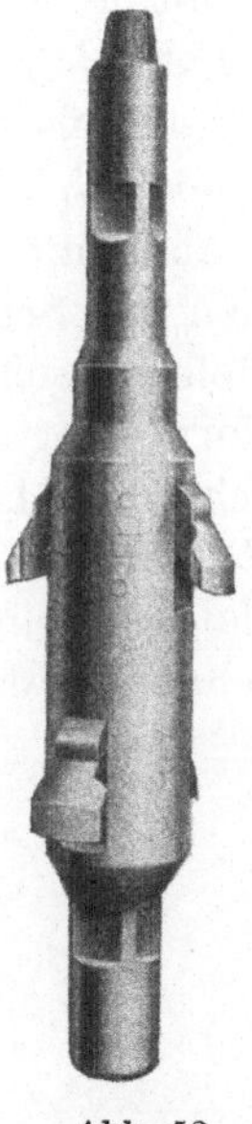

Abb. 52.
Unterschneider
für Trockenbohrung.
(Alfred Wirth,
Erkelenz.)

Abb. 51. Exzentermeißel.
(Haniel & Lueg, Düsseldorf.)

Abb. 53. Unterschneider für
Spülbohrung. (Haniel & Lueg,
Düsseldorf.)

Im Öllager selbst wird das Bohrloch, um es vor dem Zuschlämmen durch die ölhaltigen Gebirgsmassen zu schützen, durch Filterrohre verrohrt, welche dem Öl Durchtritt gestatten. In manchen Öllagern haben sich Filterrohre mit Längsschlitzen denen mit runden Filterlöchern überlegen gezeigt.

Die Verrohrung kann dem Bohrer ständig und unmittelbar folgen, und dies muß angestrebt werden, wenn das Gebirge zu Nachfall neigt; oder aber der Bohrer bohrt, wenn das Gebirge dies erlaubt, erst vor, worauf die Rohrtour nachträglich mit einem Male in entsprechender Höhe der Vorbohrung eingebracht wird. Namentlich bei der Rotarybohrung und beim Schnellschlagbohren pflegt man die Rohrtour erst einzubauen, nachdem der Bohrer auf eine gewisse Teufe vorgebohrt hat. Die Dickspülung leistet hierbei wesentliche Dienste, indem sie die Bohrlochwände provisorisch stützt, bis die Rohre eingebracht sind.

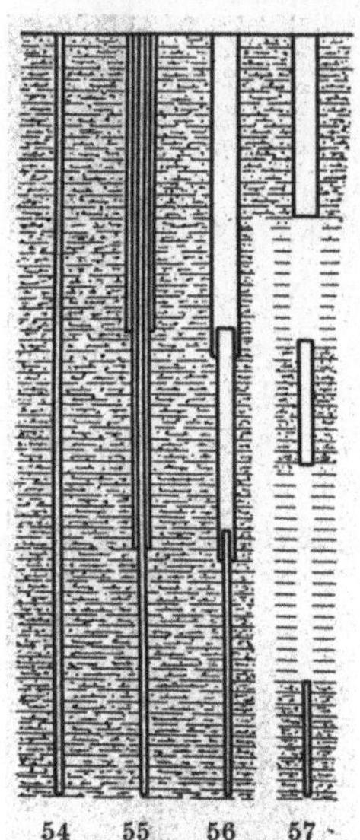

Abb. 54. Einfache Verrohrung. Abb. 55. Gultige Verrohrung. Abb. 56. Teleskopische Verrohrung. Abb. 57. Verlorene Verrohrung.

49. Einbringung der Verrohrung. Die Verrohrungen werden zunächst durch ihr eigenes Gewicht mit der Rohr- oder Hebekappe, der Rohrpulle (Abb. 58) gesenkt, welche oben entweder mit Anschlußgewinde für das Gestänge oder mit einem Wirbel zum Anschlagen des Seiles, unten aber mit Anschlußgewinde für die Rohre versehen ist. Setzen die Rohre an oder oberhalb der Bohrlochsohle auf, so werden sie durch Preßeinrichtungen tiefer gedrückt. Dazu ist der Rohrschuh geschärft, so daß der Schuh den sich ihm bietenden Widerstand leichter durchschneidet. Oft ist die Schuhschneide gezahnt, so daß sie beim Drehen der Rohrtour als Säge wirkt und sich so das Einschneiden des Schuhes wirksamer gestaltet.

Abb. 58. Rohrpulle.
(Alfred Wirth, Erkelenz.)

Abb. 59. Rohrschelle.
(Alfred Wirth, Erkelenz.)

Das Einpressen geschieht durch Belastung der an den Rohren über Tage fest angeschraubten Rohrschellen (Abb. 59). Wenn das Auflegen von Gewichten für das Niederbringen der Rohre nicht genügt, muß man sie durch hydraulische Pressen oder durch Schraubenpressen niederdrücken. Dabei dienen das Gewicht des Bohrturmes und seiner

Ausrüstung sowie die früher eingebrachten weiteren Rohrtouren als Widerlager. Des öfteren werden die Rohre auch durch Rammen tiefer gebracht.

Wenn auch mit diesen Hilfsmitteln die Rohrtour nicht mehr zum Sinken gebracht werden kann, so pflegt man sie, wie erwähnt, zu unterschneiden.

50. Das Ziehen der Verrohrung. Bei Aufgabe des Bohrloches gewinnt man die Rohrtouren mit denselben Instrumenten, mit denen sie eingebracht wurden, wieder. Sinngemäß wird man dabei die Preßeinrichtung umgekehrt, d. h. als eine die Zugkraft ausübende Einrichtung umbauen und die Rasenhängebank, also den Erdboden, als Widerlager benutzen. Ein zuweilen benutztes Instrument, um die Rohre zu ziehen, ist die Fangbirne, ein birnenförmiger Eisenklotz, der am Seil eingelassen wird und dann mit Sand und Kies zugeschüttet wird. Dadurch klemmt sich die Birne in den Rohren beim Anziehen des Seiles fest, so daß sie dem Seilzuge folgen.

Haben sich die Rohre verdrückt, so werden sie mit der Treibbirne (Abb. 60) ausgebeult oder mit einem Rohrfräser ausgefräst.

Zum Abfangen der Rohre bedient man sich der Rohrschelle oder der Rohrkeilklemme. Die letztere besteht aus einem konisch geformten, ringförmigen Klemmkörper, in den sich mit Handgriffen versehene, zu einem Klemmring zusammenbauende Klemmkeile einschieben. Die Klemmringe sind innen mit scharfen Klemmrillen versehen, an denen sich die Rohre aufhängen resp. festklemmen.

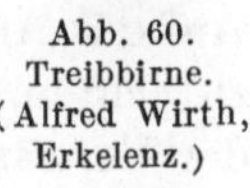

Abb. 60.
Treibbirne.
(Alfred Wirth,
Erkelenz.)

51. Rohrschneider und Rohrfänger. Sitzen die Rohre derartig fest, daß sie allen Bemühungen, sie zu ziehen, nicht nachgeben, so müssen sie, falls sie sich nicht unter Tage auseinanderschrauben lassen, mit Rohrschneidern in einzelne Stücke zerschnitten und zerlegt wiedergewonnen werden. Zum Schneiden der Rohre dient meist der hydraulische Rohrschneider (Abb. 61). In dem Zylinder des Schneiders liegt ein dicht schließender Kolben, der durch eine Feder beim Einlassen getragen wird. An Ort und Stelle angelangt, wird durch Wasserdruck der Kolben nieder- und die Feder zusammengedrückt; dabei schiebt der mit dem Kolben verbundene konische Stift die die Schneidrädchen enthaltenden Backen des

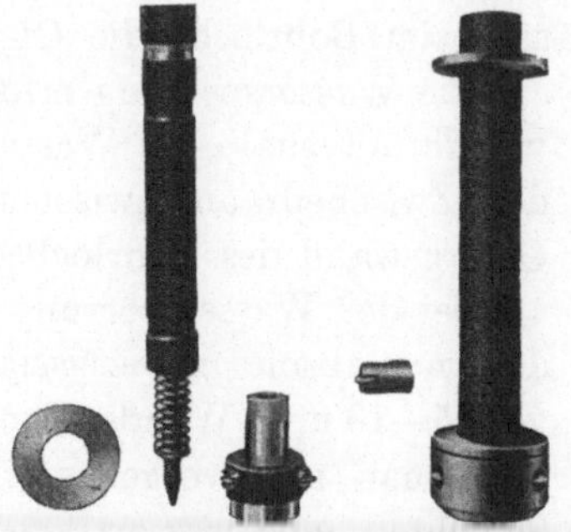

Abb. 61. Rohrschneider zerlegt und zusammengesetzt. (A. Wirth, Erkelenz.)

Schneidkopfes auseinander. Mit Drehen des Gestänges und der Schneidrädchen schneiden diese dann das Rohr durch.

Zum Fangen der Rohre und zum Anschrauben derselben im Bohrloch werden Spitzfänger benutzt, die denen, die zum Fangen der Bohrgestänge dienen, entsprechen.

52. Das Verlassen der Bohrlöcher. Bei Erdölbohrungen muß man mit einem hohen Prozentsatz von Rohrverlusten rechnen, da die Verrohrungen nach Fündigwerden jahre- und jahrzehntelang in der Erde stehenbleiben müssen, und auch ein Teil der Rohre bei der Wassersperrung in den Deckschichten so fest eingebettet ist, daß er aus seiner Dichtung nicht mehr gelöst werden kann.

Im übrigen tut man gut, mit dem Ziehen der Rohre so lange wie möglich zu warten, da, wie im dritten Teile dieser Schrift dargetan wird, die Bohrlöcher im Bergwerksbetriebe von großer Wichtigkeit sein können. Es liegt außerdem bei jedem Ziehen der Rohre die Gefahr vor, daß wasserführende Schichten geöffnet werden, und ihr Wasser dadurch Zutritt zum Öllager erhält.

53. Wassersperrung in Bohrlöchern. In den meisten Fällen hat der Bohrer, ehe er das Öllager erreicht, wasserführende Schichten zu durchteufen; auch kommt es oft vor, daß der Bohrer nach Erbohren eines Öllagers auf der Suche nach tieferen Ölhorizonten auf wasserführende Schichten trifft, oder, daß Öllager mit Wasserschichten abwechseln. Auf das Auftreten von Wasserschichten ist bei Ölbohrungen sorgfältigst zu achten, da Öllager gar zu leicht, bei mangelhafter Wassersperrung der Verwässerung und Vernichtung anheimfallen. Die Wassersperrung muß die Gewähr geben, daß sie auch von Dauer und gegen Zerstörung und Beschädigung bei den nachfolgenden Arbeiten gesichert ist. Die Arbeiten zur Sperrung der Wasser können erst beginnen, nachdem das Rohrloch von Schlamm gründlich gereinigt ist, und die Wassersäule im Bohrloche die Gleichgewichtslage erreicht hat.

Die Wassersperrung erfolgt durch die Verrohrung des Bohrloches, welche unterhalb des Wasserhorizontes außen eine Packung erhält, die den Zwischenraum zwischen der Außenwandung der Rohre und der Gebirgswand des Bohrloches abdichtet.

Bei der Wassersperrung sind, sobald es sich um einige Teufe handelt, nur absolut zuverlässig geschweißte oder nahtlos gewalzte Rohre von 5—10 mm Wandstärke zu verwenden. Vor der Wassersperrung muß man sich vergewissern, daß unterhalb der Wasser führenden Schichten eine wassertragende Gebirgsschicht von gehöriger Festigkeit und genügender Mächtigkeit vom Bohrer erteuft ist, welche imstande ist, die auf ihr lastende Rohrtour mit Sicherheit zu tragen. Hat man unter der Wasserschicht als wassertragendes Gebirge plastischen oder lettigen Ton erteuft, so dichtet die Rohrtour von selbst, indem sie vermöge ihres Eigengewichtes so tief in das wasserundurchlässige Gebirge eindringt, daß die Verbindung zwischen dem Wasser und dem Bohrlochinnern unterbunden ist. Jedenfalls preßt man die Rohrtour möglichst tief in die wassertragende Schicht hinein, wozu die Rohrtour unten mit dem scharfschneidenden Rohrschuh ausgestattet ist. Ein Einsinken der Schneide in den Ton in Höhe von 5—10 m je nach der Größe des Wasserdruckes wird im allgemeinen genügen. Ist diese Höhe der Dichtung schwer zu erreichen, so bohrt man vor Ausführung der Wassersperrung einige Meter mit kleinerem Durchmesser vor, damit das von dem Schuh der wassersperrenden Rohrtour beim Einpressen weggeschnittene Gebirge nach innen zu Raum zum Ausweichen findet, und die Rohrtour um so leichter einsinkt.

54. Künstliche Herstellung eines wassertragenden Bettes. Wenn unterhalb des wassertragenden Gebirges keine zuverlässige Schicht anzutreffen ist, muß man dieselbe künstlich schaffen. Zu diesem Ende erweitert man das Bohrloch unterhalb der wasserführenden Schicht mittels Exzentermeißels oder Erweiterungsbohrers so weit wie möglich und bringt darauf auf die Bohrlochsohle in größerer Höhe ein Packungsmaterial aus Tonkugeln an, das festgestampft wird. Die Tonkugeln dürfen aber bei größerer Teufe nicht einfach in das Bohrloch geworfen werden, da man sonst Gefahr läuft, daß sie beim Durchfallen der Wassersäule sich zu Schlamm auflösen. Man muß sie also mit dem Löffel bis zum Bohrlochtiefsten bringen. Manchmal führt man neben den Tonpackungen auch anderes Dichtungsmaterial, wie Werg u. dgl., mit in das Bohrlochtiefste ein. Das ganze Material wird darauf zusammengestampft, so daß das Dichtungsbett eine Höhe von etwa 10 m erhält. Auf dieses Dichtungsmaterial wird die Rohrtour aufgesetzt und eingepreßt, während allmählich das Packungsmaterial im Innern der Rohrtour wieder herausgebohrt wird.

55. Wassersperrung durch Zementieren. In festem Gebirge ist es besser, den erweiterten Teil des Bohrloches unterhalb und innerhalb des wasserführenden Gebirges mit reinem Zementbrei ohne Sandzusatz zu füllen und in diesen vor Erhärten des Zementes die Rohrtour einzusenken; sie darf aber nicht frei aufsetzen, sondern muß mehr oder weniger entlastet sein, da sie sonst während des Erhärtens des Zementes noch tiefer einsinken und somit das Abbinden stören könnte. Bei der Dichtung durch Zement ist es besonders wichtig, daß das Bohrloch von Schlamm gründlich gereinigt wird.

Zum Einbringen des reinen Zementbreies werden verschiedene Einrichtungen, insbesondere Löffel gebraucht, deren Boden sich öffnet, sobald sie auf der Bohrlochsohle aufsetzen, oder deren Bodenklappen mittels Seil hochgezogen werden, wenn der Zementierlöffel unten angelangt ist. Derartige Einrichtungen haben aber den Nachteil, daß sie sich zuweilen schon beim Abwärtsfördern unterwegs im Bohrloche öffnen und ihren Inhalt in das Bohrloch ergießen, oder aber die Zementierlöffel öffnen sich zwar sicher an Ort und Stelle, entlassen aber ihren Inhalt hier nur unvollkommen oder überhaupt nicht, so daß er erst beim Hochfördern des Löffels ausgespült wird. Außerdem wird das Abbinden des einmal eingebrachten Zementes von jeder nachfolgenden Charge Zement gestört, weshalb man tunlichst sich so einrichten sollte, daß man mit einer einmaligen Zementaufgabe auskommt.

56. Zementieren durch Rohrleitungen. Einfach gestaltet sich das Zementieren, wenn man den Zementbrei durch zwei- bis dreizöllige Rohre zur Sohle fließen läßt. Größeren Durchmesser zu wählen ist nicht angebracht, da es kaum möglich ist, eine ununterbrochene Säule von Zementbrei zur Sohle zu fördern, wenn die Rohrleitung infolge einer zu großen Querschnittsfläche zuviel Zement verschluckt, und der Zufluß des Zementes über Tage zu seinem Versinken in der Rohrleitung nicht im richtigen Verhältnis steht. Denn darauf kommt es beim Zementieren durch Rohrleitungen an, daß der Zementfaden nicht unterbrochen wird, und daß verhütet wird, daß der Zement infolge der Unterbrechung eine mehr oder weniger hohe Wassersäule durchfallen muß.

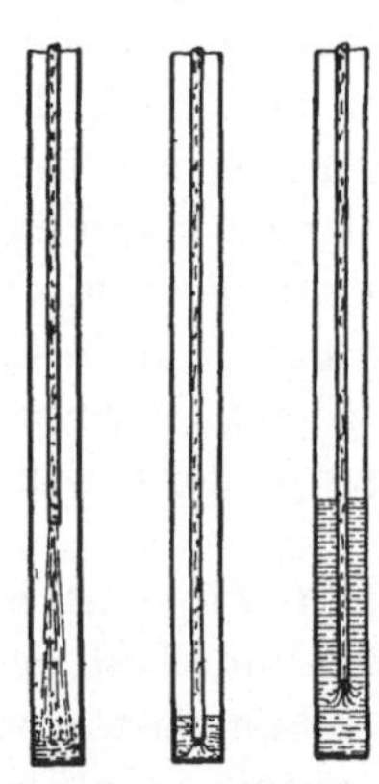

Abb. 62.   Abb. 63.
Abb. 62. Falsche Zementierung unter Wasser.
Abb. 63. Richtige Zementierung unter Wasser.

Wenn dieser eine Wassersäule von auch nur geringer Höhe durchfällt, wird er nicht abbinden, sondern versaufen und anstatt einer Abdichtung ein Schlammbett, eine Zementseife, bilden, durch die das Wasser bald wieder durchbricht.

Daher muß man den Zement auch zunächst möglichst dicht über der Bohrlochsohle austreten lassen, damit der allzu stürmische Ausfluß des Zementbreies, der sonst die Gebirgsmassen ausspülen könnte, gedrosselt wird. Mit Ansteigen des Zementes muß man weiter aus gleichem Grunde bestrebt sein, den Zement immer unterhalb der Zementoberfläche ausströmen zu lassen (Abb. 62 und 63). Über Tage erfolgt das Anmachen des Zementes am besten in einer Pfanne, welche durch feine Siebe den Zementbrei in einen auf die Zementierleitung aufgesetzten Trichter entläßt. Hierbei kann man rechnen, daß auf einen Raumteil Zementpulver ein bis zwei Raumteile Wasser verwandt werden. Eine Zementierpumpe wird bei richtiger Handhabung der Zementierarbeiten im allgemeinen nicht nötig sein, denn das Gewicht der niederströmenden Zementmilch ist so groß, daß es, vorausgesetzt, daß die Rohrtour stets gefüllt bleibt, allen Zement aus der Pfanne mit großer Saugwirkung in das Bohrloch hineinzieht. Ist das spezifische Gewicht der Zementsäule

z. B. 1,5, so strömt sie bei 100 m Teufe bei freiem Ausfluß im Wasser bereits mit 5 Atm. Überdruck aus.

Mit steigendem Zement im Bohrloch wird die Zementierleitung hochgezogen. Ist die Zementierung hoch genug bis über den Wasserhorizont gestiegen, so wird man nunmehr die sperrende Rohrtour bis zum Bohrlochtiefsten, also durch den Zementbrei hindurch absenken und diesen den Rohrschuh einzementieren lassen.

Nach dieser Vorschrift eingebrachte Zementfüllung wird in festem wasserreichem Gebirge zuverlässig dichten. Das Zementierrohr wird man nach Beendingung der Zementierung sofort wieder aus dem Bohrloch entfernen. Da es nur darauf ankommt, den zwischen Rohrtour und Gebirgswand befindlichen Zementbrei zuverlässig zum Abdichten zu bringen, der im Rohrinnern stehende Zement aber nach Erhärten in unangenehmer Weise die Arbeit verzögern könnte, so wird dieser Teil des eingebrachten Zementbreies während des Erhärtens, soweit es möglich ist, durch vorsichtiges Vermengen mit Tonbrei am Abbinden gehindert. Das Einbringen des Tonbreies erfolgt mittels Löffels oder durch die gleiche Leitung, mit welcher vorher der Zement eingebracht worden ist.

Die Dichtungshöhe zwischen der wasserführenden Schicht und der Schuhschneide sollte je nach der Größe des Wasserdruckes gewählt werden, aber normalerweise nicht unter 4—6 m betragen. Man kann auch die Zementpropfen dadurch noch wirksamer gestalten, daß man nach Beendigung der Zementierung aber vor Beginn des Abbindens die Rohrtour über Tage verschließt und ein Preßluftkissen auf dem Wasser im Bohrloche ruhen läßt, welches den Zement aus dem Bohrloche noch höher hinter die Verrohrung drängt.

In gleicher Weise ist das Öllager zu schützen, wenn das Wasser im Liegenden des Öllagers erbohrt worden ist, und Gefahr vorliegt, daß das Wasser von unten nach oben aufsteigt und ins Lager eindringt. Dann nimmt man als Dichtungshöhe am besten die gesamte Entfernung zwischen Wasser- und Ölhorizont.

Wenn der eingebrachte Zementpropfen 8 Tage lang Zeit zum Abbinden und Erhärten gehabt hat, kann man die Arbeit wieder aufnehmen. Durch Leerlöffeln des Bohrloches wird man sich leicht überzeugen können, ob die Wassersperrung geglückt ist.

57. Polizeiliche Vorschriften. Abdichten verlassener Bohrlöcher. In den meisten Öl produzierenden Ländern ist es bergpolizeiliche Vorschrift, daß die Wasser in zuverlässiger Weise gesperrt werden.

Fast in allen Ländern besteht ferner die Vorschrift, daß die fündigen Ölbohrlöcher vor Verlassen und Ziehen der Rohre verdichtet werden müssen. Dies geschieht meist mit getrockneten Tonkugeln; in festen Schichten kann man in ähnlicher Weise, wie vordem für das Abdichten der Verrohrung angegeben wurde, zementieren.

V. Die Gewinnung von Öl aus Bohrlöchern.

58. Ölspritzer. Die Gewinnung von Erdöl durch die Sonden erfolgt in günstigen Fällen zunächst selbsttätig, indem die in oder über dem Öllager vorhandenen, unter hohem Druck stehenden Gasmassen auf das Öl drücken, es aus den Poren heraus dem Bohrloche zudrängen und es in diesem bis zu Tage und über die Rasenhängebank hinaus als „Spritzer“ oder „Springer“ emportreiben. Dabei wird oft viel Sand mitgerissen, was zu vielen Unzuträglichkeiten führen kann.

Um der zerstörenden Gewalt der Spritzer über Tage und den damit verbundenen Ölverlusten zu begegnen, hält man über Tage große, gußeiserne Ölglocken von 15—30 cm Stärke (Abb. 64) bereit; diese werden beim Ölausbruch über das Bohrloch geschoben, so daß das Öl dagegen anprallt und zur Rasenhängebank zurückfällt, von wo es geregelt weiter geleitet wird. Sicherer ist es, das Bohrloch über Tage vermittels der sogenannten Eruptionsschieber, welche nur dem Bohrgestänge in Stopfbüchsen Durchlaß gestatten und auf dem Mundstück der Verrohrung aufgeschraubt sind, zu verschließen, sobald man sich dem vermuteten oder zu erwartenden Ölhorizonte nähert. Durch diese Eruptionsschieber wird der Ölzufluß künstlich durch Drosselung zurückgehalten und geregelt. Die Eruptionsschieber entsprechen ungefähr der beim Versteinungsverfahren Nr. 122 beim Anbohren hochgespannter Wasser benutzten Einrichtung.

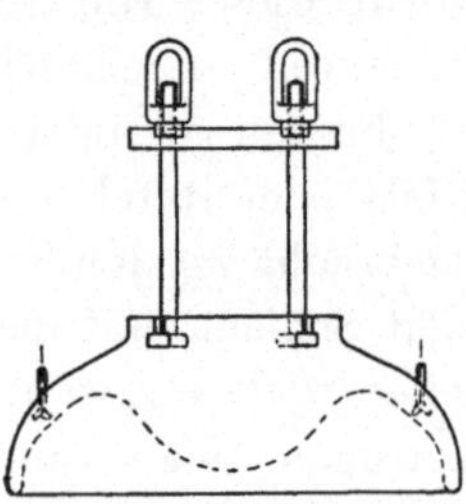

Abb. 64. Ölglocke (Eruptionslinse). (Alfred Wirth, Erkelenz.)

59. Der Ertrag der Springer. Alle Spritzer zeigen nach Nr. 27 eine stark abfallende Deklinationskurve. Der hohen Anfangsproduktion, welche meist nur wenige Monate, manches Mal nur Tage oder nur Stunden dauert, folgt eine Zeit der bescheidenen, nur langsam abnehmenden Dauerproduktion, wobei die Sonden allmählich zu Schöpf- und Pumpbetrieben übergehen. Zuweilen beträgt die Anfangsproduktion bei ergiebigen Springern 10—40000 t pro Tag. Der Gesamtertrag einzelner Brunnen in Mexiko erreichte innerhalb 8 Jahren 15 Mill. Tonnen. Die größten Springer der Erde liegen in Mexiko und in Apscheron; desgleichen sind in diesen Ölfeldern auch die größten Gesamterträge einzelner Bohrungen zu finden. Der spezifische Ertrag der Ölfelder, d. h. der Ertrag pro Quadratmeter Fläche, ist mit 20—100 t am Kaukasus der größte der Erde. In den Jahren 1894—1901 lieferten die Bakufelder die Hälfte der gesamten Erdölausbeute, und bis heute dürfte ein Viertel der bisherigen Gesamtweltausbeute einer Fläche von rund 25 qkm in der Umgebung von Baku entstammen. Die Vereinigten Staaten von Amerika verdanken weniger großen Springern ihre Weltstellung auf dem Gebiete der Erdölproduktion als vielmehr der großen Ausdehnung ihrer Felder und der großen Zahl (etwa 400000) ihrer produktiven Bohrungen, welche auch bei einer mäßigen Dauerproduktion der einzelnen Bohrlöcher die Union in die Lage versetzt, etwa $70^0/_0$ des Weltbedarfes zu decken.

Wie bereits in Nr. 26 erwähnt, vermag ein Bohrloch unter der Einwirkung des Gasdruckes kein größeres Volumen Öl zu liefern, als dem Expansionsvolumen des Gases entspricht. Die Zahl der Bohrungen vermag die Entleerung der Öllager wohl zu beschleunigen und derselben eine andere Richtung zu geben; aber eine Steigerung der Gesamtproduktion aus einem unter einem bestimmten Gasdruck stehenden

Abb. 65. Higaschiyamafeld (Japan).

Felde ist damit nicht zu erzielen, es sei denn, daß man durch Näherheranrücken der Sonden an den Gasherd die dem Zuströmen des Öls entgegenstehenden Widerstände vermindert.

60. Entfernung der Bohrlöcher voneinander. Meist sind es nicht die in der Natur der Verhältnisse, d. h. in der Größe des Aktionsradius begründeten Umstände, welche die Entfernung der einzelnen Bohrlöcher voneinander bestimmen. Vielmehr ist es die Konkurrenz, die einem guten Funde zuströmt und manches Mal Bohrturm neben Bohrturm aus der Erde wachsen läßt, so daß zuweilen, wie z. B. im Spindeltopffelde oder im Bakudistrikt, die Turmmasten des einen Bohrturmes innerhalb der Grundfläche des anderen verlagert werden. Normalerweise wird die Entfernung der Sonden dem Aktionsradius entsprechend etwa 25—100 m betragen, wenn kein „run" ein Bohrfieber verursacht (Abb. 65).

61. Künstliche Ölförderung. Wenn der Gasdruck nicht mehr ausreicht, das Öl durch das Bohrloch bis zu Tage zu drücken, so muß das unter geringem Gasdruck und unter dem Einfluß seiner eigenen Schwere sich aus der Lagerstätte in das Bohrloch ergießende Öl durch besondere Einrichtungen zutage gehoben werden.

Sobald der selbsttätige Ausfluß aufhört, wird das Öl durch Schöpf-, Kolb- oder Pumpbetrieb oder durch Preßluft aus dem Bohrloch herausgefördert. Der Schöpf- und Kolbbetrieb erfolgt mittels Schöpfhaspels am Seil hauptsächlich bei schwerem Öl, aber auch bei paraffinhaltigem Leichtöl, zumal wenn es durch Sand usw. verunreinigt ist. Das Heben des Öls durch Tiefpumpen wird hauptsächlich bei leichten und mittelschweren Ölen angewandt.

62. Der Schöpfbetrieb. Der Schöpfbetrieb ist der teuerste: Er erfolgt sowohl durch elektrische als auch durch Dampfhaspel. Große

Abb. 66. Schöpfhaspel mit Riemenantrieb (Haniel & Lueg).

Teufen erfordern schon sehr kräftige Fördermaschinen, da, um einige Leistung zu erzielen, mit einer ziemlich großen Geschwindigkeit gefördert werden muß. Förderhaspel von 200 und mehr PS sind daher keine Seltenheit.

Die Schöpfhaspel werden sowohl mit Riemen- oder Zahnradantrieb durch Elektromotoren (Abb. 66) getrieben oder auch als Dampfschöpfhaspel, meist als Zwillingsfördermaschinen verwandt. Die Schöpflöffel oder Schöpfbüchsen (Abb. 67) sind bis zu 15 m lang und werden aus genieteten oder geschweißten Rohren hergestellt, die durch Nippel miteinander verbunden sind. Am Fußende des Schöpflöffels befindet sich ein Fußventil, durch welches das Öl beim Aufsetzen des Löffels auf der Bohrlochsohle einströmt und sich beim Anheben des Löffels schließt.

63. Das Kolben. Die Einrichtung zum Kolben besteht aus einem kurzen Ventillöffel, über dem ein Gummipolster sitzt; dieses wird durch von oben nach unten und von unten nach oben drückende Federn so verdickt, daß es gegen die Rohrwandung abdichtet und somit einen Rohrkolben darstellt (Abb. 68). Damit der Kolben die Reibungswiderstände beim Einlassen überwindet, ist er mit einer Schwerstange belastet, die mittels eines rutschscherenähnlichen Zwischenstückes mit dem Seilwirbel und dem Förderseil verbunden ist.

Bei der Abwärtsbewegung dringt das Öl durch das Ventil in den Kolben und durch diesen über den abdichtenden Gummiring, so daß es bei der Aufwärtsbewegung des Kolbens hochgefördert wird. Das Kolben wird hauptsächlich bei paraffinhaltigen Ölen mit niedrigem Stockpunkt angewandt; es ist besonders in Galizien, neuerdings auch in Rumänien in Anwendung.

64. Das Fördern mittels Preßluft. Im allgemeinen setzt diese Fördermethode voraus, daß das Öl im Bohrloch bis nahe an die Tagessohle emporsteigt, daß aber nicht mehr so viel Gasdruck vorhanden ist, um das Öl selbsttätig abfließen zu lassen. Man läßt dann ein enges Rohr in das Bohrloch, durch das man Preßluft einführt. Die am unteren Ende der Leitung austretende Preßluft wirkt auf die im Bohrloch stehende Ölsäule als Kolben und treibt sie empor. Die Luft mischt sich auch mit

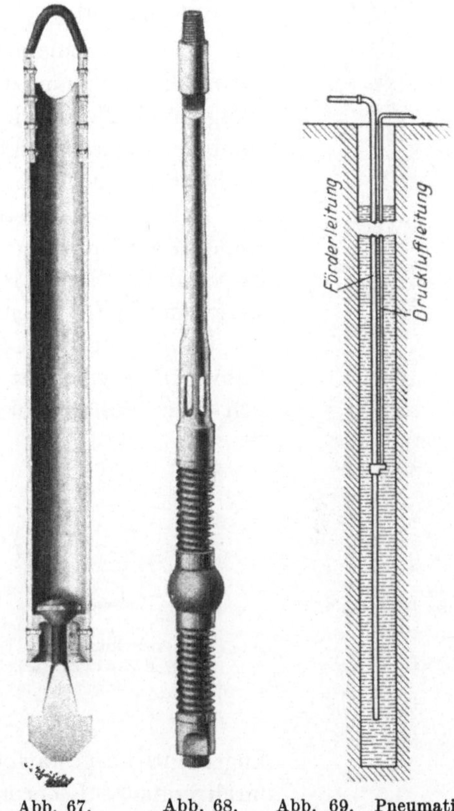

Abb. 67.
Schöpflöffel.

Abb. 68.
Rohölkolben.
(Alfred Wirth, Erkelenz.)

Abb. 69. Pneumatische Ölförderung mittels Mammuthpumpe.

dem Öle, so daß die im Bohrloche stehende flüssige Säule spezifisch leichter wird und durch die außerhalb des Steigrohres befindliche spezifisch schwerere Ölsäule respektive durch deren hydrostatischen Druck gehoben wird (Abb. 69).

Eine weitere Voraussetzung dieser Fördermethode ist die, daß das Öl im Bohrloch schnell zufließt, so daß es stets gleich hoch steht. Sinkt der Ölspiegel im Bohrloch, so kann man auch pneumatisch fördern, indem man das Bohrloch über Tage verschließt und durch den Verschlußdeckel unter Stopfbüchsendichtung ein Rohr bis zur Bohrlochsohle führt und darauf durch eine zweite Öffnung im Deckel Preßluft eintreten läßt, die auf dem Öl als Preßluftkissen lastet und es durch die Förderleitung zutage drückt. Ein weiteres Eingehen auf die vielfachen Vorschläge, die bezüglich der Preßluftförderung gemacht worden sind, würde hier zu weit führen.

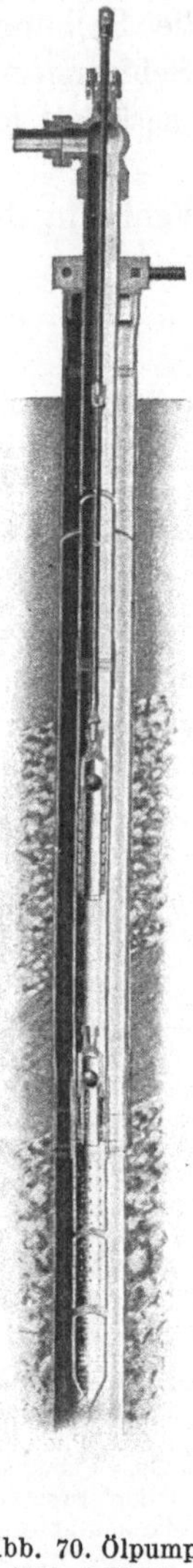

65. Der Pumpbetrieb. Der Pumpbetrieb ist vornehmlich für leichtflüssige, paraffinarme Öle geeignet, die frei sind von sandigen Verunreinigungen. Die allgemeinübliche Ölpumpe ist eine obertägig angetriebene Saug- und Hebepumpe. Der Hauptteil der Pumpe besteht aus der Steigleitung, einem nahtlosen glatten Stahlrohre mit Muffenverbindung, das bis zur Sohle des Bohrloches eingebaut wird (Abb. 70). Das untere Ende dieser Rohrleitung ist siebartig durchlöchert und ist somit als Saugkorb ausgebildet. Über demselben sitzt der Tiefpumpenzylinder, ein glattes Rohr wie die übrige Steigleitung, in dessen untersten Teil ein Fußventil angebracht ist. Oberhalb desselben bewegt sich der Pumpenkolben, der ebenfalls mit einem

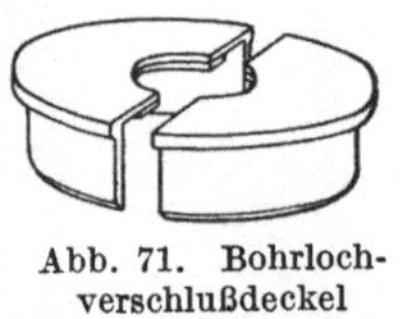

Abb. 71. Bohrloch-
verschlußdeckel
(Alfred Wirth, Erkelenz.)

Abb. 72. Tiefpumpen-
Kopfstück. (Alfred
Wirth, Erkelenz.)

Abb. 70. Ölpumpe.
(Alfred Wirth,
Erkelenz.)

Kugelventil ausgestattet ist. Fußventil und Kolben sind durch einfache Ledermanschetten gegen den Zylinder abgedichtet. Die Fußventile können ebenso, wie der Kolben, selbständig und unabhängig voneinander ausgezogen werden.

Der Kolbenhub beträgt 60—75 cm, die Zahl der Hübe etwa 20—25 pro Minute. Die Bewegung des Kolbens erfolgt vermittels eines verschraubten Rundeisen- oder besser durch ein Gasrohrgestänge.

Über Tage ist das Bohrloch durch einen zweiteiligen eisernen Verschlußdeckel (Abb. 71), der für das Steigrohr eine passende Bohrung hat, verschlossen. Auf diesem Verschluß wird das Steigrohr durch eine Schelle abgefangen und mittels eines Kopfstückes, welches eine das Pumpengestänge durchlassende Stopfbüchse trägt (Abb. 72), abgedichtet.

Abb. 73. Pumpenbock für Pumpenantrieb. (Alfred Wirth, Erkelenz.)

Seitlich ist an das Kopfstück die Abflußleitung für das Öl angeschlossen.

Der Antrieb des Pumpengestänges erfolgt durch einen Schwengel, der durch ein unter einer Leitrolle laufendes oder an einem Winkel-

Abb. 74. Pumpenbock für Einzelantrieb.

hebel angreifendes Seil oder durch Kurbeltrieb (Abb. 73 u. 74), in auf- und abwärts gerichtete Bewegung versetzt wird. Meistens ist Gruppen- fernbetrieb gewählt, so daß eine Anzahl von Bohrlochpumpen von einer einzigen Kraftquelle, von der nach den einzelnen Bohrlöchern Zugseile abgehen, bedient werden.

Die für den Gruppenantrieb ge- bräuchliche Einrichtung ist das Kehr- rad (Abb. 75), ein von einer Antriebs- maschine in abwechselnd rechts- und linkssinnig drehende Bewegung ver- setztes, horizontal verlagertes Rad,

Abb. 75. Kehrrad mit Räderübersetzung.

von dessen Peripherie die verschiedenen Pumpen-Antriebsseile aus- gehen. In Ölfeldern mit vielen, dicht beieinander stehenden Bohr- löchern hat man zuweilen Kehrräder von 5—10 m Durchmesser, von denen aus 20 und mehr Bohrlöcher angetrieben werden (Abb. 76). Von dem Kehrrad zu den Bohrlochschwengeln müssen die Zugseile meist über eine Anzahl Leitrollen geführt werden. Namentlich auch, wenn

Abb. 76. Großes Kehrrad im Niitzufelde in Japan.

tiefe Taleinschnitte zu überschreiten sind, sind hohe Pendelstützböcke anzubringen, die auf dem Erdboden an einer Achse befestigt sind, damit

Abb. 77. Führung der Seile über Pendelstützen.

sie beim Zuge der Seile eine hin und her gehende Bewegung zu vollführen vermögen (Abb. 77).

66. Dauer der Pumpbetriebe. Die Dauer des Pumpbetriebes wird in erster Linie durch die Menge des vorhandenen Gases und dessen Druck, von der Durchlässigkeit des Ölträgers sowie von dem Verhalten des Endwassers oder anderer Wasserhorizonte bestimmt. Die Lebensdauer eines Bohrloches ist aber neben dem natürlichen Alter auch von vielen äußeren Umständen abhängig, so vom Marktpreise des Öls, von den Betriebskosten, insbesondere von den Löhnen, von der Möglichkeit des Öltransportes usw. Bohrlöcher, die ein hochwertiges Öl liefern, wie z. B. manche Brunnen in Pennsylvanien, weisen eine Lebensdauer von 20—50 Jahren auf; die durchschnittliche Lebensdauer der Bohrlöcher in den übrigen Ölfeldern der östlichen Vereinigten Staaten beträgt 7 Jahre, in Texas und Louisiana 4 Jahre; auf Apscheron pflegt ein Bohrloch nur 1 Jahr alt zu werden. Dieses geringe Alter der Bakuer Ölbrunnen hängt mit den vielen Rutschungen und Lockerungen des durchsunkenen Gebirges zusammen, wodurch die Verrohrungen öfter zerdrückt werden.

Im späteren Alter pflegt der Ertrag der Brunnen nur noch sehr gering zu sein und sinkt bis auf 50 und weniger, ja bis auf 10 l pro Tag herunter. Der Wassergehalt der Bohrlöcher steigt dabei im allgemeinen in demselben oder im vergrößerten Maßstabe, wie der Ölgehalt abnimmt, und erreicht zuweilen $99\,^0/_0$ der Gesamtförderung. Ist die Ölförderung so tief gesunken, so wird man, wenn der Wasserzufluß nicht zu anderer Disposition zwingt, selbstverständlich nicht mehr ununterbrochen die Pumpen in Bewegung halten, sondern nur wenige Stunden des Tages oder der Woche dem Pumpbetriebe widmen.

Manche Bohrungen, so z. B. im Lima-Indiana-Feld, zeigen das umgekehrte Bild der Wasserförderung; zu Beginn liefern sie lediglich Wasser, und erst nach monatelangem Pumpen stellt sich Öl ein, das dann so zuzunehmen pflegt, daß das Wasser mehr und mehr zurücktritt und einer ergiebigen Ölförderung Raum gibt. Manchmal gilt ein anfänglicher starker Wasserzufluß sogar als ein gutes Vorzeichen für einen später einsetzenden hohen Ölertrag.

67. Das Reinigen der Bohrlöcher. Oft läßt der Ertrag der Bohrlöcher schon kurze Zeit nach Beginn des Pumpbetriebes nach oder versiegt sogar vollkommen. Dann liegt nicht immer eine Erschöpfung des Lagers innerhalb des betreffenden Aktionsradius vor, sondern das Bohrloch ist verstopft. Es kann sich entweder Schlamm, Sand und Ton im Bohrlochtiefsten angesammelt haben, den zu durchdringen dem unter zu schwachem Druck stehenden Öle unmöglich ist. Oder aber es ist aus dem Öle infolge Verdunstung bei seinem Austritte aus der Lagerstätte Paraffin ausgeschieden worden, welches die Filterrohre umkleidet. In solchen Fällen ist es nötig, daß das Bohrloch gereinigt wird. Die Reinigung erfolgt mittels des Schlammlöffels; hat sich der Schlamm indessen verfestigt, so muß zuerst aufgebohrt werden. Haben sich die Gesteinsporen an der Peripherie des Bohrloches und die Filteröffnungen durch Ausscheiden von Paraffin verstopft, so läßt man am besten überhitzten Dampf in das Bohrloch einströmen, der das Paraffin zum Schmelzen bringt, so daß es dann mit dem Löffel oder mit dem von neuem austretenden Öle zutage gefördert wird. Das Einlassen des Dampfes erfolgt am einfachsten durch ein in das Bohrloch eingelassenes Spülbohrgestänge.

68. Das Torpedieren der Bohrlöcher. Reicht die Verstopfung weiter, und sind die Kapillarwege des Ölträgers bis auf größere Erstreckung hin mit ausgeschiedenem Paraffin gefüllt, so nutzen diese einfachen Reinigungsmittel nicht mehr. Dann ist es nötig, das Bohrloch in der produktiven Teufe zu erweitern. Die Erweiterung kann am wirkungsvollsten durch eine Sprengung mit Nitroglyzerin hergestellt werden. Zum Sprengen, „Torpedieren" des Bohrloches, verwendet man Ladungen von 30—150 kg Dynamit, je nach der Weite des Bohrloches. Das Dynamit wird in einer einfachen, oben offenen Blechhülse am Seil eingelassen. Die Zündung erfolgt heute meist elektrisch.

Vor dem Torpedieren muß man die Verrohrung hochziehen, um sie der Sprengwirkung zu entziehen. Die Entfernung des Rohrschuhes von der Sprengteufe richtet sich nach der Stärke der Sprengladung, dürfte aber nicht unter 25 m heruntergehen dürfen. Die besten Erfolge hat das Torpedieren bei gut durchlässigem harten Ölgestein und bei Leichtölen.

Nicht immer ist das Torpedieren von Erfolg gekrönt. Bei wenig durchlässigem Ölgestein und schwerem, zähflüssigem Öl ist damit zu rechnen, daß die Kapillaröffnungen eher noch mehr verstopft werden. Außerdem ist das Torpedieren eine sehr gefährliche Arbeit, die zuverlässigen und erfahrenen Personen anvertraut werden darf. Die preußische Bergpolizei hat daher das Torpedieren verboten.

69. Die Waterdrive-Methode. Eine besonders in den Ölfeldern Pennsylvaniens angewandte Maßnahme, die Produktionsdauer der Ölbrunnen zu verlängern, besteht in der sogenannten Waterdrive-Methode. Bei derselben wird durch ein Bohrloch Wasser in das Öllager hineingepumpt und in dem Nachbarloch wieder zutage gehoben. Auf seinem unterirdischen Wege von dem Zufuhrbohrloche bis zu den Nachbarlöchern verdrängt das Wasser das Öl aus den Poren des Ölträgers und kommt somit mit Öl beladen wieder zutage. Diese auch Bradfordprozeß genannte Methode hat bisher lediglich im Bradfordölfeld in Pennsylvanien gute Erfolge aufzuweisen, während in anderen Gebieten die Ergebnisse nicht befriedigten.

In manchen Ölfeldern stellt sich das gleiche Verfahren von selbst ein, wenn nämlich die Wassersperrung einzelner Bohrlöcher unzuverlässig geworden ist, und dadurch Wasser in das Öllager gelangt.

Dann können die Öl fördernden Bohrlöcher einen hohen Prozentsatz Wasser pumpen, während der Ölgehalt bis auf wenige Prozent herabsinkt. Besonders in regelmäßig überschwemmten Gebieten, in denen die aufgelassenen Bohrlöcher schlecht gedichtet sind, kann dieser natürliche Bradfordprozeß die Lebensdauer der allerdings meist nur kümmerliche Ausbeute liefernden Brunnen um Jahre verlängern.

Der Waterdrive-Methode stehen ernste Bedenken entgegen, da das Lager dadurch auf die Dauer so verwässert wird, daß die vollständige und intensive Ausbeute durch unterirdischen Grubenbetrieb nicht mehr lohnend erscheint, oder diese kann doch so erschwert sein, daß eine bergmännische Erfassung der noch zurückgebliebenen Ölschätze nicht mehr empfohlen werden kann.

70. Die Compressed air- und vacuum air-Methode. Besser ist es, Preßluft in einzelne Bohrlöcher einzuführen, wodurch der ehemals im Lager vorhandene Gasdruck künstlich wiederhergestellt wird. Dadurch ist es gelungen, die Ölproduktion nahezu erschöpfter Bohrlöcher wieder zu steigern. Die beistehende graphische Darstellung nebst Situationsplan (Abb. 78 u. 79) zeigen die Steigerung der Produktion durch Einführen von Preßluft in ein Bohrloch des japanischen Higaschiyamafeldes (Urase-) nach Herrn Niija. Aus den Produktionskuren ist ersichtlich, daß die Preßluft bei den Bohrlöchern mit schon an und für sich geringem Ertrage wirkungslos war oder doch kaum ertragssteigernd wirkte. Bemerkenswert dabei ist auch, daß nicht nur die aus tieferem Niveau aus dem Lager schöpfenden Bohrlöcher, sondern, daß auch das höher gelegene Bohrloch Nr. 118 aus der Einführung der Preßluft Nutzen zieht.

Auch der umgekehrte Prozeß, die Bohrlöcher unter Vakuum zu setzen, wird vielfach angewandt. Nicht nur, daß dadurch den Bohr-

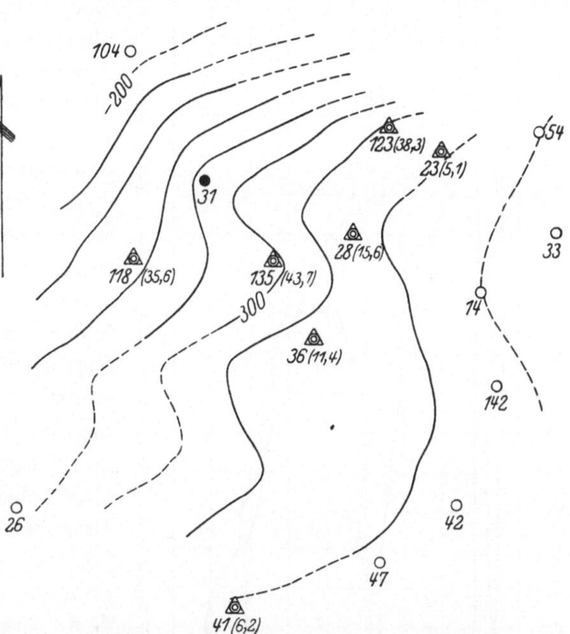

Abb. 78. Situation eines Teiles des Higaschiyamafeldes in Japan. Bei Bohrloch 31 wurde die Preßluft eingeführt.

löchern weitere Ölmengen zugeführt werden; vielmehr werden dem Öllager auch in ihm enthaltene Gase und Öldämpfe, namentlich nasses Erdgas, entzogen. Die leicht flüchtigen Öle verdampfen natürlich leicht unter Vakuum und strömen in Dampfform der Luftpumpe zu. Aus dem dem Bohrloche unter dem Vakuum abgewonnenen flüchtigen Kohlenwasserstoffen können noch bedeutende Mengen Gasolin durch Kompression und Kondensation gewonnen werden.

71. Brände. In unaufgeschlossenen oder noch wenig ausgebeuteten Terrains, aber selbstverständlich auch in älteren Ölfeldern können insbesondere bei Springern gewaltige Brände entstehen, von denen das ausströmende Öl ergriffen wird. Vielfach werden die Brände von Gasexplosionen begleitet. Die Ursachen der Brandkatastrophen können mannigfaltig sein. So können sich die austretenden Gas- und Ölmassen an einer Feuerstätte, etwa am Kessel- oder Schmiedefeuer, entzünden. Auch die Beleuchtungseinrichtungen sind vielfach die Ursache der Entzündung. Weiterhin können die Bremsbänder der Förderhaspel sich derart erhitzen, daß sie die flüchtigen Kohlenwasserstoffe in Brand setzen. Endlich auch entstehen Sondenbrände dadurch, daß bei Springern größere Kiesel mit emporgerissen werden und beim Anprall gegen

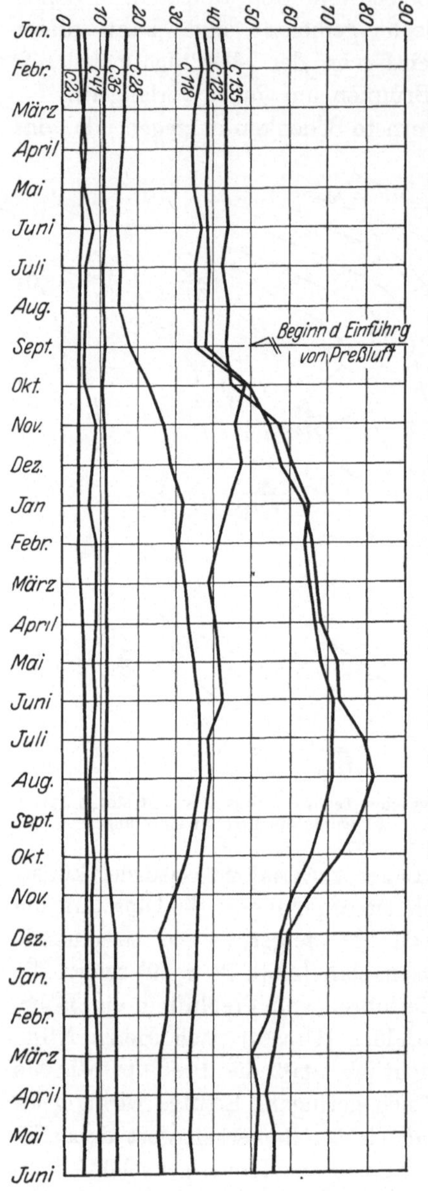

Abb. 79. Graphische Darstellung der Produktionssteigerung durch die Compressed air-Methode nach Herrn Nilja.

Stahl Funken bilden. Auch leichtfertiges Umgehen mit Feuerzeug gehört zu den Hauptursachen der Ölbrände. Die Verheerungen, die solche Brände anrichten, pflegen ganz bedeutend zu sein; auch sind die Löscharbeiten nicht leicht. Um die Sondenbrände zu verhüten, ist vor allen Dingen darauf zu achten, daß die offenen Feuerstellen in genügender Entfernung von den Bohrlöchern bleiben. Als Heizung der Arbeitsräume sollte nur Fernheizung durch Dampf, Luft oder Warmwasser gestattet sein, alles Umgehen mit Feuerzeugen, Rauchen usw. ist strengstens zu untersagen. Die Beleuchtung sollte nur durch schlagwettersicher armierte Beleuchtungskörper erfolgen, dabei müssen aber die Leitungen so angebracht sein, daß ein Zerreißen derselben und Flammbogenbildung unmöglich ist. Für gehörige Kühlung der Maschinenbremsen ist Sorge zu tragen, und bei Heißlaufen der Achsen die Arbeit einzustellen.

Ist einmal ein Brand ausgebrochen, so ist vor allen Dingen dafür zu sorgen, daß das auf der Oberfläche brennende Öl nicht seinen Weg durch Waldungen oder sonstige brennbare Stätten nimmt oder sich in einen Fluß ergießt, der den Brand bis in entfernte Gebiete tragen kann. Man wird daher das Öl zunächst durch Aufwerfen von Erdwällen, in denen unten Rohre zum geregelten Ableiten des ja nur an der Oberfläche brennenden Öls eingebaut sind, in einem Erdbecken sammeln. Durch Vortragen der Umwallung nach innen wird man allmählich an das Bohrloch herankommen und dasselbe zum Verschluß bringen können.

In anderen Fällen, z. B. in Louisiana und Texas, hat man etwa 10 m unter dem brennenden Sammelbecken einen Stollen bis an das springende Bohrloch gegraben, die Bohrrohre vom Stollen aus durchbrochen und dem Öle unterirdisch Abfluß verschafft, wodurch es gelang, selbst sehr großen Bränden die Ölnahrung zu entziehen und sie zum Erlöschen zu bringen.

Das gegebene Löschmittel für Ölbrände am Entstehungsorte dürfte wohl der Kohlensäureschnee sein, über den beim Abschnitt Grubenbrand einiges gesagt ist.

Dritter Teil

Die Gewinnung von Erdöl durch unterirdischen Bergwerksbetrieb.

VI. Der Ölgehalt abgebohrter und unproduktiver Ölfelder und die Bedeutung des Zechenbetriebes für diese.

72. Die Unvollkommenheit der Ölgewinnung durch Sondenbetrieb. Wenn eine Öllagerstätte durch Tiefbohrungen, d. h. durch Pumpbetrieb und die anderen im vorhergehenden Kapitel erwähnten Mittel, ausgebeutet ist und somit verlassen wird, so ist sie tatsächlich in diesem Stadium in der Regel bei weitem noch nicht erschöpft. Vielmehr ist dann wohl ganz allgemein die Hauptmasse des Erdöls in der Lagerstätte zurückgeblieben. Die Lagerstätte verhält sich in dieser Hinsicht vermöge der ihr eigenen charakteristischen Porösität wie ein Schwamm, der sich mit Flüssigkeit getränkt hat, und der, selbst wenn er ausgepreßt wird, in seinen Poren noch eine gewisse Menge der Flüssigkeit unter der Wirkung der Adhäsions- und Kapillarkraft zurückhält. Von der Menge des aufgenommenen und zurückbleibenden, nicht wieder zurückgegebenen Öles gewinnt man eine Vorstellung, wenn man ein bestimmtes Volumen trockenen Sandes mit einer Flüssigkeit tränkt. Dann vermag die Sandmasse eine ganz erhebliche, dem Porenvolumen entsprechende Menge derselben aufzunehmen, ehe sie gesättigt ist. Erst von diesem Augenblick an wird die Sandmasse den weiteren Zusatz von Flüssigkeit wieder abtropfen lassen. Die Tropfgrenze ist um so niedriger, je lockerer und durchlässiger die Sandmasse ist; sie ist um so höher, je dichter die Sandmasse und je zähflüssiger die Flüssigkeit ist. Manche Öllager vermögen aus diesem Grunde, wie schon in Nr. 29 dargetan, überhaupt kein Öl an Tiefbohrlöcher abzugeben, obschon es augenscheinlich in großer Menge in dem Ölträger enthalten ist. Das in Nr. 29 erwähnte Ölkreidevorkommen von Heide in Holstein ist für derartige Verhältnisse typisch. Ein anderes lehrreiches Beispiel dafür, daß der Sondenbetrieb für manche Öllager eine für die Ölgewinnung ungeeignete Methode ist, liefern auch die Athabascasande in der Provinz Alberta in Kanada. Die große Masse dieser Sande ist nicht so ölreich, daß Öl auszusickern vermochte. Dort, wo es trotzdem aus dem Sande aussickert, steht es augenscheinlich unter sehr hohem Gasdruck; aber trotzdem steigt es in den Bohrlöchern nur bis etwa 50 m unter die Tagesoberfläche, weil die Zähflüssigkeit des Öls verhindert, daß es den Rand des Bohrloches erreicht. Bei den Bohrungen am Pelikanfluß war es sogar nicht einmal möglich, die Bohrgeräte, nachdem das Öl einen Teil des Bohrloches angefüllt hatte, überhaupt nochmals bis zum Bohrlochtiefsten durchzubringen, obschon die Geräte sehr stark erwärmt worden waren, um die Viskosität des Öls herabzusetzen. Wie man sieht, ist die ausgiebige Ölgewinnung durch Sondenbetrieb nur bei einem Teil der Öllagerstätten und bei diesen auch nur in einem unvollkommenen Maße möglich.

Bei mitteldurchlässigen Schichten und mittelleichtem Öl kann man die Tropfgrenze des Öls im Mittel bei etwa 10 Volumenprozent annehmen. Diese 10 Volumenprozent der Lagerstätte bleiben bei noch so intensiver Schaffung von Austrittsöffnungen im Lager infolge der Kapillar- und Adhäsionsgesetze zurück. Das Öl umhüllt dabei durch Adhäsion jedes einzelne Sandkorn wie eine feine Hülle und füllt kapillar die Poren.

Bei Tiefbohr- und Pumpbetrieb wird die Lagerstätte aber schwerlich jemals auch bei Leichtölen bis zu dieser Tropfgrenze entölt werden können, denn die Reibungswiderstände, welche dem Zuströmen des Öls zu den Bohrlöchern entgegenstehen, sind zu groß, als daß das Öl aus der Lagerstätte bis zur Tropfgrenze aussickern und bis zu den Gewinnungspunkten durchzudringen vermöchte. In Pechelbronn im Elsaß erwies es sich während des Weltkrieges, als die Deutschen an die Stelle der extensiven Gewinnungsweise durch Bohr- und Pumpbetrieb die intensive Ausbeutung des Öllagers durch Bergwerksbetrieb setzten, daß durch den Sondenbetrieb nur etwa 17—22 % der ursprünglichen Ölmasse ausgebeutet worden waren.

73. Die in verlassenen Ölfeldern zurückgebliebenen Ölmengen. Daß durch Bohrungen nur ein geringer Teil des vorhandenen Öls zu gewinnen ist, und damit nur ein gewisser Überschuß der tatsächlich vorhandenen Ölmenge zutage gefördert werden kann, war in Fachkreisen schon lange erkannt, weshalb auch zu den künstlichen, die Produktion steigernden und verlängernden Fördermethoden, der vacuum air, der Preßluft und der Waterdrive-Methode übergegangen wurde, Methoden, die die Tatsache, daß noch unvergleichlich große Mengen Öl in den verlassenen Lagerstätten zurückbleiben, auch durch die Praxis bestätigen. Beeby Thompson kam auf Grund sorgfältiger Studien über die Porösität und die Sättigung ölführender Gesteine zu dem Schlusse, daß sie zwar unter günstigen Verhältnissen imstande sind, 20—45 Volumenprozent Öl aufzunehmen, er vermutet aber, daß sie tatsächlich nur 10 bis 15 Volumenprozent aufnehmen, da ein großer Teil der Ölsandporen mit Gas gefüllt ist. Er kommt dann weiter zu dem Schlusse, daß von diesen aufgenommenen Ölvorräten nur etwa $^1/_5$ bis $^1/_{10}$ durch Bohrungen und Pumpbetrieb zutage gehoben werden können, während die große Ölmasse in der Lagerstätte zurückbleibt (Beeby Thompson, oil field development and petroleum mining 1916).

Dorsay Hager gibt an, daß in den Vereinigten Staaten ein Bohrloch durchschnittlich 24276 qm entölt und etwa 8000 Mill. qm ölführenden Gebietes von etwa 330000 Ölsonden ausgebeutet worden sind, die im ganzen etwa 750 Mill. cbm Öl zum größten Teil bereits gefördert haben, zum kleineren Teile noch fördern werden. Das ergibt, daß pro Quadratmeter der verlassenen oder noch in Förderung stehenden ölführenden Gebiete durchschnittlich 93 l Öl durch Tiefbohrungen gewonnen worden sind, oder noch der Förderung harrt. Es entspricht dies in einer 1 m mächtigen Ölsandschicht einer Rohölzwischenlage von 9,3 cm. Hager rechnet ferner mit einem ölgefüllten Poreninhalt von 13,5 Volumenprozent, d. h. 1 cbm Sand hat 135 l Öl aufgenommen. Da in den Vereinigten Staaten fast in allen Ölfeldern mehrere Öllager übereinanderliegen, von welchen jedes eine Mächtigkeit von meist einigen Metern bis einigen 10 m aufweist, so kann man sicherlich mit einer mittleren Gesamtmächtigkeit von 10 m, in Kalifornien sogar teilweise von 100 und mehr Metern rechnen. In diesen 10 m mächtigen Sanden sind somit durchschnittlich 1350 l Öl pro Quadratmeter enthalten, von denen aber nach Ausweis der Sondenstatistik nur 93 l, d. h. nur $7^0/_0$, gewonnen werden. Herr de Chambrier, der Direktor der Raffinerie in Pechelbronn, kam auf Grund von Laboratoriumsversuchen zu dem Ergebnis, daß im elsässischen Ölfelde höchstens $15—20^0/_0$ des vorhandenen Öls durch den Sondenbetrieb gewonnen werden. T. O. Lewis stellt ebenfalls fest, daß nur $10—20^0/_0$ des vorhandenen Öls durch Bohrbetrieb zu gewinnen sind[1]).

Die für die Ergebnisse des Bohr- und Pumpbetriebes ungünstigste Schätzung lieferte auf der internationalen Versammlung der Petroleumfachleute in Tulsa i. Jh. 1924 der Direktor der Abteilung für Gas und Erdöl der geol. survey of U. S., Mr. C. A. Heald. Derselbe legte daselbst dar, daß in gewissen Feldern der Rocky Mountains 175000000 Barrels Öl und vielleicht das Doppelte vorhanden seien, während durch Bohrungen nur 7000000 Barrels, d. i. kaum $4^0/_0$, gewonnen werden können.

74. Für die Erdölgewinnung durch Tiefbohrungen ungünstige Strukturverhältnisse. Die vorstehenden Schätzungen setzen ein mittelschweres Öl, mittlere Durchlässigkeit, mittleres Porenvolumen und homogene

---

[1]) Lewis, T. O.: Methode of increasing the recovery from oilsand. Bur. of mines Bull. 148, 1917. pg. 25—28.

Beschaffenheit des Ölträgers voraus. Außer den in Nr. 29 angegebenen, das Aussickern des Öls hemmenden Momenten kommen aber auch in den wechselnden Lagerungsverhältnissen der Öllager begründete Umstände hinzu, die das Aktionsgebiet der Bohrlöcher derart einengen, daß die Ausbeute nicht mehr befriedigt. Als den Ertrag minderndes Verhalten kommt schnell wechselndes Anschwellen und Verdrücken der Lagerstätte in Betracht, bei welchem eine Reihe von Bohrlöchern den irreführenden Eindruck erwecken, als ob sie in einem sterilen oder nahezu ölfreiem Felde ständen. Bei einer derartigen Perlschnurstruktur wechseln die Öllinsen oft in Entfernungen von wenigen Metern voneinander ab. Wie Abb. 80 zeigt, erscheinen dabei die fündigen Bohrlöcher mehr oder weniger als Zufallstreffer. In anderen Fällen

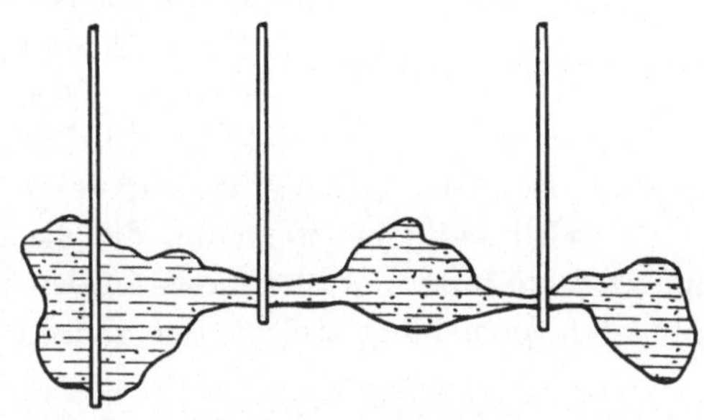

Abb. 80. Perlschnurstruktur.

löst sich das Lager durch Änderung des petrographischen Charakters des Ölträgers, insbesondere durch Abnahme des Porenvolumens und der Durchlässigkeit in einzelne kleine Linsen von beschränktem Aktionsfeld auf, die den Bohrbetrieb nicht lohnen, oder doch einen so hohen Prozentsatz entmutigender Fehlbohrungen bieten, daß der Aufschluß des Feldes nur unvollkommen durchgeführt wird. (Abb. 81.) Von welchen Zufälligkeiten der Erfolg der Boh-

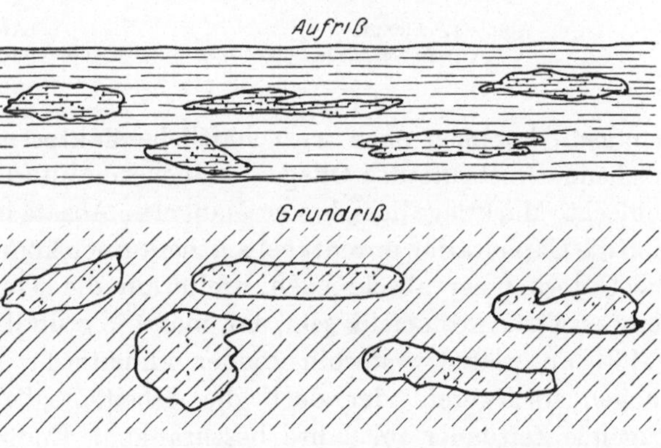

Abb. 81. Auflösung der Öllager in kleinere Linsen.

rungen abhängen kann, zeigen weiterhin oft auftretende, den Ölzufluß sperrende Vertaubungen von kleinster Ausdehnung; so können feine, das an sich durchlässige Öllager durchsetzende mit Ton gefüllte Risse, Trockenrisse, das Öl sperren, so daß die Bohrungen ergebnislos erscheinen, obschon dicht daneben eine reiche Öllinse liegt. Derartige kleinste, nur Millimeter starke, mit Ton ausgefüllte sperrende Risse konnte man

z. B. vortrefflich bei dem unterirdischen Bergwerksbetriebe in Pechelbronn beobachten (Abb. 82).

Auch können Flexuren (Abb. 83) und Verwerfungen (Abb. 84) die Ölführung so unsicher machen und verzetteln, daß die Ausbeute nicht mehr befriedigt.

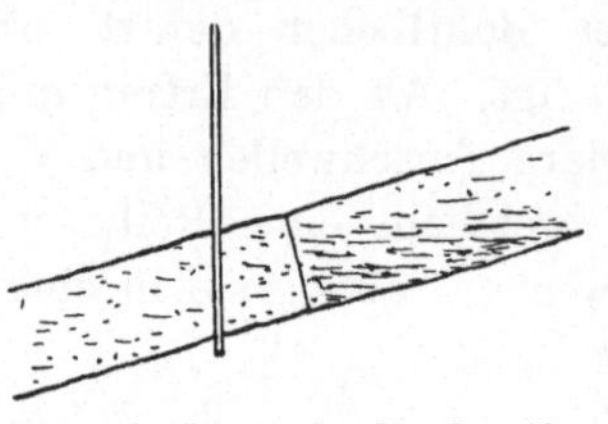

Abb. 82. Sperrender Trockenriß.

Endlich auch können ölführende Schichten von geringer Mächtigkeit mit gleich starken ölfreien Schichten in schneller Wechsellagerung stehen, wie dies Abb. 85 dartut. Wie ungünstig ein derartiger Wechsel im Ölgehalt der Schichten auf die Ergiebigkeit der Bohrlöcher einwirkt, ist in Nr. 78 auseinandergesetzt.

75. Wirtschaftliche Momente, die die Ausbeutung der Öllager ungünstig beeinflussen. Außer diesen in den natürlichen Verhältnissen begründeten Momenten, welche den Zutritt des Öls zu den Bohrlöchern

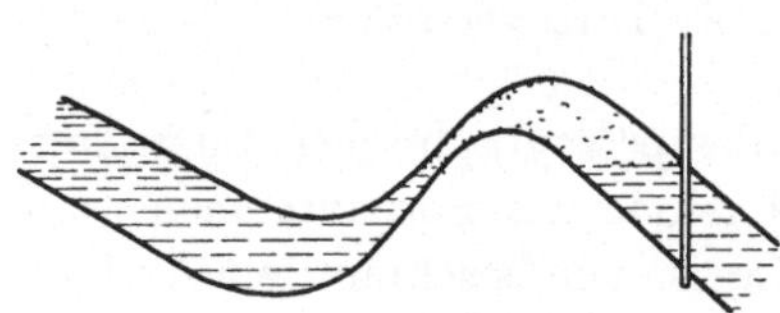

Abb. 83. Flexur.

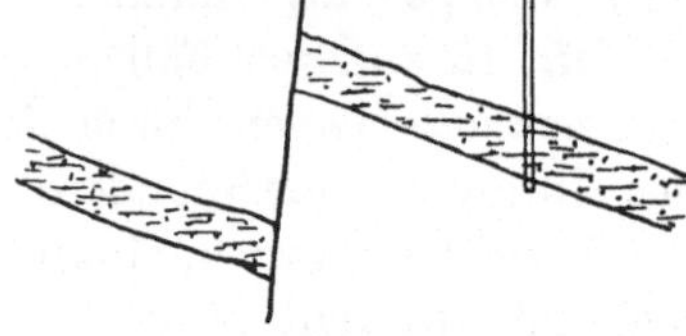

Abb. 84. Verwerfung.

Ungünstige Lagerungsverhältnisse infolge von Gebirgsbewegungen.

hemmen, kommen noch wirtschaftliche Faktoren hinzu, die eine ausreichende Ausbeute des Öllagers manchesmal unterbinden. So kann die schlechte Marktlage des Öls oder Mangel an Absatz bei übergroßer Produktion die Exploitation unrentabel machen. Auch können die Förderabgaben die Unternehmer abschrecken, weiterhin die Transportverhältnisse so schwierig und kostspielig sein, daß man die gründliche Ausbeutung eines Feldes unterläßt; weiterhin können klimatische Verhältnisse die Bohrungen erschweren oder doch die Arbeitsmöglichkeit auf eine ungenügende Zeitdauer im Jahre beschränken. Endlich können glückliche Funde in anderen Gebieten die Ölproduzenten veranlassen, ihr gesamtes, in einem Gebiet mit kärglicher Produktion beschäftigtes Material und Personal hier abzubauen, um sich damit an einem „run“ zu dem neu erschlossenen Felde zu beteiligen.

In manchen Fällen überbohrt man sogar absichtlich obere und minder ergiebige Öllager, um möglichst schnell tiefere Ölhorizonte, die als ergiebig erkannt sind, zu erreichen und das Öl aus Konkurrenzbohrungen abzuleiten und selbst zu gewinnen.

Der am schlechtesten abgebohrte Teil jedes Öllagers pflegt der Teil zu sein, der dicht über der Salzwasserlinie liegt, obschon hier das Öl noch am massigsten angehäuft ist. Ist man nämlich einmal mit einem Bohrloche anstatt in den Ölhorizont in das Endwasser hineingeraten, so pflegt man in der Angst vor neuen Fehlbohrungen die neuen Bohrpunkte zu weit von der Endwasserlinie abzurücken.

76. Bedeutung des Zechenbetriebes für die Erdölwirtschaft. Man erkennt aus diesen Überlegungen, daß die Menge des vermittels Sondenbetrieb aus den Lagerstätten zu gewinnenden Öls zumeist in einem ungünstigen Verhältnis zu den tatsächlich vorhandenen Ölmengen steht. Der Untersuchungsausschuß des Federal oil conservation board und des American Petroleum Institute erkennt diese Tatsache als Faktor für die zukünftige Ölwirtschaft an und rechnet damit, daß für jede Tonne Öl, die im Sondenbetrieb gewonnen wird, zwei Tonnen Öl in der Lagerstätte zurückbleiben. Es ist aber eine naturgemäße Forderung der Technik, daß auch diejenigen Lager ausgebeutet werden, welche aus den angegebenen Gründen für den Sondenbetrieb nicht geeignet sind.

Um diese Ölschätze zu gewinnen, steht der Weg offen, die Öllager unterirdisch zu erschließen, d. h. bis in die Öllager hinein Förderschächte zu teufen und von diesen aus die Lager vermittels Strecken zu durchörtern, sie dabei in großem Maßstabe zu entölen und schließlich den Ölträger planmäßig abzubauen.

Diesen Weg, den Zechenbetrieb auf Erdöl, haben die Deutschen während des Krieges mit überraschendem Erfolge betreten, indem sie in Pechelbronn im Elsaß moderne Tiefbauschächte teuften und in den Ölsandlinsen ein Streckennetz anlegten. Dort waren seit Beginn des vorigen Jahrhunderts bis zur Einführung des Sondenbetriebes in den siebziger Jahren trockene Ölsande aus kleinen Schächten mit ganz unbedeutender Produktion gewonnen und über Tage mit heißem Wasser ausgewaschen worden, wie dies auch in Braunschweig und Hannover seit alten Zeiten üblich war[1]).

Nach den Erfahrungen, die die deutschen Bergtechniker mit dieser Betriebsweise gemacht haben, kann man voraussehen, daß in nicht zu ferner Zukunft die Ölgewinnung durch Schacht- und Streckenbetrieb immer mehr von ausschlaggebender Bedeutung in der Weltwirtschaft sein wird.

77. Beispiel für die Bedeutung des Zechenbetriebes auf Erdöl. Um ein Beispiel von der Aufgabe zu geben, welche dem Zechenbetriebe auf Erdöl erwächst, sei an dieser Stelle nochmals auf die

---

[1]) Vgl. hierüber den Bericht des Cellenser Hofmedikus Johann Tauber aus dem Jahre 1769 („Petroleum" Band I und V).

66 Die Gewinnung von Erdöl durch unterirdischen Bergwerksbetrieb.

Athabascasande in Alberta in Kanada hingewiesen. Diese Sande sind wohl der größte Ölausbiß der Erde (vgl. Blümer, Die Erdöllagerstätten, Stuttgart). Der Ölsand steht an beiden Ufern des Athabascaflusses in dem Taleinschnitte in einer Länge von 150—200 km an. Seine Mächtigkeit beträgt 30—60 m, und ist er fast in seiner ganzen Mächtigkeit mit Öl gesättigt. Die Lagerung ist vollständig flach und ungestört; die Fläche, die der Ölsand einnimmt, ist auf mindestens 25000 qkm festgestellt, erreicht aber wahrscheinlich 50000 qkm, ist also größer als das gesamte Gebiet der Schweiz.

Der Sand enthält etwa 12—15 Gewichtsprozent Bitumen und liefert beim Erhitzen etwa $^1/_2$—1 hl Öl vom spezifischen Gewicht 0,9 aus 1 Tonne Ölsand. In dem riesigen Ölgebiete sind demnach 500000 Mill. hl Öl enthalten. Das ist ungefähr das 400fache der heutigen Jahresweltproduktion; und doch haben zahlreiche, in dem Gebiete ausgeführte Bohrungen bisher keinen Erfolg gehabt, zweifelsohne, weil der Ölinhalt und die Konsistenz des in flüssigem Zustande vorhandenen Öls nicht ausreichte, das Öl zum Abfluß zu den Bohrlöchern zu bringen. Nur die unterirdische Ausbeutungsweise, und zwar der Abbau der Sande mit Ölsandaufbereitung vermag diese Weltölreserve der Menschheit zu erschließen.

78. Der Ausfluß von Öl aus der Lagerstätte. Bereits in Nr. 25 und 27 zeigt sich, daß der Ausfluß von Öl aus der Lagerstätte nach Gesetzen erfolgt, denen durch die Formeln

$$Q = f\sqrt{2gh} \quad \text{und} \quad Q = f \cdot \frac{KPR^4}{1} \sim \frac{cd^2 P}{1}$$

Ausdruck gegeben ist. In diesen Formeln bedeutet h die Druckhöhe, unter welcher das Öl austritt, P die Druckhöhe, unter welcher es die Wanderung antritt. Strenggenommen wäre bei intensiver Entnahme des Öles auch die Größe f als variabel zu bezeichnen, da mit Senken des Flüssigkeitsspiegels die Austrittsöffnung kleiner wird. Bei den hier in Rede stehenden Fördermengen indessen erfolgt das Absenken des Ölspiegels im Gegensatze zu stark beanspruchten Wasserbrunnen in so langen Zeiträumen, daß man die Austrittsöffnung f als Konstante ansehen kann. Unter dieser Annahme besagen die Formeln, daß die Ausflußmenge mit der Größe der Ausflußöffnung wächst. Die Größe der Ausflußöffnung hat man in der Hand, indem man entweder die Anzahl der Bohrlöcher vermehrt, oder an deren Stelle einen Schacht von größerem Umfange teuft, oder endlich, indem man ein Streckennetz durch die Lagerstätte legt. So wird ein Bohrloch von 50 cm Umfang theoretisch zehnmal weniger Öl pro Zeiteinheit bringen, als ein Schacht von 500 cm Umfang, und eine in der Lagerstätte aufgefahrene Strecke von etwa 500 m Länge wird etwa 1000 mal mehr Öl in derselben Zeit liefern, wie ein Schacht besagter Größe. Aber nur dann, wenn das Öllager unter einem konstanten etwa hydrostatischem Druck steht, wird durch diese Gleichung eine Dauerproduktion charakterisiert.

In den Gleichungen von Poisseuille und Slichter ist der Faktor R (d) etwas von der Natur Gegebenes, welches zu ändern, nicht in menschlicher Macht liegt. Der Faktor k kann hingegen innerhalb gewisser Grenzen günstiger gestaltet werden, sei es, daß sich das Öl mit Wasser mischt (Waterdrive-Methode), sei es, daß aus Grubenräumen gewisse Wärmemengen von der Lagerstätte absorbiert werden. Ebenso kann der Faktor P nach der Vacuum air- und der Compressed air-Methode vergrößert werden. Am wirksamsten aber kann man den Zufluß steigern, wenn man den Weg l, den das Öl zurückzulegen hat, möglichst abkürzt, d. h. wenn man dem einer Austrittsöffnung zuwandernden Öle entgegengeht und es mittelst Strecken aufsucht.

Wenn man den Wasserspiegel irgendeines Wasser führenden Horizontes durch Pumpen absenkt, so verläuft die Senkung desselben nach einer Kurve, der Pegelkurve, die einer Parabel entspricht. Sie ist beim Abteufen von Schächten, die zu einer starken Wasserhaltung genötigt sind, bei der Entwässerung von Braunkohlentagebauen usw. festgestellt worden. Man kann sie auch wahrnehmen, wenn man Wasser durch eine Öffnung im Boden eines Gefäßes ausfließen läßt.

Die Pegelkurve entspricht dem Druckunterschiede, der in den verschiedenen Höhenlagen der Flüssigkeit herrscht. Am Grunde des Stromes ist die Geschwindigkeit der einzelnen Flüssigkeitsmoleküle größer als an der Oberfläche derselben, weil auf ihnen die überlagernde Flüssigkeitsmasse lastet; infolgedessen nimmt die Pegelkurve die Form der Parabel an, genau so wie auch horizontale springende Wasserstrahlen nach Parabelkurven verlaufende Sprungweiten zeigen.

Nach einer gleichen Kurve senkt sich auch der Ölspiegel, wenn das Öl an einer Stelle abgezapft wird. In einem Bohrloche mit Pumpbetrieb nimmt der Ölspiegel somit die in Abb. 85 dargestellte Gestalt an. Diese parabolische Gestalt des Senkungstrichters verrät, daß die Zuflußgeschwindigkeit des Öls zum Gewinnungspunkte im einfachen Verhältnis zu der Mächtigkeit des Lagers zunimmt, und im quadratischen Verhältnis zur Entfernung vom Bohrloche abnimmt. Mit anderen Worten

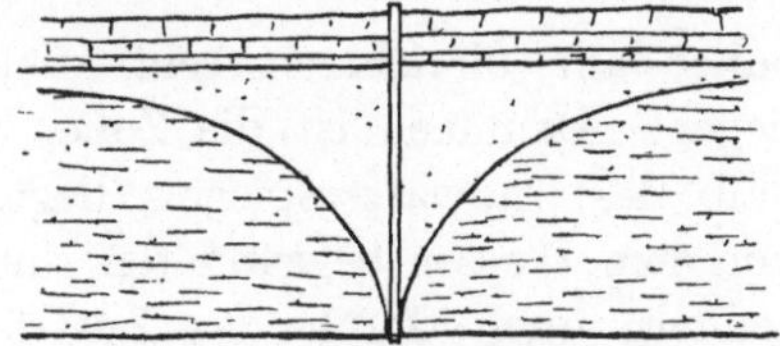
Abb. 85. Senkung des Ölspiegels.

bedeutet dies, daß der Aktionsbereich eines Gewinnungspunktes im quadratischen Verhältnis zu der Mächtigkeit des Lagers steht. Daraus ersieht man auch, wie ungünstig auf den Zufluß eine Wechsellagerung von ölfreien und ölführenden Schichten wirken muß, da derselben nur eine Anzahl kleiner Einsenkungstrichter zu Gebote stehen (Abb. 86).

Mit Aufhören des Gasdruckes wird das Öl nur noch unter dem Einflusse der Schwere aussickern, und die Pegelkurve naturgemäß immer

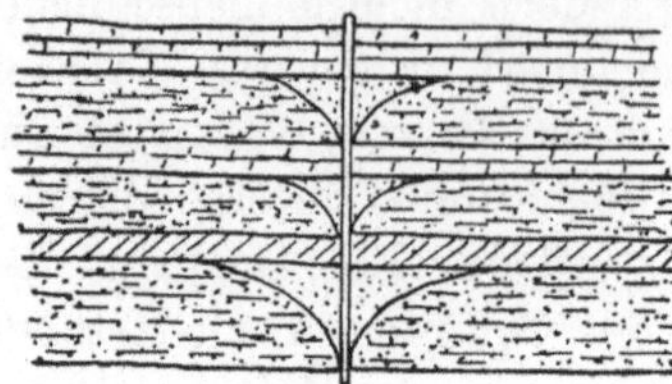

Abb. 86. Senkung des Ölspiegels bei Wechsellagerung.

mehr verflachen; dies hat zur Folge, daß der Aktionsbereich sich zwar zu erweitern sucht, der Wandertrieb des Öls auf das Bohrloch zu aber wegen der mit der Länge des Weges wachsenden Widerstände immer mehr erlahmen muß. Die der Wanderung des Öls auf das Bohrloch zu entgegenstehenden Widerstände werden schließlich der auf das Bohrloch zu gerichteten Komponente der Schwerkraft das Gleichgewicht halten, und der Gewinnungspunkt wird aufhören, zu produzieren. Dieser Zustand wird bei wenig mächtigen Lagern verhältnismäßig schnell eintreten.

79. Ölspiegel in ausgepumpten Öllagern.   Nach Einstellen des Pumpbetriebes werden die Absenkungstrichter sich allmählich, d. h. kapillar wieder ausgleichen. Im ganzen aber wird das Öl dahin streben, dem Endwasser, d. h. einer möglichst tiefen Höhenlage zuzuströmen. Dieser Prozeß vollzieht sich der Größe der sich bietenden Widerstände entsprechend nur langsam. Solange das Öl noch in Bewegung ist und

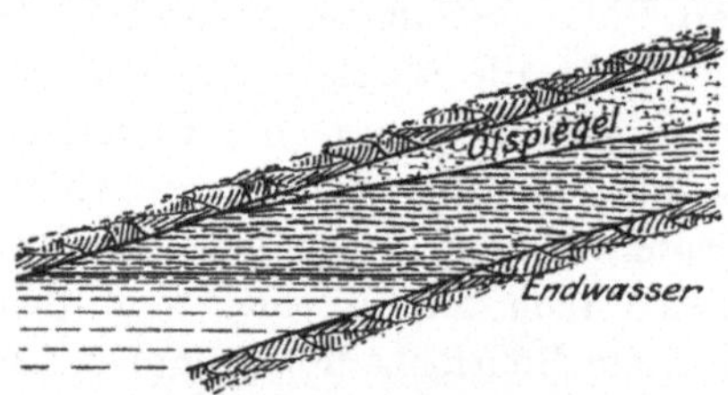

Abb. 87. Ölspiegel in abgepumpten Feldern.

dem Endwasser zuströmt, wird ähnlich, wie wir dies vom Grundwasserspiegel an Talgehängen kennen, der Ölspiegel sich in einer geneigten Ebene einstellen, deren Neigungswinkel von dem Fallwinkel der Lagerstätte abhängig ist (Abb. 87). Diejenigen Teile der verlassenen Lagerstätte werden daher am ölreichsten sein, welche dem Endwasser am nächsten liegen. Demnach ist die Zone, welche in verlassenen Ölfeldern oberhalb des Endwasserspiegels liegt, nicht nur wegen des in der Scheu vor dem Wasser begründeten, unzureichenden Bohrbetriebes (Nr. 75), sondern auch durch das Zuströmen des noch verbliebenen Öls zu diesem Niveau besonders ölreich. Nur bei Lagerstätten, die schon seit längerer Zeit verlassen sind, dürfte der Ölspiegel wiederum eine horizontale Lage oberhalb des Endwasserspiegels angenommen haben. Die geneigte Lage des Ölspiegels in mehr oder weniger leer gepumpten Öllagern war in dem unterirdischen Bergwerksbetrieb in Pechelbronn sehr gut zu beobachten. Die in der Nähe des Endwassers umgehenden, der Gewinnung aussickernden Öls dienenden, unterirdischen bergmännischen Arbeiten werden somit, solange keine den Abfluß sperrenden Momente vorliegen, in der Regel am ergiebigsten sein; schwebend aufwärts wird der Ölgehalt immer geringer.

80. Vorteile des Zechenbetriebes. Die Vorteile der unterirdischen Gewinnung von Erdöl sind erheblich. Nicht nur, daß die unterirdische Produktionsweise die fast restlose Erfassung, d. h. also, soweit sich heute beurteilen läßt, etwa 70—100% des in der Lagerstätte überhaupt vorhandenen Öls, zum Ziele hat. Der Schachtbetrieb bietet vielmehr auch den großen Vorteil, daß er im Gegensatz zum Sondenbetrieb stationär ist. Die normale Lebensdauer einer Schachtanlage auf Erdöl dürfte wohl auf mehrere Jahrzehnte zu bemessen sein, selbstverständlich vorausgesetzt, daß ihr ein nicht zu kleines Baufeld zur Verfügung steht, und sie auch den Abbau des Ölträgers in ihr Arbeitsprogramm aufgenommen hat. Damit aber ist der Bergwerksbesitzer in die Lage versetzt, an Stelle der fliegenden Tiefbohranlagen stationäre Betriebsanlagen einzurichten, dauernde Zufuhrwege und moderne Verkehrsmittel zu schaffen, die Wasserwirtschaft zu regeln, durch den Bau von Arbeiterwohnungen einen seßhaften Arbeiter- und Beamtenstand heranzuziehen u. dgl. m. Dadurch ist es ihm auch möglich, den Betrieb zu zentralisieren und unter steter Aufsicht zu halten. Die Errichtung eigener Kraftzentralen oder der bleibende Anschluß an Kraftwerke ist ihm ermöglicht. Außerdem ist der Betrieb von der Witterung und dem Klima kaum abhängig, da der Bergarbeiter unterirdisch den Witterungseinflüssen entzogen ist, und die über Tage beschäftigten Arbeiter in soliden Betriebsgebäuden Schutz vor den Unbilden des Klimas finden können. Dieser Gesichtspunkt ist namentlich für arktisch gelegene Ölfelder von Bedeutung, da deren Ausbeute bei Tiefbohrbetrieb meist auf einige Monate im Jahr beschränkt ist. So werden sich die entlegenen Lager von Fort Norman in Kanada, von Alaska, von Sachalin am schnellsten und wirtschaftlichsten durch Tiefbauschachtanlagen ausbeuten lassen entsprechend dem Kohlenbergwerksbetrieb von Spitzbergen. Weiterhin ist mit einer solchen Anlage die Gewinnung von nutzbaren Begleitmineralien zu verbinden; so wären wahrscheinlich die Schwefellager von Texas oder auch gewisse Salzvorkommen gleichzeitig mit dem Erdöl auszubeuten. Auch die Ölträger selbst können teilweise nach ihrer Entölung als Bausand oder als Material für Kunststeine verwendet werden. Besonders aber haben auch gewisse Ölkalke, wie z. B. die Ölkreide von Heide in Holstein, einen hohen Wert, da sie zur Kalkbrennerei geeignet sind und zum mindesten einen guten Düngekalk abzugeben vermögen. Endlich ist der Betrieb nicht so leicht einer Überproduktion unterworfen, da die Höhe der Produktion nur in geringen Grenzen schwankt, und man sich durch Vermehrung oder

Verminderung der unterirdischen Gewinnungspunkte der Nachfrage anzupassen vermag. Unter Umständen kann man sogar die Gewinnungsarbeit zeitweise ganz einstellen und nur das zusickernde Öl zutage fördern. Ja selbst die stillgelegte Grube kann unter Voraussetzung eines dichten Ausbaues der geschaffenen Hohlräume noch als Riesenöltank benutzt werden, in dem die benachbarten Produktionsstätten ihr Rohöl aufspeichern können, ein Gesichtspunkt, der z. B. für die Landesverteidigung von großer Bedeutung sein kann. Manche Raffinerien, die vor Jahren inmitten vormals höchstproduzierender, heute aber abgestorbener Bohrfelder angelegt worden sind, und heute auf den Bezug fremden Öls durch Pipelines angewiesen sind, können bei Wiederaufleben der Ölproduktion auf eigenem Grund und Boden vermittels der unterirdischen Betriebsweise sich in der Belieferung mit Rohöl unabhängig machen. Weiterhin ist eine Verwässerung des Öllagers nicht so leicht zu befürchten, vorausgesetzt, daß allen Grubenbauen der nötige Schutz zuteil wird. Denn einerseits sind die hangenden Wasserschichten im Felde im Gegensatz zu den zahlreichen Tiefbohrungen nur an einem oder zwei Punkten von den Schächten durchsunken; dann aber ist man bei Wasserzutritt in die Grubenbaue auch in der Lage, selbst große Wassermassen durch unterirdische Pumpenanlagen zutage zu heben und so den hydrostatischen Druck einer auf dem Öllager ruhenden Wassersäule und die damit zusammenhängende Verwässerung des Lagers zu vermeiden.

Endlich auch erhält man bei den unterirdischen, bergmännischen Aufschlüssen einen ganz anderen Einblick in die Lagerungsverhältnisse der Öllager, als dies bei Tiefbohrungen möglich ist. Die Erdölgeologie wird aus dem unterirdischen Bergwerksbetrieb sicherlich den größten Nutzen ziehen und dadurch in die Lage versetzt werden, andere Felder nach Analogie und erweiterter Erfahrung zu erschließen.

81. Die Nachteile des Grubenbetriebes. Diesen großen Vorteilen stehen an Nachteilen gegenüber die größere Gefahr des Betriebes und der Umstand, daß der Bergbau nur auf größeren Konzessionsgebieten umgehen kann, also für Parzellenwirtschaft nicht geeignet ist. Namentlich der letztere Umstand hemmt die Entwicklung des unterirdischen Ölbergbaues z. B. in den Vereinigten Staaten. Wenn man ein einigermaßen ausreichendes Feld durch Zechenbetrieb erschließen will, so muß man je nach der Größe des erforderlichen Anlagekapitals auf einen Mindestvorrat von 100 000 t Öl rechnen, um eine angemessene Amortisation und Verzinsung des Anlagekapitals erwarten zu können. Von Nachteil ist es in manchen entlegenen Gegenden auch, daß der in Erdöllagerstätten umgehende Betrieb zur Stützung der ausgeräumten Grubenbaue daran gebunden ist, daß ihm größere Mengen von Auskleidematerial, sei es in Form von Grubenholz, sei es in Form von

Ziegelsteinen, Zement und Kalk zur Verfügung stehen müssen, die manches Mal nur schwer zu beschaffen sind, oder aber, daß z. B. zur Herstellung von Ziegeln Nebenbetriebe errichtet werden müssen, die das erforderliche Anlagekapital erhöhen.

82. Verhältnis des Zechenbetriebes zum Sondenbetriebe. Der Bergwerksbetrieb auf Erdöl ist keineswegs so aufzufassen, als ob er an die Stelle des Bohrbetriebes treten soll; er stellt vielmehr nur eine Ausbeutungsweise dar, die als Fortsetzung der Phase des Sondenbetriebes anzusehen ist. Die Tiefbohrungen haben somit im allgemeinen immer dem Schacht- und Streckenbetriebe voranzugehen. Dies ist notwendig einmal, um den Umfang und die Verhältnisse der Erdöllagerstätten kennenzulernen, zum anderen Male, um die Lagerstätte von allen gefährlichen, unter hohem Druck stehenden Gasmassen zu befreien, bevor der Bergbau in sie hineingetragen wird. Außerdem sind die Bohrlöcher willkommene Hilfseinrichtungen beim unterirdischen Betriebe selbst (vgl. Nr. 224).

Indessen sollte man die Phase des Sonden- und Pumpenbetriebes nicht allzu lange ausdehnen, da die durch die Pumpen zutage geförderte Ölmenge ja doch mit Sicherheit durch den Schacht zutage gebracht wird, und ein über den Zweck der Entgasung und Öleruption zu weit hinausgehender Pumpbetrieb als eine Kapitalvergeudung erscheint. Außerdem bedeutet jedes Bohrloch in gewissem Sinne auch eine Gefahr für den unterirdischen Betrieb, da die Sperrung wasserführender Schichten durch die der Ölförderung dienenden Arbeiten im Bohrloch undicht werden kann, und dadurch Wasser in unangenehmer Weise den Grubenbauen zugeführt werden können. Je mehr Bohrlöcher, um so größer die Gefahr der Verwässerung, falls Wasserschichten zu durchbohren sind.

Durch eine zu weit gehende Entgasung der Lagerstätte wird auch die das Erdöl beim Auffahren der Strecken zum Aussickern bringende Kraft herabgesetzt, also der Aktionsbereich der Strecken vermindert, so daß das Streckennetz dichter sein muß, als wenn noch das unter einem verminderten und daher ungefährlichen Druck stehende Gas das Öl den Strecken zutreibt.

Aus diesen Gründen sollte man frühzeitig prüfen, ob das abgebohrte Feld für den Zechenbetrieb reif ist. Vor allen Dingen sollte man auch nicht zögern, zum Zechenbetrieb überzugehen, wenn man aus den Bohrungen erkannt hat, daß zwar Öl in ausreichender Menge in der Gerechtsame vorhanden ist, daß aber infolge zu großer Undurchlässigkeit des Ölträgers oder allzu großer Viskosität des Öls oder infolge zu ungünstiger Struktur der Lagerstätte die Aussichten für eine befriedigende Ölausbeute bei Fortsetzung des Sondenbetriebes nur gering sind.

83. Der Einfluß des Streckenbetriebes auf fördernde Bohrlöcher.
Vielfach wird auch der Befürchtung Ausdruck gegeben, daß der Bergwerksbetrieb den pumpenden Bohrlöchern die Ölzufuhr unterbinden werde, und das Öl somit in Zukunft anstatt durch die Bohrlöcher durch den Schacht zutage gefördert werde, der Endeffekt also derselbe sei. Diese Befürchtung ist gegenstandslos; ebenso wie die Bohrlöcher haben nämlich auch die Grubenräume, insbesondere die Strecken ein begrenztes Aktionsfeld und beeinflussen sich nur auf geringe Entnungen, wie man dies in Pechelbronn selbst bei Parallelstrecken, die in kurzer Entfernung voneinander verliefen, beobachten konnte. Dementsprechend war ein Einfluß des Bergwerksbetriebes, in Pechelbronn, wenigstens, solange er in deutschem Besitz war, auf die noch pumpenden Bohrlöcher überhaupt nicht oder doch erst dann wahrzunehmen, wenn die Bohrlöcher dicht davor standen, unterirdisch unterfahren zu werden. Im übrigen dürfte das Verhältnis der Ölproduktion einer unter richtigen Voraussetzungen angelegten Ölbergwerksanlage zu der Förderung aus pumpenden Bohrlöchern so groß sein, daß der Ausfall der letzteren kaum in die Wagschale fällt. So förderte die eine Schachtanlage in Pechelbronn im Frühjahr des Jahres 1918 täglich annähernd 100 t Öl. Sie produzierte damit ebensoviel Öl wie die in nachstehender Tabelle angegebene Anzahl von amerikanischen Bohrlöchern zusammengenommen.

	Anzahl der Bohrlöcher	mit je Barrels	zusammen Barrels
Kalifornien	20	37,8	756
Louisiana	20	37,7	754
Wyoming	30	22,7	681
Texas	70	10,1	707
Oklahoma	110	6,4	704
Illinois	120	5,8	696
Colorado	140	5,0	700
Kansas	370	1,9	703
Kentucky	646	1,1	710
Ohio	1000	0,7	700
Indiana	1160	0,6	696
Pennsylvanien	1750	0,4	700
New York	3500	0,2	700

In der vorstehenden Gegenüberstellung sind die Springer bei der durchschnittlichen Förderung mittels Sondenbetrieb mit einbegriffen.

84. Verhältnis des Erdölbergbaues zu den älteren Zweigen des Bergwerksbetriebes. Der Zechenbetrieb auf Erdöl erfolgt im Prinzip nach den gleichen Regeln der Bergbaukunde, nach welchen auch die Gewinnung und Förderung von Kohlen und anderen nutzbaren Mineralien erfolgt. Man schafft also einen oder mehrere Zugänge zur Lagerstätte von solchen Dimensionen, daß die Bergarbeiter durch dieselben bis zur Lagerstätte fahren, derselben unterirdisch nachgehen und sie ausbeuten können. Im einzelnen ist der auf solchen Lagerstätten umgehende Betrieb aber so eigenartig, daß eine Einzeldarstellung der Einrichtungen und Betriebe, welche sich auf den bisher gemachten Erfahrungen stützt, am Platze ist. Beim Erdölbergbau handelt es sich nach dem Vorhergehenden um die Lösung von zwei Aufgaben: Einmal darum, das in der ungenügend produzierenden Lagerstätte in einem gewissen Überschuß vorhandene Öl als Sickeröl zum Austritt zu bringen, und zum anderen Male darum, das nach dem Aussickern noch zurückgebliebene, an dem Ölträger haftende, sogenannte „trockene" Öl, welches aber durchaus nicht trocken ist, sondern mit dem Sickeröl in seinen chemischen und physikalischen Eigenschaften übereinstimmt, ebenfalls zu gewinnen. Diesen beiden Aufgaben sind die nachfolgenden Darstellungen gewidmet.

VII. Die Ausrichtung der Ölgruben.

85. Allgemeines. Ausrichtung durch Stollen und Schächte. Unter Ausrichtung der Grube versteht man diejenigen Arbeiten, welche dazu dienen, den Zugang zu der Lagerstätte zu ermöglichen. Es gibt eine Ausrichtung von Tage aus und eine unterirdische Ausrichtung. Die Ausrichtung unter Tage ist die Fortsetzung der Ausrichtung von Tage her und ist einem späteren Abschnitte vorbehalten. Zunächst interessiert hier nur die Ausrichtung von Tage her. Sie erfolgt entweder durch Stollen oder Schächte.

86. Ausrichtung durch Stollen. Stollen sind die Zugänge zur Lagerstätte, welche in horizontaler Richtung angelegt werden, um solche Lagerstätten, die oberhalb der „Stollensohle", also in einem Berge liegen, zu erfassen (Abb. 88). Sie werden am Berghange angesetzt und dringen infolgedessen nicht besonders tief unter die Erdoberfläche. Man nennt derartige Gruben Stollengruben. Für die produzierenden Hauptölfelder kommen sie weniger in

Abb. 88. Ausrichtung durch Stollen bei steiler Lagerung.

Betracht, da die Öllager, wie in Nr. 12 dargetan, in der Nähe der Erdoberfläche ja meist stark oxydiert und asphaltiert sind, so daß sie Öl in hydriertem Zustande als frei aussickerndes Öl kaum mehr abzugeben vermögen. Jedoch können Öllagerstätten unter einem Deckgebirge von geringer Mächtigkeit, wenn sie auch kein Sickeröl zu entlassen vermögen, doch einen hohen Prozentsatz Öl enthalten, so daß sie für den **Abbau** der Ölträger ganz besonders in Frage kommen. Solche Lager sind meist für die Ausrichtung durch Stollen wohl geeignet. So können die öfters erwähnten Athabascaölsande in Alberta in Kanada wahrscheinlich zum großen Teil durch Stollen aufgeschlossen werden, da sie in dem Taleinschnitt des Athabasca-flusses weithin anstehen. (Abb. 89).

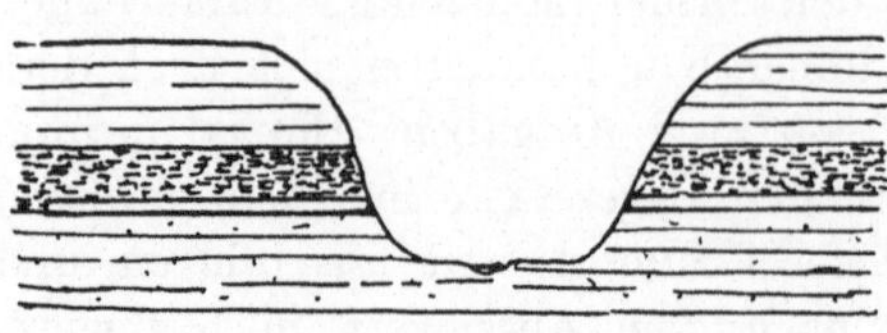

Abb. 89. Ausrichtung durch Stollen bei flacher Lagerung.

Stollen von Tage aus bei ungenügend tiefem Einschnitt schräg abwärts bis zum Lager zu führen, wie dies vereinzelt bei Öllagern versucht worden ist, ist meistens verwerflich. Derartige Stollen werden immer sehr lang, ihre Unterhaltung meist kostspielig und ihr Zweck oft verfehlt. Denn, um das Lager (Abb. 90) in genügender Teufe bei b zu fassen, müßte der Stollen eine allzu große Länge erhalten; bei Antreffen des Lagers in der größeren Höhe wird man aber zur Ausrichtung der tiefer einfallenden Schenkel doch einen kleinen Blindschacht s anlegen müssen. Außerdem verfehlt der geneigte Stollen, wenn er das Lager in ungenügender Teufe anfährt, gerade den Zweck, den man mit dem Stollen verbindet: Gewinnung und Sammlung der Grubenprodukte unter

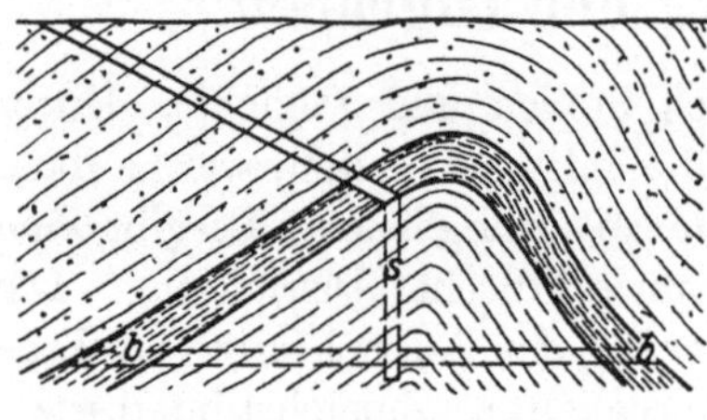

Abb. 90. Geneigter Stollen.

Ausnutzung der eigenen Schwere. Ein solcher Grubenbau entspricht dem Unterwerksbau über dessen Gefahren unter Nr. 248 das Nötige gesagt ist.

87. Ausrichtung durch Schächte. In der Ebene wird die Ausrichtung der Grube somit in der Regel durch vertikale Schächte erfolgen; Gruben, die durch Schächte aufgeschlossen werden, sind Tiefbaugruben. Vertikale Schächte sind in der Regel die kürzeste Verbindung zwischen der Erdoberfläche und den Öllagern.

88. Handschächte. Die Erschließung der Öllager durch kleine, von Hand gegrabene Schächte, sogenannte Handschächte, ist schon sehr alt und kann bis ins Altertum zurück verfolgt werden. So wurde nachweislich schon zu Beginn unserer Zeitrechnung in Japan Erdöl, „stinkendes Wasser“, aus kleinen Handschächten gewonnen und zur Beleuchtung der kaiserlichen Gärten benutzt. Jedoch hat man nie gewagt, von derartigen primitiven Schächten aus in tiefere Öllager, insbesondere in Lager mit Leichtöl oder Gasgehalt einzudringen, und denselben im Streichen oder Fallen nachzugehen. Diese Schächtchen wurden ohne Anwendung aller maschinellen Hilfsmittel von Hand niedergebracht und bedeuten im Grunde genommen nichts weiter als weite, durch Handarbeit hergestellte Brunnen, die den Wasserziehbrunnen entsprechen, und aus denen das zusitzende Öl durch Schöpfeimer zutage gehoben wird. Derartige Handschächtchen sind auch heute noch in Rumänien, in Baku, in Birma und in Japan in Betrieb. Die Handschächte sind entweder kreisrund mit einem Durchmesser von 1—1,5 m oder quadratisch mit gleich großen Seiten angelegt, so daß nur ein Arbeiter auf der Sohle des Schachtes arbeiten kann. Der Arbeiter wird zum Abteufen mit einer Handwinde an einem über eine oft hölzerne Seilscheibe gelegten Hanf- oder Strohseile in die Tiefe gelassen, wobei er an einem an der Schachtwandung befestigten Kletterseile sich führt bzw. kletternd sein Eigengewicht auf die Schachtauskleidung überträgt und das ihn haltende Sicherheitsseil entlastet (Abb. 91). Bei der Arbeit bleibt der Arbeiter immer angeseilt (Abb. 92), so daß sein kletternder Aufstieg jederzeit im Falle der Not von Tage her unterstützt werden kann. Die Förderung vermittelt eine kleine Fördertonne am Seil von einer zweiten Handwinde aus. Zur Ventilation dient ein über Tage von Hand oder durch Tretfuß betriebener Blasebalg, der durch eine in der Ecke des Schachtes angebrachte Holzlutte die frische Luft dem Arbeiter in der Tiefe zuführt (Abb. 93).

Abb. 91. Fahrung in einem japanischen Handschachte.

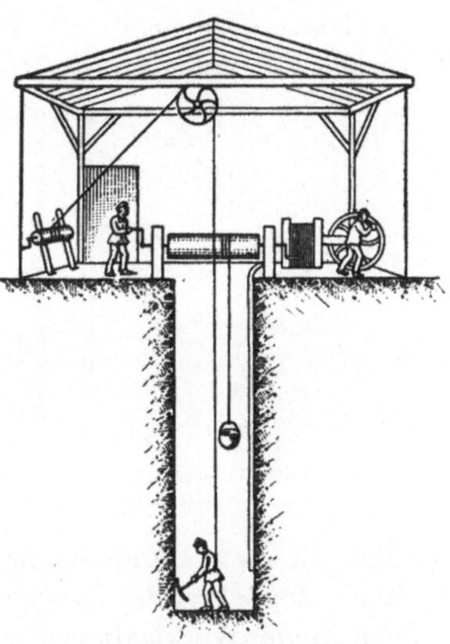

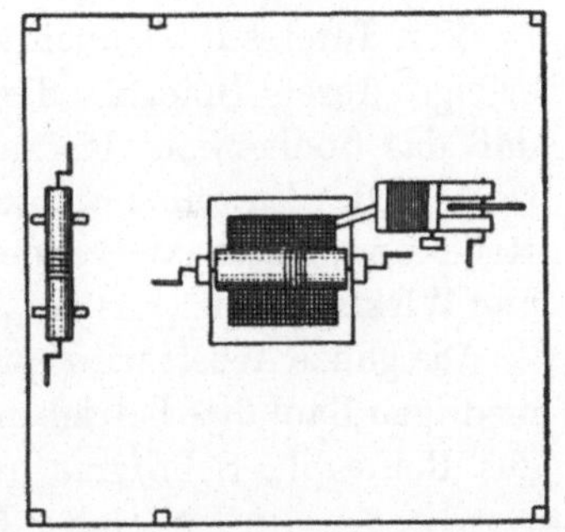

Abb. 92. Abstufen eines japanischen Handschachtes.

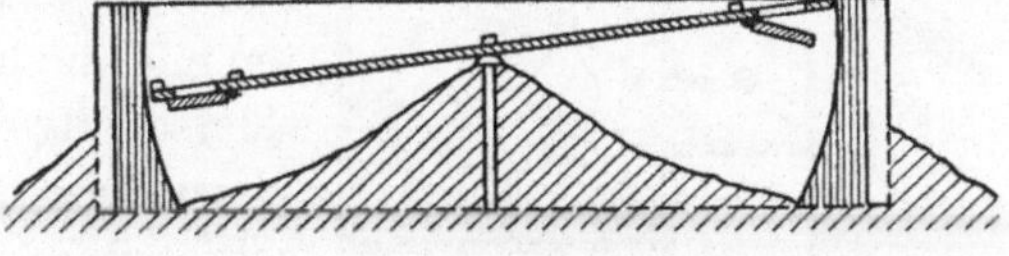

Abb. 93. Bewetterung eines japanischen Handschachtes durch Tretblasebalg.

Wasser dürfen natürlich nicht, auch nicht in ganz kleinen Mengen zufließen, da die primitiven Einrichtungen diese nicht zu bewältigen vermögen. Höchstens die Grundwasser wenige

Meter unter der Tagesoberfläche sind durch Handpumpen noch zu heben, werden dann aber tunlichst durch einen kurzen Stollen abgeleitet (Abb. 94). Gewöhnlich ist der Schacht dann oberhalb des Stollenniveaus etwas erweitert, und sammeln sich die Wasser in einer Sammelrinne. Manches

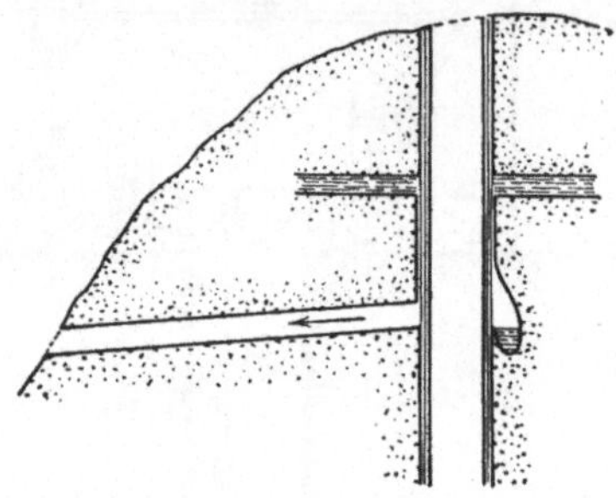

Abb. 94. Wasserstollen vom Handschachte.

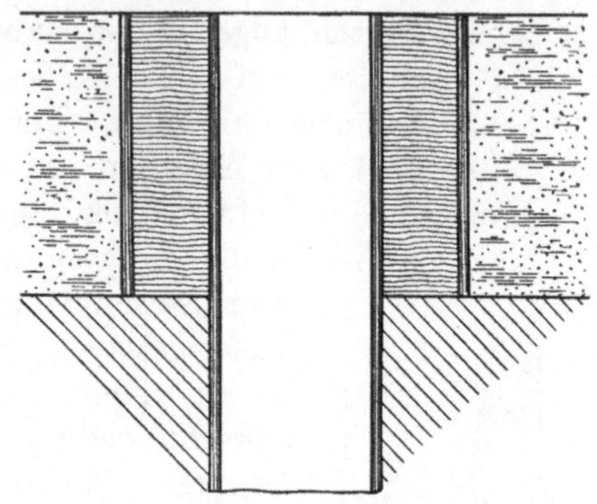

Abb. 95. Abdämmen von Grundwasser in japanischen Handschächten.

Mal ist der Handschacht innerhalb des wasserführenden Gebirges auch doppelwandig ausgekleidet (Abb. 95) und der Raum zwischen den beiden Verkleidungen mit Ton zugestampft.

Von Interesse ist auch die Beleuchtung. Sie erfolgt durch Spiegel, die so gestellt werden, daß das Sonnenlicht bis zur Schachtsohle reflektiert wird. Zuweilen werden auch Lampen mit Reflektorspiegeln verwendet, deren Einrichtung und Wirkungsweise aus der Abb. 96 ersichtlich ist.

Die ganze Arbeit wird unter dem Schutze einer niedrigen Bauhütte betrieben, die meist mit Matten aus Reisstroh, Schilfgras usw. oder mit dünnen Brettern verkleidet ist. Die Auskleidung der Schachtwände erfolgt bei runden Schächten durch starke Faß- oder Korbreifen, bei Schächten mit quadratischem Querschnitt durch Gevierthölzer (Bolzenschrotzimmerung, Abb. 97).

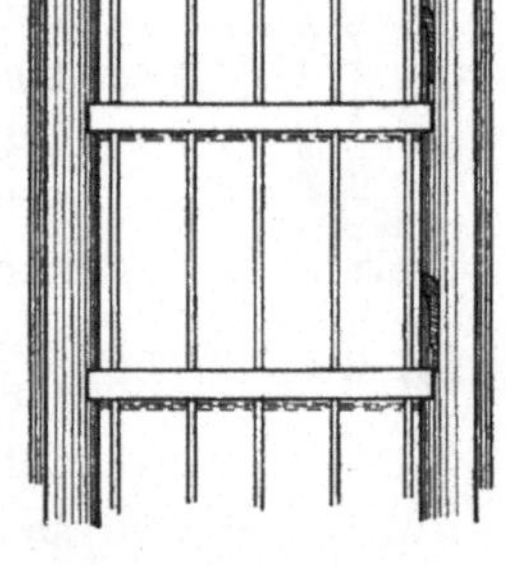

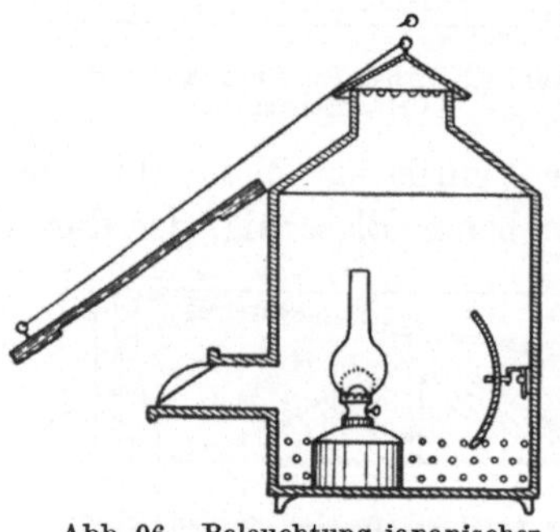

Abb. 96. Beleuchtung japanischer Handschächte durch Spiegel.

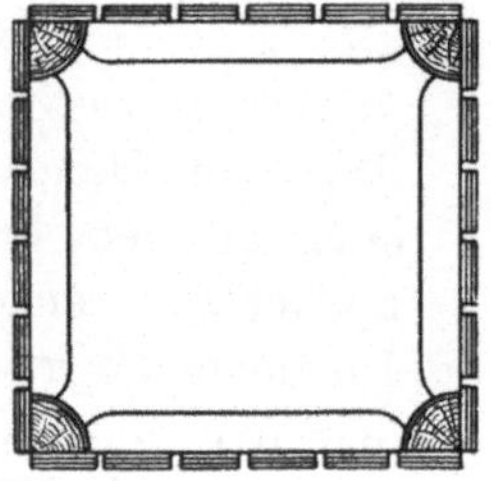

Abb. 97. Zimmerung japanischer Handschächte.

Die Arbeit ist natürlich gefährlich, und findet ein hoher Prozentsatz der Arbeiter, namentlich bei Erreichen des Ölhorizontes, durch Ertrinken, Ersticken,

Absturz usw. den Tod. Um der Gefahr des Öl- und Gasausbruches zu begegnen, wird oft mit einem Handbohrer (Staucher) vorgebohrt, sobald man die Nähe der Öllagerstätte erreicht hat.

Sind mehrere Öllager vorhanden, so teuft man zunächst bis zum ersten Lager und gewinnt aus diesem so lange Öl, bis der Zufluß nachläßt, was meistens mehrere Jahre dauert. Wenn der Zufluß nicht mehr befriedigt, vertieft man den Schacht bis zum zweiten Lager und so fort, bis die Teufe, bis zu welcher man mit diesen primitiven Hilfsmitteln vorzudringen vermag, erreicht ist. Man hat auf diese Weise nicht selten Teufen von 250 und mehr Metern, ausnahmsweise sogar bis 300 m erreicht. Manche Handschächte weisen eine Lebensdauer von vielen Jahrzehnten auf, und oft ist es nur der natürliche Altersverfall der Schachtauskleidung, der ihrem Leben ein vorzeitiges Ende bereitet.

89. Der Ertrag der Handschächte. Meist stehen die Handschächte in sehr kurzer Entfernung voneinander. Sie weisen oft sehr ansehnliche Erträge auf. Bemerkenswert ist, daß in manchen Gebieten, in denen Bohrungen durch die in Nr. 74 u. 78 Abb. 80—84, Abb. 88 erwähnten ungünstigen Verhältnisse überhaupt keine oder doch nicht lohnende Ausbeute brachten, sich bei Handschachtbetrieb eine sehr bedeutende Ölproduktion ergeben hat. So brachte z. B. das Gendojifeld in Echigo in Japan im Handschachtbetriebe im Laufe von etwa 2 Jahrzehnten etwa 300 000 Barrels, also rund 50 000 t Öl, während alle Bemühungen, durch Bohrungen einen Ertrag zu erzielen, vollständig vergeblich waren.

Derartige Handschächte bringen oft den untrüglichen Beweis der Überlegenheit des Schachtbetriebes über den Tiefbohrbetrieb. Das erwähnte Gendojifeld in Japan brachte seine Ausbeute einer alten geologischen Karte zufolge aus etwa 125 Handschächten. Die Entfernung der Handschächte voneinander ist jedenfalls wie üblich gering gewesen. Nimmt man sie zu 32 m an, so hat jeder Handschacht mindestens 1000 qm entölt und aus dieser Fläche durchschnittlich 2400 Barrels Öl gebracht. Hätte man an Stelle des Handschachtes durch dieselbe Fläche zwei Strecken im Abstande von etwa 15 m gelegt, wie Abb. 98 andeutet, so hätten sie doch

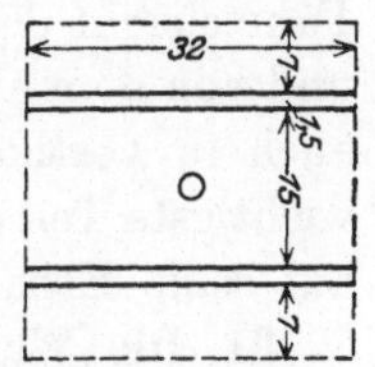

Abb. 98. Vergleich des Ertrages von Handschächten und Strecken.

sicherlich denselben Ertrag wie der eine Handschacht, als dessen Ersatz sie hier gedacht sind, vermutlich aber wesentlich mehr gebracht. Da die beiden Strecken eine Gesamtlänge von 64 m haben, so wäre der Zufluß pro Streckenmeter 2400 : 64 = ca. 37—38 Barrels oder etwa 4,5 t. Dieser Zufluß pro Streckenmeter würde ohne Frage einen Erfolg des Streckenbetriebes darstellen. Der Zufluß wäre bei Ersatz der

Handschächte durch Strecken innerhalb nur einiger Wochen erfolgt, während er jetzt mehrere Jahrzehnte benötigte, um die Lagerstätte verlassen zu können. Dabei ist besonders beachtenswert, daß eine Tiefbohrung an Stelle jedes Handschachtes ertraglos gewesen wäre.

Die Handschachtbetriebe können natürlich keinen Anspruch darauf machen, als Bergwerksbetriebe im modernen Sinne angesehen zu werden. Die Ausbeute der Öllager ist trotz der manches Mal sehr achtungswerten Produktion doch ungenügend; der Betrieb ist dabei so gefährlich, daß er bei keinem Techniker neuzeitlicher Schulung Anklang finden kann. Außerdem ist der Betrieb bei Licht betrachtet teuer, da die kleinen Schächtchen vorwiegend unproduktives Gebirge zu durchteufen haben und in der Menge der Arbeitslöhne ein erhebliches Kapitel beanspruchen, das nur deshalb nicht so in Erscheinung tritt, weil seine Anlage sich auf Jahrzehnte zu verteilen pflegt, und die Handschächte von vielen kleinen Besitzern, wie Landwirten, Handwerkern u. dgl., nebenberuflich geteuft werden. Für einen neuzeitlichen Bergwerksbetrieb können die alten Handschächte insofern von Bedeutung sein, als sie mit entsprechender Ausrüstung als Notausgänge aus den unterirdischen Grubenbauen dienen können und auch als Wasserhaltungs- und Ölhaltungsschächte manches Mal von Wert sein können.

VIII. Der maschinelle Schachtbetrieb.

90. Allgemeines. Die neuzeitliche Schachtanlage bedarf natürlich einer ganz anderen Ausstattung und Betriebsweise, als wie sie die Handschächte aufweisen. Nur auf diese mit allen Hilfsmitteln der Neuzeit ausgestatteten Bergwerke beziehen sich die unter Nr. 80 aufgezählten Vorteile. Der Ölschacht stellt also einen voll ausgebauten Förder- und Fahrschacht dar, der auch der Wetterführung und Wasserhaltung dient, und von dem aus die Grubenbaue sich unterirdisch in horizontaler, oder auch in vertikaler Richtung verzweigen. Der Schacht ist somit der wichtigste Teil der Bergwerksanlage, gleichsam seine Lebensader, so daß auf seine Erhaltung alle Aufmerksamkeit gerichtet sein muß.

91. Die Wahl des Schachtansatzpunktes. Schon bei der Wahl des Schachtansatzpunktes muß man, besonders, wenn es sich um die Gewinnung von aus der Lagerstätte ausfließendem Leichtöl, handelt, von anderen Gesichtspunkten ausgehen, als bei anderen Bergwerksanlagen. Bei diesen pflegt man in erster Linie darauf Rücksicht zu nehmen, daß die Förderwege möglichst kurz werden. Daher wählt man manches Mal den Ansatzpunkt des Schachtes auf der Sattelachse, oder man läßt ihn möglichst mit dem Schwerpunkt der Lagerstätte bzw. des Grubenfeldes zusammenfallen. Solange es sich vornehmlich um die Gewinnung von frei austretendem Öl handelt, und dies ist wohl im allgemeinen dasjenige Stadium des Betriebes, das das meiste Interesse erregt, fällt dieser Gesichtspunkt für Ölbergwerke fast vollständig fort, da das flüssige Öl ja von selbst auf weite Erstreckung hin abzufließen vermag oder auch durch Pumpen ohne wesentliche Mehrkosten bis zu jeder gewünschten Entfernung weggefördert werden kann. Bei Ölbergwerken darf man sich auch nicht etwa von dem Gesichtspunkte leiten lassen, den Schacht an einem möglichst ergiebigen Punkte anzusetzen. Bei einer solchen Lage des Schachtes könnte man unter Umständen in der Hauptsache zu einem gefährlichen Unterwerksbau gezwungen sein. Der leitende Gesichtspunkt bei der Wahl des Schachtansatzpunktes muß der sein, daß das Öl sich niemals in Tümpeln oder Lachen ansammeln kann und die Brandgefahr dadurch gesteigert wird. Man muß also dafür sorgen, daß das Öl bei seinem Austritt aus der Lagerstätte sofort durch natürliches Gefälle Abfluß von den Gewinnungspunkten hat. Der Betrieb ist demnach im allgemeinen schwebend, d. h. in aufwärts strebender Richtung zu führen. Der Unterwerksbau (Nr. 248) ist nach Möglichkeit auszuschließen, und alle Abhauen und Gesenke sind tunlichst zu vermeiden (Nr. 135).

Um diese Forderung zu erfüllen, soll der Schacht normalerweise die produktive Lagerstätte in einem tiefen Niveau treffen. Das tiefste Niveau ist die Endwasserlinie. Es ist daher angebracht, daß der Schacht kurz über der Endwasserlinie die Lagerstätte erreicht, vorausgesetzt natürlich, daß das Endwasser tot ist und nicht unter hydrostatischem Wasserdruck steht. Damit ist von vornherein dem aussickernden Öl Gelegenheit gegeben, der vom Schacht ausgehenden Grundstrecke zuzufließen (Nr. 134), um auf kürzestem Wege und am schnellsten aus der Grube entfernt zu werden. Eine nach diesem Gesichtspunkte angelegte Bergwerksanlage kann schon in ihrer Disposition die Hauptgefahr zu einem großen Teile aus der Grube bannen. Da nach Nr. 75 und 79 das Lager oberhalb der Endwasserlinie am wenigsten entölt zu sein pflegt, so gibt die Lage des Schachtes, welche mit der Ausbeutung des Öls gerade an dieser ölreichen Zone beginnt, am ersten Gewähr dafür, daß man auf schnellstem Wege in Produktion kommt und nach Abteufen des Schachtes oder sogar noch während des Abteufens (Nr. 125) die Mittel für den weiteren Ausbau des Werkes ganz oder zum Teil aus dem Betriebe selbst gewonnen werden.

Daneben kommen natürlich auch andere Gesichtspunkte zur Geltung. So z. B. wird man, wenn etwa an der nach der vorstehenden Regel angegebenen Stelle das Deckgebirge starke Wasserzuflüsse beim Abteufen erwarten läßt, die bei einem Schachte, der auf dem Rücken der Antiklinalen angesetzt wird, nicht vorliegen, besonders diesem Gesichtspunkte Rechnung tragen müssen. Auch die Verhältnisse an der Erdoberfläche, insbesondere deren Orographie und Zufuhrmöglichkeit, spielen eine ausschlaggebende Rolle. Ferner wird man, wenn das Deckgebirge an der angegebenen Stelle zu mächtig wird und die Schachtanlage dadurch zu tief wird, den Ansatzpunkt verschieben müssen. Ein tief eingeschnittenes, wenn auch enges, erodiertes Flußtal, wie man es oft in Erdölgebieten findet, kann für einen Ölschacht einen sehr günstigen Ansatzpunkt hergeben, da man an dieser Stelle unter Umständen ein tiefes Lager mit einem Schacht von geringer Teufe fassen kann, und sich auch die übrigen Fragen Haldensturz, Abwasser, Zufuhr usw. am leichtesten regeln. Bei stark gefalteten, steil stehenden Antiklinalen wird man mit Vorteil den Schacht auf der Sattelachse ansetzen und so tief ins Liegende hinein teufen, daß man die beiden Schenkel des Öllagers querschlägig oberhalb der Endwasserlinie erreicht (Abb. 99).

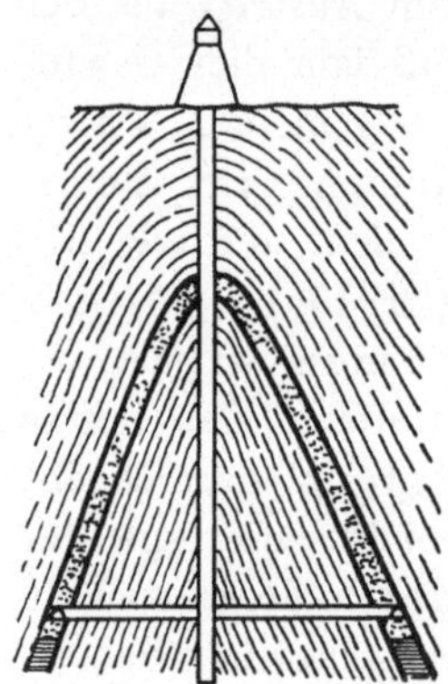

Abb. 99. Ölschacht auf dem Rücken einer scharf gefalteten Antiklinalen.

Ist der Ölträger stark rollig oder sogar fließend, so daß er im Bohrloch Auftrieb zeigt, so liegt die Gefahr vor, daß der Schachtbau beim Antreffen der Ölschichten großen Schwierigkeiten begegnet. Es steht dann zu befürchten, daß die Schachtmauerung in dem beweglichen Ölträger kein fundamentfähiges Gebirge findet und sogar zu Bruche gehen kann. Bei einer solchen Schachtanlage legt man unter Umständen den Schacht am besten an den Rand oder ganz außerhalb des Öllagers an und fährt dieses querschlägig an, wobei man sich der später zu besprechenden Mittel, die Massen durch Entziehen des Öls zu verfestigen und ihnen den schwimmenden Charakter zu nehmen, bedient. Steht das Endwasser unter hydrostatischem Druck, so wird man es selbstverständlich tunlichst meiden, und den Schacht näher der Sattelachse ansetzen.

92. Die zweite Schachtanlage. Bei jeder Bergwerksanlage wird man damit rechnen müssen, daß mindestens zwei Schächte angelegt werden, so daß ein Schacht immer als Notausgang dienen kann. Diese zweite Schachtanlage wird man aber auch soweit wie möglich anderen Bergwerkszwecken dienlich machen, sie also nicht nur als Fahrschacht, sondern auch als Förder-, Wetter- oder Wasserhaltungsschacht ausbauen. Sind die Abteufverhältnisse ungünstig, so wird man jedem Schacht ein möglichst großes Schachtfeld zuweisen, also die Schächte weit auseinandersetzen. Sind aber die Abteufkosten, zumal bei geringer Teufe der Lagerstätte, gering, so wird man die Schächte näher aneinanderlegen und gegebenenfalls sich auch nicht scheuen, durch Anlage einer Anzahl von Schächten die bergmännische Erschließung der Öllager sehr weit vorzutragen und zu erleichtern. Insbesondere gilt dies auch, wenn nur ein einzelnes Öllager von zudem noch geringer Mächtigkeit bei flacher Lagerung vorhanden ist. In diesem Falle würde die Fördermöglichkeit aus den dem betreffenden Schachte benachbarten Partien des Öllagers schon in verhältnismäßig kurzer Zeit zu Ende sein, die Förderung aus den entlegenen Gewinnungspunkten aber zu teuer werden. Bei der mit der Ausdehnung der unterirdischen Betriebsräume Hand in Hand gehenden Anlage neuer Schächte hingegen kann der Betrieb wesentlich verbilligt und vereinfacht werden. Weiteres über die Lage des zweiten Schachtes mit Rücksicht auf die Wetterführung ist in dem Kapitel über Wetterführung in Ölbergwerken zu finden (vgl. Nr. 285).

Als Maximalfeld, welches durch eine Schachtanlage ausgebeutet werden kann, ist ein Feld von 4 km Länge bei 2 km Breite anzusehen.

Jedenfalls sollte man jeden Ölschacht möglichst auf ein Bohrloch oder in der Nähe eines solchen ansetzen. Einmal hat dies den Vorteil, daß man über die Abteufverhältnisse genau informiert ist und sich danach einrichten kann. Dann aber wird man durch die Vorbohrung vor plötzlichen Öl-, Gas- und Wasserausbrüchen bei Erreichen des Öllagers geschützt. Weist das betreffende Bohrloch dabei noch eine Produktion auf, so kann das Schachtabteufen allein schon eine große Produktionssteigerung im Gefolge haben.

93. Zwillingsschächte. Die Anlage von Zwillingsschächten, bei denen die Entfernung der beiden Schächte voneinander bis auf 30—150 m heruntergeht, hat für Ölschächte immer etwas Bedenkliches. Wird ein Schacht von einer Katastrophe, etwa von Brand oder Gebirgsdruck ergriffen, so springt das Unglück sehr leicht von einem Schacht auf den anderen über, und so stehen beide Schächte in Gefahr, derselben Katastrophe zu erliegen, womit der eigentliche Zweck der zweiten Schachtanlage, nämlich einen zweiten Ausgang aus der Grube zu schaffen, von vornherein in Frage gestellt ist. Namentlich bei Erdöllagern von geringer Mächtigkeit und flachem Einfällen wirkt zudem eine Doppelschachtanlage bergwirtschaftlich genau so wie ein einzelner Schacht, da alle Zwecke, die durch die beiden beieinanderliegenden Schächte erfüllt werden, auch von einem einzelnen Schacht erfüllt werden können, während ein weit abgerückter zweiter Schacht meist einen ganz neuen, sonst unzugänglichen Teil des Lagers erschließt. Dem steht bei Zwillingsschächten oder bei kurzer Entfernung der beiden Schächte lediglich der Vorteil gegenüber, daß der zweite Ausgang unter Umständen bald geschaffen ist, da die unterirdische Verbindung der beiden beieinander liegenden Schächte schon in wenigen Wochen hergestellt ist.

Dieser Vorteil ist aber seinen Nachteilen gegenüber nicht so groß, daß man der Anlage von Zwillingsschächten bei Erdölbergwerken das

Wort reden könnte. Wenn man aber trotzdem aus irgendwelchen Beweggründen eine Zwillingsschachtanlage zu bauen beabsichtigt, so sollte man stets auf die vorherrschende Windrichtung Rücksicht nehmen und die Lage der Schächte so disponieren, daß bei einem Brande des einen Schachtes die Rauchgase über Tage nicht dem anderen Schachte zugeführt werden und evtl. das Feuer auf den anderen Schacht überspringen kann.

In der Mehrzahl der Fälle empfiehlt es sich, mit der Anlage des zweiten Schachtes so lange zu warten, bis die unterirdischen Verhältnisse von dem ersten Schacht aus genügend geklärt sind, und über das Schachtabteufen in dem betreffenden Felde sowie über das Verhalten der Lagerstätte selbst genügend einwandfreie Beobachtungen und Erfahrungen vorliegen.

94. Die Form der Schachtscheibe. Von allen Querschnittformen der Schachtscheibe ist die kreisrunde Form unstreitig die beste. Bei kreisrunden Schächten kann der Gebirgsdruck nicht einseitig zur vollen Auswirkung kommen, sondern verteilt sich gleichmäßig auf die Schachtverkleidung, so daß also der Schacht widerstandsfähiger ist, als dies bei quadratischem, rechteckigem oder elliptischem Querschnitt der Fall ist. Es sind dabei gerade die für die eigentlichen Zwecke des Schachtes nicht benutzten Teile der Schachtscheibe, d. h. die unbenutzt scheinenden Segmente, vortrefflich für die bei einem modernen Betriebe benötigten Leitungen auszunutzen. Sieht man von Öl- und Erdgasleitungen, die nur vorübergehend in einen Förderschacht gehören, ab, so können bei einer Erdölzeche folgende Leitungen durch den Schacht geführt werden: Spülversatzleitung, Preßluft- und Preßwasserleitungen, Steigeleitungen für Wasser, Dampfleitungen. Dazu treten elektrische Leitungen für Beleuchtungs- und Kraftzwecke. Alle diese Leitungen können in den bei einem kreisrunden Querschnitt stets zur Verfügung stehenden Segmenten vortrefflich verlagert werden, so daß das, was früher beim kreisrunden Querschnitt für einen Nachteil gehalten wurde, nämlich die Nichtverwertung eines großen Teiles der Schachtscheibe, bei modernen Schächten ins Gegenteil verkehrt ist.

95. Der Durchmesser der Schachtscheibe. Bei der Bestimmung der Größe der Schachtscheibe muß man sich darüber klar sein, daß man meist in der Zeit der Vorrichtung d. h. während der Zeit, in der flüssiges Öl aus der Lagerstätte austritt, keine großen Massen durch den Schacht zu bewegen braucht, und somit zunächst ein verhältnismäßig kleiner Schachtdurchmesser genügen wird; wenn aber das Sickeröl aus der Lagerstätte herausgezogen ist, liegen die Verhältnisse umgekehrt; dann müssen, soll der Abbau rentabel sein, falls die Aufbereitung nicht in der Grube stattfindet, gewaltige Massen bitumenhaltigen Gesteins zutage gefördert werden, denen über Tage das Öl zu entziehen ist. Dementsprechend

kommt man bei Zufluß von Sickeröl in der ersten Phase des Schachtbetriebes, der Zeit des Auffahrens von Strecken mit einem relativ kleinen
Durchmesser aus, während man in der späteren Phase des Abbaues auf
recht ansehnliche Schachtdurchmesser angewiesen ist. Da aber auch in
der Zeit der ausschließlichen Gewinnung von Sickeröl ein verhältnismäßig großer Teil des Schachtquerschnittes für die Bewetterung zur
Verfügung gestellt werden muß, so ist das zulässige Mindestmaß eines
Schachtdurchmessers wohl mit mindestens 3 m zu bemessen. Sind
außerdem plötzliche starke Gasausbrüche zu erwarten, und rechnet man
damit, daß unterirdisch größeren Raum beanspruchende Maschinen zur
Aufstellung kommen, die möglichst unzerlegt den Schacht passieren
sollen, so kommt man auf einen Normaldurchmesser von 4—4,5 m.
Wenn man dann aber weiter berücksichtigt, daß der Schacht für die
spätere Massenförderung der abgebauten Ölträger zweckmäßig einen
Durchmesser von 5—5,50 m erhalten muß, so wird man bei einigermaßen klar umrissenen Verhältnissen des Öllagers, der Förderfähigkeit
und Lebensdauer einer Schachtanlage eher dem größeren Durchmesser
von vornherein den Vorzug geben. Handelt es sich ausschließlich um
die Gewinnung eines Ölträgers, der kein Sickeröl abzugeben vermag, so
ist man mit Rücksicht auf die große Massenförderung grundsätzlich
auf einen Doppelförderung gestattenden großen Schachtdurchmesser
angewiesen.

96. Die Einteilung der Schachtscheibe. Die verschiedenen Zwecken
dienenden Abteilungen des Schachtes, die durch trennende Wände
voneinander geschieden sind, nennt man Trumme oder Trümer. Man
unterscheidet also Fördertrumme, Fahrtrumme, Wettertrumme,
Pumpentrumme usw. Die Bemessung und Größe des Fördertrummes
ist in erster Linie bedingt durch Raumbeanspruchung der Förderwagen. Größere Schächte
wird man meist zur Dop-
pelförderung einrichten,
d. h. es werden zwei För-
dermaschinen unabhängig
voneinander je zwei, also
im ganzen vier Förderkörbe
auf und ab bewegen können,
so daß also die Förderung
vier Fördertrumme in An-
spruch nimmt. Die eine

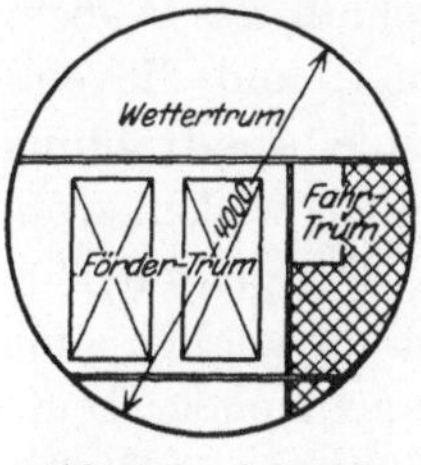

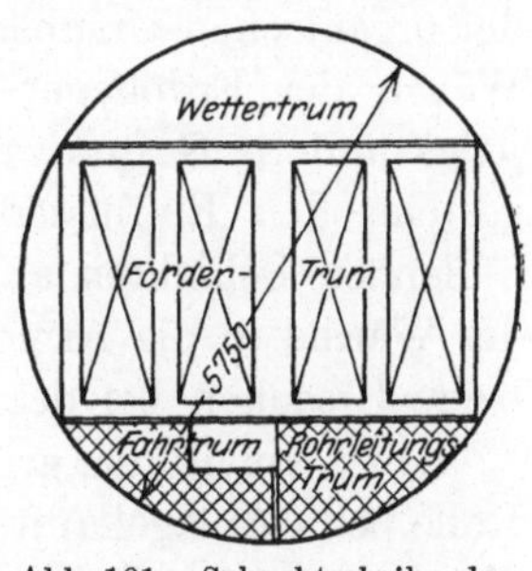

Abb. 100. Schacht-
scheibe Schacht Noellen-
burg (Pechelbronn).

Abb. 101. Schachtscheibe des
Ölkreideschachtes Heide-Holst.

Förderung ist dabei gewöhnlich die Hauptförderung, die zur Förde-
rung großer Massen dient, während die zweite Fördermaschine kleinere
Dimensionen aufzuweisen pflegt und vornehmlich zur Fahrung, zum
Einhägen der benötigten Materialien und zu sonstigen Nebenzwecken,

aber auch als Reservefördermaschine dient. Das Fahrtrumm sollte tunlichst so liegen, daß man von ihm aus leicht an die anderen Trümmer herangelangen kann, um daselbst Reparaturen ohne Schwierigkeit und Gefahr ausführen zu können. Dies gilt ganz besonders von den verschiedenen, oben angeführten Rohr- und Kabelleitungen im Schachte. Die Abb. 100 und 101 zeigen die Einteilung der Schachtscheiben von Pechelbronn Schacht I und des Heider Ölkreidebergwerkes.

97. Die Teufe der Schächte. Hinsichtlich der Teufe, in welcher Erdölbergbau noch möglich ist, gilt dasselbe, was auch für andere Bergwerksbetriebe gilt, d. h. die Teufe der Erdöllager ist an und für sich kein technisches Hindernis für die Gewinnung von Öl aus ihnen. Es ist aber daran zu denken, daß die geothermische Tiefenstufe in Erdölgebieten klein und jedenfalls geringer zu sein pflegt, als dies in anderen Bergwerksgebieten der Fall ist. So liegen nach zahlreichen Beobachtungen in verschiedenen Erdölfeldern die geothermischen Stufen unter 20 m; vereinzelt wurden 7 m gemessen. Nur ausnahmsweise beobachtete man in Erdölfeldern Gradienten von 30 und mehr Metern. Man kann überschläglich annehmen, daß in Ölfeldern bei 500 m Teufe eine Gesteinstemperatur von 35°, bei 1000 m eine solche von 60° herrscht. Dieser kleine geothermische Gradient bedeutet aber in Ölbergwerken, daß mit zunehmender Teufe die Verdunstung des Öls bedeutend zunimmt, und den Maßnahmen, die die Verdunstung verhüten, noch größere Aufmerksamkeit zu schenken ist.

Über die Ursachen der schnelleren Temperaturzunahme in den Ölfeldern nach der Tiefe zu gehen die Ansichten der Fachleute auseinander. Die einen sehen dieselbe in einem Aufspeichern von Wärmevorräten bei der Bildung des Erdöls, insbesondere bei der Zersetzung der organischen Ursubstanz begründet; die anderen erklären die höhere Wärme der Erdöllager dadurch, daß die Öllager eben viel besser wie jedes andere Gestein durch den hermetischen Abschluß des Nebengesteins den Einflüssen der Atmosphäre entzogen sind, und die einhüllenden Schichten auch als schlechte Wärmeleiter die Ausstrahlung der Wärme in die Atmosphäre verhüten. Wahrscheinlich wirken wohl beide Ursachen bei den Wärmeverhältnissen in den Öllagern mit.

Sonst spielt die größere Teufe der Erdöllager hauptsächlich eine Rolle beim Anlagekapital, da selbstverständlich mit zunehmender Teufe die gesamten Anlagen stärker ausgeführt werden müssen. Auch der Betrieb selbst verteuert sich in größerer Teufe, ohne aber daß dieser Umstand als entscheidender Faktor auftreten könnte.

Die erste Schachtanlage in Pechelbronn hatte eine Teufe von 153 m, die zweite von 180 m und die dritte von 220 m. Eine Ölbergwerksanlage in Wietze erreichte etwa 300 m, die Ölbergwerksanlage in Heide in Holstein nur etwa 80 m.

Man kann wohl annehmen, daß für den Erdölbergbau für die nächsten Jahrzehnte allzu große Teufen nicht in Frage kommen. Denn dafür ist die Auswahl aussichtsreicher Ölfelder mit geringer Teufe doch eine zu große. In weiterer Zukunft indessen wird man sich auch den Erdöllagern in größerer Teufe zuwenden, da in ihnen in der Regel ja die am wenigsten verdunsteten Leichtöle zu finden sind.

IX. Das Schachtabteufen.

98. Der Schachtplatz. Bei der engeren Wahl des Schachtplatzes ist darauf Rücksicht zu nehmen, daß man für die geförderten Berge und entölten Ölträger, soweit diese nicht wieder in die Grube gebracht werden können, die nötige Haldensturzhöhe hat. Ein an und für sich unebenes Gelände kann unter Umständen als Schachtplatz sehr geeignet sein, da die Vertiefungen die genannten Erdmassen aufzunehmen vermögen, und dadurch allmählich ein vollständig ebenes Schachtgelände entstehen kann. Steht indessen nur stark erodiertes Gelände zur Verfügung, so planiert man dasselbe vor Beginn der Abteufarbeiten, soweit es tunlich scheint, da sonst die Einrichtungen von Bauten und der Verkehr über Tage zu sehr erschwert ist. Am besten ist es, wenn sich an ein Plateau, das als Schachtplatz dient, ein Talabhang anschließt, der die Halde aufnimmt, so daß sich die Horizontalerstreckung derselben in geringen Grenzen hält.

Auch ist dafür Sorge zu tragen, daß für den Abfluß von Wasser und Öl genügend Gefälle vorhanden ist. Dies gilt besonders auch dann, wenn man mit einem größeren Wassergehalt des aus der Grube geförderten Öls rechnen muß, und dieses über Tage zu entwässern ist, wobei es unter Ausnutzung des natürlichen Gefälles von einer Entwässerungsgrube zur folgenden abfließen muß (Nr. 106).

Damit niemand sich mit Feuerzeug oder in sonstiger unbedachter Weise der Ölschachtanlage nähern kann, ist eine zuverlässige Einfriedigung des Schachtplatzes zu fordern. Im übrigen müssen dieselben Bestimmungen für die Sicherheit des Betriebes gelten, die auch für Raffinerien, Öltankanlagen usw. Gültigkeit haben. Je nach der Größe der Ölfelder und nach der voraussichtlichen Dauer des Bergwerksbetriebes ist auch die Größe des Schachtplatzes zu bemessen. Im allgemeinen wird man für größere Anlagen mit 25000—50000 qm rechnen müssen.

99. Die Abteufverhältnisse. Beim Abteufen der Schächte können die verschiedenartigsten Verhältnisse obwalten. Das Deckgebirge kann in seiner gesamten Mächtigkeit milde, jedoch standhaft und wasserfrei sein; es kann aber auch fest und standhaft sein, dabei aber starke Wasserzuflüsse aufweisen; es kann ferner wenig standhaft und druckhaft sein, so daß es zu Nachfall neigt, dabei aber doch frei von Wasser bleiben; und endlich kann es nicht standhaft, d. h. rollig oder sogar schwimmend sein und reichliche Wassermassen führen. Da die Auswahl der für die unterirdische Gewinnung von Öl geeigneten Felder in den nächsten Jahrzehnten jedenfalls eine große sein wird, so wird man zunächst nur günstige Abteufverhältnisse wählen, d. h. solche Ölfelder bevorzugen, in denen das Deckgebirge milde, standhaft und wasserfrei oder nahezu wasserfrei ist. Dem Durchteufen derartig günstiger Gebirgsverhältnisse ist daher hier vorwiegend Aufmerksamkeit geschenkt. Das Abteufen unter schwierigen Verhältnissen nach besonderen Spezialverfahren ist im folgenden nur kurz erläutert.

100. Das Schachtabteufen von Hand. Das Abteufen von Schächten von Hand, bei denen nur ein geringer Wasserzufluß die Arbeiten behindert, der sich ohne Schwierigkeiten durch Schöpfen oder durch sog. Abteufpumpen heben läßt, erfolgt dadurch, daß die Arbeiter auf der Schachtsohle stehend aus dieser das Gestein lösen und diese immer mehr vertiefen; das hereingewonnene Gestein wird dabei zutage gefördert und auf die Halde geworfen. Bei der Abteufarbeit müssen die Arbeiter dagegen geschützt werden, daß aus den Schachtwänden sich Gebirgsstücke lösen und die Arbeiter gefährden; außerdem müssen die zusitzenden Wasser zutage gefördert werden, für die Zufuhr frischer Luft ist zu sorgen und die jederzeitige Möglichkeit der Ein- und Ausfahrt muß gewahrt bleiben. Endlich besteht die Hauptaufgabe darin, den Schacht durch einen Ausbau der Schachtwände gegen Zubruchgehen und sonstige Zerstörungen zu sichern. Wenn daran gelegen ist, den Schacht möglichst schnell bis ins Öllager nieder zu bringen, erfolgt die Arbeit gewöhnlich in vier sechsstündigen Schichten; hat man es nicht so sehr eilig, so ist achtstündiger Schichtwechsel mit $^1/_2$—1 stündiger Ruhepause die Regel. Treten aber Wasserzuflüsse auf oder stellen sich sonstige Schwierigkeiten ein, so darf die Arbeit nicht unterbrochen werden. Es ist dann die 6 stündige Schichtdauer durch die Natur der Verhältnisse geboten.

101. Die Gewinnungsarbeit beim Abteufen. Bei der Gewinnungsarbeit ist die Sprengarbeit in der Nähe des Öllagers im allgemeinen nicht zulässig; sie ist überhaupt nur dann zu gestatten, wenn man sich in durchaus bekannten öl- und gasfreien Deckgebirgsschichten bewegt und das Gebirge dabei so fest wird, daß ohne Sprengarbeit kein befriedigender Fortschritt zu erzielen ist. Jedenfalls sollte man die Sprengarbeit, so lange wie eben angängig, vermeiden, da erfahrungsgemäß die Schießarbeit aus den ungefährlichen Gebirgshorizonten allmählich gar zu gern in die gefährlichen Ölhorizonte hineingleitet. Da es sich zudem meist um das Durchteufen milder Gebirgsschichten handelt, so kommt man in der Mehrzahl der Fälle auch ohne Sprengarbeit aus.

Man ist daher bei der Gewinnungsarbeit in erster Linie auf die Spitzhacke oder die Keilhaue angewiesen. Doppelte Keilhauen oder Kreuzhacken sind weniger zu empfehlen, da mit der bei der Arbeit nach oben gerichteten Spitze der nebenstehende Arbeiter leicht verletzt werden kann. In kiesigem oder pyrithaltigem, öl- und gashaltigem Gebirge ist selbst der Gebrauch der Spitzhacke gefährlich, da, wie sich gezeigt hat, absplitternde Funken Öldämpfe in Brand zu setzen vermögen.

Das wichtigste Hilfsmittel beim Abteufen von Erdölschächten ist der Abbauhammer (Abb. 102). Mit diesem Hilfsmittel kann man mildes, mittelhartes, hartes Gebirge hereingewinnen. Im Ölbergbau sollte man ganz allgemein die verbrauchte Preßluft an der Spitze des Meißels austreten lassen, also mit Luftspülung arbeiten. Der Abteufhammer hat dann den großen Vorteil, die Luft an der Spitze des lanzettförmigen Meißels ständig frei von explosiblen und brennbaren Kohlenwasserstoffgasen zu halten. Hierüber folgen weitere Angaben in dem den Gewinnungsarbeiten gewidmeten Abschnitt.

102. Die Kübelförderung. Die gelösten Gebirgsmassen, die Berge, werden in Förderkübel (Abb. 103) geschaufelt und zutage gefördert. Die faßförmigen Kübel haben je nach der Größe der Schachtscheibe einen Durchmesser von 300—1000 mm, die Höhe beträgt etwa 1,00 bis 1,30 m. Die Kübel sind meist aus 8 mm starkem

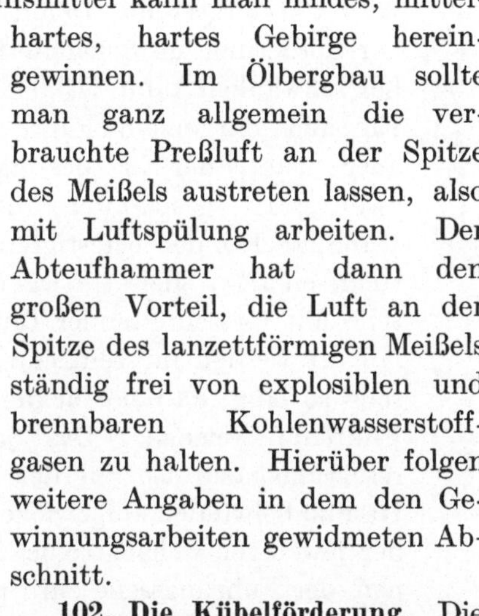

Abb. 102.
Abbauhammer.
(Flottmann.)

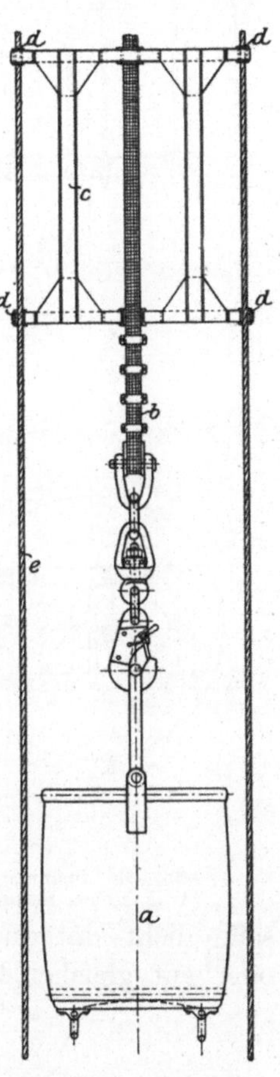

Abb. 103. Kübelförderung.
(A. H. Meier, Hamm.)

Eisenblech gefertigt und am oberen Rande durch einen angenieteten schmiedeeisernen Ring verstärkt. Außerdem ist ein schmiedeeisernes Laschenpaar zur Aufnahme des Kübelbügels angenietet.

Erfahrungsgemäß ist der Fortschritt, insbesondere bei tiefen Schächten um so größer, die Arbeit also um so billiger, je größer der Inhalt der Förderkübel ist. Man wählt bei großem Schachtdurchmesser gewöhnlich einen Kübelfassungsraum von 750—1000 l, bei kleinem Durchmesser geht man bis auf 300 l herab. Zu berücksichtigen ist, daß der Kübel niemals bis zum oberen Rande gefüllt sein darf, sondern etwa eine Hand breit leer bleiben muß, da sonst leicht Berge bei der Auffahrt herausfallen können.

Die Förderung des Kübels erfolgt am Seil vermittels eines Förderhaspels oder einer Fördermaschine. Die Verbindung des Seiles mit dem Kübel durch Seileinband, Schäckel und Karabinerhaken (*b*) ist in Abb. 103 dargestellt. Damit der Kübel bei der Förderung im Schachte nicht hin und her schwanken kann, ist das Seil über dem Einband mit einem Führungsschlitten (*c*) ausgerüstet, der in Messingaugen (*d*) an zwei straff gespannten, über Tage auf Handkabelwinden befestigten, glatten Führungsseilen (*e*) gleitet. Da die Führungsseile mit fortschreitender Teufe immer verlängert werden müssen, sind die Führungsseile so lang, daß sie für die beabsichtigte Endteufe reichen. Das jeweilige Seilreservemagazin ist auf der Trommel der Handkabelwinden aufgewickelt. Kurz über der jeweiligen Schachtsohle ist zum Spannen der Führungsseile ein Spannlager, das oft zusammenklappbar eingerichtet ist (Abb. 104), in der Schachtwandung befestigt. Über Tage werden die Führungsseile dicht unterhalb der Förderseilscheibe auf dem sog. Fanglager oder auf gleicher Bühne mit der Förderseilscheibe über Bockrollen (Abb. 105) geführt, so daß sie den vorgeschriebenen Abstand des Führungsschlittens wahren.

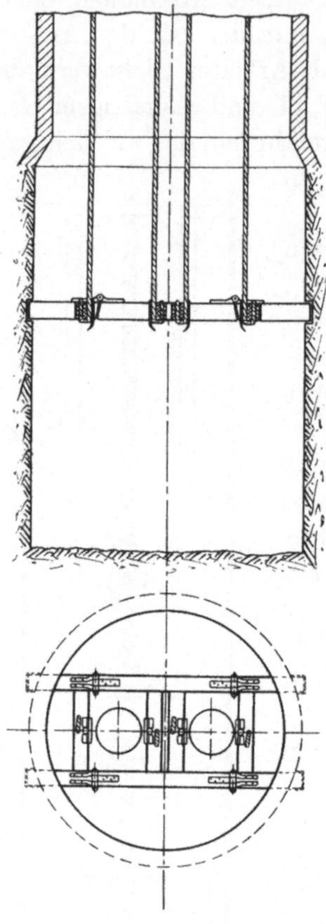

Abb. 104. Spannlager. (A. H. Meier, Hamm.)

103. Das Abteuffördergerüst. Über Tage ist zur Aufnahme der Seilscheiben und der Bockrollen und so-

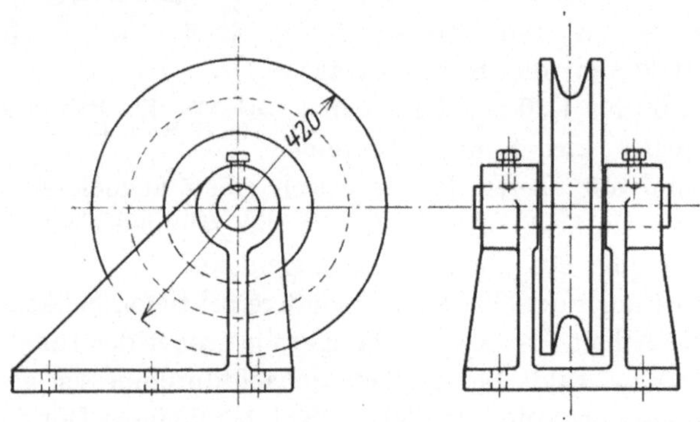

Abb. 105. Führungsrollen für Führungsseile. (A. H. Meier, Hamm.)

mit der gesamten Lasten der Abteuffförderturm (Abb. 106) aufgestellt, der zum schnellen Entleeren der Förderkübel und zur Durchführung aller Arbeiten eingerichtet ist. Derselbe hat bei einem quadratischen Grundriß seiner Schwellen von 10 × 10 m bis 16 × 16 m eine Höhe von etwa 12—20 m. Namentlich bei ebenem Schachtgrundstück und großen Teufen muß im Turme bei etwa 6,0 bis 7,5 m Höhe eine Abzugbühne eingebaut werden, auf der die Kübel ihres Inhaltes entleert werden, der über eine Förderbrücke zur Halde gebracht wird. Anderenfalls würde man zum Stürzen der Berge eine große Halde von geringer Höhe erhalten und den Haldenbetrieb zu sehr verteuern. Liegt hingegen der Schacht am Abhang eines Berges oder steht aus anderen Gründen genügend Haldensturz zur Verfügung, so kann man die Kübel an der Rasenhängebank entleeren und abziehen.

Der Förderturm kann in seinen Konstruktionsteilen aus Holz hergestellt werden, die Verschalung sollte aber wenigstens bei Leichtöl fördernden Ölschächten möglichst feuersicher sein, also aus Wellblech, Ruberoid u. dgl. bestehen; denn eine Holzverschalung wird sich bei Gewinnung von

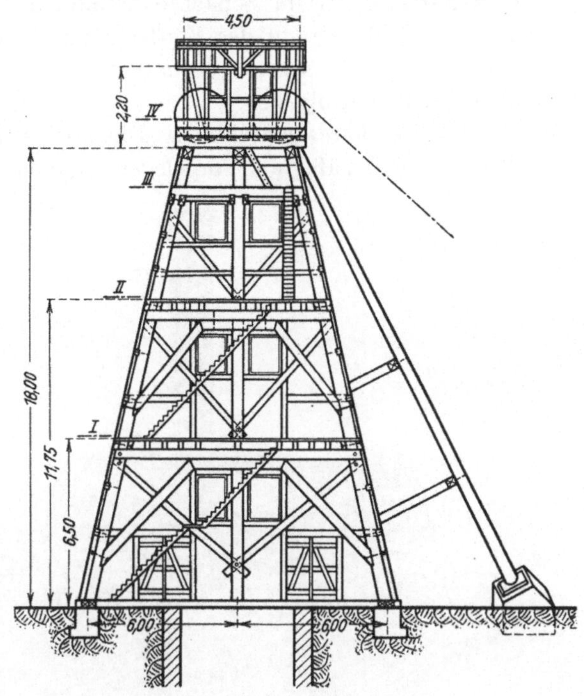

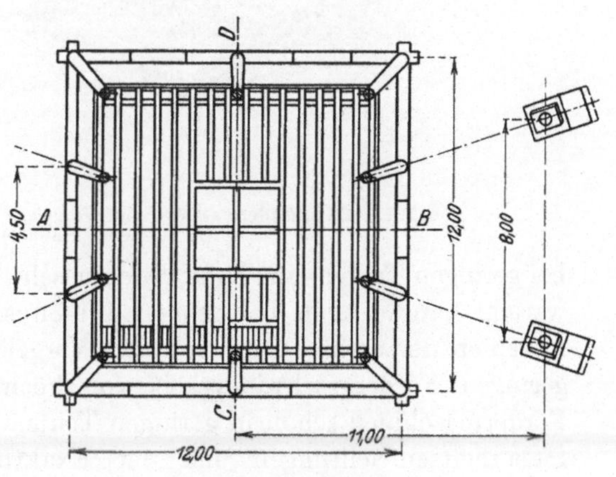

Abb. 106. Abteufturm.

Sickeröl mit Öl tränken und bei einem ausbrechenden Brande an den ölgetränkten Wänden dem Feuer reichlich Nahrung bieten, so daß an eine Rettung der im Schachte befindlichen Arbeiter kaum zu denken ist. In der Beheizung des Förderturmes und der anliegenden Arbeitsräume wird oft schwer gesündigt; sie sollte nur durch Dampf oder Warmwasser erfolgen.

104. Die Fördermaschinen. Die Fördermaschinen sind bei geringen Teufen zweckmäßig als Vorgelegemaschinen (Abb. 107) auszubilden, da

Abb. 107. Abteuffördermaschine und Vorgelege für geringe Schachtteufen.
(A. H. Meier, Hamm.)

bei geringen Teufen eine hohe Fördergeschwindigkeit niemals entwickelt werden kann. Auch bei großen Teufen sollte man wenigstens beim Abteufen der ersten 100 m nur mit Vorgelegemaschinen, d. h. mit der geringen Fördergeschwindigkeit von höchstens 6 m fördern. Große Fördermaschinen schon in geringen Teufen zu verwenden, ist trotz der Sicherheitseinrichtungen und der Exaktheit, mit der die Fördermaschinen heute arbeiten, verfehlt und lebensgefährlich; denn bei der stets verschiedenen Teufe, dem Längen des Seiles und den vielen vorübergehenden wechselnden allgemeinen Verhältnissen werden die Förderkübel gar zu leicht mit zu großer Geschwindigkeit zur Schachtsohle gefahren, so daß die Leute dortselbst erschlagen werden können. Auch wird der Kübel bei der Förderung mit großen Geschwindigkeiten leicht übertreiben. Es ist zu raten, beim Abteufen zwei Fördermaschinen aufzustellen, die beide zur Seilfahrt einzurichten sind. Man hat damit immer eine Reserve zur Verfügung, sei es um die Bergarbeiter bei einer Reparatur der einen Maschine mit der anderen herausfördern zu können, sei es, um die Abteufarbeiten bei einem Defekt der Maschine dennoch fortsetzen zu können. Insbesondere bei einem Gasausbruch aus der Sohle des Schachtes, bei Brand oder bei sonstigen Unglücksfällen leistet die zweite Fördermaschine erfahrungsgemäß unschätzbare Dienste, ganz abgesehen davon, daß das Abteufen mittels zweier Fördermaschinen immer schneller vonstatten geht. In der Kraftversorgung sollten die beiden Fördermaschinen tunlichst unabhängig voneinander sein, so daß bei einem Versagen einer Kraftquelle nicht beide Fördermaschinen stilliegen.

105. Der provisorische Schachtausbau. Um die Arbeiter gegen Nachfall zu· schützen, müssen die bloßgelegten Schachtwände zunächst provisorisch bis zum endgültigen Ausbau verkleidet werden: Man verwendet zur Sicherung der Schachtwände aus Segmenten zusammengesetzte U-Eisenringe vom N. P. 12—20 mit Blech- oder Holzverschalung. Die Entfernung der Ringe voneinander beträgt 1—1,5 m. Die Ringe werden durch z-Haken aneinander aufgehängt (Abb. 108).

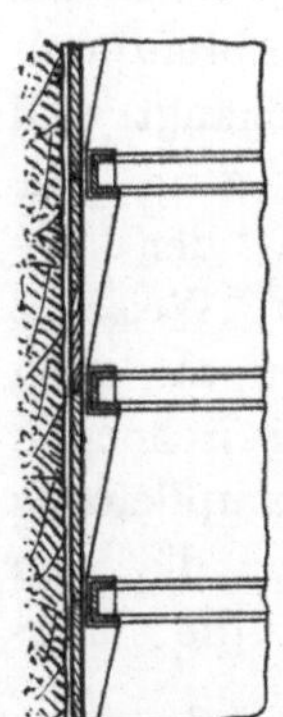

Abb. 108.
Provisorischer
Schachtbau.

106. Die Wasserhaltung beim Abteufen. Tritt Wasser auf, so kann dieses, solange die Zuflüsse bescheiden sind, mit dem Förderkübel zutage gefördert werden. Einen Zufluß bis zu 50 l pro Minute wird man bei größerem Schachtdurchmesser kaum störend empfinden, da diese Wassermenge von den Bergen

Abb. 109. Abteufpumpe.
Weise & Monski, Halle.

aufgenommen und gleichzeitig mit zutage gefördert wird. Einen Zufluß von 50—100 l pro Minute wird man auch noch durch Füllen der

Kübel mit Eimern und Fördern von Wasserkübeln zu bewältigen vermögen. Im Gegensatz zu Tiefbohrungen spielt also der Zufluß von Wasser in der angegebenen Höhe beim Abteufen von Ölschächten keine große Rolle, während bei Tiefbohrungen auf Öl schon wenige Minutenliter Wasser große Bedenken auszulösen pflegen. Man muß nur darauf bedacht sein, bei der definitiven Auskleidung der Schachtwandungen dieses Wasser abzudämmen. Bei einem Wasserzufluß über 100 l pro Minute bei kleinem Schachtdurchmesser schon früher, muß man schon Pumpen in den Schacht einbauen. Würde man bei kleinem Durchmesser des Schachtes also bei einer kleinen Zahl von Schachthauern (bei 3 m Durchmesser etwa 4—5 Mann) auf der Sohle kübeln, so stehen zu wenig Arbeiter für die eigentliche Gewinnungsarbeit zur Verfügung, so daß kein Fortschritt zu erzielen ist.

Die Pumpen sind sog. Abteufpumpen, welche an Seilen aufgehängt sind (Abb. 109). Die Abbildung zeigt eine Verbund-Duplex-Senkpumpe der bekannten Pumpenfabrik von Weise & Monski in Halle. Man verwendet sowohl Dampfpumpen als auch elektrische Pumpen, je nach der Natur der zur Verfügung stehenden Kraft. Die Steigleitung, bei Dampfpumpen auch die Dampfleitung und Auspuffleitung, sind an Eisenschellen (Abb. 110), die den Pumpentrageseilen Durchlaß geben, angeklemmt. Damit die Saug-

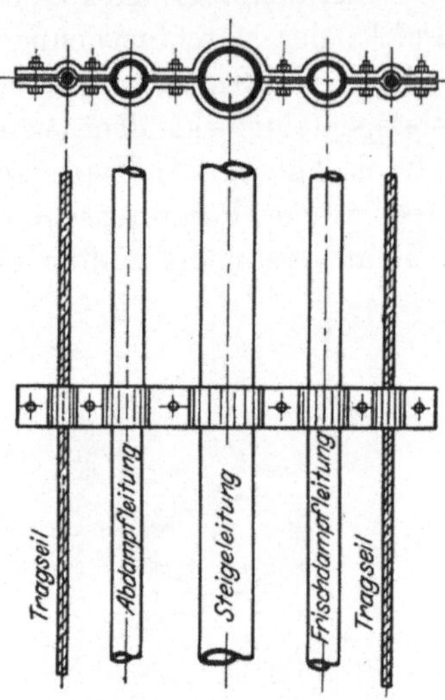

Abb. 110. Befestigung der Pumpenleitungen am Pumpenseil vermittels Schellen.

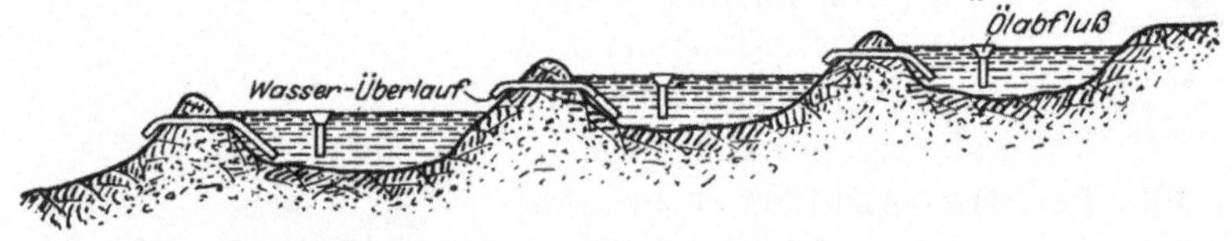

Abb. 111. Ölscheidung vom Schachtwasser.

leitung dem mit dem Abteufen tiefer hinabreichenden Sumpf folgen kann, ohne daß jedesmal die gesamte Pumpenanlage gesenkt werden muß, ist das Saugrohr zweckmäßigerweise als Degenrohr ausgebildet.

Elektrisch betriebene Pumpen sind nur zu verwenden, wenn sie zuverlässig schlagwettersicher gekapselt sind. Bei ihrer Anwendung muß die einwandfreie Gewähr vorliegen, daß die Leitungen usw. gegen Zerreißungen und mechanische Verletzungen gesichert sind.

Da beim Abteufen von Ölschächten das aus dem Deckgebirge zusitzende Wasser oft einen Prozentsatz Öl enthält, so soll das Wasser, ehe es der Vorflut zugeführt wird, Klärteiche oder Bassins durchfließen, in denen das Öl an die Oberfläche des stagnierenden Wassers tritt, während das klare Wasser aus Öffnungen am Boden der Gefäße abfließen und abgeleitet werden kann (Abb. 111).

107. Die Bewetterung beim Abteufen. Um den Bergarbeitern frische Luft zuzuführen, werden rohrförmige Lutten (vgl. Nr. 295) aus verzinktem und gebranntem Eisenblech eingebaut, die an starken Drahtseilen vermittels Klemmschellen befestigt sind. Die beiden, die Wetterlutten tragenden Seile laufen über starke Doppelseilrollen von Kabelwinden ab.

Die Abteufventilatoren werden beim Abteufen der Ölschächte, namentlich, wenn sie auch bei den ersten Aufschlußarbeiten der Ventilation dienen sollen, zweckmäßigerweise etwas reichlicher wie sonst üblich, d. h. mit etwa 750—1500 cbm Luft pro Minute je nach der Größe und Tiefe des Schachtes zu bemessen sein.

108. Die Fahrung. Die Arbeiter sollen die Schachtsohle beschleunigt verlassen resp. erreichen können. Die beste Fahrgelegenheit ist die am Förderseil mittels Kübel. Stehen zwei Fördermaschinen zur Verfügung,

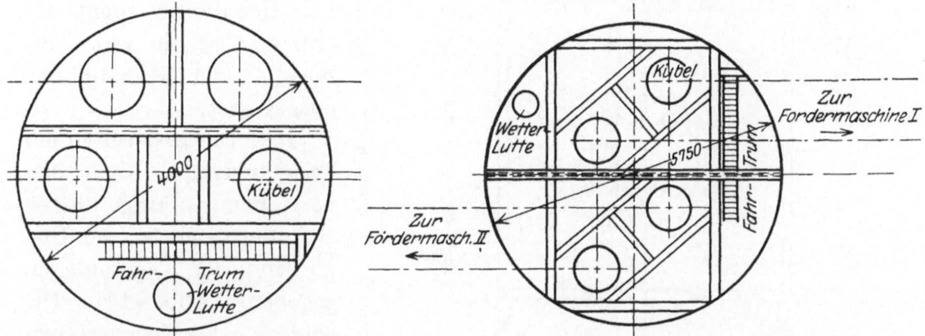

Abb. 112. Abteufschachtscheibe.
Schacht Noellenburg (Pechelbronn).

Abb. 113. Abteufschachtscheibe des Ölkreideschachtes Heide i. Holst.

so ist damit für die Sicherheit der Arbeiter viel gewonnen. Da aber auch durch irgendwelche Ursachen, durch Störung im Kesselbetrieb oder in der Kraftfernleitung, beide Fördermaschinen gleichzeitig unbenutzbar werden können, so muß beim Abteufen stets ein Fahrtrumm mitgeführt werden (Abb. 112 und 113). In Abb. 113 ist die Abteufscheibe des Ölkreidebergwerkes Heide dargestellt; bei derselben liegen die Förderkübel schräg zueinander, damit die Fördermaschinen vom unveränderten Standpunkt aus nach Beendigung des Abteufens die definitive Förderung übernehmen können und kein Ummontieren der Maschinen erforderlich wird.

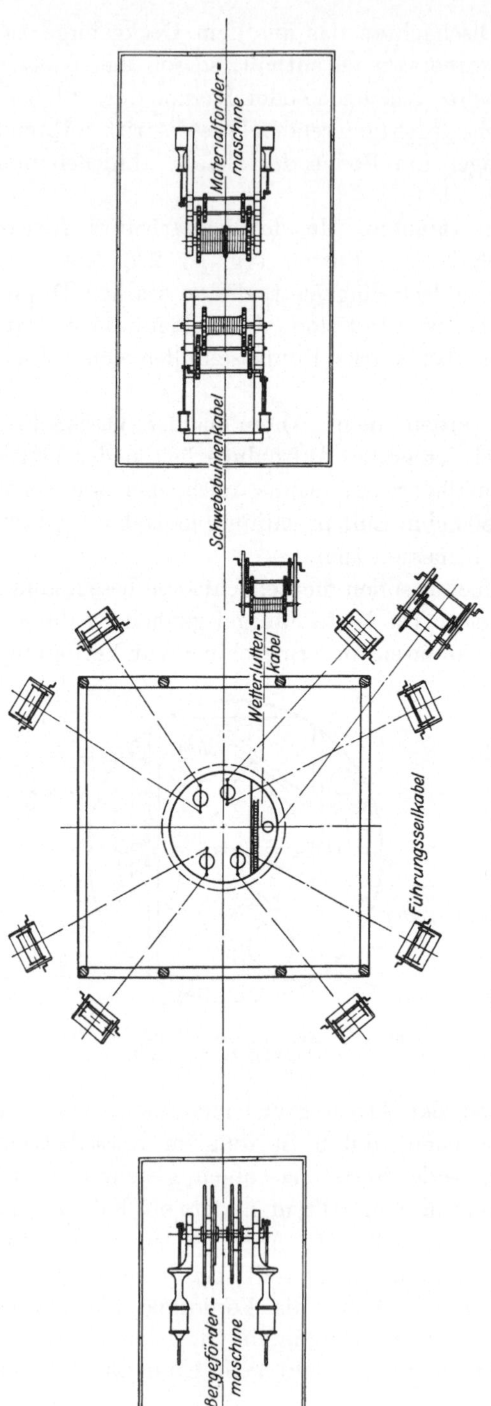

Abb. 114. Disposition der Tagesanlagen beim Schachtabteufen.

In das Fahrtrumm werden Bühnen im Abstande von 6—7 m eingebaut, die miteinander durch Leitern, Fahrten, verbunden werden. Gegen die übrige Schachtscheibe ist das Fahrtrumm durch ein solides Drahtgeflecht abgekleidet.

Als dritte Fahrgelegenheit kommt eine Notfahrt in Betracht. Diese ist eine 20—50 m lange aus zwei mit Stegen versehenen Drahtseilen bestehende Fahrt, die an einem Seile hängt und mittels Kabelwinde hochgeholt werden kann. Damit die Arbeiter bei Benutzung nicht abstürzen, ist sie mit Notbügeln oder Ruhebühnen ausgerüstet.

109. Die Disposition der Tagesanlagen. Nach den vorstehend aufgeführten Erfordernissen ist die Disposition der Tagesanlagen gegeben (Abb. 114). Die beiden Fördermaschinen sind einander gegenüberliegend über Tage angebracht, so daß die horizontalen Komponenten des Seilzuges bei gleichzeitiger Förderung mit beiden Maschinen sich gegenseitig aufheben. Rings um den Schachtturm herum verteilen sich die 8 Führungskabelwinden. Dazwischen liegen an geeigneter Stelle

die beiden Kabelwinden zum Tragen der Wetterlutten. Vor der einen
Fördermaschine ist eine Kabelwinde für die Schwebebühne (Nr. 115)
resp. für eine Abteufpumpe angebracht.

110. Die Beleuchtung beim Abteufen. Die Beleuchtung der Schachtsohle darf nur durch gegen Schlagwetter gesichertes Geleuchte erfolgen. Es kommen nur elektrische Lampen mit schlagwettersicherer
Armatur in Frage. Eine solche Schachtlampe, die an einem elektrischen, schlagwettersicher armierten Kabel hängt und der Schachtsohle immer in einem gewissen Abstande zu folgen vermag, ist
ohne Bedenken, jedoch muß das Kabel gegen Zerreißen und Kurzschluß gesichert sein. Auch die elektrischen Leitungen im Schachtturm müssen hinsichtlich der Sicherheit denselben Bedingungen entsprechen. Funkenbildende Kontakte sind auch hier von der Verwendung auszuschließen.

Indessen sind große, schlagwettersichere 10- bis 20kerzige tragbare
Akkumulatorenlampen, oberhalb der Schachtsohle aufgehängt vorzuziehen Abb. 275.

Außerdem sind die Bergleute unter Tage teilweise wenigstens mit
tragbaren elektrischen Akkumulatorenlampen für die Notbeleuchtung
auszurüsten; Weiteres über Akkumulatorenlampen, insbesondere beim
Schachtabteufen, siehe unter Nr. 301. Sicherheitslampen mit brennender
Flamme und einfachem, sowohl mit doppeltem Drahtkorb sind von der
Verwendung asuzuschließen (vgl. Wetterlehre).

111. Die Lotung des Schachtes. Es ist notwendig, daß der Schacht
genau nach der Vertikalen abgeteuft wird. Zu diesem Zwecke wird
über eine unter dem Mittelbalken der Schachtbühne angebrachte
Rolle ein Lotdraht geführt, der unten ein etwa 10—25 kg schweres
Gewicht trägt, das, um die Schwankungen des Lotes möglichst einzuschränken, auf der Schachtsohle von Zeit zu Zeit beim Loten in einen
Behälter mit Wasser eingetaucht wird; von ihm aus werden dann mit
einem festen Maße die Entfernungen der Schachtstöße abgemessen.
Dieses Mittellot ist bei mangelnder Aufmerksamkeit nicht ungefährlich,
da es leicht vom Förderkübel erfaßt, ein Stück weit hochgeschleppt und
dann abgerissen wird und zur Sohle fällt. Bei Nichtgebrauch sollte
daher das Lotgewicht abgenommen, und der Lotdraht in sichere straffe
Lage gebracht werden.

112. Die definitive Auskleidung der Schachtwände. Die definitive
Auskleidung der Schachtwände kann in Mauerung, Beton, Eisenbeton
oder Eisen erfolgen. Ein Ausbau in Holz ist der Feuersgefahr wegen
ganz zu verwerfen. Für Ölbergwerke kommen hauptsächlich Mauerung
und Betonierung in Frage. Als Material sind bei der Mauerung nur
hartgebrannte Ziegelsteine und Zementmörtel zu verwenden. Die Zufuhr der Materialien zur Schachtsohle erfolgt durch Materialkübel,

die mittels der Fördermaschine eingehängt werden (Abb. 115). Das Mischungsverhältnis von Zement und Sand ist 1 : 3 bis 1 : 5. Die Kosten der Mauerung betragen in Deutschland etwa 125—225 M. pro Meter Schacht bei einem Durchmesser von 3—6 m und bei $1^1/_2$ bis zwei Stein starker Mauerung.

Wenn die Schächte einige Teufe erhalten, ist es nicht angängig, den Schacht auf größere Erstreckung in provisorischer Zimmerung zu halten, da die Gefahr vorliegt, daß doch einige Teile der Zimmerung sich lockern oder unter Druck geraten und das Gebirge nachfällt. Man pflegt daher absatzweise zu mauern, indem man den jeweils abgeteuften Absatz des Schachtes zunächst in provisorische Zimmerung setzt, und dann nach Fertigteufen des Absatzes den provisorischen Ausbau sukzessive wieder ausbaut und durch die von unten nach oben fortschreitende Mauerung ersetzt. Ist das Gebirge gebräch, druckhaft und zu Nachfall neigend, so nimmt man die Absatzhöhen kurz; bei günstigeren Verhältnissen, wie sie bei

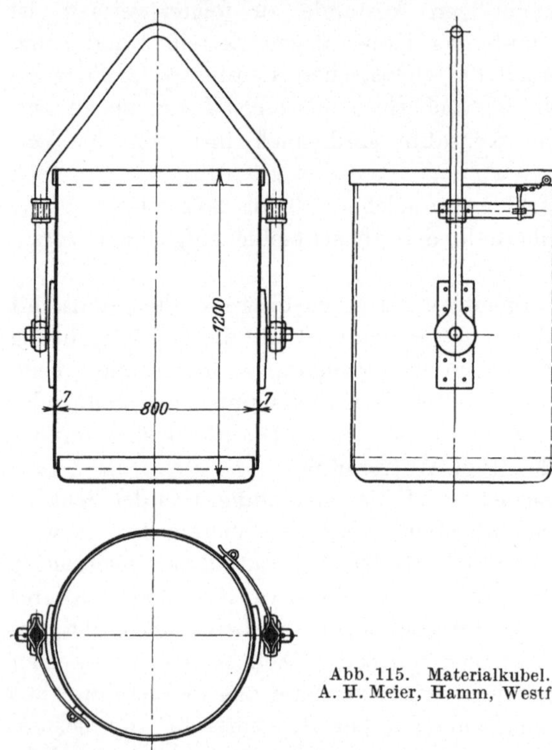

Abb. 115. Materialkubel.
A. H. Meier, Hamm, Westf.

Ölschächten in der Mehrzahl der Fälle vorliegen, insbesondere auch bei flacher Lagerung, kann man die Absatzhöhen mit 40—50 m bemessen. Über 50 m hinauszugehen ist nicht zweckmäßig, da die hohe Mauersäule doch des öfteren abegfangen werden muß; in den schließlich erreichten meist mürben Ölsandsteinen findet man meistens kein gutes Fundament für die Schachtmauersäule. Daher tut man gut, oberhalb des Öllagers die Schachtmauer in einem tieferen, mächtigen Mauerfuß zu verlagern. Im übrigen richtet sich die Höhe der Mauersätze auch lediglich nach der Natur des Gesteins. Ist dasselbe mürbe, zerklüftet und wasserführend, so wird man sofort das Abteufen und die provisorische Zimmerung beenden müssen, sobald eine feste, undurchlässige und wassertragende Gebirgsschicht erreicht ist.

Sowohl bei der Schachtmauerung wie bei der Betonierung ist ein Hauptaugenmerk darauf zu richten, daß der Raum zwischen dem Mauerwerk und der Gebirgswand mit gutem Zementmörtel dicht verfüllt wird und Gebirgswand und Schachtmauer somit miteinander verwachsen. Dadurch ist ein hoher Reibungswiderstand gegen Abrutschen des Mauerwerkes herbeigeführt.

113. Die Mauerfüße. Das Ausmauern eines jeden Mauersatzes beginnt mit der Herstellung eines Mauerfußes, der der Schachtmauer als Fundament dient. Diese Mauerfüße sind von großer Wichtigkeit, da sie das Sichsetzen des Mauerwerkes und einen Schachtbruch verhindern. Die Mauerfüße werden hergestellt, indem man die Schachtscheibe zunächst um $^1/_2$—1 m jederseits über das zur Mauerung vorgesehene Außenmaß des Schachtes erweitert. Der den Mauerfuß aufnehmenden Gebirgsschicht ist eine horizontale ebene oder geneigte Fläche zu geben, auf der der Mauerfuß dann aufgesetzt wird. Demnach können die Mauerfüße

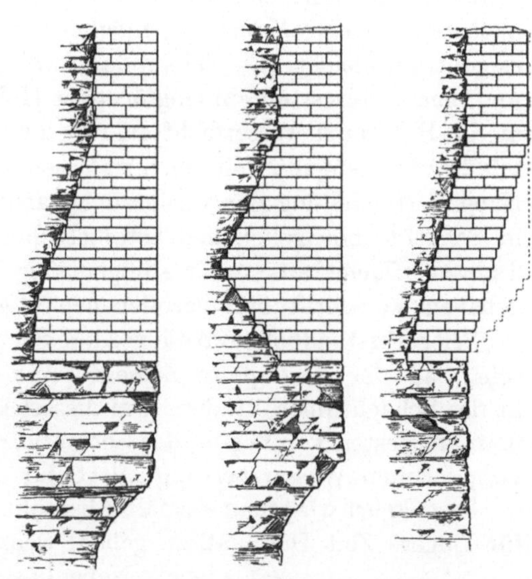

Abb. 116—118. Schachtmauerfüße.

nach verschiedenen Profilen ausgeführt werden (Abb. 116, 117, 118). Bei nicht sehr festem Gebirge ist der zweckmäßigste der doppelt konische Mauerfuß. Nach oben geht der Mauerfuß allmählich in das Schachtmauerwerk von normaler Stärke über. Die Wandstärke der Schachtmauerung kann bei kleinem Schachtdurchmesser und günstigen Gebirgsverhältnissen ca. 25 cm betragen, wird aber bei größeren Schächten selten unter 40 cm ausgeführt. Die Mauerfüße sind 0,50 bis 1,00 m stark.

Bei den in Abb. 116 und 117 gegebenen Fundierungen des Mauerfußes muß man unter dem letzten Mauerfuß zunächst eine Gesteinsbrust stehenlassen, die vor der Anschlußmauerung des folgenden Mauersatzes weggebrochen wird.

114. Die wasserdichte und öldurchlässige Schachtmauerung. Sind Wasserzuflüsse beim Mauern vorhanden, so läßt man das Wasser bei der Mauerung zunächst durch Einlegen von Abflußrohren austreten. Nach Fertigstellung des Mauerabsatzes wird man die Abflußrohre durch Pikotieren, d. h. durch Eintreiben von trockenen Holzkeilen und durch Blindflanschen oder Blindnippel abdichten.

Die wasserdichte Mauerung ist indessen schwierig und gelingt selbst bei mäßigen Zuflüssen nur in den seltensten Fällen. Man wird viel eher Erfolg haben, wenn man, statt den Schacht in Mauerung zu setzen, ihn durch eine Betonwand aus Formsteinen auskleidet.

Am sichersten gelingt aber die wasserdichte Mauerung resp. Betonierung, wenn man den Schachtaußendurchmesser um etwa 10—20 cm erweitert und ihn zunächst nach vorstehender Regel in normaler oder auch schwächerer Mauerung, möglichst mit Außenverzahnung, so gut es geht, auskleidet. Es bleiben dann zwischen der äußeren Mauerwand und dem Gebirgsstoß ein ringförmiger Hohlraum von etwa 10 cm. Um diesen Hohlraum wasserdicht auszubetonieren, sind im Mauerwerk Anschlüsse für Zementierleitungen zu lassen, die bis zutage geführt werden. Nach Fertigstellung der vorderen Schachtmauer läßt man die Wasser im Schachte hochgehen und betoniert dann im toten Wasser von der Tagesoberfläche aus unter sinngemäßer Befolgung der in Nr. 56 gegebenen Vorschrift den verbliebenen Hohlraum aus.

Selbstverständlich muß die vordere Schachtmauer so dicht gemauert sein, daß der eingespülte Zementbrei keinen Abfluß durch dieselbe in das Schachtinnere findet. Um dieserhalb ganz sicher zu gehen, füllt man am besten vor Beginn der Zementierung den Schacht in Höhe der vorgesehenen Wassersperrung mit Sand an.

Umgekehrt wird man sorgfältig bemüht sein, dem Schachtmauerwerk für längere Zeit Durchlaß zu geben, wenn eine Öllinse durchteuft ist, die als Nebenlinse ihrer geringen Ausdehnung und Mächtigkeit wegen zunächst nicht für die Durchörterung und den Abbau in Frage kommt, aber doch immerhin einen Beitrag zur Ölproduktion zu liefern vermag. Dann wird man vorläufig von einem dichten Anschluß des Mauerwerkes an dem Ölträger Abstand nehmen und den Raum hinter dem Mauerwerk mit grobem Filterkies verfüllen (Abb. 119). Im Mauer-

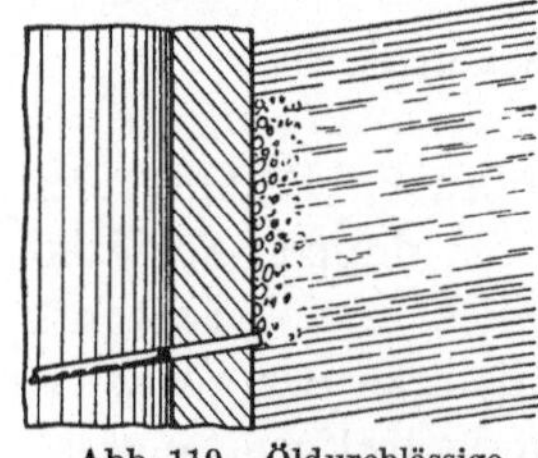

Abb. 119. Öldurchlässige Schachtmauerung.

werk selbst wird man eine Anzahl von Abflußrohren einzementieren, die mit Anschlußgewinden versehen sind, so daß eine Ringsammelleitung angeschlossen werden kann, aus welcher das Öl abgezapft wird, oder aber von der Ringleitung wird das Öl dem nächst tieferen Ölsumpfe zugeführt. Jedenfalls ist es unstatthaft, die, wenn auch geringen Mengen Öl in den Schacht treten zu lassen, da sie bei ungeregeltem Austritt verdunsten und die Wetter im Schachte verunreinigen. Die herabfallenden Öltropfen tränken zudem die im Schachte eingebauten Einrichtungen und erhöhen somit die Brandgefahr.

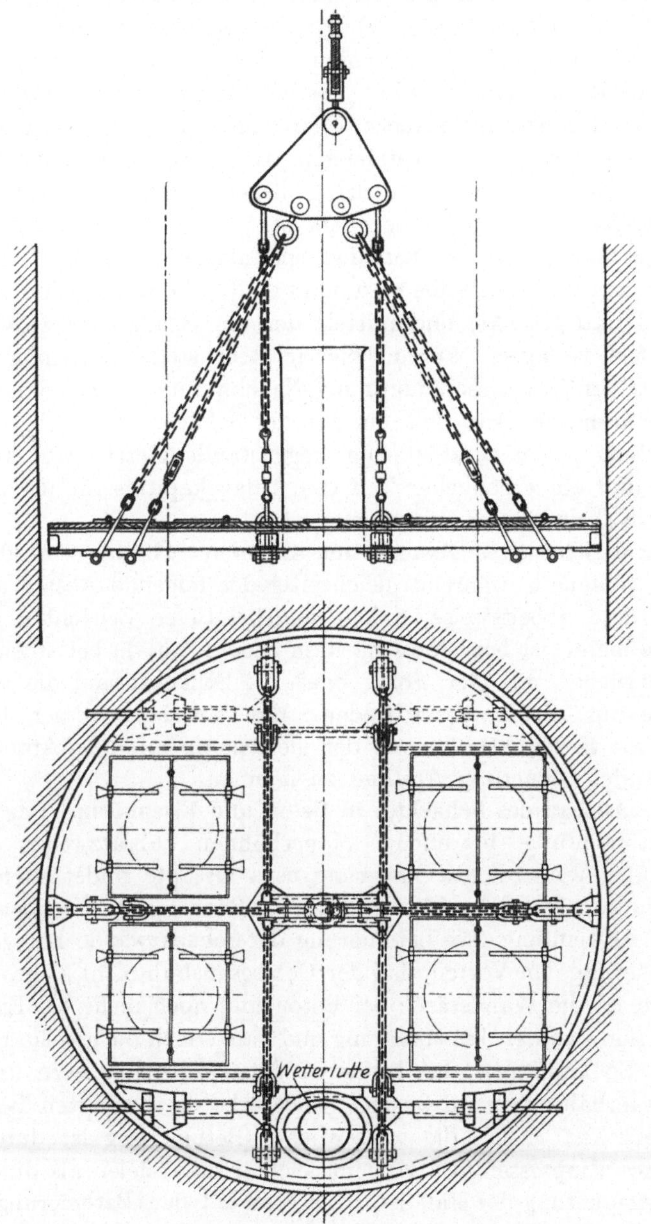

Abb. 120. Einfache Schwebe- oder Mauerbühne. (A. H. Meier, Hamm, Westf.)

115. Mauerbühne. Die Ausmauerung des Schachtes erfolgt von einer Mauerbühne aus (Abb. 120), die an einer starken Kabelwinde am

Seil hängt. Der Aufhängepunkt der Bühne liegt exzentrisch zur Schacht-scheibe, damit das Mittellot freien Durchlaß hat. Die Gesamtbelastung der Winde durch die Bühne inklusive Seilgewicht beträgt je nach der Teufe des Schachtes 10—20000 kg. Die Kabelwinde wird bei tieferen Schächten maschinell, bei kleineren Schächten von Hand angetrieben.

Wenn keine Schwebebühne zur Verfügung steht, muß man von fliegenden Bühnen aus mauern. Man tut dann aber gut, um das ge-fährliche Umbühnen zu vermeiden, die Bühnen in Abständen von etwa je 3 Metern voneinander solange liegen zu lassen, bis die Mauerung des betreffenden Absatzes beendigt ist.

Zweckmäßiger ist es aber, das Spannlager (Nr. 102) als Schwebe-bühne umzubauen; dieselbe wird dann an den Führungsseilen von Hand gehoben und gesenkt, und mittels der am Spannlager angebrachten Riegel fest verlagert. Für die hier in Rede stehenden einfachen Ver-hältnisse verdient diese Anordnung Nachahmung, zumal damit immer auch während des Abstufens ein Teil der Schachtscheibe abgedeckt ist, und Schutz gegen herabfallende Gegenstände bietet, ganz abgesehen davon, daß ein erheblicher Teil des Anlagekapitals für die Schwebe-bühne, Kabelwinde, Kabelseil erspart ist.

116. Gleichzeitiges Mauern und Abteufen. Häufig wird der obere Absatz gemauert, während gleichzeitig der folgende Absatz abgeteuft wird. Diese Arbeitsweise, welche nur bei tiefen Schächten lohnende Vorteile bietet, ist bei Erdölschächten bedenklich, da bei unvermuteten Gasausbrüchen aus der Sohle oder bei Schachtbrand die Gase und Dämpfe nur schwer Abzug finden. Man tut daher besser, beim Ab-teufen von Erdölschächten von der gleichzeitig mit dem Abteufen ein-hergehenden Mauerung Abstand zu nehmen.

117. Ausbau des Schachtes in Beton und Eisenbeton. Das über die Schachtmauerung betreffend Mauerbühnen, absatzweises Mauern, Mauerfüße, wasserdichte Mauerung usw. Gesagte findet auch auf die Auskleidung der Schachtwände durch Beton und Eisenbeton sinn-gemäße Anwendung. Die Betonierung der Schachtwände hat gegenüber der Mauerung den Vorteil, daß der Gebirgsaushub nicht so groß zu sein braucht, da die Wandstärke bei Beton und noch mehr bei Eisenbeton kleiner sein kann als bei Mauerung und dabei doch die gleiche Festigkeit bietet. So kann man bei kleineren Schachtdurchmessern und guten Gebirgsverhältnissen auf 20 cm Wandstärke der armierten Betonwand heruntergehen. Auch die wasserdichte Betonierung ist durch nach-trägliches Einpressen von Zement leichter zu erzielen als dies bei der Schachtmauerung der Fall ist. Ein Nachteil der Betonierung ist bei deren Ausführung ohne Zuhilfenahme von Formsteinen die längere Dauer der Erhärtung, welche bei Mauerwerk durch die Härte des Steingerippes nicht so sehr in Erscheinung tritt. Für die Schachtbetonierung empfiehlt sich eine Mischung von 1 Teil Zement, 1—2 Teilen scharfem Sand und 2—4 Teilen Zuschlag von harten Gesteinsbrocken.

Die Schachtbetonierung kann erfolgen, indem man aus Eisenplatten und U-Eisen zusammengesetzte Lehrgerüste (Abb. 121) aufbaut und mit Beton hinterstampft; nach dem Abbinden des Betons werden die Betonierringe und -platten jeweilig höher gezogen.

Häufiger aber führt man die Betonierung der Schachtwände aus, indem man die Schachtwände mit über Tage fertiggestellten Betonformsteinen auskleidet und die Fugen mit Zement vergießt. Wählt man diese Art der Schachtbetonierung, so wendet man oft auch Hohlformsteine an, die nach dem Aufbau mit Beton ausgefüllt werden. Ein Mittelding zwischen beiden Betonierungsarten ist die der Betonverschalung, indem man an der Innenperipherie der zu errichtenden Betonwand anstatt der Verschalung aus Eisenblech dünne plattenförmige Betonformsteine aufbaut und den Raum dahinter mit Beton ausfüllt. Bei druckhaftem Gebirge wird man anstatt des einfachen Betons Eisenbeton anwenden.

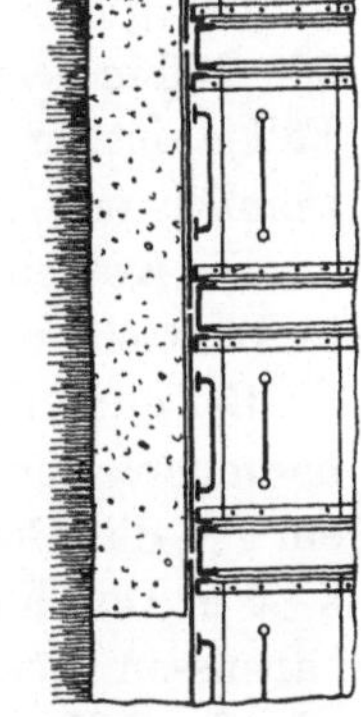

Abb. 121. Schachtbetonierung mit Verschalung durch Eisenblech.

Beim Ausbau von Schächten mit Ziegeln oder Betonformsteinen ist es schwierig, die Kopffugen dicht mit Mörtel auszufüllen; erfahrungsgemäß lassen diese vorwiegend das Wasser durchsickern. Diesem Übelstand kann man entgegentreten, wenn man Betonformsteine mit abgeschrägten Kopffugen verwendet. Derartige Formsteine sind abwechselnd nach unten und nach oben erweitert, so daß sie, zu einem Schachtring zusammengebaut, gegenseitig keilförmig ineinandergreifen. Dieser Betonausbau hat sich beim Bau eines Erdölschachtes gut bewährt. Der Schacht hatte einen lichten Durchmesser von 3,7 m, die Steine waren 40 cm breit und 32 cm hoch; jeder Schachtring war sechsteilig, so daß jeder Stein etwa 500 kg wog. Die Konizität der Steine betrug 75 mm an jeder Kopffläche. Zum Anheben der Steine waren drei kurze Griffeisen einbetoniert.

Der Einbau erfolgte so, daß zuerst die drei sich nach unten erweiternden Steine aufgesetzt wurden und in das zwischen je 2 Steinen entstandene wannenförmige Bett die Mörtelmasse, die auch die abgeschrägten Kopfflächen bedeckte, eingebracht wurde. In diese senkten sich darauf die sich nach unten zu verjüngenden Formsteine ein und preßten durch ihr Eigengewicht den Mörtel dicht in den Fugenraum. Man vermochte in der Regel innerhalb einer Stunde einen Betonring einzubauen. Dabei waren die Hilfsvorrichtungen zum Einbau der Steine keineswegs vollkommen zu nennen (vgl. Abb. 124).

118. Leistungen und Kosten. Die Vorbereitungsarbeiten für den Schachtbau, insbesondere das Errichten der Tagesanlagen, beanspruchen einen Zeitaufwand von 3—6 Monaten je nach Teufe und Umfang der Schachtanlage und der dabei zu überwindenden Schwierigkeiten.

Bei günstigen Verhältnissen kann man auf einen Fortschritt von 50—100 m fertiggestellten Schacht pro Monat rechnen. In einzelnen Fällen ist in Deutschland die Leistung von 100 m pro Monat noch ziemlich erheblich überschritten worden.

Die Kosten stellen sich je nach Durchmesser und Teufe des Schachtes in Deutschland auf 500—1200 M. pro Meter.

Bei günstigen Abteufverhältnissen, wie sie in vielen Ölfeldern, insbesondere auch in Gebieten mit Handschächten vorliegen, läßt sich ein für die Gewinnung von Sickeröl ausreichender Förderschacht von 3—4 m Durchmesser bis zur Teufe von 100—150 m, an deutschen Verhältnissen gemessen, für 50—75000 M. innerhalb eines Zeitraumes von 3—5 Monaten nach Herstellung der Tagesanlagen niederbringen. Diese Summe ist also kaum größer als das für eine Tiefbohrung von 500—1000 m aufzuwendende Kapital. Hierzu kommen die Kosten für die Abteufeinrichtung, Schachtgrundstück usw., die mit 50000 bis 100000 M., bei tiefen Schächten und schwierigen Verhältnissen mit 100000—250000 M., je nach Umfang der Einrichtung, in Rechnung gestellt werden können. Bedeutend höher werden aber die Kosten des Abteufens, wenn Wasserzuflüsse das Abteufen erschweren, worüber nachstehend noch einiges ausgeführt werden soll.

119. Schachtausbau durch Tübbings. Stammen die Wasserzuflüsse aus einiger Teufe, stehen die Wasser also unter hohem Druck, so gelingt es, wie bereits erwähnt, selten, die Schachtwand mittels Mauerung oder Betonierung sicher zu sperren, es sei denn, daß man dem nach Nr. 114 im toten Wasser auszementierten Zylinderring eine große Wandstärke gibt. Die zuverlässigste Wassersperrung erfolgt indessen durch gußeiserne, aus einzelnen Segmenten, den Tübbings, bestehende Schachtringe, die zusammengebaut die sog. Küvelage bilden. Die Wandstärke der Tübbings nimmt entsprechend dem mit der Teufe zunehmenden Wasserdruck von etwa 30 mm bis ca. 120 mm zu. Die abgedrehten Flanschen der einzelnen Tübbings werden durch Schrauben miteinander verbunden und durch eine Zwischenlage von Bleiplatten gedichtet. Die Konstruktion der Tübbings ist aus Abb. 122 ersichtlich.

Bei größerer Teufe muß man zu Spezialtübbings (Kastentübbings) oder zu kombiniertem Schachtausbau, vorn Tübbings, dahinter Betonwand, greifen.

Für den Erdölbergbau kommt der Tübbingausbau der großen Kosten wegen auf größere Schachtlänge schwerlich in Frage, da die Abteufverhältnisse im allgemeinen günstig liegen. Es ist aber wohl möglich, daß bei Durchteufen einer Wasserschicht von geringer Mächtigkeit ein eiserner Schachtausbau von geringer Höhe eingebaut wird. Am einfachsten gestaltet sich der Schachtausbau mit Tübbings nach der sog. Unterhängemethode (Abb. 123); sie ist besonders angebracht, wenn das

Abb. 122. Tübbings. (Haniel & Lueg, Düsseldorf.)

Gebirge weniger standfest ist. Sie besteht darin, daß der Tübbingausbau von oben nach unten mit fortschreitendem Vertiefen der Schachtsohle vorwärts schreitet und jeder Tübbingring unter den vorhergehenden

Abb. 123. Unterhängen von Tübbings.

untergehängt und verschraubt wird. Nach Unterhängen eines oder mehrerer Tübbingringe wird der Raum hinter der gußeisernen Wand mit Beton vergossen, nachdem das Ausfließen des Zements an der Unterkante des letzten Tübbings durch Verdichten mit Säcken u. dgl. unterbunden ist.

Die Unterhängemethode weist neben der frühzeitigen teilweisen oder vollständigen Wassersperrung auch den Vorteil auf, daß die Schachtwände unmittelbar nach ihrer Entblößung gesichert sind, und die Bergleute sofort Schutz gegen Nachfall und Verschütten finden. Dies ist besonders wertvoll, wenn das Gebirge quellend oder druckhaft ist oder sonstwie zu Nachfall neigt, wenn es gefährliche Ablösende hat oder Wassereinbruch die Arbeit bedroht. Unter Umständen ist mit der Unterhängemethode auch eine Ersparnis an Kapital, Zeit und Arbeit verbunden, da dabei Schwebebühnen, Bühnenseile, Kabelwinden sowie der Ein- und Ausbau der provisorischen Schachtauskleidung in Fortfall kommen.

120. Unterhängen von Betonformsteinen. Im Erdölbergbau, woselbst die Deckschichten, wenigstens bei tertiären Öllagern, in der Regel aus weichen Schichten, Tonen, Sanden und Mergeln bestehen, dürfte die Unterhängemethode in sinngemäßer Übertragung auf den Betonausbau besonders zweckdienlich sein.

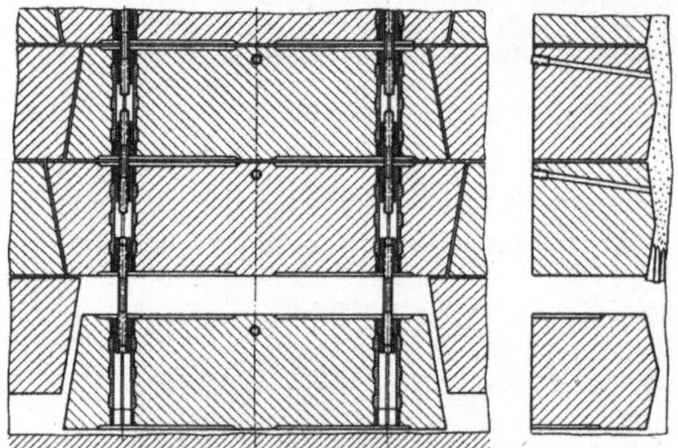

Abb. 124.   Unterhängung von Betonformsteinen.

Die Unterhängemethode vermittels Betonformsteinen wurde wohl zuerst von Lardy im Jahre 1911 bei einem 20 m tiefen Brunnenschachte mit Erfolg versucht (Zeitschr. Glückauf im Jahre 1911). Dort wurden die Betonringe aus Formsteinen von 1 m Höhe auf einer Schwebebühne auf der Schachtsohle zusammengebaut und mittels Kabelwinde unter den zuletzt eingebauten Schachtring gezogen. Aus diesem ragten Ankerstangen heraus, die in ausgesparte Ankerlöcher des einzubauenden Ringes hineingriffen und mit diesen von unten her verschraubt und jedesmal verlängert wurden. Die untergehängten Betonringe wurden dann mit Beton hintergossen. In ähnlicher Weise sind auch noch einige andere Unterhängemethoden versucht worden.

Nach Versuchen, die zwar noch nicht abgeschlossen sind, kann man die in Nr. 117 erwähnten Formsteine auch von oben nach unten einbauen und unterschrauben (Abb. 124). Dazu werden in jedem Stein vertikale Löcher, die sich unten zu Anschlagsitzen erweitern, so ausgespart, daß man kurze Ankerschrauben von Höhe der Steine mit genügendem Spiel durchstecken kann; diese werden von unten her in die Muttern der in den vorhergehenden Steinen angebrachten Anker eingeschraubt und ziehen dabei die unteren Steine vermöge des Anschlages gegen die oberen empor.

Das Vergießen jedes Ringes erfolgt bei geringen Teufen oder, wenn überhaupt kein Gegendruck von Wasser vorliegt, in der bei Tunnelbauten oft angewandten Weise pneumatisch, indem ein Kübel mit Beton gefüllt und darauf luftdicht verschlossen wird. Durch eine Öffnung im Deckel wird dann Preßluft eingelassen, welche auf den Kübelinhalt drückt und diesen den Vergießstutzen zuführt (Abb. 125[1]).

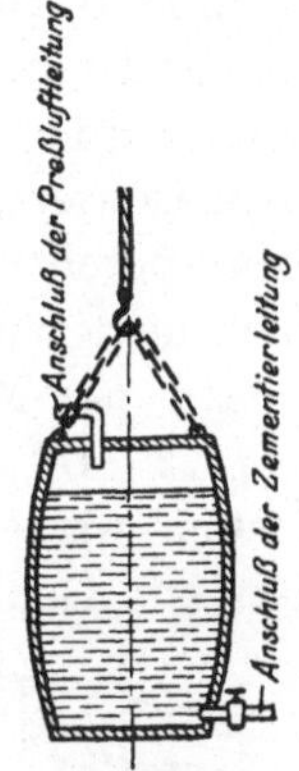

Abb. 125.
Pneumatisches
Hintergießen von
Zement.

121. Bohrschächte und Gefrierschächte. Die kostspieligen Spezialverfahren, das Abbohren und Küvelieren der Schächte nach Kind-Chaudron und das Gefrierverfahren haben für den Ölfachmann nur untergeordnetes Interesse, da man sich schwerlich dazu entschließen wird, Ölschächte bei sehr ungünstigen Abteufverhältnissen abzuteufen. Der Vollständigkeit wegen werden sie daher hier nur im Prinzip erklärt, da es immerhin nicht ausgeschlossen ist, daß man zu diesem Verfahren greifen muß; es muß dem Leser überlassen bleiben, sich über die Methode aus bergtechnischen Spezialwerken genauer zu unterrichten.

Beim Kind-Chaudronschen Verfahren bohrt man mit am Freifall oder an der Rutschere hängendem, stoßendem Schachtbohrer von etwa 25 000 kg Gewicht ein Riesenbohrloch von etwa 4,5—5,5 m Durchmesser bis zum wassertragenden festen Gebirge. Dabei läßt man die Wasser als tote Wasser im Schachte stehen. Die ganze Arbeit des Bohrers geht also unter Wasser vonstatten und wird von Tage her geleitet. Nachdem das Schachtbohrloch fertig gebohrt ist, wird eine gußeiserne Küvelage, die unten durch einen eisernen Boden vorläufig geschlossen ist, schwimmend abgesenkt und der Raum zwischen Küvelage und Schachtwand durch Rohrleitungen ausbetoniert.

Beim Gefrierverfahren bohrt man konzentrisch zum Schachtmittelpunkt eine Anzahl im Kreise angeordneter Bohrlöcher, durch welche man einen Kälteträger zirkulieren läßt, der die Wasser innerhalb und außerhalb des Schachtes gefrieren läßt. In dem Frostkörper wird alsdann auf der Schachtsohle von Hand abgeteuft, und dabei werden die Schachtwände durch Tübbings, meist nach der Unterhängemethode, ausgekleidet. Nachdem diese eiserne Küvelage bis zum wassertragenden Gebirge eingebaut ist, kann die Frostmauer auftauen, da nunmehr die Tübbings die Wassersperrung übernehmen.

Beide Verfahren sind sehr teuer und sind mit 5000—10 000 M. pro

---

[1]) Mit dem Unterhängen von Betonformsteinen wurden noch während der Drucklegung dieser Schrift beim Abteufen eines Ölschachtes vom Verfasser vorzügliche Resultate erzielt.

Meter wohl in Rechnung zu stellen. Das Gefrierverfahren ist im allgemeinen etwas billiger. Jedoch ist zu bedenken, daß die letzten Bohrschächte schon vor etwa 15 Jahren niedergebracht sind, und daß das Verfahren seitdem keine weitere Ausbildung und Vervollkommnung mangels eines geeigneten Anwendungsgebietes erfahren hat. Andernfalls würde dasselbe hinsichtlich der Kosten- und Zeitfrage wohl mit dem Gefrierverfahren Schritt gehalten haben. Beide Spezialverfahren beanspruchen einen erheblichen Zeitaufwand, da man bei beiden bei dem heutigen Stande der Technik auf nicht mehr als etwa 10 m Fortschritt pro Monat rechnen kann.

122. Das Versteinungsverfahren. Ein Spezialverfahren, welches in festem, wasserreichem oder auch in rolligem bis gebrächem, aber durchlässigem Gebirge auch für den Erdölbergbau von Bedeutung ist, ist das Versteinungsverfahren. Dasselbe kommt im Erdölbergbau namentlich dann in Frage, wenn wasserführende Gebirgsschichten von geringer Mächtigkeit zu durchteufen sind, oder wenn Schieferschichten und wasserführendes Gebirge mit Erdöllagern abwechseln, wie man es in manchen Bohrprofilen finden kann (Abb. 126). Dann ist die Aufgabe der Wassersperrung im Schachte durchaus analog derjenigen der Wassersperrung in Tiefbohrungen; die Arbeiten, die

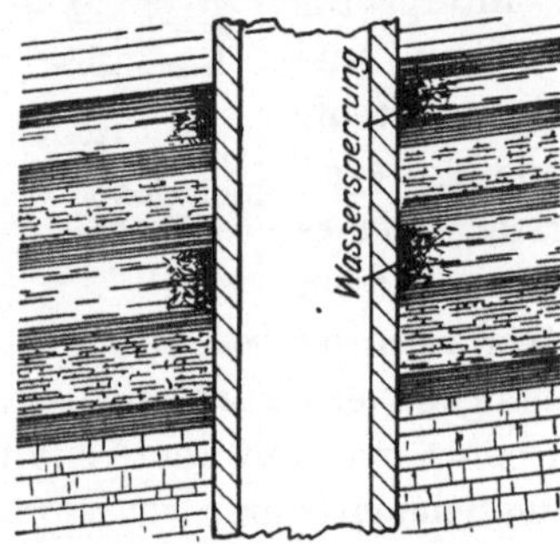

Abb. 126.   Wassersperrung
wasserführender Wechselschichten.

Wasser zu sperren, sind aber beim Schachtbau wirksamer, da man die Sperrung an Ort und Stelle vornehmen kann.

Das Versteinungs- oder Zementierverfahren[1] besteht darin, daß dünnflüssiger Zementbrei in das wasserführende Gebirge hineingepreßt wird, wodurch die Spalten und Poren des Gesteins mit Zement gefüllt werden; nach Abbinden des Zementes wird durch die künstliche Versteinung der Wasserklüfte dem Wasser der Zutritt zum Schachte versperrt. Das Einpressen des Zementes erfolgt durch kurze Bohrlöcher von etwa $1—2^1/_2''$ Durchmesser und geht in folgender Weise vonstatten:

Sobald die Schachtsohle sich dem wasserführenden Horizonte nähert, werden in das bis dahin noch wasserfreie Gebirge zunächst Vorbohrlöcher von etwa 10 cm Durchmesser gebohrt, die in genügender Entfernung vom Wasserhorizonte bleiben. In diese werden Standrohre mit Reibungsrippen (Abb. 127) eingebaut und einbetoniert. Oben tragen die Standrohre a eine Stopfbüchse b, durch welche ein Hohlbohrgestänge unter Sicherung gegen Wasserdurchbruch ein- und ausgebaut werden kann; unter der Stopfbüchse ist dieserhalb ein Absperrventil

---

[1] Vgl. Schneemann u. Schneiders, „Glückauf", Jahrg. 1914.

oder Hahn *c* zum Durchlaß des Bohrers angebracht; die Standrohre tragen ferner einen Ausguß *d* für die Spülung, mit einem Hahn oder einem automatisch bei starkem Wasserzutritt sich schließenden Ventil *e*. Nachdem der das Standrohr einbetonierende Zement erhärtet ist, wird durch die Stopfbüchse der Meißel und das Gestänge eines Lufthammers eingebracht, welcher für Wasserspülung eingerichtet ist. Während des Bohrens ist der Ausflußstutzen geöffnet. Wird Wasser erschlossen, so wird der Ausfluß von Hand oder automatisch durch das Ventil *e* geschlossen, das Bohrgestänge bis über das Absperrventil *c* hochgezogen und dieses dann geschlossen. Alsdann wird die Stopfbüchse geöffnet und der Bohrer ganz aus dem Bohrloche entfernt. Man stellt in dieser Weise eine ganze Anzahl von Bohrlöchern in der Schachtsohle her. Nachdem diese fertiggebohrt sind, spült man unter starker Drosselung des Sicherheitsventiles *e* die Bohrlöcher nochmals mit klarem Wasser so lange aus, bis man sicher ist, daß kein Schlamm mehr im Bohrloch und dem zu versteinenden Gebirge vorhanden ist und auch die Gebirgsspalten gereinigt sind. Alsdann verbindet man die Stopfbüchsenflanschen durch Schläuche mit einer Zementierleitung, die an eine Zementierpumpe angeschlossen ist oder bei größerer Teufe bis zutage hochgeführt wird. Im letzteren Falle wird das natürliche Gefälle der Zementiersäule in der Zementierleitung zum Einpressen des Zementes nutzbar gemacht. Unter dem Drucke der Pumpe oder unter dem hydrostatischen Drucke dringt die Zementmilch in die feinsten Ritzen und Poren des Gebirges oft sehr weit außerhalb der Schachtscheibe ein. Auf diese Weise werden die Kanäle, durch welche das Wasser Zutritt zum Schachte finden konnte, vollständig auszementiert.

Über Einzelheiten des Verfahrens ist noch folgendes zu bemerken: Die Bohrlöcher werden zweckmäßigerweise nicht vertikal in der Schachtscheibe niedergebracht, sondern auch schräg abwärts nach außen mehrere Meter tief in die Schachtwandung hinein vorgetrieben. Begonnen werden die Bohrungen mit einem kurzen Bohrer von etwa 3 m, und kommen immer größere Bohrersätze zur Anwendung, bis schließlich die Maximallänge des Gestänges, die durch die Schachtturmhöhe bedingt ist, erreicht ist. Die Bohrlöcher erreichten bei dem nach dem Versteinungsverfahren von ca. 100—300 m niedergebrachten Salzschachte „Ellers" meist eine Tiefe von über 20 m. Die Arbeit geht bei großer Höhe der wasserführenden Schichten absatzweise vonstatten; es werden jedesmal etwa 20 m abgebohrt und zementiert, darauf etwa 10 m tiefer geteuft; hier wird eine neue Serie von Zementierbohrlöchern ca. 20 m tief abgebohrt und auszementiert, darauf wiederum 10 m abgeteuft usw. Die langen Bohrgestänge müssen, um die Stopfbüchse passieren zu können, außen glattwandig sein, dürfen also keine Verbindung haben. Sie werden daher, falls in einem Stück geliefert, von der Fabrik zu einem Schlangenbündel gebogen und erst in der Zechenwerkstatt gerade gerichtet; oder aber sie werden in der Zechenschmiede aus einzelnen Stücken zu einem Gestänge von der gewünschten Länge zusammengeschweißt und an den Schweißstellen abgedreht.

Die einzubringende Zementmilch muß aus reinem Portlandzement und Wasser bestehen, wobei ein Verhältnis von $70^0/_0$ Wasser zulässig ist. Die Erhärtungsdauer kann mit einer Woche normiert werden. Für die Auskleidung der Schachtwände eignen sich am besten Eisentübbings (Unterhängeverfahren), jedoch kommt man bei nicht zu großer Teufe und der nötigen Vorsicht bei der Arbeit auch mit Betonformsteinen aus. Bei Verwendung von Betonformsteinen wird man keine allzu hohen Schachtstöße freistehen lassen; man gibt ihnen daher die niedrige Form der Abb. 124, so daß man die Schachtwand nur etwa 50 cm bloßlegt, um die Betonringe unterzubauen.

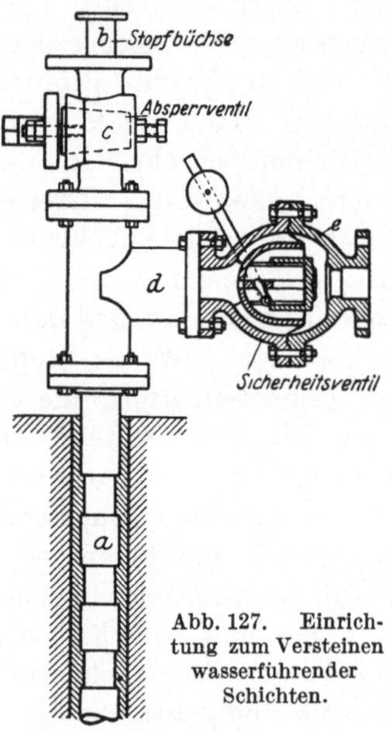

Abb. 127. Einrichtung zum Versteinen wasserführender Schichten.

Das Zementierverfahren ist verhältnismäßig billig und verteuert in Deutschland das gewöhnliche Abteufen eines Schachtes von etwa 5 m Durchmesser bei sachgemäßer Durchführung nur um ca. 100 bis 350 M. pro Meter. Die Monatsleistung betrug bei dem vom Verfasser nach dem Versteinungsverfahren im klüftigen, stark wasserführenden Buntsandstein niedergebrachten Schachte Ellers ca. 20 m und mehr. Dort waren selbst Spalten, die nur mit der Lupe wahrnehmbar waren, vollständig dicht und zuverlässig mit erhärtetem Zement erfüllt, und zeigten sich die Wände der größeren Spalten auf das intensivste mit dem Zement verwachsen.

Wird man beim Abteufen des Schachtes durch einen Wassereinbruch überrascht, so muß man, um die Versteinungsarbeit durchführen zu können, im Schachte erst einen künstlich abdichtenden Boden aus reinem Zement von etwa 2—4 m nach dem in Nr. 57 für Tiefbohrlöcher angegebenen Verfahren mit engen Rohrleitungen einbringen und von diesem aus die Arbeiten vornehmen (Abb. 128).

Das Einbringen eines reinen Zementpropfens auf der Schachtsohle unter Wasser ist natürlich des großen Zementverbrauches wegen kostspielig. Man ist daher bestrebt, an Stelle des reinen Zementes die Schachtpfropfen als Betonmischung einzubringen. Diese Aufgabe ist deswegen schwierig, weil man keinen mit den feinen Zementkörnchen gleichfälligen Zusatz kennt. Trotzdem wird die Betonierung gelingen, wenn man Sandzusatz von geringem spezifischen Gewicht verwendet, also z. B. aus schweren Eruptivsteinen hergestellte Sande ausschließt und wie folgt vorgeht:

Zum Einbringen des Betons wählt man eine weite Rohrleitung von 10—25 cm Durchmesser, die man auf die Schachtsohle aufsetzt, so daß der Ausfluß in der Tiefe fast ganz gedrosselt ist. Dann füllt man das Rohr bis zutage mit einer dickbreiigen Betonmasse, etwa in Mischung 1 : 4, und lüftet die Rohrleitung so wenig wie möglich, bis die Masse im Rohr zu sinken beginnt. Aus der Mischpfanne muß dann möglichst ununterbrochen der Betonbrei nachfließen, so daß die Rohrleitung immer bis zutage gefüllt bleibt.

Der Ausfluß des Betons soll nicht an ein und derselben Stelle stattfinden, sondern man muß soviel wie möglich die Schachtscheibe bestreichen. Sollten Verstopfungen eintreten, so läßt man die Rohrtour, die am Seil aufgehängt sein muß und an diesem von unten bis oben angeklemmt ist, einige Zentimeter fallen und mit einem kleinen Ruck auf einer Rohrschelle aufschlagen.

Um die Rohrtour mit steigendem Beton anzuheben, wird dieselbe als Degenrohr ausgebildet, so daß die Aufgabeöffnung des Rohres immer die gleiche Höhe behält.

Anderwärts sah man von diesem immerhin etwas umständlichen Verfahren ab und ließ durch eine vorher bis zur Schachtsohle gebrachte zwei- bis dreizöllige

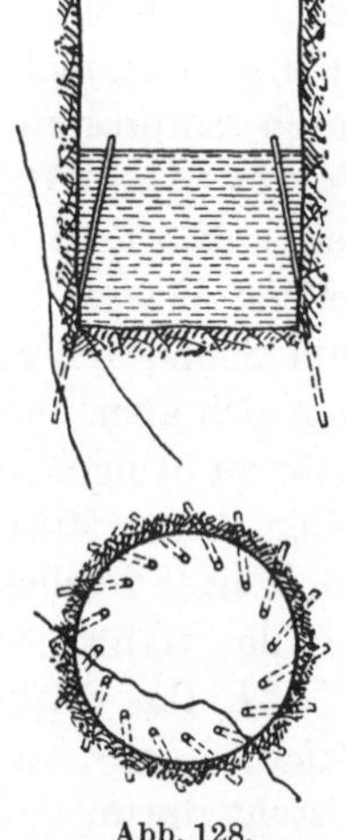

Abb. 128.
Versteinungsverfahren unter Betonierung der Schachtsohle.

Rohrleitung sinngemäß nach Nr. 56, Abb. 63 reinen Zementbrei in einer vorher auf der Schachtsohle aufgesattelten Schottermasse aufsteigen.

Mit beiden Verfahren hat Verfasser bei der Schachtbetonierung gute Erfolge erzielt.

Man hat wohl, namentlich in Frankreich, versucht, das Verfahren von über Tage her durch Bohren im Kreise angeordneter Tiefbohrlöcher zur Anwendung zu bringen. Diese Methode ist aber teuerer und unzuverlässiger. Man kann auch die Zementierbohrlöcher durch kleine Diamantbohrmaschinen ausführen; diese Arbeitsweise ist aber dem Bohren mit Lufthämmern unterlegen.

Das Zementierverfahren eignet sich nicht für feinkörniges, toniges Gebirge oder für feinkörnige Schwimmsande. Für diese kommt vielmehr bei geringen Teufen der rolligen Deckschichten das Senkschachtverfahren in Betracht [1]).

---

[1]) Dem Versteinungsverfahren wurde an dieser Stelle ein verhältnismäßig breiter Raum gewidmet, da der Ölschachtbau in vielen Fällen

Mit gleicher Einrichtung, wie beim Versteinen, wird man in manchen Fällen sich auch umgekehrt einem unter Druck stehenden Öllager beim Abteufen nähern und Öl gewinnen, z. B. dann, wenn das Öl im Bohrloche nur bis zu einer bestimmten Höhe aufzusteigen vermag und dem Pumpen Schwierigkeiten entgegensetzt. Dann wird man bis in die Nähe des Öllagers teufen, wodurch der Gegendruck der Ölsäule auf das Lager aufgehoben wird, und das Öl durch die in Abb. 127 skizzierten Standrohre austreten kann.

123. Zementieren undichter Schachtwandungen. Undichte Schachtwandungen oder Schachtauskleidungen, die man absichtlich zum Durchlaß von Öl durchlässig ausgeführt hat, und deren Anschluß an die Gebirgswand nicht bindend ist, können in ähnlicher Weise nachträglich durch Einpressen von Zement gedichtet werden. Wenn etwa bei der Nr. 114 (Abb. 119) angegebenen Disposition der Ölausfluß im Laufe der Zeit aufhört, so kann man zunächst versuchen, durch Einpressen von heißem Wasser etwa im Filterbett abgesetztes, verstopfendes Paraffin zum Schmelzen zu bringen und die Poren von neuem zu öffnen. Hat man sich aber überzeugt, daß das Nebenlager im Schachte keinen Ertrag mehr zu bringen vermag, so wird man durch die Durchlaßrohre Zementmilch in das Filterbett und das dahinter liegende Öllager pressen und somit nachträglich einen bindenden Anschluß der Schachtauskleidung mit der Gebirgswand erzielen.

124. Das Senkschachtverfahren. Dieses setzt ein weiches, möglichst gleichmäßiges, also schwimmendes Gebirge voraus. Das Verfahren besteht darin, daß man die Schachtauskleidung durch ihr eigenes Gewicht oder durch künstlichen Pressendruck das weiche Gebirge durchsinken läßt, wobei man unter ihrem Schutz meist unter Wasser das Gebirge aushebt. Die Schachtauskleidung kann dabei aus einer stark verankerten Senkmauer aus Eisenbeton oder Tübbings bestehen. Das Senkschachtverfahren entspricht dem Verrohren von Tiefbohrlöchern.

Den Erdölbergbau interessiert in erster Linie das Absenken eines Mauer- oder Betonsenkschachtes bei geringer Mächtigkeit der rolligen Deckschichten. Auch für trockenen Lehm, Kies- und Tonschichten ist ein Absenken an Stelle des Aufmauerns der Schachtwandung, wenigstens für Teufen bis zu 15—20 m, oft zu empfehlen.

Bei den einfachen Senkverhältnissen, um die es sich bei Ölschächten meistens handelt, hebt man vor Beginn des Senkens die Erde so tief aus, wie die Standfestigkeit und die Wasserverhältnisse des Gebirges es gestatten. Um ein tiefes Niveau zu erhalten, stützt man das Gebirge

darauf zurückgreifen wird. Es ist die Analogie der Wassersperrung in Tiefbohrlöchern, die ja fast in allen Ölfeldern gehandhabt werden muß. Außerdem bietet sich in bergmännisch ausgebeuteten Öllagerstätten oft Gelegenheit, das Zementierverfahren sinngemäß auch auf die Wassersperrung im Streckenbetriebe anzuwenden.

zum Schutze der Arbeiter gegen Verschütten auch wohl einige Meter tief ab. Alsdann stellt man auf der planierten Schachtsohle auf einen Bohlenbelag einen Senkschuh her, der eventuell unten ein als Schneide ausgebautes Winkeleisen trägt. Der Senkschuh kann aus Holz, Gußeisen bzw. Stahlguß oder aus Eisenbeton bestehen. Für die hier in Frage stehenden Verhältnisse kommen wohl nur Senkschuhe aus Eisenbeton in Betracht.

Ein solcher Senkschuh wird am zweckmäßigsten an Ort und Stelle mit dem Schachtmittelpunkte konzentrisch in einem ringförmigen Betonblock hergestellt. Man hebt hierzu eine kreisringförmige Hohlform von dreieckigem Querschnitt in dem aus Lehm oder Ton bestehenden Boden aus. In diese Form wird der Beton mit seiner Eisenarmierung eingegossen oder eingestampft. Im Senkschuh sind Aussparungen zur Aufnahme von Mauerankern gelassen. Die Anker werden durch die Gesamthöhe der Senkmauer durchgeführt, und halten dieselben zusammen. Auf dem Schuh, der oben eine Stärke von 0,50—1,0 m hat, wird die Senkmauer in dieser Stärke aufgemauert und über Tage so hoch wie möglich emporgeführt, so daß sie ein möglichst großes Gewicht erhält. Wird die Mauer aus Betonformsteinen ausgeführt, so tun außen herumlaufende Stahldrahtseilbandagen mit Spannschloß, die in Rückennuten eingelassen sind, gute Dienste, da sie das Auseinanderklaffen der Steine bei der Bewegung des Senkkörpers vermeiden. Außen ist die Rückseite nach oben zu leicht, d. h. etwa 1 cm auf 1 m dosiert, um die Reibung der Mauer am Gebirge zu vermindern. Ist das nötige Gewicht erreicht und das Mauerwerk gehörig abgebunden, so untergräbt man auf der Sohle teufend den Schuh. Durch das Eigengewicht sinkt das Mauerwerk in den Untergrund, bis der Widerstand zu groß wird. Darauf verläßt man die Sohle und mauert über Tage einen neuen Satz Mauerwerk, der dem abgesunkenen Maße entspricht, hoch. Mit dem nunmehr vermehrten Gewicht nimmt man die Abteufarbeit auf der Sohle und das damit verbundene Senken wieder auf, bis entweder das feste Gebirge erreicht ist oder Wasserzuflüsse das weitere Verbleiben auf der Sohle unmöglich machen, oder aber, bis die Reibung der lockeren Gebirgsmassen so groß wird, daß der Mauerschacht nicht weiter zum Sinken gebracht werden kann. Man belastet dann den Mauerschacht künstlich durch Ziegelsteine, Sand usw.

Die beste Belastung ist aber der Schachtturm. Es ist daher verkehrt, zum Absenken einen provisorischen niedrigen Holzbock zu benutzen, der erst nach Beendigung des Absenkens durch den definitiven Abteufturm ersetzt wird. Man sollte im Gegenteil von vorneherein einen recht schweren definitiven Abteufturm über dem Senkschacht aufstellen, der aber nicht auf dem meist sich mitsenkenden Erdreich außerhalb der Schachtmauer verlagert wird, sondern vermittels starker langer Träger

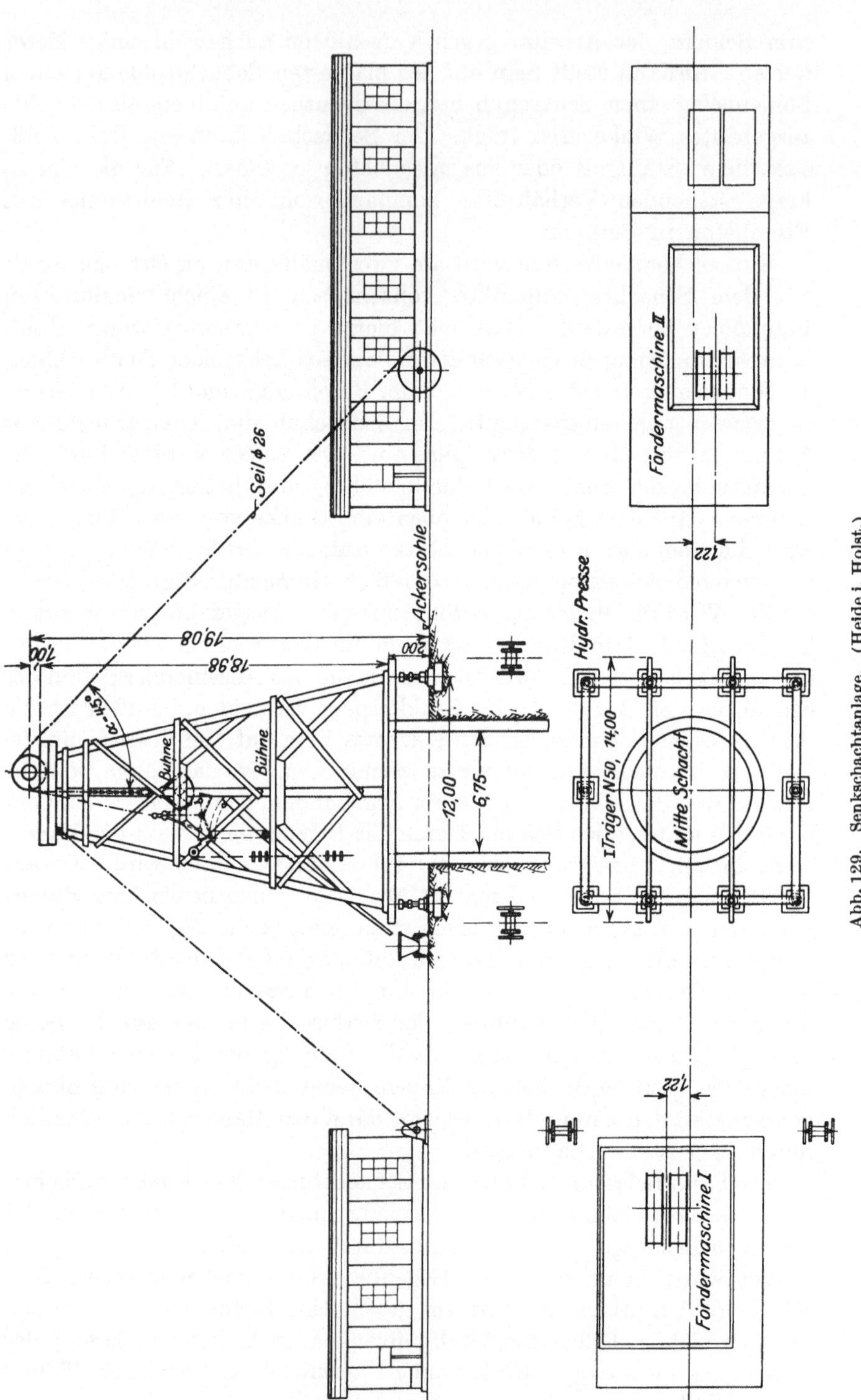

Abb. 129. Senkschachtanlage. (Helde i. Holst.)

auf der Senkmauer ruht. Muß die Senkmauer nach Absenken eines bestimmten Maßes über Tage weiter nach oben hin aufgebaut werden, so hebt man den Schachtturm von der Senkmauer mittels hydraulischer, auf Holzschwellenrosten verlagerter Pressen ab und drückt ihn mit denselben hoch, so daß er während der Mauerarbeit auf den Pressen bzw. dem Holzschwellenlager ruht, um nach Beendigung des Hochmauerns wieder auf der Senkmauer abgesetzt zu werden. Abb. 129 zeigt die nach der vorstehenden Angabe disponierte Senkschachtanlage des Ölkreideschachtes Heide (Holstein). Das Gewicht des Schachtturmes ist aber noch günstiger zu verwenden. Man kann nämlich mit Hilfe des Schachtturmes auch bis zu einem gewissen Grade ein Schiefgehen der Senkmauer vermeiden. Bleibt nämlich die Senkmauer einseitig beim Tiefergehen zurück, und ist sie infolgedessen geneigt, sich schiefzustellen, so läßt man nur an dieser Stelle der Schachtmauer den Schachtturm mit seinem Gewichte aufsitzen und belastet einseitig, während der Turm sonst allerwärts von dem Senkschachte abgehoben und auf den Schwellenrost gesetzt wird. Bei dieser einseitigen Belastung wirkt der Schachtturm durch sein Eigengewicht geradezu als Regulator beim Absenken. Hemmen allzu starke Wasserzuflüsse die Arbeiten auf der Sohle, so muß man das Wasser hochsteigen lassen und nunmehr im „toten" Wasser vermittels Bagger das Gebirge gewinnen und hochfördern. Als bestgeeigneter Baggertyp hierzu hat sich der Greifbagger bewährt (Abb. 129). Derselbe geht in geöffnetem Zustande nach unten, schließt sich auf der Schachtsohle selbsttätig und nimmt beim Hochziehen mit dem Förderseil $^1/_4$—$^3/_4$ cbm Gebirge hoch, welche über Tage mit Öffnen des Baggers herausfallen. In größerer Teufe wendet man große Schachtbohrer mit Spülung des Bohrgutes an.

Zur Unterstützung der Senkbarkeit ist es gut, wenn in den Senkkörper Rohre mit einbetoniert werden, welche von der Tagessohle her bis zur Schneide reichen. Durch dieselben wird durch eine Pumpe Spülwasser gepreßt, welches die lockeren Massen unter der Schneide wegspült. Mit einem Mauersenkschacht kann man bei guten Verhältnissen, d. h. bei gleichmäßigem Charakter des rolligen Gebirges eine Teufe bis zu 25—30 m erreichen. Führungen aus Holzgevierten in den weichen Gebirgsschichten unterhalb der Tagessohle anzubringen, ist zwecklos, da die Holzgerüste und ihr lockeres Widerlager in ihrer Widerstandsfähigkeit in gar keinem Verhältnis zu den großen Lasten des Mauerwerkes stehen, so daß die Holzgevierte bei dem großen Hebelarm, mit dem die Widerstände vom Senkkörper überwunden werden, wie Streichhölzer zersplittern.

Wenn das feste wassertragende Gebirge nicht mit einem Mauersenkschacht allein zu erreichen ist, muß man eine gußeiserne mit einem Stahlschuh ausgerüstete Küvelage von engerem Durchmesser einbauen. Sobald diese unter ihrem Eigengewicht nicht mehr sinken will, muß sie mittels hydraulischer Pressen tiefer gedrückt werden; man benutzt dann als Widerlager den Mauersenkschacht. Die Anzahl der Pressen beträgt etwa 12—16, und jede von ihnen vermag einen Druck von etwa 100000 kg auszuüben (Abb. 130).

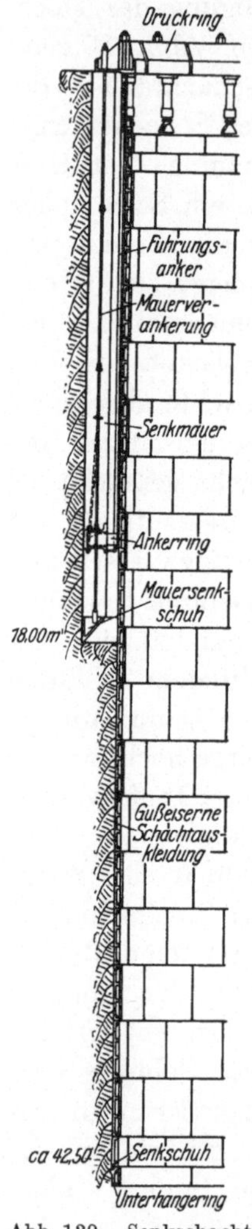

Abb. 130.   Senkschacht.
(Heide i. Holstein.)

Will auch der gußeiserne Senkschacht nicht mehr tiefer gehen, so baut man einen zweiten, eventuell einen dritten Senkschacht ein. Jedoch wird man bei derartig ungünstigen Verhältnissen das Gefrieren des Schachtes vorziehen.

Die Leistung eines Mauersenkschachtes in Teufen bis etwa 30 m kann mit ca. 10 m pro Monat angenommen werden, ein Fortschritt, welcher aber gewöhnlich nur durch Arbeiten bei Tage erzielt wird. Gußeiserne Senkschächte verzeichnen Fortschritte von ca. 7 m in Teufen von 0—50 m, von 5 m in Teufen von 50—100 m. Mauer- und Betonsenkschächte kosten in Teufen bis zu 20 m etwa 800—1600 M., bis zu 30 m etwa 2000 M. Für Teufen über 100 m muß man bei gußeisernen Senkschächten schon mit 11000 M. pro Meter rechnen; und dabei wird der Erfolg in diesen Teufen schon sehr unsicher.

Eine schwierige Arbeit beim Senkschachtverfahren ist der Anschluß der Schneide an das wassertragende, feste Gebirge. Gewöhnlich hat der Schuh nämlich an einer Seite das feste Gebirge erreicht, während an der entgegengesetzten Seite noch Wasser und Schwimmsand in den Schacht einzudringen vermögen. In diesem Falle können die eingebauten Spülrohre wesentliche Dienste leisten, indem durch sie das Gebirge unter der Senkschachtschneide weggespült bzw. zutage gefördert wird. Damit der Schacht sich dabei nicht einseitig setzt, wird man ihn an der Seite, wo er kein festes Gebirge erreicht hat, vom Gewichte des Turmes entlasten. Um zu verhindern, daß von außen lockere Massen nachdringen, wird man dabei den Wasserspiegel im Schachte nach Möglichkeit aufsatteln, damit ständig ein von innen nach außen gerichteter hydraulischer Druck gegen die offenen Teile der Schachtwand ausgeübt wird. Wenn das Gebirge unter dem Schuh ausgewaschen ist, wird man die Schachtsohle nach Nr. 122 mit Beton in der Höhe des Senkschuhes ausfüllen. Den sichersten Abschluß erhält man natürlich, wenn man eine kurze Küvelage unterbaut.

Sind die Zuflüsse unter der Senkschachtschneide nur gering, so kann man bei erreichtem festen, wasserfreien Gebirge nach tunlichster Dichtung (Pikotierung) der Durchlaßöffnung und unter Wasserhaltung einige Meter tiefer teufen, und dort einen Mauerfuß ansetzen, von dem aus man das Schachtmauerwerk bis über die Betonierung, d. h. bis über die Oberkante des Senkschuhes, oder noch besser bis zu Tage führt. Man wird den Schacht dabei in den meisten Fällen verengen können, da alle Senkschächte mit Rücksicht auf ein Schiefgehen stets viel weitere Durchmesser erhalten, als für den Schacht endgültig vorgesehen ist. So wird man einen Mauersenkschacht, der einen lichten Schachtdurchmesser von 5 m gewährleisten und dabei eine Teufe von 20 m erreichen soll, schwerlich unter 5,5 m lichten Durchmesser ansetzen.

Bei gußeisernem Senkschacht wird man unter der Schneide der Küvelage noch einige Meter abteufen, dann an einem eigens hierzu vorgesehenen Flansch des Senkschuhes einige Tübbings unterhängen, um diese auf einem Keilkranz zu verlagern und zu pikotieren.

Das Senkschachtverfahren kann dadurch vervollkommnet werden, daß man den Senkzylinder systematisch bis zu einer gewissen Teufe oberhalb des Schuhes hinterbohrt. Es muß dabei aber an der Außenperipherie des Schachtes Bohrloch an Bohrloch niedergebracht werden; es dürfen also keine Gebirgsrippen stehenbleiben, soll das Hinterbohren Erfolg haben. Da indessen die Bohrlöcher dazu neigen, sich ineinander zu verlaufen, so bohrt man die Bohrlöcher in gewissen Abständen voneinander und erweitert sie beiderseitig in tangentialer Richtung mittels eines doppelflügigen Erweiterungbohrers; die Vorbohrlöcher dienen somit dem Erweiterungsbohrer als Führung.

Durch Hinterbohren des Senkzylinders ist es nicht schwer, einen schiefgegangenen Senkschacht durch sein eigenes Gewicht wieder gerade zu richten.

Nach den Erfahrungen, die Verfasser mit dem systematischen Hinterbohren eines Senkschachtes gemacht hat, vermag man damit auch einen Senkschacht tiefer zu bringen, als man bisher rechnen konnte. Der durch Hinterbohren des Senkzylinders erzeugte ringförmige Hohlraum wird dieserhalb mit Dickspülung hergestellt, und diese über den natürlichen Wasserspiegel aufgesattelt. Würde man etwa 2 Schnellschlagapparate peripherisch hinter dem Senkzylinder arbeiten lassen, so kann man mit dem Senkschachtverfahren auch unter dem Schuh sitzende Findlinge und festere Schichten zertrümmern und durchsenken. Diese Senkmethode entspricht dem Honigmannschen Verfahren, bei welchem auch durch Dickspülung und Aufsattlung des Wasserspiegels die Schachtwände gestützt werden. Bei Mitführen des Senkzylinders hat man aber den Vorteil, daß die Schachtwandung durch den Ausbau ständig gesichert ist.

125. Abteufen bei Öl- und Gasaustritt. Bei Ölschächten ist zuweilen die Aufgabe gestellt, mit dem Schachte in ein Öllager einzudringen, welches trotz der versuchten Vorbohrungen noch keineswegs entölt ist und unter hohem Druck steht. Das ist besonders der Fall bei Schwerölen, welchen durch Tiefbohrungen nicht beizukommen ist, wie dies bei den Bohrungen im Athabascasand, insbesondere am Pelikanflusse der Fall gewesen ist (vgl. Nr. 72). Unter der Voraussetzung, daß der Schacht bei solcher Sachlage auf einer bis ins Öllager hineinreichenden Schachtvorbohrung angesetzt ist, wird man beim Abteufen schon mit einem dauernden Ölzufluß rechnen müssen, sobald der Schacht die Teufe überschritten hat, bis zu welcher das Öl in der Schachtvorbohrung aufgestiegen ist. Diesen Ölzufluß wird man tunlichst begünstigen und das austretende Öl zu gewinnen suchen. Mit dem Schachtabteufen, d. h. dem fortwährenden Tieferlegen der Sohle, schafft man gewissermaßen künstlich einen Springer, da man den Widerstand der Ölsäule ständig vermindert.

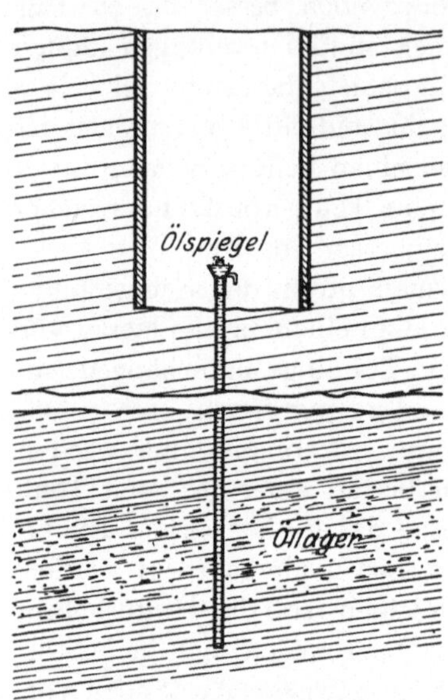

Abb. 131. Abteufen auf einem ölliefernden Bohrloche.

Mit dem Abteufen wird man die Bohrrohre oberhalb des Ölspiegels im Bohrloche ausbauen. Mit Weiterteufen wird das Öl über den Rand der stehengebliebenen Rohre überfließen und zu diesem stets nachdrängen, so daß es zum Austritt gelangen wird. Damit es nun nicht in die Schachtsohle zurückfällt und sich mit den Bergen vermischt, muß das übersprudelnde Öl abgefangen werden. Dies geschieht einfach durch einen auf das Bohrrohr geschobenen Trichter, der mit dichtendem Hals gegen dies abdichtet. Mittels eines oder mehrerer Hähne wird aus dem Trichter das Öl abgezapft (Abb. 131 und 132), in Kübel gefüllt und zutage gefördert. Man gewinnt so das Öl aus dem jeweilig erreichten Niveau, bis der Ausfluß

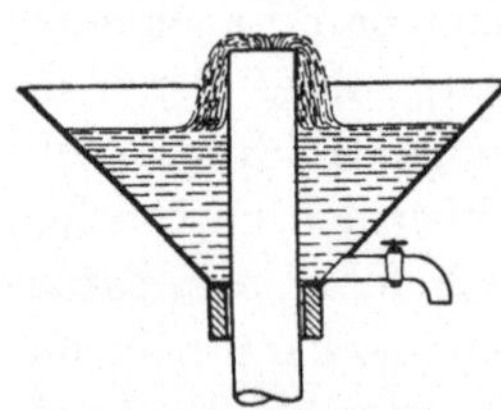

Abb. 132. Abfangtrichter.

nachläßt, und setzt dann den Trichter entsprechend tiefer bis unter die nächste Rohrverbindung.

Schachtvorbohrungen können auf diese Weise beim Abteufen durch Verminderung des Gegendruckes so produktiv werden, daß sie zum vorübergehenden Einstellen der Abteufarbeiten zwingen. Am ersten wird dies natürlich der Fall sein, wenn man schließlich das Lager erreicht und die letzte schützende Gebirgsdecke in der Sohle des Schachtes durchbricht. Dann ist natürlich der Widerstand gegen den Ölaustritt infolge der plötzlichen Erweiterung der Austrittsöffnung fast ganz aufgehoben, und die Ölmassen können sich dann ungehemmt in den Schacht ergießen. Vorsicht ist daher immer bei Erreichen des Lagers geboten. Der Ausfluß kann aber auch so träge erfolgen, daß bis zur Wiederaufnahme der Abteufarbeiten zu viel Zeit verlorengehen würde. In diesem Falle wird man durch eine Anzahl Bohrlöcher den Ölaustritt in den Schacht beschleunigen.

Das, was über den Austritt und die Gewinnung von Öl während des Abteufens gesagt worden ist, gilt sinngemäß auch für den Fall, daß der Schachtvorbohrung Gas in gewinnbaren Mengen entströmt. Nur wird man dann selbstverständlich die Bohrrohre nicht abschrauben, sondern über Tage mit einem Gasometer verbinden. Die Bohrrohre selbst müssen dabei im Schachte abgespreizt oder an einem Tragseile angeklemmt werden.

X. Der innere Schachtausbau.

126. Erste Arbeiten nach Beendigung des Abteufens. Nach Beendigung des Abteufens benutzt man die Abteufeinrichtung gewöhnlich noch dazu, die ersten Vorrichtungsarbeiten auszuführen. Bei den hier in Rede stehenden Verhältnissen wird man damit auch das Füllort und die ersten Strecken auffahren, um das Öl möglichst bald zum Aussickern zu bringen und die Ölproduktion während des durch den folgenden Ausbau des Schachtes unvermeidlichen Stillstandes der unterirdischen Arbeiten einzuleiten und aufrechtzuerhalten.

Für das Auffahren von Strecken sind die Förderkübel auf niedrigen Förderwagen kaum zu verwerten und jedenfalls zu unbequem. Die Förderung des hereingewonnenen Gebirges geschieht daher, sobald Horizontalförderung erforderlich wird, mit Grubenförderwagen (Nr. 199). An denselben werden zur provisorischen Schachtförderung oben an den vier Ecken Ösen genietet, in deren Augen Viererketten mit Karabinerhaken angeschlagen werden, die die Verbindung mit dem Förderseil herstellen.

Nach Auffahren eines Streckennetzes von wenigen hundert Metern genügt die Abteufeinrichtung in der Regel für den Betrieb nicht mehr, man muß dann dazu übergehen, die definitiven Anlagen zu errichten und das Schachtinnere auszubauen.

127. Allgemeines. Da der Schacht meistens verschiedenen Zwecken dient, müssen die verschiedenen Schachttrümmer voneinander abgetrennt werden. Auch die einzelnen Trümmer benötigen eine ihren verschiedenen Zwecken dienende bauliche Ausstattung. Dieser innere

Schachtausbau wird gewöhnlich in den Lehrbüchern bei Besprechung der einzelnen Betriebsmethoden, also die Ausstattung der Fördertrümmer bei der Förderung, des Wettertrumms bei der Wetterlehre usw. behandelt. Da es sich aber bei dem inneren Schachtausbau um eine Gesamtkonstruktion handelt, welche auch insgesamt im Anschluß an die Fertigstellung des Schachtes ausgeführt zu werden pflegt, ist es zweckmäßig, den Ausbau von allgemeinen Gesichtspunkten aus zu betrachten.

Bei Kohlen-, Erz- und Salzbergwerken erfolgt der innere Schachtausbau bis in die neueste Zeit hinein sehr oft in Holzkonstruktion. Holz an diesem Brennpunkt des gesamten Betriebes hat aber seiner Feuersgefahr wegen immer seine ernsten Bedenken; jedoch mag es in Kohlen- und Erzschächten noch hingenommen werden, da hier das Holz meistens durch Träufelregen aus den Schachtwänden mit Wasser getränkt wird; bei Salzschächten findet durch den Salzstaub allmählich eine Imprägnierung und Umkrustung des Holzes mit Salz statt, welche dem Holze einigen Schutz gegen die Brandgefahr gibt.

Anders ist es bei Erdölschächten. Hier würde ein hölzerner innerer Ausbau sich jedenfalls in kurzer Zeit mit Öl tränken und schließlich eine überaus ernste Feuersgefahr darstellen. Der innere Ausbau muß aus diesem Grunde feuersicher, d. h. in Eisen, ausgeführt werden.

128. Konstruktion des inneren Schachtausbaues. Die eigentlichen Träger der Konstruktion des inneren Schachtausbaues sind die Einstriche. Es sind dies horizontal verlagerte Träger, welche die Trümmer im Schachtinnern gegeneinander abgrenzen, und an denen die übrigen Konstruktionsteile befestigt sind. Die Einstriche liegen gewöhnlich etwa 1—2 m vertikal übereinander; sie bestehen aus T-Eisen oder U-Eisen. Sie werden in ausgesparten Nischen im Schachtmauerwerk oder im Eisenausbau verlagert. An ihnen und in der Schachtauskleidung sind auch die kürzeren Träger befestigt, welche zur Herstellung der Fahrbühnen dienen, die mit Eisenplatten abgedeckt sind. In den Fördertrümmern sind die von oben bis unten durch den Schacht reichenden Führungsschienen — Spurlatten — befestigt, welche verhüten, daß die Förderkörbe bei der Förderung hin und her schwanken. Das Wettertrumm, durch welches der Luftwechsel der Grube zieht, ist vollständig dicht durch eine aus Eisenblech oder Eisenbeton bestehende Wand von dem übrigen Schacht getrennt. Im Gegensatz zu anderen Bergwerken sollte bei Ölschächten auch der Fahrschacht durch einen vollständig dichten Scheider von der übrigen Schachtscheibe abgesperrt sein. Der Fahrschacht, in dem die Bergleute auf Leitern — Fahrten — in die Grube hinein und aus ihr heraus — „ein und aus fahren" —, soll so gelegen sein, daß man von ihm aus durch dicht schließende Türen zwecks Reparaturen in den Förderschacht gelangen kann; vor allen Dingen ist auch erforderlich, daß man von ihm aus alle Leitungen im Schachte erreichen kann. Umgekehrt muß der Fahrschacht möglichst weit vom ausziehenden Wetterstrom entfernt sein, damit bei einer Explosion oder bei einem Grubenbrande, wodurch in erster Linie der Wetterschacht in Mitleidenschaft gezogen bzw. mit Rauchgasen erfüllt wird, der Fahrschacht nicht unfahrbar wird. Überhaupt sollte der Fahrschacht so

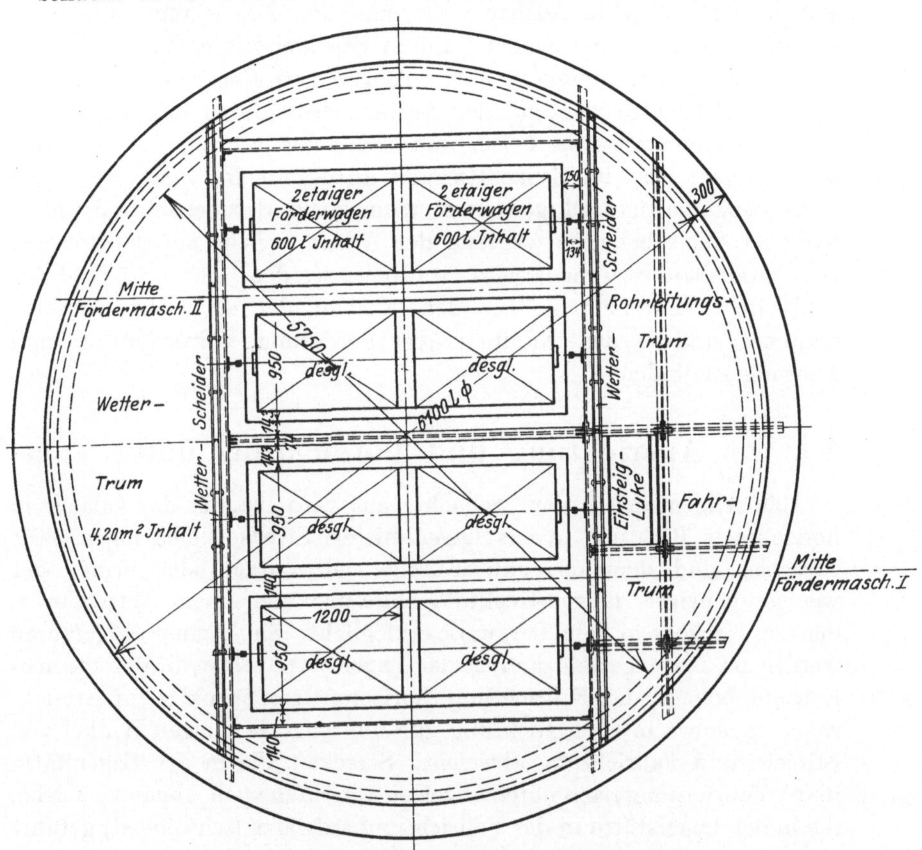

Abb. 133. Schachtscheibe. Ölschacht Heide i. Holstein.

stark ausgebaut und gegen die anderen Schachttrümmer so gesichert sein, daß er fast einen zweiten Schacht für sich allein innerhalb des eigentlichen Schachtes darstellt. Abb. 133 zeigt die Schachtscheibe und den feuersicheren Ausbau des Ölschachtes von Heide in Holstein.

Im Ausbau sind in der Regel Nietverbindungen nur zulässig bei solchen Konstruktionsteilen, die so wenig sperrig sind, daß sie über Tage zusammengenietet werden können, da der Zündungsgefahr wegen ein Hantieren mit glühenden Nieten im Schachte meist nicht statthaft erscheint. Daher sind tunlichst Schraubenverbindungen vorzuziehen, die aber gegen Lösen gut gesichert sein müssen und einer oftmaligen Revision zu unterziehen sind.

Der innere Ausbau des Schachtes wird gewöhnlich vermittels der Schwebebühne (Nr. 115) eingebaut, indem man an der Rasenhängebank mit dem Einbau der Konstruktion beginnt und dann allmählich nach unten fortschreitet. Die Bühne befindet sich also stets tiefer als der jeweilig fertiggestellte Ausbau. Ist man unten angelangt, muß man die Bühne auseinandernehmen und in Stücken zutage fördern.

Da, falls nicht geeignete Vorkehrungen getroffen sind, der untere Teil des Schachtes während der Ausbauarbeit durch die Bühne von der Luftzufuhr abgesperrt ist, und somit die schwereren Öldämpfe dazu neigen, sich im Schachttiefsten anzusammeln, muß, besonders wenn benzinhaltiges Öl gewonnen wird, auch der Schachtteil unterhalb der Schwebebühne während der Arbeit, welche auf den inneren Schachtausbau verwendet wird, ventiliert werden.

Weitere Einzelheiten über den Ausbau der einzelnen Schachttrümmer sind in den Kapiteln über Förderung, Wetterführung und Fahrung zu finden.

XI. Die Ausrichtung und Vorrichtung unter Tage.

129. Allgemeines. Vom Schachte aus wird man in das Öllager in horizontaler Richtung in das Lager mittels Strecken eindringen. Die Strecken sind demnach unterirdische, horizontale oder mehr oder weniger geneigte, langgestreckte Hohlräume von einem Querschnitt, der den Verkehr in dem Bergwerk ermöglicht. Sie können aufgefahren werden im Nebengestein und in der Lagerstätte selbst, in der Streichrichtung oder in der Fallrichtung, horizontal rechtwinklig zur Streichrichtung, sowie in einer Richtung, die um einen beliebigen Winkel von Streich- und Fallrichtung abweicht. Strecken, die in der Lagerstätte in der Fallrichtung nach unten angelegt werden, heißen Abhauen, solche, die in der Lagerstätte in der Fallrichtung aufwärts (schwebend) geführt werden, Überhauen oder Aufhauen, solche, die in der Lagerstätte umgehen und weder streichend noch fallend gerichtet sind, Diagonalstrecken; diejenigen, welche quer zur Streichrichtung meist durch das Nebengestein führen, heißen Querschläge. Bei allen Strecken unterscheidet man die First: die Deckenfläche der Strecke, die Sohle: die untere Bodenfläche, die Stöße, auch Wangen oder Ulmen genannt: die Seitenwände der Strecke und endlich das Ort: die Querfläche am Ende der noch im Vortrieb befindlichen Strecke.

Die Strecken dienen den verschiedensten Zwecken, der Förderung, der Wetterführung, der Fahrung, der Wasserhaltung und endlich dem Ölaustritt.

Der Ölabfluß verlangt meistens für die Strecken ein größeres Gefälle, als es in Gruben erforderlich ist, in denen nur die Grubenwasser natürlichen Abfluß zu einem Sammelpunkte haben, da das Öl vermöge seiner Viskosität träger fließt als Wasser, und diese Trägheit noch durch die Reibungswiderstände in den Ölleitungen erhöht wird. Im allgemeinen wird man bei Strecken, in denen keine allzu lebhafte Wagenförderung stattfindet, daher wohl ein Gefälle von etwa 1 : 250 für Schweröle und 1 : 500 für Leichtöle wählen, damit das Öl noch selbsttätigen Abfluß findet. Läßt sich bei diesem Gefälle der Abfluß des Öles nicht erzielen, so muß das Öl mit Wasser vermischt und gepumpt werden.

130. Die Bausohlen. Hat man es mit einer steil gerichteten Lagerstätte oder mit mehreren übereinanderliegenden Tafellagern, oder auch mit einem einzigen Lager von großer Mächtigkeit zu tun, so wird man die Lager in verschiedenen Teufen gleichzeitig ausbeuten. Hierzu wird man den ganzen, mit nutzbarem Mineral angefüllten Gebirgskörper in einzelne Höhenabschnitte zerlegen. Jeder einzelne Höhenabschnitt bildet eine Bausohle (Abb. 134). Im engeren Sinne versteht man unter der Sohle auch das Niveau, in welchem

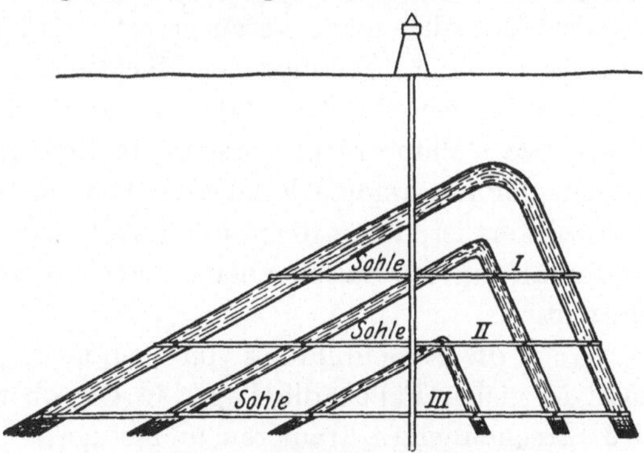

Abb. 134. Bildung von Bausohlen.

die Querschläge und Hauptförderstrecken vom Schachte ausgehen. So spricht man von einer 100-, 150- oder 300-Meter-Sohle und versteht darunter die Querschläge oder das Streckennetz, welches in einer Schachtteufe von 100, 150, 300 m (Seigerteufe) angelegt ist.

Die Höhe der Bausohlen ist sehr verschieden; sie ist in erster Linie von den Aufschlüssen, welche die Tiefbohrungen liefern, und deren Ölreichtum abhängig. Während im Kohlenbergbau die Abstände der Bausohlen zwischen 25 und 150 m schwanken, wird man im Ölbergbau die Sohlenabstände, wenn man Sickeröl gewinnen kann, klein wählen, da die mit der Sohlenbildung in anderen Bergwerksbetrieben verbundenen großen Unkosten der Ausrichtung hier meistens nicht so sehr ins Gewicht fallen und oft im Gegenteil besonders rentabel sind. Bausohlen von geringer Höhe sind auch deswegen zu bevorzugen, weil die Wetter, welche hohe Abbaustöße oder viele Streckenörter bei hohen Bausohlen bestreichen müssen, sich allzusehr mit Öldämpfen sättigen, so daß die Bewetterung der äußersten Abbaustöße ungenügend wird und Gefahren mit sich bringt. Während das Auffahren von Strecken im Öllager söhlig oder schwebend aufwärts zu erfolgen hat, kann die Sohlenbildung von oben nach unten fortschreiten, d. h. die Lagerstätte kann im Laufe der Zeit in immer tieferen Niveaus gefaßt werden, vorausgesetzt, daß die neue Sohlenbildung immer vom Förderschachte ausgeht, und die Durchschläge von einer Sohle zur anderen in Aufhauen und Aufbrüchen erfolgen, Abhauen und Gesenken hingegen vermieden werden.

Der in der Fallrichtung gemessene geneigte Abstand einer Sohle von der nächst darunterliegenden Sohle heißt die flache Sohlenhöhe oder flache Bauhöhe. Je größer die flache Bauhöhe ist, um so kleiner pflegt die Seigerhöhe zu sein, da man sonst zu lange Förderwege erhält.

Zu jeder Sohle gehört ein Füllort und Gegenfüllort (Nr. 136), die am Schachte einander gegenüberliegen. Sind mehrere Tafellager vorhanden, so wird man, vorausgesetzt, daß die Lager durch undurchlässiges Gebirge in genügender Mächtigkeit voneinander getrennt sind, in jedem Öllager eine Sohle bilden. Damit die Lagerstätte und überhaupt das ganze Gebirge nicht vorzeitig in Bewegung geraten, wird man den Abbau der Lagerstätte hinausschieben, bis das Öl so weit wie möglich ausgesickert ist, damit die mit dem Abbau in erhöhtem Maße einsetzende Unterhaltung des Streckennetzes nicht zu früh allzu große Kosten verursacht.

Wenn die Sohlenbildung von oben nach unten fortschreitet, so wird man in vielen Fällen die Lager in der oberen Sohle durch Auffahren des Streckennetzes dränieren und entgasen, während man gleichzeitig den Schacht tiefer teuft, um die nächste Sohle aus- und vorzurichten.

Manches Mal will man auch die große Zahl teurer Füllörter und Querschläge sparen. Dann legt man sog. Teil- oder Zwischensohlen an, durch welche eine Vorrichtung zwischen zwei Sohlen mehr oder weniger selbständig erfolgt, die Förderung und Wetterführung aber durch Bremsberge, Rollöcher (Nr. 208 u. ff.) und Aufhauen durchgeführt wird. In gleicher Weise wird man auch z. B. kleinere Öllager, deren Ausdehnung und Verlauf eine eigene Sohlenbildung nicht rechtfertigt, ausbeuten können. Ganz besonders gilt dies auch für unregelmäßig im Gebirge verteilte Nester vom Typ des Boulderfeldes in Kolorado. Die Ausbeutung solcher Ölvorkommen wird sich meist kaum anders als durch Teil- oder Zwischensohlen vollziehen lassen, da die Anlage selbständiger Sohlen für die niveauverschiedenen Öllinsen zu kostspielig würde.

131. Strecken im Öllager. Die Gewinnung von Sickeröl ist bei Öllagern, welche Sickeröl abzugeben vermögen, in der Regel die ertragreichste und zunächst beabsichtigte Arbeit des Grubenbetriebes. Bei einem Ölbergbau mit reichem Austritt von Öl ist daher im Gegensatz zu allen anderen Bergwerksbetrieben die Ausrichtung unter Tage diejenige Arbeit, welche den höchsten Gewinn erwarten läßt. Während also in den meisten anderen Bergwerksbetrieben die Aus- und Vorrichtung ganz erhebliche Mittel verschlingt, ist die Kapitalsinvestition bei Ölbergwerken bei Hergabe von Sickeröl kurz nach Fertigstellung und Ausrüstung des Schachtes in der Hauptsache beendigt; dann liefert die Bergwerksanlage meist aus sich selbst heraus die Mittel zum weiteren Ausbau der Anlage. So war die erste Ölschachtanlage im Elsaß bereits 3 Monate nach Aufnahme des Streckenvortriebes aus den Ölerträgen der Strecken gedeckt, in der weiteren Folge konnte aus der Ölförderung fast allmonatlich ein Überschuß erzielt werden, mit dem das Anlagekapital jedesmal hätte zurückgezahlt werden können.

132. Querschläge. Bei stärkerem Einfallen der Lagerstätte und wenn mehrere Öllager ausgebeutet werden sollen, wird man die Lager querschlägig ausrichten und somit die Hauptförderstrecken auf größere Erstreckung im Nebengestein umgehen lassen (Abb. 134). Da Querschläge bei steiler Lagerung somit die Hauptverkehrsadern in der Grube darstellen und allen Zwecken dienen müssen, denen der Schacht auch dient, ist ihrem Ausbau und ihrer Instandhaltung ganz besondere Aufmerksamkeit zu widmen. Sie sind daher besonders geräumig, möglichst widerstandsfähig und feuersicher auszubauen. Gewöhnlich werden sie zweigleisig angelegt.

Normalerweise sollen die Querschläge rechtwinklig zur Streichrichtung des Gebirges zu Felde gehen. Ändert sich also die Streichrichtung, so muß sich demgemäß auch die Richtung des Querschlages ändern. Dies gilt besonders, wenn man sich in einem Felde bewegt, in dem die geologischen Verhältnisse der Öllagerstätte weniger bekannt sind. Wird dadurch allerdings der Querschlag starken Richtungsänderungen und Krümmungen ausgesetzt, so wird man, nachdem die Verhältnisse klar erkannt sind, um den Förderweg möglichst abzukürzen, den hin- und hergekrümmten Querschlag tunlichst korrigieren und durch eine geradlinige Verbindungsstrecke ersetzen. Sind die Lagerungsverhältnisse von vornherein klar, so trägt man dem starken Wechsel der Streichrichtung von Beginn ab Rechnung und treibt unbekümmert um die lokale Änderung des Streichens den Querschlag vom Schachte aus rechtwinklig zum Generalstreichen vor. Somit wird man die Lagerstätte unter einem Winkel auffahren, der mehr oder weniger von der Querrichtung abweicht. So würde z. B. das McKittrick Ölfeld in Kalifornien, dessen Tektonik nach Ralph Arnold bekannt ist und in Abb. 135 in den Grundzügen dargestellt ist, in der daselbst angegebenen Weise auszurichten sein. Von den beiden Querschlägen aus können dann in den beiden Öllagern A und B eine große Anzahl Ölgewinnungsstrecken angesetzt werden. Mehr oder weniger von der querschlägigen Richtung abweichend wird man auch auffahren, wenn,

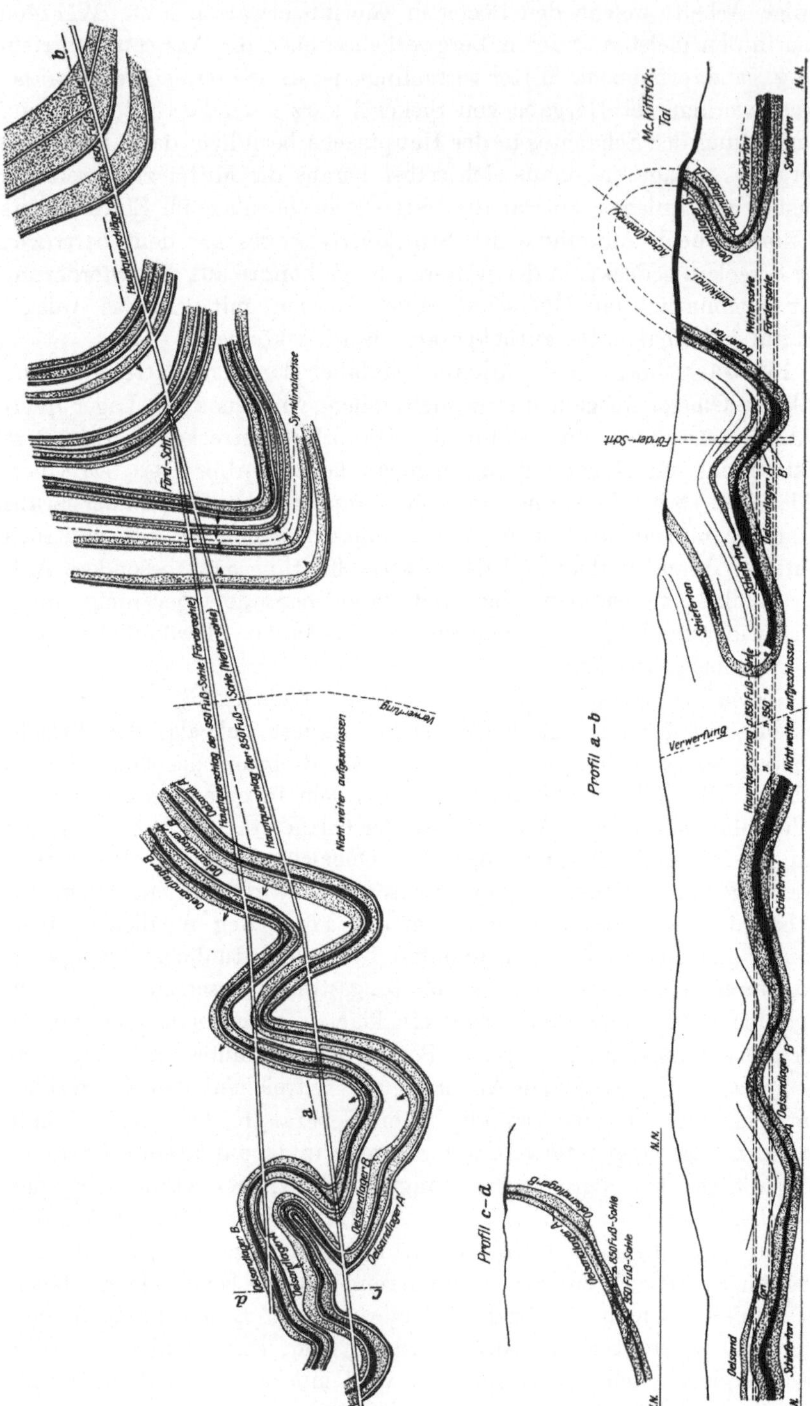

Abb. 135. Projekt des Mc Kittrickfeldes in Kalifornien.

wie beim Boulder- und Florencefelde in Kolorado, eine Anzahl von Linsen unregelmäßig im Gebirge verteilt sind, die durch Vorbohrungen aufgedeckt worden sind.

Der Querschlag muß bei größerer Ausdehnung des Feldes so geräumig sein, daß beim späteren Abbau die Förderung durch Grubenlokomotiven ermöglicht ist. Ein lichtes Maß von 2×2 m wird wohl als Mindestquerschnittfläche anzusehen sein.

133. Das Streckennetz im Nebengestein. Aus Furcht vor der Feuers- und Explosionsgefahr hat man vorgeschlagen und auch versucht, nicht in das Öllager selbst einzudringen, sondern im Liegenden oder Hangenden das Streckennetz anzulegen und durch kurze Handbohrlöcher das Öllager anzuzapfen (Abb. 136). Diese Methode hat gegenüber der Anlage des Streckennetzes im Lager selbst den Nachteil, daß die Entölung des Lagers eine unvollkommene ist, da um jedes einzelne Bohrloch herum nur ein engbegrenzter Senkungstrichter des Ölspiegels entsteht, genau wie bei den Tiefbohrungen; der überwiegende Teil des Öles wird nach wie vor im Lager zurückbleiben, da man ja doch immer nur eine beschränkte Zahl von Strecken und demnach auch von Handbohrungen ausführen kann. Der Durchmesser dieser Bohrlöcher ist zudem so klein, daß der Zutritt zu diesen Abzugsöffnungen sehr eingeengt ist und leicht zu Verstopfungen

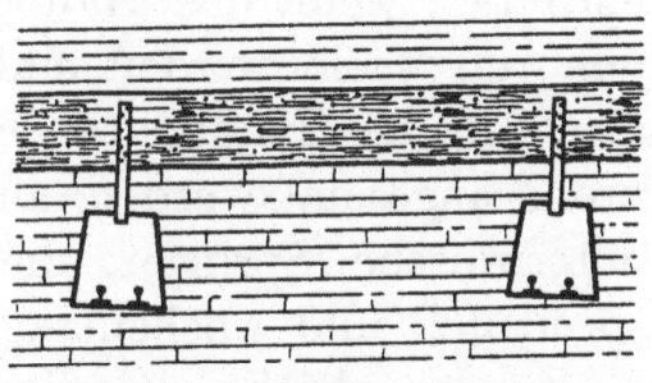

Abb. 136.

führt. Das Auffahren von Strecken im Nebengestein ist zudem teuer, weil dieses meistens viel fester ist als das Öllager selbst. Da der Gebrauch von Sprengmitteln zudem nicht zu billigen ist, werden die Strecken auch verhältnismäßig nur langsam zu Felde gehen. Weiterhin ist eine Lagerstätte durch ein Streckennetz, welches parallel zum Lager verläuft, nicht für den Abbau vorgerichtet. Will man also die große Menge des Öles, die im Lager trotz des Anzapfens durch die Handbohrlöcher zurückbleibt, später durch Abbau gewinnen, so muß man doch die Vorrichtung im Lager selbst durchführen, also nochmals ein Streckennetz, und zwar diesmal ins Lager legen. Man erhält außerdem durch das Auffahren der Strecken im Nebengestein eine große Halde über Tage; denn die im Nebengestein fallenden Berge sind zumeist nicht für den Spülversatz geeignet und werden also den Zechenbetrieb unnötig belasten. Endlich auch ist der mit diesen Strecken im Nebengestein beabsichtigte Zweck, die Gefahr von Öl- und Gasausbrüchen zu vermeiden, oft nicht zu erreichen; denn Gas und Öl werden gerade durch diese Bohrlöcher ausströmen und die Strecken im Nebengestein überfluten. Erfahrungsgemäß pflegt übrigens gerade das Nebengestein oft besonders gasreich zu sein, so daß man in demselben ganz unvermutet auf

Gassäcke stoßen kann, die dem Betriebe zum Verderben gereichen. Dasselbe ist der Fall, wenn das Öllager Flexuren aufweist oder plötzlich anschwillt oder verworfen ist. Dann wird man gar zu leicht doch im Lager selbst sein oder Verwerfungen anfahren, die ganz besonders gasreich zu sein pflegen oder Öl in die Strecke ergießen. Auch wird man über das Verhalten der Lagerstätte stets viel ungenügender unterrichtet sein, als wenn man im Lager selbst auffährt. Die Gefahr liegt außerdem vor, daß man sich unvermutet in einem gas- und ölreichen Nebenlager befindet und der angeblich gemiedenen Gefahr dennoch gegenübersteht.

Trotzdem wird man oft von den im Hauptlager aufgefahrenen Strecken Bohrungen bis in kleine Nebenlinsen, die man erkannt hat, hineinbohren und diese abzapfen, wenn sich deren Ausrichtung der Kleinheit des Vorkommens wegen nicht lohnt oder wenn ihre Mächtigkeit so gering ist, daß mit dem Auffahren der Strecken in ihr zu viel Nebengestein mitgerissen werden muß. Dieser Fall kann leicht eintreten, wenn das Hauptlager sich zertrümmert oder vertaubt und neu aufgesucht werden muß. In einem solchen Falle erhielt Verfasser durch kleine Handbohrungen, die in der Sohle einer Strecke in Pechelbronn angesetzt wurden, aus einer kleinen liegenden Linse sogar kleine unterirdische Springer, die $1—1^1/_2$ m über die Streckensohle emporsprudelten und wochenlang ansehnliche Mengen Öl brachten.

Zu der gleichen Gewinnungsmethode kann man gezwungen sein, wenn das Öllager schwimmend ist und gleichzeitig unter Druck steht. Dann wird das Auffahren der Strecken im Öllager sehr schwierig und der Ausbau derselben zu kostspielig. In diesem Falle wird man das Lager von Strecken im Nebengestein aus anzapfen und den Überfluß an Öl so lange austreten lassen, bis der Ölträger sich verfestigt hat und der Druck von ihm genommen ist, d. h. bis er seinen schwimmenden Charakter verloren hat. Man wird dann aber die Bohrlöcher nicht von Hand, sondern maschinell unter dem Schutze von Standrohren vortreiben, um ein Überfluten der Baue mit schwimmenden Ölsandmassen zu vermeiden.

134. Die Grundstrecken. Ist die Lagerung eine flache oder ist nur eine einzige Öllagerstätte von nicht allzu großer Mächtigkeit vorhanden, so erfolgt die Herstellung eines Hauptförderweges direkt im Lager selbst, und zwar vorwiegend in der Streichrichtung, da ja dann der Schacht bis ins Lager oder unmittelbar an dasselbe führt. Die im Streichen angelegte Hauptstrecke übernimmt dann dieselbe Aufgabe wie der Querschlag und gilt hierfür sinngemäß dasselbe, was vom Querschlag hinsichtlich Weite, Feuersicherheit usw. gesagt wurde. Die im Streichen aufgefahrene Hauptstrecke wird Grundstrecke oder Sohlenstrecke genannt. Von ihr gilt die alte bergmännische Regel:

Man verfolgt die Lagerstätte zunächst in der Streichrichtung bis an die Feldesgrenze oder bis an die Vertaubungszone des Lagers, damit man in der Längenerstreckung die Lagerstätte und ihr Nebengestein kennenlernt. Nach den gewonnenen Aufschlüssen wird sich dann die weitere Vorrichtung und die zweckmäßige Anlage des Streckennetzes richten; man wird hiernach auch den späteren Abbau der mit dem Streckennetz entölten Lagerstätte beurteilen können.

Ist die Lagerstätte von geringer Mächtigkeit, so daß für diese Hauptförderstrecke Nebengestein mit nachgerissen werden muß, so wird man in der Regel das Nebengestein aus der First nachreißen, da, falls das Liegende nachgerissen wird, in den unvermeidlichen unregelmäßigen Vertiefungen der Streckensohle sich kleine Ölsäcke ansammeln und den Ausbau der Strecke tränken können, so daß Feuer hier Nahrung zu finden vermag. Trotzdem wird man das Liegende anreißen, wenn das Hangende sehr fest ist, das Liegende aber weniger Festigkeit aufweist, oder wenn kurz über der First ein Wasserhorizont festgestellt ist oder dergleichen ungünstige Verhältnisse vorliegen.

Bei mächtigen Öllagern wird man vor allen Dingen die ergiebigeren Partien der Öllager zu erfassen suchen, also nach Möglichkeit in diesen auffahren, um eine möglichst große Ölausbeute zu erhalten.

Im allgemeinen wird die Grundstrecke zweckmäßigerweise dicht über dem Endwasserspiegel angelegt werden, um die gefährlichen Abhauen zu vermeiden und den Abbau schwebend aufwärtsführen zu können (Nr. 135). Man muß sich dabei allerdings vergewissern, daß der Endwasserspiegel nicht steigen kann, und dadurch die Grundstrecke in Gefahr kommt, unter Wasser zu geraten; oder aber das voraussichtliche Steigen des Endwassers, welches von Natur aus ein totes Wasser ist, muß so unbedenklich sein, daß die Wasserhaltung dem Steigen des Endwassers leicht begegnen kann.

Ist das Wasser hingegen nicht tot, sondern steht es unter hydrostatischem Druck, so wird man die Grundstrecke in gehörigem Abstand vom Endwasser auffahren und Öl gewinnen, indem man es unter dem hydrostatischen Druck in die Grundstrecke hineinpressen läßt. Eventuell führt dieses Vorgehen zu einer natürlichen Waterdrive-Methode, bei der aber unter Umständen die Wasser die Grube ernstlich gefährden können.

135. Aufhauen und Abhauen. Ebenso wie im Streichen muß man tunlichst früh das Lager auch in der Fallrichtung verfolgen, um über die Ausdehnung des Lagers und sein Verhalten volle Klarheit zu gewinnen. Dabei wird man von der Grundstrecke aus ein Aufhauen bis zur Achse der Antiklinalen oder bis an die Grenze des Feldes treiben oder aber bei Schenkellagern, Vertaubungen, Verdrückungen usw. das Ende des Lagers zu erreichen suchen. Abhauen sind hierzu nur ausnahmsweise zu empfehlen, da sich in ihnen Öl und Öldampf immer vor Ort sammeln werden und eine große Gefahr in den Betrieb hineinbringen (Abb. 137). Bemerkenswert ist, daß alle Brand- und Explosionskatastrophen in Pechelbronn und in Heide sich entweder im Abhauen oder im Schachttiefsten, dem Schachtsumpfe, ereigneten und somit die Lehre, daß man die Grundstrecke möglichst dicht über dem Endwasserspiegel oder im

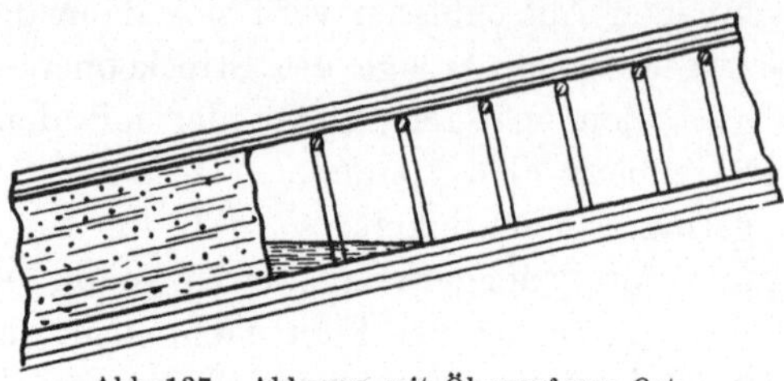

Abb. 137. Abhauen mit Ölsumpf vor Ort.

Muldentiefsten ausführen und den Betrieb immer von unten nach oben führen soll, durch die Erfahrung wohl gerechtfertigt ist.

136. Füllörter. Die Querschläge und Hauptförderstrecken können nicht ohne weiteres in ihren normalen Größenverhältnissen vom Schachte ausgehen. Dann würde am Schachte, wo die Förderwagen auf die Förderkörbe geschoben werden, unfehlbar der Betrieb stocken, und die Hauptförderstrecken weithin mit beladenen Förderwagen verstopft sein; zu anderer Zeit wieder müßten die Förderleute am Schachte auf die Zufuhr neuer Förderwagen warten. Um dies zu vermeiden, müssen die Querschläge resp. Hauptförderstrecken bei ihrer Einmündung in den Schacht verbreitert werden, um eine Anzahl Förderwagen aufnehmen zu können, wodurch eine gleichmäßige Schachtförderung gewährleistet ist. Auch die Höhe des Querschlages bei dessen Einmündung in den Schacht wäre ungenügend, sobald es sich darum handelt, sperrige Güter, z. B. Grubenschienen, Weichen, Rohre, Maschinen usw., in die Grube zu schaffen, da bei dem Abziehen dieser in der Längsrichtung großen Raum beanspruchenden Materialien aus der vertikal abwärtsgerichteten Lage im Schachte in die horizontale Streckenrichtung der Raum mangelt. Dieser große, den unterirdischen Zugang zum Schachte darstellende Raum, der gleichsam ein Magazin für die Förderwagen ist, wird Füllort genannt. Wenn nur Sickeröl gewonnen werden soll, kann es klein sein, so daß etwa 3 Förderwagen nebeneinander und 5—10 Förderwagen hintereinander stehen können. Ist aber die Förderung des Ölträgers als Hauptarbeitsprogramm vorgesehen, so erhält das Füllort eine solche Breite, daß mindestens 4 Förderwagen mit etwa 25 cm Abstand nebeneinander stehen können, d. h. etwa 3,75 m; zumeist aber ist die Breite des Füllortes so groß wie der Schachtdurchmesser oder größer (Abb. 138) Die Länge ist dann so zu bemessen, daß 10—20 Wagen hintereinanderstehen können. Die Höhe des Füllortes sollte möglichst so sein, daß man den Förderkorb mit dem Seilanschlag vom Füllort aus leicht übersehen kann.

Vom Schachte aus nimmt die Höhe des Füllortes allmählich ab und leitet zur normalen Höhe der Förderstrecke über. Auch im Grundriß

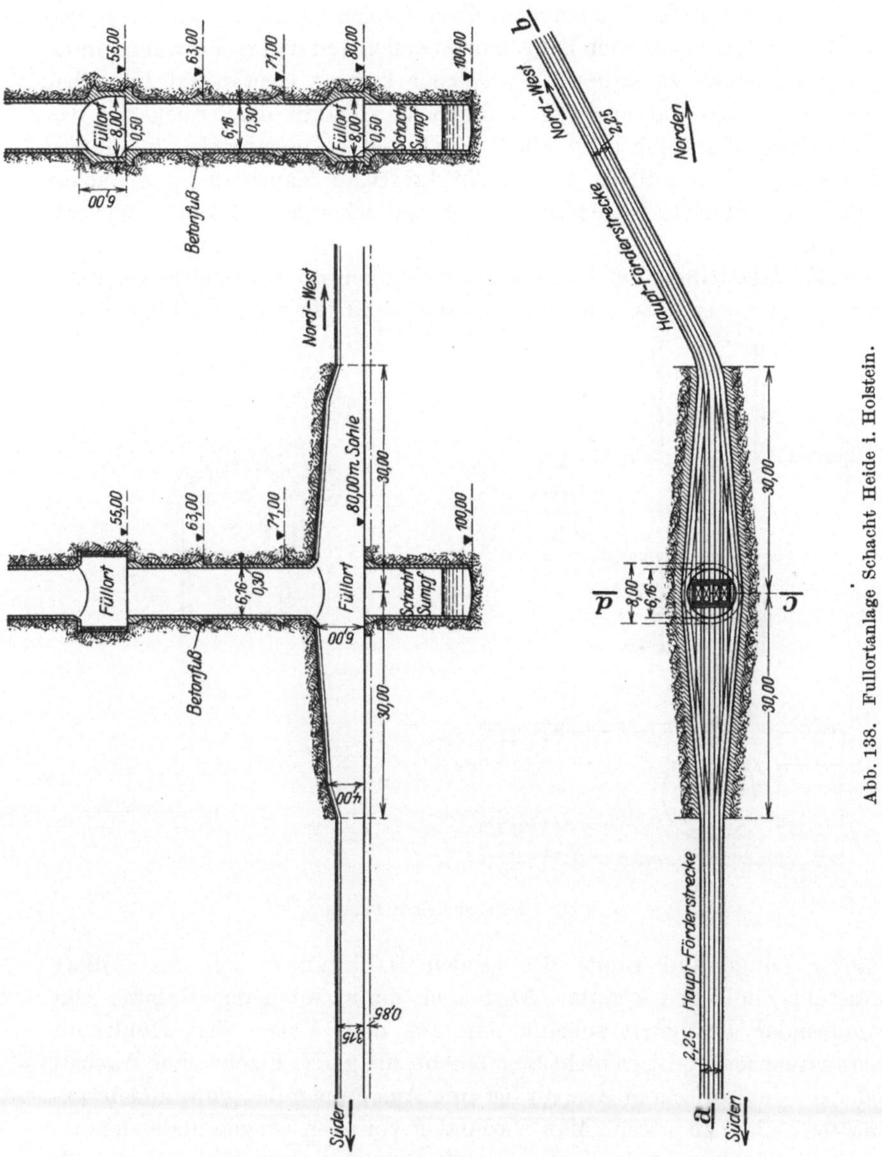

Abb. 138. Füllortanlage Schacht Heide i. Holstein.

geht das Füllort allmählich in die normale Breite der Hauptförderstrecke über.

Liegt das Füllort direkt in der Lagerstätte, so wird man es eher geräumiger machen, da die bei Herstellung des Füllortes hereingewonnenen Massen mit Bitumen getränkt sind, also nutzbar gemacht werden können.

Die Füllörter sind nach denselben Gesichtspunkten zu bauen wie der Schacht, also vor allen Dingen in feuersicheren und recht widerstandsfähigen Ausbau zu setzen. Als solcher kommt vorwiegend Gewölbemauerung, bzw. Betonierung in Betracht. Damit der Druck auf das Füllortgewölbe nicht allzu stark werde, ist es angebracht, in einiger Höhe über dem Füllort einen recht kräftigen Mauerfuß im Schachte möglichst tief ins Gebirge hinein zu legen, welcher das Schachtmauerwerk abfängt.

137. Herstellung der Füllörter. Gewöhnlich ist das Gebirge zu milde und neigt zu sehr zu Nachfall, als daß man die First des Füllortes in

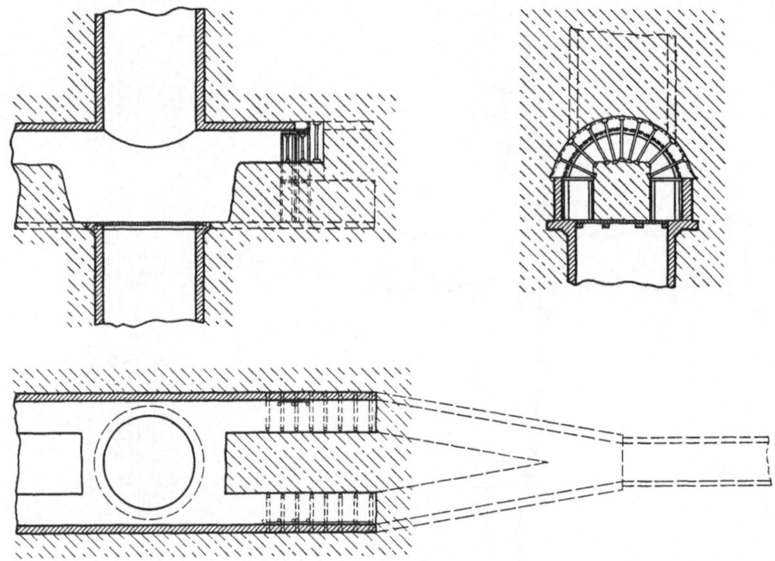

Abb. 139.   Herstellung eines Fullortes.

ganzer Länge und Breite des großen Hohlraumes, den das Füllort darstellt, bloßlegen könnte. Aber auch dann, wenn das Gebirge von genügender Festigkeit scheint, um aus dem Vollen den Hohlraum herauszuarbeiten, ist es nicht angebracht, die ganze Fläche ohne Ausbau oder in provisorischem Ausbau bis zum Ausräumen der ganzen Gebirgsmassen stehen zu lassen. Man wird daher vor allen Dingen in der Längsrichtung absatzweise das Gebirge ausräumen und auswölben. Aber auch in der Breite wird man in den einzelnen Absätzen das Füllort nicht im gesamten Gewölbebogen mit einem Male ausbauen. Man wird vielmehr tunlichst einen Kern des Gebirges stehen lassen, während man zu beiden

Seiten des Füllortes zunächst eine kurze Strecke vortreibt, in der man die Mauersockel ansetzt (Abb. 139).

In gleicher Weise wird man auch alle größeren unterirdischen Räume, wie Pumpenkammern, Maschinenräume usw., die dauerndem Gebrauch dienen, herstellen. Anstatt ein Tonnengewölbe auszuwölben, kann man auch die Wangen des Füllortes in Mauerung oder Beton herstellen und die First unter Verwendung von T-Eisen in Kappengewölbe setzen.

138. Bremsberge. Zu der Aus- und Vorrichtung gehören auch die Bremsberge. Es sind dies meist in der Fallrichtung des Lagers angelegte Strecken, welche die Sohlen miteinander verbinden. Sie dienen neben andern Zwecken vornehmlich der Förderung und finden daher ihre nähere Besprechung beim Kapitel Förderung. Hier sei nur so viel erwähnt, daß durch die Bremsberge die Lagerstätte in eine Anzahl in streichender Richtung aneinanderstoßender Abschnitte, sog. Bauabteilungen, zerlegt wird.

Von den Bremsbergen aus werden die einzelnen Bremsbergabschnitte für die Gewinnung von Sickeröl wiederum durch streichende Strecken in eine Anzahl Streifen, Pfeiler, zerlegt. Dieser Streckenbetrieb ist nebst der Anlage der Grundstrecken, Aufhauen (Bremsbergstrecken), bis zum Beginn des Abbaues des Ölträgers der eigentliche Produktionsbetrieb. In den Strecken sickert das Öl aus, sammelt sich in einem Sumpfe und wird von diesem aus vermittels Pumpen oder bei hochviskosen Ölen mit Fördergefäßen zutage gefördert. Da sie den Abbau vorrichten, heißen sie auch Abbaustrecken. Mit Rücksicht darauf, daß sie gewöhnlich im ersten Stadium des Betriebes vornehmlich der Gewinnung von Sickeröl dienen, mögen diese Strecken auch als Ölstrecken bezeichnet werden.

139. Parallelstrecken. Die Strecken werden meistens gleichzeitig zu mehreren parallel vorgetrieben. Dies gilt nicht nur für die Abbaustrecken, welche schon ihrer Natur nach als Parallelstrecken erscheinen, sondern auch von den Grundstrecken und oft auch von Querschlägen. Die Parallelstrecken sollen einerseits die Wetterführung erleichtern; insbesondere aber werden sie auch aus Sicherheitsgründen hergestellt, damit die in den Strecken arbeitenden Bergleute stets einen zweiten Ausgang zum Schachte haben, falls die eine Strecke, in welcher sie gerade arbeiten, hinter ihnen zu Bruche geht oder aus irgendwelchen Gründen nicht mehr befahrbar ist. Hierzu werden die beiden Parallelstrecken in Durchschlägen in regelmäßigen Abständen miteinander verbunden.

Die Entfernung der einzelnen Abbaustrecken voneinander richtet sich nach dem Aktionsbereich der Strecken. Ist das Ölgebirge sehr durchlässig und das Öl sehr leichtflüssig, so wird man die Ölstrecken weiter voneinander entfernt anlegen; ist das Öllager hingegen wenig durchlässig und das Öl hoch viskos, so muß man die Strecken dichter beieinanderlegen. Im allgemeinen wird man die Abstände 10—30 m wählen. Liefert das Streckennetz aber überhaupt kein Sickeröl oder aber nur in bescheidenem Maße, so wird man bei Anlage der Strecken bzw. Parallelstrecken den Gesichtspunkt eines vorteilhaften Abbaues vorwalten lassen.

Bei Ölstrecken wird man im übrigen bestrebt sein, den Aktionsbereich der Strecken mit denselben Mitteln zu erhöhen, deren beim Bohrbetrieb Erwähnung getan ist, also ihre Entfernung voneinander vergrößern. In Pechelbronn konnte man, solange der Betrieb unter deutscher Verwaltung stand, feststellen, daß der Aktionsbereich der Strecken über 10 m jederseits der Strecken nicht hinausreichte. Wenigstens wurden parallele Strecken oder Bohrlöcher über diese Entfernung hinaus nicht mehr von einer Strecke in ihrem Ertrage beeinflußt.

140. Das Aussickern des Öles in den Strecken in Pechelbronn. Unter der deutschen Herrschaft war in Pechelbronn bis zum Zusammenbruch

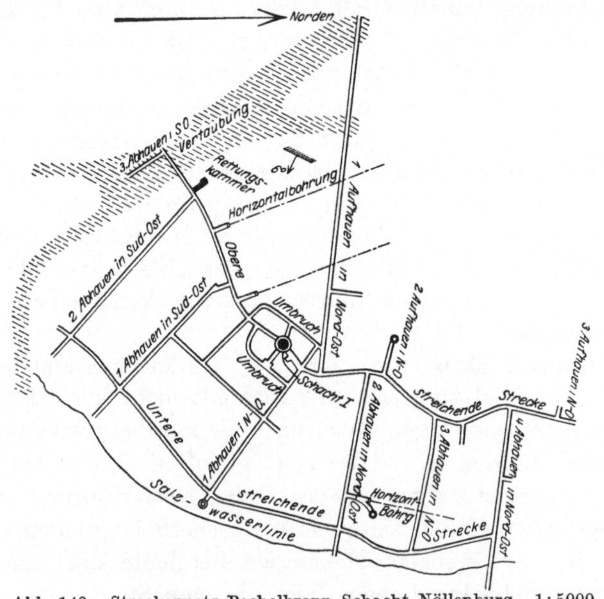

Abb. 140.   Streckennetz Pechelbronn Schacht Nöllenburg.   1 : 5000.

ein Streckennetz von rund 2500 m vorgetrieben worden, aus dem etwa 35000 cbm Öl ausgesickert sein mögen. Das Streckennetz Abb. 140 zeigt, wie klein die Fläche war, welche diese erstaunliche Ölmenge geliefert hat. Bis zum 4. September 1920 hatte das Streckennetz im Schacht I (Schacht Nöllenburg) unter der französischen Verwaltung eine Ausdehnung von 4450 m erreicht, in welches insgesamt 55000 cbm

Öl aus der Lagerstätte gesickert waren; es ergibt dies einen Zufluß von 12,36 cbm oder da das Öl ein spezifisches Gewicht von 0,88 hatte, von etwa 11 t Öl pro Streckenmeter.

In Pechelbronn erreichte die Ölproduktion im letzten Viertel des Jahres 1917 bis zum Verlust der Ölgruben an die Franzosen bei einer Erweiterung des Streckennetzes um 200 m im Monat arbeitstäglich annähernd 100 cbm, die aus etwa 10 Gewinnungspunkten aussickerten. Heute dürfte der Ertrag jedenfalls wesentlich geringer sein, da ja mittlerweile die Grenze des Öllagers und die Dichte der Streckenmaschen in dem Schachte Nöllenburg (jetzt Clemenceau) wohl erreicht ist, so daß diese Schachtanlage, wenn man nicht zum Abbau übergeht, ihrer endgültigen Erschöpfung entgegengehen dürfte.

Nach Veröffentlichungen des Herrn de Chambrier umspannte das Streckennetz im September 1920 eine Fläche von 110000 qm und hatte bei einer Mächtigkeit von 2,5 m etwa 275000 cbm Ölsand seines Überschusses an Öl beraubt.

Aus dem gleichen Gebiet waren seit 10 Jahren durch 4 Bohrlöcher 21000 t oder etwa 23000 cbm Öl gefördert worden; in der Lagerstätte sind nach Ausbau des Streckennetzes noch etwa 10 Volumenprozent, also 27500 cbm Öl zurückgeblieben, so daß also die kleine Öllinse 105500 cbm Öl enthalten hat. Es würde dies einem Porenvolumen von ca. 39% entsprechen. Die durchörterten Ölsande zeigen, wenn sie zu ähnlicher Dichtigkeit wie in der Natur zusammengestampft werden, ein Porenvolumen von etwa 27%. Daraus ergibt sich, daß Öl dem in Rede stehenden ausgebeuteten und vom Streckennetz umschriebenen Teile der Lagerstätte von außerhalb zugeflossen ist, und das Streckennetz eine größere Fläche entölt hat, als von dem Streckennetz eingenommen wird. Augenscheinlich haben demnach auch solche Teile der Lagerstätte Öl zum Streckennetz geliefert, die sich bei Bohrungen als nicht produktiv erwiesen.

Daß eine Zuwanderung von Öl von außerhalb stattgefunden hat, ist um so mehr anzunehmen, als das Porenvolumen nicht insgesamt als mit Öl gefüllt angesehen werden kann, sondern auch ein gewisser Teil der Poren ursprünglich mit Gas gefüllt gewesen ist.

Jedenfalls ergibt sich, daß pro Kubikmeter anstehender Sandmasse etwa 200 l Öl sich in die Strecken ergossen haben. Der Ertrag aus dem gleichen Felde ist 2,5mal so groß, wie der der Bohrlöcher, und das Verhältnis der nach den verschiedenen Methoden zu gewinnenden Ölmengen folgendes:

durch Tiefbohrungen zu gewinnen . . . 21,8%
durch Streckenbetrieb zu gewinnen . . . 52,1%
durch Abbau zu gewinnen 26,1%

Diese Verhältniszahlen weichen von den in anderen Veröffentlichungen wiedergegebenen Daten etwas ab. Nach Herrn de Cham-

brier beträgt der aus jeder Tonne Ölsand zu gewinnende Ölertrag
120 kg Öl, und zwar können gewonnen werden

$$
\begin{array}{llll}
\text{durch Tiefbohrungen} & \ldots & 20 \text{ kg oder } 16,67^{0}/_{0} \\
\text{durch Strecken} & \ldots & 52 \text{ kg oder } 43,33^{0}/_{0} \\
\text{durch Abbau} & \ldots & 48 \text{ kg oder } 40,00^{0}/_{0}
\end{array}
$$

Im übrigen konnte man auch die umgekehrte Beobachtung machen,
daß Strecken, die durch trockenen Ölsand hindurchgeführt wurden, also
beim Auffahren anfänglich kein Öl vor Ort abgaben, nachträglich aus
den Streckenwangen dennoch etwas Öl aussickern ließen, was auch darauf
schließen läßt, daß eine gewisse Ölzufuhr durch Zuwandern von Öl aus
größerer Entfernung her stattgefunden hat.

141. Ölergiebigkeit des Streckenbetriebes im allgemeinen. Es wäre
natürlich irrig, dieses Verhältnis der Ölförderung nach verschiedenen
Gewinnungsmethoden ohne weiteres jeder Öllagerstätte zugrunde legen
zu wollen. Indessen kann man unter Berücksichtigung aller in Nr. 72ff.
aufgeführten Gesichtspunkte wohl durch die bergmännische Praxis den
Beweis als erbracht ansehen, daß durch Tiefbohrungen schwerlich mehr
als 25—$30^{0}/_{0}$ des wirklich vorhandenen Öles gewonnen werden können.

Unter dieser Annahme kann man ein ungefähres Bild über den Ertrag
von Strecken in solchen Feldern gewinnen, in denen bisher eine Gewinnung von Öl durch Bohrlöcher mittels Pumpenbetrieb stattgefunden hat.

Ist D die Entfernung der Bohrlöcher voneinander (der Aktions-
durchmesser), a die Höhe des Pay streaks, e dessen Prozentgehalt, so
ist der Ölgehalt des Aktionszylinders $I = \dfrac{D^2 \pi}{4} \cdot \dfrac{a\,e}{100}$; unter der Annahme, daß ein Drittel dieses Volumens durch den Pumpbetrieb ge-
wonnen werden kann, ist der Ertrag des Bohrloches $E = \dfrac{D^2 \pi}{4} \cdot \dfrac{a\,e}{100} \cdot \dfrac{1}{3}$.
Liefert die Sonde täglich durchschnittlich q cbm Öl, so ist die Lebens-
dauer des Bohrloches $x = \dfrac{E}{q} = \dfrac{D^2 \pi}{4} \cdot \dfrac{a\,e}{100} \cdot \dfrac{1}{3\,q}$ Tage.

Wäre z. B. $D = 50$ m, $a = 2{,}5$ m, $e = 20$ und $q = 100$ l, so
wäre $I = 2000 \cdot \dfrac{2{,}5}{5} = 1000$ cbm und $E = 333$ cbm. Demzufolge wäre
die Lebensdauer des Bohrloches $x = \dfrac{333}{0{,}1} = 3330$ Tage oder rund
10 Jahre.

Würde man durch dasselbe Aktionsgebiet eine Strecke von 50 m
Länge treiben, so wäre der Ölgehalt des dadurch zu entölenden Gebietes
$I_s = \dfrac{D^2 \cdot a\,e}{100}$. Die Ölmassen, welche der Strecke zuwandern, mögen
nach dem Vorstehenden mit zwei Drittel des gesamten Ölvolumens
angenommen werden. Dann ist der Gesamtertrag der Strecke
$E_s = \dfrac{D^2 \cdot a\,e}{100} \cdot \dfrac{2}{3}$ und der Ertrag pro Streckenmeter $E_m = \dfrac{D \cdot a\,e}{100} \cdot \dfrac{2}{3}$.

In obigem Beispiel wäre der Ertrag pro Streckenmeter $E_m = \dfrac{50 \cdot 2{,}5 \cdot 20}{100} \cdot \dfrac{2}{3} = 16{,}6$ cbm. Würde man statt einer Strecke deren zwei durch das Gebiet im Abstande von 25 m voneinander treiben, so wäre der Ertrag pro Streckenmeter 8,3 cbm.

Auch über die Dauer der Ergiebigkeit der Strecke kann man aus dem Vergleich mit den Bohrlöchern einigen Anhalt gewinnen. Ist U der Umfang des Bohrloches, also $a \cdot U$ die Austrittsfläche desselben, so treten aus den beiden Wangen einer 1 m langen Strecke täglich $\dfrac{2\,q}{a \cdot U}$ cbm aus, und dieser Zufluß pro Streckenmeter wird $x = \dfrac{E_m \cdot a \cdot U}{2\,q}$ Tage dauern. Wäre in obigem Beispiel der Durchmesser des Vergleichsbohrloches etwa 16 cm, also $U = 0{,}5$ m und $a \cdot U = 1{,}25$ qm, so wäre

$$x = \frac{16{,}6 \cdot 1{,}25}{2 \cdot 0{,}1}$$ oder rund 100 Tage.

Würde man hingegen zwei Strecken im Abstande von 25 m voneinander treiben, so wäre der zugehörige Aktionsstreifen des Lagers in 50 Tagen entölt.

Tatsächlich aber wird der Ausfluß noch schneller erfolgen; denn die Abstände der Schwerpunktslinien der beiden im Vergleich stehenden Aktionsfelder von ihren Austrittsöffnungen stehen zueinander im Verhältnis von 4 : 3. In demselben Verhältnis wächst auch die Zuflußgeschwindigkeit; obiger Ausdruck für x wäre demnach mit $\left(\dfrac{3}{4}\right)^2$ zu multiplizieren, so daß in obigem Beispiele unter weiterer Berücksichtigung des aus dem Streckeninhalte gewonnenen Öles der Ausfluß in etwa 25 Tagen beendigt wäre.

Ist die Tagesproduktion eines Bohrloches nur gering, so wird der Tagesertrag jedes Streckenmeters voraussichtlich ebenfalls nicht bedeutend sein. Damit ist aber keineswegs gesagt, daß der Gesamtertrag der Strecke klein sein muß; denn die Widerstände, welche das Öl auf seiner Wanderung findet, können so groß sein, daß es nur zu einem verhältnismäßig dürftigen Ausfluß kommen kann, darum aber kann die Dauer des Ausflusses um so größer sein.

So können auch Lager mit großem Gehalte hochvisköser Öle infolge ihres feinkornigen Charakters bei Bohrungen nur Ölspuren zeigen, aber im Streckenbetriebe noch gute Erträge versprechen, weil hierbei die ihrer Wanderung entgegenstehenden Widerstände zum großen Teil nicht mehr vorhanden sind.

Würde es sich hingegen um sehr große Tageserträge der Vergleichsbohrlöcher handeln, so würden, wie dies auch bei Wasserbrunnen der Fall ist, die Erträge nicht mehr proportional mit der Vergrößerung der Ausflußöffnung zunehmen, da dann die Geschwindigkeit des Stromes und die damit im quadratischen Verhältnisse wachsenden Widerstände in der Strömung eine Stauung hervorrufen würden.

142. Versiegen der Ölstrecken. Würde man ein Ort in frischem Anbruch nicht weiter vortreiben und sich selbst überlassen, so würde es versiegen und sich dann genau so verhalten wie ein Bohrloch und eine Deklinationskurve aufweisen. Der Ortsstoß und die anstoßenden Streckenmeter sind somit besonders ergiebige Produktionsstätten, die rückwärts gelegenen Streckenwangen tragen nur wenig zur Gesamtproduktion der Strecke bei. Der Ölspiegel sinkt demnach rückwärts und erreicht gewöhnlich nach einigen Wochen oder schon nach Tagen das Liegende, bzw. die Sohle der Strecke. Daraus ergibt sich, daß man nur dann eine gleichmäßige Produktion erzielen kann, wenn man die Anzahl der Ortsbetriebe stets auf gleicher Höhe hält, und in ihnen die Gewinnungsarbeit gleichmäßig fortschreitet. Je schneller allerdings der Vortrieb, auf einer um so größeren Länge werden auch die Streckenwangen Öl liefern; bei langsamerem Fortschritt ist der Ölaustritt fast vollkommen auf den Ortsstoß beschränkt.

Freilich schließt das nicht aus, daß gelegentlich selbst bei leichtflüssigen Ölen und gut durchlässigem Ölträger noch monatelang geringe Mengen Öl aus den Streckenwangen austreten. Diese langandauernde Ergiebigkeit ist dann aber wohl vornehmlich auf Zuwanderung zurückzuführen. Um auch diese Mengen zu gewinnen, ist es nötig, in den Streckenwangen genügend Öldurchlässe herzustellen.

143. Leistungen und Kosten. Das Auffahren der Strecken erfolgte in Pechelbronn während des Krieges in drei achtstündigen Schichten. In der Regel waren vor Ort 2 Hauer und 1 Lehrhauer, oft noch dazu 1 Hilfsarbeiter mit Schöpfen des Öles und ähnlichen Arbeiten beschäftigt. Lehrhauer und Hilfsarbeiter waren mit der Förderung betraut. Die Tagesleistung pro Streckenort erreichte dabei etwa 1 m Fortschritt. Der Arbeitslohn für das Auffahren eines Streckenmeters betrug dementsprechend etwa 50—60 M. In der französischen Zeit, als die Ortsbetriebe schon eine größere Entfernung vom Schachte erlangt und auch die Reparaturarbeiten infolge des Alters der Strecken einen größeren Umfang angenommen hatten, konnte der Streckenbetrieb nur in drei sechsstündigen Schichten durchgeführt werden, während eine vierte Schicht ausschließlich der Reparatur gewidmet wurde. Der Tagesfortschritt sank infolgedessen auf 60—70 cm. Hierzu waren 2 Hauer und 2 Schlepper erforderlich, so daß der Ortsbetrieb, vorausgesetzt, daß die Löhne die gleichen geblieben sind, sich nunmehr auf 70—85 M. pro Streckenmeter stellen dürfte (vgl. de Chambrier, Exploitation du petrol par puits et galeries. Paris 1921). In Heide in Holstein betrug der Streckenfortschritt im Ölkalk inklusive Mauerung bei drei achtstündigen Schichten etwa 2,5 m.

144. Vorbohren beim Streckenauffahren. Das Auffahren der Strecken im Öllager sollte wenigstens in unbekanntem Gelände nicht durchgeführt werden, ohne daß das Lager in der Streckenrichtung vorher durch tief in das Lager hineinreichende horizontale Bohrlöcher so weit wie möglich entgast und entölt worden ist. Kurze Bohrungen von Hand auf etwa 5 oder 6 m vorgebohrt, verfehlen ihren Zweck, Gas- und Ölsäcke rechtzeitig und aus der Ferne zu erfassen und abzuleiten. Außerdem ist eine Wand mürben Gesteins von 5 oder 6 m nicht imstande, einem hohen Gasdruck genügenden Widerstand zu leisten. Weiterhin bietet auch die Handbohrung kaum irgendeine Sicherheit, da das angebohrte, unter hohem Druck ausbrechende Gas und Öl ohne Hemmung den Bohrer aus dem Bohrloche herausschleudern und regellos die Strecke und die Grubenbaue überfluten werden. Endlich auch zeigt die Erfahrung, daß den Bergleuten, besonders wenn sie im Gedinge arbeiten, eine Handbohrung zu lästig ist, und sie sie trotz aller Aufsicht unterlassen oder nur markieren.

Die Bohrungen sind daher nur maschinell mittels der sog. Horizontalbohrmaschinen durchzuführen, die es ermöglichen, Hunderte von Metern weit in die Lagerstätte vorzudringen und sie nach Gassäcken und unter Druck stehenden Öltaschen abzusuchen. Diese Bohrungen bieten deswegen eine Sicherheit gegen plötzliche Öl- und Gasausbrüche, weil sie eben auf große Entfernung die Belegschaft warnen und die mächtige natürliche Gebirgswand, welche die Gas- und Ölsäcke von der Arbeitsstätte trennt, nicht zu durchbrechen vermögen. Die horizontalen Bohrungen sollten zur Sicherung gegen Überfluten der Grube stets von einem zuverlässigen Sicherheitsdamm ausgehen, welcher es gestattet, die erbohrten Kohlenwasserstoffe zu erfassen und in geschlossenen Abflußleitungen zutage zu fördern. Die Abb. 141 zeigt die Disposition der Horizontalbohrungen im Füllort des Schachtes Heide.

Die Bohrungen sind auch als Schrägbohrungen durchzuführen und dienen gleichzeitig auch zum Aufsuchen von Nebenlagern und unterirdischen Gasreservoiren im Nebengestein. Besonders wertvoll sind diese unterirdischen Bohrungen auch dann, wenn die Öllager aus einer Anzahl kleinerer, unregelmäßig verteilter Linsen bestehen oder überhaupt die in Nr. 74 dargestellten, ungünstigen tektonischen Verhältnisse vorliegen, da dabei eine ausreichende Entölung und Entgasung der Nester durch Tiefbohrungen in den meisten Fällen nicht vorliegt, und Überraschungen unangenehmer Art den Betrieb bedrohen.

145. Ölgewinnung durch unterirdische Bohrungen. Aber neben der Sicherheit des Grubenbetriebes dienen die Horizontal- und Schrägbohrungen auch der Ökonomie des Betriebes; denn sie stellen im Erdölbergbau ein ausgezeichnetes Mittel für die Gewinnung von Öl und Gas dar. Dies gilt besonders dann, wenn die Lagerstätte wenig mächtig ist

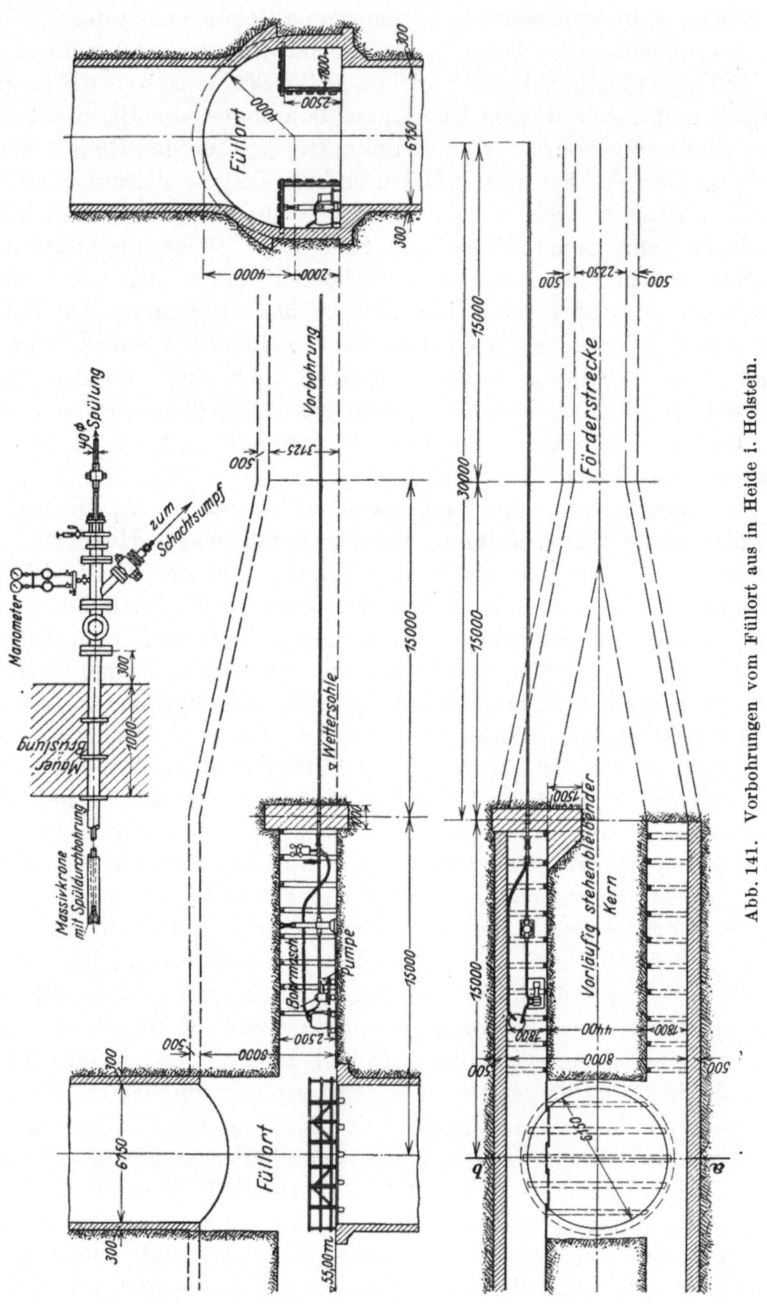

Abb. 141.   Vorbohrungen vom Füllort aus in Heide i. Holstein.

und das Auffahren eines dichtmaschigen Streckennetzes zu teuer ist,
weil dann zu viel Nebengestein mitgerissen werden muß. Außerdem

kann der Ölträger zwar größere Mächtigkeit haben, aber so hart sein, daß das Auffahren der Strecken zu viel Zeit und einen zu großen Kostenaufwand beansprucht. Solche ungünstigen Verhältnisse liegen z. B. oft beim Corniferouskalk in Kanada und Pennsylvanien, im Trentonkalk im Lima-Indianafeld, im Berea grit in Ohio, vielleicht auch im Tomasopokalk in Mexiko vor. In all diesen Fällen wird man die Zahl der Strecken im Felde nach Möglichkeit zu beschränken suchen und nur kurze Stummelstrecken auffahren, von denen aus man Horizontal- und Schrägbohrungen vortreibt, so daß die Horizontalbohrungen die Engmaschigkeit des Streckennetzes ersetzen.

Endlich aber kann auch umgekehrt der Ölträger sehr weich sein, so daß die Gewinnung des Ölträgers zwar leicht ist, aber das Verbauen und die Unterhaltung der Strecken einen zu großen Geldaufwand bedingen. Auch dann ist der teilweise Ersatz der Ölstrecken durch Horizontalbohrungen manches Mal angebracht.

Abb. 142. Horizontalbohrmaschine auf einem Bock verlagert. (Alfred Wirth, Erkelenz.)

Es ist klar, daß eine horizontal oder in der Fallinie auf Hunderte von Metern konstant im Öllager verlaufende unterirdische Bohrung verhältnismäßig bessere Erträge aufweisen wird und manches Mal viel dankbarer ist als eine von Tage aus niedergebrachte Tiefbohrung, die das Lager in einer wenige Meter betragenden Höhe, der scheinbaren Mächtigkeit, durchteuft. Der immerhin lästige Pumpbetrieb fällt dabei fort, da das Öl in dem ihm geschaffenen Kanal ja frei ausfließen kann. Außerdem läßt sich hiermit besser die Vacuum air, die waterdrive und die air pressure methode (Nr. 69 und 70) verbinden, als mit den Tiefbohrungen.

Bei Tafellagern und wenig geneigten Öllagern, woselbst das Öl sich ja dicht über dem Liegenden angesammelt hat, muß die unterirdische Bohrung dicht über der Streckensohle angesetzt werden, um im Öllager einen Abflußkanal zu schaffen. Die gebräuchlichen Modelle der Horizontalbohrmaschinen auf einem Bockgestell (Abb. 142) sind hierfür nicht eingerichtet. Die Anordnung der Maschine an einer Spannsäule trägt dieser Forderung noch am besten Rechnung. Abb. 143 zeigt diese von der Firma Alfred Wirth & Co. gebaute Maschine.

146. Konstruktion der Bohrmaschinen. Die Bohrmaschinen sind um eine Achse drehbar angeordnet, so daß man unter jedem gewünschten Winkel, also auch vertikal, bohren kann. In der Hauptsache besteht die Maschine aus einer hohlen Bohrspindel (Abb. 142 und 143), welche durch Zahnradtrieb in Rotation versetzt wird. Durch die hohle Rotationsspindel wird das Bohrgestänge geführt und in ihr festgeklemmt. Der Vorschub erfolgt entweder zwangsläufig durch Differentialgetriebe oder durch ein Gewicht an einem Hebel und Zahnstangenvorschub oder hydraulisch, indem die Bohrspindel durch einen Zylinder mit Preßwasser geführt wird, in welchem ein Kolben mit der Spindel verbunden ist. Bei manchen Maschinen erfolgt der Vorschub in ähnlicher Weise durch Preßluft. Die Maschine erhält entweder direkten Antrieb durch einen Luftmotor oder aber sie ist für Riementrieb eingerichtet. Eventuell

Abb. 143.   Horizontalbohrmaschine an einer Spannsäule.
(Alfred Wirth, Erkelenz.)

kann man auch von Hand an der Kurbel die Maschine antreiben. Die beiden letzten Antriebsarten sind aber weniger zu empfehlen; denn in dem ölliefernden Gebirge wird der Riemen gar zu leicht ölig und gleitet dann auf der Scheibe, außerdem wird das Leder vom Öl angegriffen und brüchig. Endlich auch ist der Platzbedarf bei Riemenantrieb zu groß. Der Antrieb von Hand ist deswegen zu vermeiden, weil die Belegschaft in der Grube schon aus Sicherheitsgründen so klein wie möglich gehalten werden soll. Da zudem Horizontalbohrungen einen hervorragenden Anteil an der gesamten Arbeit in der Grube haben sollten, ist eine solide und maschinell vollkommene Arbeitsweise zu empfehlen.

Die Krone besteht bei mildem Gebirge aus einer Fräser- oder Stahlzahnkrone von 35—95 mm Durchmesser. Bei härterer Gesteinsart wird man mit Diamantkronen oder in der Vertikalen mit Schrot bohren. Als Bohrgestänge kommen glatte Nippelrohre von 25—35 mm Durchmesser zur Anwendung. Die einzelne Gestängelänge beträgt 1,5 m.

In der Regel müssen die Bohrlöcher, da es sich ja meist um das Durchbohren lockerer Gebirgsmassen handelt, verrohrt werden. Man tut dabei gut, die Verrohrung tunlichst bald der Krone nachfolgen zu lassen, was meist möglich ist, wenn man den Spülstrom zur Erweiterung des Bohrloches an der Krone kräftig austreten läßt. Damit das Öl aus der Lagerstätte nach beendigter Bohrung in das Bohrloch treten kann, müssen die Futterrohre als Filterrohre ausgebildet sein.

147. Spülung bei unterirdischen Ölbohrungen. Als Spülflüssigkeit benutzte man in Pechelbronn zuerst Rohöl, in der Annahme, daß bei Wasserspülung das Öllager verwässern könnte. Die Befürchtung erwies sich als unbegründet, da das Wasser ja nach dem Austritt aus der Krone, ohne Widerstand zu finden, wieder frei abfließen kann, also keinen das Öl verdrängenden Druck auf das Öllager ausübt. Infolgedessen können auch die Futterrohre als Filterrohre ausgebildet werden, ohne daß allzu große Spülverluste zu befürchten wären. Als man nachher in Pechelbronn sich zur Wasserspülung entschloß, wurde unwillkürlich die Wasserspülung schnell wieder zur Ölspülung, da aus dem Lager so viel Öl zutrat und so viel Öl aus dem Sande ausgewaschen wurde, daß das Wasser nur noch zu einem geringen Prozentsatz in der entstandenen Emulsion zu finden war und des öfteren zutage gefördert und erneuert werden mußte.

148. Leistungen und Kosten. Im Kohlen- und Salzbergbau hat man bereits Bohrlochteufen von 1000 m und darüber erreicht. Es ist nicht einzusehen, weshalb bei einigermaßen günstigen Umständen eine so große Teufe in Erdöllagern nicht auch zu erreichen sein soll. Indessen, wenn das Auffahren der Strecken der Herstellung der Bohrlöcher auf dem Fuße folgt, d. h. wenn abwechselnd vorgebohrt und darauf die Strecke entsprechend weiter vorgetrieben wird, ist eine allzu große Bohrlochteufe gar nicht erforderlich, da Bohrlochtiefen von 50—100 m evtl. sogar von nur 25—50 m ihren Zweck durchaus erfüllen werden. Man wird auch, wenn die Bohrungen als Streckenvorbohrungen dienen, kaum Störungen und Fangarbeiten zu befürchten haben, da ein Ersatzbohrloch ohne nennenswerten Zeitverlust gebohrt werden kann und etwa zurückgebliebenes Bohrzeug beim nachfolgenden Auffahren der Strecke von Hand wiedergewonnen werden kann.

Die Bedienung der Horizontalbohrung besteht aus 2—3 Mann pro Schicht. Der Kraftbedarf beträgt bei Preßluftbetrieb dabei 1—5 PS. Die Kosten können nach deutschen Verhältnissen auf 10 M. pro laufendes Meter Bohrloch geschätzt werden, sind aber in den meisten Öllagern wahrscheinlich noch geringer.

Die Leistungen der Horizontalbohrmaschinen sind im Ölgebirge sehr hoch. In Pechelbronn erzielte man im Ölsande in achtstündiger Schicht 50 und mehr Meter. In der Ölkreide in Heide stieg der Fortschritt sogar auf über 80 m in achtstündiger Schicht. Beim Bohren in lockerem Gebirge, also in Ölsand, muß ebenso wie bei der Rotarybohrung weniger die Bohrkrone als vielmehr die kräftige Spülung den Zusammenhang der Gesteinselemente aufheben.

Trotz der großen Vorteile, welche die Horizontalbohrungen bieten, können sie nicht den Streckenbetrieb in größerem Umfange ersetzen. Sie sind somit nur als Hilfsbetriebe anzusehen und bieten nur in den in Nr. 145 angeführten Fällen einen Ersatz für die Ölstrecken.

149. Der Ölspiegel in den Strecken. Ebenso wie bei Tiefbohrungen senkt sich der Ölspiegel auch bei Streckenbetrieben in einer parabolischen Pegelkurve. Jedoch ist die Einsenkung nicht mehr kegelförmig, sondern erfolgt in einem, dem Verlauf der Strecken entsprechenden, lang ausgedehnten, von

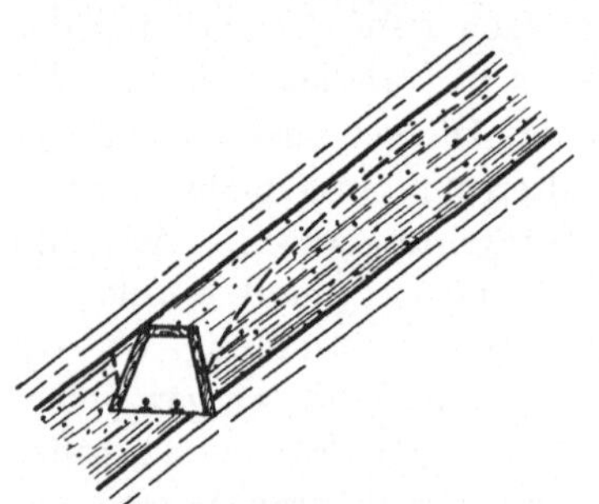

(Abb. 144. Senkung des Ölspiegels in den Wangen einer streichenden Strecke.

Abb. 145. Senkung des Ölspiegels vor Ort einer streichenden Strecke.

Abb. 146. Absenken des Ölspiegels in einem Aufhauen.

parabolischen Flächen begrenzten Zylinder. Infolgedessen erscheint der Ölspiegel vor Ort immer niedriger, als er in dem Lager vor Beginn des Streckenvortriebes gewesen ist. Würde man plötzlich das Lager durchschneiden, so würde man der wahren Höhe des Ölspiegels gegenüberstehen. Die Abb. 144—146 zeigen die Einsenkung des Ölspiegels in den verschiedenen Strecken.

150. Künstliche Vergrößerung des Ölertrages der Strecken. Die in Nr. 69 und 70 erwähnten Mittel der künstlichen Steigerung des Ölertrages von Sonden können eine sinngemäße Anwendung im unterirdischen

Grubenbetriebe finden, insbesondere bei den Horizontalbohrungen und in Streckenbetrieben. Die compressed air-Methode eignet sich besonders für Horizontalbohrungen. Abb. 147 zeigt, wie in ein oberes Horizontalbohrloch Preßluft eingelassen und das Lager dadurch künstlich auf eine große Erstreckung hin unter Luftdruck gestellt wird, wodurch das Öl aus dem oberen Abschnitt des Lagers verdrängt wird und dem unteren Horizontalbohrloch um so lebhafter zusickert.

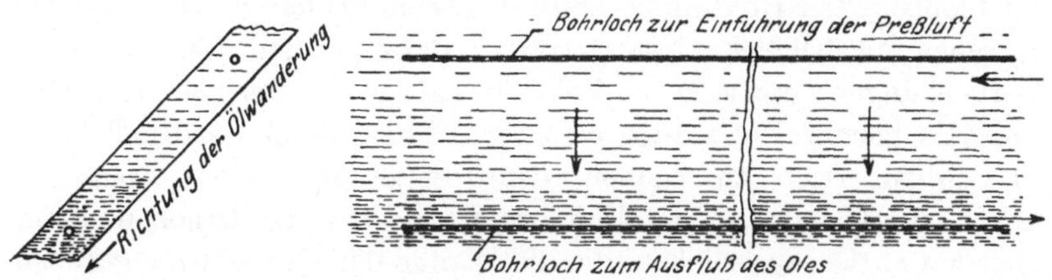

Abb. 147. Compressed air-Methode bei Horizontalbohrungen.

In gleicher Weise wird man auch in das obere Bohrloch Wasser unter einem gewissen Druck eintreten und zu dem unteren Bohrloche durchfiltern lassen. Dabei spült es das Öl aus der Lagerstätte aus und führt es dem unteren Bohrloch zu. Verstärkt wird der Prozeß, wenn man das tiefergelegene Bohrloch unter Vakuum setzt, also nicht nur das Öl in den unteren Sickerkanal hineinpreßt, sondern es auch hineinsaugt. Setzt man an Stelle der Horizontalbohrungen ganze Strecken unter Preßluft oder Preßwasser bzw. Vakuum, so wird sich der Prozeß noch ergiebiger gestalten, worüber im Kapitel über Wasser- und Ölhaltung weitere Ausführungen gemacht werden.

XII. Der Grubenausbau.

151. Zweck des Grubenausbaues. Wohl nur in seltenen Fällen sind die Wände und das Dach der im ölführenden Gebirge hergestellten Hohlräume so standfest, daß sie keiner weiteren Stütze bedürfen. In der Mehrzahl der Fälle benötigen sie einer Auskleidung, die den Zweck hat, die ausgeräumten Grubenräume offenzuhalten und vor dem Zusammenbruch zu schützen. Die Gefahr des Zusammenbruches der Grubenräume ist im Erdölbergbau besonders groß. Es geht dies schon daraus hervor, daß der Ölgehalt der Öllagerstätten auf deren Porenvolumen beruht, und man es somit im allgemeinen mit wenig dichten und wenig festen Gesteinen zu tun hat. Das Muttergestein des Öles kann zwar an und für sich fest und dicht sein, wie z. B. bei dem Trentonkalk im Lima-Indianafeld, ist aber dann sehr zellig und kavernös, so daß unregelmäßig verteilte Hohlräume das Öl beherbergen. In der Mehrzahl der Fälle ist der Ölträger aber von gleichmäßig gebrächer Natur und neigt daher zu Nachfall und Druck. In einzelnen Feldern, so z. B. im Summerlanddistrikt in Kalifornien, wird der Ölsand sogar schwimmend, so daß das mit Wasser und Öl gefüllte Porenvolumen größer ist wie der Inhalt der festen Gesteinsmasse.

152. Bedeutung des Gasgehaltes. Zu der von der Natur aus geringen Widerstandsfähigkeit des Ölträgers gegen äußere Beanspruchung kommt wohl immer noch ein gewisser Gasdruck. Dieser Druck auf die Wände der bloßgelegten Hohlräume kann in Zusammenhang stehen mit unterirdischen natürlichen Gasreservoiren; dann werden manches Mal bei Tiefbohrungen, wie z. B. in Baku, gewaltige Sandmassen mit dem Öl und Gas gleichzeitig zutage gefördert. Mit diesem Gasdruck ist auch im Grubenbetrieb zu rechnen, denn die unterirdischen Gasreservoire stehen meist, selbst in entölten Lagern, noch unter Druck und führen zuweilen zu Gasausbrüchen, die die Wände der Grubenbaue gegebenenfalls hereinwerfen. Ein solcher Gasausbruch erfolgte z. B. am 1. Oktober 1924 in dem stark abgebohrten und bereits reichlich vermittels Streckenbetrieb durchörterten Pechelbronner Ölfelde. Hiergegen gibt es keinen ausreichenden Schutz durch Grubenausbau; derartige Kräfte müssen vielmehr durch vorsichtiges Aufsuchen und Abzapfen der Gasreservoire durch Horizontalbohrungen unschädlich gemacht werden.

Abb. 148. Zusammengeschobene Grubenzimmerung infolge Zerfalls des Ölträgers.

Erdgas ist aber auch fast immer in den Poren der Öllager, auch in denen, die ihres Öl- und Gasgehaltes im großen durch Tiefbohrungen beraubt sind, enthalten und steht hier ebenfalls unter einem, wenn auch geringem Druck. Die aus den Poren austretenden Gasbläschen lockern den Zusammenhang des an sich schon wenig festen Ölträgers, so daß, wie man in Pechelbronn sehr gut beobachten konnte, die schwach verkitteten Sandsteine bald zu Sand zerfallen; dadurch lasten sie mit vollem Gewicht auf dem Grubenausbau, während sie vorher vermöge ihrer, wenn auch geringen Festigkeit die Hohlräume in natürlichen Stützlinien mehr oder weniger überbrückten. Selbstverständlich trägt auch das aussickernde Öl dazu bei, den Zusammenhang des Ölträgers zu zerstören. So kommt es, daß die den Wänden der Grubenbaue benachbarten, schwach verkitteten Ölträger allmählich ihren Zusammenhang ganz verlieren, zu lockerem Sand zerfallen und nun gegen den Ausbau als Erddruck wirken. Man kann infolgedessen beobachten, wie Wände, die zunächst nicht unter Druck zu stehen scheinen, nach Wochen oder Monaten einen starken Druck zeigen und die Auskleidung, einerlei, ob aus Holzkonstruktion oder Mauerwerk bestehend, immer tiefer in den Hohlraum hineingeschoben wird, so daß sich dieser dadurch verengt (Abb. 148).

153. Gefahr des Nachfalles. Sind die Öllagerstätten wenig mächtig und haben sie dabei ein gutes Liegendes und Hangendes, wie es in Pechelbronn der Fall ist, so hat der Druck und der Zerfall des Ölträgers keine allzu große Bedeutung. Erlangt aber der Ölträger einige Mächtigkeit, oder neigt das Hangende selbst zu Nachfall, so kann die Frage des Grubenausbaues in erster Linie den gesamten Betrieb der Ölgrube beherrschen. Dann steigt die Belastung des Grubenausbaues mit der Mächtigkeit des Öllagers unter Umständen über das erträgliche Maß hinaus.

Besonders störend können sich Konkretionen bemerkbar machen, die als festzementierte Steinkugeln und Platten von größerer Härte mitten in den lockeren Sanden liegen. Diese Kugeln und Platten lasten mit großer Wucht auf dem Ausbau und bilden manches Mal sog. Sargdeckel, die plötzlich niedergehen und die Bergleute erschlagen können.

Schwierig gestaltet sich auch der Grubenausbau, wenn die Lagerstätte starke Faltungen erlitten hat und das Ölgebirge samt dem Nebengestein so großen Druckkräften ausgesetzt gewesen ist, daß das Gefüge zerrüttet und zerklüftet ist (Nr. 10). Es sind schiefrige Öllagerstätten bekannt, die keinen eigentlichen Ölträger besitzen, die aber durch Gebirgsdruck ein Gewirre feiner und feinster Spalten aufweisen, in welche Öl aus größerer oder geringerer Entfernung einwandern konnte oder hineingepreßt wurde. Ein solches Ölvorkommen ist z. B. in dem Mischikawafeld in Japan zu beobachten. Eine so zerspaltete und zerrissene Ölzone verlangt ebenfalls einen besonders starken Grubenausbau.

154. Ausbaumethoden. In neuester Zeit hat sich im Bergwerksbetriebe an Stelle des früher ausschließlich üblichen Systems des starren Ausbaues der nachgiebige oder elastische Grubenausbau eingebürgert. Im Prinzip besteht derselbe darin, daß man dem Ausbaumaterial Gelegenheit gibt, der Hauptdruckrichtung des Gebirges bis zu einem gewissen Maße auszuweichen, bzw. nachzugeben. Der Ausbau nimmt also dadurch gewissermaßen mehr oder weniger die Form an, welche die Natur ihm geben möchte. Wäre dem Ausbau nicht Gelegenheit geboten, diesem Zwange bis zu einem gewissen Grade Folge zu leisten, so würde er den auftretenden Druckkräften doch nicht gewachsen sein, sondern brechen. Der nachgiebige Ausbau ist auch besonders dann am Platze, wenn die Druckkräfte im Laufe der Zeit nachlassen, z. B. wenn der Versatz sich erst vollkommen setzt und währenddessen der Ausbau die drückenden Gebirgsmassen allein tragen muß, während nachher die überhangenden Gebirgsmassen vom Versatz voll getragen werden.

Das gleiche ist oft der Fall, wenn der Ausbau nicht dicht hinterfüllt ist und die drückenden Gebirgsmassen nur an einzelnen Punkten gegen den Ausbau drücken, während später, wenn die hinter dem Ausbau verbliebenen Hohlräume sich durch Zerfall, Verwitterung und Zerdrücken des Gebirges allmählich von selbst ausfüllen, der Gebirgsdruck sich gleichmäßiger auf den Ausbau verteilt.

Auch im Ölbergbau ist der nachgiebige Ausbau oft von Vorteil. Man wird ihn aus der allgemeinen Bergpraxis übernehmen, wenn die Verhältnisse ähnlich liegen wie dort. Besonders ist er angebracht, wenn die drückenden Gebirgsmassen fest und unnachgiebig sind und wenn der Gebirgsdruck einseitig auftritt. Dies ist oft der Fall bei mächtigen Öllagerstätten und bei stärkerem Fallwinkel.

Beim Grubenausbau kommt es immer darauf an, daß der Raum hinter dem Ausbau dicht verfüllt ist, der Ausbau also gleichmäßig dem Gebirge anliegt und überall ein Widerlager findet. Vollkommen ist diese Forderung beim Nachpressen von Zement, Sand usw. erfüllt. Praktisch werden ohne dieses Nachpressen immer mehr oder weniger große Hohlräume hinter dem Ausbau zu finden sein. Die lockeren Ölträger werden aber von selbst von der Druckseite her die Hohlräume hinter dem Ausbau füllen. Wenn der Ausbau dabei bis zu einem gewissen Grade dem Druck an der entgegengesetzten Seite nachgeben kann und sich immer dichter an die Gebirgswand anschmiegt, so erhält er ein auf seine ganze Fläche verteiltes Widerlager, welches wieder eine gleichmäßigere Beanspruchung des Ausbaumaterials herbeiführt.

155. Ausbaumaterial. Der Grubenausbau kann in Holz, Mauerung, Beton, Eisenbeton oder Eisen ausgeführt werden. Die allgemeinste Verbreitung hat der Holzausbau. Er ist verhältnismäßig billig, am leichtesten zu beschaffen, schnell einzubauen und zu reparieren und an sich schon in gewissem Grade elastisch. Dem stehen Nachteile gegenüber, die ihn für den Ölbergbau weniger geeignet machen. Obenan steht in dieser Hinsicht seine Feuergefährlichkeit, die im Erdölbergbau noch dadurch gesteigert wird, daß das Holz durch seine Gefäßbündel Flüssigkeiten wie ein Schwamm aufsaugt und sich somit bei der unvermeidlichen Berührung mit Erdöl mit diesem tränkt. Weiterhin kommt die geringe Widerstandsfähigkeit des Holzausbaues gegen Druck in Betracht; ebenso neigt der Holzausbau zu Fäulnis und Vermoderung, wenn auch hier die Tränkung mit Öl vielleicht konservierend seinem Verfall entgegenwirken mag, und auch andererseits die Imprägnierung mit gewissen Flüssigkeiten die Lebensdauer des Holzausbaues verlängert. Weiterhin benachteiligt der Holzausbau die Wetterführung. Aus diesen Gründen, insbesondere wegen der Feuergefährlichkeit, sollte man im Erdölbergbau die Verwendung von Holz nach Möglichkeit einschränken. Ganz wird man den Holzausbau nicht vermeiden können. Ist man zu Holzausbau in größerem Maße gezwungen, so sollte das Holz nach Möglichkeit mit einem Antipyren imprägniert werden.

156. Antipyrene. Das einfachste Antipyren ist Wasser. In Pechelbronn wurde, wenigstens zur Zeit der deutschen Hoheit über das Elsaß, alles Grubenholz über Tage längere Zeit in Wasserbassins gelagert und kam dadurch in schwerer brennbarem Zustand in die Grube. Selbstverständlich ist eine derartige Tränkung mit Wasser nur von kurzer Dauer, da das Wasser im Wetterzuge verdunstet und schon bald der Tränkung durch Öl Platz macht.

Als künstliche Antipyrene gelten phosphorsaures Ammonium, schwefelsaures Ammonium, Chlorkalzium, Chlormagnesium, schwefelsaures Zink, Zinkchlorür, Alaun, Borsäure, Tonerdehydrat, Chlorammonium sowie Kaseïn. Von diesen scheiden die meisten für eine Verwendung zur Imprägnation in der Praxis ihres hohen Preises wegen aus. Für eine praktische Verwendung zu dem genannten Zweck kommen lediglich Chlorkalzium und Chlormagnesium sowie Chlorzink, endlich Tonerdehydrat und Kaseïn oder Kaseïnseifenlösung in Betracht.

Ein Anstrich mit Antipyrenen, insbesondere mit Kasein, verleiht bei direkter Berührung des Holzes mit einer Flamme einen gewissen Schutz; jedoch muß der Anstrich oft erneuert werden. Zuverlässig ist aber nur ein Einpressen der Tränkflüssigkeit ins Holz. Hierzu saugt man zunächst die Luft, das Wasser und die Säfte des Holzes aus demselben ab und preßt hierauf das Antipyren in das Holz unter 2—3 Atm. Druck. In Pechelbronn wurde damit gerechnet, daß die von den Deutschen vorbereitete Imprägnierung des Grubenholzes mit einem Antipyren das Festmeter Holz im Jahre 1918 um etwa 6 M. verteuere.

Die Imprägnierung wird im Laufe der Zeit dadurch illusorisch, daß einmal durch Aufnahme von Wasser aus der Grubenluft die zur Imprägnierung verwandten Salze z. T. wieder gelöst werden, und zum anderen Male dadurch, daß, wie gesagt, die Hölzer im Laufe der Zeit sich mit Öl tränken. Als feuersicheres und zugleich antihygroskopisches Imprägnierungsmittel hat sich essigsaure Tonerde erwiesen. In vielen Ölgebieten, vielleicht sogar in der Mehrzahl der Fälle, ist eine feuersichere Imprägnierung des Grubenholzes nicht möglich, weil die benötigten Mengen des Antipyren nicht zu beschaffen sind.

157. Feuersicherer Ausbau. Die Hauptbetriebspunkte, die vorwiegend dem Verkehr und der Aufrechterhaltung des Betriebes dienen, sollten niemals in Holzausbau gesetzt werden. Als Betriebspunkte, aus denen das Holz grundsätzlich zu verbannen ist, sind anzusehen: Schächte, Füllörter, Querschläge, Hauptförder- und Hauptwetterstrecken, Maschinenräume, Schachtsümpfe und Sumpfstrecken. Dazu treten je nach den Umständen Grundstrecken und Bremsberge.

In allen Fällen, in denen man zum Holzausbau gezwungen ist, ist dafür Sorge zu tragen, daß durch isolierenden Ausbau der Verbreitung des Feuers entgegengetreten wird. Insbesondere gilt dies von den Ölstrecken, bei denen in gewissen Abständen ein Steinausbau mit dem Holzausbau abwechseln und somit als Brandmauer dienen sollte. Namentlich auch an Streckenkreuzungen ist durch Streckenmauerung einem eventuellen Grubenbrande ein Ziel zu setzen.

Als feuersicherer Ausbau ist Mauerung und Betonierung anzusehen. Zur Mauerung kann man gebrannte Ziegel oder Kunstziegel benutzen.

158. Kalksandsteinfabrikate. Als Kunstziegel kommen für Ölbergwerke besonders Kalksandsteine deswegen in Betracht, weil in vielen Fällen gebrannte Ziegel nicht zu haben sind, und andererseits in dem entölten Ölträger das Rohmaterial für die Kalksandsteinfabrikation in der Hauptsache zur Verfügung steht.

Der Kalksandstein ist ein Stein, der aus einer innigen Mischung von Kalk und Sand in Dampffässern entsteht. Als Kalkzusatz ist gewöhnlich guter Fettkalk geeignet; er kann am zweckmäßigsten als Ätzkalk, aber auch im bereits gelöschten Zustand als Kalkhydrat verwendet werden. Je nach der Güte des Produktes verwendet man 6—10 %, für bessere Erzeugnisse bis 12 % Kalk. An den Sand werden im Gegensatz zu Betonwaren keine besonderen Ansprüche hinsichtlich der Korngröße und Reinheit gestellt. Feiner Sand, dem sogar etwas Lehm oder Ton beigemischt sein kann, ist für die Kalksandsteinfabrikation wohlgeeignet. Die Mischung des Kalkes mit dem Sande erfolgt zumeist in einer Mischtrommel, wobei der Ätzkalk dem 15 % Wasser enthaltenden Sande das Wasser entzieht und zu seiner Löschung benutzt. Der aus der Mischtrommel entnommene Mörtel wird darauf zu Ziegelsteinformen gepreßt, diese auf Plateauwagen gesetzt und dann in einen Härtekessel geschoben, wo sie 12—15 Stunden lang einem Dampfbade unter 8 bis 9 Atm. Überdruck ausgesetzt werden. Als Selbstkosten kann man in Deutschland 12—15 M. pro 1000 Stück Ziegel annehmen.

Von Wichtigkeit ist es, daß es dem Ingenieur Joh. Thiessen in Hamburg gelungen ist, die Kalksandsteine auch als Formsteine und Blöcke in Formen zu gießen und sie in diesen erhärten zu lassen.

Die Kalksandsteine sind in jeder Hinsicht dem gebrannten Ziegel gleichwertig, sowohl was Druckfestigkeit als Widerstandsvermögen gegen Witterungseinflüsse und hygroskopisches Aufnahmevermögen anbelangt. Die Druckfestigkeit kann man je nach der Höhe des Kalkzusatzes zu 150—300 kg pro Quadratzentimeter annehmen.

159. Betonausbau. An Stelle der Mauerung in Ziegelsteinen kann man auch den Grubenausbau in Beton oder Eisenbeton stellen. Dabei kann man die Wandung durch Betonmörtel an Ort und Stelle unter Zuhilfenahme einer Verschalung ausbetonieren. Dies hat aber den

Nachteil, daß der Beton eine längere Zeit zum Abbinden benötigt, also bei Gebirgsdruck schon während des Abbindens zerstört wird. Diese Methode ist auch durch das Lehrgerüst teuer und zeitraubend. Allgemeiner hat sich daher der Grubenausbau in Betonformsteinen eingebürgert, die in Formen gegossen oder gestampft über Tage hergestellt werden und daselbst erhärten. Die Steine werden dann unter Tage mit Zementmörtelfugen zur vollen Auskleidung zusammengebaut. Da sich ergeben hat, daß sich auch der Kalksandsteinmörtel in Formen gießen läßt und in den Härtekesseln zu einem brauchbaren Formstein erhärtet, gilt das über den Ausbau in Betonformsteinen weiter unten Gesagte auch für den Ausbau mit Kalksandformsteinen.

In neuerer Zeit hat man auch das Betonspritzverfahren — Torkretverfahren — oft zum Betonieren angewendet. Es setzt voraus, daß die zu verkleidenden Gebirgswände während des Abbindens des angespritzten Zementes in vollständiger Ruhe sind. Ein Torkretüberzug über Holzausbau ist ein gutes Schutzmittel gegen Feuer.

160. Eisenausbau. Der Eisenausbau kommt für Erdölbergbau als ortsverbleibendes Ausbaumaterial im allgemeinen schon deswegen weniger in Frage, weil er in den meist entlegenen, industriearmen Erdölgebieten schwer zu haben ist und teuer wird. Er ist auch weniger zu empfehlen, weil er schwer auszuwechseln ist und in stark druckhaftem Gebirge nicht den Widerstand eines Mauer- oder Betongewölbes aufweist.

161. Nacheilender oder voreilender Ausbau. Man unterscheidet ferner einen nacheilenden Ausbau und einen voreilenden Ausbau. Beim nacheilenden Ausbau wird der Hohlraum zuerst hergestellt und der Grubenausbau folgt nach. Beim voreilenden Ausbau beginnt das Abstützen des zum Zusammenbrechen neigenden Gebirges schon vor dem Ausräumen des betreffenden Hohlraumes. Die Herstellung des Hohlraumes, also die Gesteinsgewinnung, erfolgt demnach unter dem Schutz des bereits vorher eingebrachten Grubenausbaues. Diese Art des Grubenausbaues ist für Erdölgruben des lockeren Charakters ihrer oft sehr mächtigen Ölträger wegen von besonderer Bedeutung.

162. Konstruktion des Holzausbaues. a) Stempelzimmerung. Der einfachste Ausbau in Holz ist der einfache Stempelausbau. Er wird dann angewendet, wenn größere Flächen des Gebirges bloßgelegt werden, also bei der Herstellung größerer Räume, wie der Füllörter, Maschinenräume usw. (hier provisorisch), besonders aber beim Abbau. Der Stempelausbau besteht dann aus einfachen Holzstützen, die Sohle und First bzw. Hangendes und Liegendes des abzubauenden Hohlraumes gegeneinander abstützen und dadurch verhüten, daß das Gebirge oberhalb der First hereinbricht.

Ist das Liegende fest, so kann der Stempel gegen das Liegende einfach eingebühnt werden, indem ein kurzes Bühnloch zur Aufnahme des Stempels in das Liegende gehauen wird. Am Hangenden pflegt man indessen fast immer einen „Anpfahl" oberhalb des Stempels einzubauen, der einmal die Arbeit des Einbringens des Stempels erleichtert und das Abstützen der hangenden Gesteinsmasse auf eine größere Fläche überträgt. Ist das Liegende weicher, so wird auch am Fuße des Stempels ein „Fußpfahl" eingebracht. Da Anpfahl und Fußpfahl ihre Faserrichtung quer zu derjenigen der Stempel verlaufend eingebaut sind und sich infolgedessen zusammenpressen können, ohne zu brechen, so stellt diese Anordnung schon einen nachgiebigen Holzausbau dar. Um die Nachgiebigkeit bei harter Sohle und First aber noch weiter zu erhöhen, wird der Stempel an seinem Fußende etwas angespitzt, so daß er sich hier unter Quastenbildung etwas verkürzen kann (Abb. 149). Um die Holzkosten nicht allzu groß werden zu lassen, wird man bestrebt sein, die Stempel nach beendigtem Abbau tunlichst wiederzugewinnen und wiederholt zu gebrauchen.

Abb. 149. Nachgiebiger Stempel.

Im Erdölbergbau wird man die Stempel, die auch Spreizen oder Streben genannt werden, in der Regel nur dann anwenden, wenn die Lagerstätte eine geringe Mächtigkeit hat; bei größerer Mächtigkeit des Lagers sind sie nur dann angebracht, wenn der Ölträger eine so große Festigkeit aufweist, daß die Stempel nicht in ihm versinken. Die Anpfähle und Fußpfähle werden bei der meist weichen Natur der auszuräumenden Gebirgsmassen in der Mehrzahl der Fälle aus starken Bohlen bestehen müssen, die eine möglichst ausgedehnte Fläche stützen.

Die Widerstandsfähigkeit von Kiefern- oder Fichtenstempel gegen Druck in der Faserrichtung wurde nach Versuchen von Dütting bei einer Stempellänge von 1,5 m und 13 cm Durchmesser zu 33 000—35 000 kg, bei einer Stempellänge von 2,5 m und 16 cm Durchmesser zu 45 000 bis 55 000 kg ermittelt.

b) Türstockzimmerung. Für den Ausbau von Strecken kommt bei Verwendung von Holz die Türstockzimmerung zur Anwendung. Diese Holzkonstruktion besteht aus den beiden den Streckenwangen vorgebauten 20—25 cm starken Stempeln oder Beinen und der unter der First angebrachten, auf den Beinen ruhenden Kappe, beide zumeist aus Rundholz bestehend. Die Beine nehmen den Druck aus den Wangen, die Kappen den aus der First auf. Die Verbindung der drei Hölzer geschieht in verschiedener Weise. Man unterscheidet eine deutsche, eine polnische und eine schwedische Türstockzimmerung (Abb. 150—153).

Am häufigsten im Gebrauch ist die deutsche Türstockzimmerung; bei ihr ist die Kappe mit den Beinen verblattet. Die Verblattung kann hauptsächlich dem Druck aus der First begegnen; dann sind

Abb. 150. Deutscher Türstock bei Seitendruck.

Abb. 151. Deutscher Türstock bei Firsten-Andruck.

durch die Verblattung die Beine gekürzt und reicht die Kappe bis an die Gebirgswangen (Abb. 151) oder aber die Verblattung muß vorwiegend dem Seitendruck Rechnung tragen, dann reichen die Beine bis an die First (Abb. 150).

Beim polnischen Türstock werden meist, um den Seitendruck gegen die Beine aufzunehmen, unterhalb der Kappe noch Spreizen a eingebaut (Abb. 152).

Abb. 152. Polnischer Türstock.

Ist der Firstendruck größer, so strebt man, falls die Größenverhältnisse der Strecke es gestatten, die Kappe ab (Abb. 154). Die Abb. 155 und 156 zeigen die Normalmaße eingleisiger und mehrgleisiger Strecken in Türstockzimmerung in Pechelbronn während der deutschen Herrschaft.

Die gewöhnliche Querschnittsform der Strecke ist ein Trapez, wobei die Beine unter etwa 70⁰ gegen die Sohle geneigt sind. Ist die Neigung

Abb. 153. Schwedischer Türstock.

Abb. 154. Abgestrebter Türstock.

zu steil, so pflegen die Beine unter dem Einflusse des Erddruckes nach innen vorzurücken (Abb. 148); dann nimmt das Streckenprofil die umgekehrte Trapezform an, was zu fortwährenden Reparaturen und Erneuerungen der Türstockzimmerung führt. Ist die Neigung der Beine zu stark, so brechen sie leicht unter der Last der auflagernden Massen. Welche Neigung die beste ist, ist somit in jedem Einzelfalle Erfahrungssache.

Die polnische Türstockzimmerung in ihrer ursprünglichen Form ist, wie man leicht erkennt, lediglich auf Firstendruck berechnet. Infolgedessen werden bei ihr die Beine auch oft vertikal gestellt, so daß ein rechteckiger Querschnitt entsteht.

Im Erdölbergbau ist bei der meist weichen Natur des Gesteins in der Streckensohle der Türstockausbau schon an und für sich nachgiebig, da die Beine dazu neigen, im Untergrunde zu versinken; dies kann derart unangenehm sein, daß man der Nachgiebigkeit des Untergrundes

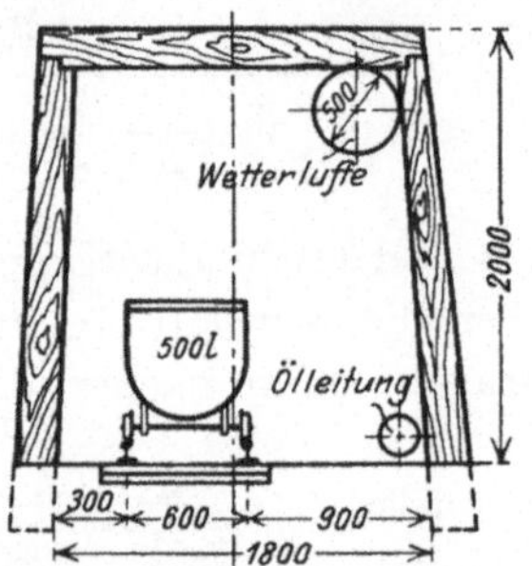

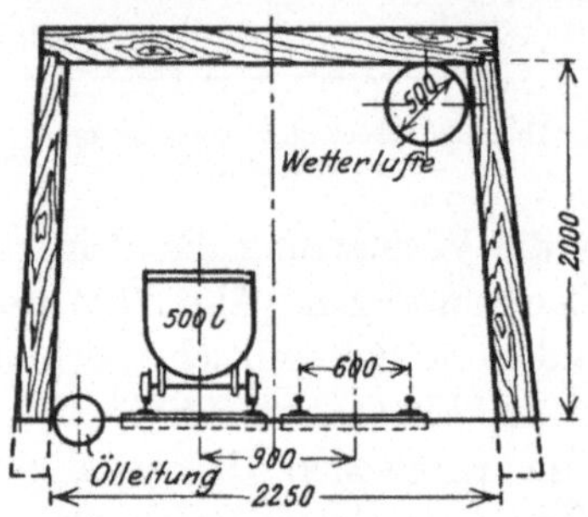

Abb. 155. Eingleisige Strecke.   Abb. 156. Zweigleisige Strecke.

entgegentreten muß, weil schon bald der Streckenquerschnitt nicht mehr ausreichen würde. Dies geschieht dadurch, daß man unter die Beine Fußpfähle legt. Am besten ist es aber, den Türstock insgesamt auf eine Grundquerschwelle zu setzen, welche den Druck der überlagernden Massen auf eine größere Fläche überträgt (Abb. 157).

Um dem Seitendruck zu begegnen, ist es oft angebracht, eine Sohlenspreize zu legen, welche die Beine am Hereinrücken hindert (Abb. 158).

Abb. 157.   Abb. 158.   Abb. 159.
Türstock auf Grundschwelle.   Turstock mit Sohlenspreize.   Doppelter Türstock.

Bei starkem Seitendruck sowie auch bei quellendem Liegenden biegt sich die Grundschwelle aber gern nach oben durch. Ist der Druck von allen Seiten zu groß, so setzt man auch wohl zwei Türstöcke ineinander (Abb. 159). Ist die Sohle und First fest, so erzielt man die Nachgiebigkeit des Ausbaues durch Anspitzen der Beine.

Bei der Verblattung des deutschen Türstockes ist darauf zu achten, daß beide Blatthälften in ganzer Fläche aufliegen, da sonst die Be-

lastung auf zu kleine Flächen verteilt wird und Absplitterungen der Stempel bzw. der Kappen erfolgen (Abb. 160 u. 161).

Die Entfernung der Türstöcke voneinander richtet sich nach der Natur des Gebirges und seinen Druckverhältnissen; meistens beträgt sie von Mitte zu Mitte des Türstockes 1—1,50 m. Ist der

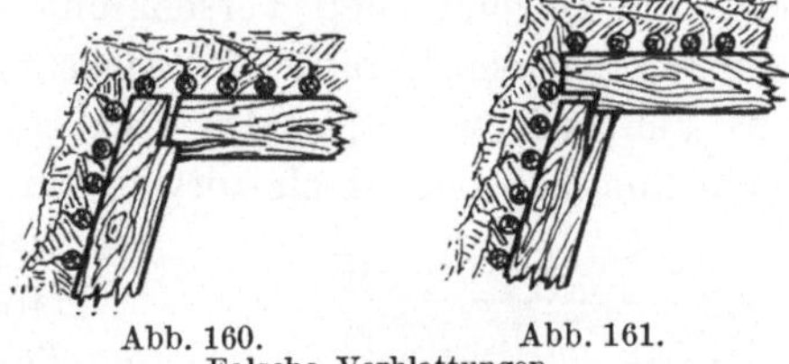

Abb. 160.   Abb. 161.
Falsche Verblattungen.

Druck aber größer, so nimmt man die Entfernung geringer und setzt manches Mal Türstock neben Türstock. Man nennt den Raum zwischen zwei Türstöcken ein Feld.

163. Die Verschalung oder der Verzug. Der Raum hinter und zwischen den Türstöcken und den Gebirgswänden wird gewöhnlich mit schwächerem Holz verkleidet, verschalt. Die Schalhölzer sind dünne, biegsame Rundhölzer, Knüppel, Bohlenstücke u. dgl., die den Gebirgsdruck aus den Feldern auf den Türstock übertragen und den Nachfall sowie das Verschütten der Streckensohle verhüten sollen. Zu Schal-
hölzern werden seltener eichene Knüppel verwendet, meistens sind es aber Fichten, Kiefernäste und -schwarten. Oft werden Rundhölzer auch halbiert und als Schalbretter mit halbkreisförmigem Querschnitt verwandt.

Die Knüppelhölzer sind zwar billig, haben aber den Nachteil, daß sie die Felder nur unvollkommen verschließen, so daß sie dem Öl und Gas aus der Lagerstätte ungehinderten Austritt gestatten, und dadurch die Grubenluft verunreinigt wird. Um eine dichtere Absperrung der Kohlenwasserstoffe gegen die Strecke zu erzielen, ist es daher in vielen Fällen angebracht, die Felder mit Bohlen zu verziehen und diese mit Nut und Feder dicht ineinander-
zufugen. Dadurch entstehen richtige Spund-
wände, an deren Fuß an den Stößen der Verschalung Durchlaßöffnungen anzubringen sind, die dem Öl auf vorgezeich-

Abb. 162. Türstock
mit Spundwandverschalung.

netem Wege Austritt gestatten. Damit die Spundhölzer an den Türstöcken glatt anliegen, müssen diese an der Außenseite abgerichtet werden.

Die Verkleidung der Streckenwände und Firsten mit Spundhölzern ist statisch der gewöhnlichen Verschalung mit Schal- und Knüppel-
hölzern überlegen. Die Spundwand stellt ja einen Träger von be-
deutender Höhe dar, der ein großes Widerstandsmoment gegen Firstendruck besitzt. Außerdem aber überträgt die Spundwand den Gebirgs-

druck gleichmäßig auf die gesamte Länge der Türstöcke, während bei der gewöhnlichen Verschalung der Druck, wie Abb. 163 zeigt, nur in einzelnen Punkten (a) wirksam wird und die Verschalungshölzer, die am meisten gegen das Gebirge zurückstehen, den Gebirgsdruck ausschließlich oder doch vorwiegend aufnehmen und auf die Türstöcke übertragen.

Manches Mal ist es von Vorteil, wenn die Türstöcke auch untereinander, also in der Längsrichtung der Strecke verbunden werden. Es geschieht durch horizontale, längsgerichtete Querriegel, Bolzen (Abb. 164), die zwischen den Beinen der Türstöcke eingekeilt werden.

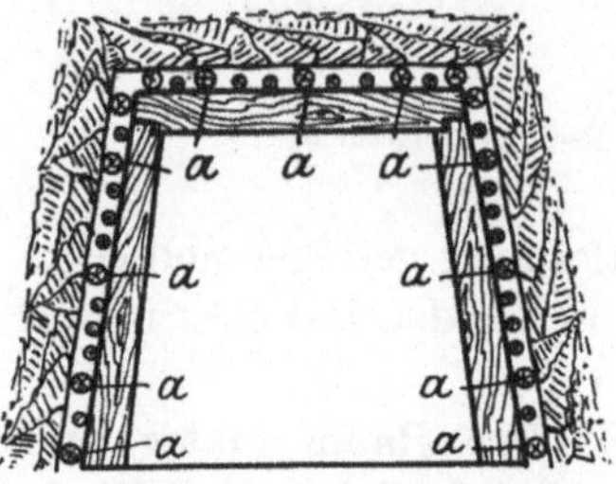

Abb. 163.   Ungleichmäßige Übertragung des Gebirgsdruckes bei Knüppelverschalung.

Es ist von großer Wichtigkeit, daß der Raum hinter der Verschalung dicht mit Gebirgsmassen gefüllt wird, da sonst der Gebirgsdruck überhaupt kein Widerlager findet und sich evtl. durch Nachfall plötzlich entladen kann; andererseits auch können sich in den Hohlräumen hinter der Verschalung Gase oder Öldämpfe ansammeln, die der Ausdehnung von Brand- und Explosionsherden in verhängnisvoller Weise Vorschub leisten. Am besten eignen sich als Füllmassen lockere Sande und dichte Tone. Größere, durch Nachfall u. dgl. entstandene Hohlräume hinter der Verschalung einfach durch Holz, Schwarten usw. zu füllen, ist verwerflich, da durch die Zersetzung und Aufstapelung von der Beobachtung unzugänglichen Holzmassen Fäulnis- und Brandherde entstehen und mindestens die Grubenluft dadurch verschlechtert wird. Besonders auch werden derartige Holzstapel hinter den Türstöcken sich mit Öl tränken und die Verdunstungs- und Feuersgefahr erhöhen. Größte Aufmerksamkeit in dieser Hinsicht ist daher am Platze.

Abb. 164.   Bolzenzimmerung.

Zuweilen ist es von Vorteil, nur die Türstöcke zu setzen, die First zu verschalen und die Wangen vorerst unverschalt zu lassen. Dies ist dann angebracht, wenn das Gebirge sich in großen Schollen löst, die sich an den Türstöcken brechen, bei der Verschalung aber einen kaum zu begegnenden Druck ausüben würden. Erst nachdem die abgelösten Schollen in der Gebirgswand genügend zerfallen und teilweise weggeräumt sind, wird man die Türstöcke nachträglich verziehen und die Verschalung dicht hinterfüllen.

Die Kosten der Türstockzimmerung in doppelgleisiger Strecke konnten in Deutschland im Jahre 1914 zu 12—15 M. pro Feld von 1 m

Länge angenommen werden. Da der Erdölbergbau in den verschiedensten Gebieten der Erde mit größtem Holzreichtum einerseits, in der baumlosen Wüste andererseits umgehen muß, ist die Frage der Beschaffung von Grubenholz, insbesondere der Türstöcke, in jedem einzelnen Falle sehr verschieden zu beurteilen.

164. Zimmerung von Bremsbergen und Gesenken. In flachen Bremsbergen kommt man mit der einfachen Türstockzimmerung aus. In steileren Bremsbergen, Gesenken, Stapelschächten, Blindschächten usw. muß man zu einem stärkeren Ausbau greifen, da die einfache Türstockzimmerung etwa von oben herunterfallenden Lasten keinen Widerstand zu bieten vermag. Da es sich dabei meist um einen viereckigen Querschnitt handelt, so besteht die Zimmerung dementsprechend aus einem viereckigen Balkenrahmen. Zwei einander gegenüberliegende Balken, die Jöcher, werden im Gebirge eingebühnt und fest verlagert. Mit ihnen werden die beiden anderen Balken, die Pfändungen, Kappen oder kurze Jöcher, verblattet. Je nach der Festigkeit des Gesteins wird ein Geviert dicht auf das vorangegangene gelegt; eine derartige Zimmerung ist die Schrotzimmerung oder ganze Schrotzimmerung. Meist begnügt man sich aber damit, in Entfernung von Meter zu Meter ein Geviert einzubauen und die Gevierte durch kurze Balken, Bolzen, in den Ecken und Mitten der Gevierthölzer gegeneinander abzustützen. Es ist dies die Bolzenschrotzimmerung. Bei ihr werden die zwischen je zwei Gevierten offengebliebenen Felder mit Bohlen oder anderem Verzugholz verzogen.

165. Der Ausbau in Mauerung. Bei der Mauerung in Ziegelstein sind folgende Normalien beachtenswert. Das deutsche Normalformat der Ziegel ist $6,5 \times 12 \times 25$ cm; horizontale Mörtelfugen werden zu 12 mm, vertikale zu 10 mm angenommen. Demnach hat 1 m Mauerhöhe 13 Steinlagen, 1 cbm Mauerwerk enthält 400 Steine und 300 l Mörtel. 1 cbm Mauerwerk wiegt in frisch gemauertem Zustand 1600 bis 1900 kg, ausgetrocknet 1400—1600 kg. Die Druckfestigk it der Ziegel ist 80—100 kg, hartgebrannte Klinker bis 300 kg pro Quadratzentimeter. Für Zementmauerwerk kann man 150—200 kg rechnen.

Die zulässige Belastung für Ziegelmauerwerk in Kalkmörtel kann zu 7 kg/qcm, in Zementmörtel zu 12—15 kg/qcm angenommen werden, wobei gute Kalksandsteine gewöhnlich Hartbrandziegeln gleichwertig sind. Kalkmörtel wird in der Regel in einer Mischung von 1 Teil gelöschtem Kalk und 2—3 Teilen Sand hergestellt. Zu Zementmörtel nimmt man je nach der Wichtigkeit der Mauerung 1 Teil Zement zu 4—7 Teilen scharfen Sand. Bei der Mauerung ist auf guten Verband zu achten. Als solche kommen zur Verwendung der Läuferverband bei Halbziegelstein starkem Mauerwerk, der Binderverband für Schachtmauerung geeignet, der Blockverband und der Kreuzverband. Die letzteren sind die solidesten und kommen besonders für Mauerdämme in Betracht. Bei der Mauerung ist besondere Rücksicht darauf zu nehmen, daß der Mörtel und die Steine nicht durch Öl verunreinigt werden, da die Bindefähigkeit darunter leidet.

166. Art der Mauerung. Abgesehen von der Schachtmauerung und dem Ausbau großer Räume findet die Grubenmauerung lediglich im Streckenvortrieb Anwendung. Die einfachste Streckenmauerung ist die Scheibenmauerung (Abb. 165). Dieselbe besteht aus einer vertikalen Mauerauskleidung der Streckenwangen mit Kappenkonstruktion. Die Mauerstärke ist dabei in der Regel nicht unter $1^1/_2$ Stein zu nehmen. Die First kann entweder durch Holzkappen oder Profileisen mit Holzverzug oder durch Auswölben in Mauerung hergestellt werden (Abb. 166). Hat man stärkeren Seitendruck zu erwarten, so verstärkt man die Scheibenmauern nach unten zu abgeböschten Stützmauern (Abb. 167).

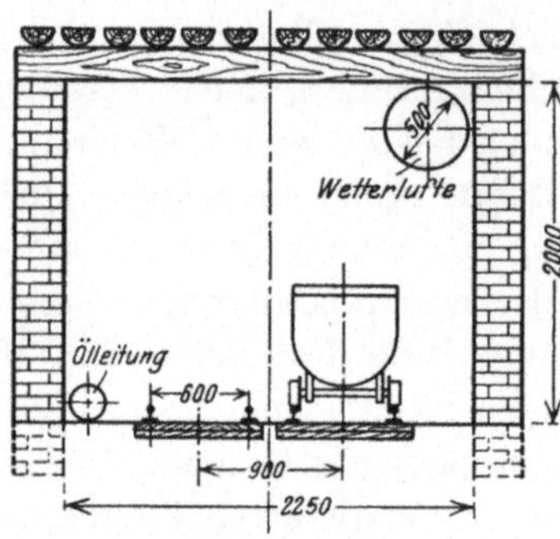

Abb. 165.   Scheibenmauerung.

Ist der Gebirgsdruck gleichmäßig gegen First, Wangen und Sohle gerichtet, so wählt man einen kreisrunden Querschnitt. Derselbe hat aber den Nachteil, daß ein verhältnismäßig großer Teil des Streckenquerschnitts für die eigentlichen Zwecke der Strecke nicht benutzt werden kann. Um diesem Übelstande abzuhelfen, wählt man daher gern einen elliptischen Querschnitt, welcher auch dem in den meisten Fällen am gefährlichsten auftretenden Druck aus der First am besten gerecht wird. Sowohl beim kreisrunden als auch beim elliptischen Querschnitt kann man den unteren Teil des geschlossenen Streckengewölbes vorteilhaft zur Aufnahme von Rohrleitungen sowie als Wasser- evtl. als Ölsaigen benutzen.

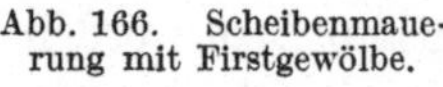

Abb. 166.   Scheibenmauerung mit Firstgewölbe.

Abb. 167. Scheibenmauerung
mit abgeböschten Stutz-
mauern.

Den zur Ableitung der Grubenwasser benutzten Teil der Strecke, soweit er abgekleidet ist, nennt man Tragewerk. Alle Scheibenmauern können mit flachgewölbter Sohlenmauerung ausgerüstet werden, um dem Druck aus den Streckenwangen und der Sohle zu begegnen

(Abb. 168). Gute geschlossene Streckengewölbe sind auch die Gewölbe in Hufeisenform (Abb. 169 und 170).

Dieselben Erwägungen, die beim Holzausbau zur Anwendung des nachgiebigen Ausbaues führten, haben auch bei der Streckenmauerung Geltung. Infolgedessen legt man in die Scheibenmauerung eine oder mehrere Holzzwischenlagen und gibt auch dem Gewölbe hölzerne Schlußsteine (Abb. 166—170). Bei der Streckenmauerung kann man die Kosten mit 15—30 M./cbm annehmen. Dementsprechend betragen die Kosten für den Ausbau einer Strecke von 3,0 · 2,5 m Querschnitt

Abb. 168. Scheibenmauerung mit First- und Sohlengewölbe.

bei 1 Stein starker Mauerung etwa 30 M. pro l. m, bei $1^1/_2$ Stein starker Mauerung 45 M. und bei 2 Stein starker Mauerung etwa 60 M. pro l. m.

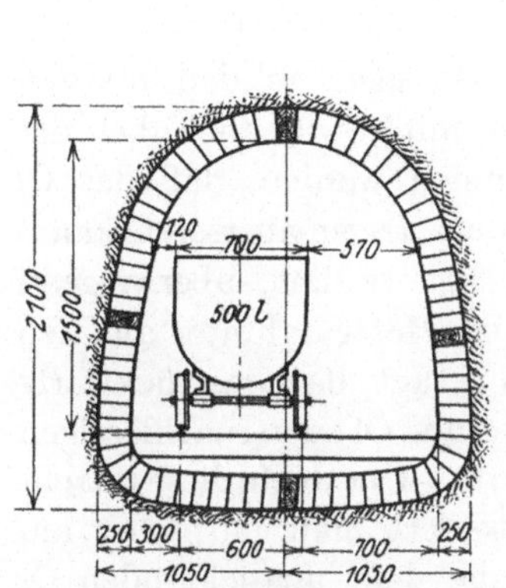

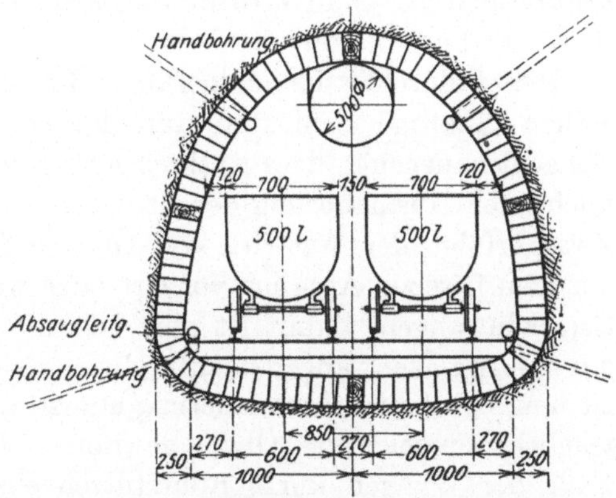

Abb. 169. Eingleisige Strecke in Hufeisengewölbe.

Abb. 170. Doppelgleisige Strecke in Hufeisenprofil.

167. Strecken in Betonausbau. Der Betonausbau wird für dieselben Streckenquerschnitte wie bei der Mauerung verwandt. Man wählt je nach der Größe der zu erwartenden Beanspruchung 1 Teil Zement und 4—8 Teile Sand, Kies und Kleinschlag. Der Beton wird meist hinter einer Verschalung eingestampft, seltener eingegossen. Beim Eingießen füllt man den herzustellenden Betonkörper erst mit grobem Kies oder Kleinschlag und gießt in diesen den flüssigen Zement oder preßt ihn in die Hohlräume hinein. In beiden Fällen erfordert der Betonausbau ein Lehrgerüst, welches aus Holz oder aus Eisen hergestellt und nach Erhärtung des Betons wieder entfernt wird. Diese Art der Streckenbetonierung erfordert aber eine lange Zeit bis zur Erhärtung und ist daher nicht mehr beliebt.

Viel verbreiteter ist neuerdings der Streckenausbau in Betonformsteinen. Für diese Auskleidung der Strecken in Betonformsteinen sind mehrere Ausführungsweisen und Verfahren entstanden, auf die näher einzugehen hier zu weit führen würde.

Bei der Auskleidung von Strecken, die einer langen Ausnutzung beim Betriebe zu dienen haben oder bei der Sicherung großer unterirdischer Hohlräume, verstärkt man den Beton meist durch Einlage von Eisenstäben und -drähten. Da diese Arbeiten in Eisenbeton alle aber mehr oder weniger in das Gebiet des Bauingenieurs fallen, so würde es den Rahmen dieses Buches überschreiten, wenn sie hier einer genaueren Darstellung unterworfen würden. Erwähnt sei nur hinsichtlich der Kosten, daß die Auskleidung einer Strecke in Eisenbeton je nach Stärke und Güte 100—1000 und mehr Mark pro Meter kostet.

Betonausbau ist im allgemeinen billiger wie Mauerung, da er, um gleiche Widerstandsfähigkeit zu erhalten, nur etwa zwei Drittel des Baumaterials benötigt, welches für die Ausführung in Ziegelmauerwerk erforderlich ist. Man wird im allgemeinen auf 20—30 M. pro laufenden Meter rechnen können.

168. Öldurchlässige Mauerung. Da die Strecken in den meisten Fällen ölhaltige Schichten durchfahren, so muß, wie auch bei der Schachtmauerung, darauf Rücksicht genommen werden, daß das Öl auch nach Ausmauerung der Strecken aus dem Lager austreten kann. Zwar erfolgt der Austritt von Öl, wie früher erwähnt, überwiegend aus dem frischen Anbruch vor Ort oder wenige Meter dahinter aus den Streckenwangen; damit ist aber keineswegs gesagt, daß das rückwärts aus den Streckenwangen nachträglich aussickernde Öl zu vernachlässigen ist und sich hinter der Mauerung stauen dürfte. Um auch dieses nachträglich aussickernde Öl zu gewinnen, betoniert man möglichst am Fuße der Wangen kurze Rohrstutzen ein, die dem aussickernden Öl Durchlaß gewähren (Abb. 170). Um den Ölaustritt zu begünstigen, legt man hinter den Mauerfuß bei den Austrittsöffnungen, wenn möglich, ein grobes Kiesfilterbett an. Die Rohrstutzen kann man innerhalb der Strecke noch durch kurze Paßrohre miteinander verbinden, so daß eine Sammelleitung entsteht, welche leicht unter Unterdruck gestellt werden kann, und durch welche das verbliebene Öl angesaugt wird. Unter Umständen wird man auch, um dem Öl leichteren Zufluß zu bieten, die Rohrdurchlässe vermittels kurzer Handbohrungen einige Meter weit in die Lagerstätte hinein verlängern und so die Lagerstätte hinter der Streckenmauerung dränieren. In gleicher Weise wird man auch das Lager, falls es gasreich ist, nach der Durchörterung und Verkleidung weiter zu entgasen suchen; selbstverständlich werden hierzu die Rohrdurchlässe näher der First angebracht. Steht das Öllager steil, so wird man das Gewölbe in der Nähe der First mit Durchlaßrohren ausrüsten. Im übrigen ist zu beachten, daß, je schneller man auffährt, um so weniger dem Öl Zeit gelassen wird, vor Ort auszutreten, um so unvollständiger ist die Entölung der bereits durchörterten Ölträger, um so mehr ist somit Gewicht auf öldurchlässige Mauerung zu legen. Da hochviskose Öle nur sehr träge dem Ortsstoße zufließen, so genügen einfache Rohrdurchlässe nicht mehr, um die Ölmassen zum Abfluß zu bringen. Man muß in diesem Falle so durchlässig mauern, daß etwa 25—50 % der Wandflächen offenbleiben. Am einfachsten ist diese durchlässige Mauerung beim Binder-, Block- und Kreuzverband herzustellen, indem man jeweilig die Bindersteine fortläßt. Die Herstellung der erforderlichen Öffnungen in den ausbetonierten Strecken ergibt sich von selbst. Das hochviskose Öl wird trotz der reichlich zur Verfügung stehenden Durchlaßöffnungen manchmal nur mangelhaft zum Abfluß gelangen. Man tut in diesem Falle gut, die Strecken vorn und hinten abzudämmen und durch Einströmen von Dampf die Streckenauskleidung und den Ölträger so zu erhitzen, daß das Öl leicht flüssiger wird und sich in die Strecken ergießen kann, aus denen es von Zeit zu Zeit weggefördert wird.

Führt das Öl viel Sand mit, so müssen die Austrittsöffnungen des Öls mit Filtermaterial gefüllt werden.

169. Der Eisenausbau. Beim eisernen Grubenausbau werden fast ausschließlich Profil- und Walzeisen verwendet. Selten hat man sich zum Ausbau der Strecken auch gußeiserner Tübbings bedient.

Der Grubenausbau in Eisen erfolgt sowohl in Strecken als auch im Abbau. Beim Streckenausbau ist die einfachste Eisenkonstruktion der eiserne Türstock. Hierbei bestehen die Beine sowohl, als auch die Kappe aus T-Eisen oder Eisenbahnschienen. Die Verbindung zwischen Kappe und Beinen wird durch eiserne Winkel hergestellt, welche aber entweder nur an der Kappe oder nur an den Beinen angeschraubt sind, da die kleinste Ungenauigkeit in der Bohrung der Löcher in beiden Konstruktionsteilen das Einbringen der Schrauben zu sehr erschwert. Man überläßt es also dem Gebirgsdruck, den nicht verschraubten Konstruktionsteil fest gegen den Winkel des verschraubten Teiles anzupressen.

Wie bei dem Streckenausbau in Holz und in Mauerung, kann auch beim Eisenausbau die Sohle in Ausbau gestellt werden. Man erhält dann ebenfalls Streckenprofile von kreisrunder, elliptischer oder Hufeisenform. Die Eisenrippen des Ausbaues, welche dann an die Stelle der Türstöcke treten, bestehen dann aus einzelnen zusammengeschraubten Segmenten. Fällt bei einem derartigen Ausbau der Sohlenausbau fort, so stellen die Eisenrippen offene Streckengestelle vor, deren Beine meist auf eiserne Sohlenschuhe gestellt werden (Abb. 171).

Abb. 171.
Eiserner Türstock.

Der Verzug ist meist aus Holz, wie bei der Türstockzimmerung eingebracht. Zuweilen besteht er aus Eisenblech.

Beim eisernen Streckenausbau ist es wichtig, daß die Türstöcke und Eisenringe in der Längsrichtung durch Bolzen gegeneinander abgestützt sind, da sie sonst leicht seitlich sich verbiegen.

Vielfach wird auch ein gemischter Ausbau angewendet, so etwa Türstöcke mit Holzbeinen und Kappen aus Eisenbahnschienen oder Profileisen.

Im allgemeinen hat sich der eiserne Streckenausbau nicht bewährt, da er starken Gebirgsdrücken doch nicht gewachsen ist, sondern sich sehr leicht verbiegt. Der Ausbau der verbogenen Eisenkonstruktion ist aber schwieriger und die Reparatur derselben teuerer als beim hölzernen und gemauerten Streckenausbau. Man kommt deshalb immer mehr vom eisernen Streckenausbau ab. In Pechelbronn hat man zur französischen Zeit einen eisernen Ausbau seiner Feuersicherheit wegen als provisorischen Ausbau verwandt, indem man ihn vor Ort bis zu einer gewissen Entfernung rückwärts, soweit noch Öl aus den Streckenwangen aussickerte, einbaute. Nachdem das Öl aus den dem Ortsstoß folgenden Wangen bis zu einem gewissen Grade ausgesickert war, nahm man die Eisenkonstruktion wieder fort und ersetzte sie durch einfache Türstockzimmerung. Dieser provisorische Ausbau in Eisen scheint aber jetzt wieder verlassen zu sein[1]).

170. Eisenausbau im Abbau. Im Abbau wird der eiserne Grubenausbau eher eine Rolle zu spielen vermögen, da man bestrebt ist, den Eisenausbau wandernd auszubilden, so daß er die abgebauten Hohlräume verläßt und der Verlegung der Arbeits- und Gewinnungsstätte folgt.

Ein solcher eiserner, für den Abbau geeigneter Ausbau ist der wandernde Ausbau von Reinhard, der sich in der Praxis des Kohlenbergbaus gut bewährt hat (Abb. 172 und 173). Seine Konstruktion und Handhabung ist folgende:

Der Stempel besteht aus einem Stahlrohr (a), welches als Schraubenwinde ausgebildet ist und unten einen nachgiebigen, d. h. zugespitzten Fuß (b) trägt. Die in dem Stahlrohr befindliche Schraubenspindel trägt oben einen Kopf (e), der die Kappe einer Grubenschiene (g) trägt. Mittels eines Keiles (f) wird der auf der Schiene liegende Firstenverzug fest gegen das Hangende gepreßt.

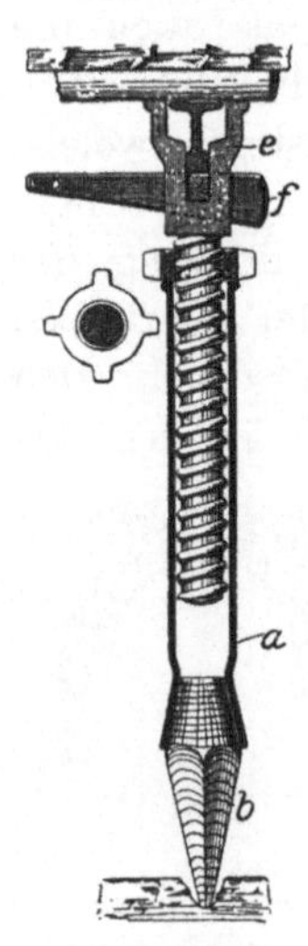

Abb. 172.
Reinhardscher
Grubenstempel.

Je 3 Stempel tragen die 3—4 m lange Schiene, welche vom Versatz bis zum Abbaustoß reicht. Unter

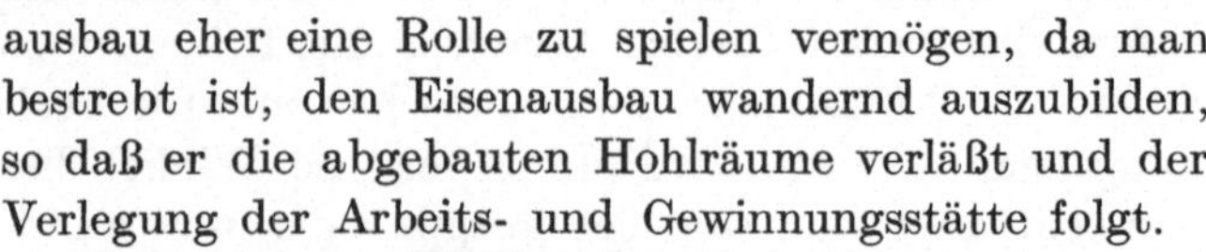

[1]) Vgl. De Chambrier: L'exploitation du petrol par puits et galeries, S. 52.

Lösen des Keiles kann die Schiene, sobald wieder ein Feld abgebaut ist, entsprechend weiter vorgeschoben werden. Darauf wird der rückwärtige, dem Versatz am nächsten stehende Stempel ausgebaut und vorn vor dem Abbaustoß wieder aufgerichtet und mit der Schiene verbunden. Die Schiene bzw. der Firstenverzug kann dabei wegen der großen Widerstandsfähigkeit der Schienen immer ein Ende weit über den letzten Stempel vorragen, so daß der Schutz immer bis unmittelbar an den Abbaustoß reicht.

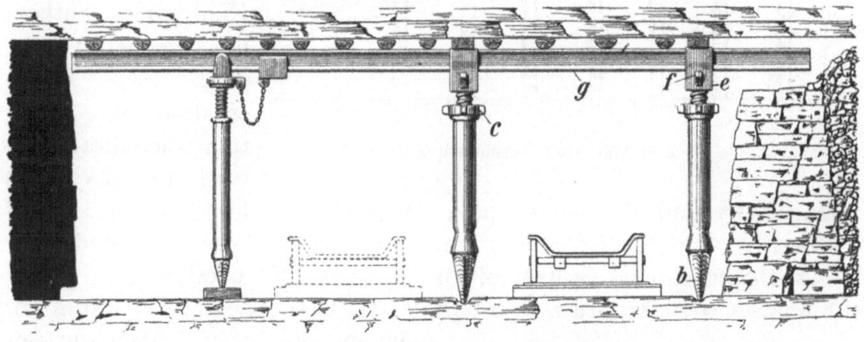

Abb. 173. Reinhardscher wandernder Ausbau.

Eine sinngemäße Anwendung auf den Erdölbergbau scheint gegeben, wenn die Öllager keine allzu große Mächtigkeit haben und das Hangende der Lagerstätte bzw. der pay streaks genügende Festigkeit besitzt. Außerdem darf das Einfallen der Lagerstätte nicht zu steil sein, weil sonst die Handhabung der Stempel zu schwierig ist.

171. Der voreilende Ausbau. Bei den bisher besprochenen Ausbauarten war stets vorausgesetzt, daß der Ausbau des betreffenden Raumes zeitlich dem Ausräumen nachfolgt. Bei dem voreilenden Ausbau hingegen geht die Ausbauarbeit der Gesteinsgewinnung mehr oder weniger voran oder erfolgt gleichzeitig mit der Gewinnungsarbeit, so daß aus der Streckenwandung niederfallende Gebirgsmassen die Gewinungsarbeit nicht unmöglich machen. Er findet also seine Anwendung in fließenden, rolligen und gebrächen Gebirgsarten, deren Gefüge so locker ist, daß die Massen unter dem Einfluß der Schwere in jeden Hohlraum hineinfallen und ihn zu verschütten suchen. Bei festem Gebirge wird er auch zur Aufwältigung zusammengebrochener Strecken angewendet. Da die Ölträger meistens einen der Festigkeit mangelnden Charakter haben, gewinnt er für den Erdölbergbau besondere Bedeutung.

Der voreilende Ausbau kommt sowohl im Streckenbetrieb als auch im Abbau zur Anwendung. Dabei kann er sich nach der Natur des Gebirges darauf beschränken, nur die First oder First und Wangen zu schützen oder aber er schützt die Strecke in vollem Umfange, also auch die Sohle.

Besonders im deutschen, untertägigen Braunkohlenbergbau fand der voreilende Ausbau ein Anwendungsgebiet. Ursprünglich besteht das Wesen desselben darin (Abb. 174), daß von einem gesicherten, festen Standpunkt aus Pfähle (a) — sog. Getriebepfähle —, die vorn zugespitzt sind, in die lockere Gebirgsmasse an der First des herzustellenden Hohlraumes entlang hineingetrieben werden. Diese Pfähle erhalten eine Richtung, die schräg nach vorn in den Stoß

Abb. 174.   Getriebezimmerung.

hineingeht und um einen spitzen Winkel von der Streckenrichtung abweicht; dadurch ist es möglich, auch unterhalb des Vorderendes der Getriebepfähle eine Stütze, einen Türstock (b), anzubringen. Durch Einbauen weiterer Stützen unterhalb der Getriebepfähle ist Raum geboten, eine zweite Reihe von Getriebepfählen (c) einzutreiben, unter deren Schutz wieder eine dritte (e) vorgetrieben wird usw.

Ist das Gebirge schwimmend oder stark rollig, so muß auch die Ortswand selbst vollständig vertäfelt werden (Abb. 175). Die Vertäfelung besteht dann aus kleinen Bohlen, die zwischen und

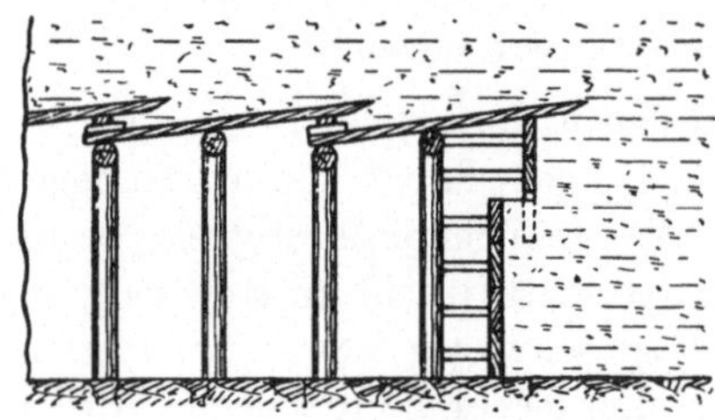

Abb 175.
Getriebezimmerung mit Ortsvertäfelung.

hinter einer Stempelreihe angebracht sind und einzeln entfernt werden. Unter vorsichtigem Hereingewinnen des vor den Bohlen befindlichen Gebirges werden sie immer weiter nach vorn geschoben. In dieser mühseligen Weise geht die Arbeit so lange weiter, bis festes Gebirge erreicht ist.

172. Voreilender Ausbau im Abbau. Im Steinkohlenbergbau hat man bei schlechtem Hangenden zum Schutze der Bergleute auch eine Vortriebszimmerung angebracht, die zwar nicht dem Abbaustoß voraneilt, da die Kohle hierzu zu fest ist, die aber unmittelbar bis an die Kohlenwand heranreicht. Man nimmt dazu (Abb. 176a u. b) Stempelreihen, welche durch lange Kappen (l_1, l_2, l_3) überbaut sind, die nicht bis an das Hangende reichen, sondern von diesem einen derartigen Abstand haben, daß Getriebepfähle (a) zwischen Hangendem und Kappe durchgetrieben werden können. Um die Kappen zunächst zu halten, werden sie vorerst durch Keile (k) festgelegt. Darauf werden die Getriebepfähle durchgetrieben, bis der Abbaustoß unter dem Schutze der Getriebepfähle so weit vorgetragen ist, daß eine neue Kappe (l_3) eingebaut werden kann. Die Vorsteckpfähle sind mit Querriegeln (q) ausgerüstet, um die tragende Fläche der Vorsteckpfähle zu verbreitern; sie werden später durch Verzugshölzer ersetzt.

Zweckentsprechend wird die Arbeit so disponiert, daß die Getriebepfähle an ihrem Ende schon während des Vortreibens von der neuen Kappe unterstützt werden (Abb. 177). Zu diesem Ende werden die neuen Kappen (k_1, k_2, kf) auf Unterzüge gelegt; die Unterzüge ihrerseits sind an den vorhergehenden Kappen an doppelt gekröpften Bügeln aufgehängt und werden mit den Getriebepfählen, d. h. der Firstverschalung, gleichzeitig mit dem Hammer nach vorn getrieben. Der neue Firstverzug ist also immer an den vorhergehenden Kappen aufgehängt, ehe Stempel geschlagen werden.

173. Voreilender Ausbau beim Auffahren der Strecken in Pechelbronn. Die Notwendigkeit des voreilenden Ausbaues stellte sich auch in Pechelbronn bald heraus. Sie wurde von den Deutschen nach Beginn der unterirdischen Gewinnung von Erdöl beim Streckenbetriebe, ähnlich wie in Abb. 177 dargestellt, mit bestem Erfolge durchgeführt.

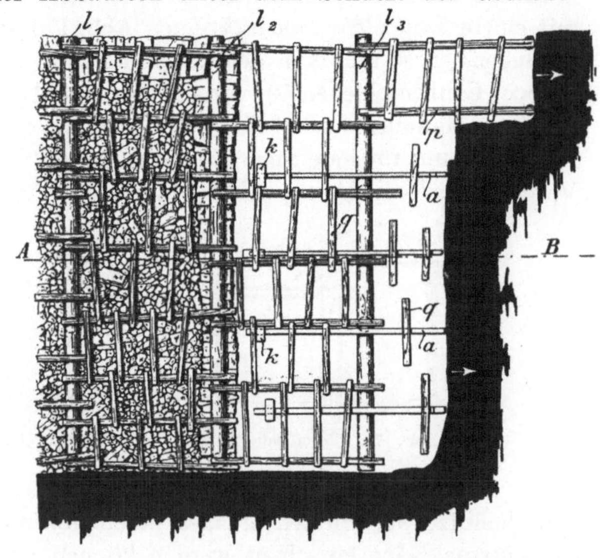

Abb. 176 a. Getriebezimmerung im Abbau.

Schnitt A-B.

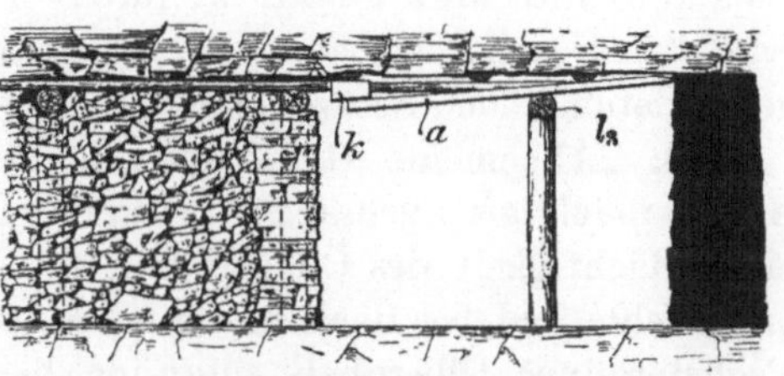

Abb. 176 b. Voreilender Ausbau im Abbau.
a Grundriß, b Schnitt.

Abb. 177. Voreilender Ausbau im Abbau.

Die bereits fest eingebauten Kappen der letzten Türstöcke werden mit einem Doppeltraghaken (*h*) nach Abb. 178 ausgerüstet, deren Verbindungssteg so weit von der Kappe absteht, daß zwischen Steg und Kappe Grubenschienen (*s*) vorgetrieben werden können. Mit einem schweren Hammer werden diese jeweilig bis an die Ortswand vorgeführt. Ist der Raum für eine neue Kappe hergestellt, so wird diese auf das Vorderende der Schienen gelegt, darauf die First vollständig verzogen

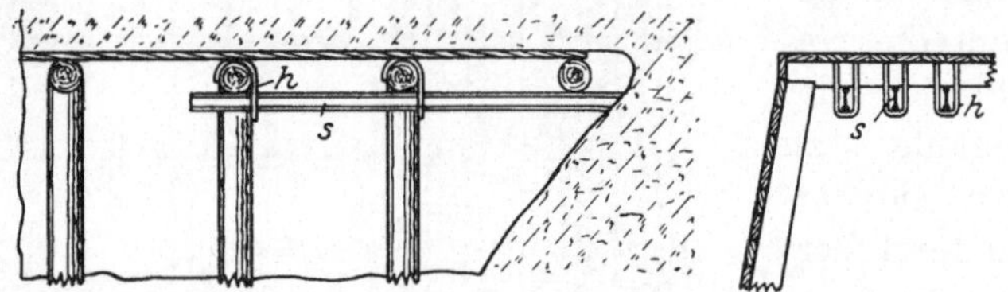

Abb. 178. Voreilender Ausbau im Streckenausbau in Pechelbronn.

und nun erst die Hauptmasse des Gebirges aus der Ortswand unter dem Schutze des Firstenverzuges hereingewonnen, so daß nun auch die Türstockbeine eingebaut werden können.

Die Notwendigkeit dieses voreilenden Ausbaues auch beim Streckenauffahren ergab sich hier aus dem Umstande, daß das Lager öfters Flexuren unterworfen war, wodurch in der Streckenfirst die mürben Sandsteine sich lockerten und den Streckenvortrieb durch Nachfall gefährdeten. Auch Schwellungen im Lager brachten die gleiche Gefahr.

174. Allgemeine Gesichtspunkte für die Durchörterung und den Abbau mächtiger, gebrächer Ölträger. Bei zuverlässigem Hangenden, einer Mächtigkeit des Öllagers von 2—3 m, die also der Streckenhöhe entspricht, und bei flachem Einfallen, also bei Verhältnissen, die dem Pechelbronner Ölbergbau zugrunde liegen, wird man mit den vorstehenden einfachen Mitteln in der Regel in der Lage sein, ein Öllager zu durchörtern und abzubauen, ohne allzusehr von Nachfall und Verschütten bedroht zu sein. Liegen die Verhältnisse aber in dieser Hinsicht ungünstiger, so muß man zu wirksameren Abwehrmitteln gegen das Niedergehen der Gesteinsmassen greifen.

Ist das Lager von größerer Mächtigkeit, so wird der Streckenvortrieb und mehr noch der Abbau schwierig, da die Stempel mit zunehmender Länge zu sehr auf Knickung beansprucht werden. Ist das Hangende dabei gebräch, so muß der Firstenverzug dicht sein. Ist das Einfallen steiler, so ist das Handhaben der vielen Grubenhölzer erschwert. Die Arbeit wird bei diesen Verhältnissen, insbesondere beim Abbau sehr teuer und entspricht meist nicht mehr dem Werte des Fördergutes. Auch das Aufstapeln und Einbauen der benötigten großen Holzmassen ist der Feuersgefahr wegen in der Ölgrube selbst dann nicht zu empfehlen, wenn das Lager vollständig von Gas und Sickeröl befreit ist. In den vorstehend erwähnten Fällen muß daher eine andere, tunlichst feuersichere Bauweise angewandt werden.

175. Vorbild im Tunnelbau. Einen feuersicheren, d. h. eisernen Ausbau, der aber nur einen provisorischen Charakter hat und einen endgültigen Ausbau durch Mauerwerk, Beton oder Eisen weichen muß, hat die Technik im Tunnelbau in schwimmendem und rolligem Gebirge erprobt. Er ist namentlich bei besonders schwierigen Tunnelbauten unter Wasser, d. h. unter Flußläufen und flachen Meeresbuchten, im Flußschlick und wenig verfestigten Sanden und sandigen Tonen in Gebrauch. In den Bergbau konnte diese Methode sich nicht recht einführen, da die bisher hierzu genommenen Anläufe wenig zweckmäßige Ausführungsformen des Prinzips zeigen. Die Methode ist aber, wie man bei näherer Prüfung erkennt, so fruchtbar, daß die Einführung derselben in den Bergbau auf mächtigen gebrächen Lagerstätten, wie es die Öllagerstätten zu sein pflegen, eine Reihe schwieriger technischer Fragen mit aussichtsreicher Perspektive zu lösen vermag. Dieser Ausbau ist gleichzeitig wandernd und voreilend, vereinigt also die Vorteile der Reinhardschen Ausbauweise mit der vortreibenden und bietet somit hinsichtlich der Sicherheit des Betriebes wohl das Vollkommenste, was überhaupt beansprucht werden kann.

176. Treibschildmethode. Im Tunnelbau in gebrächem und besonders in schwimmendem Gebirge, wie Flußschlick, erfolgt das Auffahren vermittels einer Schutzeinrichtung, die alle Wände stützt. Da der Druck von solchen beweglichen Gebirgsmassen nach allen Richtungen hin ziemlich gleich stark ist, wählt man mit Vorliebe die zylindrische Querschnittform der Schutzeinrichtung. Dieser Schutzzylinder (Abb. 179) ist vorn mit einer scharfen Stahlschneide (*a*) versehen, welche das Vordringen des Zylinders erleichtert. Das hintere Ende des Zylinders reicht über den fertiggestellten, bereits im Ausbau stehenden Streckenraum (*b*) hinaus.

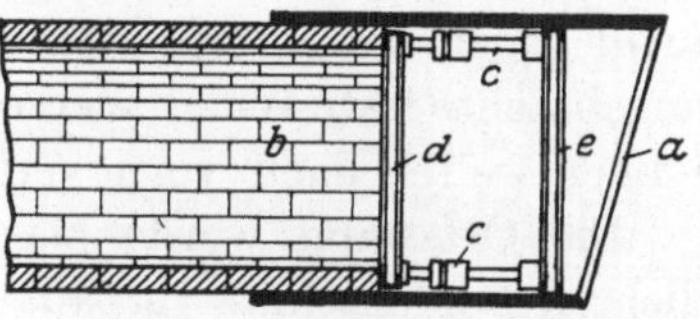

Abb. 179.   Treibschildmethode.

Der Vortrieb erfolgt durch hydraulische Pressen (*c*). Das Druckwiderlager der Pressen bildet der bereits fertig eingebaute Streckenausbau. Jedoch drücken die Pressen nicht auf den Streckenausbau direkt, sondern mittelbar, indem sie sich gegen einen Verteilungsring (*d*) anstemmen, der den Druck der Pressen gleichmäßig auf den Ausbau verteilt. Nach vorn drücken die Pressen auf einen fest mit dem Zylindergehäuse verbundenen Druckring (*e*). Während unter dem Schutz des Zylinders vorn die Gebirgsmassen ausgeräumt und abtransportiert werden, schiebt sich der Zylinder unter dem Druck der Pressen ständig nach vorn, bis die Pressen ihren Hub vollendet haben.

Alsdann ziehen sie den beweglichen Druckring (*d*) weiter nach vorne, und nun kann unter dem Schutz des Schwanzstückes des Zylinders ein neues Feld der Strecke in Ausbau gesetzt werden.

Man hat mit derartigen Schutzeinrichtungen Flußbette in Tunnels unterfahren, die einen Durchmesser von 2,5—11 m aufweisen; die Länge der Vortriebseinrichtung schwankte zwischen 2,2 bis etwa 7,5 m. Die Bauweise ist analog der Senkschachtmethode (Nr. 124) vermittels Gußeisensenkschächten, die ja ebenfalls durch hydraulische Pressen vorgetrieben werden. Die Verhältnisse sind nur beim Streckenvortriebe insofern wesentlich günstiger, als man bei diesem ständig an der Schneide selbst das Gebirge von Hand ausräumt, und die Länge des Zylinders und somit die Reibungswiderstände konstant und relativ gering bleiben.

Man kann dem Zylinder und somit der Strecke auch andere Querschnittsformen geben, so z. B. ist der elliptische Querschnitt sehr beliebt. Die französischen Zylinder zeigen sehr oft korbförmige Querschnittsform, d. h. Scheibenmauern mit Korbgewölben. Diese französischen Schutzschilde bewegten sich meist nicht in stark schwimmendem oder allzu lockerem Gebirge und bedurften daher nur eines Firstenschutzes. Infolgedessen benutzten die Franzosen meistens nur sog. Halbzylinder von verhältnismäßig großer Länge. Die hintere Hälfte des Zylinders lagert dabei auf dem Sockel der Scheibenmauern, die immer unter dem Schutze des Zylinders zuerst eingebaut werden, also dem Firstenausbau vorangehen; auf diesem Sockelausbau wird der Halbzylinder auf Rollen durch die hydraulischen Pressen vorwärts geschoben. •

Die französischen Zylinder drücken beim Vorschub in der Regel nicht gegen den fertiggestellten Ausbau, sondern gegen in der Strecke angebrachte feste Widerlager, die mit Fortschreiten des Streckenbetriebes immer weiter nach vorn verlegt werden.

Die Ortswand wurde bei den ersten Schutzzylinderbauten durch dichten Bohlenschutz verbaut und ähnlich der in Abb. 175 angegebenen Methode vertäfelt. Durch Öffnen einzelner Tafeln vor Ort wurde dann das Gebirge hereingewonnen. Durch den englischen Ingenieur Greathead wurde das Hereinbrechen der lockeren und schwimmenden Massen aus der Ortswand dadurch unterbunden, daß die betreffende Strecke rückwärts durch einen Damm mit Schleusendoppeltür luftdicht abgedämmt wird, und in die vorn durch die Ortswand, hinten durch den Damm abgeschlossene Strecke Preßluft einströmt, welche die Gebirgswand vor Ort stützt. Die Arbeiter vor Ort verrichten ihre Arbeit also unter Preßluftdruck, der stellenweise bis zu 4,5 Atm. gesteigert wird. Auch einem Wasserdurchbruch aus der Ortswand wird dadurch entgegengetreten.

Die Ausführung der Methode mittels Preßluft scheidet für den Bergbau nicht nur wegen der hohen Kosten, sondern auch deswegen aus, weil

ein von innen nach außen wirkendes Preßluftkissen das Öl in das Lager
zurückdrnägen, also dem bergmännischen Zwecke entgegenarbeiten
würde. Eine so weit gehende Stützung wäre aber auch nur bei schwimmenden Öllagern erforderlich, denen aber nach Nr. 133 der Schwimm-
sandcharakter vor Beginn der Gewinnungsarbeiten zu nehmen ist.

Im allgemeinen entspricht die Festigkeit im Öllager derjenigen
feuchter Sande oder sandiger Tone. Dementsprechend können die Orts-
wände der Ölträger unter einem Wintel von 60—90⁰ anstehen, d. i.
unter dem natürlichen Böschungswinkel, vermehrt um den Reibungs-
winkel der Sandkörner gegeneinander, hereingewonnen werden. Danach
ist die Länge des Schildschnabels zu bemessen. Beim Streckenbetrieb
wird eine Schnabellänge von 0,10 —0,5 m meist genügenden Schutz
bieten, während die Wangen beim Auffahren in der Regel nur einer
geringen mitwandernden Verkleidung bedürfen.

Diese Methode wurde zuerst von dem französischen Ingenieur
Brunel vor 100 Jahren beim Bau des ersten Tunnels unter der Themse
angewandt; in der Folge sind mit ihr erstaunliche Leistungen erzielt
worden. Die Höchstleistung beim Rother-Tide-Tunnel unter der Themse
hat 18 m an einem Tage betragen. Man kann wohl bei günstigen Verhältnissen und Gewinnung des Gesteins von Hand mit einem durchschnittlichen Tagesfortschritt von 4—6 m rechnen[1]); man übertrifft
damit also die Leistungen, welche beim Auffahren von Strecken im
Bergbau üblich sind.

Die Kosten, welche diese Bauweise, zumal wenn keine Preßluft
benötigt wird, verursacht, sind verhältnismäßig niedrig; denn die
Gesteinsgewinnungsarbeit selbst verursacht dabei die geringsten Kosten.
Größer sind die Kosten der Förderung und vor allen Dingen die des
Ausbaues.

177. Voreilender, wandernder Ausbau in Bergwerken. Die Bauweise mit sog. Schutzschildvortrieb zeigt einen voreilenden und gleichzeitig wandernden Ausbau und damit hinsichtlich der Sicherheit das
Vollkommenste, was angestrebt werden kann. Die im Tunnelbau
empfundenen Nachteile: Schwierigkeiten bei ungleichartigem Gebirge,
Beanspruchung des frischen Mauerwerkes auf Druck (von anderen als
Vorteile angesehen), Verbleiben kleiner Hohlräume hinter dem Ausbau
in Stärke des Blechmantels, sind für den Bergbau kaum von Belang.
Schwieriger könnte man die Einhaltung von Richtung und Höhe
zumal in schärferen Bögen beurteilen. Jedoch ist man, wie vorhin
angedeutet, im Gegensatze zum Tunnelbau in Ölgruben in der Regel
in der Lage, seitlich neben der Schutzeinrichtung das Gebirge zum
Wenden derselben, schlimmsten Falls unter Zuhilfenahme von Ge-
triebearbeit auszuräumen. Zudem kommt es hier nicht auf die große,

---

[1]) Phil. René, Le bouclier. Paris 1907.

dem Tunnelbau eigene Exaktheit der Linienführung an. Trotzdem hat die Baumethode mit Schutzschildvortrieb im Bergwerksbetriebe anscheinend nur in Amerika beim unterirdischen Abbau von Goldseifen in allerjüngster Zeit Anwendung gefunden. Die Nachrichten hierüber sind aber noch dürftig, so daß an dieser Stelle leider keine Betriebserfahrungen angegeben werden können. Hier muß sich die Darstellung darauf beschränken, die im amerikanischen Goldseifenbergbau versuchte Methode wiederzugeben (Abb. 180a—c). In der Zeichnung ist der wandernde Ausbau durch die mit *a* und *b* bezeichneten Schutzbleche dargestellt. Die Schutzeinrichtung ist danach zweiteilig und besteht aus dem unteren Teil *a* im Grundriß von hufeisenförmiger Gestalt und dem oberen darübergreifenden Dach (*b*). Der obere Teil kann durch hydraulische Pressen (*c*) nach oben geschoben oder eingezogen werden, je nachdem die Mächtigkeit der Lagerstätte dies wünschenswert macht. Um das Ganze auf der Stelle leicht wenden zu können, hat die Schutzeinrichtung nahezu die Gestalt einer Viertelkugel.

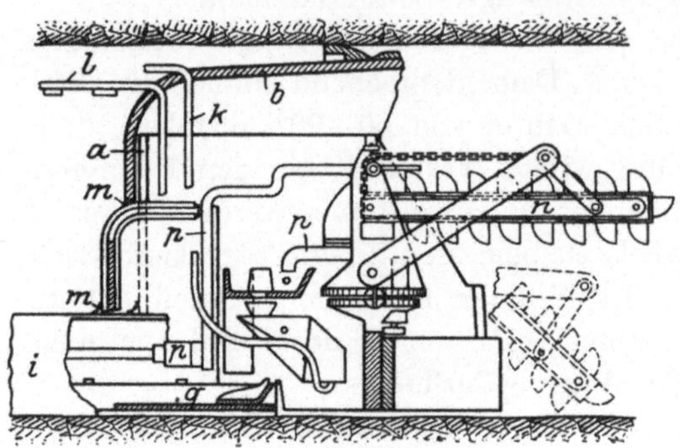

180a. Längsschnitt.

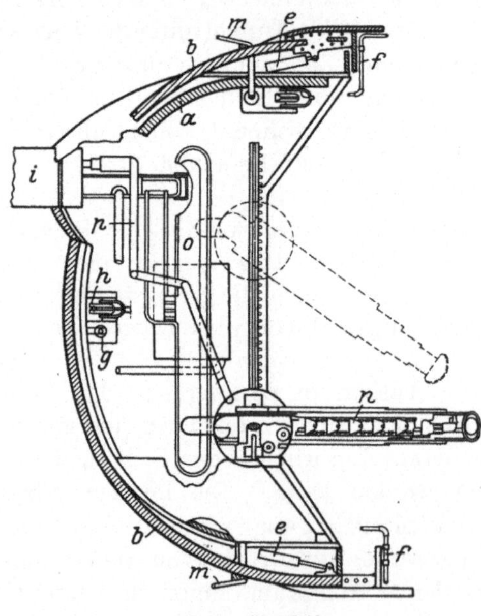

180b. Grundriß.

Vorn ist die Schutzeinrichtung mit in der Längsrichtung verschiebbaren Messerplatten (*d*) ausgerüstet, die jede einzeln für sich in die weichen Sande mittels hydraulischer Pressen vorgeschoben werden können. Sobald die Messer vorn ausgezogen sind, folgt die Gesamtschutzeinrichtung nach, indem die hydraulische Presse (*g*) in ein in der Sohle befestigtes Sperrad (*h*) eingreift, wodurch die Schutzeinrichtung nachgeschoben wird. Ihr Vorschub wird durch hydraulische Strahlen aus den Hilfsrohren e, f begünstigt.

Die mit i bezeichnete Öffnung stellt den Zugang zu dem Abbauort dar. Die hereingewonnenen Sande werden an Ort und Stelle sofort auf-

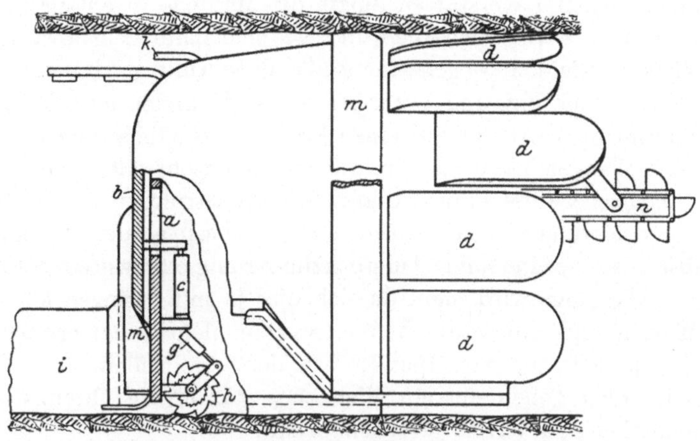

180 c. Seitenansicht.
Abb. 180 a—c. Treibschildmethode im unterirdischen Seifenabbau.

bereitet und die tauben Sande durch die Leitung (k) hinter die gewölbte Rückwand der Schutzeinrichtung gespült. Mit l ist das Abflußrohr für den Spülversatz, mit m sind die Schleifdichtungen der Schutzeinrichtungen

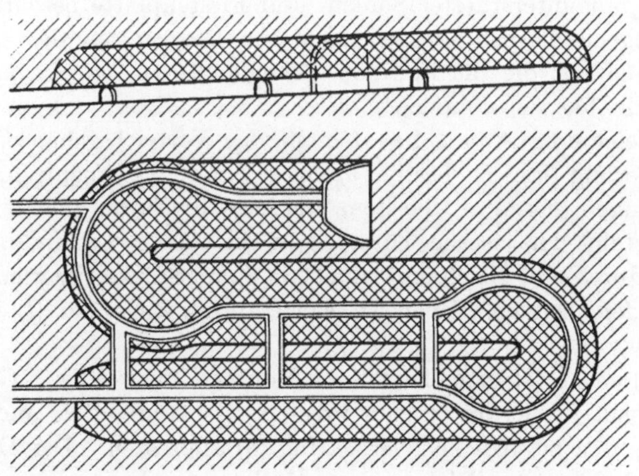

Abb. 181. Weg der Schutzeinrichtung im Ausbau.

gegeneinander und gegen die Gebirgswände bezeichnet. n ist ein Abbaubagger, o die Aufbereitungsanlage, deren Einzelkonstruktion an dieser Stelle von untergeordneter Bedeutung ist; p bedeutet die Wasserzufluß-, q die Wasserabflußleitung für die Aufbereitung. In Abb. 181 ist der

Abbauweg der Schutzeinrichtung angegeben. Aus derselben ist zu entnehmen, wie mit dem wandernden Ausbau die gebräche Lagerstätte fast ohne Abbauverlust durchörtert wird.

Für den Bergbau in mächtigen, lockeren, rolligen, schwimmenden gas- und ölreichen Lagerstätten dürfte die Methode in entsprechender Ausbildung ihrer hohen Sicherheit und, wie sich später zeigen wird, auch ihrer Wirtschaftlichkeit wegen eine große Bedeutung gewinnen.

Bei der Ausrichtung und Vorrichtung von Ölsanden mittels Schutzschild kommt es meist nur auf einen kräftigen Firstenschutz an. Den Schutz der Wangen kann man im allgemeinen mehr oder weniger entbehren. Logischerweise brauchte auch die Konstruktion der Streckenvortriebseinrichtung nicht wesentlich stärker zu sein als der Streckenausbau selbst, also wie eine solide Türstockzimmerung oder wie ein Streckengewölbe. Allerdings wird man, da sich dies ja mit geringen konstruktiven Mitteln und mit kaum nennenswerten Mehrkosten ermöglichen läßt, vom praktischen Standpunkte aus den voreilenden, wandernden Ausbau in allen Teilen um ein Vielfaches stärker ausführen als den entsprechenden definitiven Streckenausbau.

Auch die Streckensohle muß bei dem wandernden, voreilenden Ausbau durch eine Sohlenplatte abgekleidet werden, damit der Firstendruck sich gleichmäßig auf die Sohle überträgt und ein Versinken der Schutzkonstruktion im Untergrunde vermieden ist. Dementsprechend kann sich die Einrichtung in vielen Fällen auf ein einfaches Gestell aus Profileisen mit unterstützter Sohlen- und Firstenplatte beschränken.

Die folgenden Ausführungen sind der Dissertation des Dipl.-Ing. Adolf Schneiders, die die in Rede stehende Vortriebsweise auch zum Gegenstande hat, entnommen[1]):

„Die Zeichnung Abb. 182a—f stellt das Vortriebsgehäuse bei Türstockzimmerung dar. Es besteht aus einer Stahlgußschneide (a) und den Stahlgußringen (b und c), die dem Gehäuse die Form geben. Mit der Schneide steht der eiserne Türstock (c) in starrer Verbindung. Das Ganze ist durch eine Blechhaut von etwa 3 mm Stärke, die wieder durch T-Eisen oder Grubenschienen (e) sowie durch Zuganker (f) verstrebt ist, überspannt.

Die Schneide ist zur leichteren Montage mehrteilig. Gegen sie stemmen sich die hydraulischen Pressen (h), während sie andererseits sich gegen den beweglichen Druckring (b) anpressen. Der Druckring überträgt den Druck gleichmäßig auf den Streckenausbau, bei Türstockzimmerung auf die Bolzen (i), bei Mauerwerk auf das Mauerwerk.

In dem Maße, wie man das Gebirge vorn hereingewinnt, schieben die hydraulischen Vorschubpressen (h) das Gehäuse vor. Dabei gleitet

---

[1]) Adolf Schneiders, Dipl.-Ing.: Baggerbetrieb beim maschinellen Streckenauffahren unter Tage. (Diss.)

der rückwärtige Teil der Blechhaut über dem beweglichen, gegen den letzten Türstock angepreßten Druckring (*b*) nach vorn. Haben die Pressen ihren Hub beendet, so ziehen sie den beweglichen Druckring nach, wobei das Schutzblech von den Schienen (*e*) vor wie nach abgestützt ist. Nach Einbau eines neuen Türstockes, gegen den sich der bewegliche Druckring durch die neuen Bolzen (*i*) wieder anlegt, kann der Vorschub fortgesetzt werden.

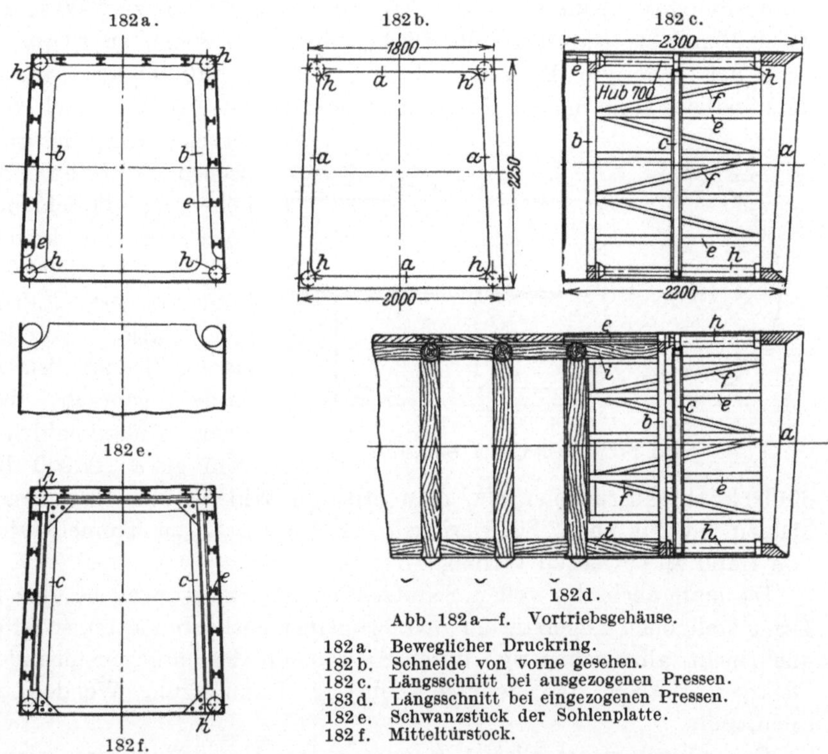

Abb. 182 a—f. Vortriebsgehäuse.

182 a. Beweglicher Druckring.
182 b. Schneide von vorne gesehen.
182 c. Längsschnitt bei ausgezogenen Pressen.
183 d. Längsschnitt bei eingezogenen Pressen.
182 e. Schwanzstück der Sohlenplatte.
182 f. Mittelturstock.

Der Einbau der Zimmerung erfolgt nach Abb. 182 d in der Weise, daß nach Vorziehen des Druckringes erst der Firstenverzug, der auf dem zuletzt eingebauten Türstock und dem Druckring aufliegt, und die Bolzen (*i*) eingebaut werden. Nach vollendetem Pressenhub werden dann auch die Kappe und die Türstockbeine eingebaut.

Entsprechend der ebenen Flächen des Vortriebsgehäuses müssen die Türstöcke auf der Rückseite abgerichtet sein; der Verzug kann in Übereinstimmung damit nur aus Bohlen bestehen, ist also als Spundwand einzubauen.

Das Gewicht der Vortriebseinrichtung beträgt bei dieser Konstruktion in den üblichen Streckendimensionen etwa 2000 kg.

„Der Pressendruck selbst wird normalerweise nicht allzu hoch ausfallen. Da man vor der Schneide das Gebirge hinwegräumt, so sind ja lediglich Reibungswiderstände zu überwinden, die dem Druck der Gebirgsmassen entsprechen; absolut genommen, wachsen diese mit dem Gewicht der auf der Oberfläche ruhenden Gebirgsmassen nach der Formel $R = f \times Q$, worin Q die Gesamtlast der Gebirgsmassen, f der Reibungskoeffizient von rolligem Gebirge auf Eisen und R die Gesamtreibung ist. Nimmt man die auf 1 qm ruhende Last zu 2000 kg an, $f = 0{,}5$ und die gedrückte Oberfläche, First und Sohle, zu 10 qm, so wäre der benötigte Pressendruck $0{,}5 \times 20000 = 10000$ kg. Selbstverständlich kann man bei höheren spezifischen Drücken auch den Druck der hydraulischen Pressen erhöhen, und die Schneide noch um ein kleines Maß in das weiche Gebirge vor Ort eindringen, also voreilen lassen, jedoch ist es kaum angebracht, über einen Maximaldruck von etwa 25000 bis

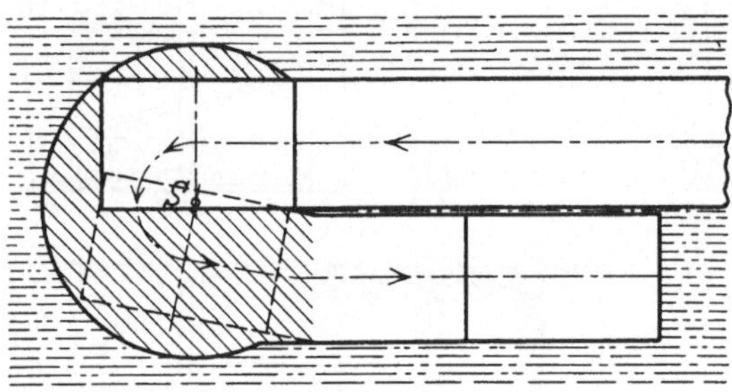

Abb. 183.   Wenden beim Vortrieb.

50000 kg hinauszugehen, da man ernstere Widerstände, klemmende Massen usw. ja ohne Schwierigkeit im Gegensatz zu Tunnelbauten von Hand zu entfernen vermag.

Da man auch des vollen Schutzes der Streckenwangen bei den in Frage stehenden Lagerstätten im allgemeinen entbehren kann, so ist es auch nicht allzu schwierig, durch Ausräumen des entgegenstehenden Gebirges seitlich der Schutzeinrichtung Raum zum Wenden zu schaffen.“

Den hierzu erforderlichen Raum deutet Abb. 183 in der schraffierten Fläche an.

178. Widerlager für die Pressen. Wie in Nr. 176 erwähnt, kann man dem wandernden, voreilenden Streckenausbau jede gewünschte Form geben. Bei Mauerung wird man mit Vorteil den kreisrunden oder elliptischen Querschnitt wählen. Bei festerer Sohle kann das Gewölbe auch unten offen, also ohne Abwölbung der Sohle nach französischer Bauweise, ausgeführt werden; unter Umständen reduziert sich das Vortriebsgehäuse sogar auf einen einfachen sich automatisch vorschiebenden Firstschild. Man kann ebenfalls den rechteckigen Querschnitt, also Scheibenmauerung mit flachem Firstgewölbe, wählen, und die Streckenmauerung unterbrechend, zur einfachen Türstockzimmerung übergehen.

„Eine einfache Türstockzimmerung ist selbstverständlich nicht in der Lage, den Pressendruck aufzunehmen; sie würde ohne weiteres von den Pressen umgeworfen werden. (Wie in Nr. 157 dargetan ist), ist es aber geraten, mit Rücksicht auf die Brandgefahr Mauerung mit Türstockzimmerung abwechseln zu lassen.“ Bei dem Übergang von der Mauerung zur Türstockzimmerung wird man beim Vortreiben des Schutzgehäuses die Türstöcke gegen die Scheibenmauerung durch Bolzen abstützen, so daß der Pressendruck gegen die Tür-

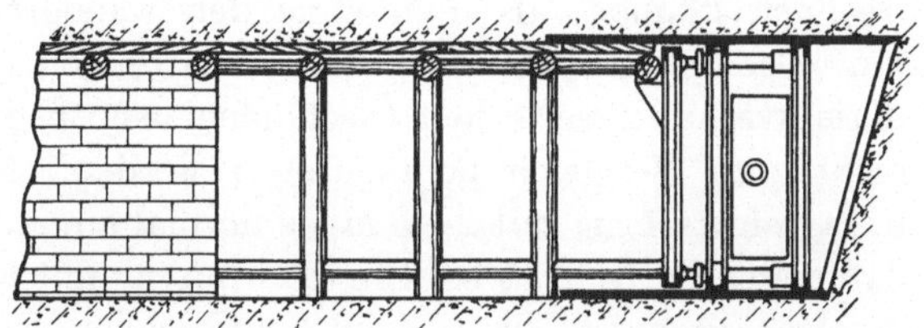

Abb. 184.   Streckenmauerung abwechselnd mit Türstockzimmerung.

stöcke durch Bolzen auf die Scheibenmauerung übertragen wird.   Es ergibt sich also die in Abb. 184 dargestellte Disposition.   „Nimmt man die zulässige Druckspannung parallel der Faserrichtung der Bolzenhölzer zu 50 kg/qcm an, so werden 4 Längshölzer von 20 cm Durchmesser insgesamt einen Druck von 60000 kg aushalten können. Die Bolzen könnten sogar noch schwächer sein, da (nach Nr. 162) die Grubenhölzer bei einer Stärke von 16 cm und einer Länge von 2,5 m eine Belastung in der Faserrichtung von 45000—55000 kg aufzunehmen vermögen, ehe sie zerstört werden, so können sie bei einer Stärke von 20 cm also dem vorgesehenen Pressendruck von maximal 50000 kg genügenden Widerstand bieten. Ungünstiger ist die Widerstandsfähigkeit der Beine, welche von den Bolzen quer zur Faser gedrückt werden. In dieser Richtung wird das Holz bei einem spezifischen Druck von etwa 50 kg/qcm zerstört, so daß, wenn die gedrückte Stelle $\dfrac{20^2\,\pi}{4} = 300$ qcm Querschnitt hat,

Abb. 185.

die Stempel höchstens einen Druck von 15000 kg, also bei 4 Stempeln von 60000 kg aushalten können. Man wird also, um der Steigerung des Pressedruckes zuvorzukommen, den wandernden, voreilenden Ausbau an der Schneide nach Möglichkeit freiarbeiten; andernfalls muß man den Druck (nach Abb. 185) durch Eisenschuhe überbrücken.

Bei der Streckenmauerung oder bei der Auskleidung in Beton oder Kunstformsteinen liegen die Verhältnisse einfacher, da man hierbei den ganzen Querschnitt des Streckenausbaues durch den Druckring als gleichmäßig belastet ansehen kann. Ist z. B. die Wandstärke 25 cm und der Streckenumfang 10 m, so wird der angenommene, zulässige Höchstdruck von 50000 kg bei nur 2 kg spezifischem Druck erreicht, eine Belastung, die selbst Ziegelmauerwerk in Lehmmörtel noch aushalten würde."

Bezüglich des Fortschrittes ist anzunehmen, daß die Leistungen in lockerem Ölträger nicht kleiner sind als beim Tunnelbau. Man wird bei normalen Verhältnissen auch erfahrungsgemäß mit einem größeren Fortschritt rechnen können, als man ohne den wandernden Schutz erreichen kann. Der unbefriedigende Tagesfortschritt von Pechelbronn, der in den Kriegsverhältnissen, dem Ölschöpfen usw. begründet war, soll dabei nicht zum Vergleich herangezogen werden. Nimmt man vielmehr den Tagesfortschritt mit 2—3 m als normal an, so ist nicht zu verkennen, daß dieser Fortschritt bei Handgewinnung mit wanderndem Ausbau zu überschreiten ist; denn beim wandernden Ausbau findet eine Arbeitsteilung statt. Während die Arbeiter vorn noch mit dem Ausräumen des Gebirges beschäftigt sind, findet rückwärts bei Gewölbe-

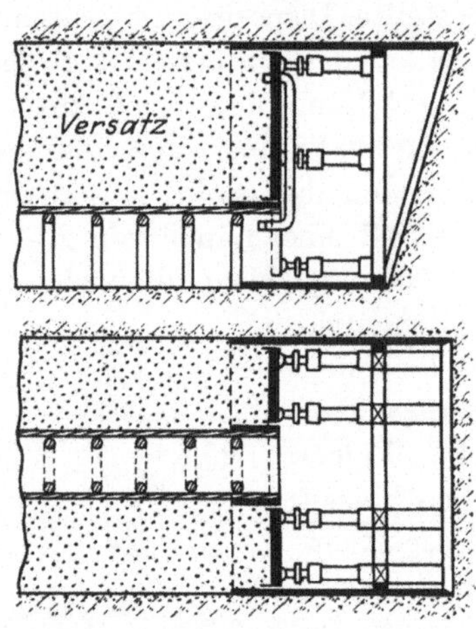

mauerung die Auskleidung der Strecke durch eine zweite Arbeitskolonne statt. Außerdem werden Lehr- und Stützrüstungen erspart, denn der Schutzmantel der Vortriebseinrichtung stellt selbst eine Außenlehre dar. Eine Innenlehre ist leicht mit dem wandernden, voreilenden Ausbau zu verbinden, die damit gleichzeitig die Tragrüstung des Gewölbes übernimmt. Bei der scharf umrissenen Querschnittsform des Ausbaues wird dabei nur genau soviel Gebirge weggenommen, als unbedingt notwendig ist. Dies hat zur Folge, daß der Ausbau, weil Nachfall verhindert ist, immer dicht hinterfüllt ist. Die schwierigste

Abb. 186.
Brunelsche Vortriebsweise im Abbau.

Arbeit dabei, das Ausräumen der Ecken zwischen Wangen und Ortswand, übernimmt die Schneide der Vortriebseinrichtung, welche das Gebirge hier aus seinem Verbande löst.

Die größten Vorteile der Brunelschen Bauweise werden sich aber erst bei der Gewinnungsarbeit, bei der Bekämpfung der Gas- und Brandgefahr, bei den Vorbohrungen und bei der Erweiterung des Aktionsbereiches der Strecken zeigen.

Auch beim Abbau von Öllagerstätten ist die in Rede stehende Vortriebsweise mit Vorteil zu verwenden; dies beweist der Unterwassertunnelbau mit seinen riesigen Dimensionen von 10 und mehr Metern. Ein derartiges Ausmaß des Gewinnungsortes stellt nach bergmännischen Begriffen ein Abbauort dar, wie dies auch der in Nr. 177 als Parallele erwähnte Goldseifenbetrieb dartut. Man wird aber vorteilhafterweise im Abbau nicht die Schienen und den Streckenausbau als Widerlager für den Pressendruck wählen, sondern hierzu die Versatzmassen benutzen. Abb. 186 zeigt, in welcher Weise dieses möglich ist. Die Rückwand ist zu diesem Zweck beweglich gemacht, so daß sie mittels der Pressen vom Versatz zurückgezogen werden kann, sobald die Pressen ihren Hub vollendet haben. Hinter der zurückgezogenen Wand wird dann neuer Versatz eingebracht, gegen den sich die Wand wieder anlegt und von neuem als Widerlager dient. In dem Versatz bleibt dabei eine Förderstrecke offen.

XIII. Die Gewinnungsarbeiten.

179. Allgemeines. Sprengstoffe in Ölbergwerken. Die Gewinnungsarbeiten sind die Arbeiten, vermittels derer das Gestein aus seinem Zusammenhang gelöst und zum Abtransport weggeschaufelt wird. Zu den Gewinnungsarbeiten werden entweder Handgeräte — das Gezähe — oder Maschinen benutzt. Von der Verwendung von Sprengmitteln sollte man im Ölbergbau aus naheliegenden Gründen nach Möglichkeit absehen, oder sie doch höchstens nur in Schwerölgruben zulassen, wenn die Arbeiten an entlegenen öl- und gasfreien Betriebspunkten und unter solchen Umständen erfolgen, daß die Berührung der explodierenden Sprengstoffe mit explosiblen Gasen oder Öldämpfen ausgeschlossen ist. Solange über das Verhalten der anerkannt sichersten Sprengstoffe bei deren Zusammentreffen mit Öldämpfen keine einwandfreien Versuchsresultate vorliegen, kann man für ihre Verwendung im Ölbergbau nicht eintreten, obschon angeblich der Gebrauch von Sprengstoffen in einer Schwerölgrube bisher noch nicht zu Bedenken Veranlassung gegeben hat. Es ist nicht allein die Brand- und Explosionsgefahr, die bei dem Gebrauch von Sprengmitteln in Ölgruben zur Vorsicht mahnt; es ist vielmehr auch zu befürchten, daß, ähnlich wie bei Kohlensäureausbrüchen in Steinkohlengruben, in Erdöllagerstätten Erdgasausbrüche durch Sprengschüsse ausgelöst werden.

Die Sprengtechnik bietet nichts Besonderes, und kann dieserhalb hier auf jedes einschlägige Lehrbuch hingewiesen werden.

180. Bedeutung der maschinellen Gewinnungsarbeit der Ölträger. Im allgemeinen ist beim Erdölbergbau vielleicht mehr als bei jedem anderen Bergbau anzustreben, daß die menschliche Arbeitskraft nach Möglichkeit aus dem Grubenbetriebe ausgeschaltet wird. Die Ölfelder liegen ja oft in so entlegenen unwirtlichen oder des Bergbaues ungewohnten und dünn bevölkerten Gegenden, daß die Beschaffung einer größeren Zahl geschulter Bergarbeiter schwer ist. Man braucht nur an die Ölfelder von Baku und Mesopotamien, der südamerikanischen Republiken, an das Golf- und Midcontinentfeld, an die Ölgebiete in den Rocky Mountains, an die Albertaölsande und das Normanölfeld in Kanada, an Sachalin usw. zu denken, um sich darüber klar zu werden, daß dem Ölbergbau in all diesen Gebieten nur dann eine Existenz geboten werden kann, wenn die menschliche Arbeitskraft in weitgehendstem Maßstabe durch Gesteinsgewinnungsmaschinen ersetzt wird. Daneben aber spielen auch andere Momente eine wesentliche Rolle. Schon die Anwesenheit so vieler Menschen in der Grube bietet eine aktive und passive Gefahr, denn je mehr Menschen, um so mehr Unverstand und Leichtsinn; je mehr Menschen, um so größer aber auch die Zahl der Opfer einer Katastrophe. Dann aber bedeutet die vorwiegende Handarbeit in manchen Fällen eine Verteuerung des Betriebes, die in vielen Ölfeldern eine Rentabilität der Grube trotz der reichen Ölzuflüsse nicht mehr möglich erscheinen läßt. So würde die Pechelbronner Grube, die während des Krieges und nach demselben ja so auffallend hohe Gewinnziffern aufwies, bei sonst durchaus gleichbleibenden Verhältnissen und gleicher Betriebsweise in den Vereinigten Staaten schwerlich einen Gewinn aufgewiesen haben, da das Lohnkonto infolge der hohen Arbeitslöhne dort derart angeschwollen wäre, daß von Verdienst keine Rede mehr hätte sein können.

Nun sind aber gerade im Ölbergbau die Festigkeitsverhältnisse des Gesteins durchweg so, daß sie für die Gewinnung durch maschinelle Hilfsmittel besonders geeignet erscheinen. Die Ölträger sind ja meistens rollig (Sand und Kies), milde (Ton) oder gebräch (Ölsandstein, Tonschiefer und Ölkreide). Festeres Gefüge zeigen nur die bereits erwähnten Ölkalke und Ölsandsteine.

181. Handgewinnung. Die Gewinnung von Hand erfolgt durch Schaufel und Keilhaue. Der Gebrauch der gewöhnlichen Keilhaue ist in Ölbergwerken mit leichtflüchtigen Ölen gefährlich, wenn grobe Kiesel, Pyrit oder Feuerstein im Gebirge eingebettet sind. Die beim Auftreffen der Keilhaue gar zu leicht absplitternden Gesteinsfunken vermögen nämlich ein Gemisch von schweren Öldämpfen und Luft zu entzünden. Hierauf ist z. B. einwandfrei die Entstehung der Brandkatastrophe zurückzuführen, die am 15. August 1919 den Schacht I der Pechelbronner Werke heimsuchte.

Bei der Arbeit mit der Keilhaue kann man rechnen, daß ein Arbeiter, um 1 cbm milden Gesteins zu lösen, etwa $2^1/_2$—3 Stunden benötigt. Für das Laden der gelösten Massen sind weitere $^3/_4$ Stunden erforderlich. Ist das Gebirge weicher, so daß es mit dem Spaten gestochen werden kann, so verringert sich die benötigte Arbeitszeit auf etwa $1^1/_2$ Arbeits-

stunden für das Lösen und $^1/_2$ Stunde für das Laden von 1 cbm. Sand
und Kies erfordern für Gewinnung und Laden mit der Plattschaufel
$^1/_2$—1 Stunde pro Kubikmeter.

182. Der Abbauhammer. Das zunächst angewandte Werkzeug, um
die Gefahr der Keilhaue zu vermeiden, ist der Abbaulufthammer
(Abb. 102), dessen bereits beim Schachtabteufen (Nr. 101) Erwähnung
getan ist.

Der Bohrhammer besteht in der Hauptsache aus einem Zylinder
von 32—75 mm Durchmesser, in dem sich ein Schlagkolben mit großer
Geschwindigkeit hin und her bewegt. Bei jeder Vorwärtsbewegung
schlägt der Kolben auf den Vierkantkopf eines in einer Hülse ein-
gesteckten Meißels, der an der rückwärts gerichteten Bewegung nicht
teilnimmt. Der Kolbenhub schwankt zwischen 50 und 85 mm, die
Zahl der Schläge zwischen 1200 und 2500. Die Steuerung erfolgt bei
den bekanntesten Hämmern (Flottman & Co. in Herne) durch eine
Steuerkugel, die durch die Preßluft mit großer Geschwindigkeit hin
und her geschleudert wird und dabei die Luft abwechselnd vor und
hinter den Kolben treten läßt. Das Gewicht des Hammers beträgt
bei den kleinsten Modellen ohne Meißel 4,5 kg, bei den größeren Typen
bis zu 30 kg. In dem kleinen Gewicht und den kleinen Dimensionen
liegt der große Vorteil der Bohrhämmer, da sie einfach in die Hand
genommen und in den engsten Betriebsräumen verwendet werden
können. Die schwereren Hämmer finden hauptsächlich Verwendung
bei Arbeiten in der Sohle, also beim Schachtabteufen, beim Versteinungsverfahren u. dgl.

Der Luftverbrauch beträgt bei den kleinen Hämmern ca. 750 l
angesaugte Luft von 4 Atm. Pressung pro Minute, der Kraftbedarf
an der Kompressorwelle etwa 4,5 PS.

Im Erdölbergbau sollten die Lufthämmer stets mit Luftspülung
betrieben werden; bei dieser tritt die verbrauchte Luft durch den
Kolben hindurch in den Hohlbohrer, um an der Meißelspitze zu entweichen. Hiermit ist der große Vorteil verbunden, daß mit jedem
Schlage an der Meißelspitze reine Luft austritt, so daß die absplitternden
Gesteinsfunken einen gegen Öldämpfe isolierten Raum durchfliegen
müssen, ehe sie ein explosibles oder brandfähiges Luftgemisch erreichen.
Auf dem Wege durch diese Luftisolierschicht kühlen die Splitter so
weit ab, daß sie die Zündfähigkeit verlieren. Man wird den Abbau-
hammer infolgedessen auch in Gebirgen bevorzugen, für welche er
eigentlich nicht vorgesehen ist, nämlich für verfestigte Sande und mürbe
Sandsteine, die man im allgemeinen sonst mit der Keilhaue hereingewinnt. In manchen Fällen, so insbesondere beim Bohren von
Zementierbohrlöchern, wird man auch Wasserspülung wählen; das
Wasser darf aber niemals in das Innere der Maschine treten; daher ist

eine sorgfältige Abdichtung des Meißelkopfes gegen die Einsteckhülse erforderlich. Meist führt der Weg der Wasserspülung durch einen am Zylinderdeckel aufgeschraubten Spülkopf in den Hohlbohrer.

Nach dem gleichen Prinzip ist die Preßlufthacke Abb. 187 gebaut. Es ist ein einfacher Abbauhammer an einem Stiel, durch den die Preßluft zugeleitet wird. Wenn die Hacke genügend tief in das Gestein eingedrungen ist, ist man in der Lage, dasselbe mit dem Griff, also an einem Winkelhebel, auszubrechen. Das bekannteste Modell ist das der Firma Hausmann, Hinselmann & Co., Hauhinco, in Essen. Für Erdölbergwerke wird man den Luftauspuff nicht durch den Stiel, sondern durch die Hacke leiten. Die Leistung der Abbauhacke ist nach Bergassessor Wedding stellenweise höher als die der in gleichem Gebirge vordem üblichen Schießarbeit, wonach pro Mann und Schicht die Mehrleistung 1—1$^1/_2$ Förderwagen, bei Ersparnis der Sprengstoffkosten betrug[1]).

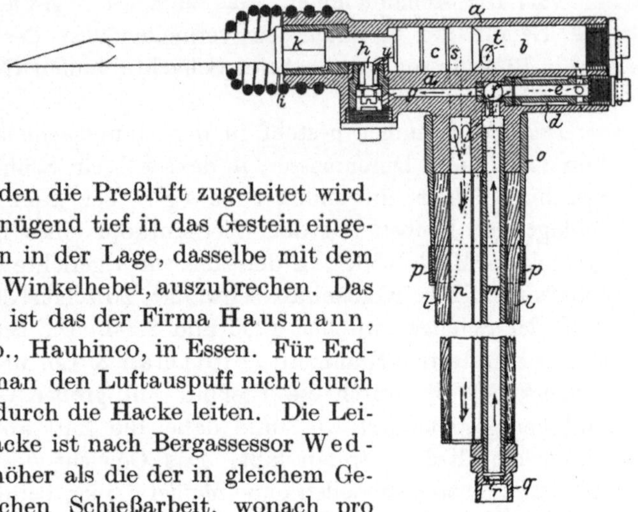

Abb. 187. Preßlufthacke

183. Säulenschrämmaschinen. Ist das Gebirge so fest, daß die Arbeit eines Abbauhammers nicht mehr genügt, so muß man dazu übergehen,

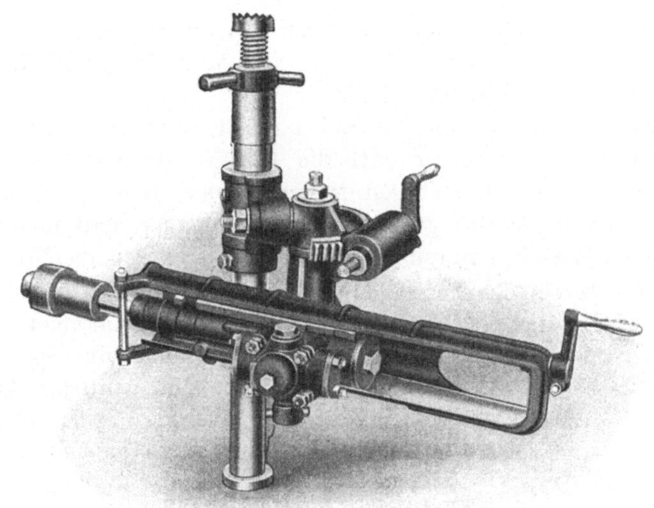

Abb. 188. Säulenschrämmaschinen. (Fröhlich & Klüpfel.)

____

[1]) Wedding: Die Preßlufthacke. Glückauf 1921, Nr. 49.

das Gebirge zu unterschneiden und hereinzubrechen. Hierzu bedient man sich der Schrämmaschinen (Abb. 188). Diese stellen in der Gebirgsbrust einen Schlitz, den sog. Schram, her. Im Kohlen-, Erz- und Salzbergbau werden die hangenden Gesteinsmassen durch Sprengstoffe oder durch den Druck des Hangenden hereingebrochen. Im Ölbergbau müssen die unterschrämten Gesteinsmassen, wenn sie nicht von selbst hereinbrechen, durch eingetriebene Keile oder ähnliche Einrichtungen stückweise hereingebrochen werden. Die Schrämmaschinen, die im Steinkohlenbergbau eine große Bedeutung gewonnen haben, sind auch für den Erdölbergbau von Wichtigkeit, zumal dann, wenn es sich um die Durchörterung vertaubter und verfestigter Gesteinsmassen im Lager handelt.

Die Schrämmaschinen können stoßend oder fräsend wirken. Die stoßenden Schrämmaschinen arbeiten genau wie der Abbauhammer, nur wird die ganze Maschine mitsamt dem Meißel, der Krone, bei der Arbeit um eine eingespannte Säule hin und her geschwenkt, so daß im Gebirgsstoß ein breiter Schlitz entsteht.

Bei den Säulenschrämmaschinen (Abb. 188) hat der Bohrzylinder einen Durchmesser von 70—90 mm; das Gewicht ohne Säule beträgt 75—125 kg, die Schwenkbewegung wird dadurch hervorgerufen, daß eine mittels Handkurbel betätigte Schnecke in die Randzähne eines Sektors eingreift.

Die Schrämkronen (Abb. 189—191) besitzen 1—8 Schneiden; die mehrspitzigen Kronen werden mit Vorliebe bei zähem Gebirge verwandt; für weiches Gebirge eignet sich am besten eine 3—4zackige Krone nach Abb. 191. Der Durchmesser der Kronen schwankt zwischen 65 und 90 mm; dementsprechend ist auch die Höhe des Schrams.

Das Hauptanwendungsgebiet der Säulenschrämmaschinen ist das Auffahren

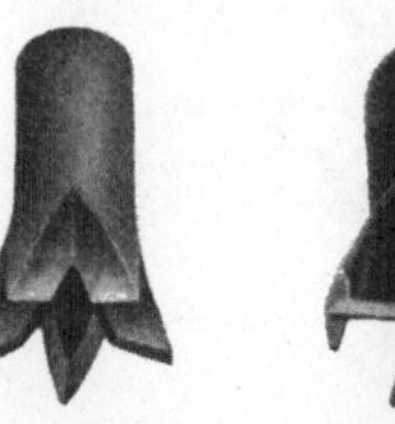

Abb. 189.   Abb. 190.   Abb. 191.

Abb. 189—191. Schrämkronen für Säulenschrämmaschinen. (Flottmann & Co., Herne.)

der Strecken. Pro Stunde kann man, je nach der Natur des Gebirges, 12—13 qm unterschrämen. Die Tiefe des Schrams beträgt jedesmal etwa 1,5—2 m. Der Luftverbrauch ist mit 2—3 cbm pro Minute angesaugter Luft beträchtlich; der Kraftbedarf beträgt 15 PS.

Die Säulenschrämmaschine hat besonders in Deutschland weiteste Verbreitung gefunden. Sie ist eine Erfindung des Saarbrücker Grubenschlossers Eisenbeis, hat aber eine Reihe von mehr oder minder ähnlichen Nachahmungen und Verbesserungen gefunden. Auch im Pechelbronner Erdölgrubenbetrieb hat sie namentlich in harten, mergeligen Vertaubungen wesentliche Dienste geleistet. Die in Abb. 188 abgebildete Maschine stellt ein Modell der Firma Fröhlich & Klüpfel, Unterbarmen, dar.

184. Stangenschrämmaschinen. Für die Schrämarbeit im Abbau haben sich in den letzten Jahren in Deutschland die Stangenschräm-

Abb. 192. Stangenschrämmaschine. (Flottmann & Co., Herne.)

maschinen eingeführt. Dieselben beruhen darauf, daß eine mit Schneidzähnen besetzte Stange in Rotation versetzt wird und dabei, während sie am Abbaustoß entlang gezogen wird, die Lagerstätte unterschneidet

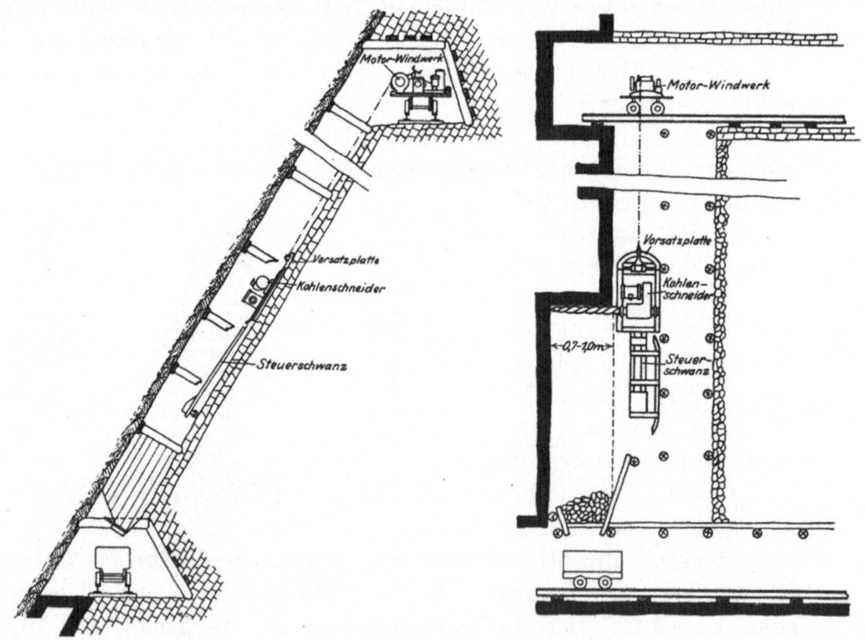

Abb. 193. Stangenschrämmaschine im Betriebe bei steiler Lagerung. (Flottmann & Co., Herne.)

(Abb. 192 u. 193). Die Maschine besteht aus der eigentlichen Antriebsmaschine, dem Schrämkopfe mit Vorgelege und dem Windwerk. Das Ganze ruht auf einem Schlitten. Zur Steuerung wird gewöhnlich noch ein Steuerschwanz angehängt, der sich an der Stempelreihe führt.

Der Motor besteht entweder aus 4 Zylindern mit Tauchkolben oder aus einer Drehkolbenvielzellenmaschine, oder aus zwei mit Winkelzähnen ineinandergreifenden Rotoren. Durch geeignete Radübersetzung wird die Kraft zum Schrämkopf und auf die Schrämstange übertragen. Diese macht bei einem Preßluftdruck von 4 Atm. etwa 240 Umdrehungen pro Minute. Die neuesten Maschinen bauen sehr klein und nehmen einen Raum ein von 2500 mm Länge, 650 mm Breite und 315 mm Höhe; das Gewicht inklusive Windwerk ist bis auf 650 kg herabgedrückt. Der Luftverbrauch schwankt zwischen 6,6 und 15 cbm angesaugte Luft pro Minute. Der Motor entwickelt dabei am Abbauort 11—25 PS. Die nutzbare Länge der Schrämstange, die Schrämtiefe, erreicht 1500 mm. Die Leistung beträgt in einer Stunde Arbeitszeit 2—6 qm, in einer Stunde reiner Schrämzeit 6—10 qm ausgeschrämter Fläche.

185. Die Hereintreibearbeit. Unter Hereintreibearbeit versteht man das Ausbrechen des Gesteins aus seinem Zusammenhang. Neben dem in Nr. 182 erwähnten Abbau-hammer und der Preßlufthacke dient diesem Zweck hauptsächlich der Keil, ein spitzer Stahlkeil, der in das unterschrämte oder auf andere Weise freigelegte Gebirge

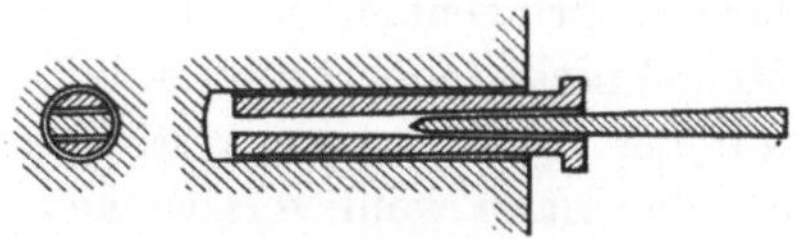

Abb. 194. Keil mit Legeisen.

mit Fäustel oder schwerem Hammer eingetrieben wird und dabei die Felsmassen absprengt. Um die Reibung des Keiles zu vermindern, zieht man auch vor, mit einem großen Meißel mittels Lufthammer ein tieferes Bohrloch in das hereinzugewinnende Gestein zu treiben und in dieses sog. mehrteilige Legeisen zu schieben, in welche der Keil hinein-getrieben wird (Abb. 194).

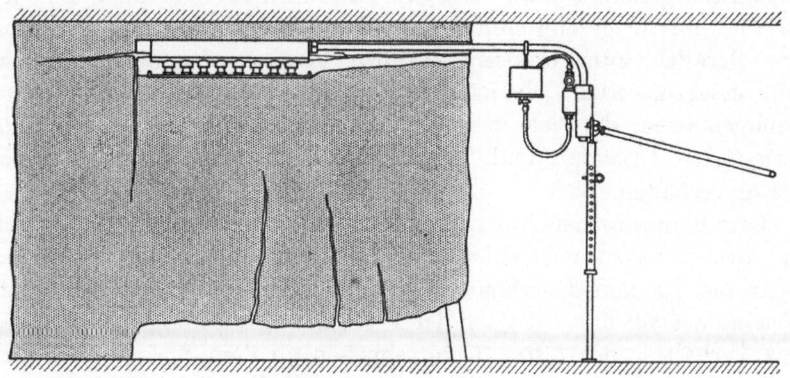

Abb. 195. Sprengpumpe.

Als Ersatz der Sprengarbeit dürfte auch die Sprengpumpe von Ernst Heckel von Bedeutung werden (Abb. 195). Sie besteht aus einer

Reihe kleiner hydraulischer Pressen, meistens 8, welche auf einem kleinen Sockelkörper zu einer Einheit zusammengebaut sind. Mittels einer Handpumpe werden die Preßkolben unter Druck gestellt und drücken dadurch unmittelbar auf das unterschrämte Gestein. Für ihre Anwendung sind zwei Schrämschlitze nötig, der untere, um Einbruch zu schaffen, und der obere, um die Sprengpumpe einzuführen. Die für das Einschieben der Sprengpumpe erforderliche Schlitzhöhe beträgt mindestens 85 mm, da die Sprengpumpe eine Höhe von 80 bis 100 mm hat. An Stelle des oberen Schlitzes können auch einzelne Bohrlöcher von etwa 100 mm Weite und 600—700 mm Tiefe die Pumpe aufnehmen.

Die während des Krieges auf den Pechelbronner Gruben angestellten Versuche mit der Sprengpumpe befriedigten zwar nicht; jedoch lag dieses weniger an der Sprengpumpe selbst als an den unglücklichen, allgemein schwierigen Verhältnissen, insbesondere auch daran, daß bei der dringenden Nachfrage nach Öl die Arbeiten im tauben festen Mergel nicht forciert werden konnten, und wenig Zeit blieb, die Arbeiten mit der Sprengpumpe systematisch durchzuführen.

Man kann wohl voraussehen, daß alle maschinellen Einrichtungen, die dazu dienen, festere Gebirgsmassen hereinzugewinnen, im Erdölbergbau ein großes Anwendungsgebiet finden werden, da die Schießarbeit diesen Mitteln ihrer Gefährlichkeit wegen keine Konkurrenz machen kann.

186. Hydraulische Gesteinsgewinnung. Neben der mechanischen Gewinnung der Ölträger kommt für den Erdölbergbau noch besonders die hydraulische Gewinnung in Betracht. Sie besteht darin, daß ein Wasserstrahl unter hohem Druck gegen die abzubauende Gebirgsmasse gerichtet wird und im Anprall desselben diese zu Grus zerfällt und fortgeschwemmt wird. Hier bietet sich dem Ölbergbau eine Parallele zum Goldseifenbergbau oder zu der Gewinnung von Spülversatzmaterial. Es handelt sich bei diesen Betrieben auch um Gebirgsmassen, die sich in ihrer lockeren Konsistenz den nur wenig verfestigten Ölsanden und mürben Ölsandsteinen gegenüber gleichwertig verhalten.

Dem hydraulischen Abbau dienen Strahlapparate (Abb. 196), welche das Druckwasser in Strahlen von 10—25 mm, im Goldseifenbergbau sogar bis 200 mm Durchmesser austreten lassen. Die Pressung des Wassers beträgt dabei je nach der Festigkeit des Gebirges 10—30 Atm. Das Verhältnis der festen Gebirgsmassen zu dem Spritzwasser kann zu 1 : 0,7—1 : 1,5 angenommen werden. Die Handhabung der Strahlapparate, die bei den hydraulischen Abbaubetrieben auch Monitore genannt werden, ist bei hohem Druck des Preßwassers schwierig; deshalb werden sie in vertikal und horizontal drehbaren Zapfen verlagert. Um die Ausbildung der Monitore hat sich die Firma Gebr. Körting, Hannover, besonders verdient gemacht.

Beim Auffahren von Strecken ist die Verwendung der Monitore daran gebunden, daß der Wasserstrahl in seiner Wirkung räumlich genau begrenzt ist, da sonst Aushöhlungen und Nachfall entstehen und der ungeregelt abfließende Strom die Strecken und Grubenbaue verschlemmen würde.

Ein scharf umrissenes Profil des auszuspülenden Hohlraumes weist der voreilende, wandernde Ausbau nach Nr. 177 dem Wasserstrahl (Abb. 197); derselbe muß zu diesem Zweck auch seitlich mittels einer Blechhaut vollständig verkleidet sein. Damit der vom Ortsstoß zurückprallende Strahl den den Monitor handhabenden Arbeiter nicht belästigt, muß man

Abb. 196. Monitor.

den Ausbau auch rückwärts verschließen. In die Verschlußtür werden dann die Monitore in Kugelgelenken verlagert; ein Schauloch mit Innenbeleuchtung des Arbeitsstoßes gestattet es, die Richtung des

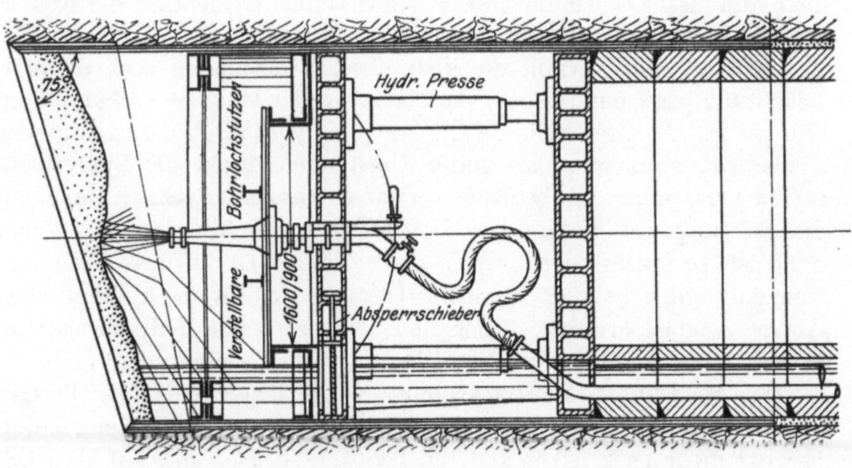

Abb. 197. Hydraulische Gewinnung bei Brunelschem Streckenvortrieb.

Strahles von Hand zu regulieren und überall dort anzugreifen, wo die Gebirgsmassen am meisten zurückgeblieben sind.

Das vom Wasserstrahl hereingewonnene Material wird durch den

Verschluß vor Ort am regellosen Abfluß verhindert und ist genötigt, durch einen Abflußstutzen mit anschließender Leitung von etwa 150 mm Durchmesser abzufließen, um in einem Sumpfe sich zu klären (Abb. 197). Das verbrauchte Wasser wird nach der Klärung wieder verwendet, nachdem es immer wieder auf Druck gebracht, d. h. evtl. zutage gepumpt worden ist.

Im Abbau ist das Abspritzverfahren zu verwenden, wenn die Lagerstätte geneigt ist und eine geringe Mächtigkeit hat, und wenn zudem das Hangende genügende Festigkeit aufweist, so daß zu seiner Stütze ein vorübergehendes Abstempeln genügt. Dann ist die Arbeitsdisposition derjenigen der Arbeit mit Stangenschrämmaschinen ähnlich (Nr. 184, Abb. 193). Der Monitor wird dann wie diese auf einem Schlitten verlagert und am Seil in fallender Richtung abwärts gezogen, wobei der Strahl, seitlich nach vorn gerichtet, seine Arbeit ausführt. Die Flut, mit dem Fördergut beladen, eilt dann im natürlichen Fallwinkel auf dem Liegenden abwärts bis zur Kläranlage. Während der Abbaustoß in streichender Richtung streifenweise weggenommen wird, wird rückwärts der Versatz streifenweise eingebracht (Nr. 242, Abb. 234).

Der hydraulische Abbau von Ölsanden und mürben Sandsteinen ist außerordentlich billig. Nach Buhle ist der Abbau von Goldseifen unter günstigen Verhältnissen noch lohnend gewesen, wenn das Kubikmeter goldhaltigen Gesteins nur einen Durchschnittsgehalt von 0,08 g Gold im Werte von nur 16 Pf. enthielt[1]). Wenn man der Analogie im Ölbergbau auch nicht diese Minimalzahl zugrunde legen will, so ist doch die hydraulische Gewinnungsweise von Ölsanden hinsichtlich der Kosten entsprechend einzuschätzen.

Im Ölbergbau gewinnt die hydraulische Gewinnung noch dadurch Bedeutung, daß mit ihr eine Aufbereitung der Ölsande verbunden zu sein pflegt. Bereiten sich die Ölträger im hydraulischen Strahl in der Grube auf, so können sie unter Umständen direkt als Spülversatz für zu versetzende Grubenbaue verwandt werden. Rechnet man, daß die Leistung pro Kubikmeter Druckwasser pro Minute nur $^1/_4$ cbm Sand ist, so erkennt man, welch große Mengen Öl auf diese Weise gewonnen werden können, wenn der Ölträger sich für den hydraulischen Abbau geeignet erweist. Welch hohe Sicherheit die hydraulische Gewinnung für den Betrieb bietet, bedarf keines weiteren Hinweises.

187. Mechanische Massengewinnung der Ölträger. Wenn der Ölträger für die hydraulische Gewinnung nicht geeignet ist, so drängt beim Erdölbergbau mehr als in jedem anderen Bergwerksbetrieb alles auf Mechanisierung der Gewinnungsarbeit hin.

Die bisher in dieser Hinsicht in den anderen Zweigen der Bergtechnik gemachten erfolgreichen Versuche fanden durchgehends andere Ver-

---

[1]) Buhle: Massentransport. Stuttgart 1908.

hältnisse als in Öllagerstätten vorliegen. Meistens handelte es sich darum, feste Gebirgsmassen, die durch Sprengarbeit oder auf anderem Wege bereits gelöst waren, auf mechanischem Wege einzuschaufeln und zu verladen. Diese Bagger beanspruchen ausnahmslos einen großen Arbeitsraum, der ihnen im Salzbergbau oder in den mächtigen, flach gelagerten Kohlenflözen der Vereinigten Staaten geboten ist. Als solche Untertagebagger, die aber, wie gesagt, weniger der Gewinnung als der Förderung dienen, kommen der Eimerbagger der Buckauer Maschinenfabrik A.-G., Magdeburg, sowie Löffelbagger verschiedenster Konstruktion in Betracht. Die Grundzüge dieser Baggertypen werden hier als bekannt vorausgesetzt, da sie sich eng an die Übertagebagger anschließen. Amerikanische Typen nach dem Prinzip der Löffelbagger sind auch in Deutschland bekanntgeworden, haben hier aber keine Anwendung gefunden. Es sind dies der Hoar-underground-Bagger, ein typischer, voll schwenkbarer Löffelbagger in Ausmaßen von 2,1 m Breite und 1,8 m Höhe bei einem Gewicht von 2630 kg und einer Leistung von etwa 7 t pro Stunde, der Marion-Löffelbagger, der sich auf einem Raupenband nach Art der Tanks fortbewegt, mit einer Leistung von 6 t pro Stunde, die mechanische Schaufel von Conweight mit einer Einrichtung, um den Löffel mittels Seilzug vom Vorderende des Auslegers zurückzuziehen, wobei dieser um 180° schwenkbar ist und eine Leistung von 6—7 t aufweist, endlich der Lake-Superior-Schaufler, ein Verladebagger, dessen Schaufel das Fördergut vorn schaufelt, über die Maschine nach rückwärts transportiert und dort verladet, und dessen Leistung mit 13 t pro Stunde angegeben wird. Alle diese Maschinen haben durchgehends zwei Mann Bedienung. Bei genügender Festigkeit des Ölträgers und der damit zur Verfügung stehenden Weite der Grubenräume könnten diese Typen auch im Erdölbergbau Verwendung finden. Mit der Festigkeit aber würde ihre Leistung als eigentliche Gesteinsgewinnungsmaschine jedenfalls sehr herabgehen und zweifelsohne nicht mehr befriedigen; bei der normalerweise geringen Festigkeit der Ölträger aber werden sie den beanspruchten großen Arbeitsraum ohne voreilenden Ausbau nicht finden und ohne Frage durch niedergehende Gebirgsmassen verschüttet werden.

188. Streckenbagger im deutschen Braunkohlenbergbau. Im deutschen Braunkohlenbergbau hat man versucht, die Strecken im ganzen Querdurchschnitt anzubohren. Das Prinzip dieser Streckenbohrmaschinen besteht darin, daß eine dem Streckenquerschnitt entsprechende, mit Schneidmessern besetzte Planscheibe vor Ort vermittels mehrfacher Räderübersetzung in Rotation versetzt wird und hierbei die erdige Braunkohle hereingenommen wird. Die von der „Humboldt", Köln-Kalk, für das Gruhlwerk gebaute Maschine zeigte aber große Mängel, so daß sie bald wieder außer Betrieb kam. Das kreisförmige

Streckenprofil war sehr ungünstig, dann aber versank die schwere Maschine in dem weichen Untergrund, so daß die Streckenrichtung nicht einzuhalten war. Weiterhin wurde sie sehr oft durch Nachfall verschüttet und, was am ungünstigsten war, die Strecke war vor Ort vollständig unzugänglich, so daß man bei Reparaturen oder Zwischenfällen gar nicht an den Ortsstoß heran konnte, und Reparaturen vor Ort unmöglich waren. Nach diesem Prinzip arbeitende Streckenbagger haben demnach in dem weichen Ölträger auch keine Aussicht auf Erfolg.

189. Streckenbagger bei der Brunelschen Vortriebsweise. Für die mechanische Gewinnung des Ölträgers im Erdölbergbau müssen nach diesen Erfahrungen die Forderungen gewahrt bleiben, daß der Streckenbagger sich dem gewünschten Profil anschließt, daß er vor Verschüttung geschützt ist, daß er stets zugänglich bleibt und jederzeit Reparaturarbeit vor Ort gestattet, und daß er nicht in der Sohle versinkt.

Mit einem überraschend günstigen Ausblick lassen sich diese Forderungen bei der Brunelschen Baumethode erfüllen. Es bietet sich hierbei die Möglichkeit, die mechanische Gewinnung und Verladung der bituminösen Massen in großem Maßstabe durchzuführen und in einen organisch zusammenhängenden Arbeitsvorgang zu vereinen. Freilich wird man dabei das Schutzgehäuse zur Aufnahme der maschinellen Einrichtungen stärker machen müssen. Die Schwierigkeiten scheinen dadurch behoben, daß man den Bagger nicht mehr auf einen Baggerwagen montiert und dadurch die Streckensohle beansprucht und versperrt, sondern daß man die Baggereinrichtung an dem voreilenden und wandernden Schutzgerüst selbst, d. h. in einer der Ortsfläche parallelen Anordnung (Abb. 198, 199 und 200) oder unmittelbar unter der First aufstellt (Abb. 201). Dadurch ist die Zugänglichkeit des Ortsstoßes entweder seitlich oder unterhalb neben der Baggereinrichtung gewahrt. Das Gewicht verteilt sich gleichmäßig auf die Sohlenplatte. Dadurch ist ein Versinken der Einrichtung vermieden bzw. das Eigengewicht des Baggers auf den Ortsstoß abgeladen und zur Baggerarbeit benutzt. Endlich auch ist das Baggerwerkzeug entsprechend dem eigentlichen Zweck des voreilenden, wandernden Ausbaues vor Verschüttungen und Verklemmungen bewahrt.

190. Konstruktion der Streckenbagger. Bei der Brunelschen Vortriebsweise sind zwar schon im Tunnelbau Streckenbagger verwendet worden, so der Tunnelbagger von Tomson u. a.; sie hielten aber stets an dem konstruktiven Grundsatz fest, daß der Bagger auf einem Baggerwagen, also auf der Streckensohle, stand und von diesem aus mittels Auslegers bis an den Ortsstoß heranreichte. Dadurch aber waren die Nachteile der Streckenbagger — hoher Druck auf die Streckensohle, großer Arbeitsaufwand und geringe Arbeitsleistung, Versperrung des Ortstoßes — nicht aus der Welt geschafft und lediglich nur die Sicherheit gegen Verschütten gewonnen.

Einen Fortschritt weist der in Abb. 180 dargestellte amerikanische Bagger von Lewis auf, der auf einer Zahnstange innerhalb des wandernden Schutzgehäuses hin und her gleitet und gleichzeitig in der Horizontalen sowohl, als auch in der Vertikalen drehbar angeordnet ist. Es ist ein Eimerkettenbagger, bei dem stets nur eine Eimerschneide zum Angriff kommt. Bei der großen Ausladung ist der Arbeitsaufwand und der Druck auf die Zahnstange erheblich.

Am weitgehendsten scheinen aber die Entwürfe von Streckenbaggern des Dipl.-Ing. Adolf Schneiders den in Nr. 189 erhobenen Forderungen gerecht zu werden. Seiner Dissertation sind die nachfolgenden Ausführungen und Zeichnungen entnommen[1]):

191. Der Eimerkettenbagger.

In seinen Hauptpositionen besteht der Eimerkettenbagger (Abb. 198) aus einer in Dreiecksform ausgebildeten Eimerleiter (*a*), deren vordere Seite dem etwas geneigten Ortsstoß parallel aufgestellt ist, und die vermittels 6 Laufrädern (*b*) auf 4 in den Seitenwänden des Vortriebsgehäuses verlagerten Querschienen (*c*) seitlich hin und her bewegt werden kann. An den drei Ecken der Eimerleitung ist je ein sechsseitiger Turas (*d*) zur Führung der Eimerkette (*e*) angebracht, von denen der rückwärtige gleichzeitig den Antrieb der Kette übermittelt. Die Baggereimer (*f*) mit einem Inhalt von etwa 30 l sind in entsprechender Verkleinerung den übertägigen Eimerformen ohne Boden nachgebildet. Die Austragung entspricht ebenfalls der bei den Übertagebaggern bekannten Art, indem beim Übergang der Eimer über den rückwärtigen Turas diese ihren Inhalt in einen unterhalb angebrachten kleinen Silo (*g*) entleeren, der das gewonnene Gebirge dann dem Förderwagen zuführt. Der Antrieb erfolgt durch einen 20-PS-Gleichstrom-Nebenschlußmotor(*h*), der im Zentrum des Baggers auf der Eimerleiter aufgestellt ist und seine Drehbewegung durch einen Kegeltrieb (*i*) und einen Schneckentrieb (*k*) auf den rückwärtigen Turas bei einem Gesamtübersetzungsverhältnis von etwa 1 : 80 überträgt. Für die Seitenbewegung des Baggers sind zwei entgegengesetzt arbeitende hydraulische Pressen (*l*) im oberen Teil der Eimerleiter vorgesehen, die mittels eines Seilzuges (*m*) den Bagger auf den Querschienen (*c*) im Gehäuse hin und her ziehen.

Der Arbeitsgang der Baggermaschine entspricht dem des Hochbaggers. Damit die Kette den zum Abschaben des Gebirges erforderlichen Druck aufzunehmen vermag, ist sie in üblicher Weise auf der Vorderseite des Baggers in Gleitschienen (*q*) geführt. Während seiner Arbeit bestreicht

---

[1]) Adolf Schneiders, Baggerbetrieb bei maschinellem Streckenauffahren unter Tage. (Diss.)

der Bagger dauernd vermittels der Zugvorrichtung (*l, m*) den Strecken-
stoß in horizontaler Richtung, so daß die Eimerschneide sich diagonal

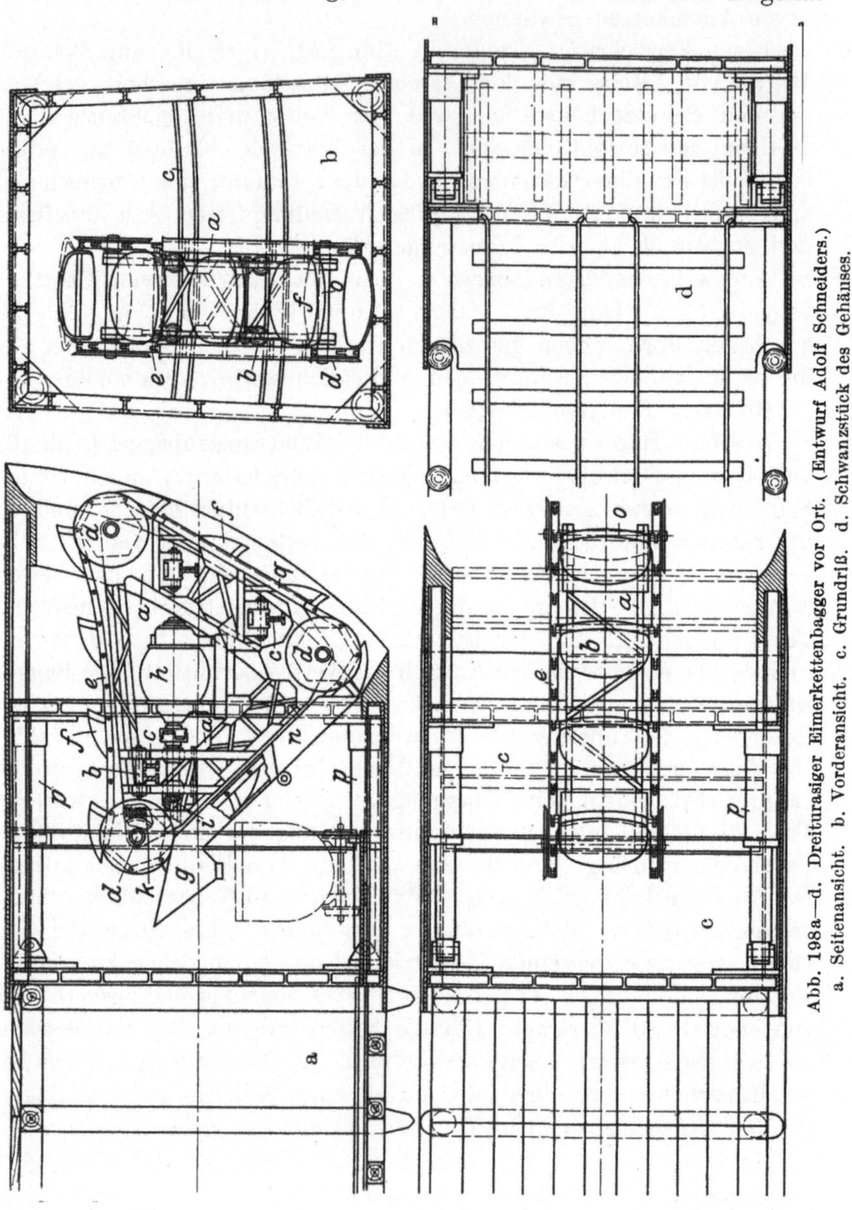

Abb. 198a—d. Dreirrasiger Eimerkettenbagger vor Ort. (Entwurf Adolf Schneiders.)
a. Seitenansicht. b. Vorderansicht. c. Grundriß. d. Schwanzstück des Gehäuses.

zum Streckenquerschnitt bewegt, da ja die Eimerkette vertikal arbeitet.
Gleichzeitig wird durch den Vorschub des gesamten Baggergehäuses
vermittels der hydraulischen Vorschubpressen (*p*) der Bagger bzw.
werden die Eimerschneiden stets gegen den Ortsstoß angedrückt, wo-

durch den Eimerschneiden immer neue Nahrung zugeführt wird. Um möglichst das ganze Profil ausbaggern zu können, d. h., um seitlich den Bagger parallel den geneigten Streckenwangen arbeiten zu lassen, sind die Querschienen (c) nach unten durchgebogen. Infolgedessen

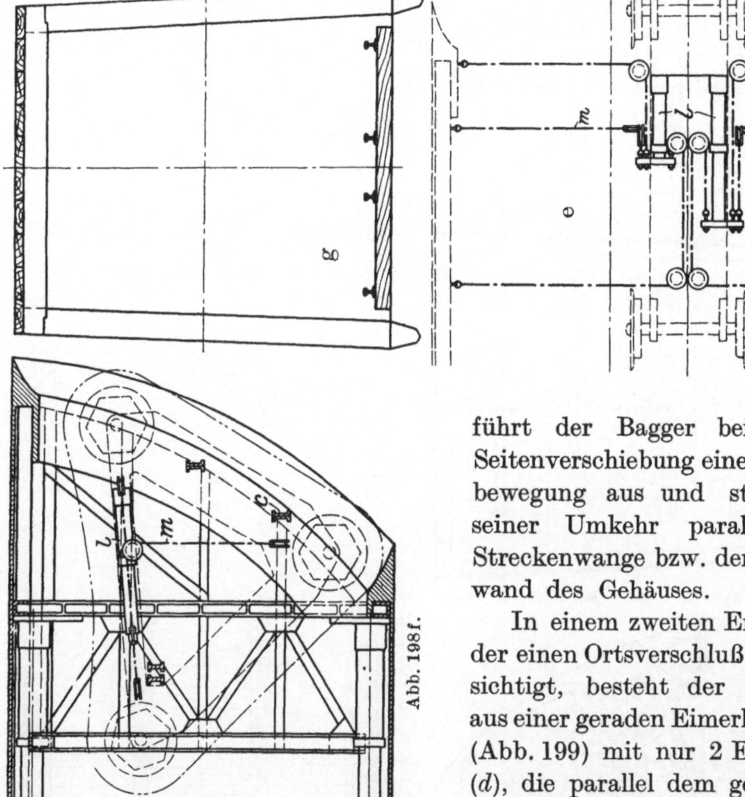

Abb. 198e—g. e u. f. Seitenverschiebung des Baggers. g. Fertige Strecke.

Abb. 198f.

führt der Bagger bei seiner Seitenverschiebung eine Pendelbewegung aus und steht bei seiner Umkehr parallel der Streckenwange bzw. der Seitenwand des Gehäuses.

In einem zweiten Entwurfe, der einen Ortsverschluß berücksichtigt, besteht der „Bagger aus einer geraden Eimerleiter (a) (Abb. 199) mit nur 2 Endturas (d), die parallel dem geneigten Ortsstoß vermittels der Laufräder (b) auf den Schienen (c) ebenfalls seitlich verschiebbar ist. Die Seitenbewegung erfolgt hier durch zwei im Schwerpunkt

der Eimerleitung verlagerte und entgegengesetzt arbeitende Preßluftzylinder (l), die ihr Widerlager direkt in der Seitenwand des Gehäuses finden. Der obere Turas dient zum Antrieb der Eimerkette. Die Eimer sind mit einem zweiteiligen Boden versehen, der zum Zweck der Entleerung der Eimer nicht in seiner ganzen Länge mit diesem verbunden ist, sondern nur in der Länge der Eimerschake (s), über die der Eimer noch um etwa $^1/_3$ seiner Länge nach hinten hinausragt. Der zweite, bewegliche Teil des Bodens ist an der nächsten Schake (u) unterhalb

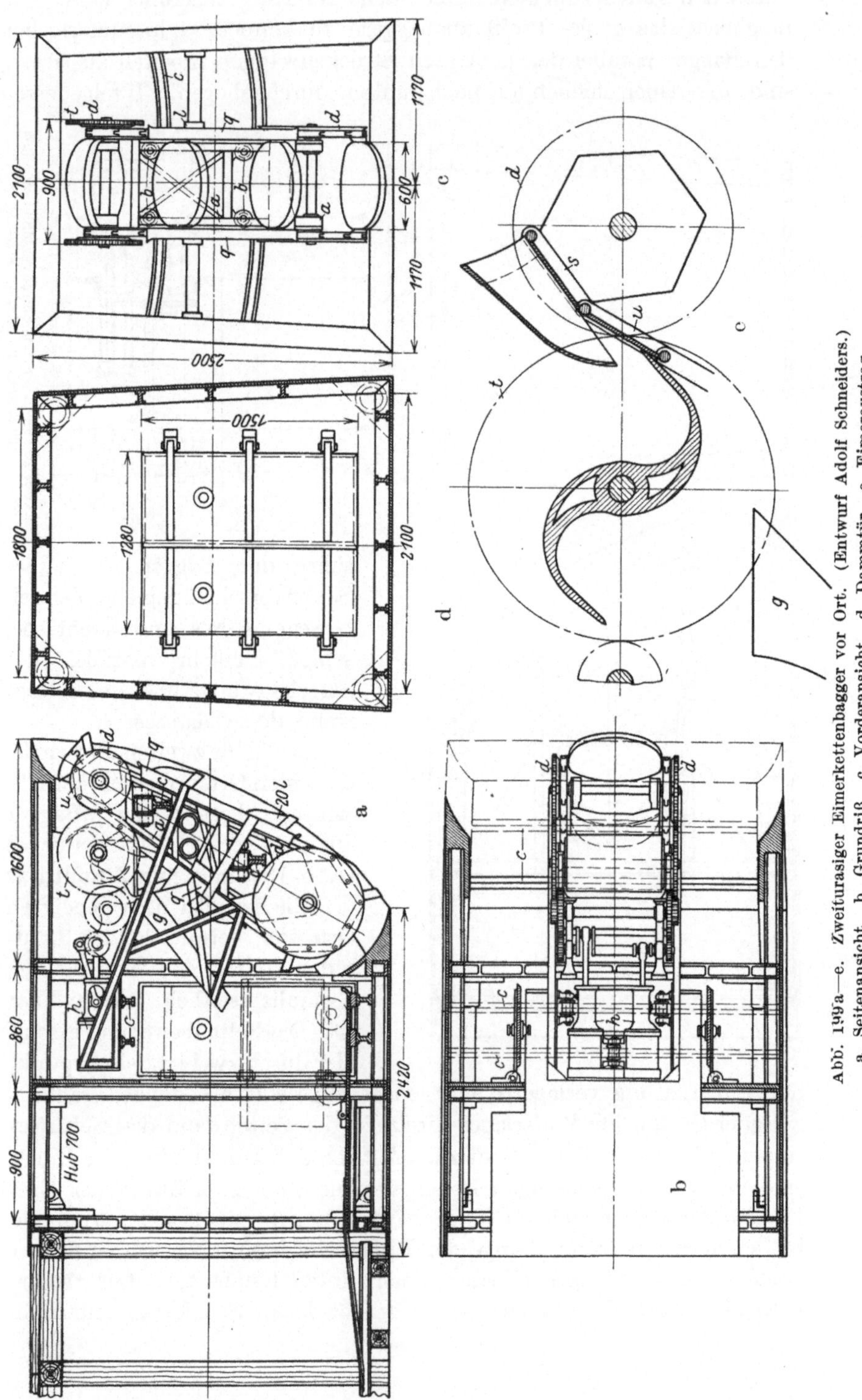

Abb. 149a—e. Zweiturasiger Eimerkettenbagger vor Ort. (Entwurf Adolf Schneiders.)
a. Seitenansicht. b. Grundriß. c. Vorderansicht. d. Dammtür. e. Eimeraustrag.

des Eimers befestigt und macht demzufolge die Bewegungen dieser Schake mit. Solange nun die Kettenglieder in gerader Richtung angespannt sind, liegt der Eimer ganz auf dem Boden auf und verhindert so während der Aufwärtsbewegung ein frühzeitiges Entleeren. Legt sich aber die Eimerschake (s) auf den oberen Turas auf, so hebt sich der Eimer in seinem unteren Teil vom Boden ab, wodurch die Austragung des Eimers herbeigeführt wird. Bevor jedoch der Eimer auf-

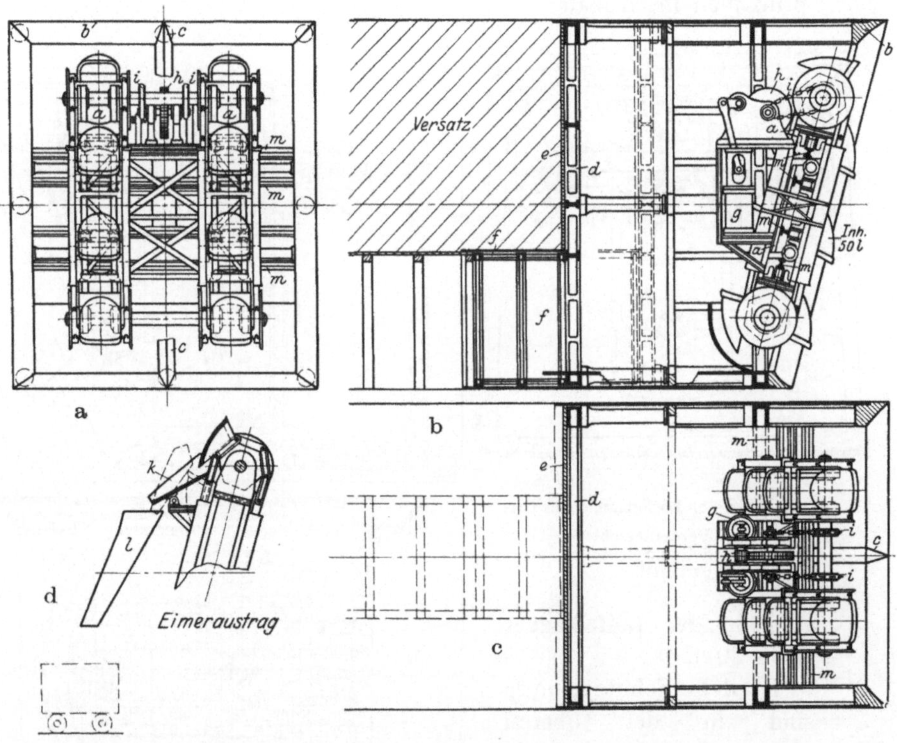

Abb. 200a—d. Eimerkettenbagger im Abbau.
a. Vorderansicht. b. Seitenansicht. c. Grundriß. d. Eimeraustrag.

klafft, hat sich eine Schaufel des hinter dem Turas angebrachten zweiflügeligen Schaufelrades (t) kurz unterhalb des Eimers gegen den beweglichen Teil des Bodens gelegt und füllt sich mit den dem Eimer entfallenden Massen. Die Schaufel ist zum Zweck des längeren festen Anliegens an dem Eimerboden in ihrem vorderen Teil federnd ausgebildet. Bei der Weiterbewegung des Schaufelrades entleert sich die gefüllte Schaufel in eine Rutsche (g), durch die das Fördergut dann in die Förderwagen gelangt, während die Gegenschaufel sich unter den nächsten Eimer legt. Um bei schlaffer Kette ein frühzeitiges Entleeren bei der Aufwärtsbewegung der Eimer zu verhindern, ist diese auch auf

der Rückseite der Eimerleiter in Gleitschienen (*q*) geführt. Der Brand-
und Explosionsgefahr Rechnung tragend, erfolgt der Antrieb hier durch
einen 20 PS starken Preßluftmotor (*h*) mit doppeltem Vorgelege. Vom
Vorgelege aus überträgt das Schaufelrad die Bewegung auf den oberen
Turas. Im übrigen ist die Arbeitsweise des Baggers und die Vorschub-
einrichtung die gleiche wie bei der ersten Konstruktion.

Abb. 200 zeigt den Eimerkettenbagger nach gleichen Konstruktions-
prinzipien im Abbau.

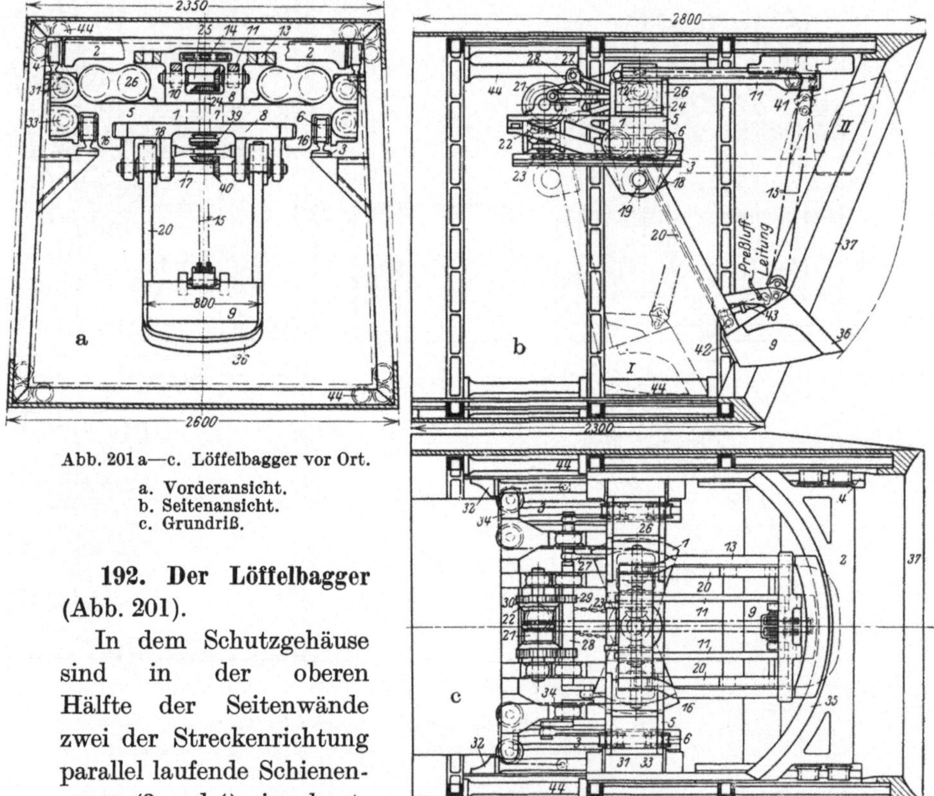

Abb. 201 a—c. Löffelbagger vor Ort.

    a. Vorderansicht.
    b. Seitenansicht.
    c. Grundriß.

192. Der Löffelbagger
(Abb. 201).

In dem Schutzgehäuse
sind in der oberen
Hälfte der Seitenwände
zwei der Streckenrichtung
parallel laufende Schienen-
paare (3 und 4) eingebaut,
von denen das vordere (4)
zur Aufnahme des Auslegerwagens (2), das rückwärtige (3) zur Aufnahme des mit diesem starr verbundenen Hauptwagens (1) dient.

Dieser Hauptwagen besteht aus dem Laufwagen (5), der auf jeder
Seite zwei Laufräder (6) trägt, und dem um einen im Laufwagen verlagerten Drehzapfen (7) schwenkbaren Teil (8). Dieser dient zur eigentlichen Führung des Löffels (9). Er zerfällt wiederum in ein Ober- und
ein Unterteil, welche durch den Drehzapfen (7) verbunden sind. Im
Oberteil befinden sich zwei feste Auslegertaschen (10), in denen der

bewegliche Ausleger (11) vermittels zweier Ritzel (12) eingezogen werden
kann. Außerdem ist am Oberteil der feste Ausleger (13) angebracht,
auf dem der bewegliche Ausleger (11) vor- und zurückgleitet. Die drei
kleinen Leitrollen (14) im Oberteil dienen zur Führung des Löffelseiles(15).
Unterhalb des Laufwagens (5) ist am Drehzapfen (7) und an zwei seit-
lichen Gleitklauen (16) der untere Baggerteil aufgehängt. Er trägt auf
einer Welle (17) zwei Löffelarmtaschen (18), durch die ebenfalls wieder
durch zwei Ritzel (19) die Löffelarme (20) eingezogen werden können,
und die mit den Löffelarmen um die Welle (17) in vertikaler Richtung
schwenken. Die Rückbewegung der Löffelarme (20) und des beweglichen
Auslegers (11) geschieht von der Seiltrommel (21) aus, indem durch
den Kegeltrieb (22) und ein Kettentrieb (23) eine im Drehzapfen (7)
verlagerte stehende Welle (24) in Bewegung gesetzt wird, die ihre
Bewegung wiederum auf die Ritzelwellen (17 und 25) der Löffelarme
und des Auslegers überträgt. Der Antrieb erfolgt durch vier einseitig
wirkende Preßluftzylinder (26), die auf dem Laufwagen (5) montiert
sind. Die Kolbenstangen (27) greifen an der Kurbelwelle (28) an, deren
Zahnradritzel (29) in die Zahnkränze (30) der Seiltrommel (21) eingreifen. Zur Vor- und Rückwärtsbewegung des Baggers dienen zwei
im Laufwagen (5) seitlich angeordnete Preßluftzylinder (31), die ihr
Widerlager (32) an den Seitenwänden des Gehäuses finden. Unterhalb
dieser Pressen (31) liegen zwei weitere, entgegengesetzt arbeitende
Pressen (33), die durch einen Seilzug (34) das Schwenken des Löffels
bewerkstelligen. Der Seilzug (34) greift am äußeren Rande des schwenkbaren Unterteils des Baggers an.

Zu Beginn der Arbeit werden die ausgezogenen Löffelarme so weit
gesenkt, daß die Löffelschneide (36) kurz hinter der Gehäuseschneide (37)
auf der Sohlenplatte aufliegt (Lage I). Wird der Löffel durch das
Löffelseil von der Seiltrommel aus aufwärts gezogen, so schabt er am
Ortsstoße unter dem Druck der Fahrpressen (31), die während der
Aufwärtsbewegung des Löffels den Bagger gegen den Ortsstoß an-
drücken, das Gebirge ab und füllt sich mit ihm. Haben die Löffelarme
die horizontale Lage (Lage II), erreicht, und ist die Löffelschneide an
der First angekommen, so schaltet sich automatisch die Friktions-
kupplung (39) des Kettentriebes (23) ein und setzt die stehende, im
Drehzapfen (7) verlagerte Welle (24) in Bewegung, die wieder durch
die beiden Kegeltriebe (40) und die beiden Wellen (17 und 25) die
Ritzel (12 und 19) antreibt. Ausleger und Löffelarme sind auf der
Unterseite als Zahnstangen ausgebildet, in welche die Ritzel eingreifen
und Ausleger und Löffelarme gleichmäßig zurückziehen. Damit das
Löffelseil, das über eine Rolle (41) am Vorderende des sich rückwärts
bewegenden Auslegers (11) geführt ist, sich beim Rückgang des Löffels
in gleichem Maße verkürzt, läuft die Seiltrommel gleichmäßig weiter.

Schneiders, Erdöl.

Da das Seil am Löffel einfach geschert ist, so läuft der Löffel mit der doppelten Geschwindigkeit der Aufwärtsbewegung rückwärts. Die Übersetzung des Kettentriebes ist dementsprechend eingestellt. Während der Rückwärtsbewegung des Löffels und des Auslegers wird gleichzeitig auch der gesamte Bagger durch die Fahrpressen (31) auf den Schienen (3 und 4) zurückgezogen, so daß am Ende der Rückwärtsbewegung der Löffel sich etwa in der Mitte des Gehäuses über dem inzwischen vorgeschobenen Förderwagen befindet, in den er sich entleert. Nun werden die Arme und der Ausleger wieder ausgezogen, der Löffel gesenkt, der Bagger soweit wie erforderlich vorgefahren und der Vorgang wiederholt sich. Durch die bereits erwähnte Schwenkvorrichtung, Schwenkpressen und Seilzug, ist der Baggerführer in der Lage, den Löffel zwischen den beiden Ortswangen beliebig zu schwenken und so das ganze Streckenprofil auszubaggern.

Während der Arbeit des Baggers stehen die hydraulischen Vorschubpressen des Gehäuses unter Druck und schieben das Vortriebsgehäuse in dem Maße vor, in dem der Bagger das Gebirge hereingewinnt. Die Gehäuseschneiden sind nach Maßgabe der Härte des Gebirges relativ zur Ortswand vorzutreiben."

XIV. Fahrung und Förderung.

193. Fahrung. Unter Fahrung versteht man die Art und Weise, in welcher die Arbeiter von Tage her bis zu ihrem Arbeitsort gelangen. Bei Tiefbauanlagen erfolgt sie durch den Schacht. Zur Fahrung dienen entweder die im Fahrschacht angebrachten Fahrten oder die Förderkörbe am Seil. Normalerweise wird die Fahrung am Seil stattfinden. Der Fahrschacht aber ist in jeder Grube nötig, damit im Falle der Not den Arbeitern die Möglichkeit gewahrt bleibt, die Grube auf den Fahrten zu verlassen.

194. Fahrschächte. Der Fahrschacht muß von den übrigen Schachttrümmern so abgesperrt sein, daß die in ihm Fahrenden nicht aus dem Fahrtrumm in die übrigen Trümmer gelangen können und hinabstürzen. In anderen Gruben wird dieser Zweck durch ein starkes Drahtgeflecht oder einen Fahrscheider, eine Bretterwand, die zwecks Beobachtung der Förder- und Pumpentrümmer, sowie zur Bewetterung fingerbreite Schaufugen zwischen den einzelnen Brettern läßt, erfüllt.

In Ölbergwerken genügt dieser einfache Fahrscheider nicht; denn bei Brand und Explosion in der Ölgrube entwickeln sich so große Mengen von Verbrennungsgasen, daß der mit der übrigen Schachtscheibe in offener Verbindung stehende Fahrschacht damit erfüllt wird, und dieser somit nicht zu benutzen ist. Von der Forderung eines dichten Abschlusses des Fahrtrumms gegen die übrigen Schachttrümmer kann auch der Umstand nicht entbinden, daß ein besonderer Wetterschacht vorhanden ist, und das Fahrtrumm mit seinen Nachbartrümmern dem einziehenden Wetterstrom dient. Denn die in den Öllagern vorhandenen Gassäcke können unter einem so hohen Druck stehen, daß sie bei ihrem Ausbruch sich dem Zuge des Wetterstroms entgegenwerfen und ihren Weg zum einziehenden Schacht finden; oder aber die Wetterzirkulation kann bei einer Explosion unterbunden und der Ventilator zerstört werden. Dann eilen die Verbrennungsgase dem nächsten Ausgang, d. h. dem Förderschacht und Fahrschacht zu. Ferner können von über Tage her durch Brand von Öltanks, Holzlagern, Zwillingsschächten usw. dem betreffenden Schacht so viel Rauchgase zugeführt werden, daß er unbefahrbar wird.

195. Konstruktion und Lage des Fahrschachtes. Der Fahrschacht soll aus diesem Grunde ebenso wie das Wettertrumm durch einen dichten Scheider vollständig abgetrennt sein und an der Rasenhängebank durch einen verdeckten Gang ins Freie führen. Als Material für den Scheider wählt man zweckmäßigerweise Eisenblech, und zwar am besten eine doppelte Blechwand, deren Zwischenraum mit Isoliermasse gefüllt ist. Auch die Einstriche, soweit sie in den Fahrschacht reichen, sollten, wenn möglich, Asbestumhüllung erhalten. Neuerdings wird auch das Betonspritzverfahren für die Herstellung der Scheider empfohlen.

Der Fahrschacht soll aus Sicherheitsgründen vom ausziehenden Wetterstrom möglichst entfernt liegen, so daß bei Undichtwerden des Wetterscheiders die verbrauchten Wetter nicht in den Fahrschacht dringen können; die übrigen Trümmer sollen somit dem Fahrschacht gleichsam als Schutzpuffer dienen.

Vom Fahrschacht aus müssen ferner die übrigen Trümmer durch dicht schließende Türen bequem zu erreichen sein, um daselbst Reparaturen usw. ausführen zu können (vgl. Nr. 127, Abb. 133).

Da der Fahrschacht von dem übrigen Schacht dicht abgeschlossen ist, bedarf er einer besonderen Bewetterung. Diese wird am besten durch Wetterlutten von einem gesonderten Wetterkanal aus hergestellt, dem die frischen Wetter von einer ungefährdeten Stelle zugeführt werden. Damit Rauchgase nicht von unten her in den Fahrschacht eindringen können, erfolgt die Fahrung vom Füllort aus durch Fahrschleusen, d. h. doppelte Türen, von welchen die eine noch geschlossen ist, wenn man durch die erste eintritt, und umgekehrt. Wie ersichtlich, ist der Fahrschacht damit fast als selbständiger, nur der Fahrung dienender Schacht innerhalb des Hauptschachtes ausgebildet.

Die Fahrung im Fahrschacht erfolgt auf eisernen Leitern, den Fahrten. Damit ihre Benutzung nicht zu ermüdend ist, sind sie unter 70—75⁰ geneigt. In Abständen von 6—7,5 m sind Ruhebühnen eingebracht,

13*

die mit Eisenplatten belegt sind und dem Fahrenden zum Ausruhen dienen. Die einzelnen Fahrten müssen oberhalb jeder Bühne noch um etwa 1 m hinausragen, damit beim Besteigen bzw. Verlassen jeder Bühne der Ausfahrende bzw. Einfahrende an dem überragenden Ende der Fahrt einen sicheren Halt hat. Auch sonst muß der Zugang zu jeder Fahrt bequem eingerichtet sein.

196. Fahrung am Seil. Normalerweise wird die Fahrung am Seil im Förderkorbe erfolgen. Die Bergpolizei pflegt in allen Ländern die diesbezüglichen Sicherheitsvorschriften zu erlassen, die unter anderem auch die Maximalgeschwindigkeit bei der Seilfahrt und die Anzahl der gleichzeitig fahrenden Personen festlegt. Es ist immer von größtem Wert, auch wenn nur ein Schacht vorhanden ist, wenn zur Fahrung zwei Fördermaschinen zur Verfügung stehen, so daß im Notfall beide Fördermaschinen die Bergleute schleunigst zu Tage fördern, und bei einer Störung an einer Maschine die Fahrung am Seil durch die zweite Maschine ermöglicht bleibt.

Bei Förderung und Seilfahrt hat der Fördermaschinist ausschließlich den ihm zukommenden Signalen vor allen anderen subjektiven Erwägungen stattzugeben. Würde also die Belegschaft vor einem Grubenbrande plötzlich flüchten müssen und am Füllort eine Panik entstehen, so hat er selbst dann, wenn die Signale anscheinend der Situation nicht Rechnung tragen, trotzdem den ihm zukommenden Signalen zu gehorchen.

Auch hat der Fördermaschinist, nachdem er das Signal zur Auffahrt erhalten hat, den Förderkorb nicht sofort anzuheben, sondern noch einige Sekunden mit dem Anfahren zu warten, da ein noch beim Besteigen des Korbes begriffener Arbeiter von dem Förderkorbe zermalmt werden könnte. Umgekehrt darf niemand mehr den Förderkorb besteigen, nachdem einmal das Signal zur Auffahrt gegeben ist.

197. Fahrung in Strecken. Gleiche Erwägungen wie bei der Fahrung im Schacht sind sinngemäß auch bei der Fahrung durch die Grubenbaue maßgebend. Die Fahrung soll also unter Tage nicht im ausziehenden Wetterstrom erfolgen.

Auch das Betreten der Bremsberge ist gefährlich, da die Fahrenden hier leicht von im Bremsberg verkehrenden Bremsgestellen und Förderwagen erfaßt werden können. Daher ist neben jedem Bremsberg, und zwar nach jedem Abbauflügel hin, von dem aus Zufuhr von Förderwagen stattfindet, ein Fahrüberhauen herzustellen, auf dem der Verkehr von Fördersohle zu Fördersohle und von Abbaustrecke zu Abbaustrecke möglich ist. Der Verkehr von einem Flügel zum anderen Flügel darf nicht über den Bremsberg erfolgen. Der Verkehr in den Grundstrecken ist am Fuße des Bremsberges ebenfalls gegen die Gefahren, welche beim

Hinabstürzen eines Förderwagens oder eines Gestells aus dem Bremsberg entstehen können, zu sichern.

Besonders an den Füllörtern muß der Verkehr von einem Füllort zum gegenüberliegenden Füllort ohne Gefahr ermöglicht werden. Diesem Zweck dient das Umbruch. Dasselbe ist eine kurze Strecke, welche die Füllörter miteinander verbindet. Oft legt man das Umbruch in einer Entfernung von einigen Metern vom Schacht um diesen herum; neuerdings aber zieht man es vor, die Schachtscheibe im Niveau des Füllortes so zu erweitern, daß Platz für das Umbruch geschaffen wird. Bei der gebrächen Natur der Ölträger ist die zweite Art der Anlage des Umbruchs im allgemeinen vorzuziehen. Wählt man die erste Anordnung des Umbruchs, so muß man in ziemlich weitem Abstand das Umbruch um den Schacht herumführen, damit der zwischen Schacht und Umbruch verbleibende, meist geringe Festigkeit aufweisende Gebirgspfeiler die nötige Tragfähigkeit behält. Dann ist aber der Verkehr zwischen Füllort und Gegenfüllort erschwert (Abb. 140).

In der Grube sollten an allen abzweigenden Strecken Wegweiser mit Entfernungszahlen angebracht sein, damit jeder Arbeiter orientiert ist, wo er den Ausgang und gegebenenfalls Rettung finden kann.

Strecken, welche aus irgendeinem Grunde vorübergehend nicht befahrbar sind, sind mit Angabe der Ersatzstrecke kenntlich zu machen und abzusperren.

198. Die Förderung des Ölträgers. Die Förderung besteht in der Fortschaffung der unterirdisch gewonnenen Mineralien bis zur Tagessohle. Im Erdölbergbau ist das nutzbare Mineral, das Erdöl, flüssig oder bei hoher Viskosität halbflüssig. Solange das als Sickeröl oder durch Auswaschen gewonnene Öl wie eine Flüssigkeit zutage gefördert werden kann, ist die Ölförderung somit entsprechend der Wasserförderung zu behandeln und soll daher gleichzeitig mit der Wasserhaltung (Kap. XVIII) besprochen werden.

Gibt der Ölträger kein Sickeröl ab, so handelt es sich in vielen Fällen um die Förderung eines bituminösen Minerals von relativ geringem Wert, welches keine hohen Förderkosten vertragen kann. Man wird daher bestrebt sein, die Förderung, soweit wie eben möglich, selbsttätig vom Gewinnungspunkt aus vonstatten gehen zu lassen, d. h. die eigene Schwere des Minerals zum Abtransport zu benutzen. In steil gerichteten Lagern wird man zum Abtransport aus der Lagerstätte das Fallvermögen der gewonnenen Massen ausnutzen; für die Förderung auf söhliger oder wenig geneigter Bahn wird man auch, wenn möglich, das Transportvermögen einer Wasserflut zu Hilfe nehmen.

Müssen das Öl infolge einer allzu hohen Viskosität, sein Träger, oder endlich unvermeidlich mitzugewinnende taube Gesteine vermittels Fördergefäß zutage gebracht werden, so unterliegt diese Förderung den allgemeinen Regeln der Fördertechnik. Da die Massen vom Gewinnungsort bis zur Tagessohle gefördert werden müssen, so unterscheidet man die Förderung unter Tage und die Schachtförderung.

199. Die Förderwagen. Die Förderung von Ölkalk, Ölkreide, Ölsandstein usw. erfolgt mittels Förderwagen auf Gleisen. Die Förderwagen sollen schon aus dem Grunde, weil alles brennbare Material aus der Grube tunlichst zu verbannen ist, in Eisenkonstruktion gehalten sein. Die Wagenkasten werden aus Stahlblech hergestellt, wobei der Boden aus doppeltem Blech genietet wird, um dem Verschleiß nach Möglichkeit vorzubeugen. Man wählt gewöhnlich eine Blechstärke von 4 mm. Von den üblichen Wagenformen kommt vorwiegend die in Abb. 202 dargestellte in Betracht, da das ölhaltige Fördergut meist klebriger Natur ist. Bei dieser nach oben erweiterten Form des Wagenkastens geht die Entleerung der Förderwagen am leichtesten vonstatten. Sind die Massen derartig klebrig, daß die Entleerung der Förderwagen im Kreiselwipper

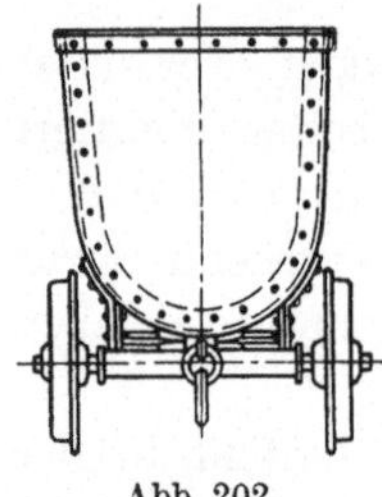

Abb. 202.
Förderwagen.

unter der eigenen Schwere des Fördergutes zuviel Zeit in Anspruch nimmt und nur unvollkommen erfolgt, so sind Förderwagen von rechteckigem Querschnitt mit aufklappbarer Seite angebracht, oder man wird Förderwagen wählen, deren Boden geöffnet werden kann.

Wenn es sich um große Mächtigkeiten der abzubauenden Ölträger handelt, kann man den Rauminhalt der Förderwagen so wählen, daß er 600—700 kg faßt; sind die Lager aber wenig mächtig oder ist die Förderung in Förderwagen nur in geringerem Maße erforderlich, so wird der Fassungsraum auf etwa 500 kg zu normieren sein. Das Eigengewicht der Wagen beträgt etwa 300—500 kg, so daß die Bruttolast zu 800—1200 kg angenommen werden kann. Die Abmessungen der Wagen sind dabei in der Länge etwa 1,5—1,7 m, in der Breite 0,6—0,7 m und in der Höhe 0,85—1 m. Bei maschineller Streckenförderung (Lokomotivförderung) wird man die größeren Maße bevorzugen.

Bei der Förderung von Ölsanden sind die Förderwagen starkem Verschleiß ausgesetzt. Besonders gilt dies von den Radsätzen, namentlich dann, wenn die Räder lose auf den Achsen laufen, da die scharfen Sandkörner in die Lager eindringen. Es ist daher besser, wenn die Räder auf den Achsen festsitzen, und die Achsen sich in den unter dem Wagenkasten, also an besser geschützter Stelle, angebrachten Lagern drehen. Sind indessen scharfe und viele Kurven zu durchlaufen, so nimmt man kreuzweise ein Rad auf jeder Achse drehbar mit seitlich 6 mm Spiel, während das zweite Rad auf jeder Achse festsitzt. Der Durchmesser der Räder sollte einerseits möglichst niedrig gehalten werden, damit die Füllung der Förderwagen nicht zuviel Arbeit erfordert, andererseits aber möglichst hoch sein, um die rollende Reibung und die Umdrehungszahlen zu vermindern. Gewöhnlich haben die Räder einen Laufkranzdurchmesser von 300—400 mm. Hinsichtlich der Entfernung der Radachsen voneinander gilt die Regel, daß, je mehr Kurven zu durchfahren sind und je schärfer dieselben sind, um so geringer der Radstand sein muß.

Die Zahl der in einer Grube benötigten Förderwagen richtet sich nach der Größe der Förderung. Erfahrungsgemäß benötigt man pro Tonne Fördergut pro Tag einen Förderwagen. Wenn also 10 Ölstrecken aufgefahren werden und jede Strecke $2^1/_2$ m täglich fortschreitet und dabei pro Streckenmeter 8 t Gebirge fallen, so sind 200 Förderwagen zur Aufrechterhaltung des Betriebes erforderlich. Das für die Förderwagen benötigte Anlagekapital kann mit etwa 100 M. pro Förderwagen (Vorkriegspreis) veranschlagt werden. Auf jedesmalige gründliche Entleerung und Reinigung der Förderwagen ist sorgfältig zu achten, da eine Rückförderung des klebrigen Fördergutes wirtschaftlich sehr ungünstig in Erscheinung tritt.

Die Reparaturkosten pro Förderwagen können nach den Erfahrungen von Pechelbronn, woselbst der scharfe Ölsand einen ungewöhnlichen Verschleiß hervorrief, mit 20—25 M. pro Jahr in Rechnung gesetzt werden. In Ölkreide, Ölton usw. wird man mit 15—20 M. auskommen.

200. Das Gleis oder Gestänge. Die Spurweite sollte möglichst nicht unter 60 cm gewählt werden, damit Schwanken und Entgleisen der Förderwagen tunlichst vermieden wird. Bei den meisten Ölfeldern pflegt ein über Tage angelegtes Gleis die verschiedenen Bohrlöcher und Betriebspunkte miteinander zu verbinden. Dies hat meist eine geringere Spurweite als vorhin angegeben. Es ist nicht zu empfehlen, sich dadurch bestimmen zu lassen, auch unter Tage dieselbe Schmalspur zu benutzen, da man dabei unter Tage kaum zu einer störungslosen Förderung gelangen wird. Unter Tage eine andere Spurweite als über Tage zu haben, ist ebenfalls vom Übel, da man dann die Bohrbetriebe und ihre Nebenanlagen als Hilfsbetriebe der Bergwerksanlage kaum benutzen kann. Ist der Umbau des Gleises über Tage zu umständlich und zu kostspielig, so nimmt man am besten über Tage eine dritte Schiene zu Hilfe, welche den Transport der breitspurigen Grubenwagen zwischen den Betriebspunkten des Bohrbetriebes gestattet.

Die im Grubenbetriebe verwandten Schienen zeigen eine Profilhöhe von 65—100 mm und ein dementsprechendes Gewicht von 7—20 kg pro Meter. Die stärkeren Schienen werden in den Hauptförderstrecken, die schwersten Profils von 93—100 mm bei Förderung mit Lokomotiven verwandt. Die schwächeren Profile finden hauptsächlich in den weniger benutzten Abbaustrecken ihre Verwendung. Indessen hat sich im Bergbau ganz allgemein die Erkenntnis Bahn gebrochen, daß ein kräftiges Schienenprofil und überhaupt eine sorgfältige Anlage der Schienenwege die Förderkosten erheblich herabzusetzen vermögen. Dies mag besonders für große Fördermassen, also für den Abbau von Öllagern gelten, während bei Gewinnung von Sickeröl und damit zusammenhängender schwächerer Förderung die Bedeutung des schwächeren Grubengleises nicht so sehr hervortritt.

Die Schwellen können entweder aus Holz oder aus Stahl hergestellt werden. Hat man Pferdeförderung, so sind Stahlschwellen, wenigstens bei Gewinnung von Leichtöl, wegen der Funkenbildung an den Hufeisen nicht zu empfehlen und Holzschwellen im Profil 10 × 15 bis 15 × 20 cm vorzuziehen. Andernfalls, d. h. bei Lokomotivförderung, verdienen Stahlschwellen den Vorzug. Die Entfernung der Schwellen voneinander beträgt in den Hauptförderwegen 70—90 cm, in den Nebenstrecken 100 cm, bei Lokomotivförderung 60—70 cm. In zweigleisigen Strecken werden die vier Schienen auf einer durchgehenden Schwelle verlagert. Die Befestigung der Schienen erfolgt bei Holzschwellen meistens durch Nägel, bei Stahlschwellen durch Schrauben resp. angeschraubte Platten. Die einzelnen Schienen werden durch Laschen und Schrauben miteinander verbunden.

201. Weichen, Wendeplatten, Drehscheiben. Um die Förderwagen von einem Gleis in ein anderes zu bringen, sind Wechsel oder Weichen, Wendeplatten (Wechselplatten) oder Drehscheiben erforderlich. Die Konstruktion der Weichen und Drehscheiben wird hier als bekannt vorausgesetzt.

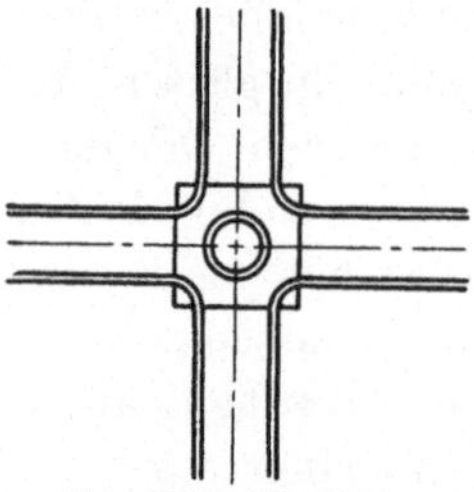

Drehscheiben sind in der Grube nicht beliebt, da sie, wenn sie nicht festgelegt sind, gar zu leicht, insbesondere bei mangelnder Beleuchtung, die auf dieselben tretenden Leute zu Fall bringen. Man zieht daher Wendeplatten oder Wechselplatten vor, zumal, wenn das Gewicht der beladenen Förderwagen so ist, daß ein Mann sie von Hand auf einer festen Eisenplatte wenden und in Einlaufschienen stoßen kann. Die Wendeplatten sind daher besonders an den Hängebänken, in Füllörtern usw. gebräuchlich, wo eine Anzahl Gleise münden, und die Förderwagen von einem Gleis in das andere geschoben werden müssen.

Die Wendeplatten bestehen aus Gußeisen von 15—20 mm Stärke und sind in jeder Richtung etwa 20 cm größer als die Spurweite (Abb. 203 u. 204). Sie

Abb. 203.   Eingleisige Wechselplatte.

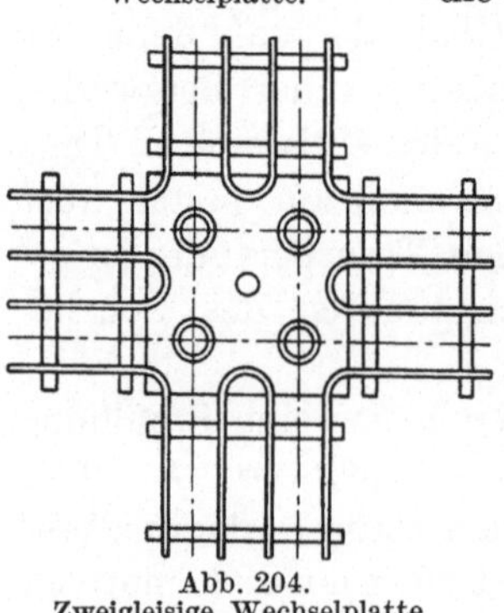

Abb. 204.
Zweigleisige Wechselplatte.

sind, um ein Brechen der Platten zu verhüten, in ihrer ganzen Fläche sorgfältig in einer etwa 20—30 cm starken Betonschicht einzubetten.

Die Wechselplatten haben aufgegossene Rippen, in der Mitte eine ringförmige zur Führung der Spurkränze und in den Ecken solche von der Form von Viertelkreisen, an welchen das Gleis anstößt.

Bei Füllörtern oder sonstigen Orten, wo die Wendung der Förderwagen immer nur um einen kleinen Drehwinkel erforderlich ist, haben die als Einlauf- oder Auslaufplatten bezeichneten

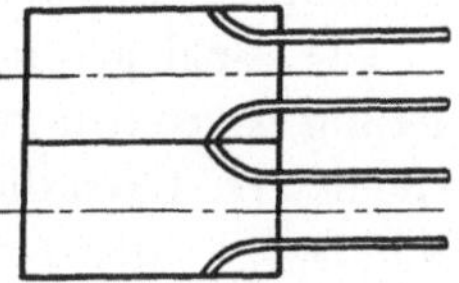

Abb. 205. Einlaufplatten.

Wendeplatten nur je zwei Rippen, welche dem Einlaufen der Förderwagen als Führung dienen (Abb. 205).

202. Fördereinrichtung an den Füllörtern und an lebhaften Gewinnungspunkten. Von besonderem Interesse ist die Fördereinrichtung an den Füllörtern, woselbst der Wechsel der beladenen und entleerten Wagen stattfindet, und ihre Verteilung durch die Grube eingeleitet wird. Auch an Punkten lebhafter Förderung, wo es auf einen geregelten Rhythmus bei der Zustellung leerer Wagen und dem Abtransport der gefüllten Wagen ankommt, verdient die Fördereinrichtung besondere Beachtung, da eine Stockung im Wagenwechsel den ganzen Arbeitsverlauf aus dem Gleichgewicht bringt.

Die Abb. 138 zeigt die Füllortseinrichtung vom Heider Ölbergwerk und deren nähere Umgebung. Für die schnelle Bedienung der Fördergestelle am Füllort ist es von Vorteil, wenn die vollen Förderwagen von einer Richtung her auf den Förderkorb aufgeschoben werden, und die leeren Wagen dabei in derselben Bewegungsrichtung in das Gegenfüllort stoßen. Dazu müssen gefüllte Wagen, welche an der Abzugseite anlangen, durch eine Umbruchstrecke auf die Aufstoßseite, und umgekehrt leere Wagen, die an der Aufstoßseite benötigt werden, von der Abzugsseite durch diese in das entgegengesetzte Füllort gebracht werden.

203. Wegfüllarbeit. Für das Füllen eines Förderwagens von 500 kg Inhalt kann man bei der Schaufelarbeit praktisch 15 Minuten rechnen (vgl. Nr. 181).

In neuester Zeit wird im Bergbau die maschinelle Wegfüllarbeit und Verladung immer mehr angestrebt, und sind sowohl in den nordamerikanischen Steinkohlengruben, als auch im deutschen Salzbergbau bereits leistungsfähige Verlademaschinen erprobt (vgl. Nr. 187). Dieselben sind darauf eingestellt, in regelmäßigen Zeitabschnitten plötzlich, etwa nach Abtun einer Anzahl von Sprengschüssen, hereingewonnene Gebirgsmassen beschleunigt wegzufüllen. Diese plötzliche Ansammlung von Fördergut und deren beschleunigtes Wegfüllen kommen im Erdölbergbau bei dem milden Gesteinscharakter und der mangelnden Schießarbeit nicht in Frage; hier handelt es sich um eine kontinuierliche und gleich-

mäßige Wegfüllarbeit, die mit einer gleichzeitig einhergehenden Gesteinsarbeit Hand in Hand geht. Von diesem Gesichtspunkte aus sollen
die in Nr. 191 u. ff. besprochenen Streckenbager gleichzeitig der
Gewinnung und der Wegfüllarbeit dienen.

204. Schlepperförderung. Um die Arbeitsleistung bei der Streckenförderung beurteilen zu können, bedient man sich als Einheit des Tonnen-
kilometers. Es ist dies das Produkt $T \cdot k_m = 1$, worin T die Anzahl Tonnen
Nutzlast, k_m den Weg in Kilometern, den die Nutzlast zurückgelegt hat,
bezeichnet. Die Leistung eines Schleppers beträgt maximal 6 t/km pro
Schicht (8 Stunden). Normalerweise wird man nur mit 3—4 t/km und
in Ölsanden schwerlich mit mehr als $2^1/_2$—3 t/km auf söhliger Bahn
rechnen können. Im Mittel kann man bei Schlepperförderung die
Förderkosten zu 1—1,60 M. pro Tonnenkilometer bei der Förderung von
Ölsand je nach Höhe der Löhne und dem Zustand der Förderwagen und
Gleise veranschlagen. Hinsichtlich der Neigung der Strecken soll für
die Wagenförderung der Grundsatz gewahrt sein, daß die benötigte
Kraft für die Förderung der beladenen Förderwagen auf den Schacht
zu gleich sei der Kraft für den Rücktransport der leeren Förderwagen.
Um diese Forderung zu erfüllen, muß der Neigungswinkel um so geringer
sein, je größer der Reibungswiderstand ist. Diese Forderung ist in
der Praxis der Ölbergwerke nicht immer zu erfüllen, da der Abfluß
zähflüssigen Öls ein stärkeres Gefälle der Ölleitungsrohre verlangt. Die
Neigungen der Strecken bewegen sich zwischen 1 : 500 bis 1 : 150 (vgl.
Nr. 129).

Die Schlepperförderung kann ihrer hohen Kosten und geringen
Leistung wegen nur bei kurzen Förderwegen und geringer Förderung
in Frage kommen. Handförderung sollte bei Massentransport jedenfalls
nicht mehr stattfinden, wenn der Förderweg länger als 300 m ist. Denn,
wenn bei dieser Entfernung etwa alle 15—20 Minuten ein beladener
Förderwagen abrollen soll, so wird ein Schlepper die Förderung nicht
mehr zu bewältigen vermögen; man muß dann schon Pferdeförderung
oder maschinelle Förderung einrichten.

205. Pferdeförderung. Bei Verwendung tierischer Kraft kommen
nur Pferde und Maulesel in Betracht. Maulesel sind in der Nachkriegszeit
in dem Pachelbronner Grubenbetrieb eingeführt worden. Die Verwendung von Pferden setzt einen Streckenquerschnitt von mindestens
1,8 m Höhe und 1,8 m Breite bei einspuriger Bahn voraus. Mehr als
8 Förderwagen können auf söhliger Bahn bei der Pferdeförderung kaum
zusammengekoppelt werden. Es ist zu vermeiden, daß die Pferde mit
ihren Hufeisen auf Stahl oder Eisen stoßen und dadurch zur Funkenbildung Veranlassung geben. Holzschwellen sind daher vorzuziehen.
Die Bahn zwischen den Schienen bedarf dabei aber der Pflasterung
durch Ziegel, Beton oder Stirnholz. Die Anlage wird dadurch teuer

und jedenfalls nicht gefahrvermindernd, da die Hufeisen der Pferde auch auf der harten Ziegel- oder Betonunterlage Funken bilden können und Stirnholz als aufsaugender Schwamm in der Sohle das Erdöl aufnehmen wird.

Die Pferde bleiben meistens in der Grube, so daß für sie unterirdische Pferdeställe herzustellen sind. Auch diese bilden für jede Grube eine gewisse Gefahr, da die Futter- und Strohvorräte immerhin feuergefährlich sind. Die Ställe sind daher täglich gründlich zu reinigen und das Aufstapeln von allzu großen Furagemengen ist zu vermeiden. In der Ölgrube liegt zudem die Gefahr vor, daß die Ställe sich mit Öldämpfen füllen und auch die Streu gegebenenfalls durch Unachtsamkeit schon beim Transport durch Öl verunreinigt wird. Bedenkt man ferner, daß ganz allgemein bei der Pferdeförderung die Zahl der Unfälle nach der Statistik größer ist als bei maschineller oder Schlepperförderung, so liegt kein besonderer Anreiz für die Pferdeförderung beim Ölbergbau vor.

Am ungünstigsten arbeiten die Pferde bei verhältnismäßig kurzen Förderwegen, da die Tiere bei dem öfteren Anziehen der stillstehenden Wagen am meisten angestrengt werden. Die Durchschnittsleistung der Pferde beträgt bei Förderwegen von 500—1000 m Länge und Förderung von Ölsand schwerlich mehr als 30 t/km pro Schicht. Hierbei können die Kosten der Pferdeförderung durchschnittlich kaum unter 30 Pf. pro Tonnenkilometer in Rechnung gestellt werden. Sie betragen also etwa ein Viertel bis ein Fünftel der Schlepperförderung.

Bei einer Neigung der Bahn von 3^0 (1 : 20) kann ein Pferd kaum zwei beladene Wagen ziehen, bei 5^0 Streckenneigung (1 : 12) ist überhaupt keine Nutzleistung mehr mit Pferden zu erzielen.

206. Lokomotivförderung. Für die hier in Rede stehenden Verhältnisse kommen als maschinelle Beförderungsmittel nur Preßluftlokomotiven in Betracht. Ihre Vorteile sind so augenscheinlich, daß an dieser Stelle die Betrachtung aller anderen Förderarten, also die Seil- und Kettenförderung und die Förderung mit Brennstofflokomotiven oder elektrischen Lokomotiven unterbleiben kann. Spiritus-, Benzin- und Dampflokomotiven scheiden schon wegen der Feuersgefahr vollständig aus. Bei den Seil- und Kettenförderungen sind, auch wenn sie Preßluftmotoren besitzen, immer die Schwierigkeiten der Kurvenführung und der Abzweigung in Seiten-und Nebenstrecken vorhanden.

207. Preßluftlokomotiven. Die neuzeitlichen Druckluftlokomotiven für Grubenbetrieb bestehen aus drei Teilen: den Preßluftbehältern, dem Untergestell mit den Arbeitsmaschinen und dem Führersitz. In diese drei Teile kann die Maschine zerlegt werden, so daß die Raumverhältnisse es gestatten, jeden Teil durch den Schacht zu fördern (Abb. 206).

Die Preßluftbehälter werden gewöhnlich zu drei bis fünf Flaschen zusammengebaut und bestehen aus nahtlos gezogenen Stahlrohren für einen Betriebsdruck von 150—175 Atm. Mit diesem Druck können die Maschinen nicht betrieben werden, da ein Dichthalten der bewegten Teile bei einer so hohen Pressung zu schwierig ist, und auch sonst konstruktiv die Verhältnisse zu ungünstig liegen. Infolgedessen muß die Preßluft zunächst ein Reduzierventil passieren, ehe sie in den Arbeitszylinder strömt. Hier wird die Luft auf eine Pressung von 16—30 Atm. reduziert.

Das Untergestell trägt den Arbeitszylinder und den Vorwärmer. Gewöhnlich ist Verbund oder dreifache Expansionsanordnung gewählt. Die Abb. 207a zeigt das Schema der Arbeitsweise einer Verbundlokomotive der Firma Schwarzkopf. Nach Passieren des Reduzierventils sammelt

Abb. 206.   Preßluftlokomotive.   (Schwarzkopf, Berlin.)

sich die Luft von nunmehr 25—30 Atm. Pressung in dem Arbeitszylinder und geht von dort in den Hochdruckzylinder. Die aus diesem ausströmende Luft durchstreicht einen aus einem Röhrensystem bestehenden Vorwärmer; die Erwärmung der Preßluft zur Verhinderung der Eisbildung erfolgt durch die Grubenluft, die durch den vor dem Vorwärmer liegenden Exhaustor angesaugt wird und das Röhrensystem durchströmt. Von hier aus gelangt die vorgewärmte Luft in den Niederdruckzylinder. Abb. 207b zeigt das Schema einer Dreifach-Expansionslokomotive der Firma Schwarzkopf, Abb. 208 das kleine Modell „Grubenfloh“, welches ohne Führersitz nur eine Länge von 1,25 m hat und durch die Bremsberge bis in die Abbaustrecken gebracht werden kann. Daneben ist eine schwere Preßluftlokomotive der gleichen Firma dargestellt.

Bei den größeren Lokomotiven ist die Größe der Preßluftbehälter so gewählt, daß die Lokomotive einen Leerzug bis zu 5000 m weit und den vollen Zug ebensoweit zurückfördern kann, ehe eine neue Füllung erforderlich wird. Es entspricht dies einer Leistung von 60—70 t/km. Gewöhnlich werden 35—40 Wagen zu einem Zuge zusammengekuppelt. Die größeren Lokomotiven haben bei 535—670 mm Spurweite Zylinderdurchmesser von 120—240 mm und einen Kolbenhub von 250 mm.

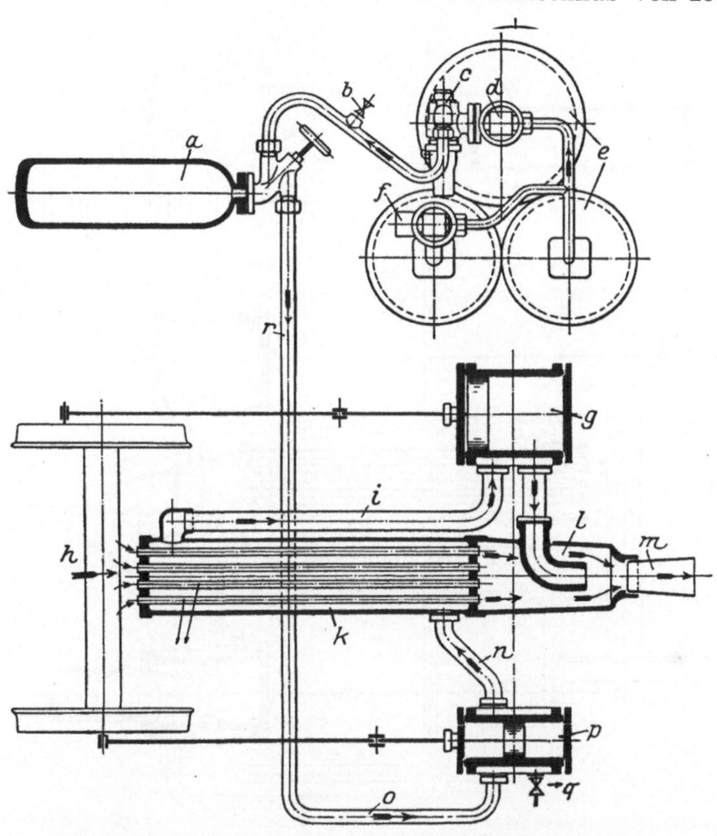

Abb. 207a. Schema einer Preßluftlokomotive. (Schwarzkopf, Berlin.)

a = Arbeitsbehälter 16—18 Atm. reduzierten Druck
b = Sicherheitsventil für Arbeitsbehälter für 18 Atm.
c = Selbsttätiges Reduzierventil für 16 bis 18 Atm. konstanten Druck
d = Hauptabsperrventil
e = Hauptluftbehälter für 120 Atm. maximalen Füllungsdruck
f = Füllventil
g = Niederdruckzylinder
h = Warme Grubenluft angesaugt durch den Exhaustor

i = Niederdruck-Einströmung
k = Vorwärmer
l = Exhaustor
m = Auspuff
n = Hochdruck-Ausströmung
o = Hochdruck-Einströmung
p = Hochdruckzylinder
q = Sicherheitsventil für Vorwärmer für 5 Atm. sitzt am Auspuffkanal des Hochdruckzylinders
r = Zum Hochdruckzylinder

Das Leergewicht schwankt zwischen 5000 und 8000 kg, das Dienstgewicht ist etwa 400 bis 500 kg größer. Die Zugkraft beträgt 550 bis 1000 kg, die Maximalgeschwindigkeit 4—5 m pro Sekunde. Die Dimensionen sind etwa 900 mm Breite, 1620 mm Höhe und 4100 mm Länge. Die Zubringerlokomotive „Grubenfloh" vermag 8—12 Wagen zu ziehen, die Zylinderdurchmesser sind 80/150, das Gewicht beträgt 1880 kg, das Dienstgewicht 2000 kg, die Maximalzugkraft 250 kg, die

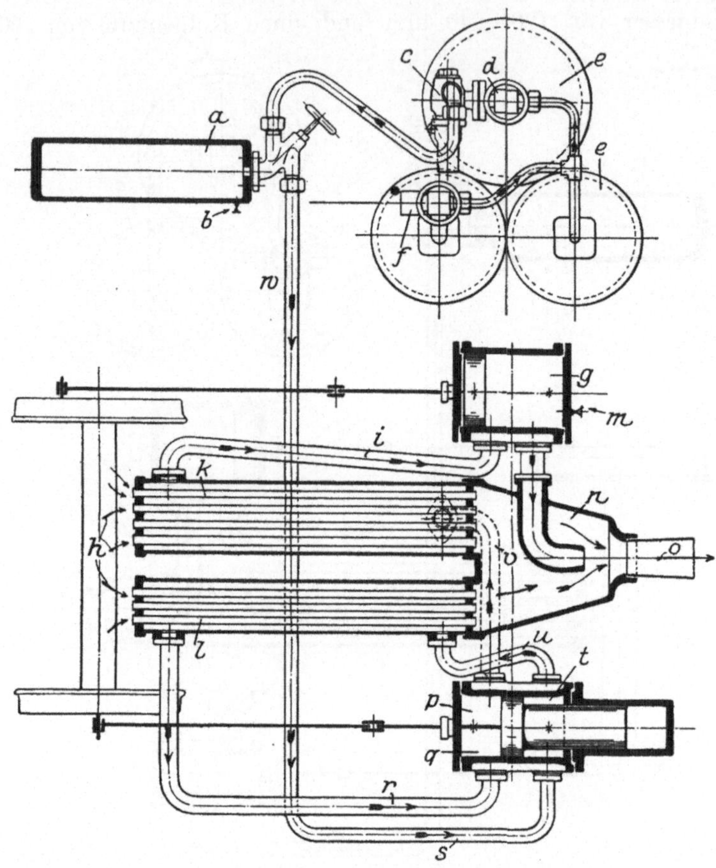

Abb. 207 b.   Schema einer Preßluftlokomotive.   (Schwarzkopf, Berlin.)

a = Arbeitsbehälter 25—30 Atm. reduzierten Druck
b = Sicherheitsventil für Arbeitsbehälter
c = selbsttätiges Reduzierventil für 25 bis 30 Atm. konstanten Druck
d = Hauptabsperrventil
e = 3 Hauptluftbehälter für 150 Atm. maximalen Füllungsdruck
f = Füllventil
g = Niederdruck-Stufe, doppelt wirkend
h = Warme Grubenluft (angesaugt durch den Exhaustor)
i = Niederdruck-Einströmung
k = Vorwärmer
l = Vorwärmer

m = Sicherheitsventil für 5 Atm., sitzt am vorderen Niederdruck-Schieberkasten-Deckel
n = Exhaustor
o = Auspuff
p = Sicherheitsventil für 15 Atm., sitzt am vorderen Hochdruck-Schieberkasten-Deckel und steht mit diesem Raum durch Hohlschieber in Verbindung
q = Mitteldruck-Stufe
r = Mitteldruck-Einströmung
s = Hochdruck-Einströmung
t = Hochdruck-Stufe
u = Hochdruck-Ausströmung
v = Mitteldruck-Ausströmung
w = Zum Hochdruck-Zylinder

Maximalgeschwindigkeit 2,5 m pro Sekunde. Diese Lokomotive ist zusammengebaut 820 mm breit, 1250 mm hoch und 2050 mm lang.

Die Füllstation wird gewöhnlich über Tage in der Nähe des Hochdruckkompressors angelegt. Hier wird die Preßluft in einer Preßluftbatterie aus nahtlos gezogenen stählernen Hochdruckflaschen aufgespeichert. Die Preßluft in dieser Batterie hat einen um 20—30 Atm. höheren Druck als der Füllungsdruck der Lokomotivbehälter, so daß diese in 1—1$^1/_2$ Minuten gefüllt sind. Die Preßluftleitung vom Kompressor bis zur Füllstation hat einen Durchmesser von 30—50 mm, die normale Länge eines Rohrstücks beträgt 8 m, die Verbindung erfolgt durch aufgeschweißte Bunde und durch lose Flanschen.

Hinsichtlich der Betriebskosten steht die Preßluftlokomotive nicht ungünstig da. Durchschnittlich kann man die Förderkosten einer Preßluftlokomotive mit etwa 10 Pf. pro Tonnenkilometer bemessen. Bei kleinen Lokomotiven sind sie etwas größer.

Abb. 208. Kleine Preßluftlokomotive „Grubenfloh" neben großer Preßluftlokomotive.

Da eine mittelschwere 15—40pferdige Lokomotive ein Eigengewicht von 5—7 t hat, so ist danach der Unterbau zu bemessen. Eine Lokomotive mittlerer Größe kostet etwa 7000 M.

Der größte Vorteil der Preßluftlokomotiven liegt darin, daß die verbrauchte Luft auch nach ihrer Arbeitsleistung zur Grubenbewetterung und zu deren Abkühlung dient. Eine Füllung von 1300 l liefert bei 100 Atm. Pressung etwa 130 cbm atmosphärischer Luft, d. h. bei jeder Fahrt werden der durchfahrenen Strecke etwa 130 cbm reine Wetter zugeführt. Man sollte darauf achten, daß der Luftauspuff möglichst dicht an der Streckensohle erfolgt, damit die dort sich ansammelnden Öldämpfe nach Möglichkeit aufgewirbelt und dem Grubenventilator zugeführt werden. Auch die Temperaturverminderung ist mit der Expansion der Preßluft und der damit zusammenhängenden Eisbildung in Anrechnung zu bringen. Der einzige wunde Punkt der Preßluftlokomotive ist die Bremse, da das Bremsband ein zur Entzündung und Funkenbildung neigendes Element darstellt.

208. Die Bremsbergförderung. Ein Bremsberg ist eine schiefe Ebene, auf welcher ein beladener Förderwagen hinabgleitet und dabei einen leeren Wagen in die Höhe zieht. Die gleiche Wirkung kann auch durch ein hinabgleitendes Gegengewicht herbeigeführt werden. Die Einrichtung der Bremsberge (Abb. 209) ist folgende:

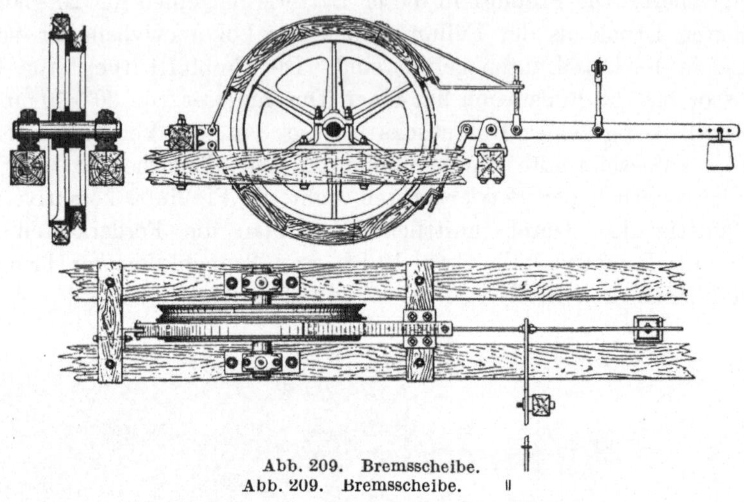

Abb. 209.   Bremsscheibe.
Abb. 209.   Bremsscheibe.   ‖

Am oberen Ende des Bremsberges ist ein Bremsrad, eine Seilscheibe, angebracht, um welches ein Seil läuft, an dem die Lasten angeschlagen werden. Die Seilscheibe kann durch eine auf sie wirkende Bremse gebremst und damit die Fördergeschwindigkeit geregelt werden.

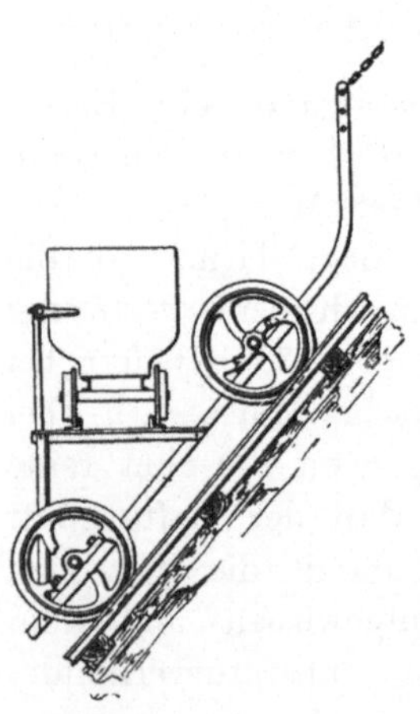

Abb. 210.   Bremsgestell.

Die Wagen können dabei unmittelbar an ein Bremsseil angeschlagen oder aber auf ein Gestell (Abb. 210) aufgeschoben werden, welches seinerseits am Seile hängt. Demnach unterscheidet man Bremsberge mit Wagenförderung oder mit Gestellförderung. Die Gestellförderung wird nötig, wenn der Fallwinkel 25⁰ übersteigt, ist aber oft auch bei flacherem Fallwinkel üblich, da sie am bequemsten die Handhabung der Wagen gestattet.

Die Förderung der Wagen erfolgt entweder so, daß zunächst ein beladener Förderwagen hinab- und darauf erst ein leerer Wagen hochgefördert wird oder aber, daß die Förderung der beladenen und unbeladenen Wagen gleichzeitig vonstatten geht. Die erste Art der Bremsbergförderung erfolgt durch ein Gegengewicht, welches leichter ist als der gefüllte Wagen, aber schwerer als der leere Wagen. Die Wagen rollen dabei abwärts wie aufwärts auf ein und demselben Gleise, während das Gegengewicht auf einem besonderen Gleis auf-

und abgleitet. Da das Gleis für das Gegengewicht, falls es neben dem Wagengleis liegt, die Zufuhr der Wagen von einer Seite erschwert, läßt man das Gegengewicht meistens unter dem Wagen resp. dem Bremsgestell, also zwischen deren äußeren Schienen laufen. Einen solchen Bremsberg nennt man daher eintrümmig.

Sind die Bremsberge zweitrümmig angelegt, so bewegen sich in einem Gleis die vollen Wagen, in dem anderen die leeren, so daß also die Förderung der vollen und leeren Wagen gleichzeitig vonstatten geht. Die zweitrümmigen Bremsberge sind fast ausschließlich Wagenbremsberge. Sie werden am besten mit endlosem Seil betrieben, da hierbei aus jeder Abbaustrecke Förderwagen dem Bremsberg zugeführt werden können, während, wenn die Bremsseile offen sind, nur die Förderung von einem Anschlagpunkt zur Grundstrecke ermöglicht ist, es sei denn, daß man zu umständlichen Verlängerungsseilen und Zusatzgewichten seine Zuflucht nimmt.

Das Bremsgestell (Abb. 210) stellt einen geneigten Wagen mit vier Rädern, einem Gerüst und einer horizontalen Plattform zur Aufnahme der Förderwagen dar. Manches Mal ist die Plattform für zwei Förderwagen nebeneinander eingerichtet, oder es stehen zwei Förderwagen übereinander. Bei sehr steilem Einfallen wendet man auch Bremsschlitten an. Die Gegengewichte werden zweckmäßigerweise zerlegbar hergestellt, so daß man die Zugkraft vermehren oder verringern kann. Dies geschieht einfach durch Einschieben oder Fortnehmen gußeiserner Eisenblöcke.

Der Bremshaspel besteht aus der Bremsscheibe mit aufgelegter Bremse. Man wählt entweder eine doppelte Backenbremse oder eine Bandbremse. Die Bremsen schließen sich durch ein Bremsgewicht selbsttätig, durch einen Hebel wird das Bremsgewicht gehoben und die Bremse gelöst.

Von Wichtigkeit ist es, daß die Mündungen der Strecken in dem Bremsberg ständig unter Verschluß gehalten werden, wenn keine Förderwagen aufgeschoben werden. Es ist daher bergpolizeiliche Vorschrift, daß der Zugang zu den Bremsbergen ständig durch einen Schlagbaum zu schließen ist, damit keine Förderwagen oder Menschen in den Bremsberg hineinfallen können. Da aber die Schlagbäume zuweilen aus Unachtsamkeit offengehalten werden, so bevorzugt man selbsttätige Verschlüsse. Der einfachste selbsttätige Verschluß ist ein Schlagbaum, der in vertikaler Ebene hochgehoben wird, aber immer von selbst durch ein Gegengewicht zurückfällt, sobald er losgelassen wird.

Die Bremsberge bilden bei lebhafter Förderung eine gewisse Gefahr für den Grubenbetrieb, da die Bremsklötze leicht heißlaufen und sich Gase und Dämpfe an ihnen entzünden können. Auch bei Kohlenbergwerken pflegt man daher in Gruben, die zu Brand und Schlagwetterexplosionen neigen, die Bremshaspel durch Sprühregen zu berieseln.

Die Förderwagen dürfen nicht aus den Bremsbergen unmittelbar in die Förderstrecken einlaufen, da sonst vorübergehende Personen verletzt oder Förderwagen u. dgl. zusammenprallen würden. Man läßt daher zwischen Förderstrecke und Fußende des Bremsberges ein Bergemittel stehen und fährt die ankommenden Förderwagen erst auf Hilfsstrecken der Förderstrecke zu. Zuweilen wird die Förderstrecke auch durch eine Schutzmauer gegen den Bremsberg abgekleidet. Die Sicherung gegen Seilbruch geschieht durch Schlepphaken, die durch das gespannte Seil hochgehalten werden, bei Seilbruch aber in die Schwellen einschlagen.

Bremsberge haben ihre Hauptbedeutung bei Öllagern, die Sickeröl liefern, von geringer Mächtigkeit sind und einen Fallwinkel unter 50^0 bis 60^0 aufweisen, da man dann meistens eine größere Anzahl Strecken auffährt, wobei die hereingewonnenen Massen in Förderwagen durch die Bremsberge abwärts gefördert werden müssen. Ist der Fallwinkel größer, so wird man Rollöcher bevorzugen.

209. Seigere Bremsberge. Sind eine Reihe flözartiger, steil stehender Öllager auszubeuten, so kann man meistens, anstatt in jedem Lager einen Bremsberg zu errichten, die Lagergruppe durch einen einzelnen seigeren Bremsschacht ausrichten und die Massen vertikal abwärts fördern. Man versieht sie meist mit eintrümmiger Förderung. Diese Bremsberge werden in der Regel stärker in Anspruch genommen wie die Einzelbremsberge. Die Gefahr, daß ein Bremsband oder Bremskranz heißläuft, ist hier also größer als bei den tonnlägigen Bremsbergen, zumal die Gesamtgewichte der Förderwagen und Gegengewichte und nicht nur ihre durch den Neigungswinkel bestimmte Komponenten abzubremsen sind. Hier ist also noch mehr wie bei diesen darauf zu achten, daß der Feuersgefahr durch Berieselung, Verwendung gußeiserner Bremsklötze sowie durch Verbreiterung der Bremsfläche entgegengetreten wird. Im besonderen auch ist es angebracht, mehrere Bremskränze anzubringen, so daß man in der Lage ist, den einen Bremskranz auszuschalten, sobald er heißzulaufen droht und an seiner Stelle einen Reservebremskranz in Benutzung zu nehmen.

Der Ausbau der Bremsschächte erfolgt am besten in feuersicher imprägniertem Holz oder in Profileisenrahmen. Der Querschnitt ist rechteckig oder quadratisch. Die Herstellung geschieht durch Herabbrechen, evtl. durch Abteufen; im Falle des Abteufens aber muß man ein Vorbohrloch herstellen, welches Öl und Öldampf zur tieferen Sohle ableitet.

210. Abwärtsförderung durch Rollöcher. Noch weniger wie die gewöhnlichen Bremsberge werden indessen die seigeren Bremsberge oder Stapelschächte im Ölbergbau die Bedeutung erlangen können, die sie im Kohlenbergbau besitzen, da ihr Betrieb und ihre Unterhaltung zu teuer sind. Hier haben sie hauptsächlich deshalb ein weites Verbreitungsgebiet, weil man besonderen Wert auf Stückkohle legt und Staubbildung vermeiden will. Dieser Gesichtspunkt fällt im Ölbergbau fort. Man wird daher der Förderung durch Rollöcher, wenn möglich, den Vorzug geben, bei denen das Fördergut durch Absturz abwärts befördert wird. Die Rollöcher können seiger und tonnlägig angelegt werden, verlangen aber immer ein steiles Einfallen oder große Mächtigkeit des Lagers oder mehrere übereinanderliegende Öllager.

Die Beschickung der Rollöcher erfolgt entweder durch Kreiselwipper oder auch durch Förderwagen, deren Kasten mit herausnehmbaren oder aufklappbaren Kopf- oder Seitenwänden versehen sind. Die einfachste Zuführung ist beim Abbau die selbsttätige durch die eigene Schwere, indem der Rolllochmund trichterförmig nach oben erweitert wird,

Abb. 211.
Rollochbeschickung.

so daß die Fördermassen in den Trichter hineingeworfen und dem Rolloch zugeführt werden. Bei der letzten Art nimmt also die Höhe des Rolloches von oben nach unten mit fortschreitendem Abbau der Lagerstätte ständig ab. Auch von Zwischenanschlägen aus kann man die Rollen füllen, wenn man ihnen trichterförmige Zubringertaschen (Abb. 211) gibt, aus welchen das gestürzte Fördergut den Rollen zufällt.

Damit die unten abgezogenen Massen nicht geschaufelt und in die Förderwagen verladen zu werden brauchen, werden die Rollen unten geschlossen und münden direkt in die Wange der unteren Förderstrecke in einer schräg stehenden Rutsche, welche bei der meist klebrigen Natur des ölhaltigen Fördergutes steiler stehen muß als dies bei Kohlen- und Erzrollen üblich ist (Abb. 212). Um den Verschleiß zu verhüten und das Rutschen des Fördergutes zu erleichtern, ist die Rutsche mit Eisenblech zu beschlagen. Aus gleichem

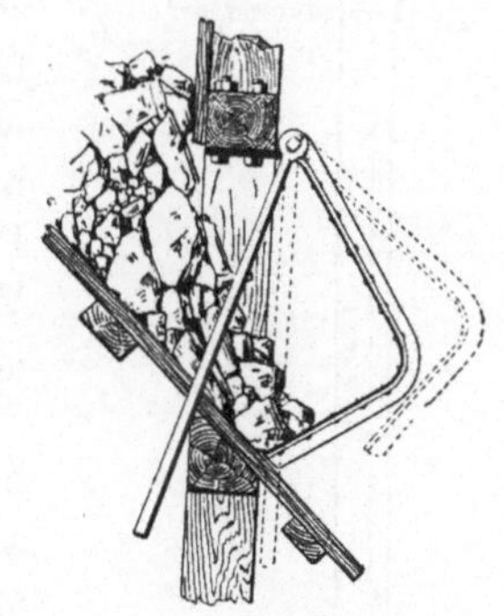

Abb. 212. Rollochverschluß.

Grunde sollten die Rollen selbst eine Neigung von mindestens 50—60⁰ haben. Die Weite der Rollöcher ist nicht unter 1 m im Quadrat zu wählen, bei stark klebriger Natur des Fördergutes jedenfalls noch größer. Der Ausbau erfolgt zweckmäßig in Bolzenschrotzimmerung, die mit Spundbrettern glatt zu verkleiden ist.

Vorteile der Rollochförderung gegenüber Bremsbergen sind neben den geringeren Anlage- und Unterhaltungskosten, die in dem wesentlich kleineren Querschnitte begründet sind, die leichte Bedienung, vor allen Dingen die Ersparnis an Arbeitern, so des Bremsers an der Bremse sowie der Arbeiter am Fuße des Bremsberges zum An- und Abhängen der Förderwagen, zum Abgeben der Signale usw.

211. Haspelförderung. Steht bei antiklinalem Bau der Lagerstätte ein Schacht auf dem Scheitel der Antiklinalen, und muß man diesen Schacht zur Förderung mitbenutzen (Abb. 213), so muß man das Fördergut oft aufwärts fördern. Insbesondere bei flachen Antiklinalen wird man hierzu in manchen Fällen gezwungen sein, namentlich dann, wenn ein langer Querschlag zur Erschließung des

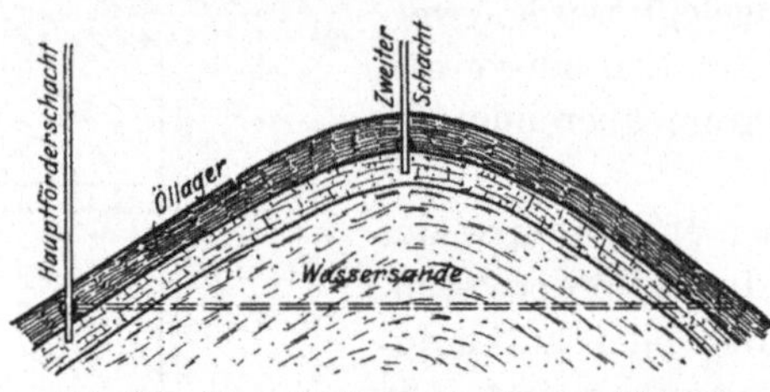

Abb. 213.   Haspelförderung in einem antiklinalen Gegenflügel.

antiklinalen Gegenflügels durch ungünstiges Gebirge führt oder sogar Wassersande unterhalb des Öllagers durchörtert werden müßten. Diese Förderung wird durch Haspel in Aufhauen und Blindschächten bewerkstelligt.

Die Haspel werden gewöhnlich als Zwillingshaspel ausgeführt. In Pechelbronn wurden beim Unterwerksbau derartige Haspel als Zwerghaspel (Bauart A. H. Meier, Hamm, Westf.) an Holzsäulen in der Strecke angeschlagen. Am einfachsten ist die Aufstellung der kleinen Haspel, wenn die geneigte Förderbahn vor Erreichen der betreffenden oberen Strecke in eine horizontale Plattform (Abb. 214) übergeht, auf welcher die Wagen abgekuppelt und seitlich der Förderstrecke von Hand zugeführt werden.

In der Nachkriegszeit ist ein Typ von Lufthaspeln entstanden, der besonders wirtschaftlich arbeitet und dabei einen kleinsten Raum beansprucht. Es sind die Haspel, deren Luftmotor und Rädergetriebe in einem vollständig gekapselten mit Schmieröl gefüllten Kasten liegen. Gewöhnlich sind es vier Zylinder, in welchen die Kolben durch ein Stirnradvorgelege eine Zwischenwelle treiben, von der aus wieder durch ein Zahnritzel die Trommelwelle angetrieben wird.   Abb. 215 zeigt einen solchen Lufthaspel der Frankfurter Maschinenbau A.-G., vorm. Pokorny und Wittekind.   Die

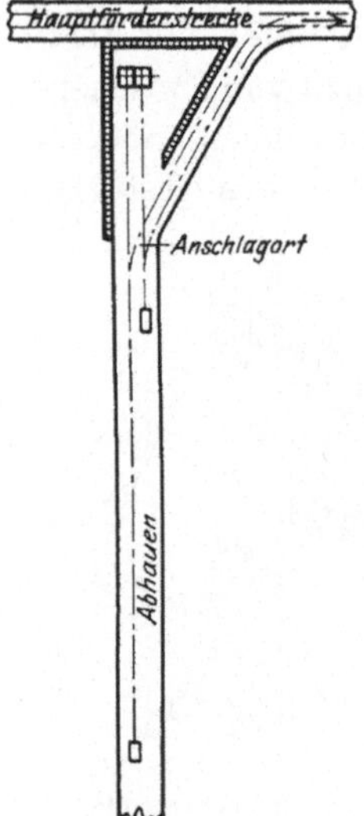
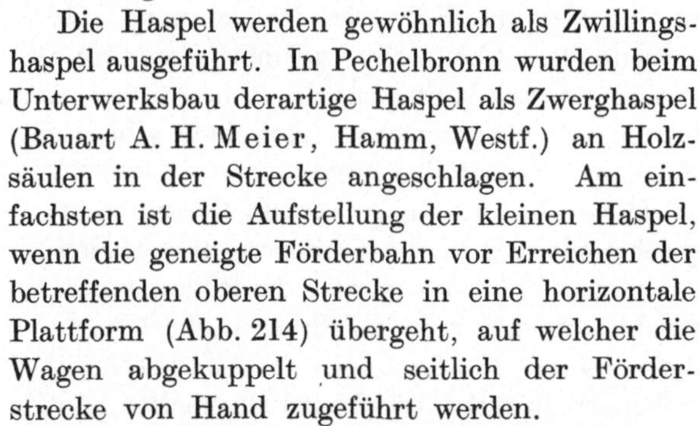

Abb. 214.
Anschlag der Förderwagen bei Haspelförderung.

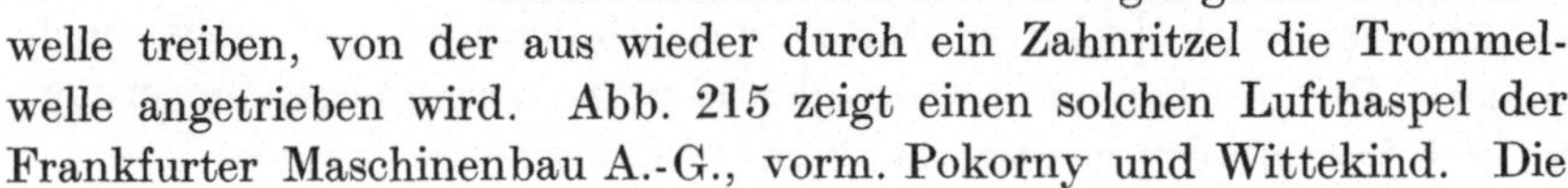

Tafel gibt die Daten dieser Haspel an. Der Luftverbrauch ist danach
nur etwa die Hälfte bis ein Drittel der üblichen Lufthaspel, der benötigte Raum ist auf etwa ein Drittel reduziert. Die vollständige

Abb. 215.   Gekapselter Lufthaspel.   Bauart Frankfurter Maschinen-Bauanstalt.

Kapselung des Motors und des Getriebes sichert dem Haspel das
unbestrittene Anwendungsgebiet im Ölsandbergbau, in dem ja alle
Maschinen unter der Einwirkung der Sandkörner einem besonders
starken Verschleiß unterworfen sind.

Daten für Lufthaspel.   Bauart F. M. A.

Haspelgröße	10	20	20	20	40	40
Seiltrommel:						
Durchmesser	300	450	700	—	—	1200
Länge	265	450	700	—	—	800
Seilscheibe:						
Koepeanordnung						
Durchmesser	—	—	—	800 bis 1000	1000 1500	—
Minutliche Umdrehung der Seiltrommel bzw. Seilscheibe	45	58	32	32	23,3	23,3
Hubkraft bei 90° Einfallen in kg						
bei 4,5 Atm.	1000	1300	1500	1300 bis 1150	2500 1700	2100
bei 6,0 atm.	1450	1900	2200	1900 bis 1700	3700 2500	3200

Daten für Lufthaspel.   Bauart F. M. A.   (Fortsetzung.)

Haspelgröße	10	20	20	20	40	40
Fördergeschwindigkeit in m/sk	0,7	1,4	1,2	1,35 bis 1,57	1,2 1,8	1,45
Luftverbrauch in cbm/st						
bei 4,5 Atm.	38	36	36	36	36	36
bei 6,0 Atm.	36	34	24	34	34	34
Übersetzung zwischen Motor und Trommel bzw. Seilscheibe . . .	1 : 22,25	1 : 13,8	1 : 25	1 : 25	1 : 26,6	1 : 26,6

Abb. 216.
Säulenhaspel von Frohlich & Klüpfel, Unterbarmen.

Die Abb. 216 zeigt einen Preßlufthaspel der Firma Fröhlich & Klüpfel, Unterbarmen. Derselbe ist mit einem Drehkolbenmotor ausgerüstet, der durch Zahnradübertragung die Seiltrommel antreibt. Die nachstehende Tabelle gibt die Daten dieser Haspeltypen. Die Raumbeanspruchung beträgt dabei in der Länge 560 resp. 610 mm, in der Breite 430 mm und in der Höhe 480 mm. Dabei kann die Trommel 150 m Seil von 8 mm Stärke aufnehmen. Der Säulendurchmesser beträgt 100 mm.

212. Rutschen. Die Transportverhältnisse liegen in vielen Fällen so, daß es mit Schwierigkeiten verknüpft ist, die Förderwagen bis unmittelbar an den Verladepunkt des Fördermaterials heranzubringen. Dieser Fall ist schon bei der Rollochförderung teilweise behandelt. Der Schwierigkeit begegnen aber auch andere Mittel. Im Abbau ist die einfachste Einrichtung

Abmessungen für Säulenhaspel.

| Type | Trommel | | Forder-Ge-schwin-digkeit m/sk | Nutzlast in kg bei 4 Atm. | | | | Leistung PS | Ventil-Eintr. Öff-nungen | Luft-bedarf cbm/min anges. | Gewicht des kompl. Haspels kg |
	Durchm.	Breite		Ein-fallen 90°	Ein-fallen 30°	Ein-fallen 20°	Ein-fallen 10°				
HR 1	150	200	0,25	500	1000	1450	2850	2,5	$^3/_4$ "	1,8	185
HR 2	150	200	0,50	500	1000	1450	2850	5	1 "	2,6	215
HR 3	150	200	0,25	1000	2000	2900	5700	5	1 "	2,6	225

hierzu die Rutsche. Dieselbe besteht aus halbkreisförmigen Blechrohren, die durch Winkeleisen verstärkt sind und in Länge von $^3/_4$ m dachziegelartig übereinandergreifen. Die Rutschen setzen ein ziemlich starkes Gefälle voraus, welches bei den meisten Ölträgern durch einen Minimalneigungswinkel von 30—40° gegeben ist. Die Rutschen können bei Aufhauen wesentliche Dienste leisten. Hier genügt allerdings auch manchmal ein einfaches Sohlenblech, welches den Querschnitt des Aufhauens nicht verengt. Zur Fahrung muß neben dem Blechbelag noch ein Fahrpfad ohne Belag bleiben.

213. Mechanische Verladeeinrichtungen. Ist die Förderbahn bis zu den Förderwagen weniger geneigt oder horizontal, so daß also Förderung und Verladung unter dem eigenen Fallvermögen der Massen nicht möglich ist, so wird man das Fördergut, um die teure Handverladung tunlichst einzuschränken, mechanisch in die Förderwagen bringen. Als mechanische Förderer kommen neben den unterirdischen Baggern noch Gurtförderer und Schüttelrutschen in Betracht. Diese Fördermittel haben vielfach die Bedeutung der Bremsberge zurückgedrängt

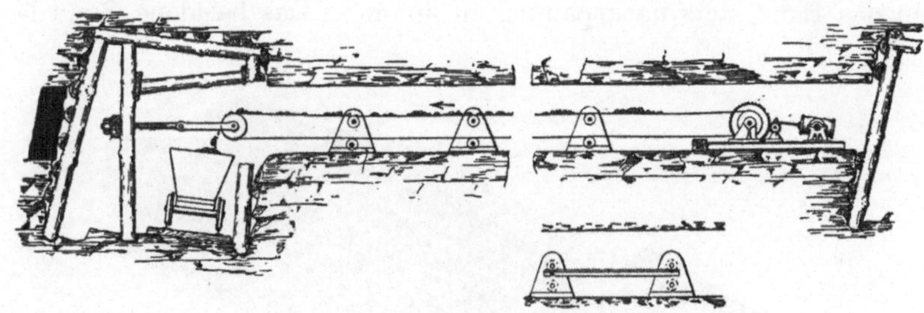

Abb. 217. Gurtförderer im Abbau.

und auch die Zahl der Abbaustrecken verringert, deren Abstand also vergrößert. Für den Ölbergbau ist dies von Bedeutung, wenn das Gebirge gut durchlässig ist, und der Aktionsbereich der Strecken sich künstlich erhöhen läßt. Besonders bei Öllagern von so geringer Mächtigkeit, daß man Nebengestein mit wegreißen muß, oder bei verhältnismäßig festen Ölträgern, sowie endlich, wenn Sickeröl nur untergeordnet gewonnen wird, und der Schwerpunkt der Ölgewinnung in die Phase des Abbaues des Ölträgers fällt, hat die Verminderung der Streckenzahl wirtschaftlich eine hohe Bedeutung. Durch die mechanische Förderung im Abbau wird insbesondere der Abbau mit breitem Blick ermöglicht, indem die mechanischen Abbauförderer dem Vorrücken des Abbaustoßes unmittelbar folgen.

214. Gurtförderer. Der Gurtförderer besteht aus einem breiten, endlosen Band aus Hanf oder Kamelhaar, welches über Rollen geleitet wird

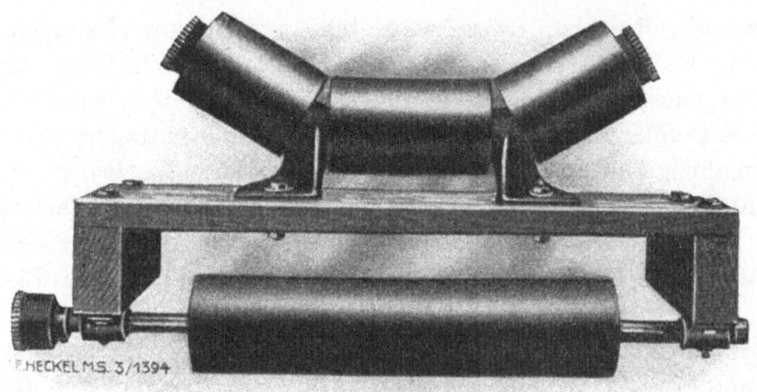

Abb. 218.   Anordnung der Roller vor Gurtbandforderern.   (E. Heckel, Saarbrücken.)

und an der Stirn- und Fußseite über Stirnrollen geht, wie dies auch bei übertägigen Gurtbändern üblich ist. Das rückkehrende Förderband soll nicht schleifen und wird deshalb ebenfalls über Tragrollen geführt. Die Umkehrrollen werden durch Schraubenspindeln verstellbar eingerichtet, um das Band stets nachspannen zu können. Das beladene Band läuft

Abb. 219.   Gurtbandforderer vor Ort.   (Flottmann, Herne.)

zweckmäßig über im Winkel stehende Walzen, die einen Verlust des Fördergutes verhindern (Abb. 218). Die Gurtförderer gestatten auch aufwärts gerichtete Förderung in Steigungen bis zu 25⁰.

Die Gurtförderer können im Abbau sowohl wie auch in Strecken vor Ort, besonders in Stoßortsbetrieben, mit Vorteil verwendet werden. Im

Abbau erfolgt der Antrieb durch einen Preßluftmotor am oberen Ende der Gurtförderanlage und das Beladen von Hand in ganzer Länge des Bandes (Abb. 217). Abb. 218 zeigt eine Gurtbandverladevorrichtung vor Ort der Firma Flottmann. Bei derselben ist der Druckluftmotor auf einem fahrbaren, die Gurtfördereinrichtung tragenden Gestell aufgebaut. An der untersten Stelle des Gurtes ist ein Aufgabekasten angebracht, in den das Fördergut von Hand hineingeschaufelt wird.

Die Leistungsfähigkeit eines Gurtförderers von 40 cm Breite ist größer als die der Schüttelrutschen und erreicht ohne Schwierigkeit 30 und mehr Tonnen pro Stunde. Da der Gurtförderer das Material transportiert, auch wenn es infolge der Viskosität des Öls festhaftet, so dürfte er für Ölbergwerke besser geeignet sein als die Schüttelrinne. Neigt das Fördergut auch beim Abwurf am Gurtende dazu, haften zu bleiben, so muß ein Abstreicher zu Hilfe genommen werden. Die Gurtbänder erfordern bei einer Stundenleistung von etwa 20 t und einer Förderlänge von etwa 30 m den geringen Kraftbedarf von 3—4 PS und beanspruchen dabei nur geringen Raum. Ein Nachteil ist neben der immerhin geringen zu erzielenden Förderlänge der starke Verschleiß der Bänder, zumal Hanf, Gummi und Leder von Öl stark angegriffen werden. Das Vorschieben der Anlage auf den vorgerückten Abbaustoß zu erfolgt am besten im ganzen.

215. Schüttelrutschen. Die Schüttelrutschen haben in den letzten Jahrzehnten im Steinkohlen-, Salz- und Erzbergbau eine große Be-

Abb. 220. Rollenschuttelrutsche. (Flottmann, Herne.)

deutung gewonnen. Im Erdölbergbau ist ihre Verwendungsmöglichkeit infolge des meist klebrigen Charakters des Fördergutes jedenfalls nicht so sicher. Hier verlangen sie im allgemeinen eine stärkere Neigung der Förderbahn, als sie in den anderen Zweigen des Bergbaues vorausgesetzt wird.

Das Prinzip der Schüttelrutsche besteht darin, daß eine mit Fördergut beladene Blechrutsche in Richtung der Förderung mit einer gewissen

Beschleunigung bewegt wird und nach Vollendung des Hubs plötzlich mit einem Ruck in die entgegengesetzte Richtung gezogen wird. Bei dem Richtungswechsel hat das Fördergut noch die in Richtung der Förderung liegende Geschwindigkeit und setzt vermöge seiner lebendigen Kraft die Bewegung in dieser Richtung noch weiter fort, bis beim nächsten Ruck der Transport wiederum weiter fortschreitet.

Die hin und her gehende Bewegung der Schüttelrutschen erfolgt meist auf Rollen (Abb. 220).

Die Schüttelrutschen werden neuerdings fast ausschließlich in trapezförmigem Querschnitt ausgeführt (Abb. 221); der Füllquerschnitt

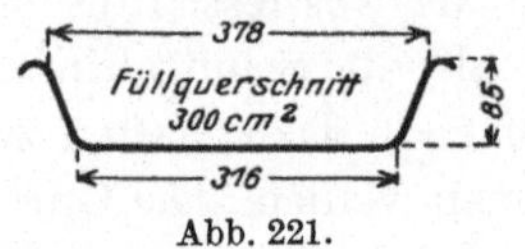

Abb. 221.
Schnitt durch die Schüttelrinne.

schwankt dabei zwischen 300 und 600 qcm, die Höhe zwischen 8 und 20 cm. Die obere Breite von etwa 400 cm, eine untere von 300 cm ist bei einer Höhe von 8—10 cm das Normale. Die Blechstärke beträgt mindestens 3 mm, die Länge der Einzelmulden 3—4 m, das Gewicht pro laufende Meter 15—40 kg. Die Verbindung der einzelnen Rutschenmulden erfolgt meist durch eine Keilverbindung.

Das Verschieben der Schüttelrutschen gegen den Abbaustoß hin geht, wenn das Hangende dies gestattet, im ganzen vor sich. Man rechnet, daß das Umlegen der Schüttelrutsche 15—20 Minuten Zeit in Anspruch nimmt. Der Antrieb der Schüttelrutschen wird durch einen Preßluftmotor bewirkt; dabei zieht der Motor die Rutsche entweder nur aufwärts und läßt sie nach Beendigung des Hubs einfach zurückfallen, oder der Hingang sowohl wie der Hergang erfolgten durch den Rutschenantrieb. Im letzteren Falle ist der Motor als Differentialkolbenmotor gebaut, der beim

Abb. 222.   Antriebsmotor der Schüttelrinne.   (Flottmann, Herne.)

Heben der Rutsche mit vollbelasteter Kolbenfläche, beim Fallen der Rutsche nur mit einer Ringfläche oder einem kleineren Kolben wirksam ist. Abb. 222 zeigt den zweiseitig wirkenden Antriebsmotor von Flottmann. Die Hublänge ist normal 150—250 mm, geht aber bis 400 mm, das Gewicht beträgt 125—500 kg. Der Motor kann entweder unter der Rutsche oder seitlich oder endlich an der Stirn liegen, und durch Seil aus der Ferne die Kraft übertragen werden. Bei der Fernübertragung hat man den Vorteil, daß der Motor an Ort und Stelle verbleibt, also die Kraftzuleitung nicht mitverlängert werden muß. Der Kraftbedarf schwankt je nach der Förderhöhe und -menge, besonders aber je nach dem Einfallwinkel, zwischen 5 und 25 PS; die Hubzahl beträgt etwa 60—120 pro Minute; der Luftbedarf ist dementsprechend von minimal 800 l pro Minute an aufwärts bei 5 Atm. Überdruck. Die Beschickung der Rutschen erfolgt durch Handschaufeln, wozu ein Mindestschaufelraum von 0,5 m Höhe zur Verfügung stehen muß.

Die Normalleistung der Schüttelrutsche beträgt etwa 5 cbm/st maximal 30 cbm/st. Sie berechnet sich als das Produkt des Querschnittes der Hublänge, der Hubzahl und des Füllungsgrades, wobei letzterer zu 0,5 angenommen werden kann.

Die Kosten der Förderung durch Schüttelrutschen beim Kohlenbergbau sind bei etwa 100 m Förderlänge:

```
Verschleiß . . . . . . . . . . . . . .   3— 4 Pfg. pro Tonne
Amortisation und Verzinsung . . .   1— 2   „     „     „
Preßluftverbrauch . . . . . . . .   3—12   „     „     „
Schmierung, Reparaturen usw. . .   1— 2   „     „     „
```

Insgesamt kann man also die Förderkosten mittels Schüttelrutschen zu 8—20 Pf. pro Tonne Kohlen annehmen. Im Erdölbergbau wird man des stärkeren Verschleißes wegen jedenfalls mit höheren Unkosten rechnen müssen.

216. Hydraulische Förderung. Die einfachste und billigste Förderung von Ölsanden und von zu körnig, grusigen Massen zerfallenen Ölträgern ist die hydraulische Förderung. Diese ist der umgekehrte Prozeß des Spülversatzes (vgl. Nr. 235); sie erfolgt im flutenden Wasser und beginnt im Abbau resp. im Streckenbetriebe. Der hier mit dem Ölträger beladene Wasserstrom eilt durch Rohrleitungen oder Gefluter einem Sammelbehälter zu, aus dem er bis zutage geleitet werden kann. Da die Methode mit der hydraulischen Schachtförderung im innigsten Zusammenhang steht, mögen die weiteren Betrachtungen derselben den Erörterungen der hydraulischen Schachtförderung und des Spülversatzverfahrens vorbehalten werden. Es sei nur an dieser Stelle auf die in Nr. 235 angegebenen Geschwindigkeiten hingewiesen, welche erforderlich sind, damit das Fördergut auf horizontaler Bahn transportiert werden kann.

217. Schachtförderung. Die Förderung der Ölträger durch den Schacht kann maschinell oder bei geringer Teufe unter gewissen Bedingungen im Spülstrom erfolgen. Die Förderung vermittels Fördermaschinen bietet im Ölbergbau keine Besonderheiten und gelten für sie alle Gesichtspunkte, die auch in den anderen Zweigen der Bergtechnik Geltung haben. Im Rahmen dieses Buches kann daher dieser Teil des Bergwerksbetriebes kurz gefaßt werden.

Die Förderung am Seil erfolgt heutzutage fast ausschließlich an Stahlseilen. Bandseile sind verhältnismäßig schwer, vor allen Dingen aber tragen sie nicht gleichmäßig, da die einzelnen Litzen sich ungleichmäßig dehnen. Die Nählitzen, welche die einzelnen Litzen zu einem Bande verbinden, schleißen an den Rändern der Bandseile schnell ab, so daß sich manches Mal das Seil in eine Anzahl von Einzelseilen auflöst. Außerdem ist das Manöverieren mit den Körben sehr zeitraubend, da Bandseile sich aufeinander aufwickeln, und dadurch der obere Korb an einem größeren Bobinenradius (Nr. 227), der untere an einem kleineren hängt, und die Bewegung des einen Korbes nicht der Bewegung des anderen entspricht. Aus diesem Grunde pflegt man Flachsseile hauptsächlich nur beim Abteufen von Schächten zu verwerten, während im normalen Förderbetrieb Rundseile verwandt werden.

Sind bei Rundseilen die Drähte und Drahtlitzen alle im gleichen Richtungssinn miteinander verflochten, so haben die Seile „Längsschlag" und üben einen starken Drall aus; sind aber die Drähte in den Litzen entgegengesetzt gewunden wie die Litzen selbst, so hat das Seil Kreuzschlag und ist nahezu drallos. Die Litzen und Drähte werden mit Hanfseelen versehen, die die Litzen gegeneinander einbetten. Je kleiner der Durchmesser der Trommel, Seilscheiben usw., um so geringer muß die Drahtstärke sein. Die Tragfähigkeit der Stahldrahtseile kann man im Mittel zu 150 kg Bruchfestigkeit je Quadratmillimeter annehmen. Ist die Bruchfestigkeit höher, so sind die Drähte auch um so spröder.

218. Die Fördergestelle. Die Fördergestelle, auch Förderkörbe oder Förderschalen genannt, dienen zur Aufnahme der Förderwagen während der Schachtförderung. Dieselben sind aus Profileisen konstruiert und haben einen oder mehrere Böden, auf denen die Förderwagen hinter- oder nebeneinander stehen. Die Förderkörbe sollen möglichst leicht sein; ihr Gewicht soll dasjenige der Nutzlast nicht übersteigen. Das Gewicht zweietagiger Körbe mit je zwei Wagen beträgt inklusive Ausrüstung im Durchschnitt 3500—4500 kg; vieretagige mit je zwei Wagen wiegen schon 6500—8000 kg. Die größeren Gewichte gelten für Förderkörbe, die für Unterseil eingerichtet sind (Nr. 227).

Die oberste Etage pflegt man für die Seilfahrt der Belegschaft zu benutzen. Die Höhe dieser Etage ist daher etwa 1,8—1,9 m, die der übrigen Etagen hingegen nur 1,4—1,5 m. Das Dach der Förderkörbe pflegt aufklappbar zu sein, um besonders große und sperrige Gegenstände einhängen zu können. Um das Gewicht der Förderkörbe tunlichst zu verringern, sind die Seitenwände durch gelochte Bleche oder durch solides Drahtgeflecht abgekleidet. Ebenso sind die Böden aus gelochten Blechen oder Rosten zusammengesetzt.

Bei der Schachtförderung werden die Wagen durch Klinken oder andere Einrichtungen an ihrem Standort festgehalten, so daß sie nicht hin und her schleudern können. Bei Mannschaftsförderung müssen die Körbe vollständig verschlossen sein, was neuerdings meist durch Jalousietüren erfolgt.

219. Das Zwischengeschirr. Dasselbe setzt sich zusammen aus dem Seileinband und der Königstange oder der Zwieselkette Der Seileinband kann dadurch hergestellt werden, daß das untere Ende des Seils um eine „Kausche" geschlungen wird und oberhalb derselben das umgebogene Ende durch Klemmplatten befestigt wird. An Stelle des Kauschenseileinbandes treten bei tieferen Schächten Seilschlösser. Das einfachste Seilschloß besteht darin, daß die Drähte am Seilende einzeln umgebogen sind und zu einer birnenförmigen Quaste zusammengefaßt werden. Diese Birne wird dann in eine entsprechend gestaltete Hohlbüchse mit Zink ausgegossen und in einer harten Metallegierung gefaßt.

Die Verbindung zwischen dem Seil und dem Förderkorb erfolgt durch eine Königstange oder durch Zwieselketten resp. vier Ketten, denen aber noch vier schlaff hängende Reserveketten beigesellt sind. Da sich die Förderseile im Laufe des Betriebes ausdehnen, sind zur Kürzung des Seiles gewöhnlich einige Laschenpaare eingebracht, welche entsprechend der Verlängerung des Seiles ausgeschaltet werden.

220. Die Schachtleitungen. Damit die Förderkörbe während der Förderung im Schacht nicht hin und her schleudern können, müssen sie geführt werden. Diese Führung der Körbe durch den Schacht erfolgt durch sog. Spurlatten. Die Spurlatten bestehen aus hölzernen oder eisernen Leitbäumen oder aus Führungsseilen. Im Erdölbergbau sollten nur eiserne Spurlatten verwandt werden, da die hölzernen Leitbäume sich im Laufe der Zeit mit Öl tränken und die Feuersgefahr vermehren, zumal wenn sie bei großer Fördergeschwindigkeit im trockenen Schacht an den Gleitschuhen sich erhitzen. Seilführungen, die im englischen Kohlenbergbau sehr verbreitet sind, sind ebenfalls nicht zu empfehlen, da sie einen unnötig großen Schachtdurchmesser und somit eine starke Schachtauskleidung verlangen, also das Anlagekapital unnötig erhöhen.

Die eisernen Führungen bestehen aus Profileisen oder Eisenbahnschienen und beanspruchen unter den gebräuchlichen Spurlatten den geringsten Raum. Damit die Eisenspurlatten sich bei Temperaturschwankungen besonders im einziehenden Schacht dehnen können, soll die Stoßfuge mindestens 5 mm Spielraum haben. Um möglichst wenig Stoßverbindungen zu haben, werden die eisernen Spurlatten in großen Längen nicht unter 10 m eingebaut. In Deutschland sind Kopfführungen neuerdings fast allgemein. Für die in nächster Zukunft beim Erdölbergbau in Frage kommenden geringen Schachtteufen und damit zusammenhängenden geringen Fördergeschwindigkeiten wird man wohl Seitenführung bevorzugen. In Frankreich und Belgien sehr beliebt ist die Briartsche Führung, bei welcher die Spurlatten seitlich an der Längsseite der Förderkörbe verlaufen. Sie können dabei an den äußeren

Einstrichen des Fördertrumms angebracht werden oder in der Mitte des Fördertrumms an einem gemeinschaftlichen Mitteleinstrich befestigt sein (Abb. 223). Die Kopfführungen haben den Nachteil, daß sie an den Füllörtern unterbrochen werden müssen, um das Abziehen der Förderwagen zu ermöglichen. In diesem Falle übernehmen an den Füllörtern sog. Eckspurlatten aus Winkeleisen die Führung.

Um ein möglichst breites Auflager der Schienen zu ermöglichen, ist im Heider Ölkreidebergwerk ein breitfüßiges Differdinger Schienenprofil verwandt worden (Abb. 133). Oben und unten sind an den Förderkörben zu ihrer Führung Gleitschuhe angebracht, die mittels Klauen die Spur-

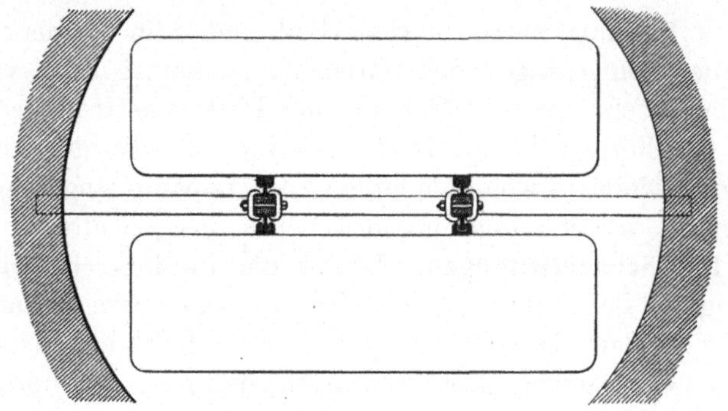

Abb. 223.   Briartsche Führung.

latten umfassen. Dieselben sollten der Gefahr der Funkenbildung wegen mit einer harten, aber keine Funken bildenden Legierung ausgegossen sein.

Der Spielraum zwischen dem Metallfutter und den Spurlatten sollte mindestens 5 mm betragen. An den Stellen, an welchen sich die Förderkörbe begegnen, ist je nach Fördergeschwindigkeit ein Mindestabstand der Förderkörbe voneinander von 100 mm zu wahren. Dasselbe gilt für die Entfernung der Körbe von dem Eisenausbau und der Schachtmauerung.

221. Aufsetzvorrichtungen. Bis zum ersten Jahrzehnt dieses Jahrhunderts hielt man es allgemein für erforderlich, daß zum Aufschieben und Abstoßen der Förderwagen auf resp. von den Förderkörben der Schacht sowohl an den Füllörtern wie auch an der Rasenhängebank mit einer Einrichtung versehen sein müsse, welche den Förderkörben beim Wagenwechsel als Ruhebühne dient. Es sind dies die Aufsetzvorrichtungen, Schachtfallen oder Raste. Dieselben bestehen im Prinzip darin, daß Riegel oder Stützen an der Hängebank resp. an den Füllörtern in den Schacht vorgeschoben werden, auf denen der Förderkorb aufsetzen oder sich aufhängen kann. Die neueren Schachtfallen haben dabei die Forderung gelöst, die Stützen wieder zurückzuziehen, während der Förderkorb noch auf ihnen aufruht, und ein allmähliches Sinken des Förderkorbes nach dem Wagenwechsel, also eine allmähliche Mehrbelastung des hängenden Förderseiles, herbeizuführen.

Neuerdings hat man mit der zunehmenden Exaktheit der Fördermaschinenarbeit sich wenigstens bei tiefen Schächten von der Anschauung frei gemacht, daß die Förderkörbe beim Wagenwechsel einer Aufsetzvorrichtung bedürfen, und hat diese insbesondere aus den Füll-

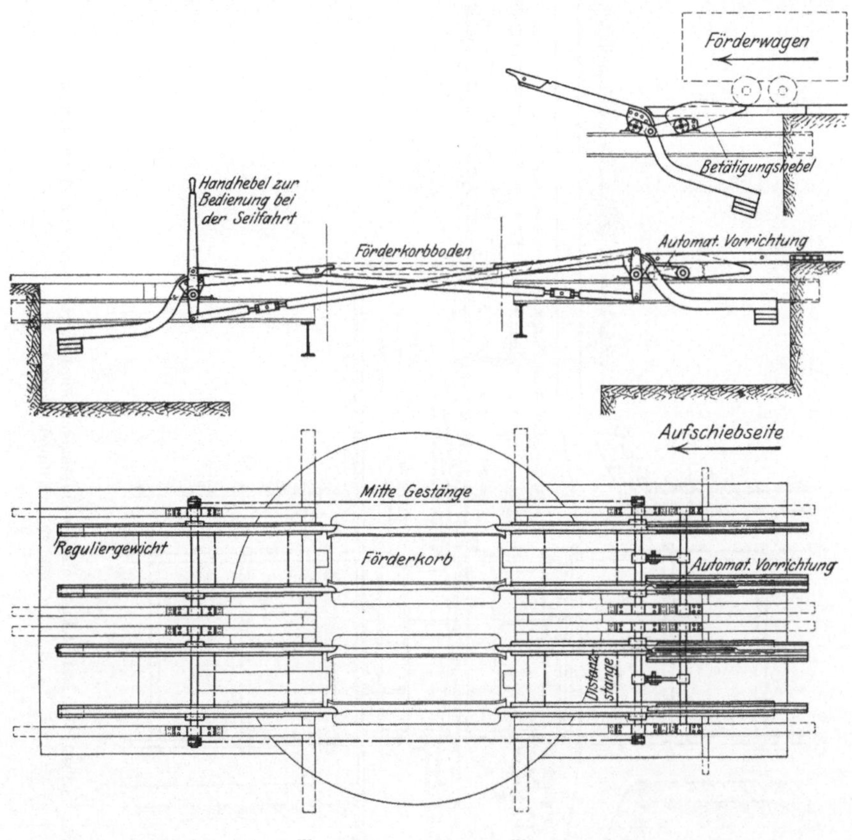

Abb. 224. Automatisch betätigte Eikelbergsche Schwenkbühne. (Fröhlich & Klüpfel, Essen.)

örtern verbannt. Während man an der Hängebank entweder frei am Seil aufschiebt oder bei geringer Schachtteufe die Aufsetzvorrichtungen beibehält, hat sich für den Wagenwechsel am Füllort die Eikelbergsche Schwenkbühne allgemein eingeführt. Sie beruht darauf, daß das letzte Stück des Plattenbelages zwischen Füllort und Korb als eine um einen kleinen Winkel in der Vertikalen schwenkbare schiefe Ebene eingerichtet ist, die am Schienenkopf auf Drehbolzen verlagert ist (Abb. 224). Das vorderste Ende des schwenkbaren Plattenbelages ist nochmals drehbar angeordnet, so daß der Förderkorb sich selbst Durchgang bis zu einem gewissen Maße verschaffen kann. Mittels eines an den Drehbolzen angreifenden Handhebels wird die schiefe Ebene mit ihrem Vorderende auf den Boden des Förderkorbes gelegt, so daß der aufzuschiebende Förderwagen auf sanft geneigter Bahn bergab in den Förderkorb hineinrollt. Durch den Hebel werden gleichzeitig durch

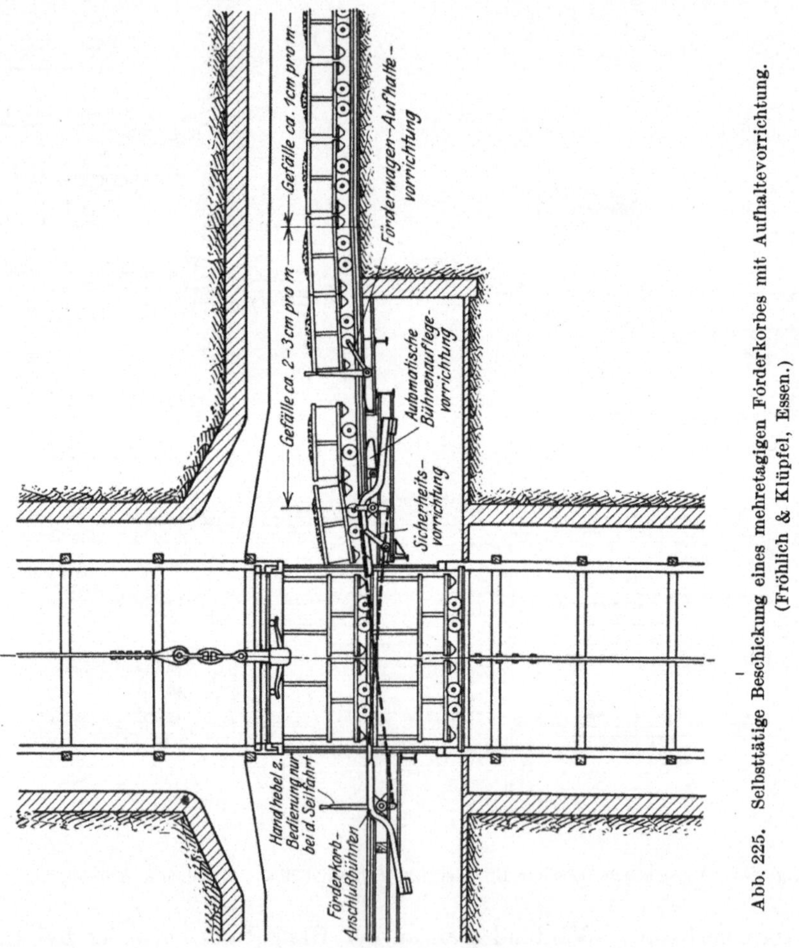

Abb. 225.   Selbsttätige Beschickung eines mehretagigen Förderkorbes mit Aufhaltevorrichtung. (Fröhlich & Klüpfel, Essen.)

Gelenke Zug- und Druckgestänge gesteuert, die auch auf der Gegenseite des Hebels das Vorderende der Gegenschwenkbühne auf den Boden des Förderkorbes legen, so daß die leeren Förderwagen vom Förderkorbe zur entgegengesetzten Seite abgezogen werden. Vermittels der Schwenkbühne ist es möglich, die Förderwagen unabhängig von der genauen Fahrt des Fördermachinisten in einer schiefen Ebene vom

Füllort aus bis zu einem Höhenunterschied von 15 cm aufzuschieben resp. abzuziehen.

Neuerdings wird die **Eickelbergsche** Schwenkbühne automatisch wirkend gebaut, wobei die aufzuschiebenden Förderwagen einen Hebel durch ihr Eigengewicht betätigen, wodurch durch Hebelübertragung die Schwenkbühne so gesenkt wird, daß sich ihre Vorderenden auf den Boden des Förderkorbes auflegen (Abb. 224). Bei dieser neueren Ausführungsform sind die Bühnenschienen rückwärts nach unten gekröpft und bilden dadurch eventuell unter Zuhilfenahme des Gewichtes den Gewichtsausgleich des vorderen Teiles der Bahn. Abb. 225 zeigt die selbsttätige Beschickung eines mehretagigen Förderkorbes. Dabei ist noch eine Vorrichtung angebracht, welche die jeweilig nicht benötigten Förderwagen durch Gegenstemmen von Fanghebeln gegen die Räderachsen, vom Schachte fernhält. Die Fanghebel sind immer in Sperrstellung und können nur durch einen Handhebel nach unten bewegt werden, um jeweilig die Wagen frei zu geben. Weiterhin ist eine Sicherheitsvorrichtung angebracht, welche es verhütet, daß die Wagen in den Schacht abstürzen, falls der Förderkorb nicht in der richtigen Höhe hält.

222. Teufenzeiger. Damit der Fördermaschinist in jedem Augenblick des Treibens genau weiß, in welcher Teufe sich der Förderkorb befindet, ist mit der Achse der Fördermaschine ein Zeiger verbunden, der mit der Maschine bewegt wird und auf einer Skala die erlangte Teufe anzeigt.

223. Auslösevorrichtungen. Eine große Gefahr liegt bei der Förderung, insbesondere bei der Seilfahrt darin, daß der Fördermaschinist die Förderkörbe zu hoch, evtl. bis an die Seilscheiben zieht, so daß das Seil reißt, und der Förderkorb in den Schacht zurückfällt. Um dies zu verhüten, hat man automatisch wirkende Bremsen an der Fördermaschine angebracht, welche selbsttätig auf die Maschine wirken und die Kraftzufuhr absperren, sobald der Förderkorb zu hoch zu fahren droht; meist wird die Auslösevorrichtung vom Teufenzeiger aus betätigt. Auch die Geschwindigkeit der Seilförderung wird durch diese Einrichtung reguliert, so daß die Fördergeschwindigkeit eine bestimmte Strecke pro Sekunde nicht überschreiten kann, und zwar mäßigt sich die Geschwindigkeit automatisch immer mehr mit der Annäherung des Förderkorbes an die Rasenhängebank. Damit der Förderkorb nicht umgekehrt beim Einfahren der Bergleute zu tief fährt und in den Schachtsumpf taucht, in dem die Arbeiter evtl. ertrinken könnten, sind die Spurlatten unterhalb der Füllorthängebank sanft eingezogen, so daß der Förderkorb nicht wesentlich tiefer als das Füllort herabgelangen kann und sich in den Spurlatten aufhängt.

Die weitestgehende Sicherheit in dieser Hinsicht erreichen die elektrisch angetriebenen Fördermaschinen, welche durch einen vom

Teufenzeiger ausgehenden Apparat auf den Anlasser und auf den Steuerhebel wirken und dadurch die Geschwindigkeit regeln.

Auslösevorrichtungen, welche das Förderseil oberhalb der Hängebank ganz von dem Förderkorb trennen und dem Förderkorb resp. dem Zwischengeschirr Gelegenheit geben, sich auf einem Gestell aufzuhängen, sind weniger beliebt und veraltet.

Als weitere Sicherheitsausrüstung endlich ist noch des Geschwindigkeitsmessers zu gedenken, welcher automatisch die Fördergeschwindigkeit beim Treiben aufzeichnet, indem ein Schreibstift auf einer rotierenden Rolle Papier die jeweilige Geschwindigkeit graphisch darstellt.

224. Fangvorrichtungen. Die Sicherung des Förderkorbes gegen Seilbruch ist bei Ölschächten vielleicht noch wichtiger wie bei anderen Schächten. Denn, wenn auch durch stete Bewetterung des Schachtsumpfes die Ansammlung von Öldämpfen im Schachttiefsten unterbunden sein soll, so können trotzdem durch irgendwelche Umstände, etwa durch Unterbrechung der Sumpfbewetterung, Öldämpfe sich daselbst angesammelt haben. Bei Absturz des Förderkorbes liegt dann aber die Gefahr vor, daß beim Aufschlagen des Fördergestells auf die Eisenkonstruktion im Schachtsumpf diese Öldämpfe in Brand gesetzt werden. Die gleiche Gefahr kann auch eine Zertrümmerung des Wetterscheiders beim Absturz des Förderkorbes herbeiführen. Wie ernst diese Gefahr ist, zeigte sich in dem Schacht II in Pechelbronn, woselbst eine abstürzende Grubenschiene genügte, den Schachtsumpf, in dem sich etwas Öl angesammelt hatte, in Brand zu setzen.

Die Fangvorrichtungen beruhen fast alle darauf, daß bei Seilbruch eine bisher durch das belastete Seil in Spannung gehaltene Feder sich auslöst, und dadurch zwei Fangklauen in oder gegen die Spurlatten sich einklemmen. Die Fangvorrichtungen werden betätigt durch Schneidehebel oder durch Exzenter, oder endlich durch Klemmbacken.

Die Aussichten, daß die Fangvorrichtung richtig funktioniert, sind um so größer, je geringer die Teufen sind, wenn also die Fördergeschwindigkeit nicht allzu groß ist. Bekanntlich sind die mit großer Geschwindigkeit niederfahrenden Förderkörbe deshalb am schwersten zu fangen, weil sie schon vor dem Seilbruch bereits eine große Geschwindigkeit haben, und die ihnen während des Seilbruchs innewohnende lebendige Kraft nach dem Bruch so schnell und so bedeutend vermehrt wird, daß die hemmende Kraft der Fangvorrichtung nicht mehr ausreicht, jene abzufangen. Die Verhältnisse, die hier vornehmlich in Betracht kommen, sind hingegen der Fangarbeit günstig. Die für den Ölschacht zu fordernden eisernen Spurlatten lassen zwar ein tiefes Eingreifen der Fangklauen nicht zu, sondern die Fangvorrichtung muß sich darauf beschränken, die Fänger fest gegen die Leitungen anzuklemmen.

225. Seilscheiben und Fördergerüste. Die Seile laufen über Seilscheiben, die in einem Fördergerüst verlagert werden. Die Seilscheiben haben meist eine Nabe aus Gußeisen oder Gußstahl und einen Seilscheibenkranz aus gleichem Material; Nabe und Kranz werden durch schmiedeeiserne Speichen miteinander verbunden. Je größer die Seilscheiben, um so geringer ist der Verschleiß der Seile, aber auch der der Seilscheiben selbst, welcher dadurch entsteht, daß die Seile die Seilnut immer tiefer ausfeilen. Die Tiefe der Nut ist daher in regelmäßigen Abständen zu prüfen; die Seilscheiben sind durch neue zu ersetzen, wenn die Stärke der Kränze nicht mehr genügend Sicherheit bietet. Man wählt Seilscheiben von etwa 2—6 m Durchmesser.

Die Höhe des Fördergerüstes richtet sich nach der Tiefe des Schachtes und dem Durchmesser der Fördertrommel. Danach muß zwischen dem Förderkorb resp. dem Zwischengeschirr und der Seilscheibe ein freier Raum bleiben, der mindestens eine Viertel- bis eine halbe Umdrehung der Fördertrommel gestattet, ohne daß der Förderkorb anstößt. Da die Wucht der rotierenden Trommeln mit der Teufe der Schächte wächst, so ist das Maß des zulässigen Umdrehungswinkels gegen Übertreiben auch von der Teufe des Schachtes abhängig.

Die Seilscheiben können entweder nebeneinander oder übereinander verlagert werden. Bei Förderung mit Trommeln oder Bobinen (Nr. 227) zieht man die Verlagerung der Seilscheiben nebeneinander vor; jedoch kann man je nach Lage der Maschine auch zu ihrer Übereinanderlagerung gezwungen sein. Bei Treibscheiben (Nr. 228) wählt man stets die übereinanderliegende Anordnung.

Das Gewicht der eisernen Fördergerüste schwankt zwischen 25000 und 120000 kg, je nach der Größe der Förderlasten und der Schachtteufe. Der Preis kann mit 250—300 M. pro Tonne angenommen werden. Über Tage sind im Förderturm wohl immer zwei Bühnen vorhanden, die Rasenhängebank und die Förderhängebank. Von der Rasenhängebank werden große Maschinenteile eingehängt.

226. Art der Förderung. Die Fördergestelle mit den Förderwagen werden am Seil durch die Fördermaschine zutage gehoben. Jeder Förderkorb hängt dabei an einem Seilende, so daß die Maschine gleichzeitig einen Förderkorb zur Tiefe befördert — hängt —, während der andere aufwärts geht. Das Förderseil kann dabei auf Seiltrommeln sich auf- resp. abwickeln; oder aber das Förderseil läuft, eine Scheibe mit tiefer Nut, die Treibscheibe, umschlingend, auf und gleichzeitig wieder ab. Bei der Treibscheibe ist also für beide Körbe nur ein einziges Seil erforderlich, an dessen beiden Enden je ein Förderkorb hängt. Bei der Trommelförderung hingegen hängt jeder Förderkorb an seinem eigenen Seil.

227. Die Trommelförderung. Die Trommelförderung ist die ältere und bei geringen Teufen auch heute noch die gebräuchliche Förderung. Die Trommeln erhalten jedoch bei großen Schachtteufen und den hierbei erforderlichen großen Trommeldurchmessern bei aufgewickeltem Seil eine zu große Schwungkraft. Man geht daher heute kaum noch über Trommeldurchmesser über 6 m hinaus und wählt im allgemeinen mindestens das 800fache des Drahtdurchmessers. Die Breite der Trommel soll so bemessen sein, daß der Ablenkungswinkel von der äußersten Seillage auf der Trommel bis zur Seilscheibenebene $1^1/_2{}^0$ nicht übersteigt. Die Umschläge auf der Trommel liegen bei Schächten mit geringer Teufe nebeneinander, bei größerer Teufe liegen mehrere Umschläge übereinander. Bei abgewickeltem Seil müssen mehrere Umschläge auf der Trommel verbleiben, um durch ihre Reibung ein Losreißen des Seiles von der Befestigung auf der Trommel zu verhüten. Da zur Prüfung des Seiles in regelmäßigen Zeitabschnitten einzelne Stücke am Seileinband abzuhauen sind, sind diese Umschläge nicht zu knapp zu bemessen.

Will man aus verschiedenen Sohlen fördern, so muß das Seil entsprechend verlängert oder verkürzt werden, d. h. die Zahl der auf der Trommel nach der Aufwärtsförderung verbleibenden Umschläge muß vermehrt oder vermindert werden. Dies geschieht durch das sog. Umstecken der Maschine. Hierzu wird eine Seiltrommel auf ihrer Achse beweglich gemacht. Zum Umstecken hebt man den Förderkorb, der an der versteckbaren Trommel hängt, bis zur Hängebank und fängt ihn hier ab; darauf löst man die Trommel von ihrer Achse und legt sie durch eine Bremse und Sperrhaken fest. Darauf fördert man den an der festsitzenden Trommel hängenden Förderkorb auf die gewünschte Teufe und verbindet die lose Trommel wieder mit ihrer Achse.

Die Trommeln können bei Rundseilen entweder einfach zylindrisch sein oder konisch oder spiralförmig ausgebildet werden. Einfach zylindrische Trommeln kommen bei den zu erwartenden geringen Teufen der Ölschächte vorwiegend zur Anwendung, da bei ihnen der Unterschied in den Lastmomenten bei der Lage der Förderkörbe an der Hängebank einerseits, an den Füllörtern andererseits nicht allzu groß ist.

Bei tiefen Schächten hingegen ist die Beanspruchung der Maschine eine stark wechselnde. Ist z. B. das Gewicht des Seiles 6 kg pro Meter und die Last des beladenen Förderkorbes 6000 kg, so beträgt die zu hebende Last bei 500 m Teufe 9000 kg, am Ende des Treibens nur noch 6000 kg, während gleichzeitig das Gegenseil umgekehrt zunächst nur 6000 kg und nach beendetem Treiben 9000 kg zu tragen hat. Diese Schwankungen in der Belastung erschweren natürlich den Gang der Maschine sehr, so daß man zu Ausgleichsmitteln greifen muß.

Das einfachste Mittel zum Ausgleich der wechselnden Seillast besteht darin, daß man mit zunehmender Seillast den Lasthebelarm der Trommel verkürzt, so daß also das statische Lastmoment während des Treibens annähernd dasselbe bleibt. Man erreicht dies, indem man die Trommel konisch macht. Ist das Seil abgewickelt, so greift es am kleineren Durchmesser der Trommel an und umgekehrt. Dieses einfache Mittel gestattet eine Konizität der Trommeloberfläche gegen die Horizontale bis zu 30°. Genügt diese Neigung nicht, so nimmt man Spiralkörbe, bei welchen auf der Trommeloberfläche spiralförmig verlaufende Rillen angebracht sind, welche die Seilumschläge zwangläufig aufnehmen. Dadurch kann der Neigungswinkel gegen die Horizontale bis zu 60° erhöht werden.

Einen guten Seilausgleich erhält man bei Flachseilen mit Bobinenbetrieb. Bei den Bobinen wächst der Hebelarm beim Aufwickeln des Seiles ständig dadurch, daß sich Seillage auf Seillage legt. Bei Bobinenmaschinen ist aber der Seilverschleiß erheblich, und sind sie daher in Deutschland nur noch beim Abteufen beliebt.

Ein vollständiger Seilausgleich wird erst durch das Unterseil herbeigeführt. Es ist dies ein Seil, welches an den Böden der beiden Förderkörbe befestigt ist und im Schachtsumpf in einer Schleife geführt wird. Als Unterseile kommen meist Flachseile zur Verwendung, welche drallos sind und eine große Biegsamkeit bei der Schleifenbildung aufweisen. Durch die Befestigung des Unterseiles an den Böden der Fördergestelle werden die Förderkörbe stark beansprucht. Man hat daher neuerdings die Befestigung des Unterseiles durch Umführung um den Förderkorb bis zu dem elastischen Förderseil geführt.

Das Unterseil hat neben der stärkeren Belastung der Maschinentrommel, der Seilscheiben usw. den Nachteil, daß es unmöglich ist, aus verschiedenen Sohlen zu fördern, weil ein Umstecken der Maschine eine entsprechende Verlängerung oder Verkürzung des Unterseils bedingen würde. Ein Nachteil des Unterseils ist auch, daß die Fangvorrichtung der größeren Totlast wegen viel stärker konstruiert sein muß, und ihr Funktionieren unwahrscheinlicher wird, da die lebendige Kraft der fallenden Massen um die Wucht des Unterseils vermehrt wird.

228. Die Förderung mittels Treibscheiben. Die Treibscheibe, eine Erfindung des deutschen Bergwerksdirektors Köpe, war ursprünglich oberhalb des Schachtes im Förderturm an Stelle der in Fortfall kommenden Seilscheiben verlagert. In gleicher Höhe lag auch die Antriebsmaschine. Die starken Erschütterungen des Fördergerüstes führten aber dazu, die Treibscheibenantriebsmaschinen auf die Erdoberfläche vor den Schacht zu stellen und die Seilscheiben wieder einzuführen. Erst neuerdings, mit der Vervollkommnung der elektrischen Fördermaschinen, ist man wieder mehrfach zu der ursprünglichen Disposition zurückgekehrt. Neben der Verminderung des Gewichts der Fördermaschinen bietet die Treibscheibe einen natürlichen Schutz gegen die Folgen des Übertreibens der Förderkörbe, da bei zu großem Widerstande das Seil nicht bricht, sondern auf der Treibscheibe gleitet. Der Seilverschleiß ist zudem gering, da der Ablenkungswinkel nahezu Null wird. Da bei Köpeförderung die Schwungmomente der rotierenden Massen wesentlich geringer sind als die Trommelförderung, so können die Durchmesser der Treibscheiben größer (4—8 m) gewählt werden. Die Förderung mittels Treibscheiben erfolgt in der Regel mit Unterseil.

229. Die Leistung bei der Schachtförderung. Die größte bei tieferen Schächten zu erlangende Fördergeschwindigkeit beträgt etwa 25 m/sk, die mittlere Geschwindigkeit etwa 6—7 m. Bei 200 m Schachtteufe kann man die Dauer eines Zuges zu 40 Sekunden, die erreichbare Höchstgeschwindigkeit zu 8 m/sk annehmen. Für den Wagenwechsel benötigt man bei zwei hintereinanderstehenden Wagen bei gut eingeübten Förderleuten etwa 10 Sekunden, wozu noch 2—3 Sekunden zur Abgabe der Signale, Sicherheitspause usw. kommen. Praktisch dürfte somit ein Förderzug aus dieser Teufe bei flotter Förderung in 1 Minute beendigt sein. Dementsprechend ist die Gesamtleistung in achtstündiger Schicht bei einer Teufe von 200 m rund 500 t. Bei mehretagigen Körben kann die Leistung erheblich gesteigert werden. Bei sehr tiefen Schächten aber wird die Förderung am Seil immer beschwerlich sein, da die Eigenlast des Seiles dabei so groß wird, daß das Seil sich schließlich selbst nicht mehr zu tragen vermag.

230. Die hydraulische Förderung. Wie schon mehrfach dargetan ist, ist der Ölträger meistens so lockerer Natur, daß er leicht zu Sand zerfällt. Seine darauf fußende Gewinnung im hochgespannten Wasserstrahl wurde bereits in Nr. 186 erörtert. Diese von Natur aus losen oder vom Wasserstrahl gelösten Sandmassen können, insbesondere, wenn es sich um geringe Tiefen handelt, in einem aufsteigenden Wasserstrome zutage gefördert werden. Es vollzieht sich dann ein ähnlicher Prozeß, wie er auch in Goldwäschereien über Tage bekannt ist. Hier wird das mittels eines Monitors hereingewonnene Fördergut großen Wasserstrahlelevatoren, sog. Grawel-Elevatoren, zugeführt, die das Gemisch von goldhaltigem Sand und Wasser hochgelegenen Schwemmkanälen (sluice-boxes) zuführen.

Um die hydraulische Ölsandförderung zu verstehen, ist es erforderlich, auf die Theorie der Förderung im aufsteigenden Wasserstrome einzugehen. Wenn ein Wasserstrom mit einer bestimmten Geschwindigkeit (v) vertikal aufwärts steigt, so kann ein in dem Strom befindlicher Körper von angenommener Kugelgestalt und dem spezifischen Gewicht γ entweder in dem Strom abwärts fallen, oder er wird mit emporgerissen und tritt mit dem Wasserstrome aus der Ausflußöffnung aus. Es gibt aber für jeden Körper eine bestimmte Geschwindigkeit, bei welcher er in dem aufsteigenden Wasserstrom weder sinken noch steigen wird, sondern in der Schwebe an ein und derselben Stelle verbleibt. Es ist dies die Geschwindigkeit, bei welcher von dem aufsteigenden Strome auf den in ihm befindlichen Körper ein Druck ausgeübt wird, der gleich ist dem Gewichte des Körpers vermindert um dessen Auftrieb. Ist d der Durchmesser des Körpers, so ist das Gewicht G, mit welchem er in dem aufsteigenden Wasserstrome niedersinken will, $\text{I } G = \frac{1}{6}\pi d^3(\gamma - 1)$. Der von dem mit der Geschwindigkeit v aufsteigenden Wasserstrom auf den Körper ausgeübte Druck P ist, wenn die Querschnittfläche desselben mit $\dfrac{d^2\pi}{4}$ angenommen wird, weil $h = \dfrac{v^2}{2g}$, $\text{II } P = \dfrac{v^2}{2g}\dfrac{d^2\pi}{4}$. Setzt man die Werte von G und P aus Formel I und II gleich, so ist

$$\tfrac{1}{6}\pi d^3(\gamma - 1) = \frac{v^2}{2g}\frac{d^2\pi}{4} \quad \text{oder} \quad v = 3{,}6\,\sqrt{d\,(\gamma - 1)}\,.$$

Diese theoretisch ermittelte Geschwindigkeit bedeutet gleichzeitig die Maximalgeschwindigkeit, welche eine Kugel annimmt, wenn sie in ruhendem Wasser zu Boden fällt. Praktische Versuche haben ergeben, daß die vorstehende Formel noch einer Korrektur bedarf. Nach den Untersuchungen von Rittinger kommt die Formel $v = 5{,}11\,\sqrt{d\,(\gamma - 1)}$ der Wirklichkeit bei kleinem Korndurchmesser nahe.

Hiernach ergibt sich für die Geschwindigkeit des aufsteigenden Wasserstromes, bei welcher Sandkörner weder fallen noch steigen, die folgende Tabelle für Quarzsande vom spezifischen Gewicht 2,5, also für $v = \sim 6{,}25\,\sqrt{d}$. In ihr sind die Zahlen bei kleinstem Durchmesser der schewebenden Körper nur noch in weiten Grenzen richtig; sie fallen wesentlich langsamer, d. h. sie werden im aufsteigenden Strome bei noch geringerer Geschwindigkeit aufwärts gefördert.

Tabelle der Geschwindigkeiten des aufsteigenden Wasserstromes, bei welchen Quarzkörner in ihm in der Schwebe gehalten werden.

$$v = 6{,}25\,\sqrt{d}\,(d \text{ in Metern}).$$

Durchm. d mm	Geschw. v mm/sk	Durchm. d mm	Geschw. v mm/sk
0,25	98,70	10,00	625,00
0,50	139,30	20,00	875,00
0,75	170,60	30,00	1081,00
1,00	197,50	40,00	1250,00
2,00	279,30	50,00	1393,75
3,00	332,50	60,00	1525,00
4,00	395,00	70,00	1656,25
5,00	441,00	80,00	1768,75
6,00	484,00	90,00	1875,00
7,00	523,00	100,00	1975,00
8,00	562,00	125,00	2125,00
9,00	601,00	150,00	2430,00

Ist die Geschwindigkeit größer, so wird der Sand ausgetragen. Danach würden durch eine Rohrleitung von 200 mm lichten Durchmesser bei einer Wasserförderung von 1 cbm pro Minute alle Quarzkörner bis 10 mm, bei einer Wasserförderung von 3 cbm pro Minute alle Körner bis 50 mm und bei 3 cbm Wasserförderung alle Kiesel bis 100 mm Durchmesser zutage gefördert werden. Wäre das zu fördernde Mineral statt Quarz etwa gesiebte Kohle, so würde es vermöge seines geringeren spezifischen Gewichtes schon bei etwa der Hälfte der in der vorstehenden Tabelle angegebenen Geschwindigkeiten zutage gefördert werden können.

Bei der hydraulischen, kontinuierlichen Förderung kommt es nach vorstehendem darauf an, dem aufsteigenden Wasserstrom eine Geschwindigkeit zu geben, welche den Grenzwert der Tabelle übertrifft. Bleibt der mit dem Wasserstrom aufsteigende Körper zunächst relativ gegen den Strom zurück, so übt der gegen den Körper ausgeübte Druck eine kontinuierlich arbeitende Kraft aus, welche seine Geschwindigkeit beschleunigt, so daß er schließlich die Geschwindigkeit des aufsteigenden Wasserstromes selbst annimmt und mit dieser seine aufwärts gerichtete Bewegung fortsetzt.

Die Förderung im aufsteigenden Wasserstrome kann nur mit Pumpen erfolgen, die keine bewegten Teile haben, da der Verschleiß derselben sonst zu groß wäre. Die geeigneten Mittel, um die Sandkörner im aufsteigenden Wasserstrom zu fördern, sind der Wasserstrahlelevator, der Dampfstrahlelevator und die Mammutpumpe.

231. Strahlelevatoren. Die Strahlelevatoren beruhen darauf, daß ein Strahl von Hochdruckwasser oder -dampf aus einer engeren Düse in eine weitere tritt und dabei vermöge seiner Geschwindigkeit eine Luftleere erzeugt; durch diese wird das zu fördernde Wasser angesaugt und der erreichbare Sand mitgerissen. Das zu fördernde Wasser kondensiert den Dampf respektiv mischt sich mit dem Betriebswasser und wird auf die gewünschte Höhe gefördert. Die Förderhöhe hängt von der Größe des Druckes des Betriebswassers resp. des Dampfes ab. Man kann mit sorgfältig gearbeiteten Dampfelevatoren das Dreifache der Wassersäulenhöhe erreichen, welche dem Dampfdrucke entspricht; die Saughöhe kann bis 8 m gesteigert werden. Die Wasserstrahlelevatoren erreichen eine Förderhöhe, die etwa $^3/_4$ der Druckhöhe des Betriebswassers entspricht. Die Erwärmung des Wassers bei Dampfstrahlelevatoren beträgt mindestens 2^0 C, wächst aber mit der Förderhöhe.

Strahlelevatoren sind hauptsächlich für geringe Förderhöhen geeignet; sie finden daher vornehmlich bei der Förderung unter Tage von einem Betriebspunkte zum andern Verwendung. Ihr Wirkungsgrad ist gering und erreicht höchstens $30\,^0/_0$. Steht indessen ein natürliches Gefälle zur Verfügung, so können insbesondere die Wasserstrahlelevatoren dennoch wirtschaftlich sein. Der Dampfverbrauch der Dampfstrahlelevatoren ist bei vielen Erdölgruben deshalb erträglich, weil die Kondensation des Dampfes und die damit verbundene Erwärmung des Wassers zur Aufbereitung des Ölsandes ausgenutzt werden kann.

232. Mammutpumpen. Eine andere vorzüglich zur Förderung von Sand, Kies, Geröllen usw. aus großen Teufen geeignete Einrichtung ist der bereits in Nr. 64 erwähnte Druckluftförderer oder die Mammutpumpe. Sie beruht darauf, daß komprimierte Luft in eine Steigleitung eindringt, welche ringsum von Wasser umgeben ist, so daß dieses in demselben Maße nachdringen kann, wie es über Tage aus der Steigleitung austritt. Dabei entsteht in der Steigleitung ein Gemisch von Luft und Wasser, welches spezifisch leichter ist als das die Steigleitung umgebende Wasser, und dieses daher nach dem Gesetze der kommunizierenden Röhren beständig nachdrängt. In dieser Form ist die Mammutpumpe mit bestem Erfolge beim Schachtabteufen im toten Wasser bei Anwendung des Senkschachtverfahrens von Honigmann und dem Verfahren von Pattberg angewendet worden, um die Gebirgsmassen aus dem Schachttiefsten zutage zu fördern. Wie man sieht, setzt die Mammutpumpe voraus, daß der Wasserstand außerhalb des Steigrohres nicht abgesenkt wird, sondern durch natürliche oder künstliche Wasserzufuhr in dem einmal innegehaltenen Niveau erhalten bleibt. Beim Betriebe der Mammutpumpe ist also die Absicht nicht darauf gerichtet, die Wasser zu sümpfen, sondern ausgesprochen, die rolligen Gebirgsmassen aus dem Schachttiefsten zu entfernen.

Bei dem Betriebe fördernder Bergwerke steht natürlich die erforderliche Gegenwassersäule im offenen Schachte nicht zur Verfügung. Man kann sich aber (Abb. 226) die für den Druck auf das Wasser in der Steigleitung a erforderliche Gegenwassersäule verschaffen, indem man ein zweites Rohr b einbaut und dieses in Verbindung mit einem Wasserreservoir oder der Grubenwasserhaltung d mit dem ersten kommunizieren läßt. Dabei wird in dem Zufuhrrohr immer so viel Wasser nachgefüllt, als aus dem Steigrohr abfließt, so daß immer dieselbe Druckwassersäule das Wasser in der Steigleitung hochdrückt.

Man kann die lockeren Ölsandmassen durch Einschalten eines verschließbaren Bunkers e, etwa eines zu einem Silo ausgebildeten Blindschachtes, sammeln, in den die Steigleitung bis nahe über den Boden eintaucht (Abb. 226). Damit die Saugöffnung nicht von den Sandmassen vor Beginn der Sandförderung verstopft wird, ist sie mit einem Schutztrichter f mit weitem Durchlaß g zu umgeben. Der zufließende Wasserstrom tritt durch Öffnungen in einer Ringleitung h am Boden des Silos ein und spült die vor ihm liegenden Sandmassen in die Saugöffnung hinein, so daß die Sandmassen oberhalb des Bodens ständig nachfallen und in die Steigleitung gelangen.

Das Druckwasser kann entweder unten bei h oder nach Belieben durch Umstellen auch in einem höheren Niveau bei i in den Silo eintreten. Die Füllung des Bunkers erfolgt bei Stillstand, also vor

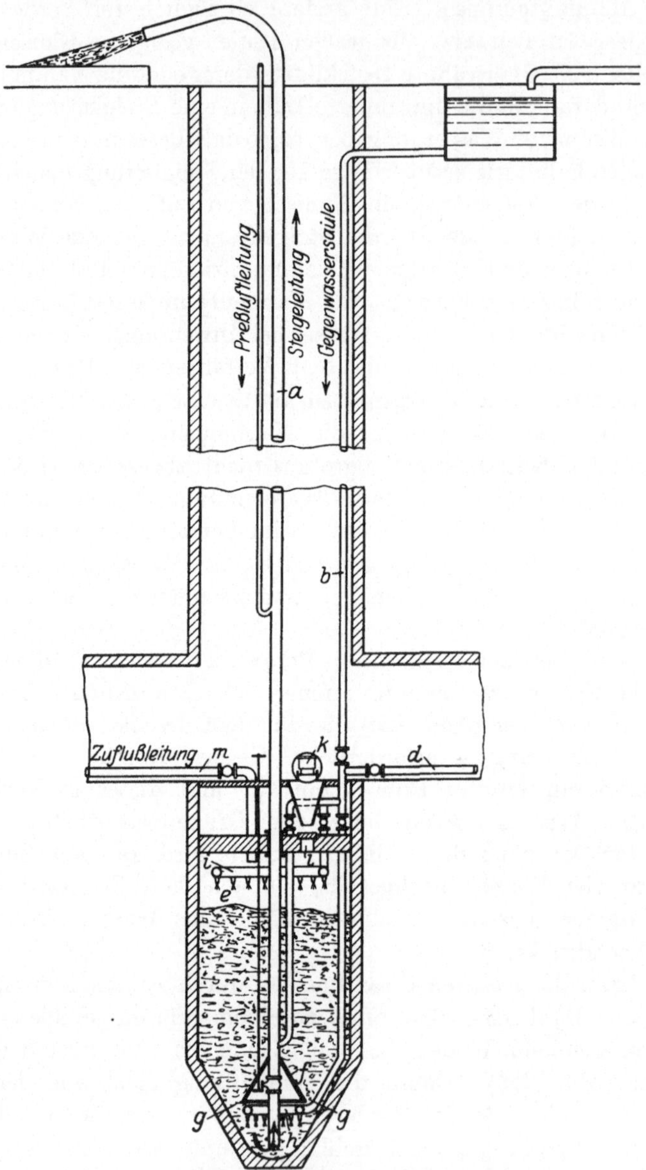

Abb. 226.   Förderung von Ölsand durch Druckluftforder.

Beginn der Förderung entweder durch Kreiselwipper k durch die verschließbare Öffnung l, oder durch einen Zubringerwasserstrom durch die Zuflußleitung m. Aus der Abbildung ist ersichtlich, wie bei plötzlicher

Störung ein Verstopfen der Steigleitung durch Niederschlag der in ihr befindlichen Sandmassen durch Nachspülen mit reinem Wasser verhindert werden kann.

Die Leistungsfähigkeit derartiger Mammutpumpen ist außerordentlich hoch. Die Einmündung der Preßluft erfolgt gewöhnlich bei etwa
$^1/_3$—$^2/_3$ der gesamten Förderhöhe. Der Wasserverbrauch ist ein geringer,
da das einmal verwendete Wasser über Tage Klärteichen zugeführt
wird und nach Abgabe seines Öls und Sandgehalts von neuem als
Druckwasser zu verwenden ist.

Die Förderhöhe ist nur durch die Materialbeanspruchung der Leitungen usw. begrenzt; die bisher in der Praxis überwundene Maximalförder-
höhe beträgt, soviel bekanntgeworden, 600 m. Die Leistung erreicht
bei Zuführung von 1 cbm Druckwasser pro Minute und einem Gehalte an
festen Massen von etwa 33 Vol.-$^0/_0$ in zehnstündiger Schicht etwa
200 cbm oder rund 400 t. Dabei werden große Gesteinstücke, die noch
eben die Steigleitung passieren können, ohne Schwierigkeit mitgerissen
und zutage gefördert. Die Pumpen werden von der Firma A. Borsig,
Berlin-Tegel, für Leistungen bis zu 25 cbm pro Minute gebaut. Der
Wirkungsgrad der Pumpen ist 25—50 $^0/_0$.

An Stelle der Mammutpumpe kann auch jede Druckpumpe, deren
Druckleitung an Stelle des Reservoirs über Tage tritt, den Spülstrom
in Bewegung setzen.

Steht natürliches Gefälle des Druckwassers, also etwa das Wasser
eines hochgelegenen Wasserlaufes zur Verfügung, so kann unter Umständen dieses Gefälle für die Förderung ausreichen.

XV. Der Abbau.

233. Allgemeines. Wie bereits im Kapitel VI dieses Buches erwähnt, haftet das Öl in vielen Fällen so fest an seinem Träger, daß
eine Drainage der Lagerstätte weder durch Bohrlöcher noch durch
Streckenbetrieb eine befriedigende Ölgewinnung ermöglicht Aber
auch bei intensivstem Aussickern des Öles aus seinem Träger wird stets
noch ein gewisser Prozentsatz des ursprünglich in der Lagerstätte vorhandenen Öles an seinem Träger haftenbleiben. Zeigte sich in Pechelbronn
die Tropfgrenze bei annähernd 10 Vol.-$^0/_0$, so kann dies selbstverständlich
nicht als Norm gelten, dürfte aber doch wohl als Anhalt dienen. Ein
Beispiel von dem großen Ölgehalt ölgetränkten, porösen, aber kein
Sickeröl abgebendes Gesteins bietet die bereits mehrfach angeführte
Ölkreide von Heide i. Holst. In diesem kleinen Felde hat die senone
Kreide erwiesenermaßen mindestens 1 Million t Rohöl aufgesogen, die
heute bereits durch Streckenbetrieb aufgeschlossen sind, ohne daß es
dabei zu einer nennenswerten Hergabe von Sickeröl gekommen ist. Die

große Ölmasse, die in den Athabaskasanden aufgespeichert ist, wurde ebenfalls bereits in den Kreis der Erörterungen gezogen. Es ist nicht anzunehmen, daß ein Streckenbetrieb in diesen Sanden einen größeren Prozentsatz des vorhandenen Öles als Sickeröl zutage zu fördern vermag.

In all diesen Fällen ist das Öl nur durch Abbau und Förderung der Ölträger zu gewinnen, die im Anschluß an die Förderung einem Aufbereitungs- oder einem Schwelprozeß unterworfen werden. Da das Öl im ursprünglichen, also im hydrierten Zustande in der Lagerstätte vorhanden ist, stellt sich der Erdölbergbau in seinem Abbau in einen wesentlichen Gegensatz zum Ölschieferbergbau; denn das Öl ist beim Abbau mehr oder weniger demselben Verhalten ausgesetzt wie bei der Vorrichtung, d. h. es neigt zur Verdunstung und infolgedessen zur Bildung von Öldämpfen, die für die Grube gefährlich werden können.

234. Die bekannten Abbaumethoden. Teils aus wirtschaftlichen Erwägungen heraus, teils aus technischen Gründen können nur wenige der beim Abbau von Kohlen-, Erz- und Salzlagerstätten bekannten Abbaumethoden beim Ölbergbau Anwendung finden. Zunächst müssen alle Abbaumethoden für den Erdölbergbau ausscheiden, die nicht einen dichten Versatz dem Abbau nachführen. Diese grundsätzliche Forderung wird ohne weiteres verständlich, wenn man sich vergegenwärtigt, daß das Öl verdunstet, und die Öldämpfe sich in den abgebauten Hohlräumen, dem „alten Mann", sammeln. Das gleiche gilt auch vom Öl selbst, welches entweder aus den stehenbleibenden Sicherheitspfeilern direkt in die offenstehenden, verfallenden Hohlräume hineinsickert, oder aber, von den Grubenwassern getragen, sich dort ansammeln würde. Damit würde aber in die Gruben ein Gefahrenmoment ersten Ranges hineingetragen. Für den Erdölbergbau kommt also der Pfeilerbau des Steinkohlenbergwerksbetriebes, insbesondere auch der Pfeilerbruchbau des Braunkohlentiefbaues nicht in Frage.

235. Abbau mit Spülversatz. Aus den gleichen Gründen, welche für den Erdölbergbau einen Abbau mit Versatz fordern, ist auch ein absolut dichter Versatz für denselben zu verlangen. Insbesondere wird der dichte Versatz auch deshalb nötig, weil die Erdöllager oft unterhalb wasserführender Deckschichten oder sogar unter Wasserläufen und Wasserbecken liegen; eine Senkung des Hangenden würde somit sehr oft das Hereinbrechen der Wassermassen im Gefolge haben. Denn bei dem undichten Handversatz muß man in der Regel damit rechnen, daß der Versatz nachträglich noch um $30\,^0/_0$ bei schiefrigem Gebirge sogar bis $50\,^0/_0$ seines Volumens zusammengepreßt wird; ein 10 m mächtiges Lager würde demnach bei Handversatz eine Senkung des Hangenden von 3 m nach sich ziehen und damit hangenden Wassern gar zu leicht Zutritt zu der Grube gestatten. In Feldern, in denen Bohrlöcher noch in ¦Tätigkeit, Raffinerien usw. noch in Betrieb sind, könnten derartige Senkungen großen Schaden anrichten, da auch das Öl, welches den pumpenden Bohrlöchern zufließt, im alten Mann verschwinden könnte und für immer verloren sein würde. Wie leicht durch Senkungen des Tiefbaues Reservoire über Tage und sonstige

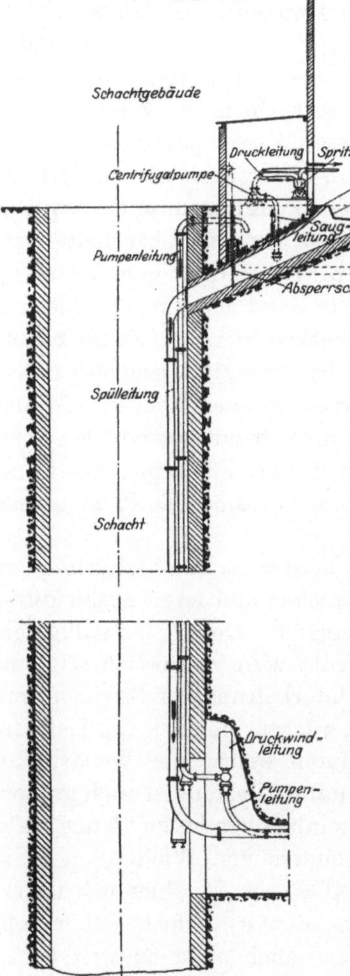

Abb. 227.
Spülversatzanlage. (Haniel & Lueg, Düsseldorf.)

Betriebseinrichtungen undicht werden, liegt auf der Hand, und könnten derartige Brüche die unglücklichsten Folgen haben.

Als Versatzmethode kommt demnach nur die Spülversatzmethode in Frage. Sie besteht darin, daß feinkörniges Material vermittels eines Wasserstromes in die abgebauten Räume hineingeschwemmt wird. Nachdem das Versatzmaterial sich abgelagert hat, fließt das Spülwasser einem Sumpfe zu, aus dem es durch eine Pumpe wieder bis zu dem Sammelbehälter über Tage zurückgefördert wird. Abb. 227 zeigt das Schema einer Spülversatzanlage.

Bei der Spülversatzmethode beträgt die nachträgliche Volumenverminderung der Versatzmassen nur etwa 7 %.

Neben den Gründen der Sicherheit sprechen für den dichten Spülversatz noch wirtschaftliche Gesichtspunkte. Vor allen Dingen ist der Spülversatz die billigste Versatzmethode. Speziell im Erdölbergbau stellt sich der Spülversatz deshalb besonders billig, weil man das Versatzmateril meistens in dem abgebauten Ölträger (dem Ölsande oder Öltuffe) nach Gewinnung des Öles aus ihm zur Verfügung hat. Würde man die abgebauten Ölsande nach ihrer Aufbereitung respektive Verschwelung einfach auf die Halde werfen, so würde der Haldenbetrieb die Grube in ungünstiger Weise belasten. Die feinen Sande aus den Halden würden auch weithin durch die Gegend verweht werden, und ein fruchtbares Gelände könnte in kurzer Zeit versanden. Die Ölsände müssen demnach nach ihrer Entölung unschädlich gemacht werden, eine Forderung, die am einfachsten erfüllt ist, wenn sie als Spülversatz wieder in die Grube zurückgebracht werden. Von Bedeutung ist der Spülversatz für den Erdölbergbau auch deshalb, weil das im Versatze zurückgebliebene Wasser ölsperrend wirkt, d. h. das Öl kann nicht so leicht in die Versatzmassen eindringen, sondern wird vom verbliebenen Wasser getragen.

Die Kosten des Spülversatzes sinken in Ölbergwerken auch deshalb, weil man meist in einer Anzahl von Tiefbohrlöchern eine bequeme Spülleitung besitzt, und dadurch eine Menge unterirdischer Leitungen, Krümmungen usw. erspart werden können. Durch diese günstigen Umstände, Ersparung der Gestehungskosten für Sand und kurze Spülleitungen, wird man, wenigstens bei solchen Werken, die auf Ölsand bauen, wohl mit einer 25 proz. Verbilligung des Spülversatzes gegenüber dem Spülversatz beim Kohlen- und Kalibergbau rechnen können. Nimmt man an, daß bei diesen, deutsche Verhältnisse vorausgesetzt, der Spülversatz durchschnittlich etwa 75 Pf. pro Tonne Fördergut kostet, so wird er im Ölsandabbau gewiß auf nicht mehr als 55—60 Pf. zu stehen kommen.

Eine der wichtigsten Forderungen des Bergbaues, die Verhütung von Gebirgsbewegungen und Druck auf die Strecken und deren Auskleidung, wird durch den Spülversatz am sichersten erfüllt. Durch planmäßig dem Abbau auf dem Fuße folgenden Spülversatz wird es möglich sein, die Öllager abzubauen, ohne daß dabei die Unterhaltung der Strecken und sonstigen Grubenräume ins Unerträgliche wächst. Je nach der Tiefe des Lagers und der Lage der Bohrlöcher, durch welche der Versatz eingespült wird, kann man dem Versatzgute unter Umständen auch größere Kiesel oder in Steinbrüchen gebrochene Steinbrocken bis zu 75 und mehr Millimeter beimischen. Es ist das besonders von Wichtigkeit beim Abbau von dolomitischen oder kalkigen Ölträgern, da hier das natürliche feine Versatzgut vielleicht mangeln könnte. Jedoch soll man in der Beimischung gröberer Gesteinsbrocken auch nicht zu weit gehen und die zulässige Zugabe durch die Praxis zu ermitteln suchen. Man kann rechnen, daß pro Kubikmeter fester Spülmasse 1 bis 2 cbm Wasserzusatz erforderlich sind. Damit das Versatzgut sich in horizontalen Leitungen nicht ablagert und diese verstopft, sind folgende Mindestgeschwindigkeiten des Spülstromes erforderlich:

Feiner Ton	0,08 m/sk	Feiner Sand	0,70 m/sk
Feinster Sand	0,10 m/sk	Schieferstücke	1,50 m/sk
Lehm u. fetter Ton	0,16 m/sk	Grobe Gesteinsstücke	3,20 m/sk

Diese Geschwindigkeiten sind somit größer als die für die Förderung vertikal aufwärts für den Spülstrom geforderten Geschwindigkeiten.

Die Weite der Rohre wird im Mittel zu 150 mm gewählt, jedoch kann man je nach der Feinheit des Versatzmaterials und der geringen Horizontalerstreckung der Leitungen unter Tage, die als Folge der meist vorhandenen, aufgelassenen Bohrlöcher in Erscheinung tritt, mit dem Durchmesser der Spülleitungen sicherlich heruntergehen. Nach den Erfahrungen, die man beim Zementieren und Versteinen großer Hohlräume hinter Schachtwandungen mittels Spülung gemacht hat, ist es sogar zweckmäßig, den Rohrdurchmesser gegebenenfalls bis auf 100 mm herabsetzen. Ein solch enges Rohr ist viel leichter vollständig gefüllt zu halten, das schädliche Mitreißen von Luft also leichter zu unterbinden, und damit das Gewicht und die lebendige Kraft der in ununterbrochenem Faden herabsinkenden schweren Masse ungleich höher als die der mehr oder weniger mit Luft vermischten Massen, so daß die in Geschwindigkeit umgesetzte Kraft ausreicht, das Versatzmaterial selbst in entlegene Grubenräume zu tragen. Die beim Aufbereiten der Ölsande entölten Massen werden am einfachsten von der Aufbereitungsanlage mittels Wasserstrahlelevatoren den dem Versatze dienenden Bohrlöchern oder der Spülleitung im Schachte zugeführt.

236. Engere Wahl der für den Abbau von Öllagern geeigneten Abbaumethoden. Es entsteht ferner die Frage, welche Abbaumethoden zum Spülversatze geeignet sind. Bei der meist sehr gebrächen Natur der Ölträger kommt eine Abbaumethode, welche das Offenhalten großer Hohlräume voraussetzt, ehe der Spülversatz eingebracht werden kann, kaum in Frage. Als solche ist der Kammerbau anzusehen, der im Kalisalzbergbau eine ausgedehnte Anwendung findet, aber auch für den Ölschieferbergbau in vielen Fällen das Gegebene ist.

Aus gleichem Grunde kommt für den Abbau von Öllagern auch der Örterbau, wie er in Minette- und Kalisalzbergbau üblich ist, nicht in Betracht. Soll ein solcher Abbau wirklich Massen liefern, so müssen die Abbaustrecken in der nötigen Breite aufgefahren werden, was der gebräche Gebirgscharakter der Öllagerstätte meist nicht gestattet. Daneben sind die großen Abbauverluste, die mit dieser Methode verknüpft sind, nur in seltenen Fällen statthaft, da sie ein weit ausgedehntes Konzessionsfeld voraussetzen. Im allgemeinen sind aber die Felder infolge der Parzellenwirtschaft des Grundbesitzerbergbaues in der Horizontalerstreckung begrenzt.

Von den bei den übrigen Zweigen der Bergwerkstechnik angewandten Abbaumethoden bleiben für den Ölbergbau somit nur folgende Methoden der kritischen Betrachtung unterworfen.

<table>
<tr><td>1. der Strebbau,</td><td>4. der Stoßbau,</td></tr>
<tr><td>2. der Strossenbau,</td><td>5. der Pfeilerbau mit Bergeversatz,</td></tr>
<tr><td>3. der Firstenbau,</td><td>6. der Scheibenbau.</td></tr>
</table>

Von diesen sind die Abbaumethoden unter 1, 2—3 für wenig mächtige Lagerstätten, die Abbaumethoden unter 4 und 5 für Lagerstätten von mittlerer bis großer Mächtigkeit anzuwenden, während der Scheibenbau für Lagerstätten von großer Mächtigkeit ausschließlich vorzusehen ist.

Der Strebbau Abb. 228, der Strossenbau Abb. 229 und der Firstenbau zeichnen sich dadurch aus, daß die Anlage der Förderstrecken dem eigentlichen Abbau zeitlich nachfolgt. Die Förderstrecken werden

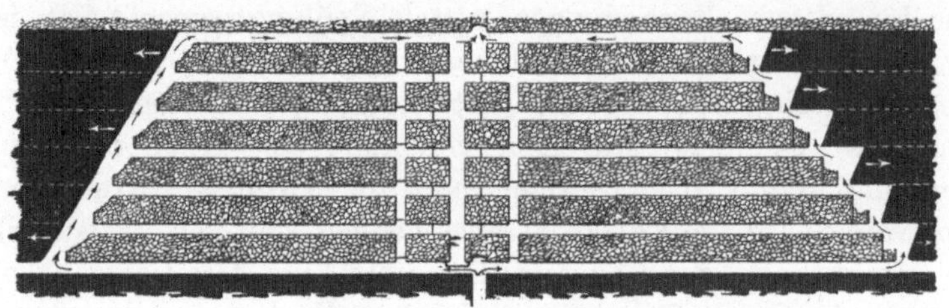

Abb. 228.   Streichender Strebbau.

demzufolge bei diesen Methoden in dem Versatz ausgespart. Beim Stoßbau werden die Förderwege gleichzeitig mit dem Versatze aufgeführt, und zwar befinden sie sich zwischen dem Anstehenden und dem Versatze (Abb. 230 bis 234).

Beim Pfeilerbau (Abb. 240) geht umgekehrt das Auffahren der Strecken dem Abbau voran, so daß also die Abbau- bzw. Förderstrecken in der Lagerstätte selbst liegen. Alle zunächst auf Sickeröl bauenden Ölbergwerke bereiten mit ihrem Streckennetz also im Grunde genommen in natürlicher Weise den Pfeilerbau vor oder sollten ihn wenigstens vorbereiten.

Im allgemeinen sind durch Einführen der Abbauförderer, Schüttelrutschen usw. alle diese Baumethoden modifiziert. Diese Modifikationen, welche besonders auf die Ersparnis der Streckenunterhaltung und Streckenförderung hinauslaufen, kommen für den Abbau von Öllagerstätten besonders in Betracht. Denn die Ölträger, so wertvoll sie auch an sich in ihrer Masse sind, sind ein Fördergut, welches keine teuren Transportkosten verträgt, wenn der Betrieb noch rentabel bleiben soll.

237. Der Strebbau. Der Strebbau besteht darin, daß von einer Vorrichtungsstrecke aus die Lagerstätte in Angriff genommen wird, und die Richtung des Abbaues, der Verhieb der Lagerstätte, von hier aus auf die Feldesgrenze oder Baugrenze zu fortschreitet, so daß sich also der Abbaustoß im allgemeinen vom Schachte bzw. vom Bremsberg oder Rolloch entfernt. Der Versatz folgt dem Abbau unmittelbar, und in ihm werden die Förderstrecken ausgespart. Er kann streichend, schwebend und diagonal geführt werden.

Der streichende Strebbau geht von einem Rolloch oder einem Bremsberg aus. Am besten geeignet ist er bei einem Einfallen von 16—40⁰. Vor den Abbaustößen in flacher Höhe von etwa 10 m arbeitet je eine Kameradschaft. Meistens wird der Abbau so geführt, daß die unteren Stöße vorgehen. Nimmt man den Wert des in 2 t ölhaltigen Gesteins enthaltenen Öles mit 7 Mark an, so kann der streichende Strebbau für Öllagerstätten von etwa 1—2 m Mächtigkeit unter sonst günstigen Verhältnissen auch bei Handarbeit vielleicht Gewinn abwerfen, wenn die Hauerleistung beim Ölbergbau die Leistung der Kohlenhäuer mit etwa 2 t pro Schicht übertrifft, was bei der lockeren Konsistenz der Ölträger möglich scheint. Erschwert wird der Abbau aber durch die meist gebräche Natur des Hangenden und die Notwendigkeit, die vielen Strecken zu unterhalten.

Man wird selten den streichenden Strebbau in der ursprünglichen Form beibehalten, denn die zickzackförmigen Stöße lassen relativ große Flächen des Hangenden frei, welches dadurch leicht in Bewegung kommen kann. Daher bevorzugt man den Abbau mit breitem Blick (Abb. 228 links), bei dem die Ecken des Abbaustoßes und viele Förderstrecken insbesondere bei Abbauförderern in Fortfall kommen. Strebbau mit breitem Blick setzt flaches Fallen voraus, da bei steilem Einfallen die unteren Kameradschaften durch den Fall der gewonnenen Massen aus den über ihnen befindlichen Gewinnungsstößen gefährdet werden.

Der schwebende Strebbau geht bei steilerem Einfallen umgekehrt von einer Grundstrecke aus in der Fallrichtung schwebend aufwärts vor. Dieser Abbau hat zwar den Vorteil, daß sich entwickelnde Öldämpfe sofort nach unten fallen, aber aussickerndes Öl geht leicht im Versatz verloren. Im übrigen ist das Einbringen von Spülversatz im unmittelbaren Anschluß an den Abbau schwierig. Der schwebende Strebbau wird daher kaum für den Erdölbergbau in Betracht kommen.

Beim diagonalen Strebbau verlaufen die ausgesparten Förderstrecken in der Diagonalen. Das Einfallen darf dabei höchstens 5⁰ betragen, da sonst die Förderung zu schwierig ist. Er kommt für den Erdölbau wohl noch weniger in Frage, da das Einbringen des Spülversatzes zu schwierig ist.

238. Der Strossenbau. Der Strossenbau beginnt, indem zuerst von einer unteren Strecke aus ein Aufhauen hergestellt wird, von welchem aus der Abbau, und zwar am oberen Ende, beginnt. Das Aufhauen dient als Hauptförderweg bei der Abwärtsförderung, sei es, daß es als Bremsberg, Rolloch oder Spülstromgefluter ausgebildet ist. Jeder Einzelstoß wird streichend verhauen, so daß also der Abbaustoß eine von unten nach oben ansteigende treppenförmige Gestalt annimmt. Wenn Liegendes und Hangendes es gestatten, kann man, falls das Neben-

gestein in der ganzen bloßgelegten Fläche abgestempelt ist, den Spülversatz nach Beendigung des Abbaues eines Bauabschnittes einbringen
und dabei vielleicht einen Teil des Holzes rauben. Für den Erdölbergbau hat die Abbaumethode für wenig mächtige, stark geneigte Lager
Bedeutung. In seiner ursprünglichen Gestalt ist der Strossenbau ein
Unterwerksbau (Nr. 249), der ja an sich im Erdölbergbau keine Anwendung finden sollte. Da indessen die Förderung und Ableitung von
Öl und Öldämpfen nach unten durch das vorangegangene Aufhauen zur
tieferen Sohle immer möglich ist, sind die Schäden des Unterwerks-
baues in diesem Falle ausgemerzt.

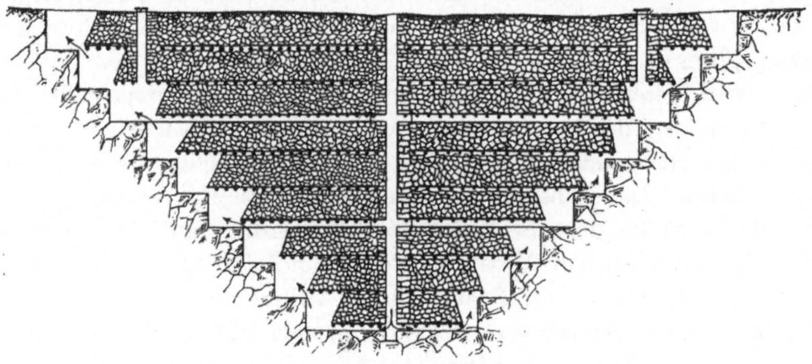

Abb. 229.   Der Strossenbau.

Günstig gestalten sich die Abbau- und Förderverhältnisse, wenn mit
breitem Blick verhauen wird und die Lager sehr steil stehen; dann kann
man das Aufhauen als Rolloch benutzen und die hereingewonnenen
Massen auf steiler geneigter Ebene dem Rolloch zufallen lassen. Jedoch
setzt dies bei Handgewinnung die Verwendung einer Rutsche voraus,
damit die tiefer stehenden Arbeiter nicht von den herabrollenden Gesteinsmassen beschädigt werden. Am einfachsten gestalten sich die
Verhältnisse, wenn die Gewinnung inklusive Förderung durch einen
Wasserstrahl erfolgen kann. Dann genügt an Stelle des Aufhauens
respektive des Rolloches ein den Durchhieb ersetzendes, der Fallrichtung
folgendes Bohrloch, welches durch den Spülstrom erweitert werden
kann. Der Versatz kann dabei nur eingebracht werden, nachdem der
Abbau des betreffenden Bauabschnittes beendigt ist. Für den Erdölbergbau ist der Strossenbau in dieser Form bei geringer Mächtigkeit
des Öllagers und gutem Hangenden verwendbar.

239. Der Firstenbau. Der Firstenbau ist das Umgekehrte des Strossen-
baues. Man beginnt mit dem Abbau am unteren Ende des Abbaufeldes
und läßt den Versatz stets unter sich. Der Abbaustoß bildet also eine
von unten nach oben abnehmende, also umgekehrte Treppe. Er ist nur
bei steiler Lagerung zu verwenden, da er der Schlepperförderung ent-

behrt, und das Fördergut lediglich durch seine eigene Schwere, also in Rollöchern oder auf Rutschen in die Grundstrecke gelangen muß. Im Kohlenbergbau steht seiner Anwendung in seiner typischen ursprünglichen Form die starke Zerkleinerung der Kohle und die Staubentwicklung durch den Fall, sowie die ungünstige Wetterführung und mangelhafte Lieferung eigener Berge entgegen, Gesichtspunkte, die alle beim Erdölbergbau fortfallen. Trotzdem wird er beim Erdölbergbau schwerlich zu verwenden sein, da die hangenden Massen in der First allzu mürbe sind und zu Nachfall neigen. Das Einbringen des Spülversatzes ist bei dieser Methode ebenfalls schwierig. Aus dem Firstenbau entwickelt sich beim Abbau mit breitem Blick der Schrägbau, bei dem die Gefahr des Nachfalles nicht gemindert ist.

240. Der Stoßbau. Der Stoßbau ist ein Strebbau, bei dem die Stöße nicht gleichzeitig vorgetrieben werden, sondern jeder Stoß für sich einzeln ins Feld geht (Abb. 230). Das Lager wird also in einzelne schmale Streifen zerlegt, die einer nach dem anderen abgebaut und versetzt werden. Diese Baumethode ist für den Abbau von Erdöllagerstätten in der Mehrzahl der Fälle das Gegebene. Er kann streichend, schwebend, fallend und diagonal geführt werden.

241. Der streichende Stoßbau. Beim streichenden Stoßbau (Abb. 230) liegen die einzelnen Streifen in der Streichrichtung. Man beginnt mit der Herstellung eines Überhauens bis zur oberen Sohle s_1. Von dieser aus wird das Versatzgut in die abgebauten Räume gebracht. Das Überhauen wird mit dem von unten nach oben fortschreitenden Versatz mit versetzt; an den Seiten der betreffenden Bauabteilung befinden sich die Bremsberge b oder Rollöcher mit Fahrtüberhauen f; durch die Bremsberge oder Rollöcher wird das Fördergut bis zur Grundstrecke gefördert. Abb. 230 zeigt einen zweiflügeligen Stoßbau, bei dem der Abbau der einzelnen Stöße von dem Überhauen aus nach beiden Seiten hin fort-

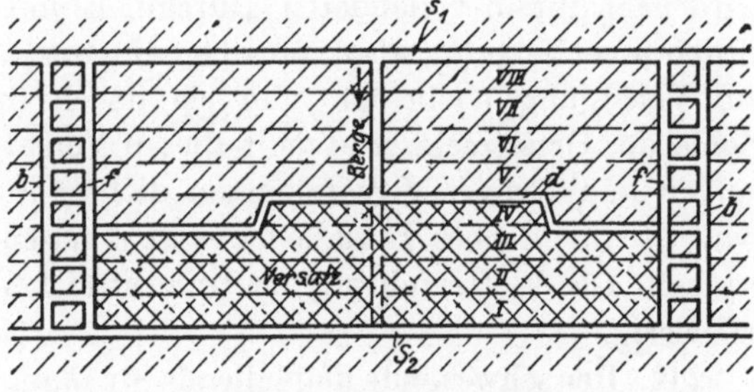

Abb. 230. Streichender Stoßbau.

schreitet. Die obere, den Streifen begrenzende Strecke dient also zunächst nur der Zufuhr des Versatzes, die untere d der Förderung des Fördergutes. Mit Inangriffnahme eines neuen Stoßes wird die bisherige Bergestrecke zur Förderstrecke für das Fördergut und dient eine neue obere Strecke als Bergezufuhrstrecke. In dem Maße, wie die Bergeüberhauen sich von unten her verkürzen, wird die Förderung im Bremsberge nach oben länger.

Der Bremsberg oder das Rolloch kann auch in der Mitte stehen, während die Bergezufuhr von der Grenze des Baufeldes aus erfolgt. Bei großer streichender Ausdehnung des Lagers wechseln somit Fördergutbremsberge im unteren Teil des Baufeldes mit Bergeförderüberhauen im oberen Teil desselben ab. Geht der Stoßbau auf mehreren Teilsohlen um, so werden die Bremsberge und Bergeüberhauen von vornherein durch die verschiedenen Baufelder bis zur oberen Sohle durchgeführt. Die Höhe der Stöße richtet sich ganz nach der Natur des Hangenden. Ist dasselbe standhaft, so nimmt man Stöße bis zu 50 m und verwendet dabei mit Vorteil Stangenschrämmaschinen; ist das Hangende aber schlecht, so geht man mit der Höhe der Stöße bis auf Streckenhöhe herunter und führt somit nur noch „Stoßortsbetriebe“, d. h. einen Streckenabbau, bei welchem bei steilerem Einfallen die First der vorangegangenen Strecke zur Sohle des folgenden Streckenstoßes wird (Abb. 231). Bei flachem Einfallen wird die obere Wange der vorhergehenden Strecke zur unteren Wange der folgenden. Der Stoßortsbetrieb wird beim Abbau von Öllagern wohl die Regel bilden.

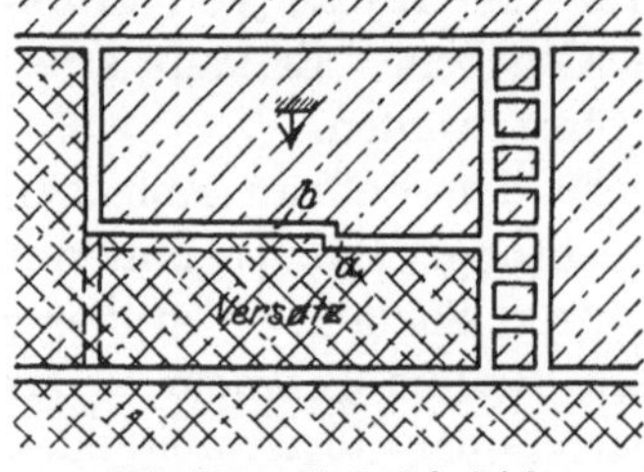

Abb. 231.   Stoßortsbetrieb.

Bei der gebrächen Natur vieler Öllager wird man das Auffahren der Streckenstöße mit voreilendem, wanderndem Ausbau nach Brunelscher Bauweise bewerkstelligen müssen und, wenn möglich, die Gewinnung des Fördergutes durch Monitore oder Streckenbagger durchführen. Der Versatz jeder abgebauten Ortsstrecke (a) wird nach ihrem vollendeten Durchhieb von dem neu aufzufahrenden Stoßortsbetriebe (b), also von oben eingebracht. Hat man grobe Berge zur Verfügung, so bringt man sie durch die Bergeüberhauen in die Sohle der Ortsstrecke und füllt diesen Versatz nachträglich durch Einspülen feinkörniger Versatzmassen dichter aus. Der streichende Stoßbau ist für flaches Einfallen ebenso verwendbar wie für steile Fallwinkel. Die Wetterführung ist beim streichenden Stoßbau meist nicht schwierig.

242. Der schwebende und fallende Stoßbau. Der Verhieb der einzelnen Streifen kann auch schwebend aufwärts geführt werden (Abb. 232). Dann ist entlang der Längsseite des Streifens oben die Strecke zur Bergezufuhr, an der entgegengesetzten Seite die Abfuhr des Fördergutes. Erstere wird mit Fortschreiten des Verhiebes immer kürzer, letztere immer länger.

Oft ist für Ölbergwerke der Stoßbau umgekehrt in der Fallrichtung von oben nach unten vorteilhafter (Abb. 233). Er geht ebenfalls zunächst aus von einem Überhauen (a) oder einem Rolloch mit Fahrüberhauen. Der Stoß wird dann von oben nach unten in Verhieb genommen, und dient jeder vorangegangene Streifen dem folgenden als Rolloch, bzw. als Förderweg, um nach erfüllten Zweck wieder versetzt zu werden. Bei flachem Einfallen folgt der Versatz dem Abbaustoß. Bei

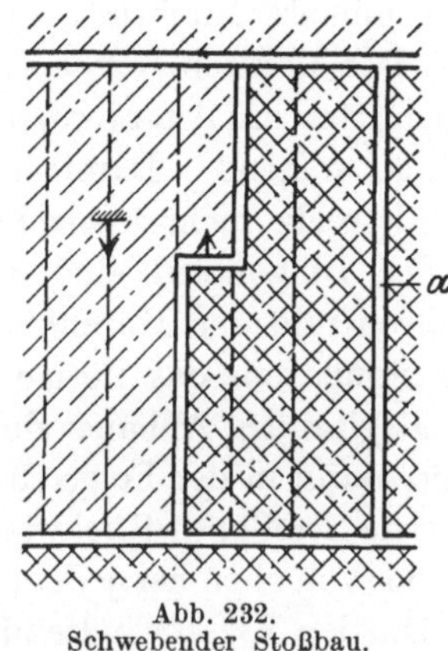

Abb. 232.
Schwebender Stoßbau.

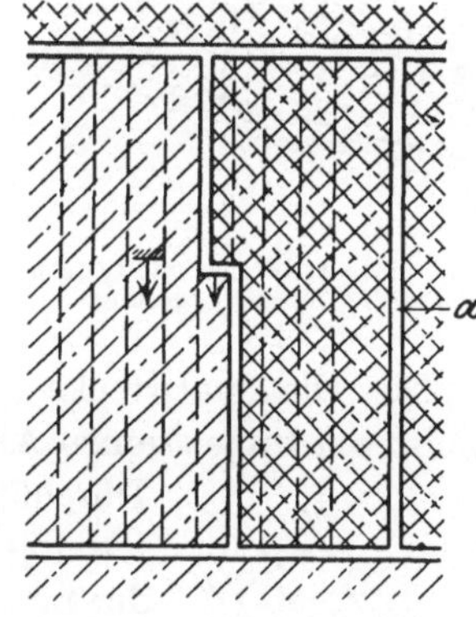

Abb. 233. Fallender Stoßbau.

starkem Einfallen wird jeder einzelne Streifen erst nach vollendetem Abbau im ganzen versetzt. Ist das Einfallen flacher, so muß man zu Rutschen bzw. Gurtförderern seine Zuflucht nehmen, da jeder Streifen dann an seiner Längsseite in ganzer Höhe in Abbau genommen werden kann. Der Abbau ist also dann wieder ein streichender Stoßbau mit großer Stoßhöhe und geringster Tiefe.

243. Der Stoßbau in Erdölbergwerksbetrieben. Wie schon hervorgehoben, ist der Stoßbau und insbesondere der Stoßortsbetrieb für den Abbau von Öllagerstätten in der Regel die eigentliche Abbaumethode. Im allgemeinen wird dabei der Stoßbau streichend erfolgen, und zwar wird man, der gebrächen Natur des Ölträgers Rechnung tragend, meist zum Stoßortsbetriebe, also zu einer geringen Stoßhöhe seine Zuflucht nehmen müssen. Im einzelnen richtet sich der Abbaubetrieb aber zunächst nach der Mächtigkeit der Lager. Ist diese gering und das Dach dabei von genügender Festigkeit, so daß man Stempel setzen kann, so wird man den fallenden und schwebenden Stoßbau bevorzugen, ersteren insbesondere

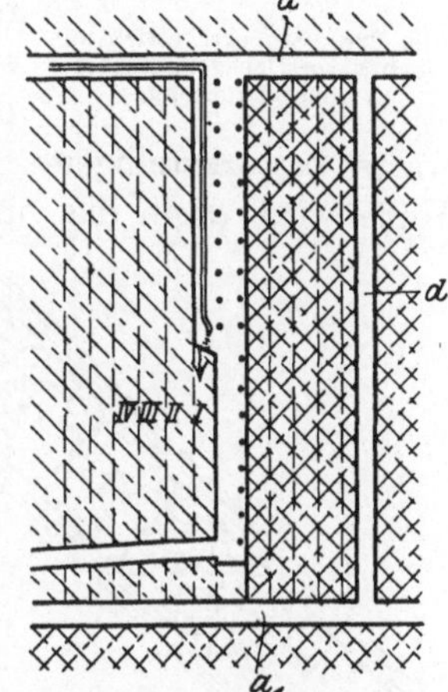

Abb. 234. Fallender Stoßbau
mit hydraulischem Abbau.

dann, wenn der Ölträger für den Abbau mit dem hydraulischen Strahl geeignet ist. Abb. 234 zeigt den fallenden Stoßbau mit hydraulischer Gewinnung. In derselben bedeutet d den Durchhieb, von dem der

Abbau vorgeht, die Strecken a und a_1 sind die obere und untere Grundstrecke. Die einfach schraffierten Flächen I, II, III sind die einzelnen Stöße, welche nacheinander von oben nach unten, also in der Fallrichtung mittels Monitors abgespritzt werden. Der Monitor gleitet dabei auf einem Schlitten am Seil abwärts, immer dem Stoße folgend. Damit die Flut die Grundstrecke nicht überschwemmt, ist in der Diagonalen eine Strecke e aufgefahren und der Durchhieb abgesperrt.

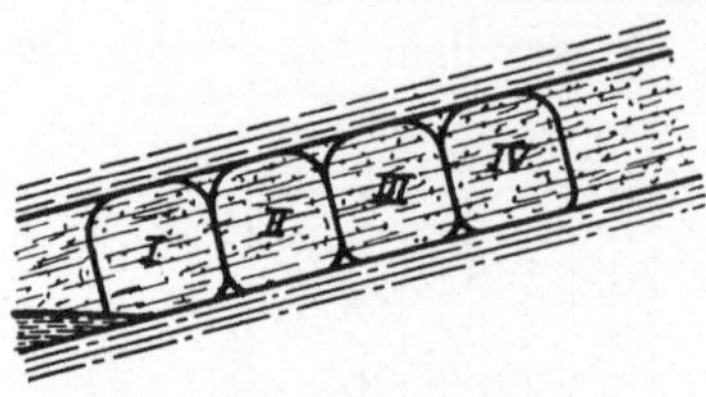

Abb. 235. Stoßortsbetrieb mit Schutzgehäuse bei flacher Lagerung.

Die Diagonalstrecke gibt dem Spülstrom das nötige Gefälle. Der Spülstrom findet seinen Abfluß zu Beginn des Abbaues durch den Durchhieb d und dann in der Folge durch den jeweilig abgebauten Streifen. Rückwärts folgt der Spülversatz, der von oben her jedem Streifen zugeführt wird. Die den Versatz haltende Wand rückt also immer nach Abbau eines Streifens in der Streichrichtung um eine Streifenbreite weiter nach vorn.

Ist der Ölträger fester und nicht zum hydraulischen Abbau geeignet, so wird man bei flachem Einfallen die Streifen schwebend mechanisch abbauen. Man wird sich dazu eventuell der Stangenschrämmaschine bedienen und die Förderung durch Abbauförderer ab-

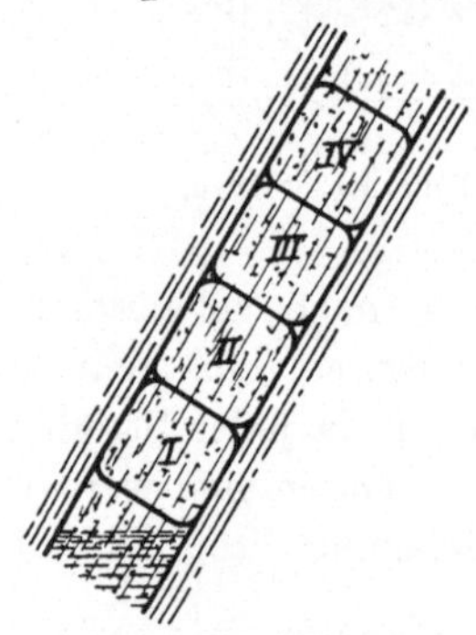

Abb. 236. Stoßortsbetrieb mit Schutzvortriebsgehäuse bei steiler Lagerung.

wärts bewerkstelligen. Vor dem Streifen in seiner ganzen flachen Höhe wird dann das unterschrämte Gebirge von den in einer Reihe vor Ort liegenden Bergleuten mittels Lufthämmern hereingewonnen und in den Abbauförderer verladen.

Ist das Dach aber gebräch, so wird man im streichenden Stoßbau, mittels wanderndem Ausbau nach Brunelscher Bauweise zu Felde gehen. Bei flachem Einfallen und geringer Mächtigkeit wird beim Zufeldetreiben der Stoßörter die Förderung durch die Strecke selbst auf den Bremsberg zu erfolgen, beim rückkehrenden Stoßort wird die Förderung durch die ältere,

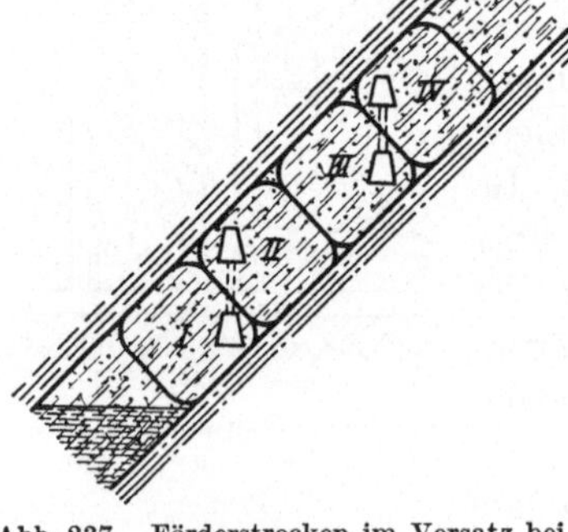

Abb. 237. Förderstrecken im Versatz bei steiler Lagerung.

benachbarte Strecke mittels zeitweiliger Durchhiebe vonstatten gehen. Der Versatz der tiefer gelegenen Strecke erfolgt gleichzeitig mit dem

Vortrieb oder erst nach Fertigstellung der höher gelegenen Strecke von dieser aus durch Durchhiebe. Am einfachsten gestaltet sich die Arbeit auch hier beim hydraulischen Abbau. Ist der Ölträger für den hydraulischen Abbau aber nicht geeignet, so erfolgt der Abbau mittels des Löffelbaggers im Vortriebsgehäuse. Dieses nimmt dabei eine mehr quadratische Form mit abgerundeten Ecken an; die Vortriebsbedingungen sind dann also am ähnlichsten denjenigen der ursprünglichen, kreisrunden Vortriebszylinder. Für diese Form des wandernden Ausbaues ist der Löffelbagger bei der Gewinnungsarbeit am besten geeignet.

Ist das Einfallen steil, so erfolgt der Vortrieb in gleicher Weise, jede Strecke schreitet dann auf dem Firstenverzug der unteren Strecke fort.

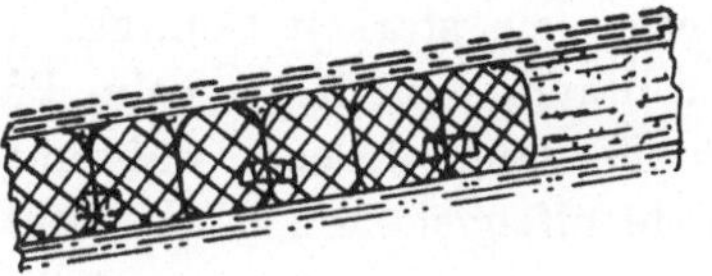

Der Versatz ist dann einfacher, da er leicht von der oberen Strecke in die untere eingebracht werden kann. So wird Abb. 236, Stoßort I absatzweise vom Stoßort II, Stoßortstrecke II in gleicher Weise mit fortschreitendem Stoßortsbetriebe III versetzt.

Bei stark rolligem Charakter der Ölträger und bei mittlerer Mächtigkeit, etwa vom 3—6 m, der Lager, bei welcher der Stempelausbau wegen der Länge der Hölzer kaum noch durchführbar ist, ist man auf den streichenden Stoßbau mit wanderndem Vortrieb angewiesen, wobei der Versatz das Widerlager für die Preßeinrichtung abgibt (vgl. Nr. 178 Abb. 186). Dabei wird man bei

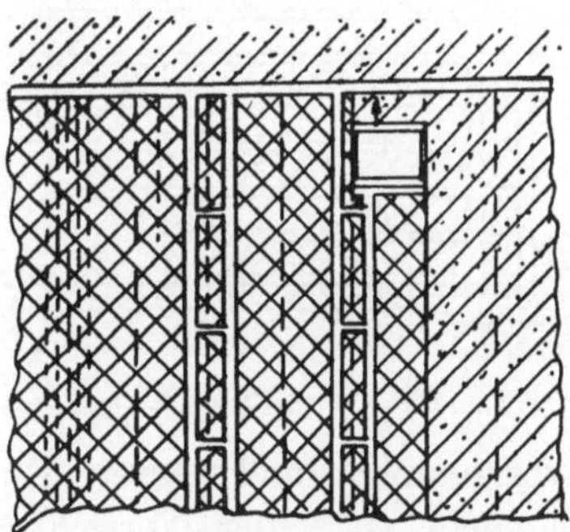

Abb. 238. Förderstrecken im Versatz bei flacher Lagerung.

steilem Einfallen die im Versatz offengelassenen Förderstrecken bei der Hin- und Rückfahrt möglichst vertikal übereinander (Abb. 237), oder bei flachem Einfallen horizontal nebeneinander (Abb. 238), also jede innerhalb des Abbaustoßes seitlich legen, so daß der Durchhieb möglichst klein wird, und der Versatz der unteren Strecke durch kleine Durchhiebe erfolgen kann. Ist die Mächtigkeit aber noch größer, so wird man zum Scheibenbau (Nr. 247) übergehen.

244. Der Pfeilerbau. Der Pfeilerbau zeichnet sich dadurch aus, daß die Strecken zuerst vom Bremsberg oder Rolloch aus bis an die Grenze des Baufeldes aufgefahren werden, und die zwischen den Förderstrecken stehengebliebenen Gebirgsmassen, die Pfeiler, rückwärts von der Feldesgrenze auf den Bremsberg zu abgebaut werden. Im älteren Bergbau ließ man die abgebauten Pfeiler ohne Versatz stehen und hinter sich zu Bruche gehen. Erst in neuerer Zeit treibt man den Pfeilerbau auch mit Versatz.

In den Fällen, in denen die Gewinnung von Sickeröl dem Abbau vorangeht, wird der Pfeilerbau mit Versatz für den Abbau der Öllagerstätten geeignet sein, insbesondere wenn die Lager eine nur geringe Mächtigkeit besitzen. Denn dann wird ja die Anlage eines Streckennetzes zunächst den Schwerpunkt des ganzen Betriebes bilden, und die Vorrichtung der Pfeiler durch die Strecken den größten Gewinn abwerfen. Es ist somit naturgemäß, daß man die Strecken zur Gewinnung von Sickeröl in der Lagerstätte so auffährt, daß damit der Abbau der von ihrem Ölüberfluß befreiten Lagerstätte vorgerichtet ist.

Die dem Pfeilerbau ohne Versatz im Kohlenbergbau anhaftenden Nachteile der großen Abbauverluste, der Ansammlung gefährlicher Wetter, des starken Gebirgsdruckes, der Zerstückelung der Kohle und der Brandgefahr fallen beim Pfeilerbau mit Versatz fort. Ein Nachteil ist die lange Dauer, während welcher die Strecken in der Lagerstätte offengehalten und unterhalten werden müssen.

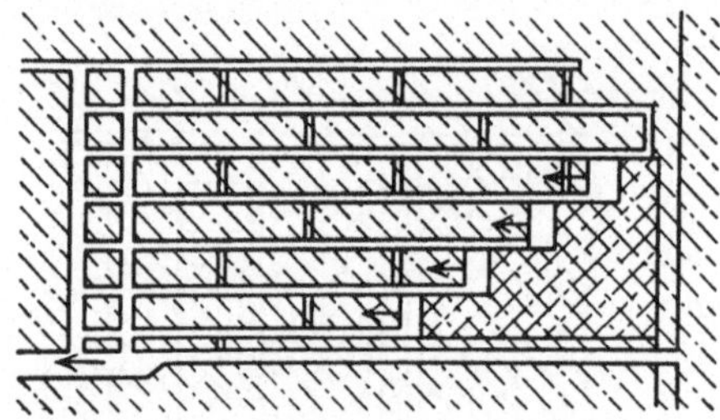

Abb. 239.　Pfeilerbau mit Spülversatz.

Der Pfeilerbau kann streichend, schwebend oder diagonal geführt werden. Dabei hat sich die Höhe der Pfeiler in erster Linie nach der Ölergiebigkeit der Strecken bzw. deren Aktionsbereich zu richten.

Der streichende Pfeilerbau mit Versatz ist für den Erdölbergbau besonders bei Leichtölvorkommen und guter Durchlässigkeit des Ölträgers geeignet. Nachdem zu seiner Vorrichtung die Ölstrecken bis an die Grenze des Baufeldes getrieben sind, werden die zwischen je zwei Förderstrecken gelegenen Pfeiler rückwärts, d. h. in Richtung von der Baugrenze auf den Schacht zu abgebaut (Abb. 239). Gewöhnlich beginnt man im Kohlenbergbau mit dem obersten Pfeiler und läßt die folgenden treppenförmig zurückstehend nachfolgen. Beim streichenden Pfeilerbau mit Versatz wird man hingegen im Ölbergbau umgekehrt die untersten Pfeiler vorgehen lassen, da das im Versatz zurückbleibende Spülwasser das in Sicherheitspfeilern oder sonstwie verbliebene Öl nach oben trägt, und es überhaupt vorteilhaft ist, den Spülversatz unter sich zu haben. In der Mehrzahl der Fälle wird man aber jeden einzelnen Pfeiler für sich allein abbauen und versetzen und den Pfeilerrückbau nach Art des Stoßbaues führen.

Der schwebende Pfeilerbau, bei welchem die Vorrichtungsstrecken schwebend aufgefahren werden, und die Pfeiler sodann abfallend zurückgewonnen werden, kommt lediglich bei flacher Lagerung in Betracht. Der Diagonalpfeilerbau wird nur selten angewandt. Er setzt eine flache Lagerung voraus, so daß auch in den Diagonalstrecken die menschliche Arbeitskraft zur Förderung ausreicht.

Die weiteren Einzelheiten der Abbaumethode schließen sich so eng an den Stoßbau an, daß die dort betonten Gesichtspunkte hinsichtlich Gewinnung und Förderung des Ölträgers, sowie des Versatzes sinngemäß auch beim Pfeilerbau mit Versatz zu berücksichtigen sind.

245. Wahl der Abbaumethoden. Nach diesen Darlegungen zeigt sich, daß für den Abbau von Erdöllagerstätten nur wenige Abbaumethoden geeignet sind. Es sind bei steilem Einfallen und geringer Mächtigkeit der Lagerstätte der Strossenbau mit Durchhieb nach unten, bei flacher und steiler Lagerung und geringer bis mittlerer Mächtigkeit der schwebende, fallende oder streichende Stoßbau je nach der Natur des Hangenden, und bei Hergabe von Sickeröl der Pfeilerbau mit Versatz. Dazu tritt vielleicht noch der Strebbau. Welche der Abbaumethoden zu wählen ist, zeigt sich in jedem einzelnen Falle bei der geringen Auswahl der Bauweise fast zwingend von selbst.

246. Der Abbau mächtiger Lager. Die bisher beschriebenen Abbaumethoden können beim Abbau mächtiger Öllager nicht ohne weiteres, sondern nur in Modifikationen angewendet werden. Unter einem mächtigen Öllager versteht man im Ölbergbau in der Regel ein Öllager in Mächtigkeit von 10, 20, 50, 100 und mehr Metern. Man muß sich eben daran erinnern, daß das Öl ganze Gebirgsschichten, falls sie nur die nötige Porösität aufweisen, getränkt hat, und daß in diesen Schichten ein derartiger Ölreichtum angesammelt ist, daß ihr Abbau sicherlich zu den wichtigsten Problemen der Bergtechnik zu zählen ist.

Eine Parallele solch mächtiger Lager finden wir in den Salzlagerstätten und in der erdigen Braunkohle. Die Salzlager sind aber ein festes Gestein, welches das Offenstehen selbst weiter Hohlräume für längere Zeit gestattet, ohne daß ein Ausbau nötig wäre. Die Braunkohlenlager hingegen sind gebrächer Natur und bedürfen daher bei ihrer Ausbeutung durch Tiefbau eines reichlichen Aufwandes von Holz zur Stützung des Hangenden und der Firsten. Die Versuche, den Versatz in den Braunkohlentiefbau einzuführen, haben bisher zu keinem befriedigenden Ergebnis geführt. Insbesondere auch konnte der Spülversatz sich hier nicht einbürgern, weil das Offenhalten der ausgekohlten Räume bis zum Einbringen des Spülversatzes meist zu schwierig war, weil dem Spülversatz im allgemeinen das nötige Gefälle fehlte, und weil die Versatzmassen die Braunkohle verunreinigten. So hat man immer wieder zum Pfeilerbruchbau zurückgegriffen, der aber mit etwa 50°/₀ Abbauverlusten, mit Wasser- und Schwimmsanddurchbrüchen zu rechnen hat.

Für den Erdölbergbau kommt diese Bauweise nicht in Frage, da die Ansammlung von Öl und Öldämpfen in den nicht versetzten Räumen, wie bereits erwähnt, zu große Gefahren und zu große Verluste mit sich bringt.

Die Aufgabe, derart mächtige gebräche, zu Brand und Explosion neigende Lagerstätten abzubauen, steht somit in der Bergtechnik wohl ohne Vorbild da. Der Ölbergbau muß demnach beim Abbau mächtiger Öllager mehr oder weniger eigene Wege gehen. Grundsätzlich klar ist aber, daß es bei den eine gewisse Mächtigkeit überschreitenden Lagern nicht angängig ist, dieselben sofort in ihrer gesamten Mächtigkeit abzubauen; sie müssen vielmehr, wie dies in den andern Zweigen des Bergbaues üblich ist, in einzelne Scheiben zerlegt werden, welche wieder jede einzeln nach den bekannten aber modifizierten Abbaumethoden abgebaut wird und in Versatz zu stellen ist. Weiterhin ist es naheliegend, die einzelnen Scheiben nicht unter weitgehender Entblößung der hangenden Schichten, sondern nur in einzelnen Stößen, also in Stoßortsbetrieben abzubauen. Des weiteren ist es verständlich, daß man bei der gebrächen Natur des Gebirges auch die einzelnen Stoßörter tunlichst nur mit weitgehendster Sicherung gegen Nachfall und Zusammenbruch der Arbeitsorte abzubauen gezwungen ist. Ohne Wahrung dieser Gesichtspunkte erscheint das Problem des Abbaues mächtiger Öllagerstätten von gebrächer bis rolliger und dabei leicht entflammender Natur nicht durchführbar.

247. Der Scheibenbau. Für den Abbau von Öllagern in Mächtigkeiten von mehr als etwa 6 m kommt der horizontale Scheibenbau vorwiegend

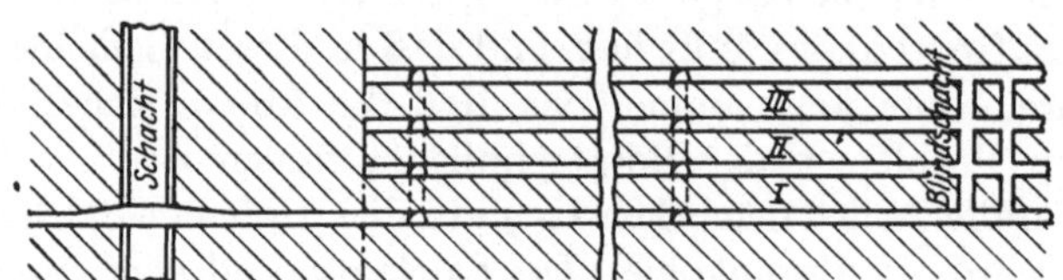

Abb. 240.   Scheibenbau.

in Betracht. Bei demselben wird das Lager in eine Anzahl horizontaler Scheiben zerlegt, welche jede einzeln nach den Regeln des Stoßbaues abzubauen ist. Die Abb. 240 veranschaulicht die Methode. In derselben bedeuten I, II, III die einzelnen Scheiben im Seigerriß, die bis zu dem Blindschachte nacheinander von unten nach oben abgebaut werden. Durch Rollöcher (in der Abbildung durch gestrichelte Linien angedeutet) wird das Fördergut aus den oberen Scheiben zur Grundstrecke gebracht. Der Abbau der Scheiben erfolgt in der Reihenfolge von unten nach oben, so daß man immer den Versatz unter sich hat. Die Rollöcher werden dabei mit Inangriffnahme jeder höheren Scheibe nach oben zu verlängert und im Versatze offen gelassen. Die einzelnen Scheiben werden durch Förderstrecken, die rechtwinklig zu den Stoßortsbetrieben verlaufen, durchörtert. Durch sie wird das Fördergut aus den Abbauörtern den Rollöchern zugeführt. Der Versatz erfolgt gleichzeitig während des

Abbaus, und bleiben nur die ausgesparten unerläßlichen Förderstrecken in dem Versatz vorläufig offen. Diese werden dann bei Auffahren der oberen Scheiben von oben her durch Durchlässe ebenfalls zugespült.

Für den Stoßortsbetrieb beim Scheibenbau nach Brunelscher Bauweise ist der rechteckige Querschnitt der Abbauschutzkammer empfehlenswert. Diese Querschnittsform der Stoßörter gestattet einen Abbau mit geringsten Abbauverlusten. Bei hydraulischer Gewinnung der lockeren Ölträger erfolgt die Förderung bis zum Schacht und evtl. bis zu Tage im Spülstrom. Für die mechanische Gewinnung ist der Eimerkettenbagger dem Löffelbagger vorzuziehen, da seine Arbeitsleistung eine bedeutend größere ist, und er sich am besten dem rechteckigen Abbaustoß anpaßt. Abb. 200 zeigt den Eimerkettenbagger für den Abbau bei Stoßortsbetrieb.

Der Abbau der einzelnen Scheiben in Stoßorts- oder Pfeilerbetrieben in einer Ausführungsweise, die bei mächtigen Steinkohlenflözen, z. B. in Myslowitz, durchgeführt wird, kann auf den Ölbergbau keine Übertragung finden, da hierbei zu große Räume vor dem Versatz offenstehen bleiben, eine Maßnahme, welche im Ölbergbau wohl nur in Ausnahmefällen statthaft scheint.

Der Scheibenbau kann streichend, schwebend, seiger oder quer getrieben werden, d. h. die Lagerstätte wird in streichenden, schwebenden oder vertikalen Scheiben abgebaut oder endlich in horizontalen Scheiben, bei denen die Stoßortsbetriebe senkrecht zur Streichrichtung verlaufen. Im letzten Falle führt die Abbaumethode auch den Namen Querbau. Jede einzelne Scheibe wird nach den Regeln des Stoßortsbetriebes abgebaut.

Für den Abbau mächtiger Öllager kommt in der Regel der streichende Scheibenbau in Betracht, da bei diesem die einmal eingeschlagene Streckenrichtung beim Stoßortsbetriebe am längsten beibehalten werden kann. Der Stoßbau hat allgemein und somit auch bei seiner Anwendung im Scheibenbau den Nachteil, daß er nur wenige Angriffspunkte bietet und die Förderung im allgemeinen nicht ausreicht.

Der Stoßortsbetrieb in den einzelnen Scheiben muß aber möglichst leistungsfähig gestaltet werden, wenn das Ergebnis des Betriebes befriedigen soll. Würde man z. B. bei einem Stoßortsbetriebe im Ausmaße von $2{,}75 \times 2{,}75$ pro lfd. m Streckenvortrieb 8 cbm Ölsand mit einem Ausbringen von 10 Volumen-Prozent gewinnen, und nur $2^1/_2$ m täglich vortreiben, so würde der Abbauort arbeitstäglich 2 cbm Öl oder im Jahre etwa 600 cbm Öl liefern. Es müßten somit mindestens 30 Stoßörter ständig in Betrieb sein, um eine Jahresausbeute von etwa 18000 cbm zu erzielen. Hierzu wären mindestens 300 Ölsandhauer anzulegen. Ob und welche Rentabilität dabei zu erzielen ist, interessiert an dieser Stelle nicht.

Um den Betrieb leistungsfähiger zu gestalten, stehen zwei Wege offen; entweder den Stoßort in größeren Dimensionen aufzufahren, oder den Tagesfortschritt zu steigern. Würde man etwa den Stoßort in den Ausmaßen 4 × 4 m ausführen, so würde bei gleichem Tagesfortschritt die Zahl der Ortsbetriebe bei den vorhin angegebenen Verhältnissen von 30 auf 15 sinken; würde man anderseits bei einem Streckenquerschnitt von 8 qm anstatt 2,5 m aufzufahren, einen Tagesfortschritt von 10 m erzielen, so würde man die Jahresausbeute von 18000 t Öl schon bei 7—8 Stoßörtern erreichen können. Diese Überlegungen zeigen deutlich die große Bedeutung der Streckenbaggerung bzw. des hydraulischen Abbaues, sowie die des wandernden automatischen Ausbaues. Selbstverständlich wird man bestrebt sein nach beiden Richtungen hin, d. h. durch Vergrößerung der Ortsfläche einerseits, und durch gleichzeitige Steigerung des Fortschrittes anderseits, die gewünschten Fördermassen hereinzugewinnen.

Welch großer Vorteil aber mit der Verminderung der Betriebspunkte zu erzielen ist, liegt auf der Hand. Die Wetterführung, die Aufsicht, die Förderung, die Unterhaltung der Strecken usw. gestalten sich dabei so einfach, daß die hierdurch bedingten Betriebskosten auf ein Minimum herabsinken. Auch an Material und dem benötigten Betriebskapital, so insbesondere an Fördergleisen, wird bedeutend gespart; dafür aber wird das vorhandene Gleis um so intensiver ausgenutzt, da bei einer lebhaften Förderung Wagenzug auf Wagenzug den betreffenden Abbaupunkt verlassen wird.

248. Der vertikale Scheibenbau. Beim vertikalen Scheibenbau wird zunächst an der Grenze des Baufeldes quer zur Grundstrecke im Lager aufgefahren, und in Abständen von 40—50 m ein Überhauen bzw. ein Gesenk von einer Sohle zur anderen getrieben. Alsdann wird strossenförmig eine etwa 1 m breite Scheibe in vertikaler Richtung von oben nach unten fortschreitend hereingewonnen. Gegenseitig werden dabei die bloßgelegten Seitenwände abgestempelt und in Verzug gesetzt. Gleichzeitig wird ein neues Rolloch für die nächstfolgende Scheibe mitgenommen. Die Förderung der gewonnenen Massen erfolgt unter der eigenen Schwere auf der stark geneigten Ebene durch Rutschen. Sobald die Böschung der Scheibe im Rolloch die First der Grundstrecke erreicht hat, und die Neigung für die Förderung in der Rutsche nicht mehr ausreicht, muß das Gebirge zu dem Rolloch geschaufelt werden, oder es müssen neue Rollöcher angelegt werden. Nach Abbau der ganzen Scheibe wird sie im ganzen in Spülversatz gesetzt; darauf wird eine neue Vertikalscheibe unter Aussparung eines dritten Rolloches für die dritte Scheibe angesetzt usf.

Diese Abbaumethode hat mit einem hohen Holzverbrauch zu rechnen, da es ausgeschlossen scheint, die Stempel und Verschalungshölzer vor Zuspülen der einzelnen Vertikalscheiben wiederzugewinnen. Denn, wenn der Abbau weiter vorgeschritten ist und der Spülversatz auf der einen Seite der Abbauscheibe eine große Ausdehnung gewinnt, treten Druckkräfte von gewaltigem Ausmaß auf, über welche man sich nach der bekannten Formel für Erddrucke

$$E = \tfrac{1}{2}\, \gamma\, h^2\, tg^2\left(45^0\, \frac{\varrho}{2}\right)$$ Rechenschaft geben kann (Abb. 241).

In dieser Formel bedeutet E den Erddruck pro Quadratmeter Wand, γ das Gewicht eines Kubikmeters Versatzgut, im vorliegenden Falle etwa 2000 kg, h den Abstand der gedrückten Fläche von der Oberkante des Versatzes und $\varrho = 25$—30^0 den Böschungswinkel des Versatzes. Nimmt man $h = 25$ m, so ergibt sich an der Basis des Versatzes ein Erddruck von 210000 kg pro Quadratmeter. Um diesem Druck zu begegnen, sind bei nur dreifacher Sicherheit Stempel von 200—250 mm Durchmesser pro Quadratmeter einzubauen. Der Verzug am Fuße des Versatzes würde bei dieser Höhe des Versatzes bei einem Abstand der Stempel von

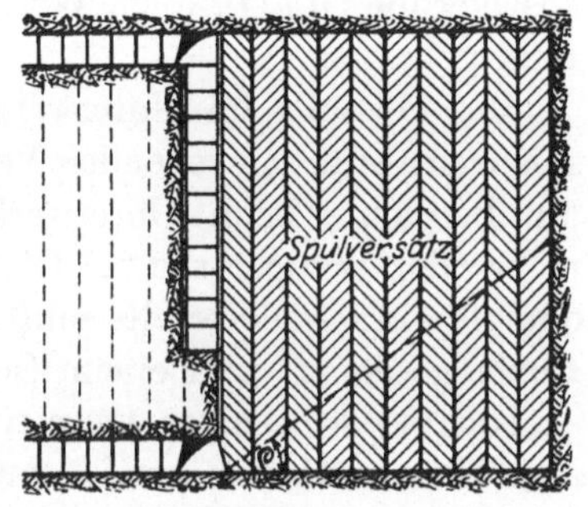

Abb. 241.
Vertikaler Scheibenbau im Schnitt.

1 m voneinander eine Stärke von 10 cm erfordern; dabei ist Spundvertäfelung anzuwenden, weil sonst der Spülversatz durchbrechen wird. Ein Rauben der Zimmerung wird unter dem großen Erddruck kaum möglich sein, da die wiederholte Tränkung des bereits eingebrachten Versatzes mit dem neueingebrachten Spülwasser den Druck der Versatzmassen durch Verminderung des Böschungswinkels immer wieder erhöhen und das Versatzgut mehr oder weniger in schwimmendem Zustand erhalten wird. Da auch der Spülversatz sich um etwa $7^0/_0$ setzt, so wird das Hangende schließlich doch nicht genügend unterstützt sein, sondern bei einer Versatzhöhe von 25 m sich um etwa 1,75—2 m setzen.

Von dem vertikalen Scheibenbau ist also nur bei geringer Höhe der Scheiben ein Erfolg zu erwarten; damit aber sieht man sich auf die Herstellung von Teilsohlen angewiesen und kommt mit Verringerung der Höhe der Bausohlen wieder mehr oder weniger auf einen horizontalen Scheibenbau zurück.

249. Der Unterwerksbau. Der im Kohlenbergbau und auch im Erzbergbau öfters angewandte Unterwerksbau ist eine Bauweise, bei welcher die Abbaubetriebe tiefer als die Sohle liegen, demnach alle gewonnenen Massen bis zur Sohle aufwärts gefördert werden müssen. So ist der Strossenbau ursprünglich ein Unterwerksbau.

Im Erdölbergbau ist der Unterwerksbau grundsätzlich zu vermeiden, da die aussickernden Ölmengen sich in den Abhauen und Abbauen, die nach unten keinen Abzug haben, sammeln und vor Ort Ölteiche bilden, über denen eine Öldampfschicht zu lagern pflegt; den Unterwerksbauen strömen naturgemäß die schweren Öldämpfe aus der ganzen Grube in einer gefährlichen Weise zu.

Der Unterwerksbau ist im allgemeinen auch teuer und umständlich und beansprucht ein ziemlich großes Anlagekapital, da jeder Betriebspunkt des Unterwerksbaus einen besonderen Förderhaspel verlangt, und auch eine Anzahl von Pumpen aufgestellt werden müssen, die das zusickernde Öl evtl. auch Wasser bis zur nächsten Grundstrecke heben müssen.

Die Leistung im Unterwerksbau ist wesentlich geringer und kostspieliger als im schwebenden Verhieb der Lagerstätte. Einesteils stehen die Bergleute beim Unterwerksbau bei Vorhandensein von Sickeröl mehr oder weniger tief im Öl und atmen dabei die erschlaffenden Öldämpfe ein. Andererseits muß das zusitzende Öl in der Regel mit dem Eimer geschöpft und einem Sumpfe zugeführt werden.

Nichtsdestoweniger kann vereinzelt der Fall eintreten, daß man zum Unterwerksbau greifen muß. Zu Beginn des Betriebes war auch Pechelbronn in der Hauptsache ein Unterwerksbau, da man die genauen Lagerungsverhältnisse bei Beginn des Abteufens nicht kannte, und eine Vertiefung des Schachtes mit anschließendem Querschlag einmal bei der Ölnot der Kriegsjahre des Zeitverlustes wegen nicht möglich war, aber auch der flachen Lagerung der Schichten wegen zu kostspielig gewesen wäre. Wäre Pechelbronn nicht vornehmlich für den Unterwerksbau eingerichtet gewesen, so wären die Katastrophen vom Dezember 1917 und vom August 1919 sicherlich nicht erfolgt. Unterwerksbau ist auch besonders gefährlich bei Wasserdurchbruch, der die Bergleute in den Abhauen und Verbindungsstrecken unterhalb der Sohle gar zu leicht der Gefahr des Ertrinkens aussetzt.

Falls man unvermeidlicherweise und vorübergehend zum Unterwerksbau genötigt ist, sollte man Sorge tragen, daß nur in einem Abhauen der Unterwerksbau vorgerichtet wird und von diesem aus eine Grundstrecke angelegt wird, von der aus vermittels Aufhauen eine zweite Verbindung mit der oberen Sohlenstrecke geschaffen werden muß. Alle weiteren Betriebe müssen dann von der unteren Sohle aus aufwärts schwebend geführt werden.

Will man von einer Sohle zu einer tieferen Sohle ein Abhauen, ein Gesenk od. dgl. treiben, so sollte es niemals geschehen, ohne daß vorher eine Schrägbohrung von der oberen Sohle zur tieferen dem Abhauen oder Absenken vorausgeht, damit Gas und Öldämpfe nach unten Abzug haben, wie dies auch bei Strossenbau (Nr. 238) vorgesehen ist.

Ist die Lagerstätte so wenig verfestigt, daß der hydraulische Strahl
das Gebirge zu lösen vermag, so kommt man manches Mal bei einem
Abhauen am schnellsten zum Ziel, wenn man ein Vorbohrloch zur
unteren Sohle bohrt, durch welches das Spülwasser mitsamt Ölsand
und Schlamm nach unten Abfluß hat.

250. Der Sicherheitspfeiler. Sicherheitspfeiler sind diejenigen Teile
der Lagerstätte, welche aus Sicherheitsgründen nicht abgebaut werden
dürfen. Beim Ölbergbau, bei dem dichter Versatz die Voraussetzung
des Abbaues ist, spielen die Sicherheitspfeiler vom Sicherheitsstandpunkte aus nicht die Rolle, welche sie bei anderen Zweigen der Bergtechnik, die ohne Spülversatz abbauen, haben. Im allgemeinen wird
man für die Grenze des Konzessionsgebietes, der Markscheide, mit einem
Sicherheitspfeiler rechnen müssen, der dem Aktionsbereich der Strecken
entspricht, da man sonst den Nachbarn das Öl entziehen würde. Ein
weiterer Sicherheitspfeiler muß um den Schacht herum stehenbleiben,
der nach der Tiefe zu an Ausdehnung zu-
nimmt. Die Erfahrung zeigt, daß der Sicherheitspfeiler höchstens mit etwa 75⁰ in die
Tiefe setzen darf, wie Abb. 242 andeutet.
Ein näher heranreichender Abbau würde den
Schacht der Gefahr aussetzen, daß er zu
Bruche geht. Aus der Notwendigkeit der
Sicherheitspfeiler allein folgt schon die Forderung eines größeren Grubenfeldes und die
Erkenntnis, daß die in den meisten Ölfeldern

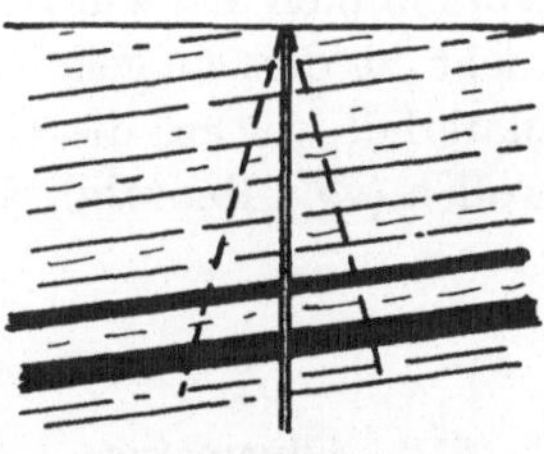

Abb. 242.
Schachtsicherheitspfeiler.

übliche Parzellenwirtschaft der bergmännischen Ausbeute der Öllager
sehr im Wege steht. Endlich ist auch ein hangender Sicherheitspfeiler stehen zu lassen, wenn wasserführende Deckschichten vorhanden
sind. Die Stärke dieser Pfeiler richtet sich ganz nach den Verhältnissen
und der Sorgfalt, mit welcher der Versatz eingebracht wird. Je näher
hangende Wasser an den Ölhorizont heranreichen, um so höhere An-
forderungen muß man an den dichten Versatz stellen.

251. Raubbau. Unter Raubbau versteht man die Gewinnung der
am leichtesten zu gewinnenden nutzbaren Mineralien, wobei aber die
weniger leicht zu gewinnenden oder weniger wertvollen Mineralien der
Beachtung entzogen und vernachlässigt, in der Mehrzahl der Fälle also
der Ausnutzung für immer entzogen werden. Einen solchen Raubbau
stellt in gewissem Sinne auch der Tiefbohrbetrieb dar, wenn er die Möglichkeit der nachfolgenden bergmännischen Gewinnungsweise nicht im
Auge behält, zumal dann, wenn die Bohrrohre beim Verlassen des
Bohrloches einfach gezogen, und die Bohrlöcher unverdichtet sich
selbst überlassen werden, die Lager infolgedessen durch die hangenden Wasser verwässert werden. Einen solchen Raubbau stellt ge-

wissermaßen auch ein Streckenbau dar, der nur die Gewinnung von Sickeröl im Auge hat, die Gewinnung der großen, durch Adhäsion und Kapillarität in der Lagerstätte verbliebenen Ölmassen aber außer acht läßt und das Streckennetz unbekümmert um den späteren Abbau der bituminösen Massen anlegt.

Der Raubbau ist aus volkswirtschaftlichem Interesse nicht zu rechtfertigen. Er wirft zwar vielleicht für die Gegenwart glänzende Gewinne ab, aber die Lebensdauer der Betriebe ist beschränkt, und das Gesamtverdienst jedenfalls so vermindert, daß der Bergwerksbesitzer einer langjährigen Rente verlustig geht. Der Raubbau ist somit auch vom Standpunkt des Besitzers aus nicht zu verantworten, solange die Möglichkeit einer restlosen und dabei nutzbringenden Gewinnung der Ölschätze vorliegt. Der Ölbergbau neigt vielleicht mehr zu Raubbau wie jeder andere Zweig der Bergtechnik; es sollte daher in jedem Falle gewissenhaft geprüft werden, bis zu welchem Grade auch minderwertige Vorkommen bauwürdig sind. Selbstverständlich darf man aber auch nicht in den umgekehrten Fehler verfallen und allzu minderwertiges Material, welches die Gewinnungskosten niemals lohnen kann, abbauen wollen (vgl. Rentabilität, Kap. 20).

XVI. Wetterlehre.

252. Allgemeines. Alle in der Grube befindliche Luft nennt der Bergmann „Wetter". Unverdorbene Luft, welche der Luft an der Tagesoberfläche entspricht, bezeichnet er als „frische" Wetter oder „gute" Wetter, verdorbene oder zu Brand und Explosion neigende Luftgemische sind „schlechte Wetter". Die schlechten Wetter sind „matt", wenn sie sauerstoffarm sind und einer Wettererneuerung, also einer Zufuhr frischer Wetter bedürfen; „böse" sind die Wetter, wenn sie durch den Verbrauch und Gaszutritt gefährlich werden; treten gewisse zu Brand und Explosion neigende Wetter auf, so nennt man die Wetter „schlagende" Wetter. Jedoch ist der Begriff „schlagende Wetter" hier zweckmäßigerweise auf ein Gemisch von Luft und Grubengas (Erdgas) zu beschränken. Wetter, die mit Öldämpfen oder mit Schwefelwasserstoff gemischt sind, verhalten sich anders als die eigentlich schlagenden Wetter; sie sollen in der Folge einfach Öldämpfe genannt werden, worunter aber nicht nur reine Öldämpfe, sondern das in der Praxis bei der Verdunstung von Öl entstehende Gemisch von atmosphärischer Luft mit Öldämpfen zu verstehen ist.

253. Frische Wetter. Der Bedarf an frischen Wettern für jeden Arbeiter ist etwa 750 l frischer Luft pro Minute. In der Grube aber ist dieser Bedarf um ein Vielfaches gesteigert, da die Luft durch Oxydations- und Zersetzungserscheinungen verdorben wird. Praktisch kann man den Mindestbedarf an frischen Wettern pro Kopf der Beleg-schaft zu 2 cbm pro Minute annehmen. Man geht aber auch über dieses Maß hinaus; bei schlagenden Wettern rechnet man neuerdings mit 3—4 cbm und bei großer Schlagwettergefahr auf 6 oder sogar auf 10 cbm pro Minute und Kopf der Belegschaft.

Diese Vorschrift über die Mindestzufuhr von frischen Wettern kann natürlich nur ein roher Anhalt über den tatsächlichen Wetterbedarf sein; so kann eine weit ausgedehnte Grube mit starken Oxydations-prozessen und schlechter Wetterführung auch bei kleiner Belegschaft bei dieser Normierung durchaus ungenügend bewettert sein, wenn man nach ihr einfach vorgehen wollte. Es sind vielmehr in jedem Falle auch die sonstigen Verhältnisse der Grube zu berücksichtigen. Einen Anhalt hierfür gibt der ausziehende Wetterstrom. Demnach ist zu verlangen, daß im ausziehenden Wetterstrom der Sauerstoffgehalt der verbrauchten Luft nicht unter einen bestimmten Prozentsatz fällt, und andererseits der Gehalt der verbrauchten Luft an schädlichen Beimengungen so gering ist, daß eine Gefährdung der Grubenbaue nicht aus der Be-schaffenheit der verbrauchten Luft zu erkennen ist.

254. Feuchtigkeitsgehalt der Luft. Für die Ölgrube ist es von Vor-teil, wenn die Wetter einen großen Feuchtigkeitsgrad besitzen. Derselbe soll zwar nicht soweit gehen, daß dadurch die Bergleute belästigt werden; er soll aber jedenfalls so groß sein, daß er ein Austrocknen der Materialien, insbesondere des Grubenholzes, verhindert. Außerdem ist die Ver-dunstung des Öls um so geringer, je größer der Feuchtigkeitsgrad der Grubenwetter infolge der Verdunstung von Wasser ist. Exakte Ver-suchsergebnisse liegen zwar dieserhalb noch nicht vor. Die Unter-suchungen von Formanek und Zdarsky (Zeitschr. „Petroleum" 1925) zeigen zwar anscheinend keinen großen Unterschied in der Verdunstung von Benzin bei feuchter Luft und bei trockener Luft. Nach den Versuchen dieser Fachleute betrug die Bildung von Benzindampf $12{,}4^0/_0$ bei einem Feuchtigkeitsgehalt der Luft von $14^0/_0$, hingegen in gleicher Zeit und bei sonst gleichen Verhältnissen $11{,}9^0/_0$ bei einer Feuchtigkeit von $68^0/_0$. Diese Versuchsergebnisse sind aber nicht beweisend, da bei denselben die Luft durch das flüssige Benzin hindurchgeleitet wurde, und dabei der Wasserdampf augenscheinlich kondensierte. Wenn die feuchte Luft nur mit der Oberfläche des Öls in Berührung kommt, dürfte die Aufnahmefähigkeit der Luft für Öldämpfe mit dem Wassergehalt der Luft stärker abnehmen.

Es ist angebracht, an den Stellen, wo man von der Verwendung brennbarer Baumaterialien nicht Abstand nehmen kann, die Luft wenigstens zeitweilig durch Wasserzerstäuber feucht zu erhalten, um einmal die brennbaren Materialien vor dem Austrocknen zu schützen, zum andern Male die Feuchtigkeit der Luft in Form von Nebel mit dem Wetterstrom durch die Grube zu tragen, um die Verdunstung des Öls möglichst zu beschränken. Die Feuchtigkeit der Grubenwetter wird erhöht durch den Spülversatz und den hydraulischen Abbau.

255. Die das Erdöl begleitenden Gase. Von den das Öl begleitenden Gasen sind besonders Grubengas oder Methan (CH_4) und Schwefelwasserstoffgas (H_2S) für die Bewetterung von Wichtigkeit; Kohlensäure in Öllagern spielt nur eine Nebenrolle. Die Kohlensäure ist aber als Begleiterscheinung des Erdgases zu bewerten und soll daher auch in Verbindung mit diesem besprochen werden.

Der Zusammenhang zwischen Methan, Schwefelwasserstoff und Kohlensäure erklärt sich, wenn man sich vergegenwärtigt, daß manche Öllager von Gipslagern oder Gipskrystallen begleitet sind. Als Ausgangspunkt für die Bildung dieser Gase ist Anhydrit anzusehen. Findet das Grubengas Gelegenheit, auf diesen einzuwirken, so geht die chemische Umwandlung nach folgender Formel vor sich:

$$Ca\,SO_4 + CH_4 = CaS + CO_2 + 2\,H_2O\,.$$

Bei weiterer Umbildung entsteht Schwefelwasserstoff nach folgendem Schema:

$$CaS + H_2O + CO_2 = CaCO_3 + H_2S\,.$$

Endlich scheidet sich durch gelegentliche Aufnahme von Sauerstoff Schwefel aus nach der chemischen Gleichung:

$$2\,H_2S + O_2 = 2\,H_2O + 2\,S\,.$$

Der Kohlensäuregehalt der Grubenwetter vermehrt sich durch die Ausatmung der Menschen, durch Brennen der Lampen, Fäulnis des Grubenholzes usw., so daß der Kohlensäuregehalt des ausziehenden Wetterstromes größer zu sein pflegt als derjenige des einziehenden Wetterstroms. Im übrigen kann man sagen, je dichter der Versatz, um so geringer die Kohlensäurebildung.

256. Schwefelwasserstoff. Ein besonders gefährliches Gas ist der Schwefelwasserstoff, welcher, wenn auch nur in Spuren, in fast jeder Ölregion enthalten ist, zuweilen aber bei Erdölbohrungen in stärkerem Maße austritt. Bei nur $^1/_{10}$ Prozent Gehalt der atmosphärischen Luft an Schwefelwasserstoff verliert der Mensch in kurzer Zeit das Bewußtsein und stirbt bald darauf. Die hohe Giftigkeit des Schwefelwasserstoffes beruht darauf, daß durch dieses Gas Eiweiß aus dem Blute ausgeschieden, und der Sauerstoff aus dem Blute aufgesogen wird. Das Gas ist außerdem ebenso feuergefährlich wie giftig. Die Zündungsgrenze liegt schon bei etwa $^1/_{10}\,^0/_0$; über $6^0/_0$ wird das Gasgemisch explosiv. Man hat somit alle Ursache, dem Auftreten von Schwefelwasserstoff in Erdölgruben besondere Aufmerksamkeit zuzuwenden. Ebenso wie vereinzelt beim Kalibergbau — im Schachte Leopoldshall wurde im Jahre 1887 Schwefelwasserstoff in solchen Mengen angefahren, daß 8 Bergleute zu Tode kamen — liegt die Gefahr der Schwefelwasserstoffvergiftung und -explosion auch in manchen Erdöllagern vor. Als Mittel, der Schwefelwasserstoffgefahr zu begegnen, muß der Sprühregen gelten, da das Wasser den Schwefelwasserstoff so begierig absorbiert, daß 1 l Wasser 3,25 l Schwefelwasserstoffgas zu binden vermag. Als bestes Mittel gegen die Schwefelwasserstoffgefahr muß aber das maschinelle Vorbohren angesehen werden, wodurch man die mit Schwefelwasserstoff gefüllten Taschen gleichzeitig mit dem Erdgas abzapfen kann, bevor man die betreffenden gefährlichen Horizonte anfährt.

Besonders gefährlich sind auch die das Erdöl begleitenden oder hangenden Wasser, wenn sie Schwefelwasserstoff gebunden enthalten. Das Absorptionsvermögen des Wassers für Schwefelwasserstoff ist nämlich um so größer, unter je höherem Druck es steht. Wird der Druck, wie es beim Erdölbergbau wohl meistens der Fall ist, plötzlich geringer, so werden diejenigen Mengen des absorbierten Schwefelwasserstoffes, welche dem Unterschied in der Absorptionsfähigkeit des Wassers entsprechen, ebenfalls plötzlich frei, so daß mit dem Anschlagen derartiger Wasser die Gefahr der Schwefelwasserstoffvergiftung fast unmittelbar die Bergleute bedroht. Glücklicherweise gibt sich der Schwefelwasserstoff schon bei ganz geringem Gehalt der Luft durch den Geruch nach faulen Eiern zu erkennen. Das spezifische Gewicht des Schwefelwasserstoffgases beträgt annähernd 1,2. Es ist daher bestrebt, sich in den tiefsten Bauen der Grube abzulagern.

257. Das Erdgas. Erdgas tritt, wie in Nr. 7 bereits erwähnt, bei fast allen Erdöllagern als ständiger Begleiter auf. Dabei kommt es nicht nur im Öllager selbst, sondern sehr oft auch im Nebengestein vor und tritt des öfteren auch ganz selbständig auf, ohne daß Erdöl zu erkennen ist. Es besteht vorwiegend aus Methan, CH_4, welches $80—100^0/_0$ der Gasmasse auszumachen pflegt. Daneben treten, allerdings keinesfalls regelmäßig, die eben erwähnten beiden Gase, Kohlensäure und Schwefelwasserstoff, ferner Stickstoff in beachtenswerter Menge, sowie Sauerstoff in Spuren auf. Die höheren Glieder der Methanreihe, also Propan, Butan, Pentan, Hexan und Heptan bilden, wie im ersten Kapitel dieser Schrift erwähnt, manches Mal einen erheblichen Bestandteil des Erdgases, der aber leicht verflüssigt. Das spezifische Gewicht des reinen Methans bezogen auf Luft = 1 ist 0,553, das Gewicht eines Kubikmeters Erdgas dementsprechend 0,715 kg; es ist farb- und geruchlos und nicht giftig, aber trotzdem für den Atmungsprozeß gefährlich, da der Aufenthalt in mit Grubengas gefüllten Räumen den Erstickungstod zur Folge haben kann. In Wasser ist Grubengas nur wenig löslich, jedoch nimmt die Löslichkeit mit dem Druck zu. Für das Erdöl von

Tegernsee stellte Krämer fest, daß 1 l Erdöl 5 l Erdgas unter dem gewöhnlichen Atmosphärendruck zu absorbieren vermag. Demnach kann in gasreichen Lagerstätten nur ein geringer Teil des vorhandenen Erdgases im Erdöl absorbiert sein, ein Resultat, welches am schlagendsten durch die Gasvorkommen bei vollständiger Abwesenheit von Erdöl bestätigt wird. Die Theorie, daß das Erdgas, ohne vom Erdöl absorbiert zu sein, in Klüften und Poren oberhalb des Erdöls unter hohem Druck in flüssigem Zustand vorhanden sei, hat an Wahrscheinlichkeit verloren; denn Natterer hat nachgewiesen, daß bei gewöhnlicher Temperatur das Methan selbst bei einem Druck von 2790 Atm. nicht zu verflüssigen ist (vgl. Köhler, Bergbaukunde, 6. Aufl., S. 717). Neuere Versuche zeigen, daß Methan bei einem Druck von 50 Atm. erst bei einer Temperatur von — 94⁰ flüssig wird, womit erwiesen ist, daß das Erdgas als freies Gas das Erdöl begleitet. Neben einem jedenfalls geringen Prozentsatz im Erdöl gelösten Gases befindet sich also oberhalb des Ölspiegels in der Lagerstätte noch freies Erdgas, welches unregelmäßige Hohlräume im Ölgestein ausfüllt, aber bis auf ein geringes Volumen komprimiert ist.

Da das Erdgas ursprünglich in der Lagerstätte unter einem von 1—100 und mehr Atmosphären schwankenden Druck steht, muß man darauf gefaßt sein, in der Öllagerstätte beim unterirdischen Betrieb gleichfalls auf große Gasdrücke zu stoßen. Namentlich Lagerstätten, welche infolge der großen Zähflüssigkeit des Öls dem Gasdruck so viel Widerstand entgegensetzten, daß das Öl nicht bis zur Tagesoberfläche der Bohrlöcher gepreßt werden kann, und welche infolge der unbefriedigenden Ergiebigkeit wenig Anreiz zu ausgiebigem Sondenbetrieb und damit verbundener Entgasung geboten haben, werden des öfteren noch einen hohen Gasdruck aufweisen. In normal abgebohrten Feldern trifft man noch Drücke bis zu 7 Atm.; aber auch hier ist es nicht ausgeschlossen, daß man beim Auffahren der Strecken unvermutet auf verdeckte Gastaschen stößt, die einen wesentlich höheren Druck haben. In vielen Fällen aber trifft man in verlassenen Ölfeldern, wenn man die Bohrversuche nach Jahren nochmals aufnimmt, anscheinend auf einen Unterdruck im Lager, da die atmosphärische Luft oder mindestens das Spülwasser durch das Bohrloch in die Lagerstätte hineinströmen, sobald der Bohrer das Erdöllager erreicht hat. Derartige Beobachtungen werden z. B. vom Triumphfeld in Pennsylvanien, vom Golffeld usw. berichtet. Das Einströmen von Luft und Spülwasser in die „wassersaugenden" Schichten deutet aber keineswegs ein Vakuum an, sondern nur einen druckschwachen Horizont, in dem der Gasdruck im Lager geringer ist, als der Druck der im Bohrloche befindlichen Spülsäule. Dieser druckschwache Horizont einer Lagerstätte wird erklärlich, wenn das Öl den Sonden aus einem höheren Niveau zugeflossen ist, während von oben her keine Luft nachdringen konnte, die Verdunstung des zurückgebliebenen Öls aber unterbunden und durch Paraffinausscheidung oder Asphaltbildung das noch zurückgebliebene Öl vor der Verdunstung mehr oder weniger geschützt war. Hört die Spülung bei der Bohrung im wassersaugenden Gebirge auf, so können trotz der bisherigen Spülverluste die Bohrlöcher zu guten Ölspritzern werden, wenn durch das Spülwasser die Poren im Lager geöffnet worden sind, und der hydrostatische Druck der Wassersäule vom Öl genommen ist.

Außer in zusammenhängenden unterirdischen Gasreservoiren tritt das Erdgas auch diffus verteilt im Lager bzw. in den Poren des Ölträgers auf, indem es bei abgebohrten Feldern an die Stelle des geförderten Erdöls getreten ist, oder auch von vorne herein die Poren des Ölträgers wenigstens zum Teil gefüllt hat. Dieses diffus verteilte Gas macht sich beim Austreten von Sickeröl aus entgaster Lagerstätte in Form von Bläschen bemerkbar, so daß das Rohöl oft schäumend austritt. Man kann beim Streckenbetrieb oft beobachten, wie durch dieses diffuse Gas kleine Schollen des Ölträgers mit dumpfem, explosionsartigem Knall in die Strecke hineingeschleudert werden. Es ist dies ein Vorgang, der dem Krebsen der gasreichen Kohlen entspricht und dem mürben Charakter des Ölträgers entsprechend mit einem viel dumpferen Geräusch erfolgt. Unter seinem Drucke und Austritte zerfällt der mürbe aber immerhin noch etwas verfestigte Ölträger im Verlaufe einiger Zeit meist zu Sand, ebenfalls analog dem Zerstäuben der Kohle unter Gasdruck, welches hier aber plötzlich zu erfolgen pflegt.

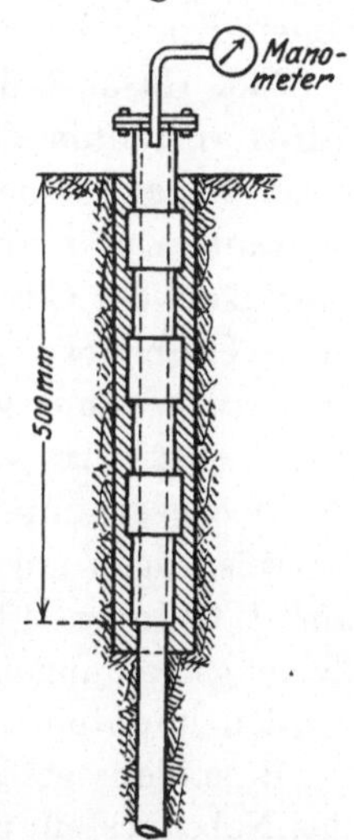

Abb. 243. Messung des Gasdruckes im Öllager.

Das diffus in den Poren der Ölträger verteilte Gas steht meist unter nur geringem Druck. In Pechelbronn wurde er in Handbohrlöchern, in welche ein Gasrohr, wie auch bei Messungen des Gasdruckes in Kohle, einbetoniert war, nach Verlauf von etwa einer Stunde, in welcher Zeit der Ausgleich erfolgt war, zu 360 mm Wassersäule ermittelt. Die Höhe der Abdichtung war bei den Versuchen 50 cm (Abb. 243). Es zeigt sich also die bemerkenswerte Tatsache, daß selbst das leichtflüchtige Gas trotz seiner fast reibungslosen Wandermöglichkeit unter dem Drucke von 360 mm Wassersäule nicht einmal eine poröse Sandschicht von 50 cm Mächtigkeit zu durchbrechen vermag, sondern im Ölträger festgehalten wird. Es läßt dies einen Rückschluß zu, wie große Mengen Öl durch Adhäsion und Kapillarwirkung zurückgehalten werden müssen, wenn der Gasdruck von ihnen genommen ist; dadurch wird auch der immerhin geringe Aktionsbereich der meisten Strecken und Bohrlöcher erklärlich.

Das diffus im Lager verteilte Gas wird natürlich mit dem Abbau des Ölträgers frei. Jedoch ist seine Menge absolut genommen nur gering. Gesetzt, eine Ölgrube fördere täglich 1000 cbm des Ölträgers, von denen $10^0/_0$ Poren mit Gas unter einem Drucke von einer Atmosphäre gefüllt sein mögen, so würden immerhin nur 100 cbm Gas pro Tag in die Grube entweichen, ein Betrag, der, solange keine höheren Drücke beobachtet werden, sich bei der Wetterwirtschaft nicht bemerkbar machen wird. Die bei der Gewinnung des Ölträgers entweichenden, diffus im Lager verteilten Gasmengen sind somit in der Regel weit geringer als die Gasmengen, die oft dem Anbruch der Kohle zu entströmen pflegen und ein Vielfaches des Volumens der gewonnenen Kohle besitzen.

258. Gasausbrüche. Im Gegensatze zu den meist ungefährlichen, diffus verteilten Gasen stehen die geschlossenen Gasmengen, welche unter hohem Druck stehend, plötzlich die Wand durchbrechen, diese zerstäuben und weithin die Strecken versanden. Infolge der geringen Festigkeit der Ölträger können hierbei viel gewaltigere Gesteinsmassen in die Grubenbaue hereingeschleudert werden als dies beim Steinkohlenbergbau bekannt geworden ist, so daß die Arbeiter vor Ort und auch weiter rückwärts von den Sandmassen verschüttet werden. Ein kleiner mit hochgespanntem Gas erfüllter Hohlraum kann daher schon oft große Verwüstungen anrichten. Ein solcher Gasausbruch ereignete sich z. B. am 1. Oktober 1924 in Pechelbronn. Bei demselben wurden nach Zeitungsmeldungen 9 Arbeiter verschüttet, von denen nur 5 gerettet werden konnten.

Besonders gefährlich können solche Gasausbrüche werden, wenn das Nebengestein mit Gas unter hohem Druck erfüllt ist, und dieses die Gebirgsschollen, sogenannte Glocken oder Sargdeckel, aus der First hereinwirft.

259. Bläser. Durchbrechen die in natürlichen Gasreservoiren aufgespeicherten Erdgasmassen nicht aus eigener Kraft die sie von den Grubenbauen trennende Wand, sondern werden sie erst angehauen, so erfolgt das Ausströmen des Gases unter mehr oder weniger gedrosseltem Ausströmen; derartige Gasausströmungen nennt man Bläser. Dieselben sind nicht so gefährlich wie die Gasausbrüche. Dies gibt einen Fingerzeig dafür, daß es richtig ist, Gasausbrüche durch vorsichtiges Anbohren zu verhüten und diese rechtzeitig in Bläser zu verwandeln.

260. Erdöl, Erdgas und Erdbeben. Gasausbrüche sowie Bläser können besonders gefährlich in Gebieten auftreten, die des öfteren von Erdbeben heimgesucht werden. Insbesondere die tertiären Ölgebiete, wie Kalifornien, Mexiko, Hinterindien usw. zeichnen sich durch die Häufigkeit der Erdbeben aus, so daß man einen gewissen Zusammenhang zwischen Erdbeben und Ölvorkommen glaubte annehmen zu können.

Dieser Zusammenhang zwischen Erdbeben und Ölvorkommen wird erklärlich, wenn man sich erinnert, daß das Öl in flachen Meeresbuchten entstanden ist. Diese verdanken oft geodynamischen Vorgängen, insbesondere Verwerfungen, ihre Entstehung, an denen die Liegendschichten des ölführenden Schichtenbündels abgesunken sind. Da diese Versenkungen sehr langsam im Verlaufe von Jahrtausenden vonstatten gingen, so führten diese Vorgänge in der Regel zur Bildung von flachen Meeresbecken, während der nicht abgesunkene Teil des Gebirgsmassivs in der Folge das Material für den Ölträger liefern konnte. Die in der Tertiärzeit einsetzenden Versenkungen, z. B. die Grabenversenkung des Oberrheins, die Versenkungen an den Küsten des pazifischen Ozeans usw., sind aber bis heute noch nicht beendigt und äußern sich hier in den zahlreichen Erdbeben, die die flachen, marinen Heimatstätten des Öles heimsuchen. In erdbebenreichen Ölregionen ist ein plötzliches Wandern und Ausströmen von Erdgas daher des öfteren beobachtet worden und auch in Zukunft zu erwarten, da mit dem Erdbeben Aufbrechen von Spalten und Zusammenbrechen von Hohlräumen Hand in Hand zu gehen pflegen, wodurch das Gas leicht aus entlegeneren Regionen Zutritt zu den Grubenbauen finden kann. Ölbergwerksbetriebe in Senkungsgebieten sollten daher der Gasgefahr besondere Aufmerksamkeit widmen.

261. Bekämpfung der Gefahren von Gasausbrüchen. Um die gefährlichste Art des Auftretens von Gas, die Gasausbrüche, zu bekämpfen, ist es erforderlich, die Gasreservoire anzutasten und dafür zu sorgen, daß sie sich nicht plözlich mit elementarer Gewalt, sondern allmählich entleeren. Ein schon seit langen Jahren in gasreichen Kohlenflözen benutztes Mittel hierzu ist das Vorbohren, dessen schon in Nr. 144ff. Erwähnung getan ist. Ohne ein solches kann eine Gebirgswand von geringer Festigkeit hereingeworfen werden. So wird eine Wand von 5 qm Fläche, falls ein unter 30 Atm. stehendes Gasreservoir mit ihr in Verbindung steht, unter einem Drucke von 1 500 000 kg stehen. Nimmt man die Druckfestigkeit des Ölträgers gleich derjenigen von ungebrannten Lehmziegeln, d. h. zu etwa 8 kg pro qcm, und die Schubfestigkeit zu $^1/_{10}$ der Druckfestigkeit an, so wird eine Ortswand im Umfange von etwa 10 m und in einer Stärke von 5 m eine Schubfestigkeit von $0{,}8 \times 500 \times 1000 = 400\,000$ kg haben, d. h. sie wird unter einem Gasdrucke von nur 4,5 Atm. hereingeworfen werden und zerstäuben[1]). Es zeigt sich also, daß eine

---

[1]) Beim Abteufen des Kalischachtes Schieferkaute konnte man das gleicher Weise zu beurteilende Abscheren und Vorschieben einer unter Wasserdruck stehenden Lettenwand gut beobachten. Die aus dem Gebirgsverbande zylindrisch ausgeschnittene Schachtsohle schob sich daselbst in einer Teufe von etwa 200 m vollständig trocken, gleichsam wie ein Kolben im ganzen langsam in den Schacht. Ein in den emporsteigenden Zylinder von Hand gestoßenes Bohrloch zeigte noch 3 m unterhalb der empor-

Sicherheitswand von 5 m ungenügend ist und die Bohrungen, um Sicherheit zu bieten, wesentlich tiefer sein müssen.

Aber auch dann, wenn man den Gassack als Bläser durch ein Vorbohrloch entleert, bleibt er unter Umständen doch gefährlich, da er die Wetter derart verschlechtert, daß neben der Gefahr der Erstickung die Brand- und Explosionsgefahr in greifbare Nähe rückt. Dabei vergrößert der Bläser durch Mitreißen von Sand aus der Bohrlochwandung ständig den Durchmesser seines Austrittskanales und schleudert derartige Mengen zerstäubten, mürben Ölgesteins in die Strecken, daß der Bläser in seiner Wirkung mehr oder weniger dem Gasausbruche gleichkommt. Will man in wirklich wirksamer Weise der Gefahr, welche die im Ölgebirge enthaltenen Gastaschen darstellen, begegnen, so muß man die die Gassäcke von den Grubenbauen sperrende Sicherheitswand bedeutend stärker bemessen, d. h. maschinell bis zu größerer Teufe vorbohren.

Gassäcke von 100000 cbm und mehr Inhalt sind in verlassenen Bohrfeldern trotz eifrigster ehemaliger Tiefbohrtätigkeit nicht ausgeschlossen; viel mehr aber sind sie in unvollkommen abgebohrten Feldern zu erwarten. Jedenfalls stellen sie auch Werte dar, die zu sammeln von finanzieller Bedeutung ist. Es ist daher auch vom wirtschaftlichen Standpunkte aus geboten, die Vermischung des Erdgases mit den Grubenwettern zu verhindern und das Gas auszubeuten.

262. Das maschinelle Vorbohren unter Schutzdamm. Über das maschinelle Vorbohren ist bereits bei der Gewinnung des Erdöles das Erforderliche gesagt und darauf hingewiesen worden (Nr. 144), daß die maschinellen Bohrungen unter dem Schutze eines Sicherheitsdammes ausgeführt werden müssen. Es erübrigt sich hier nur, die Vorgänge und Betriebsmaßnahmen bei Antasten der Gassäcke zu besprechen. Sobald das Gas angebohrt ist, sucht es auf dem Wege der Spülung ins Freie zu gelangen. Dies muß unterbunden werden, indem man die Rückflußleitung, welche zum Spülbassin führt, mit einem Absperrventil ausrüstet, durch welches der Rückstrom abgeschlossen werden kann. Es wird sich dann das Gas zwischen Ortswand und Schutzdamm sammeln. An dem sperrenden Schutzdamm wird man dann das Gas in einer Rohrleitung fassen und zutage zur Verwertung etwa in ein Gasreservoir ableiten. Trotzdem kann das Gas hinter dem Damme einen so hohen Druck annehmen, daß der Damm durchbrochen werden kann. Um dies zu verhüten, wird man das Gas nur soweit als zulässig drosseln, im übrigen aber über Tage so lange ausströmen lassen, bis der

steigenden Schachtsohle kein Wasser an. Erst als nach Verlauf von etwa 2 Stunden der aus der Tiefe emporsteigende Schachtkolben etwa 2 m hoch in den in Tübbings stehenden Schacht aufgestiegen war, wölbte sich die Sohle nach oben und barst, um zunächst kaum flüssige steife Gebirgsmassen und dahinter gewaltige Wassermassen in den Schacht zu ergießen.

Damm durch bereitgehaltene Beton- und Sandmassen so weit verstärkt ist, daß die Abflußleitung abgesperrt werden kann, und von nun an ein regelmäßiges Abzapfen des Gases ermöglicht wird. Der Damm wirkt also genau so wie ein Eruptionsschieber bei Tiefbohrungen, der aber bei Horizontalbohrungen bereits vor Beginn der Bohrarbeit eingestellt ist.

263. Gemauerte Sicherheitsdämme gegen Gasausbrüche. Das Aufführen von Mauerdämmen zwecks Absperrung etwa ausbrechender Gasmassen ist nur selten in einer genügend Sicherheit bietenden Weise durchzuführen. In Pechelbronn, woselbst das Öllager nur 2,5 m mächtig ist, war die Errichtung eines gemauerten Schutzdammes noch verhältnismäßig einfach. Das aus festem Mergel bestehende Gebirge in der Sohle wurde etwa 25 cm tief ausgehoben und in der Fundierungsgrube der Damm angesetzt. In der Zeit des Hochmauerns aber zerfiel der mürbe Sandstein seitlich neben dem Damm zu Sand und Grus, so daß man seitlich immer tiefer in „Schlitzen" in die Streckenwangen hineingehen mußte, und der Damm schließlich beiderseits etwa 1,5 m tief in die Wangen hineingriff. Auch der Anschluß oben in der First war schwierig und wird immer schwierig sein, da ein dichter Abschluß ohne Nachpressen von Zement kaum zu erzielen ist. Die Stärke des Mauerdammes betrug in Pechelbronn etwa 1 m.

Erschwert wird die Mauerarbeit bei Aufführen des Dammes, wenn dazu noch Öl aus dem Ortsstoße ausfließt und der Mörtel und die Baumaterialen dadurch verunreinigt werden. Von Nachteil ist es auch, daß der Mauerdamm viel Zeit in Anspruch nimmt, da er doch einige Tage unbelastet stehen muß, um dem Zement Zeit zum Erhärten zu geben.

Viel unsicherer noch wird die Arbeit der Aufführung des Sicherheitsdammes, wenn das Lager eine größere Mächtigkeit hat, und die Verhältnisse in Sohle und First so ungünstig sind, daß dem Damm hier kein sicherer Halt geboten wird. Dann ist Mauerung oder Betonierung eines zuverlässigen Dammes so gut wie unmöglich.

Auch die Arbeit, den Damm wieder wegzuräumen, ist kostspielig und zeitraubend, zumal man normalerweise gerade an dieser Stelle keine Sprengarbeit verrichten kann.

264. Der wandernde, eiserne Schutzdamm. Aus dem Vorstehenden ergibt sich, daß die Verhältnisse einen Schutzdamm erfordern, der jederzeit zur Verfügung steht und nach Bedarf in jedem Augenblicke geschlossen oder geöffnet werden kann. Arbeitet man nach Nr. 176 ff. mit einem voreilenden, wandernden Streckenausbau, so ist es ein Geringes, denselben rückwärts mit einer dicht schließenden Tür auszurüsten, welche, wenn verschlossen, das aus der Lagerstätte austretende Grubengas daran hindert, sich in die Strecke zu ergießen und sich mit den

Grubenwettern zu vermischen. Die Abbildungen 184, 244 und 245 zeigen die wandernde Dammtür. An dieser Tür sind dann auch ohne Schwierigkeit die Bohrlochstutzen anzubringen, welche den Bohrrohren Aufnahme geben und diese führen. Am besten liegen dieselben in Kugelgelenken. Es ist also dieselbe Einrichtung, welche für die hydraulische Gewinnung des Ölträgers in Strecken in Frage kommt (Nr. 186), die auch den Schutzdamm für die Horizontalbohrungen herzugeben vermag. Soll der wandernde, voreilende Ausbau mit Damm auch als Schutzdamm gegen Gas dienen, so ist er stärker auszuführen, jedoch braucht man schwerlich über 20 mm Stärke für die Schutzwand

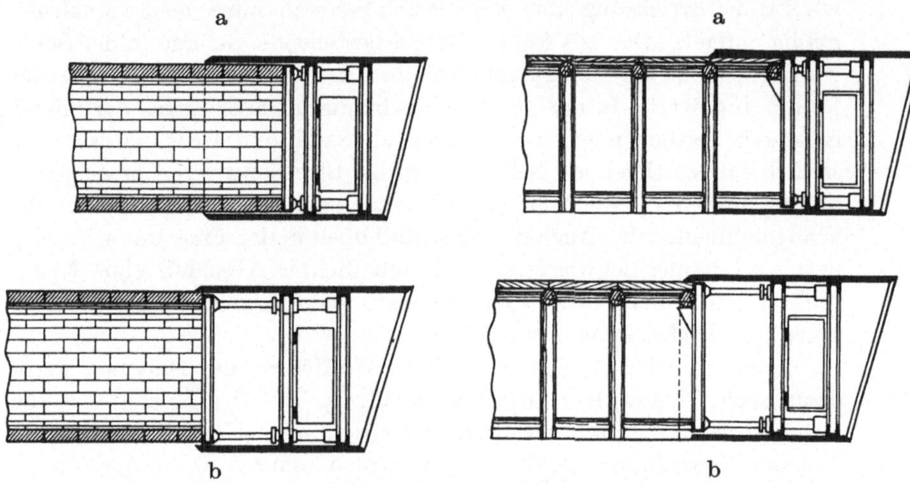

Abb. 244. Wandernder Ortsverschluß bei
Streckenzimmerung mit Schutzgehäuse.
a Pressen eingezogen   b Pressen ausgezogen.

Abb. 245. Wandernder Ortsverschluß bei
Streckenzimmerung mit Schutzgehäuse.
a Pressen eingezogen   b Pressen ausgezogen.

hinauszugehen, da man den Damm durch starke vorgelagerte Riegel und evtl. durch Auftürmen von Sandsäcken und Betonblöcken in der Strecke vor der Tür schnell verstärken kann.

Vor Beginn der Bohrungen wird man, um auch nach außen um die Schutzwände herum den Durchfluß des Gases unmöglich zu machen, die Schneide des voreilenden Ausbaues möglichst tief in den unverritzten Stoß hineinpressen und Sorge dafür tragen, daß seine Außenwand überall dicht gegen das Gebirge anliegt. Eventuell wird man auch durch Einpressen von flüssigem Asphalt hinter die Schutzwand, der nachher vor Wiederbeginn des Vortriebes durch Erwärmung wieder verflüssigt wird, den Zwischenraum zuverlässiger dichten können.

265. Verhalten des Grubengases in den Grubenräumen. Es wird nicht möglich sein, alles aus der Lagerstätte austretende Grubengas abzudämmen und zutage zu leiten. Dieses nicht abgefangene Grubengas steigt, soweit es nicht am Überfluten der Grubenräume gehindert wird, vermöge seines geringen spezifischen Gewichtes aufwärts, sobald ihm hierzu Gelegenheit geboten wird. Infolgedessen sammelt es sich vornehmlich in den Firsten der Grubenbaue. Hier bleibt es aber nicht stehen, sondern es beginnt sofort die Diffusion, vermöge welcher das Grubengas sich mit der Luft mischt und nunmehr die Wetter gleichmäßig durchsetzt. Das in Firsten, Aufhauen usw. befindliche Grubengas ist immer erst innerhalb der jeweilig verflossenen letzten Stunden frisch eingewandert und beginnt sofort nach seinem Einnisten den Diffusionsprozeß. Ein Gemisch von Grubengas und Luft entmischt sich nicht wieder. Nach dem jetzigen Standpunkt der Technik ist das in den Wettern vorhandene Grubengas als für die Wirtschaft verloren anzusehen.

266. Schlagwetter. Ein Gemisch von Grubengas und Luft nennt man Schlagwetter. Es verbrennt an der Luft mit hellblauer Flamme oder explodiert. Die Explosionsgrenze liegt bei einem Prozentgehalt der Luft von $5,5^0/_0$ Grubengas und endigt, wenn der Grubengasgehalt $14^0/_0$ übersteigt. Unter- und oberhalb des Gehaltes von 5,5 bzw. $14^0/_0$ findet keine Explosion mehr statt, sondern das Grubengas verbrennt. Die heftigste Explosion findet bei einem Gehalt an Gas von $9^1/_2{}^0/_0$ statt. Die Verbrennung und Explosion erfolgt nach der Formel:

$$CH_4 + 2O_2 + 8N_2 = CO_2 + 2H_2O + 8N_2 .$$

Ist der Gasgehalt größer als $9^1/_2{}^0/_0$, so bleibt das überschüssige Gas unverändert mit den Verbrennungsprodukten zurück.

Aus der vorstehenden Formel ist ersichtlich, daß zwei Teile der bei der Explosion der Schlagwetter entstandenen Verbrennungsprodukte als Wasser erscheinen. Dieses ist im Augenblick der Explosion als Wasserdampf vorhanden. Derselbe kühlt sich aber sofort ab und kondensiert zu Wasser. Infolgedessen findet kurz nach der Explosion der Schlagwetter ein gewisser Unterdruck an der Explosionsstelle statt, und die Grubenwetter strömen zum Ausgleich mit einem Rückschlag derselben zu. Die Temperatur der Explosionsflamme beträgt nach Heise-Herbst etwa 1500—2000°. Innerhalb des unbewegten explosiblen Gasgemisches pflanzt sich die Schlagwetterexplosion mit einer Geschwindigkeit von 0,2—0,6 m/sk fort. Infolgedessen sind die Zerstörungen bei Schlagwetterexplosionen manchmal nur gering. Die Fortpflanzungsgeschwindigkeit der Explosion wächst aber mit der Eigenbewegung der Schlagwetter und erreicht zuweilen mehrere hundert Meter; damit wachsen auch die Zerstörungen. Nach der Gewalt der Zerstörungen zu urteilen, beträgt der bei der Explosion entstehende Überdruck am Explosionsorte mehrere Atmosphären. Nach der Explosion sind die Grubenwetter mit sauerstoffarmen, aus Kohlensäure und Stickstoff bestehenden Wettern, den sogenannten Schwaden oder Nachschwaden gefüllt, in denen die Bergleute leicht ersticken. Die Rettungsmannschaften können den verunglückten Kameraden infolgedessen auch erst zu Hilfe kommen, wenn frische Wetter zur Unglücksstelle geleitet worden sind. Der frische Wetterzug wird wesentlich begünstigt, wenn man Frischwasser in Form von Sprühregen dem einfallenden Wetterstrom zusetzt.

Als Ursachen der Schlagwetterexplosionen erscheinen in weit überragender Zahl die Grubenlampen und deren unvorsichtiger Gebrauch. Daneben ist die Schießarbeit bei Kohlengruben hervorragend beteiligt. Hingegen sind durch elektrische Funken erzeugte Schlagwetterexplosionen selten. Die Entzündung der Schlagwetter tritt ein, wenn das Gasgemisch bis auf 650—750⁰ erhitzt wird; jedoch muß diese Temperatur einige Sekunden lang auf die der Entzündung ausgesetzten Gasmoleküle wirken. So z. B. kann ein einzelner Gesteinsfunken der beim Schlagen mit der Keilhaue auf Feuerstein oder Pyrit absplittert, das Schlagwettergemisch nicht entzünden, während eine Funkengarbe, etwa an einem Schleifstein, dies wohl zuwege bringt. Auch mit großer Heftigkeit ausströmendes Gas kann sich dadurch entzünden, daß Kiesel von ihm mitgerissen werden, welche sich gegeneinander oder gegen fremde Gegenstände derart reiben, und sich dabei so erhitzen, daß Funkengarben absplittern, die zur Entzündung führen, ein Vorgang, den manche Tiefbohrungen in gasreichen Ölfeldern zu beklagen haben.

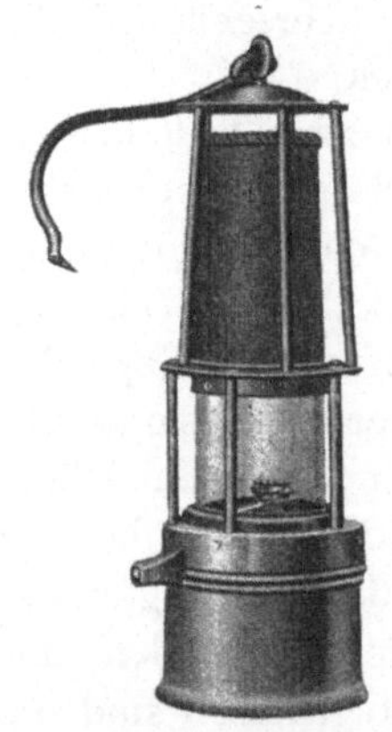

Abb. 246. Sicherheitslampe von Friemann & Wolff, Zwickau.

267. Die Sicherheitslampe. Das Vorhandensein von Schlagwettern erkennt man mit der Sicherheitslampe (Abb. 246). Dieselbe beruht darauf, daß eine Flamme, welche innerhalb eines feinmaschigen Drahtgeflechtes brennt, außerhalb des Drahtkorbes befindliche Schlagwetter so lange nicht zu entzünden vermag, als der Drahtkorb nicht selbst eine die Selbstentzündung der Schlagwetter übersteigende Temperatur annimmt. Infolgedessen werden in gasreichen Gruben die Flammen der Grubenlampen mit einem einfachen oder doppelten Drahtkorb umgeben, dessen Drahtstärke 0,37 mm beträgt und der 144 Maschen pro qcm besitzt. Dieses Drahtgeflecht leitet die Wärme so schnell nach außen, kühlt also die Verbrennungsprodukte der Flamme so schnell ab, daß die Entzündung sich nicht fortpflanzen kann. Enthält die Luft Grubengas, so wird dieses in der Grubensicherheitslampe mitverbrennen und die Flamme vergrößern. Da das Gas mit blauer Flamme verbrennt, so gibt es sich durch den blauen Saum, welcher die Flamme umgibt, zu erkennen. Die Größe dieses blauen Flammenkegels, der Aureole, zeigt den Prozentgehalt der Luft an Schlagwettern an. Hat die Aureole eine Länge

von   7 mm, so beträgt der Gehalt an Grubengas $2,0^0/_0$
„   10 mm, „   „   „   „   „   „ $2,5^0/_0$
„   20 mm, „   „   „   „   „   „ $3,0^0/_0$
„   36 mm, „   „   „   „   „   „ $3,5^0/_0$
„   60 mm, „   „   „   „   „   „ $4,0^0/_0$

Damit ist die Grenze der Prüfung gegeben, da bei einem höheren Gasgehalt der Drahtkorb rotglühend wird, und die Schlagwetter an der Sicherheitslampe explodieren.

Für Ölgruben ist das Abprobieren der Wetter mit gewöhnlichen Sicherheitslampen nicht zu empfehlen, da bei diesen der Drahtkorb rotglühend wird, sobald geringe Mengen von Öldämpfen den Grubenwettern beigemischt sind. Die neueren Untersuchungslampen von Pieler, Prof. Dr. Fleißner und Chesneau dürften in dieser Hinsicht mehr Sicherheit bieten. Es sind reine Beobachtungslampen ohne Leuchtkraft (Abb. 247 u. 248). Die Pielersche Lampe ist eine Lampe, die nur der Prüfung auf Schlagwetter dient; sie gebraucht als Brennstoff Alkohol, bei welchem schon $0,25^0/_0$ Methangehalt nachgewiesen werden kann. Die Aureole erreicht bei dieser Lampe schon bei $2,5^0/_0$ den Deckel des Drahtkorbes. Jedenfalls tut man gut,

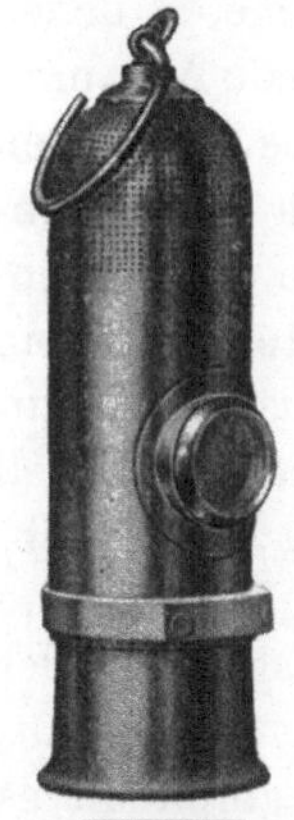

Abb. 247. Untersuchungslampe von Fleißner. (Friemann & Wolf, Zwickau.)

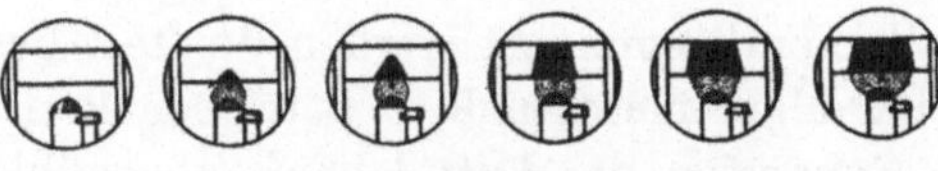

Abb. 248. Flammenvergrößerung der Fleißnerschen Untersuchungslampe.

bis zur Klärung der Sicherheitsfrage bei gleichzeitigem Vorhandensein von Öldämpfen, sich mit ständigen Wetteranalysen zu begnügen. In Schwerölgruben dürfte die Sicherheitslampe zur Prüfung auf Schlagwetter eher ohne Bedenken sein. Sie müssen nur vor der Benutzung vor Verunreinigung durch Öl geschützt sein.

268. Öldämpfe. Ebenso gefährlich oder noch gefährlicher wie Grubengas sind die Öldämpfe, welche sich durch die Verdunstung von Öl bilden. Je leichter, d. h. je benzinreicher die Öle sind, um so lebhafter geht die Verdunstung vonstatten. Die Verdunstung des Öles ist auch um so schneller, je schärfer der Wetterzug und je höher die Temperatur der Grube ist. Welchen Einfluß die Teufe der Öllagerstätten auf die Temperaturen in der Grube und die damit zusammenhängende Verdunstung des Öles hat, geht aus der Betrachtung der geringen geothermischen Stufen in Ölgebieten (Nr. 97) hervor. Die Verdunstung des Öles ist um so lebhafter, je größer die Oberfläche der der Verdunstung ausgesetzten Ölmenge ist. Nach den Untersuchungen von Formanek und Zdarsky (Petroleum 1925) verdunstet Benzin bei einer Temperatur von 20° C so stark, daß bereits nach Verlauf von einer Viertelstunde die Luft oberhalb des Benzins mit $21,9^{\circ}/_{0}$ gesättigt ist, und der Benzingehalt der Luftschicht von diesem Zeitpunkte an kaum noch zunehmen kann.

Um die Verdunstung des Öles nach Möglichkeit zu verhüten, muß es tunlichst sofort nach seinem Austritte aus der Lagerstätte in geschlossenen Leitungen gefaßt und zu Tage geleitet werden. Um die Bildung von Öldämpfen weiterhin möglichst einzuschränken, soll flüssiges Öl auch nicht mit dem Wetterzuge in Berührung kommen, d. h. es ist eine möglichst dichte Auskleidung der Hohlräume, in denen Öl Gelegenheit zur Verdunstung gegeben ist, anzustreben. Jede Ansammlung von Öl in offenen Lachen, Pfützen, Sümpfen, sowie das Überfluten und Tränken der Strecken usw. ist zu vermeiden. Endlich ist für tunlichste Abkühlung der Grubenwetter und Grubenräume zu sorgen. Die Abkühlung ist in arktischen Gegenden am einfachsten mit dem Wetterzuge zu erreichen; in heißeren Gegenden wird man den einziehenden Wetterstrom, bevor er in den Schacht eintritt, eventuell einem Sprühregen aussetzen, und durch die Verdunstung des Staubregens der Luft den Wärmegehalt entziehen. Gleichzeitig mit diesem Prozesse findet dann auch eine Zunahme des Feuchtigkeitsgehaltes der Luft statt, wodurch die Verdunstung des Öles, wie bereits erwähnt, ebenfalls herabgemindert werden dürfte. Besonders aber empfiehlt es sich, bei allen maschinellen Betrieben Preßluft zu verwenden, da bei deren Expansion die Luft lebhaft abgekühlt wird.

Vor allen Dingen sollte im Schachtsumpfe die Bildung von Öldämpfen bekämpft werden, da eine Gefährdung des Schachtes das gesamte Bergwerk zu vernichten droht. Es darf der Schachtsumpf nicht nur kein Sumpf für das in der Grube gewonnene Öl sein, sondern er kann auch nicht als Wassersumpf dienen, wenn dem Wasser etwas Öl beigemischt ist. Denn in der Emulsion wird das Öl sich allmählich vom Wasser scheiden und sich auf dem Wasser lagern, so daß es hier Gelegenheit zum Verdunsten findet. Die Ölschicht wird mit der Wasserhaltung immer dicker, da der Saugkorb der Wasserpumpe gewöhnlich so tief in den Sumpf hineintaucht, daß immer nur das schwerere, entölte Wasser angesaugt wird, das Öl aber nicht entfernt wird und allmählich sich an der Oberfläche immer mehr und mehr anreichert. Man muß daher, bevor die Grubenwasser dem Schachtsumpfe zufließen, darauf bedacht sein, sie zu entölen. Dies geschieht, indem die Wasser einem abseits gelegenen Vorsumpfe zufließen, aus dessen Tiefstem die Wasser zu Tage gehoben werden, während das Öl zeitweise abgeschöpft wird. Der Schachtsumpf selbst ist ständig zu bewettern, nicht nur damit kein in ihm verdunstendes Öl sich ansammeln kann, sondern auch damit nicht fremde spezifisch schwere Öldämpfe aus der Grube sich im Schachtsumpfe ansammeln. Auch darf keine Strecke und kein Arbeitsort unbewettert bleiben, wenn sich dort Öldämpfe ansammeln können.

269. Bildung und Eigenschaften der Öldämpfe. Die Öldämpfe sind bedeutend schwerer als die Luft, und zwar sind sie um so schwerer, je schwerer das Öl ist. Genauer untersucht sind hinsichtlich ihrer physikalischen Eigenschaften hauptsächlich nur Benzindämpfe. Man kann aber wohl annehmen, daß die Dämpfe der schweren Ölsorten sich nicht wesentlich anders verhalten wie die der Leichtöle. 1 kg Benzin liefert etwa 300 l Benzindampf von gewöhnlichem Atmosphärendruck; somit wiegt 1 cbm Benzindampf $3^1/_3$ kg, und da 1 cbm Luft etwa 1,25 kg wiegt, so kann das spezifische Gewicht von Benzindampf etwa zu 2,5 angenommen werden[1]).

Diese Zahlen zeigen, daß die Öldämpfe noch viel intensiver dem Grubentiefsten zuströmen als Kohlensäure, deren spez. Gewicht nur 1,52 beträgt; sie zeigen auch, mit welcher Schnelligkeit ein Abhauen oder ein Sumpf sich mit Öldampf füllen können, wenn diese Räume in offener Verbindung mit höhergelegenen Grubenräumen stehen.

Der Sättigungsmaximalgrad der Luft mit Benzin ist etwa 23% Benzindampf. Diese Sättigung wird bei einer Temperatur von 20° oberhalb der Benzinschicht, wie schon erwähnt, bereits in einer Viertelstunde erreicht. Die Verdunstung des Benzins findet aber nicht nur an der Oberfläche, sondern auch im Innern der Benzinflüssigkeit statt; denn in gleich großem Raume und bei gleich großer Oberfläche des verdunstenden Benzins liefert die größere Masse Benzin nach Formanek und Zdarsky auch größere Mengen Benzindampf. Bei geringem Unterdruck oder Überdruck ist die Verdunstung nur unwesentlich stärker oder geringer als beim Atmosphärendruck.

Man kann aus diesen Untersuchungen erkennen, daß nur tunlichste Absperrung des Rohöles von den Grubenbauen die mit Benzinverlusten verbundene Gefahr von der Grube bannen kann. Die dichte Absperrung der leicht verdunstenden Öle soll sich aber nicht nur auf die flüssigen Ölmassen, sondern nach Möglichkeit auch auf die anstehenden Ölträger in den Strecken usw. erstrecken. Die Öldämpfe werden besonders dadurch gefährlich, daß sie vermöge ihres hohen spezifischen Gewichtes bestrebt sind, die tiefsten Punkte der Grube aufzusuchen und sich dort abzulagern. Dies ist der Grund dafür, daß von Abhauen, Gesenken, Unterwerksbauen usw. nach Möglichkeit Abstand genommen werden muß, und daß der Verhieb der Lagerstätte stets von unten nach oben oder in streichender Richtung erfolgen sollte. Die Unglücksfälle in Pechelbronn sowohl

---

[1]) Nach Hütte Bd. II 24. Auflage S. 297 liefert 1 kg Benzin nur 220 l Öldampf und ist das spez. Gew. von Benzin bezogen auf Luft 3,5.

wie in Heide ereigneten sich ausschließlich in Abhauen und Gesenken, Schachtsümpfen usw. (vgl. Nr. 274).

270. Entzündung und Explosion der Öldämpfe. Öldampf-Luft-Gemische stellen äußerst gefährliche Wetter dar. Die Explosion von Öldämpfen erfolgt nach den Untersuchungen von Eitner bereits bei einem Gehalt der Luft an Öldämpfen von $1,1\%$. Die obere Explosionsgrenze liegt bei etwa 5%. Die Explosion ist am heftigsten bei etwa $2,5\%$. Auch hierbei bildet sich Kohlensäure und Wasser. Man wird leicht erkennen, daß die Öldampfexplosionen viel größere Zerstörungen hinterlassen als die Schlagwetterexplosionen, da bedeutend größere Mengen Sauerstoff zur Zersetzung der Kohlenwasserstoffmoleküle verwendet werden. Hierüber gibt folgendes Schema für die Explosion irgendeines Gliedes der Methanreihe Auskunft.

Das Methan explodiert nach dem Schema:

$$CH_4 + 2O_2 = CO_2 + 2H_2O ,$$

d. h. nach dem Avrogadroschen Gesetze, vor der Verbrennung sind ebenso viele Raumteile, nämlich 3, im Explosionsgemisch enthalten wie nach derselben. Nimmt man aber etwa Pentandämpfe von der Zusammensetzung C_5H_{12} zum Ausgangspunkt der Betrachtung, so erfolgt die vollkommene Verbrennung nach der Formel:

$$C_5H_{12} + 8O_2 = 5CO_2 + 6H_2O ,$$

d. h. 1 Raumteil $C_5H_{12} + 8$ Raumteile Sauerstoff liefern 5 Raumteile Kohlensäure und 6 Raumteile Wasser. Während also vor der Explosion das Explosionsgemisch nur 9 Raumteile einnahm, nimmt es unmittelbar nach der Explosion 11 Raumteile ein. Man erkennt daraus, daß die zerstörende Wirkung einer Öldampfexplosion viel heftiger sein muß als die des einfachen Grubengases. Würde man etwa Heptan, C_7H_{16} zur Explosion bringen, so ginge die Verbrennung nach folgender Formel vonstatten:

$$C_7H_{16} + 11O_2 = 7CO_2 + 8H_2O ,$$

d. h. vor der Explosion nehmen die Gase 12, nach der Explosion aber 15 Voluminia ein. Es zeigt sich hier auch, daß je schwerer das verdampfte Öl ist, um so heftiger die Explosion ist. Auch die Wärmeentwicklung ist bei der Explosion von Öldämpfen wesentlich größer als bei der einfachen Schlagwetterexplosion. Nach Eitner entwickelt 1 kg Grubengas annähernd 12000 WE. Nimmt man das Gewicht von 1 cbm Methan zu 0,75 kg an, so entwickelt also 1 cbm Grubengas bei der Verbrennung 9000 WE. Andererseits sind in 1 cbm Benzindampf etwa 3,5 kg Benzin enthalten; 1 kg Öldampf entwickelt etwa 10000 WE, so daß bei der Verbrennung von 1 cbm Öldampf sicherlich die dreifache Wärme erzeugt wird, welche bei der einfachen Schlagwetterexplosion in Erscheinung tritt.

Zu der Heftigkeit der Explosion trägt auch die große Zündgeschwindigkeit der Öldämpfe bei. Nach Neumann ist die Zündgeschwindigkeit von ruhendem Benzindampf 2,6 m/sk; also jedenfalls das Vierfache der Zündgeschwindigkeit von unbewegtem Grubengas.

Am gefährlichsten sind aber die Öldampf-Luft-Gemische, weil ihre Selbstentzündung bei wesentlich niedrigerer Temperatur wie bei Grubengas erfolgt. Die Entzündungstemperatur für Grubengas liegt, wie in Nr. 266 erwähnt, bei 650—750°C. Nach Neumann tritt sie bei Benzindämpfen unter gewöhnlichem Atmosphärendruck schon bei 415° C, bei Gasöl schon bei 350° C ein. Für die Praxis wird man somit mit Selbstentzündung und Explosion bei einer Temperatur von 400° C bei dem geringen Öldampfgehalt von nur 1,1% rechnen müssen.

Auch in Schwerölgruben bilden sich Öldämpfe bei gewöhnlicher Grubentemperatur, ebenso wie auch Wasser oder Eis unterhalb der Siedetemperatur verdunsten. Als Ergebnis der Verdunstung von Schweröl erscheint ja schließlich fester Asphalt.

Die Verdunstung des Schweröles erfolgt aber sehr langsam und ist daher in der Erdölgrube leicht zu bekämpfen. Bei regelmäßiger Ventilation der Gruben werden die Schweröldämpfe somit kaum lästig fallen. Trotzdem darf man sich auch in Schwerölgruben in dieser Hinsicht nicht in Sicherheit wiegen; insbesondere ist auch hier darauf zu achten, daß der Wetterstrom auch entlegene und tiefer gelegene Betriebspunkte bestreicht.

271. Folgerungen. Wert der Öldämpfe. Das von dem gewöhnlichen Grubengas ganz abweichende Verhalten der Öldämpfe, insbesondere ihre große Schwere, ihre niedrige Zündungstemperatur, ihre tiefliegenden Explosionsgrenzen, lassen die bei Schlagwettergruben gebräuchlichen Bewetterungsvorschriften für Ölgruben nicht mehr ausreichend erscheinen. Insbesondere gilt dies von dem vorgeschriebenen Höchstgehalte an Kohlenwasserstoffgasen des ausziehenden Wetterstromes, der gewöhnlich von der Bergbehörde vorgeschrieben wird. Da bereits bei einer Öldampfmischung von nur 1,1% die Explosion eintreten kann, so dürfte in Erdölbergwerken der Maximalprozentgehalt des ausziehenden Wetterstromes 0.5% nicht übersteigen.

Diese Forderung ist auch vom wirtschaftlichen Standpunkte aus gerechtfertigt, wie folgende Überlegung zeigt. Gesetzt, die Wetterzufuhr pro Minute einer Erdölgrube beträgt 1000 cbm und der Gehalt an Öldampf 1%, dann entströmen pro Minute 10 cbm Öldampf dem Schachte. Rechnet man, daß einem Kubikmeter Öldampf 3 kg Rohöl entsprechen, so gehen pro Minute mit der Bewetterung 30 kg Rohöl verloren. Ist der Wert der Tonne Rohöl etwa 80 M., so ist der Verlust an Rohöl pro Minute etwa 2,40 M. oder pro Stunde 144 M.; das bedeutet pro Tag rund 3500 M. also pro Jahr rund 1,25 Millionen Mark.

Man erkennt daraus, von welch großer Bedeutung auch in wirtschaftlicher Hinsicht die Forderung ist, daß der Entwicklung von Öldämpfen in der Grube mit Nachdruck entgegenzutreten ist, und daß sich aus diesem Grunde eine dichte Streckenauskleidung bald bezahlt machen kann. Man ersieht weiter daraus, daß es von Wichtigkeit ist, die Gewinnung des Öles möglichst in wenigen Punkten zu konzentrieren und eine weite Ausdehnung der Wetterwege zu vermeiden.

272. Sicherheitslampen in Öldämpfen. Die niedrige Explosionsgrenze des Öldampf-Luft-Gemisches in Leichtölgruben zwingt dazu, von dem Ableuchten der Ölgruben auf Schlagwetter mittels gewöhnlichen Benzinsicherheitslampen Abstand zu nehmen (Nr. 267). Denn die zum Lampenbrand erforderliche Luft wird gelegentlich das Explosionsgemisch darstellen und somit innerhalb des Drahtkorbes explodieren, die Lampe zertrümmern und die Explosion nach außen fortpflanzen. Die Zündung braucht dabei nicht unmittelbar an der Flamme zu erfolgen, vielmehr ist auch damit zu rechnen, daß der Drahtkorb mit Öl beschmutzt ist, und das dem Drahtkorbe anhaftende Öl verdunstet; dabei ist die von der Flamme erzeugte Wärme so groß, daß bald die Selbstentzündungstemperatur von 400° erreicht ist, und das Drahtgeflecht glühend wird.

273. Öldämpfe und Sprengarbeit. Desgleichen ist auf Grund der niedrigen Zündtemperatur der Öldämpfe das Verbot des Gebrauches von Sprengmitteln gerechtfertigt. Alle Sprengstoffe entwickeln ja bei der Detonation eine gewisse Wärme, auf welcher ja überhaupt ihre ganze Arbeitsleistung beruht. Sind also Öldämpfe in der Nähe des Sprengortes, so sind diese der Gefahr der Entzündung ausgesetzt. Insbesondere auch bedeutet der Gebrauch der Sprengkapseln für die Grube eine Gefahr. Wenn in einzelnen Ölgruben trotzdem Sicherheitssprengstoffe gebraucht werden, so handelt es sich dort um Ölgruben mit verhältnismäßig langsamer Entwicklung von Öldämpfen. Eine Nachahmung ist nur unter günstigen Voraussetzungen zu billigen.

Die geringe Temperatur, welche zur Selbstentzündung der Öldämpfe genügt, gibt auch Veranlassung, hinsichtlich der Funkenbildung einen anderen Standpunkt einzunehmen als er bei Schlagwettergruben allgemein Geltung hat. Bei der Reibung von hartem Gestein an anderem harten Gestein oder von Gestein an Stahl, oder von Stahl auf Stahl entstehen Funken, wie dies bei der Keilhauenarbeit, bei dem Aufschlagen der Pferdehufe auf Eisenschwellen usw. zu beobachten ist. Sind diese Funken in Schlagwettergruben der geringen Zeitdauer wegen ungefährlich, so genügen sie in Ölgruben, um das Öldampfgemisch zu entzünden.

274. Lehrreiche Beispiele der Entzündung und Explosion von Öldämpfen. Im folgenden möge eine lehrreiche Darstellung der Entzündung von Öldämpfen in Ölgruben Platz finden.

1. In Pechelbronn ereignete sich im Schachtsumpfe kurz nach Beendigung des Abteufens eine Explosion von Öldämpfen. Aus dem Schachtsumpfe wurden damals täglich 10 cbm Wasser (Träufelwasser) und etwa ebensoviel Öl mit dem Förderkübel gefördert. Nach Leersümpfen des Schachtes beabsichtigte man im Schachtsumpfe eine Reparatur vorzunehmen und bediente sich dabei der Benzinsicherheitslampen mit doppeltem Drahtkorb. Sobald der Steiger in den Sumpf gefahren war, erfolgte eine heftige Explosion, wobei alle in der Nähe befindlichen Arbeiter erhebliche Brandwunden davontrugen, aber glücklicherweise niemand tödlich verunglückte. Als man den Sumpf aufräumte, fand man die Sicherheitslampe mit zertrümmertem Glaszylinder und mit Glüherscheinungen der Drahtkörbe. Die Scherben des Glaszylinders, die noch in den Führungen staken, waren alle nach auswärts gerichtet, ein Beweis, daß die Explosion zunächst im Innern der Lampe stattgefunden hatte, dabei den Glaszylinder zerstört und die Trümmer desselben nach außen geschleudert hatte, worauf erst die Explosion der Öldämpfe im Schachtsumpfe erfolgte. Dabei hat die Explosionsflamme auch die Drahtkörbe von innen nach außen durchgeschlagen und das Geflecht glühend gemacht.

2. Im Dezember des Jahres 1917 brach in einem Abhauen des Schachtes Nöllenburg (jetzt Clemenceau) ein Brand aus. Aus der First waren kleine Sandmengen niedergegangen und hatten das ortsfeste, im übrigen schlagwettersicher armierte Geleuchte bis zur Sohle niedergerissen und die Lampe samt dem Schutzkorb aus Eisendraht zertrümmert. Dadurch entstand an den Metallfäden Kurzschluß, wodurch die in dem Abhauen befindlichen Öldämpfe und dann das Rohöl selbst in Brand gerieten. Augenscheinlich war der Benzindampfgehalt im Abhauen so groß, daß das Öldampfgemisch oberhalb der maximalen Explosionsgrenze von 5 % lag und ein einfacher Grubenbrand anstatt einer Explosion sich aus dieser Zündung entwickelte. Durch vollständige Absperrung der Luft vom gesamten Streckennetz erstickte der Brand in wenigen Tagen aus Mangel an Sauerstoff. Nur ein Mann war den Rauchgasen zum Opfer gefallen.

3. Am 8. August 1919, also zur französischen Zeit, brach in einem Abhauen des Schachtes I in Pechelbronn dadurch Feuer aus, daß die Keilhaue auf einen Kiesel aufschlug, und ein Funken absplitterte, der die im Abhauen lagernden Öldämpfe entzündete. Der Brand ergriff einen großen Teil des Streckennetzes und nötigte zur Einstellung des Betriebes. Einen Monat lang wurde alle Luftzufuhr unterbunden, und führte man durch zwei Bohrlöcher Wasserdampf in die brennende Bauabteilung. Als man die Grube wieder befahren wollte, ereignete sich am 12. September eine Explosion von großer Heftigkeit, die augenscheinlich dadurch veranlaßt war, daß erhebliche Ölmengen unter der

Einwirkung der Wärme verdampft waren und sich bei der Sauerstoffzufuhr entzündeten. Darauf blieb nichts anderes übrig, als den Grubenbetrieb in der betreffenden Bauabteilung einzustellen und diese abzudämmen. Erst nach Verlauf eines Jahres konnte man daran gehen, den Damm ohne weiteren Zwischenfall zu öffnen.

4. Wenige Tage später, am 11. August 1919, entstand in dem 250 m tiefen Schachte II dadurch ein Brand, daß eine Grubenschiene beim Einhängen in den Schacht herunterfiel und im Schachtsumpfe die dort befindlichen Öldämpfe zur Entzündung brachte, indem die Schiene auf einer im Schachtsumpfe befindlichen Eisenkonstruktion aufschlug und einen Funken gab. Die Grubenbaue waren damals noch nicht weit über das Füllort hinausgekommen und hatten erst eine Gesamtausdehnung von etwa 110 m, so daß nur wenige Leute unten beschäftigt waren, und der Schachtbrand auch nicht weit um sich greifen konnte. Die Leute konnten infolgedessen größtenteils gerettet werden, und der Brand war mit Hilfe eines Sprühregens und mittels Unterbindung der Luftzufuhr in wenigen Tagen erstickt. Indessen 12 Stunden, nachdem der Brand erloschen war, erfolgte eine heftige Explosion, welche einen großen Teil des Schachtausbaues zerstörte.

5. Im Juni des Jahres 1924 erfolgte in einer Sumpfstrecke des Ölkreidebergwerkes Heide i. Holst. eine Explosion von großer Heftigkeit, die den größten Teil der unterirdischen Anlagen zerstörte. Ganz aufgeklärt ist dieser Vorfall zwar nicht, jedoch deutet die große Heftigkeit der Explosion auf eine Öldampfexplosion hin. Aus dem, was in der Öffentlichkeit bekanntgeworden ist, ergibt sich folgendes: Die Situation war die in der Skizze dargelegte (Abb. 249). Danach war die Sumpfstrecke 10 m unterhalb der 80-m-Sohle angelegt, aber gegen den Schacht selbst ab

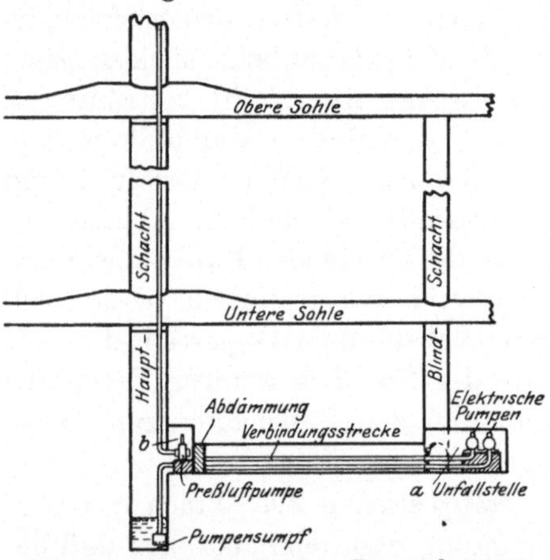

Abb. 249. Explosion in einer Pumpenkammer.

gedämmt, so daß nur die Saugleitung der bei *a* aufgestellten elektrischen Pumpe mit dem Schachtsumpfe Verbindung hatte. Die Grube war mehrere Tage lang nicht bewettert und nicht befahren worden, da ein Umbau der Anlage eine vorübergehende Betriebseinstellung zur Folge hatte. Die sich im Schachtsumpfe ansammelnden Wasser nötigten aber dazu, den Schacht zu sümpfen, damit die Pumpen, eine mit Preßluft betriebene Pumpe in einer Nische des Schachtsumpfes bei *b* und die elektrische Pumpe am Ende der Sumpfstrecke bei *a*, nicht unter Wasser kamen. Zwei Leute befuhren die Grube und stellten die elektrische Pumpe in der Sumpfstrecke an; sofort erfolgte eine gewaltige Explosion, die nicht nur den größten Teil des Schachtausbaues, sondern fast das ganze Grubengebäude zerstörte, so daß es der Arbeit eines ganzen Jahres bedurfte, um die Grube wieder einigermaßen instand zu setzen. Von den beiden Leuten fand man den einen am Eingange der Sumpfstrecke, das Gesicht dem Elektromotor zugewendet; der andere lag auf der entgegengesetzten Seite der elektrischen Pumpe. Die Lage der Leichen läßt darauf schließen, daß in der Pumpenkammer beim Anlassen des Elektromotors zunächst eine Flammenbildung erfolgt ist, da der Öldampfgehalt anscheinend 5% überstieg. Die Explosion selbst erfolgte wahrscheinlich erst im Anschluß an den Brand in der Sumpfstrecke in den höheren Luftschichten. Hierauf deutet auch der Umstand hin, daß die Sumpfstrecke selbst vom Zerstörungswerke verschont geblieben ist. Diese Explosion in dem Heider Schachte ist deswegen besonders lehrreich, weil die Grube in kaum nennenswerter Weise Sickeröl liefert und das Öl, mit welchem die Ölkreide getränkt ist, benzinfreies Schweröl ist, also nur schwer verdunstet.

Man erkennt sofort, daß der offene Blindschacht einen Sammelkanal für sich etwa in der Grube bildende Schweröldämpfe darstellt und diese aus beiden Sohlen ungehindert der Sumpfstrecke und der Pumpenkammer zuströmen und sich dort ansammeln müssen.

Nach der Explosion sollen in der Grube ziemlich reichlich Grubengase gestanden haben. Dies würde für den Hergang der Explosion nichts beweisen; denn es ist wahrscheinlich, daß etwa in der Lagerstätte vorhandenes Grubengas erst durch die gewaltige Erschütterung und bei der Detonation zum Austritt veranlaßt worden ist.

275. Der Wetterumlauf in der Grube. Depression und Wettermenge. Um die bösen Wetter, welche sich in den Grubenräumen gebildet oder Zutritt zu denselben erlangt haben, unschädlich zu machen, müssen sie durch Zufuhr frischer Wetter verdünnt werden und dabei in einem geregelten Luftzuge, dem Wetterstrome, zutage gefördert werden. Um die Wetterführung zu ermöglichen, muß dem Wetterstrom ein Weg offen stehen, um in die Grube hineinzugelangen, und ein zweiter Weg geboten sein, um die Grube wieder zu verlassen. Der unverbrauchte frische Wetterstrom ist der einziehende, der mit den verbrauchten Wettern beladene der ausziehende Wetterstrom. Wie bei jedem Luftzuge über Tage beruht auch in der Grube der Wetterzug in einer Störung des Gleichgewichtes der Luftmassen, welche an einer Stelle, am einziehenden Wetterstrom, einem höheren Drucke ausgesetzt sind als am ausziehenden Strome. Dieser Druckunterschied stellt sich bei manchen Gruben von geringer Ausdehnung als natürlicher

Luftzug ein; im allgemeinen muß er künstlich erzeugt werden. Man mißt den Druckunterschied in Millimeter Wassersäule; 1 mm Wassersäule entspricht dem Drucke von 1 kg pro Quadratmeter. Der Druckunterschied kann entweder dadurch erzeugt werden, daß der einziehende Wetterstrom in die Grube unter einem gewissen Überdruck hineingeblasen wird, oder daß der ausziehende Wetterstrom unter einem bestimmten Unterdruck angesaugt wird. Im ersteren Falle spricht man von einer Kompression des Wetterstromes, im zweiten Falle von einer Depression desselben.

Die Depression und Kompression wird durch Depressions- resp. Kompressionsmesser gemessen, einer U-förmig gebogenen mit Wasser gefüllten Röhre; der eine Schenkel derselben steht mit dem ein- resp. ausziehenden Wetterstrom, der andere mit der atmosphärischen Luft in offener Verbindung. Abb. 250 stellt die Einrichtung dar. Durch den im Wetterkanal herrschenden Über- resp. Unterdruck wird das Wasser an dem einen Schenkel der U-förmig gebogenen Röhre verdrängt resp. angesogen. Der senkrechte Abstand zwischen beiden Wasserspiegeln im Glasrohre ist gleich der Depression. Neben diesen einfachen Depressionsmessern sind auch selbst registrierende in Gebrauch.

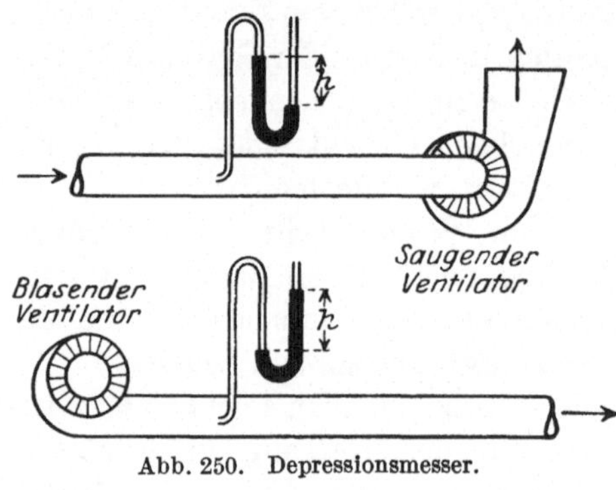

Abb. 250.   Depressionsmesser.

In der Grube mißt man die Wettermenge, welche an dem Meßpunkt vorbeiströmt, vermittels sogenannter Anemometer. Sie beruhen darauf, daß ein windmühlenradähnliches Flügelrad durch den Luftzug in Rotation versetzt wird. Seine Umdrehungszahl überträgt die Radwelle auf ein Zählwerk, welches die Geschwindigkeit anzeigt. Aus der Wettergeschwindigkeit und dem Querschnitt der Strecke läßt sich dann das Volumen der in der Zeiteinheit durchgezogenen Luft berechnen.

276. Theorie der Grubenventilation. Ist Q das Volumen der pro Sekunde durch die Grube oder eine Strecke ziehenden Luftmenge, v die abgelesene Geschwindigkeit und F der Querschnitt der Strecke, bei welcher der Wetterzug abgelesen wurde, so ist:

$$Q = F\,v.$$

Um diese Wettermenge durch die Grube strömen zu lassen, ist eine Arbeit erforderlich, welche von den Widerständen herrührt, die der Wetterstrom auf seinem Wege durch die Grube zu überwinden hat.

Diese Widerstände sind in der Hauptsache Reibungswiderstände. Sie entsprechen dem Druckunterschiede, welcher den einziehenden und ausziehenden Wetterstrom in steter Bewegung hält, und für welche die Depression in Millimeter Wassersäule ein Maß angibt.

Der Reibungswiderstand ist proportional der Länge der Wetterwege, dem Umfange der Strecken und dem Quadrate der Geschwindigkeit des Wetterstromes, dagegen umgekehrt proportional dem Streckenquerschnitt. Bezeichnet L die Streckenlänge in Metern, U den Umfang der Strecken in Metern und h die Depression in Millimeter Wassersäule, so ist demnach:

$$\text{I.} \qquad h = \frac{k\,L\,U\,v^2}{F},$$

wobei k einen Koeffizienten bezeichnet, der mit den Unebenheiten, Krümmungen usw. der Strecken wächst. Dieser wurde von Murgue wie folgt ermittelt:

$$
\begin{aligned}
&\text{Für glatt gemauerte Strecken} \ldots \ldots \ldots \ 0{,}0003\\
&\text{Für Strecken ohne Ausbau} \ldots \ldots \ldots \ 0{,}0009\\
&\text{Für Strecken in Türstockzimmerung} \ldots \ldots 0{,}0016.
\end{aligned}
$$

Für glatte Wetterlutten schwankt der Koeffizient nach gleicher Quelle je nach der Weite der Lutten zwischen 0,0002 für Lutten von 600 mm Durchmesser und 0,0004 für Lutten von 300 mm Durchmesser, für gewellte Lutten ist er etwa viermal so groß.

Will man die Reibungswiderstände vermindern oder, mit anderen Worten, mit einer gegebenen Depression für die Grube auskommen, so kann man hierzu entweder den Streckenquerschnitt vergrößern oder den Koeffizienten k verkleinern, d. h. die Strecken glatt ausmauern, oder endlich den Umfang der Strecken bei gleichbleibender Größe des Streckenquerschnittes verkleinern. Bei einer gegebenen Größe der Querschnittfläche hat der Kreis den geringsten Umfang. Für die Wetterführung ist also der kreisförmige Streckenquerschnitt am vorteilhaftesten. Ganz verkehrt ist es aber, durch Vergrößerung der Wettergeschwindigkeit die unzureichende Ventilation einer Grube ausreichend gestalten zu wollen.

Die Formel I zeigt auch, daß man Grubenbaue bis auf große Entfernungen hin ohne unerträgliche Vermehrung der Reibungswiderstände bewettern kann. Gesetzt etwa, der betreffende Grubenbau liegt vom ausziehenden Schachte 2 km entfernt, die Verbindungsstrecke von 2 m lichtem Durchmesser stehe in kreisrunder Mauerung, es sollen 2000 cbm Luft in der Minute bis zu dem betreffenden Grubenbau gelangen, so ist der hierdurch bedingte Widerstand:

$$h = \frac{0{,}0003 \times 2000 \times 2\,r\pi}{r^2\pi}\left(\frac{2000}{60\,r^2\pi}\right)^2,$$

da $r = 1$ ist, so ist

$$h = \sim 0{,}6 \times 2 \times \left(\frac{200}{20}\right)^2 = 1{,}2 \times 10^2 = 120 \text{ mm.}$$

Würde man hingegen den Durchmesser der Strecke 3,0 m groß wählen, so wäre $h \sim 20$ mm.

Für jede Grube kann in der Formel $h = \dfrac{kLU\,v^2}{F}$ der Faktor $\dfrac{kLU}{F}$ als eine Konstante angesehen werden. Setzt man in obiger Formel den Wert von $v = \dfrac{Q}{F}$ ein, so erhält man:

$$\text{II.} \qquad\qquad h = \frac{kLUQ^2}{F^3}.$$

In derselben erscheint auch der Faktor $\dfrac{kLU}{F^3}$ als Konstante. Bezeichnet man diesen konstanten Faktor mit R, also $R = \dfrac{kLU}{F^3}$, so wird $h = RQ^2$ oder $R = \dfrac{h}{Q_2}$. Setzt man in dieser Formel $Q = 1$, so wird $R_1 = h$. R_1 ist also derjenige Widerstand, welcher dem Durchströmen von 1 cbm Luft pro Sekunde durch die Grube entgegensteht. Er ist der spezifische Widerstand der Grube. Kennt man diesen spezifischen Widerstand der Grube, so kann man daraus die gelieferte Wettermenge der Grube bei einer bestimmten Depression leicht finden. Gesetzt $R = 0{,}25$, $h = 100$,

so ist $\qquad\qquad Q^2 = \dfrac{h}{R} = \dfrac{100}{0{,}25}; \quad Q = \dfrac{10}{0{,}5} = 20 \text{ cbm/sk.}$

Man kann auch in anderer Weise den Widerstand der Grube charakterisieren, indem man als Einheitsgrube eine Grube annimmt, die bei 1 mm Depression 1 cbm Luft pro Sekunde durchlassen würde. Dann nennt man das Verhältnis der Wettermengen, welche unter gleicher Depression durch die zu vergleichende Grube einerseits und die Einheitsgrube andererseits in der Zeiteinheit durchgehen würden, das Temperament der Grube.

In der Einheitsgrube ist, weil $h_1 = 1$ und $Q_1 = 1$ ist, $1 = \dfrac{kLU1^2}{F^3}$, also der Faktor $\dfrac{kLU}{F^3} = 1$. Damit wird bei einer Depression h in der Einheitsgrube nach Formel II $h = Q_2^2$ oder die Luftmenge bei der Depression h wird $Q_2 = \sqrt{h}$. In der zu vergleichenden Grube ist bei gleichem h das Volumen der pro Zeiteinheit durchströmenden Luft Q. Das ins Quadrat erhobene Verhältnis dieser Luftmenge Q zu der Luftmenge Q_2 ist das sogenannte Temperament der Grube $T = \dfrac{Q^2}{Q_2^2} = \dfrac{Q^2}{h}$.

Anstatt die Wetter durch die Grube zu leiten, würde man auch über Tage denselben Widerstand herstellen können, wenn man den Saugkanal des Ventilators durch eine dünne Wand versperren würde, in welcher eine Öffnung angebracht ist, welche die gleichen Verhältnisse, Depression, Luftmenge, Kraftverbrauch usw. erzeugt, wie sie bei der Grubenventilation festzustellen sind. Diese Öffnung f errechnet sich nach der Formel für den Ausfluß von Flüssigkeiten aus Öffnungen in Gefäßwänden zu:

$$Q = cfv \text{ oder } f = \frac{Q}{c\sqrt{2gh}},$$

in welcher Q und h die frühere Bedeutung haben, c aber der Kontraktionskoeffizient $= 0{,}65$ und g die Fallbeschleunigung $= 9{,}81$ ist. Setzt man die entsprechenden Werte ein, so erhält man:

$$\text{III.} \qquad f = 0{,}38 \frac{Q}{\sqrt{h}}.$$

Den Ausdruck für f nennt man die äquivalente Grubenweite.

Im deutschen Steinkohlenbergbau sind Grubenweiten von 1—5 qm üblich.

277. Kraftbedarf für die Ventilation. Wenn 1 cbm Luft die Grube unter einer Depression von h Millimeter Wassersäule durchströmt, so ist hierzu dieselbe Arbeit nötig, wie wenn 1 cbm Wasser auf die Höhe h gehoben würde. Diese Arbeit ist, da h in Millimetern abgelesen ist, also $\frac{1000\,h}{1000} = h$ Meterkilogramm. Durchströmen etwa Q cbm sekundlich die Grube, so ist der Arbeitsaufwand hierzu:

$$\text{IV. } N = \frac{Qh}{75} \text{ PS.}$$

Durchströmen also 100 cbm/sk die Grube unter einer Depression von 100 mm, so ist der hierzu benötigte Arbeitsaufwand

$$N = \frac{100 \times 100}{75} = 133{,}3 \text{ PS.}$$

Die theoretisch bei einem bestimmten Kraftaufwand vom Ventilator zu erzielende Depression wird praktisch niemals erreicht. Die tatsächlich erzielte Depression wird durch den manometrischen Wirkungsgrad dargestellt, der das Verhältnis der praktisch erzielten Depression zu der theoretischen Depression darstellt. Der manometrische Wirkungsgrad ist abhängig von der Grubenweite. Man erzielt in der Praxis manometrische Wirkungsgrade bis zu 75 %.

278. Beziehung der Streckenauskleidung zur Grubenbewetterung. Die Frage, ob die Strecken in Türstockzimmerung oder in Mauerung zu setzen sind, entscheidet sich manchmal durch die Forderung der Grubenbewetterung. Wenn z. B. minutlich 3600 cbm frische Wetter durch die Grube ziehen sollen und der Wetterweg insgesamt 3000 m lang ist und einen Umfang von 10 m bei 7 qm Querschnittfläche hat, so ist die Depression:

$$h = k\frac{3000 \cdot 10 \cdot 60^2}{7^3} = 317000\ k.$$

Ist der Koeffizient k bei Türstockzimmerung 0,0016, bei Mauerung 0,0003, so ist im ersten Falle: $h = 0{,}0016 \times 317000 = 505$ mm, eine

Depression, die praktisch kaum mehr zu erreichen ist. In dem anderen Falle ist $h = 0{,}0003 \times 317000 = 95$ mm Wassersäule.

Ist andererseits bei Türstockzimmerung $h_1 = 150$ mm, so ist bei Gewölbemauerung $h_2 =$ rund 28 mm. Der Kraftbedarf ist in diesem Falle:

$$N_1 = \frac{Q\,h}{75} = \frac{60 \cdot 150}{75} = 120 \text{ PS}, \text{ in dem anderen Falle nur: } N_2 = \frac{60 \cdot 30}{75} =$$

24 PS., so daß also die Bewetterung einen um rund 100 PS geringeren Kraftbedarf erfordert. Rechnet man die Pferdekraftstunde unter Berücksichtigung aller Verluste zu 3 Pfg., so ist die Mehrbelastung der Grube bei Türstockzimmerung 3 Mark pro Stunde oder rund 25000 Mark im Jahr. Es zeigt sich also, daß in vielen Fällen auch vom wirtschaftlichen Standpunkte aus es zweckmäßiger ist, die Strecken in Mauerung zu setzen als die erhöhte Belastung der Grube durch eine bedeutend kostspieligere Ventilation dauernd zu tragen.

279. Das Abblenden verlassener Strecken. Da wegen der Verdunstung von Öl kein Betriebsort unbewettert bleiben darf, bei der Gewinnung von Sickeröl das Streckennetz aber schnell eine große Ausdehnung erlangt, so kann der für die Grubenbewetterung benötigte Kraftaufwand unter Umständen sehr groß werden. Da zudem die Strecken eventuell für den späteren Abbau als Förderstrecken dienen sollen, so können sie meist nicht nach Hergabe ihres Sickeröles einfach abgeworfen und versetzt werden. Sie müssen deswegen, um die benötigten Wettermengen herabzumindern, wenigstens zum Teil an den beiden Enden solange abgedämmt bleiben, bis sie wieder als Förderstrecken benutzt werden können. Die in Nr. 150 angegebene Erweiterung des Aktionsbereiches der Strecken durch Unterdrucksetzen der Strecken, die Vacuum-air-Methode, kann in der Regel in dieser Zeit in diesen abgeblendeten Strecken ohne Schwierigkeit durchgeführt werden. Man kann unter Umständen auch ein größeres zusammenhängendes Streckensystem aus der Bewetterung für längere Zeit ausschalten und dasselbe durch geeigneten Verschluß und darauffolgende Vacuum-air-Methode der Gas- und Ölgewinnung nutzbar machen.

In gleicher Weise können auch bei hochviskosen Ölen eine Anzahl abgeblendeter Strecken mittels Dampfzufuhr so erwärmt werden, daß das zähflüssige Öl zum Aussickern aus den Streckenwangen veranlaßt wird.

280. Die Erzeugung der Wetterbewegung. Nur in seltenen Fällen wird man auf eine natürliche Bewetterung rechnen können; diese kann dann eintreten, wenn die Höhenlage des ausziehenden und einziehenden Wetterstromes an der Tagesoberfläche verschieden ist. Wenn in einem Schachte kalte Luft einzieht, so wird diese auf dem Wege durch die Grube erwärmt, also leichter. In dem ausziehenden Schachte steht somit eine spezifisch leichtere Luftsäule als im einziehenden Schachte. Die Druckdifferenz ist nach der Höhenlage der Rasenhängebank des einziehenden Schachtes zu bemessen. Ist umgekehrt die Luft außerhalb der Grube wärmer wie die in der Grube, so kühlt die Luft in derselben ab und wird dadurch schwerer wie die Luft außerhalb derselben. Der Wetterzug nimmt infolgedessen die umgekehrte Strömungsrichtung an. So kommt es, daß in manchen Gruben ein Sommerstrom und ein Winterstrom, je nach der Jahreszeit, abwechseln. Dieser natürliche Wetterzug ist streng genommen bei der Berechnung der Gesamtdepression mit zu berücksichtigen.

Mit dem natürlichen Wetterzuge können sich nur ausnahmsweise Ölgruben von geringer Ausdehnung begnügen. Von Interesse ist es, daß bei dem in Pechelbronn während des vorigen Jahrhunderts betriebenen Bergbau auf bituminöse Sande eine natürliche Ventilation für die Bewetterung genügte. Man benutzte dabei lediglich den Winterstrom, da die Sandgewinnung einen Saisonbetrieb darstellte, und die Arbeiter im Sommer als Landleute auf dem Felde tätig waren. Begünstigt wird der natürliche Wetterstrom, wenn Wasser in den einziehenden Schacht fällt oder Dampfrohrleitungen durch den ausziehenden Schacht gehen. Aber alle diese Mittel sind für eine neuzeitliche Ölgrube völlig ungenügend. Es müssen vielmehr maschinelle Hilfsmittel zur Erzeugung des Wetterstromes zur Aufstellung gelangen. Die veralteten Wetteröfen, Wetterräder, Schraubenräder usw. scheiden für die Betrachtung an dieser Stelle aus; die Besprechung kann sich hier auf die eigentlichen Grubenventilatoren beschränken.

281. Grubenventilatoren. Die neuzeitlichen Grubenventilatoren bestehen aus einem Schaufelrad, welches sich in einem Gehäuse mit zentraler Öffnung zum Einströmen der Luft dreht. Die Ausströmung der Luft erfolgt durch eine Öffnung an der Peripherie des Gehäuses, durch welche die Luft in tangentialer Richtung in den Wetterkanal hineingeschleudert wird. Die Grubenventilatoren heißen daher auch Zentrifugalventilatoren oder Schleuderräder.

Die Wirkung der Grubenventilatoren beruht darauf, daß die zwischen den einzelnen Schaufeln befindliche Luft bei der schnellen Umdrehung der Schleuderräder mitgerissen wird und infolge der Zentrifugalkraft tangential nach außen geschleudert wird, wodurch an der Achse ein luftverdünnter, saugend wirkender Raum entsteht. Die Einströmung der Luft kann von beiden Seiten oder einseitig erfolgen. Bei beiderseitiger Einströmung erzielt man den Vorteil, daß das Ventilatorgehäuse nicht einseitig durch die einströmende Luft gedrückt wird. Zweiseitig saugende Ventilatoren fallen auch kleiner aus, da die Luft ja in zwei kleineren Strömen einströmt; jedoch ist die Verlagerung der Achse und die Herstellung der Anschlußkanäle schwieriger. Der auch Diffusor genannte Auslaufraum erweitert sich spiralförmig von der Stelle ab, wo er am nächsten an dem Schaufelrad anliegt und geht von dieser Spirale aus in den sich allmählich immer weiter vergrößernden Auslauftrichter über (Abb. 251). Dieser allmähliche Übergang erfolgt, damit die Luft möglichst stoß- und reibungslos sich ins Freie ergießen kann.

Die Grubenventilatoren nehmen beim Ölbergwerksbetriebe unter der gesamten maschinellen Einrichtung eine der wichtigsten Stellen ein, da auf ihrer einwandfreien Wirkung in erster Linie die Sicherheit des Betriebes beruht.

Von den in Gebrauch befindlichen Ventilatoren seien nachstehend nur die in Deutschland verbreitetsten einer kurzen Beschreibung unterworfen.

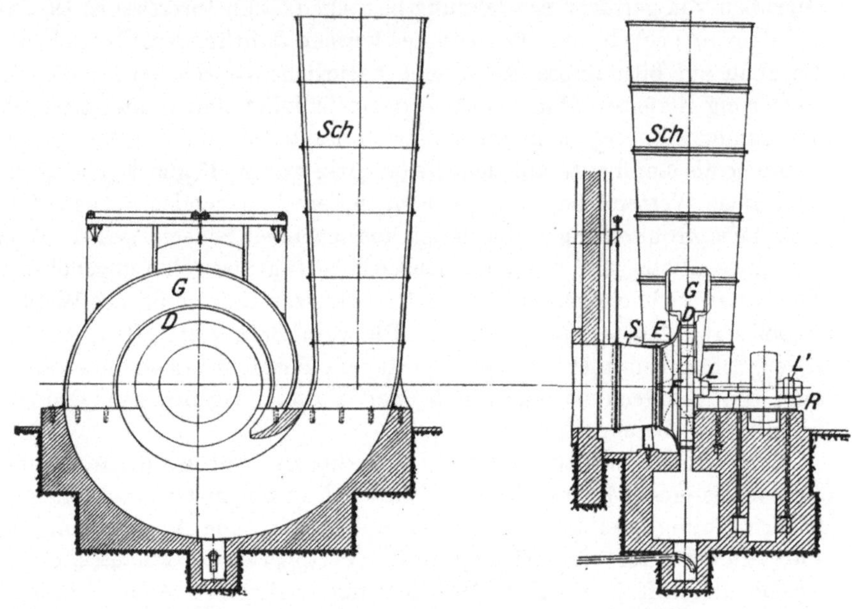

Abb. 251.   Schema eines Pelzerventilators.

282. Die in Deutschland verbreitetsten Systeme der Ventilatoren. Der Pelzerventilator der Maschinenfabrik Friedrich Pelzer in Dortmund ist einseitig saugend. Die Achse des Ventilators wird einseitig außerhalb des Gehäuses in zwei Lagern (Abb. 251 LL'), von denen das innerste dicht am Flügelrade liegt, verlagert. Das Flügelrad (F) besteht aus den Schöpfschaufeln und den Flügeln, die meist aus einem Stück gearbeitet sind. Um den oberen Teil der Flügel und die Schöpfschaufeln sind mehrere konische Ringe aus Blechen gelegt (Abb. 252), wodurch das Ganze in solider Weise miteinander verbunden ist. Durch den an die Nabe angenieteten Abschlußtrichter wird der Verband auch zentral vervollkommnet.

Der Diffusor besteht aus dem engen Innendiffusor (D), dem erweiterten Mitteldiffusor (G) und dem Ausblaseschlot (Sch), die, sich spiral-

förmig erweiternd, ineinander übergehen. Zentral an der Längsseite
befindet sich der Saugtrichter (*S*).

Der Pelzerventilator kann unter
Beibehaltung seiner konstruktiven
Grundsätze auch zweiseitigsaugend
ausgeführt werden.

Bei dem Grubenventilator nach
System R a t e a u, von der Firma
Schüchtermann & Krämer in Dort-
mund gebaut, besteht das Flügel-
rad (Abb. 253) aus einem auf der
Achse angeordneten, gekrümmten
Radboden mit den auf demselben
befestigten Flügeln. Die Flügel er-
halten eine doppelt gekrümmte
Form, bei welcher der Radboden
fast überall unter einem rechten
Winkel getroffen wird.

Abb. 252. Flügelrad des Pelzerventilators.

Das Flügelrad (*a*) rotiert (Abb. 254) mit geringem Spielraum in
einer festen Haube (*b*), welche einerseits durch ein Rohr (*c*) aus
Stahlblech mit dem Wetterkanal, anderer-
seits mit dem das ganze Flügelrad um-
gebenden, geschlossenen Diffusor (*d*) in
Verbindung steht; die Achse ist wie beim
Pelzerventilator verlagert.

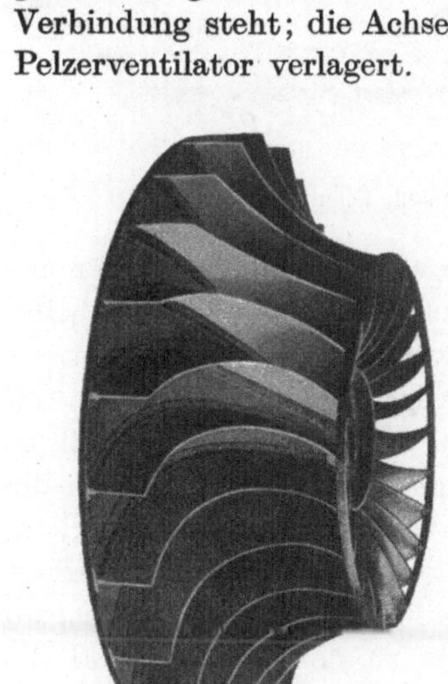

Abb. 253. Flügelrad des Rateauventilators.
(Schüchtermann & Krämer, Dortmund.)

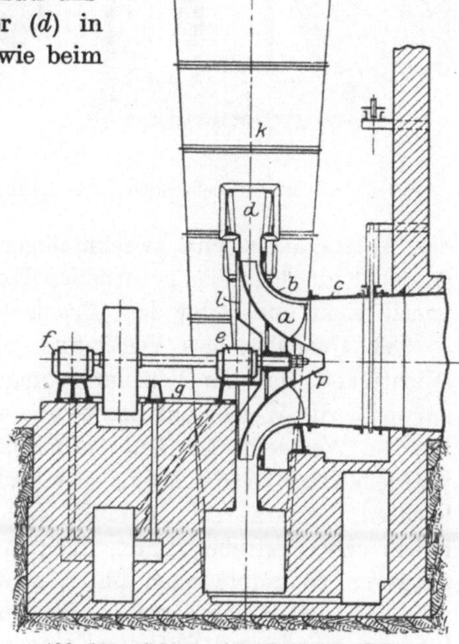

Abb. 254. Schema eines Rateauventilators.
(Schüchtermann & Krämer, Dortmund.)

Der Capellventilator der Firma Westfalia-Dinnendahl, Essen und Bochum, ist zweiseitig saugend (Abb. 255). Das Flügelrad zeichnet sich dadurch aus, daß an seine Peripherie kurze, rückwärts gekrümmte Schaufeln (*k*) und Hilfsschaufeln (*d*) angebracht sind, die Wirbelbildungen der Luft an den Austrittsöffnungen verhindern und die Austrittsöffnungen verkleinern.

Um den Ventilator bei einer Explosion gegen Beschädigung zu schützen, ist es angebracht, den vom Schacht zum Ventilator führenden Wetterkanal nicht geradlinig, sondern rechtwinkelig zu führen, so daß der Stoß der Explosionsgase nicht unmittelbar den Ventilator, sondern die ihm rechtwinkelig entgegenstehende Wand trifft. An dieser Stelle

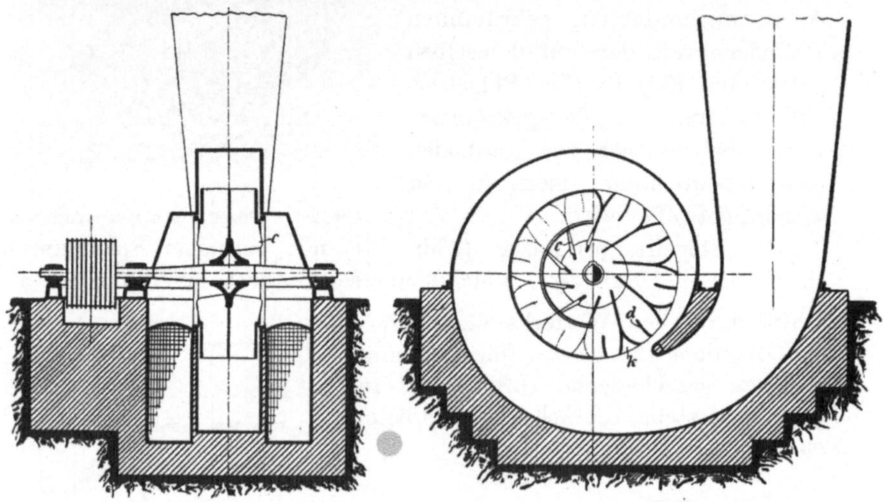

Abb. 255.   Capellventilator (Westfalia-Dinnendahl, Essen und Bochum).

des Wetterkanals wird zweckmäßigerweise eine verschlossene Tür angebracht, die bei einer eventuellen Explosion gleichsam als Sicherheitsventil wirkt und unter dem Druck der Explosionsgase sich öffnet.

283. Umstellen des Ventilators. Für Ölgruben ist es immer von Wichtigkeit, daß der Ventilator umgestellt werden kann, d. h. daß er entweder die Wetter aus der Grube ansaugt oder durch Umstellen die frischen Wetter in die Grube hineinbläst. Das ist deshalb erforderlich, weil jede Ölgrube sowohl mit spezifisch schweren als auch mit spezifisch leichten Wettern rechnen muß. Die leichten Wetter (das Grubengas) haben das Bestreben, ihren Weg aufwärts zu nehmen, während die schweren Öldämpfe nach unten streben. Im allgemeinen wird man wenigstens bei Leichtölgruben den schweren Öldämpfen bei der Wetterführung vorwiegend Rechnung tragen und die Grubenwetter von oben nach unten führen, ehe sie die Grube verlassen; denn bei aufsteigen-

der Wetterführung könnten die tieflagernden Öldämpfe vielleicht gar
nicht von der Bewetterung betroffen werden. Wenn das zu gewinnende
Öl leichter oder mittelleichter Natur ist und zur Verdunstung und Bildung von Öldämpfen neigt, wird durch die natürliche, abwärts gerichtete
Bewegung dieser Dämpfe die Arbeit des Ventilators auch unterstützt.
Man muß aber darauf gefaßt sein, daß plötzlich oder vorübergehend
leichte Kohlenwasserstoffe in einer solchen Menge auftreten, daß ihre
Entfernung aus der Grube Schwierigkeiten bereitet, da die leichten,
aufwärts strebenden Wetter dem allgemein abwärts gerichteten Wetterzuge sich zu entziehen suchen und demselben entgegenströmen. Am
einfachsten trägt man einem solchen Wechsel der Wetter und demzufolge der Wetterführung dadurch Rechnung, daß man die Bewetterung
umstellt. Im allgemeinen wird man bei Ölgruben die blasende Bewetterung vorziehen; bei ihr herrscht im ganzen Grubengebäude ein Überdruck, d. h. das im Gebirge stehende Gas wird eher in dieses zurückgedrängt. Bei der saugenden Bewetterung hingegen steht die Grube
unter Unterdruck und saugt infolgedessen das Gas aus der Lagerstätte
aus. Aber bei dem herrschenden Unterdruck wird nicht nur das Gas
aus der Lagerstätte ausgesaugt, und werden dadurch die Grubenwetter
zu Schlagwettern, sondern auch die Verdunstung des Öles wird unter
dem Unterdruck eher begünstigt.

Wenn man die Bewetterung umstellen kann, hat man auch den
Vorteil, gefährliche Eisbildung im einziehenden Schacht zu bekämpfen,
da man die angewärmte Grubenluft bei der Umstellung durch den ver-
eisten Schacht strömen lassen kann. Dieser Gesichtspunkt ist besonders
bei Ölgruben im hohen Norden, z. B. in Sachalin, Alaska, aber auch in
Kanada, den Rocky mountains und Japan von Bedeutung. Weiterhin
kann man gegebenenfalls durch Umstellen auch den natürlichen Wetterzug je nach der Jahreszeit zur Verstärkung der Ventilation ausnutzen.
Von größter Wichtigkeit ist es aber, daß bei Brand die Brandgase je nach
Lage des Brandherdes durch Umstellen von den Rettungswegen fern-
gehalten werden können und einen Weg nehmen, der der Belegschaft
oder dem größten Teil derselben doch verwehrt ist.

Stellt man die Wetterführung um, so daß der vordem einziehende
Schacht nunmehr den ausziehenden Wetterstrom zutage führt, so müssen
die verbrauchten Wetter durch ein gut abgekleidetes Wettertrumm
durch den Schacht geleitet werden.

Bei Umstellen der Bewetterung muß man darauf achten, daß der
verbrauchte Wetterstrom nicht mit elektrischen Leitungen oder sonstigen
Einrichtungen in Berührung kommt, die, im Vertrauen auf die normalerweise einziehenden, frischen Wetter als ungefährlich eingebaut worden
sind, nunmehr aber mit der Umstellung Gefahrenherde ersten Ranges
werden können.

Die Umstellung erfolgt durch verstellbare Verschlußklappen im Wetterkanal und im Auslaufraum.

284. Die Wetterführung durch nur einen ausziehenden und gleichzeitig einziehenden Schacht. Bei Ölschächten wird es sich vorwiegend um Anlagen handeln, bei denen das Abteufen keinen allzu großen Schwierigkeiten begegnet, so daß dadurch die Anlagekosten in bescheidenen Grenzen bleiben. Man wird sich daher meist schon bald zu der Anlage eines zweiten Schachtes entschließen, um damit den unterirdisch beschäftigten Arbeitern einen zweiten Ausgang zu schaffen. Dieser zweite Ausgang des Ölbergwerkes dient neben der Sicherheit in erster Linie der Wetterführung, d. h. durch ihn ziehen die verbrauchten Wetter aus, oder fallen die frischen Wetter ein. Selten aber wird man sich von vornherein dazu entschließen, sofort die beiden Schächte in Angriff zu nehmen, da man zweckmäßigerweise die geologischen und tektonischen Verhältnisse sowie die Betriebsbedingungen zuerst durch den Betrieb des ersten Schachtes genau kennenlernen will, um die Lage des zweiten Ausganges besser bestimmen zu können. Bis zur Herstellung des zweiten Schachtes muß also der erste Schacht gleichzeitig dem ausziehenden und einziehenden Wetterstrome dienen. Zu diesem Zwecke wird man in dem ersten Schachte eine möglichst geräumiges Trumm, das Wettertrumm, vom übrigen Schachte trennen, und die frischen Wetter durch die Fördertrümmer einfallen, die verbrauchten durch das Wettertrumm ausziehen lassen (Abb. 133). Der Wetterscheider, aus Eisenkonstruktion oder Eisenbeton bestehend, muß dabei sorgfältig in sich und gegen die Schachtwände dicht sein, so daß Kurzschluß vermieden ist. Zu beachten ist dabei, daß der Wetterscheider bei der Ventilation unter einer erheblichen einseitigen Belastung steht, welche der Depression (h) in Millimetern, d. h. pro Quadratmeter Scheidefläche h kg entspricht. Da selbst der bestkonstruierte Wetterscheider immer bei Explosion, Seilbruch usw. der Zerstörung und damit zusammenhängend die Wetterführung einem Kurzschluß, also einem Unterbinden der Bewetterung ausgesetzt ist, so wird man einen zweiten gesonderten Wetterschacht anstreben, sobald hierzu die Verhältnisse klargestellt sind.

Aber auch wenn man den Schachtwetterscheider und das Wettertrumm nach Anlage des zweiten Schachtes nicht mehr benötigt, kann man dieselben nicht abwerfen oder verfallen lassen, denn bei Umstellen der Bewetterung muß der verbrauchte Wetterstrom meistens doch wieder durch das Wettertrumm abziehen. Das Wettertrumm ist, wenn die Gruben zur Bildung von Öldämpfen neigen, bis zur untersten Schachtsohle zu führen, damit ihm die abziehenden Öldämpfe möglichst zufallen können.

285. Der Wetterschacht. Mit Rücksicht auf die schweren Öldämpfe soll die Bewetterung in Gruben mit Leichtöl und starker Verdunstung in der Regel abwärts geführt werden. Der ausziehende Strom müßte demnach von einem tieferen Niveau aus aufsteigen als bis zu welchem der einziehende Strom im Einziehschachte einfällt. Der einziehende Schacht ist aber normalerweise der Hauptförder- und Fahrschacht, der aber seinerseits bereits das tiefste Niveau in der Grube erreicht. Für den ausziehenden Strom steht somit keine tiefere Wettersohle mehr zur Verfügung. Infolgedessen bleibt nur übrig, den ausziehenden Schacht ebenso wie den einziehenden Schacht zur tiefsten Sohle zu führen und von dieser aus die verbrauchten Wetter in den ausziehenden Schacht

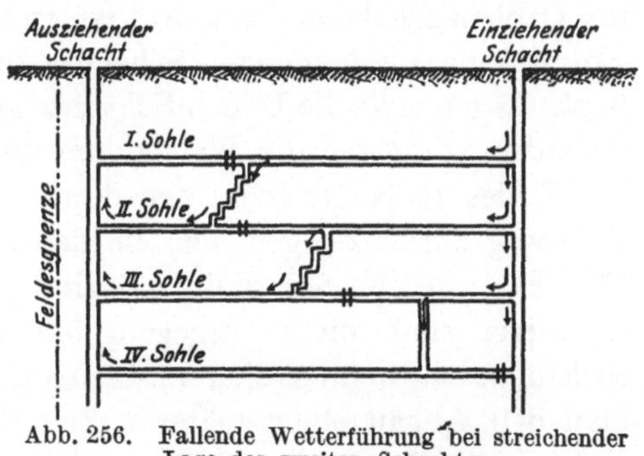

Abb. 256. Fallende Wetterführung bei streichender Lage des zweiten Schachtes.

zu führen. Dies kann man namentlich bei flachem Einfallen erzielen, wenn man die beiden Schächte in Streichrichtung zueinandersetzt und die frischen Wetterströme vom Schachttiefsten aus zunächst schwebend aufwärts führt. Somit erhält man für die Wetterführung in Leichtölgruben das umgekehrte Schema der in anderen Bergwerksbetrieben angewandten Wetterwege (Abb. 256).

Ist das Einfallen steil, so wird man, um die Wetter abwärts zu führen, vom einziehenden Schachte aus Querschläge treiben, durch welche den einzelnen Bausohlen die Frischwetter zugeführt werden. Man wird dann also den ausziehenden Schacht in querschlägiger Richtung zum einziehenden Schachte legen (Abb. 257).

Hat man hingegen eine Lagerstätte abzubauen, die mit Schweröl getränkt ist und dabei noch viel Grubengas enthält, so wird die Frage der Bewetterung insofern einfacher, als bei dieser Sachlage die Verdunstung des Öles bei weitem

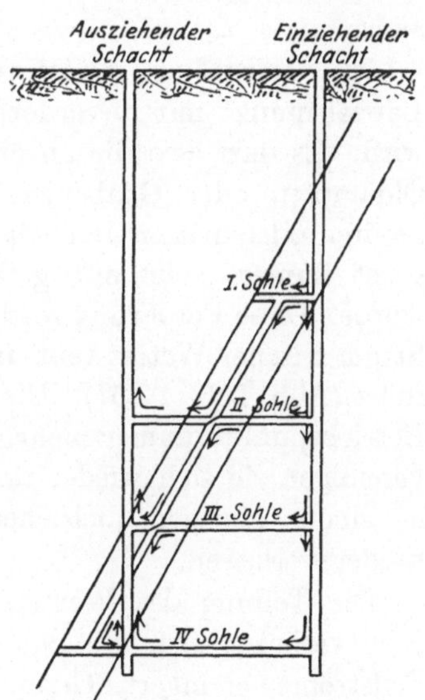

Abb. 257. Fallende Wetterführung bei querschlägiger Lage des zweiten Schachtes.

nicht so folgenschwer in Erscheinung tritt. Man wird dann, wie bei den übrigen Zweigen des Bergbaues, die Wetter im allgemeinen in Richtung von unten nach oben führen, also die einziehenden Wetter in einem tieferen Niveau der Grube zuführen, als sie aus derselben austreten. Dann wird man also meist den ausziehenden Schacht auf die Achse der Antiklinalen setzen können.

Über die Entfernung der beiden Schächte voneinander ist schon in Nr. 92 ff. das Nötige gesagt; hier ist nur nachzutragen, daß die Bewetterung der Gruben erheblich erleichtert ist, wenn der Wetterschacht in größerer Entfernung von dem ersten Schachte und möglichst an der Feldesgrenze liegt. Lägen etwa die beiden Schächte als Zwillingsschächte dicht nebeneinander, so hätten die Wetter, um die Betriebspunkte an der Grenze des Feldes zu bestreichen, den doppelten Weg, nämlich den Hin- und Rückweg zurückzulegen, ehe sie den ausziehenden Schacht erreichen. Dem kann der Vorteil, daß zu Beginn des Betriebes die Wetterwege um so kürzer sind, nicht entgegengehalten werden. Denn die Strecken rücken, zumal wenn es sich um die Gewinnung von Sickeröl handelt und man den Abbau einer späteren Zeit überläßt, sehr schnell zu Felde. Außerdem wird man bei der unmittelbaren Nähe des einziehenden Wetterstromes zum ausziehenden Wetterstrome oft mit Kurzschlüssen rechnen müssen. Bei einer Explosion ist dieser Kurzschluß wohl immer zu befürchten. Vom Standpunkte der Bewetterung aus ist demnach auch die Lage des zweiten Schachtes an der Grenze des Feldes vorzuziehen.

286. Teilströme. Es ist von größter Wichtigkeit, daß jeder einzelne Betriebspunkt mit unverdorbenen, frischen Wettern ständig bewettert wird. Es darf also die an einem Betriebspunkte verbrauchte und mit Öldämpfen oder Grubengas vermischte Luft zur Bewetterung eines zweiten oder dritten Betriebspunktes nicht benutzt werden, da sie sich sonst immer mehr mit gefährlichen Kohlenwasserstoffen anreichern würde. Diese Forderung wird dadurch erfüllt, daß man den einziehenden Strom frischer Wetter teilt und die Teilströme den Betriebspunkten zuführt (Abb. 256 u. 257). Die Teilströme verzweigen sich nach Zahl der Betriebspunkte immer mehr. Nach Verbrauch an den Betriebspunkten vereinigen sie sich wieder in ausziehenden Teilströmen, die schließlich in einem einzigen ausziehenden Wetterstrome das Grubengebäude wieder verlassen.

Die Teilung des Wetterstromes hat den großen Vorteil, daß der Kraftverbrauch für die Bewetterung der Grube sich mit der Zahl der Teilströme verringert. Gesetzt etwa, es wären insgesamt Q cbm frischer Wetter drei Streckenortsbetrieben zuzuführen. Würde man die drei Betriebe hintereinander bewettern und betrüge die Gesamtentfernung des äußersten Betriebspunktes L m, die Entfernung von einem Betriebspunkt zum anderen $\frac{L}{3}$ m, so wäre der Gesamtwiderstand nach Nr. 276 Formel II $h = \dfrac{k\,L\,U\,Q^2}{F^3}$, wobei man F als einen unveränderlichen Faktor annehmen kann. Werden hingegen die drei Punkte gleichzeitig bewettert, so wird jeder einzelne Teilstrom $\frac{Q}{3}$ des Wettervolumens erhalten; der Gesamtwiderstand, den die drei Teilströme zu überwinden haben, ist dann $h = 3\,k\,\dfrac{L}{3}\,\dfrac{U}{F^3}\left(\dfrac{Q}{3}\right)^2$, also $h = \dfrac{k\,L\,U}{F^3}\,\dfrac{Q^2}{9}$. Da $N = \dfrac{Q\,h}{75}\,\mathrm{PS}$ ist, so ist in dem ersten Falle der Kraftverbrauch neunmal größer als im zweiten.

Die weitergehende Teilung des Wetterstromes ist bei Ölgruben auch deshalb besonders geboten, weil Explosion und Brand dadurch nicht so leicht von einem Punkte zum anderen getragen werden, sondern eher auf dem Ursprungsherd der Katastrophe isoliert bleiben. In Ölgruben sollte daher, namentlich bei Gewinnung von Sickeröl, möglichst jede einzelne Ölstrecke oder jedes Streckenpaar durch ihren eigenen Wetterstrom bewettert werden.

Damit die Teilung des Wetterstromes nicht auf allzu große Schwierigkeiten stößt, soll man darauf halten, möglichst wenig Gewinnungspunkte gleichzeitig in Betrieb zu halten, dafür aber die Gewinnung an den einzelnen Betriebspunkten um so energischer und schneller durchzuführen. Insbesondere gilt dies von dem Auffahren von Strecken zur Gewinnung von Sickeröl, da mit der Schnelligkeit des Streckenauffahrens die Zahl der für eine bestimmte Ölförderung erforderlichen Strecken sich verringert. In Pechelbronn war der Streckenvortrieb pro Tag zur deutschen Zeit, wie schon an anderer Stelle erwähnt, etwa 1 m; es waren etwa 10 Ortsbetriebe gleichzeitig in Vortrieb, so daß 10 Teilströme nötig waren. Hätte man den Fortschritt verdreifachen können, so wäre, um die gleiche Menge Öl, d. h. um etwa 100 cbm pro Tag zu erhalten, nur eine Dreiteilung des Wetterstromes erforderlich, und dadurch die Bewetterung viel einfacher gewesen.

Neben der Forderung, daß die Wetter, wenigstens in Leichtölgruben, tunlichst abwärts gerichtet die Grube durchströmen und in möglichst viele Teilströme zerlegt werden, kommt noch als weitere allgemein gültige bergmännische Regel, daß scharfe Biegungen und Zusammenstöße sich vereinigender Teilströme zu vermeiden sind und stets für allmähliche Richtungsänderung zu sorgen ist.

Ebenso, wie sich der Wetterstrom vom einziehenden Schacht aus in der Grube in Teilströme verästelt, müssen die Teilströme nach vollzogener Bewetterung der ihnen zugewiesenen Betriebspunkte sich wieder vereinigen, so daß sie schließlich in geschlossenem Strom durch den ausziehenden Schacht abziehen. Dabei wird man die Beobachtung machen, daß das Volumen der ausziehenden Wetter größer ist als das des einziehenden Stromes. Dies rührt einesteils von der Erwärmung und der damit verbundenen Ausdehnung der Luft in der Grube her. Namentlich aber auch haben die Wetter auf ihrem Wege durch die Grube Grubengas, Öldämpfe und Kohlensäure aufgenommen. Es ist daher erforderlich, daß der Gehalt des ausziehenden Wetterstromes an diesen Gasen durch Wetteranalysen ständig überwacht wird.

287. Wetter- und Absperrtüren. Um den Wetterstrom zu teilen, schaltet man auf dem Wege, den die Wetter nehmen, Widerstände ein, die den Strom zwingen, Teilströme in die gewünschte Richtung zu entsenden, während der Hauptstrom seinen Weg in gerader Richtung fortsetzt. Die Widerstände werden erzeugt durch Türen, die so weit geöffnet werden, daß immer nur einem Teil der Wettermenge Durchlaß gewährt wird, während der andere Teil genötigt ist, einen anderen Weg einzuschlagen. Gewisse Türen können auch dem Strom den Weg ganz versperren, dienen also als Absperrtüren. Diese Absperrtüren werden hauptsächlich dann eingebaut, wenn Kurzschluß zu vermeiden ist, d. h. wenn man verhüten will, daß der Wetterstrom sich auf dem sich ihm bietenden kürzeren Wege zu dem ausziehenden Schacht durchdrückt. Da diese kürzeren Verbindungswege zumeist in regem Verkehr stehen, so würde dieser Kurzschluß bei jedem Öffnen der Absperrtür eintreten. Um dies zu verhüten, müssen die Absperrtüren paarweise angeordnet werden, so daß, wenn die eine Tür geöffnet wird, die zweite in einiger Entfernung angebrachte Tür noch geschlossen bleibt, und die ganze Einrichtung als Luftschleuse wirkt.

Die Absperrtüren sind meist aus starkem Eisenblech gefertigt, die von einem starken Türrahmen umrahmt sind. Der Anschlag muß dicht an einer fest vermauerten Verlagerung anschließen. Sind die Absperrtüren von besonderer Wichtigkeit oder sehr starken Erschütterungen oder großer Beanspruchung ausgesetzt, so bildet man sie auch als Dammtüren aus. So gibt es auch explosionssichere Wetterdämme; ihre Zuverlässigkeit ist aber in Ölgruben bei der Heftigkeit der Explosion zweifelhaft. Hingegen leisten derartig solide Türen bei der Bekämpfung der Brand- oder auch der Wassergefahr vorzügliche Dienste. Hierauf wird bei der Betrachtung der Grubenbrände noch zurückzukommen sein. Werden die Absperrtüren regelmäßig bei der Förderung geöffnet, so werden sie mit automatisch sich öffnenden Verschlüssen und Öffnern versehen.

288. Drosselung des Wetterzuges. Die Verteilung der Wetter erfolgt durch Drosselwettertüren, welche die einzelnen Teilströme in die Grubenbaue entlassen. Die Drosseltüren erhalten Schiebeöffnungen, durch welche die Luft je nach der Weite der Schieberstellung durchziehen kann (Abb. 258). Die Schieberöffnungen werden bei den zur Bildung von Öldämpfen neigenden Gruben zweckdienlich unten an der Streckensohle in der Tür angebracht; sonst würden sich hinter den Drosseltüren die Öldämpfe stauen. Jedoch sind auch in der Nähe der First Drosseltüren anzubringen, so daß man bei Auftreten von Grubengas auch die Firsten vornehmlich bewettern kann.

Die Wettertüren sollten ausschließlich in dem einziehenden Strom angebracht werden, obschon hier die Unzuträglichkeit der öfteren Öffnung der Türen durch die Fahrung und Förderung mit in den Kauf genommen werden muß. Es ist dies nötig, damit die Türen ständig unter Kontrolle stehen. Insbesondere spielt die Lage der Verteilungstüren eine große Rolle bei Bränden in der Ölgrube. Dann ist es von größter Wichtigkeit, daß die Zufuhr frischer Wetter zur Brandstelle sofort abgesperrt wird. Wären die Drosseltüren im abziehenden Strom angebracht, so wäre dies in den meisten Fällen gar nicht möglich, da sie unerreichbar bleiben würden. Alle Wettertüren sollen aus unverbrennbarem Material hergestellt werden.

Abb. 258. Wettertüre.

289. Wetterkreuze. Namentlich bei flach gelagerten Öllagern mag es vorkommen, daß einzelne Wetterströme sich kreuzen müssen, ohne daß die Wetter sich mischen dürfen. Man führt dann eine Wetterstrecke über die andere hinweg. Am besten läßt man zwischen der First der unteren Strecke und der Sohle der oberen kreuzenden Strecke einen kurzen Gebirgspfeiler als trennende feste Wand stehen. Bei weniger wichtigen Wetterkreuzungen führt man den einen Strom über den anderen auch wohl durch dicht eingebaute Lutten oder gemauerte Wetterkanäle, auch wohl durch Betonkanalisation oder weite Tonrohre.

290. Bewetterungsarten der Strecken. Beim Auffahren der Strecken ist dafür zu sorgen, daß ein frischer Wetterstrom bis vor Ort gelangt und von dort wieder seinen Abzug findet. Diese Aufgabe kann auf dreierlei Weise erfüllt werden:

1. durch eine zweite sogenannte Begleit- oder Parallelstrecke;
2. durch einen Wetterscheider;
3. durch Wetterlutten.

291. Parallelstrecken. Die Bewetterung durch eine Parallelstrecke erfolgt dadurch, daß gleichzeitig zwei Strecken parallel zueinander ins Feld geführt werden. In gewissen Abständen werden dann die beiden Strecken miteinander verbunden. Auf diese Weise können die Wetter durch die eine Strecke bis vor Ort oder nahe bis vor Ort gelangen, dann durch die Verbindungsstrecke in die Begleitstrecke und endlich von dort zurückströmen (Abb. 259). Die Parallelstrecken

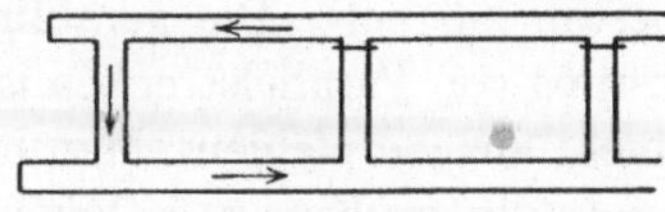

Abb. 259. Parallelstreckenbetrieb.

werden bei Ölgruben mit Ausfluß von Sickeröl Gewinnungsstrecken sein. Ihre Entfernung voneinander richtet sich dabei nach dem

Aktionsbereich der Strecken. Von den Verbindungsstrecken steht immer nur die letzte für den Wetterzug und die Fahrung offen; alle zurückliegenden Verbindungsstrecken werden verschlossen.

Die Verbindungsstrecken zwischen den beiden Parallelstrecken, die Wetterdurchhiebe, können einen Abstand voneinander bis zu 100 m haben, je nachdem die Bewetterung der Ortsstöße eingerichtet ist. Die obere Strecke dient im allgemeinen bei abfallender Wetterführung der Wetterzufuhr, die untere dem Ausziehen des Wetterstromes. Ist die Bildung von Öldämpfen von nur untergeordneter Bedeutung, so wird man bei aufwärts gerichteter Wetterführung umgekehrt verfahren. Die Sperrtüren der aufgelassenen Verbindungsstrecken sind dementsprechend bei abfallender Wetterführung an der oberen Mündung der Verbindungsstrecke, bei aufwärts gerichteter an der unteren Mündung anzubringen.

Muß man eine größere Anzahl Strecken auffahren, was bei Sickeröl liefernden Lagerstätten ja immer der Fall sein wird und als Einleitung des Pfeilerbaues anzusehen ist, so führt man zweckmäßigerweise die Verbindungsstrecken durch die Pfeiler geradlinig durch. Es ist diese Disposition der Durchhiebe mit Rücksicht auf die Ableitung der Ölzuflüsse zu empfehlen, da sonst die Ölleitungen zu viele Krümmungen machen würden. Das vor Ort und den zunächst rückwärts gelegenen Streckenwangen aussickernde Öl wird man bei seinem Austritte in Rohrleitungen fassen und einer Sammelleitung in dem nächsten gemeinsamen Durchhiebe zuführen. Das weiter rückwärts aus den Streckenwangen zufließende Öl aber wird man in verdeckten Ölsaigen aus den Ölstrecken zu den Rohrleitungen in den älteren Durchhieben leiten.

292. Vorteile des Auffahrens von Begleitstrecken. Begleitstrecken können in der Öllagerstätte selbst, unter Umständen aber auch im Nebengestein, aufgefahren werden. Im harten oder mittelharten Nebengestein sind sie, weil unproduktiv, zu teuer, namentlich weil man Sprengarbeit nur unter sehr bedingten Voraussetzungen anwenden kann. Bei steilem Einfallen kommen die Parallelstrecken übereinanderzuliegen. Ihr Hauptvorteil liegt darin, daß die vor Ort arbeitenden Bergleute fast immer einen rettenden Ausgang haben, wenn die Strecke hinter ihnen zu Bruche geht. Auch, wenn in der einen Strecke Brand ausbricht, ist die Rettung der Bergleute bei Parallelstreckenbetrieb am ehesten möglich. Die geradlinige Durchführung der Durchhiebe einer Gruppe von Parallelstrecken ist jedenfalls auch wegen Erleichterung der Flucht anzuempfehlen. Man hat bei Parallelstrecken ferner den Vorteil, durch die großen, zur Verfügung stehenden Wetterquerschnitte die Bewetterung wesentlich zu erleichtern.

293. Bewetterung der Ortsstöße bei Parallelstrecken. Die Bewetterung des Ortsstoßes erfolgt bis zu einer gewissen Entfernung vom letzten

Durchhieb durch Diffusion; jedoch sollte man sich hierauf nicht verlassen, sondern vom Durchhieb ab die Frischwetter rechtzeitig zwangsweise bis vor Ort leiten. Zu diesem Zwecke wird der Wetterzug zum Durchhiebe und die Bewetterung vom Durchhiebe bis vor Ort entweder durch Wetterscheider oder durch Wetterlutten in der in Abb. 260 dargestellten Weise durchgeführt.

Es ist erforderlich, die Bewetterung jedes Ortsstoßes sofort ganz abstellen zu können, sobald dortselbst Feuer ausgebrochen ist und die Zufuhr von frischen Wettern unterbunden werden soll, um das Feuer nicht weiter anzufachen. Dies geschieht zunächst durch Herstellung von Kurzschluß. Man öffnet hierzu rückwärts von dem Brandherde einen der verschlossenen Durchhiebe, um den Fluchtweg durch die Parallelstrecke zu ermöglichen; dabei verschließt man gleichzeitig am letzten Durchhieb den Wetterscheider resp. die Ortslutte.

Es ist ferner vom gleichen Gesichtspunkte aus erforderlich, daß auch der Teilstrom jedes Streckenpaares im Falle von Brand an der Eintrittsstelle durch Brandtüren abgesperrt werden kann.

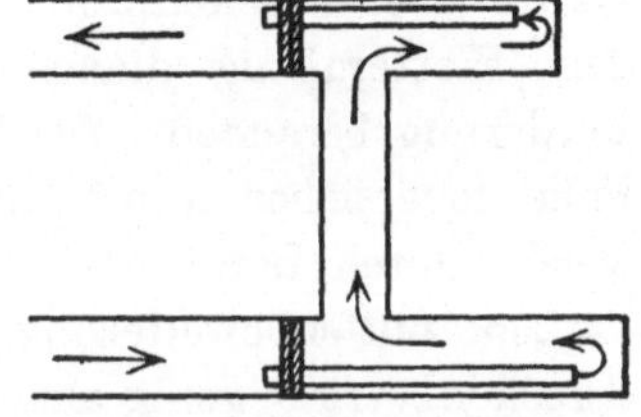

Abb. 260.   Bewetterung der Parallelortsbetriebe durch Lutten.

Ebenso müssen die Wetter von ganzen Bauabteilungen abgesperrt werden können. Absperrungsmöglichkeit muß überhaupt, wie man sieht, das Leitmotiv für den ganzen Erdölbergbau sein.

294. Wetterscheider. Streckenwetterscheider sind sinngemäß im Prinzip ebenso konstruiert wie die Schachtwetterscheider. Sie bestehen aus einer Wand, die an Pfosten in der Strecke angebracht ist. Dadurch wird die Strecke in zwei Teile geteilt, von denen der eine für die Wetterzufuhr bis vor Ort, der andere für die Wetterabfuhr dient. Die Wetterscheider müssen bei Ölgruben aus feuerfestem Material bestehen und dürfen nicht hygroskopisch sein, damit sie sich nicht mit Öl tränken können. Verzinkte Eisenblechplatten, Eisenbetonplatten, sichere Ruberoidplatten u. dgl. sind zu empfehlen. Vor jeder Wiederbenutzung sind die Scheider von angespritztem Öl zu reinigen. Die Dichtung der Wetterscheider an ungemauerten Streckenfirsten usw. ist schwierig. Sie erfolgt am besten durch Zuschmieren mit Lehm oder plastischen Ton. Um diesem Material einen Halt zu geben, werden die Scheider oben mit einem Sitz für das Dichtungsmaterial ausgerüstet.

Bei wichtigeren Streckenarbeiten aber wird man die Wetterscheider mauern; jedoch sind diese Wetterscheider verhältnismäßig teuer, da sie, um zu dichten, immer einige Mauerstärke haben müssen. Eine ein halb Stein starke Mauerung genügt zumeist nicht. Zum mindesten verlangt eine so geringe Mauerstärke öftere Verstärkungspfeiler und sauberes

Verfugen; trotzdem kann man dabei noch auf Wetterverluste von 10—20 % auf je 100 m rechnen, so daß bei 500 m Streckenlänge kaum noch Wetter bis vor Ort gelangen.

Von Wichtigkeit sind die horizontal verlagerten Wetterscheider. Sie kommen namentlich deshalb für den Ölbergbau in Betracht, weil es sich sehr oft um Lagerstätten oder pay streaks von vier und mehr Metern Mächtigkeit handelt, in welchen man oft Strecken von großer Höhe auffahren kann. Namentlich auch in solchen Lagerstätten, die kein Sickeröl abgeben und nur auf den Abbau angewiesen sind, wird man die Strecken als Stoßortsbetriebe recht groß wählen, so daß genügend Raum für die Zweiteilung der Strecke durch Scheider bleibt. Die eine Hälfte des Streckenprofils kann dann zur Wetterzufuhr, die andere dem Wetterabzug dienen. Man wird die untere Streckenhälfte zur Förderung benutzen. Als Scheidermaterial verwendet man in diesem Falle feuersicher imprägnierte Holzschwellen oder Eisenbahnschienen, welche durch Beton oder Eisenblechplatten abgekleidet werden.

295. Luttenbewetterung. Immerhin sind Wetterscheider für den Streckenbetrieb wenig angenehm, und wird man allgemein die Bewetterung durch Lutten vorziehen. Sie ist die einfachste und billigste und besteht darin, daß die Wetter durch eine Rohrleitung aus dünnem Eisen- oder Zinkblech geleitet werden. Die Blechstärke richtet sich nach dem Durchmesser der Lutten und wächst mit dem Durchmesser derselben. Sie schwankt dementsprechend zwischen 1 und 2 mm. Der Durchmesser der Lutten beträgt 25—75 cm. Gewöhnlich werden Lutten von 50—60 cm Durchmesser verwendet. Die Eisenlutten verdienen ihres geringen Kostenpunktes wegen den Vorzug.

Die Lutten werden aus Einzelstücken von 2—4 m Länge zusammengebaut und haben entweder Muffen- oder Flanschenverbindung. Die Flanschenverbindung ist die solidere; sie hat die wenigsten Wetterverluste und gibt den Lutten eine größere Widerstandsfähigkeit. Die Flanschen werden wie bei Pumpensteigrohren mit Schrauben zusammengezogen, wobei ein zwischengelegter Dichtungsring aus Gummi oder Pappe die Dichtung herstellt, oder aber die Verbindung erfolgt

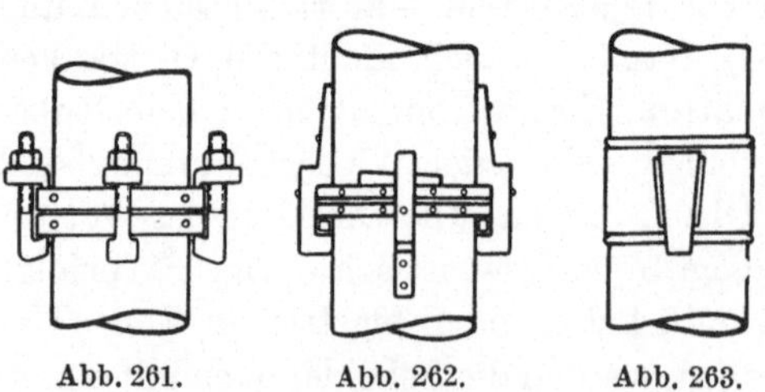

Abb. 261.   Abb. 262.   Abb. 263.

Abb. 261—263. Wetterluttenverbindungen.
(Würfel & Neuhaus, Bochum.)

durch eine Klauen- oder Klammerverbindung. Bei der Klauenverbindung (Abb. 261) werden an Stelle der Flanschen Bunde auf die Luttenenden aufgeschweißt, die durch Schraubenklauen zusammengehalten werden.

Ähnlich ist der Klammerverschluß nach Abb. 262. Die Muffen-verbindung zeigt Abb. 263. Bei derselben übernimmt ein Keil die Sicherung.

Gut hat sich die Bandverbindung bewährt. Bei dieser werden die Enden der Lutten durch ein umgelegtes Blechband, welches innen mit Segeltuch ausgefüttert ist, verbunden. Die Bänder selbst können durch Schrauben oder Keil nach Abb. 264 verbunden werden. Die Keilverbin-dung verdient den Vorzug, da sie bei Brandgefahr durch einen kurzen Hammerschlag schnellstens gelöst werden kann und die Wetterzufuhr zur Brandstelle sofort unterbunden ist. Bei Flanschen- und Bandver-bindungen kann man durch Einlegen von Winkelstücken auch sehr gut Streckenkrümmungen folgen. Bei stärkeren Krümmungen der Strecken erhalten die Luttenleitungen Luttenkrümmer. Ein Nachteil der Flanschenverbindung ist die größere Inanspruch-nahme des Streckenprofils.

Um die Widerstands-fähigkeit der Wetterlutten gegen Durchbiegen zu er-höhen, werden die Lutten vielfach auch aus Wellblech hergestellt oder mit Ver-

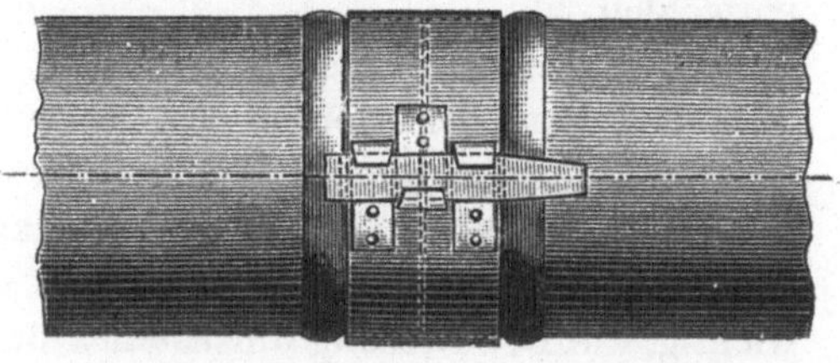

Abb. 264. Bandverbindung. (Wirtz, Schalke.)

stärkungswülsten und Spiralverstärkungen ausgerüstet. Jedoch ist bei Wellblechlutten die bei einer bestimmten Depression durchgeförderte Luftmenge nur etwa ein Viertel der Luftmenge, welche bei glatten Lutten durchfließt.

Es ist wichtig, daß jeder Luttenstrang mit einem Absperrschieber ausgerüstet wird, der es ermöglicht, die Luftzufuhr zu einem Brandherde abzusperren, während die Bewetterung der nicht brennenden oder zunächst nicht gefährdeten Betriebspunkte mit ungeminderter oder erhöhter Intensität fortgesetzt werden kann. Die Absperrschieber befinden sich hierzu zweckmäßigerweise an jeder Abzweigstelle.

Die Lutten werden gewöhnlich in einer oberen Ecke der Strecke angebracht, so daß die Förderung nicht behindert wird. Diese Lage der Wetterlutten ist bei blasender Bewetterung für Ölgruben günstig, da die Frischwetter vor Ort auch nach unten gehen und die Ölwetter von der Sohle vor Ort wegnehmen. Blasende Bewetterung ist bei Lutten-bewetterung daher immer vorzuziehen. Bei saugender Bewetterung wird man bei der Firstenlage der Lutten die Ölwetter mit geringerer Energie von der Ortssohle entfernen. Von der Firstenlage der Wetter-lutten kann man aber in der Regel nicht abweichen, da sonst der für die Streckenförderung benötigte Streckenquerschnitt in Anspruch genom-men wird.

Die Wetterverluste betragen bei Muffen- und Bandverbindungen der Lutten ca. 15%, bei Flanschenverbindung ca. 10% auf je 100 m.

Die Ausströmungsöffnungen der blasenden Lutten können weiter vom Streckenort zurückbleiben, da die blasende Wirkung des Wetterstromes sich noch mehrere Meter weit vom Luttenende entfernt äußert, während bei saugender Luttenbewetterung der Wetterwechsel sich auf die Zone des Wettereintrittes beschränkt. Somit hat man bei saugender Luttenbewetterung sowohl durch die nachteilige Anordnung der Lutten in der Streckenfirst als auch durch die immer mehr oder weniger zurückliegende Bewetterung des Streckenortes nur mit ungenügender Bewetterung der am meisten bedrohten Punkte der Grube, der Ecke zwischen Streckenort und Streckensohle, zu rechnen, weshalb die saugende Luttenbewetterung im allgemeinen für Ölgruben nicht zu empfehlen ist.

Die Lutten werden an den Kappen und Pfosten der Türstöcke aufgehängt. Wenn der erforderliche Platz vorhanden ist, kann man sie auch durch kurze Riegel unterstützen. Auch in der gewölbten First gemauerter Strecken finden sie eine gute Verlagerung.

Treten Grubengase auf, so ist es, wie bereits mehrfach erwähnt, wichtig, die Bewetterung umzustellen und saugend zu bewettern, damit die gefährlichen Wetter nicht die gesamte Strecke erfüllen; dies gilt auch von den Wetterlutten. Bei stark benzinhaltigen Ölen sind die

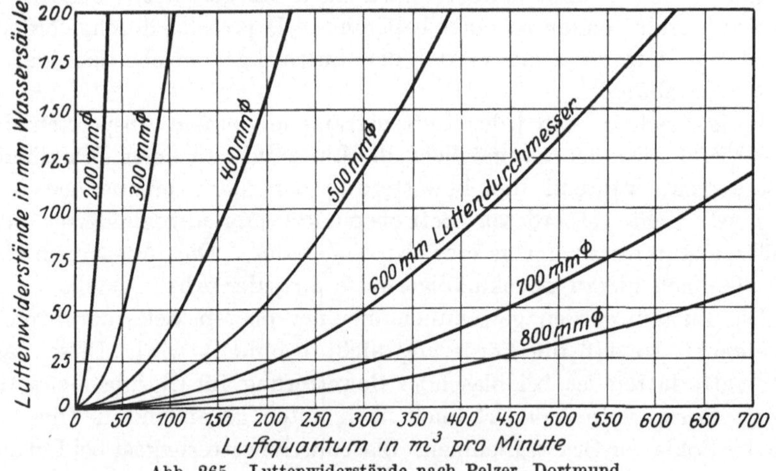

Abb. 265. Luttenwiderstände nach Pelzer, Dortmund.

Lutten vor Ort nach unten zu krümmen, und muß man im letzten Streckenende vor Ort eventuell auf die Förderung durch Förderwagen verzichten.

Außer Wetterlutten aus Eisen- oder Zinkblech gibt es auch solche aus Segeltuch, welche durch Eisenringe geöffnet gehalten werden. Sie lassen sich zusammenfalten und leicht transportieren. Da die Wände aber sehr rauh sind, und der Querschnitt stark wechselt, sind sie nur auf sehr kurze Strecken zu benutzen. Deswegen werden sie gern als letzte Lutte vor Ort gebraucht.

Der Widerstand, welchen die Innenwände der Lutten der Bewegung der Wetter entgegenstellen, ist bedeutend, so daß es schwer hält, die frischen Wetter auf größere Entfernung in genügender Menge durchströmen zu lassen. Der Widerstandskoeffizient in Höhe von 0,0002 bis 0,0004 läßt dies erwarten. Das nachstehende Diagramm (Abb. 265) ist den Angaben der Maschinenfabrik Friedrich Pelzer in Dortmund entnommen. Dasselbe zeigt die bei verschiedenen Luttendurchmessern der Bewegung der verschiedenen Wettermengen entgegentretenden Reibungswiderstände für eine Luttenlänge von 100 m.

Bei anderen Luttenlängen ist nach Nr. 276 Formel I der Widerstand proportional der Luttenlänge; werden z. B. 200 cbm Luft pro Minute durch eine Wetterlutte von 500 mm Durchmesser bewegt, so ergibt sich aus dem Diagramm für eine Luttenlänge von 100 m ein Reibungswiderstand von 53 mm Wassersäule; für 250 m Länge demnach ein solcher von 133 mm.

296. Sonderbewetterung. Infolge der großen Widerstände ist der Wetterzug manchmal so schwach, daß eine genügende Wettermenge nicht mehr bis vor Ort kommt. Man muß dann zur Sonderbewetterung schreiten. Sie besteht darin, daß man aus einem größeren Wetterstrome frischer Wetter einen Teilstrom durch besondere Ventilationsmaschinen absondert und dem entlegenen Betriebspunkte unter Aufwendung neuer Kraft zuführt.

Eine Sonderbewetterung stellen gewissermaßen auch die Preßluftmotore dar. Sie sind aber nur als eine willkommene Unterstützung der Bewetterung anzusehen, namentlich wenn die Preßluftmaschinen vor Ort arbeiten. Verbraucht z. B. ein Abbauhammer etwa 175 l Preßluft von 4 Atm, d. i. 750 l atmosphärische Luft pro Minute, so würde diese Wettermenge zwar bei weitem nicht ausreichen, eine zweiköpfige Belegschaft vor Ort mit den benötigten Frischwettern zu versorgen; indessen wird man damit immerhin 10 % der erforderlichen Wetter gewinnen können; es kann aber auch auf solche Bewetterung nicht dauernd gerechnet werden, da die Arbeitsmaschinen ja mit Unterbrechungen in Betrieb stehen. Die Sonderbewetterung kann daher nur unabhängig von anderen Arbeitsvorgängen durchgeführt werden. Hierzu bedient man sich der Lutten. Zum Antrieb der Einrichtungen zur Sonderbewetterung benutzt man Druckwasser oder Preßluft, und zwar können diese motorischen Mittel entweder direkt durch Strahldüsen in die Lutten einströmen und dabei die frischen Wetter mitreißen, oder sie treiben eine Arbeitsmaschine, die den in die Lutte eingebauten oder mit ihr verbundenen Ventilator in Bewegung setzt. Bei den Strahldüsen ist der Arbeitsvorgang ganz analog dem der Wasserstrahlelevatoren und Strahlapparate, nur daß an Stelle des Wassers resp. des Schlammes die Luft angesaugt wird.

297. Strahldüsenapparate. Sowohl Wasserstrahl- wie Preßluftstrahlapparate haben den Vorteil, daß sie leicht handlich und überall bequem

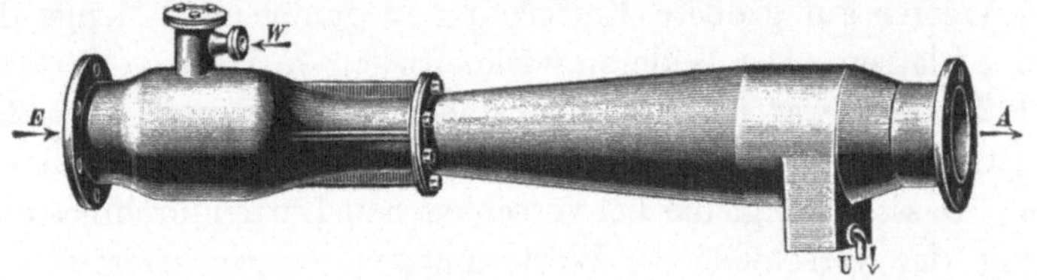

Abb. 266.   Wasserstrahlventilator.   (Gebr. Körting, Hannover.)

einzubauen sind. Die Leitungen zu den Wasserstrahlapparaten stellen gleichzeitig durch die Grube gehende Feuerlöschleitungen dar, an welche allerwärts leicht Feuerlöschapparate angeschlossen werden können. Außerdem halten sie die Grubenwetter feucht und kühl, vermindern

Abb. 267.   Wasserstrahlventilator im Betriebe.   (Gebr. Körting, Hannover.)

dadurch die Temperatur in der Grube und damit die Verdunstung des Öles. Die Abb. 266 u. 267 zeigen die Einrichtung der Wasserstrahlventilatoren der Firma Gebr. Körting in Hannover.

Die Wasserstrahlventilatoren haben einen besonderen Vorteil, wenn die Grube über natürliches Wassergefälle verfügt, was häufig der Fall sein wird. Die Düsenweite der Wasserstrahlventilatoren beträgt 1—3 mm, ihre Nutzwirkung erreicht $50\,^0/_0$. Versuche ergaben, daß ein Wasserstrahlventilator, der auch der feinen Zerstäubung des Wassers wegen Wasserstaubventilator genannt wird, bei einer Temperatur des Betriebswassers von 19^0 C die Luft von $35,5^0$ auf $24,5^0$ abkühlte.

Die Luftstrahlventilatoren haben den Vorteil aller mit Preßluft betriebenen Einrichtungen, die Ventilation der Grube zu begünstigen. Sie werden oft als einfache Strahldüsen in die Wetterlutten gesteckt (Abb. 268). Die mitgerissene Luft ist aber hierbei starken Wirbelungen ausgesetzt und der Wirkungsgrad der Luftdüsen infolgedessen so gering,

daß einfache Luftdüsen nur bei sehr kurzem Wege der Wetter (bis 20 m) durch die Lutten zu verwerten sind.

Diesen einfachen Strahldüsen stehen die Luftstrahlventilatoren

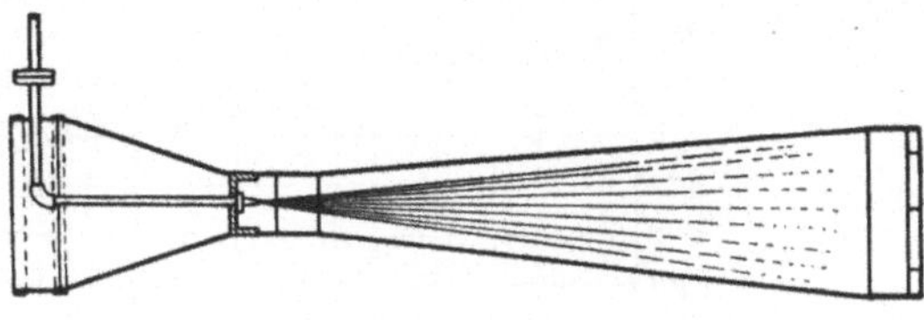

Abb. 268. Luftstrahldüse von Würfel-Neuhaus.

der Firma Gebr. Körting in Hannover gegenüber (Abb. 269), bei welchen die Luft durch stufenförmig den Luttenquerschnitt allmählich ausfüllende Leitdüsen in die Lutten eintritt. Die Leistung derartiger

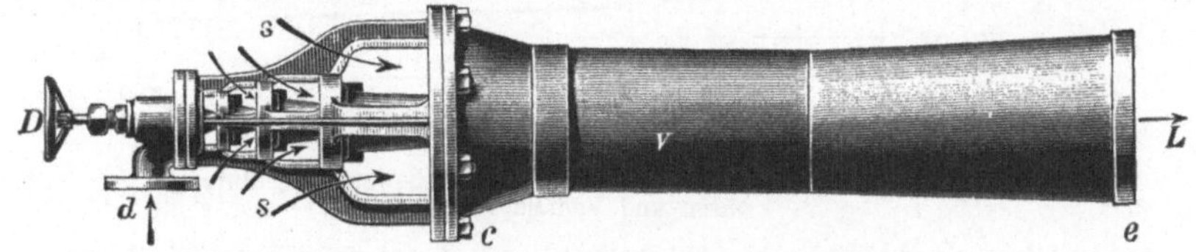

Abb. 269. Luftstrahlventilator von Körting.

Luftstrahlventilatoren ist derjenigen einfacher Luftdüsen um 50 bis 100 % überlegen. Die Nutzleistung dieser Luftstrahlventilatoren ist aber immerhin noch gering und beträgt nur 15—30 %. Infolgedessen reicht die Sonderbewetterung durch Luftstrahlventilatoren auch nur für verhältnismäßig geringe Luttenlängen aus. Wird der Luttenstrang länger, so muß man mehrere Luftventilatoren hintereinander einbauen, wodurch man Wettermengen selbst durch lange Luttenleitungen hindurchleiten kann.

298. Zentrifugalventilatoren. Bei größerer Länge der Lutten sind die Zentrifugalventilatoren für Sonderbewetterung den Luftstrahlventilatoren sowohl hinsichtlich der Leistungsfähigkeit als auch hinsichtlich der Wirtschaftlichkeit überlegen. Die graphische Darstellung (Abb. 270) zeigt die Überlegenheit der Ventilatoren gegenüber den Luftstrahlventilatoren in den gelieferten Wettermengen nach Maerks bei gleichem Kraftaufwand. Sie können durch Preßluftmotoren oder Wasserkraftmotoren betrieben werden und eine Depression von 200 mm und mehr erzielen und dementsprechend auf weite Entfernungen ventilieren.

Steht Wasserkraft zur Verfügung, so benutzt man zum Antrieb des Ventilators am besten ein Peltonrad (Abb. 271), mit dem der Ventilator gewöhnlich direkt gekuppelt ist. Die gleiche Disposition ist angebracht, wenn man den Ventilator mittels Preßluftdrehkolbenmotor antreibt, während Riementrieb wegen der Einwirkung des Öls auf den Riemen und wegen des größeren Raumbedarfes nicht zu empfehlen ist.

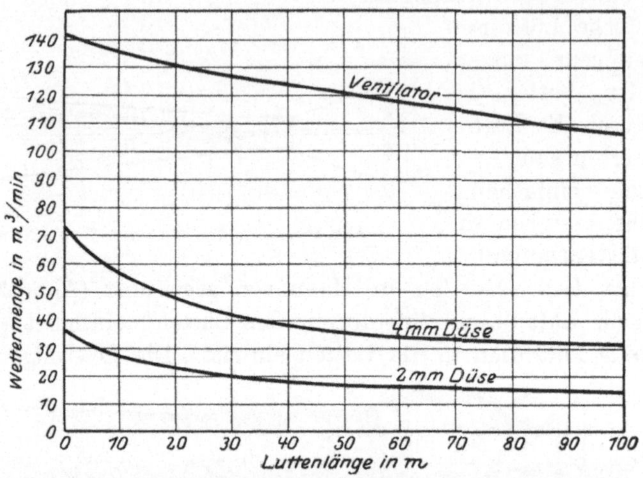

Abb. 270.   Graphische Darstellung der Sonderbewetterung durch
Düsen und Ventilatoren.

Neuerdings werden die Ventilatoren in die Lutten selbst eingebaut; sie wirken aber hier nicht mehr als eigentliche Zentrifugalventilatoren, sondern nach Art der Propeller der Flugzeuge, mit dem Unterschied, daß

Abb. 271.   Peltonrad zum Antrieb von Sonderventilatoren. (Pelzer, Dortmund.)

sie ortsfest sind, also die Luft vor sich herschieben. Die Propellerflügel sind schraubenförmig geformt und heißen daher auch Schraubenräder. Ihr Antrieb erfolgt in der Regel durch einen Drehkolbenluftmotor, dessen hohe Tourenzahl sich gut dem Schraubenrad anpaßt. Abb. 272 zeigt einen Luttenventilator der Firma Flottmann zu Herne. Derselbe besteht aus einem Drehkolbenmotor, der als Vielzellenmotor ausgebildet ist und von dem Leitapparat überdeckt ist. Er ist in einem nach außen gewölbten Hohlkörper, der von vier Blechen getragen wird, die nach Kurvenflächen gebogen sind, um die Luft stoßfrei einzuführen, eingebaut. Der Drehkolbenmotor treibt den vierflügeligen Schraubenpropeller. Außerhalb des Luttenventilators ist ein selbsttätiger Schmier-

Abb. 272. Luttenventilator von Flottmann.

apparat angebracht. Die Umlaufzahlen des Propellers schwanken zwischen 1700 und etwa 3000 Umdrehungen pro Minute.

Neben der Wirtschaftlichkeit spielt der geringe Raumbedarf der Luttenventilatoren, durch den der Querschnitt der Strecke kaum verengt wird, eine Rolle. Weitere Angaben bezüglich der Luttenventilatoren mit Drehkolbenmotorbetrieb liefert die umstehende Tabelle der Firma Flottmann. Ein Nachteil der Luttenventilatoren ist ihr großer Verschleiß.

XVII. Beleuchtung, Grubenbrand und Rettungswesen.

299. Allgemeines über die Beleuchtung. Die Frage der Beleuchtung von Ölgruben ist nicht einfach. Offene Beleuchtung ist selbstverständlich ganz ausgeschlossen. Aber auch die Beleuchtung mit Sicherheitslampen mit Drahtkorb muß, wie bereits dargetan, aus-

Daten der Luttenventilatoren der Firma Flottmann zu Herne.

	Type	Luttenlänge in m												
		50	100	200	300	400	500	600	700	800	900	1000	1100	1200
Geförderte Wettermenge cbm/min	A 3	46	38	31	27	23,5	21,5	—	—	—	—	—	—	—
	A 04	86	75	62	53	47	44	—	—	—	—	—	—	—
	A 5	129	115	97	85	75	68	63	60	57	54	52	50	48,5
	B 6a	192	177	115	138	125	115	107	100	93	87	82	78	75
Isothermischer Wirkungsgrad (Verhältnis von Ventilatorarbeit zum isothermisch. Arbeitsvermögen der Preßluft) Prozent	A 3	10	10,5	9,5	8,5	8	7	—	—	—	—	—	—	—
	A 04	12	13,5	14,5	13,5	13	12,5	—	—	—	—	—	—	—
	A 5	13,5	14,5	16	15,5	15	14,5	14	13,5	13	12,5	12	11,5	11
	B 6a	17,5	19	21,5	21,5	21	20,5	20	19,5	19	18,5	18	17,5	17
Druckluftverbrauch bei 4 Atm. Betriebsdruck l/min	A 3	141	140	138,5	135	132,5	131	—	—	—	—	—	—	—
	A 04	190	188	186	184,5	183	180	—	—	—	—	—	—	—
	A 5	226	225	224	222	220	218	216	214,5	213	211,5	210	208	206
	B 6a	270	268	266,5	265	263,5	262	260	258	256,5	255	253,5	252	250
Gesamtpressung mmWS	A 3	25	32	37	38	40	41	—	—	—	—	—	—	—
	A 04	22,5	28	36	39	41	42	—	—	—	—	—	—	—
	A 5	20	25	30	34	34	35	36	37	38	39	39,5	40,5	41
	B 6a	17,5	23	30	34	35	36	37	37,5	38	38,5	39	40	41
Propellerumlaufzahl je Minute	A 3	3120	3095	3050	3020	2975	2945	—	—	—	—	—	—	—
	A 04	2520	2500	2465	2445	2400	2360	—	—	—	—	—	—	—
	A 5	2110	2100	2080	2065	2050	2035	2020	1995	1975	1960	1940	1920	1900
	B 6a	2000	1980	1960	1940	1915	1890	1865	1840	1810	1780	1755	1730	1700

schalten, da sie in Öldämpfen gar keine Sicherheit zu bieten vermag. Beweisend hierfür ist die in Nr. 274 an erster Stelle erwähnte Explosion von Benzindämpfen in Pechelbronn. Es bleibt somit von den üblichen Grubenbeleuchtungen nur die elektrische ortsfeste Beleuchtung und tragbares elektrisches Akkumulatorengeleuchte.

300. Ortsfeste, elektrische Beleuchtung. Das ortsfeste Geleuchte ist, auch wenn es schlagwettersicher armiert ist, im verbrauchten Wetterstrom oder vor Ort, wenn Sickeröl gewonnen wird, bedenklich. Vor allen Dingen bedürfen die Zuleitungskabel einer sorgfältigen Verlagerung. Aber da gerade im Ölbergbau bei der gebrächen Natur des Ölträgers mit Bewegungen im Gebirge zu rechnen ist, und auch Erdbeben in den meisten Ölfeldern nicht zu den Seltenheiten gehören, muß man auf Zerreißen der Leitungen und Kurzschluß gefaßt sein. Es kommt ferner hinzu, daß die Verlegung und Unterhaltung der Leitungen stets einen großen Aufwand von Arbeitslöhnen bedingt. Außerdem aber wird die mittels Gudrun, Guttapercha usw. hergestellte Isolation bei Berührung mit Benzin aufgelöst. So kann es leicht zu Kurzschluß kommen, welcher Brand und Explosionen im Gefolge haben kann.

Das ortsfeste, elektrische, schlagwettersicher armierte Geleuchte kann somit bei Leichtöl liefernden Gruben nur im frischen Wetterstrom und auch dort nur in Räumen in Frage kommen, in denen kein Öl sich ansammeln und verdunsten kann. In den eigentlichen Gewinnungspunkten, also vor Ort und in den Abbauen kann ortsfestes, elektrisches, schlagwettersicheres Geleucht nur bedingungsweise zugelassen werden. Vor allen Dingen müssen die Lampen immer mehrere Meter rückwärts vom Arbeitsstoße entfernt angebracht werden, so daß sie nicht gerade in dem dichtesten Öldampf und nicht unmittelbar vor dem aussickernden Öl oder ausbrechenden Grubengas brennen. Außerdem sind die Lampen, wenn sie nicht unmittelbar vor Ort angebracht sind, nicht so sehr der Zertrümmerung durch niedergehendes Gestein ausgesetzt, ein Vorfall, bei dem die Öldämpfe, wie das Beispiel von Pechelbronn zeigt, sich an dem nachglühenden oder Kurzschluß bietenden Metallfaden entzünden können.

Handelt es sich um stark benzinhaltige Sickeröle, so wird man an den Arbeitspunkten auf die ortsfeste Beleuchtung am besten verzichten und nur Akkumulatorenlampen benutzen.

301. Die Akkumulatorenlampen. Das tragbare, elektrische Geleuchte hat den Nachteil, daß seine Leuchtkraft schon an und für sich gering und dabei die Brenndauer beschränkt ist. Am schlimmsten ist aber, daß die Glasbirnen bei der Handhabung durch Öltropfen und Ölspritzer, auch schon beim Anfassen mit ölbeschmutzten Händen fortwährend beschmiert werden, und die Leuchtkraft dadurch bald geschwächt ist. Hiergegen ist kaum etwas anderes zu machen, als den Arbeitern

Reservelampen, die in schmutzsicheren Kästen mitgeführt werden, zu liefern, welche etwa in der Mitte der Schicht gewechselt werden. Es ist auch darauf zu halten, daß in benzinreichen Gruben die Lampen möglichst hoch oberhalb der Sohle aufgehängt werden, denn absolut sicher sind auch die Akkumulatorenlampen nicht. Wenn nämlich die Birne bricht, können die Anschlußdrähte ebenfalls kurz geschlossen werden. Um dies zu verhüten, werden bei der Stachlampe die Zuleitungsdrähte durch Zwischenstücke aus sehr brüchigem Material überbrückt, von denen anzunehmen ist, daß die Stromzuleitung früher durch Bruch dieser Zwischenstücke unterbrochen wird als der Bruch der Birne eintritt. Ob aber diese Hilfsmittel in Leichtöl liefernden Gruben ausreichen, muß zweifelhaft erscheinen, da die zur Selbstentzündung von Benzindämpfen ausreichende geringe Temperatur die hinsichtlich der Sicherheit der Lampen in Schlagwettergruben angestellten Versuche in ihren Ergebnissen auf Ölgruben nicht anwendbar erscheinen lassen. Die Brennkosten der $1^1/_2$kerzigen Lampe betragen 8—9 Pfennige pro zehnstündige Brenndauer und Kerze; bei mehrkerzigen Lampen sinkt der Kostenpunkt auf ca. 5 Pfennige für die gleiche Zeit und Kerze.

Abb. 273.
Bleiakkumulatorenlampe von Friemann & Wolf, Zwickau.

Die verbreitetsten deutschen Akkumulatorenlampen sind die Wolfschen elektrischen Grubenlampen der Firma Friemann & Wolf in Zwickau, die der Concordia-Elektrizitätsgesellschaft und die der Venta-Akkumulatorengesellschaft. Die Fabrikate dieser Firmen haben auch im Auslande die weiteste Verbreitung gefunden. Die elektrischen Akkumulatorenlampen bestehen aus dem Akkumulator, dem Lampenunterteil und dem Lampenoberteil. Der wichtigste Teil der Lampe ist der Akkumulator, der als Stromquelle für die Glühlampe dient. Man unterscheidet Säureoder Bleiakkumulatoren und alkalische Akkumulatoren. Der Bleiakkumulator (Abb. 273) ist der ältere und entspricht den bekannten stationären Akkumulatoren. Er besteht bei der Wolfschen Lampe aus je einer zylindrischen Plus- und Minuselektrode mit Gittergefüge, in welche bei der positiven Elektrode Bleisuperoxyd, bei der negativen Elektrode metallisches Blei eingebracht ist. Die Elektroden werden in den Lampentopf, dem unteren Lampenteil, der mit Bleiblech ausgeschlagen ist, ein-

gebaut. Darauf werden die Elektroden durch einen Hartgummideckel mit Gummidichtung verschlossen. Der Kontakt zu der Glühlampe erfolgt durch Federpole. Vor der Inbetriebnahme werden die Bleiakkumulatoren zunächst mit dem Elektrolyt, verdünnter Schwefelsäure, gefüllt. Darauf wird die Säure durch einen gelatinösen oder festen Elektrolyten ersetzt. Die Aufladung der Akkumulatoren erfolgt mittels Gleichstrom. Die normale Ladung dauert 7—8 Stunden mit 1 Ampere Stromstärke; die mittlere Spannung ist 2 Volt, die Kapazität etwa 10 Amperestunden. Nach etwa 300 Ladungen muß die Pluselektrode ersetzt werden. Abb. 273 zeigt die Bleiakkumulatorengrubenlampe der Firma Friemann & Wolf zerlegt, Abb. 274 gebrauchsfähig.

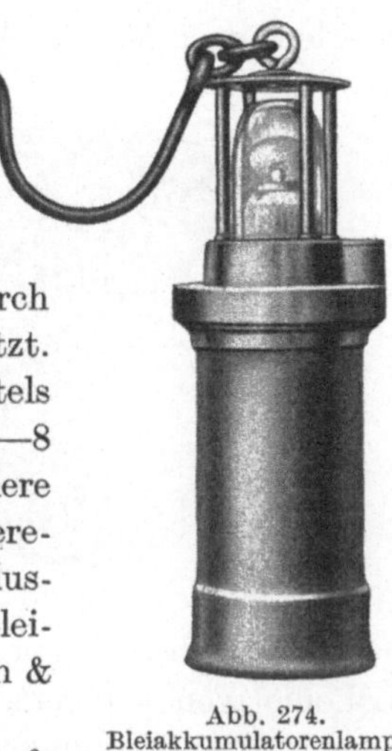

Abb. 274.
Bleiakkumulatorenlampe
von Friemann & Wolf.

Der Alkaliakkumulator der Firma Friemann & Wolf setzt sich aus fein perforierten Nickelstreifen zusammen. Die positive Elektrode besteht aus Nickelhydroxyd, $Ni(OH)_2$, die negative aus fein verteiltem Kadmium. Die Streifen werden zu Platten gepreßt und durch Einfassung in Nickelrahmen zu Elektroden geformt. Mehrere Elektroden werden zu Sätzen zusammengestellt und in Zellen aus Stahlblech vereinigt. Zwei Elektrodensätze hintereinandergeschaltet bilden einen Akkumulator. Zwecks leitender Verbindung zwischen Plus- und Minuselektroden werden die Akkumulatoren mit Kalilauge von 25° Be. gefüllt. Abb. 275 zeigt die elektrische Alkalilampe von Friemann & Wolf.

Diese Akkumulatoren sind dauerhafter als die Bleiakkumulatoren, so daß die Elektroden erst nach mehrjährigem Gebrauch zu ersetzen sind. Außerdem sind sie gegen äußere mechanische Einwirkungen infolge der Verwendung eines festeren Materials und eines neutralen Elektrolyten viel widerstandsfähiger und der rauhen Behandlung im Grubenbetriebe gewachsen.

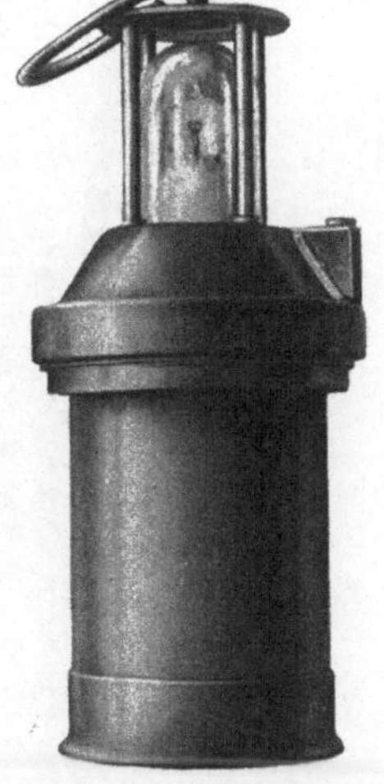

Abb. 275.
Elektrische Alkalilampe
von Friemann & Wolf.

Lampentopf und Oberteil sind aus Abb. 276 ersichtlich. Das Gewicht der Alkalimannschaftslampen beträgt 2,7—2,9 kg. Das Gewicht der Bleilampen mit festem Elektrolyt ist 2,7—3,5 kg. Die Brenndauer beider Typen ist 14—16 Stunden, die Lichtstärke 1,1—1,3 Hefnerkerzen.

Sowohl die Bleiakkumulatorenlampen als auch die Alkalilampen werden in größerer Ausführung, so für Abteufzwecke, Beleuchtung

Abb. 276. Alkalilampe von Friemann & Wolf zerlegt.

größerer Arbeitsräume, wie Füllörter, Abbaubetriebe usw., sowie für Lokomotiven geliefert. Die Lichtstärke beträgt dann 5—25 Hefnerkerzen, die Brenndauer 8—15 Stunden. In dieser Ausführung haben die Akkumulatorenlampen für Ölgruben einen hohen Wert, wenn die Gefahr des Nachglühens der Metallfäden durch geeignete Brücken in den Anschlußdrähten vermieden

Abb. 277.
Abteufalkalilampe von Friemann & Wolf.

Abb. 278. Alkalilampe mit Scheinwerfer von Friemann & Wolf.

ist. Abb. 277 zeigt die Abteufalkalilampe von Friemann & Wolf. Für besonders gefährdete Betriebspunkte sowie für Lokomotiven werden die Lampen auch mit Reflektorhauben ausgerüstet, so daß die gefährliche oder gefährdete Lichtquelle in genügender Entfernung von dem bedrohten Punkte aufgestellt werden kann und dort als Scheinwerfer wirkt (Abb. 278).

Brände in Ölgruben.

302. Ursachen des Grubenbrandes. In keinem Grubenbetriebe sind die Gefahren des Grubenbrandes, die Schwierigkeiten bei ihrer Bekämpfung und die Folgen der Brände so groß wie beim Ölbergbau, und zwar ist die Brandgefahr um so größer, je leichter das Öl ist. Die Leichtigkeit, mit welcher ein Brand entsteht, ist in den vorangegangenen Blättern mehrfach dargetan. Es sind dieselben, welche eine Explosion hervorrufen. Ist der Prozentgehalt der Wetter an Öldämpfen größer als 5%, so entsteht keine Explosion, sondern ein Brand. Da die Wetter in tief gelegenen Betriebspunkten oft mehr als 5% Öldämpfe enthalten, darüber aber das Luftgemisch weniger wie 5% enthält, also explosionsfähig ist, so kann ein Brand der Explosion vorausgehen.

Als Ursache der Verbrennung von Öldämpfen erwiesen sich Funkenbildung bei der Gesteinsarbeit oder beim Aufschlagen von Eisen oder Stahl auf gleiche Materialien oder auf hartes Gestein, Kurzschluß bei elektrischen Leitungen, Zertrümmerung der Sicherheitslampen. Hinzu können noch treten Gasausbrüche, welche Kies und Sand mitreißen, die beim Anprall auf Stahl oder Eisen Funken bilden und zünden, Zersetzung von Schwefelkies oder sonstigen Mineralien, leichtfertiges Umgehen mit Feuerzeugen, Selbstentzündung von sich zersetzenden Vorräten und ähnliches mehr.

303. Maßnahmen zur Verhütung der Entstehung von Grubenbränden. Als sicherstes Mittel, alle diese Ursachen in der Ölgrube nicht zur Auswirkung kommen zu lassen, erscheinen tunlichste Absperrung des Öles von den Betriebsräumen, möglichst sofortige Fassung und Ableitung des unterirdisch zufließenden Öls in geschlossenen Leitungen, gründliche Bewetterung der Grube, Vermeidung von Ölpfützen und Öllachen, Benutzung von Preßluftwerkzeugen und Preßluftmaschinen bei der Gewinnung und Förderung des Gebirges, hoher Feuchtigkeitsgehalt und niedrige Temperatur der Grubenluft, Sonderbewetterung, tunlichster Gebrauch feuersicheren Baumaterials, Entfernung aller feuergefährlichen Materialien, wie Papier, Putzwolle usw., aus der Grube, Revision der Aborte auf Reste verrauchter Tabakwaren, Verbot des Mitführens von Feuerzeug usw.

Ist man genötigt, feuergefährliches Baumaterial, wie Holz u. dgl. zu verwenden, so darf niemals ein Vorrat des Materials in der Grube aufgestapelt sein. Vielmehr ist es notwendig, nur soviel Holz in die Grube zu fördern, als unmittelbar gebraucht wird; es muß auch sofort bis an die Verbrauchsstellen verteilt werden. Jedenfalls darf es sich auf dem Wege bis zur Verbrauchsstelle auch nicht mit Öl tränken. Sinngemäß ist auch geraubtes Grubenholz zu behandeln und, falls es bereits mit Öl getränkt ist, baldtunlichst zu ersetzen. Weiterhin ist die unterirdische Förderung anstatt durch Pferde und Maulesel, wenn möglich durch Preßluftlokomotiven zu bewerkstelligen.

Über all diese grundsätzlichen Verhütungen der Brandgefahr ist nach den vorangegangenen Auseinandersetzungen hier nicht weiter zu reden. Hier seien nur einige Gesichtspunkte hervorgehoben, die besonderer Aufmerksamkeit bedürfen.

Die Brandgefahr kann auch über Tage für die unterirdisch arbeitende Belegschaft erwachsen, sei es, daß Feuer brennender Tagesanlagen sich in den Schacht hinein fortpflanzt oder sei es, daß die Rauchschwaden in den Schacht ziehen. Aus diesem Grunde ist der Schachtabteufturm, der, wenn möglich, feuersicher verschalt sein sollte, möglichst bald durch das eiserne Fördergerüst zu ersetzen. Alle Betriebsgebäude in der Nähe des Schachtes müssen feuersicher gebaut sein. Auch alle elektrischen Leitungen und Maschinen auf dem Schachtplatze sind schlagwettersicher zu armieren. Die Ansammlung von Grubenholz, Putzwolle usw., die Errichtung von Öltanks oder Öllagern ist erst in bestimmter Entfernung vom Schachte zu gestatten. Alle offenen Feuerstätten, wie Schmiedefeuer und Dampfkesselfeuer, sind so weit wie möglich vom Schachte entfernt in Betrieb zu halten. Ausnahmen von diesen Maßnahmen sind nur bei Schwerölgruben statthaft.

304. Folgen und Bekämpfung des Grubenbrandes. Unter Tage wird der Grubenbrand besonders deswegen verhängnisvoll, weil die mit dem Brande sich entwickelnde Wärme das in dem anstehenden Ölträger und in den ölgetränkten Materialien enthaltene Öl zur Verdunstung bringt. Damit wird die Grube aber schnell mit Öldampf in explosions- und brandgefährlichem Mischungsverhältnis gefüllt, so daß die Rettung oder Löschung außerordentlich erschwert ist. Hat das Feuer erst einige Ausdehnung erlangt, so ist nur wenig Aussicht vorhanden, seinem Vernichtungswerke mit Erfolg entgegenzutreten. Selbst die Ultima ratio, das Versaufen der Grube, führt dann nicht mit Sicherheit zum Ziel. Denn das leichte, brennende Öl wird auf dem in der Grube immer höher steigenden Wasser schwimmen und mit dem Wasser in immer höhere Horizonte getragen und somit in den tieferen Niveaus zwar erlöschen, aber höher steigend immer neue Grubenbaue in Brand setzen. Trotzdem wird man auch von diesem letzten Mittel selbstverständlich Gebrauch machen müssen, da es schließlich doch am sichersten die Zufuhr von frischer Luft zu den brennenden Räumen unterbindet.

Sofortige Unterbindung der Luftzufuhr zum Brandherd ist die wichtigste Maßnahme, die bei Ausbruch von Brand zu ergreifen ist.

Daher die Forderung, alle Frischwetter durch Absperrtüren in den Strecken und Absperrschieber in den Lutten sofort abstellen zu können. Auch eine weitgehende Teilstrombewetterung und die Sonderbewetterung sind für die Sicherheit des Betriebes gegen Grubenbrand von großer Wichtigkeit, da die Luftzufuhr gegebenenfalls im Augenblicke unterbrochen werden kann. In Pechelbronn sind außerdem am Zugang zu gefährdeten Strecken eiserne Klapptüren an Mauerpfeilern nach Abb. 279

aufgehängt, welche im Augenblick der Gefahr heruntergeklappt und geschlossen werden, nachdem man sich überzeugt hat, daß niemand in der brennenden Strecke zurückgeblieben ist. Von einer Station vor der Klapptür kann CO_2 in die nunmehr verschlossene Strecke geleitet werden. Sandsäcke liegen

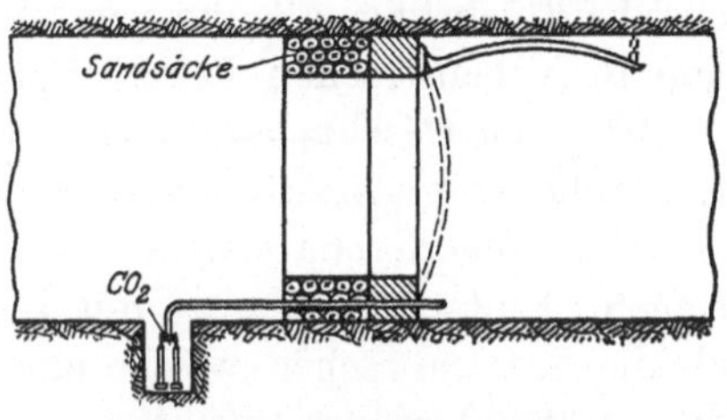

Abb. 279. Klappenbrandtüre.

dabei vor dem Mauerdamm und in dessen Nachbarschaft bereit, die schnell herangeschleppt werden können, um vor der verschlossenen Tür aufgehäuft zu werden und die Widerstandsfähigkeit derselben zu verstärken, falls der Brand in eine Explosion übergehen sollte. Solche Mauerdämme mit eisernen Klapptüren sind am Eingange jeder Streckengruppe aufgestellt.

Man wird mittels Strahlapparaten Wasser oder Dampf in die brennende Strecke blasen, wodurch die Türstöcke getränkt werden und der dem Feuer zur Verfügung stehende Raum immer mehr eingeengt wird, bis schließlich das Feuer in dem auf engsten Raum eingeschränkten Brandherd mangels jeglicher Sauerstoffzufuhr in seinen eigenen Rauchgasen erstickt.

305. Sicherung gegen Brand vor Ort. Aber das Wichtigste ist doch die Aufnahme des Kampfes gegen Brand an den besonders oder nahezu ausschließlich gefährdeten Stellen des Grubenbetriebes. Diese gefährlichsten Stellen der ganzen Grube sind, wie bereits mehrfach dargetan, die Streckenörter, da in ihnen hauptsächlich Gas ausströmt und Öl aussickert, und Öldämpfe somit stets vorhanden sind. Infolgedessen ist es von größter Wichtigkeit, daß eine Brandtür am Entstehungsorte des Feuers, also vor Ort, zur Verfügung steht. Beim wandernden und gleichzeitig voreilenden Ausbau ist diese Forderung am leichtesten erfüllt. Es sind dieselben Dämme, deren schon beim Ansetzen der Vorbohrlöcher zur Sicherung gegen Gasausbrüche in Nr. 264 Erwähnung getan ist. Gegebenenfalls dient dieser Damm somit auch als Brandschotte, die das brennende Ort von den übrigen Grubenbauen sofort nach Entstehen des Brandes abzusperren vermag. Eine Brandschotte an dieser Stelle hat eine ganz andere Wirksamkeit als weit zurückgelegene

Brandtüren, denn in den meisten Fällen werden die Arbeiter vor Ort die entfernte Brandtür gar nicht mehr erreichen, sondern werden auf dem Rückwege ersticken. „Das Feuer lief schneller, als wir laufen konnten", so berichtet einer der aus dem Streckenbrande Geretteten von Pechelbronn in charakteristischer Weise.

Wenn die Brandtüren weiter vom Ortsstoße entfernt sind, liegt außerdem immer die Gefahr vor, daß die Schotten geschlossen werden, ehe die Flüchtlinge alle die Schotte passiert haben, und daß Nachzügler und in Nebenstrecken Beschäftigte abgesperrt werden.

306. Feuerlöschapparate. Zur weiteren Bekämpfung der gerade am Ortsstoße konzentrierten Feuersgefahrs sind außerdem an jedem Ortsbetriebe Feuerlöschapparate anzubringen und jeweilig weiter vorzutragen. Einfache Apparate mit Löschstrahl sind weniger zu empfehlen als die Schaumlöscher, welche eine Menge Schaumbläschen entwickeln, die mit Kohlensäure gefüllt sind und die Luft von der Oberfläche des brennenden Öls absperren.

Die wirksamsten Feuerlöschapparate sind wohl die von den Firmen Walther & Co., A.-G., Köln-Dellbrück, und von Total G.m.b.H., Berlin-Charlottenburg, in den Handel gebrachten Kohlensäureschnee-Feuerlöschapparate. Bei diesen wird Kohlensäure in Form von Schnee auf den Brandherd geschleudert. Bei der Verdunstung des Kohlensäureschnees entsteht eine Temperatur von -79° C, wodurch die Temperatur der brennenden Massen so herabgesetzt wird, daß die Vergasung der brennenden Körper aufhört und der Verbrennungsprozeß beendet wird. Gleichzeitig lagert sich mit dem Schnee eine dichte Wolke Kohlensäure auf die in Brand geratene Masse, welche als isolierende Decke den Sauerstoff vom brennenden Körper fernhält. Zwei Apparate mit je 12 l Inhalt pro Ortsbetrieb sind nötig. An stark belebten Punkten sind größere Gruppen von Feuerlöschapparaten aufzustellen. Insbesondere sind Feuerlöschapparate in Anzahl auch an den Füllörtern und in den Maschinenräumen anzubringen.

Weiterhin ist es wichtig, daß alle zutage gehenden Bohrlöcher und Handschächte sofort luftdicht verschlossen werden, da sonst ein natürlicher Wetterzug entsteht, der durch einzelne Bohrlöcher einzieht, durch andere auszieht. Eine sichere Verschlußeinrichtung muß auch im normalen Betriebe jederzeit an der Bohrlochmündung benutzter Bohrlöcher über Tage bereit sein. Nichtbenutzte Bohrlöcher sind dicht zu verschließen, nicht verwertbare Handschächte zu verfüllen.

307. Gemauerte und betonierte Branddämme. Wenn auch bei Brand in Ölgruben auf Grund der außerordentlichen Fortpflanzungsgeschwindigkeit des Feuers und der durch das Erhitzen des Ölträgers bedingten schnellen Bildung von brennbaren Öldämpfen, sofortige Bereitschaft das Wesen der Bekämpfung der Feuergefahr ist, so kann es immerhin zur weiteren Sicherung der Grube oder einzelner Bauabteilungen erforderlich sein, an geeigneter Stelle Mauer- oder Betondämme aufzuführen, um vom Brande bedrohte Bauabteilungen von in Brand befindlichen Punkten abzusperren. Da diese Arbeiten wegen der Nähe des Brandherdes meist in unbewetterten Betriebspunkten ausgeführt werden müssen, sind die Arbeiter mit den später beschriebenen Rettungsapparaten auszurüsten.

Wie bereits dargetan, hält es in den mürben, mächtigen Ölträgern meist schwer, den Damm in Schlitzen zu verlagern. Man ist daher meist genötigt, dem Damm in der Längsrichtung die erforderliche Dichte und Widerstandskraft dadurch zu geben, daß man an der für die Verdämmung vorgesehenen Stelle zunächst Zement hinter die Streckenauskleidung preßt, wodurch ein Durchtritt der Brandgase außerhalb des Dammes zwischen der Streckenverkleidung und der Gebirgswand unterbunden ist. Die eigentliche Abdämmung erfolgt darauf am besten durch eine Doppelmauer, deren Wände einen Abstand von mehreren Metern voneinander haben. Der Raum zwischen den beiden Mauern wird mit Hochführen derselben mit Beton gefüllt. Bei der Aufführung des Dammes muß vorläufig eine Durchfahrt für die Arbeiter offen gehalten werden, welche gleichzeitig als Rauchabzugsrohr dient und nachträglich zugedichtet wird. Dies ist erforderlich, da die Ansammlung von Rauchgasen einen starken Druck auf den Damm ausüben kann. Der Damm muß nachträglich durch Einpressen von Zementmilch, Kalkmörtel oder Lehmbrei vollständig abgedichtet werden. Besondere Sorgfalt ist dabei der Dichtung der First zu widmen, woselbst mehrere Preßrohranschlüsse anzubringen sind. Ein enges Rauchabzugrohr wird der Länge nach in den Damm einbetoniert und nach Fertigstellung des Dammes durch einen Hahn geschlossen. Es ist dadurch dafür Sorge getragen, daß man jederzeit aus dem Innern des abgeschlossenen Raumes probeweise Rauchgase abzapfen kann, welche einen Rückschluß auf den Zustand jenseits des Dammes gestatten.

308. Verhalten nach Erlöschen des Brandes. Nach Abdämmen der Brandstelle kann man nur unter größter Vorsicht die Brandstelle wieder betreten. Man muß sich vor allen Dingen vergewissern, daß keine hohe Temperatur mehr in dem abgedämmten Raume herrscht, da sonst bei Öffnen des Dammes sofort neue Öldampfbildung, Neubrand und Explosionen eintreten können. Sehr lehrreich ist in dieser Hinsicht der in Nr. 274 unter 3 angeführte Grubenbrand in Pechelbronn, der noch nach Monatsfrist nach dem vermeintlichen Erlöschen des Brandes Explosionen im Gefolge hatte und erst nach Jahresfrist das Betreten des bis dahin abgedämmten Baufeldes gestattete. Es liegt hier dieselbe Erscheinung wie beim Kachelofen vor. Die schlechte Wärmeleitung der Dämme und Wände hält die Glut noch Monate, ja

Jahre lang in dem Brandfelde aufgespeichert. Es empfiehlt sich daher, vor Öffnung der Dämme zunächst Kühlwasser durch das Baufeld zirkulieren lassen.

Rettungswesen.

309. Rettungskammern. Nicht immer wird es allen Bergleuten möglich sein, bei einer Brand- oder auch bei sonstigen Katastrophen den Schacht zu erreichen, da der Weg bis dahin versperrt ist. Für diesen Fall ist tunlichst den gefährdeten Arbeitern ein Zufluchtsort zu bieten, in welchem sie die Rettung erwarten können. Die Lage dieser Rettungskammern muß sorgfältig erwogen werden; sie müssen möglichst so liegen, daß sie auch von entfernteren Punkten erreicht werden können. Sie müssen auch vom Hauptförderwege aus leicht zu erreichen sein, so daß, wenn die Flüchtlinge, die naturgemäß den gewohnten Weg zum Schacht suchen, diesen aber versperrt finden, in den Rettungskammern vorläufig Zuflucht finden. Die Kammern müssen auch in einem hohen Niveau liegen, damit weder Wasser noch Öl und Öldämpfe sie überfluten können. Die Rettungskammer ist von besonderer Wichtigkeit, solange nur ein Ausgang aus der Grube besteht.

Die Rettungskammer soll nicht nur im Falle allgemeiner Not benutzt werden, sondern auch im normalen Betriebe Rettungszwecken dienen. Daher sind in derselben Medikamente, Verbandszeug, Tragbahren u. dgl. aufzubewahren. Am besten werden sie mit einem der in der Mehrzahl der Fälle zur Verfügung stehenden Bohrlöcher in Verbindung gebracht, an deren Mündung über Tage ein kleiner elektrischer, blasender Ventilator angebracht wird, der durch eine eingehängte Rohrtour die Rettungskammer ventiliert. Durch dieses Bohrloch können dann auch Lebensmittel von Tage aus in die Rettungskammer befördert werden. Die Bohrlochwandung selbst ist ein ausgezeichnetes Sprachrohr, durch welches eine Verständigung mit den Eingeschlossenen, aber auch mit den im normalen Betriebe tätigen Leuten möglich ist. Besser ist es, wenn zwei Bohrlöcher in eine Rettungskammer münden und die Kammer ein Stück einer beiderseits abgedämmten Strecke darstellt. Dann ziehen durch ein Bohrloch frische Wetter ein, durch das andere die verbrauchten aus. Die Rettungskammern erhalten zweckmäßigerweise einen Schleusenzugang mit zwei Türen, die nach Vorbild der Geldschranktüren anzuordnen sind. Die Rettungskammern selbst sind in starke Mauerung oder Beton, oder besser in Eisenbeton herzustellen. Vertaubte Partien der Lager sind zur Anlage der Rettungskammern zu bevorzugen, da die Gefahr, daß die Rettungskammern mit Öldämpfen oder Rauchgasen sich füllen, hier am geringsten ist. Die Rettungskammer hat sich in Pechelbronn bei dem in Nr. 274 unter 2 angeführten Brande noch während ihrer Herstellung bewährt, da in ihr 9 abgeschnittene Bergleute kurze Zeit Schutz vor den Rauchgasen fanden, bis die Ventilation den Rettungsweg frei machte.

In der Grube sind bei allen Streckenabzweigungen Wegweiser mit Angabe der Entfernung vom Schachte und der Rettungskammer anzubringen.

310. Rettungsapparate. Um den verunglückten und gefährdeten Kameraden Hilfe und Rettung zu bringen, und um die Ausdehnung einer Katastrophe über weitere Grubenräume zu unterbinden, sind auf der Grube Rettungsmannschaften auszubilden, welche in regelmäßigen Übungen in der Rettungsarbeit planmäßig unterrichtet werden. Um durch unatembare Gase, wie Rauchgase, Explosionsnachschwaden, Kohlensäure, Schwefelwasserstoff usw., bis zur Unglücksstelle vorzudringen und in denselben arbeiten zu können, müssen sie mit besonderen Rettungsapparaten ausgerüstet werden.

Bei den Rettungsarbeiten leistet eine allerwärts durch die Grube verzweigte Preßluftleitung gegebenenfalls vortreffliche Dienste. Man wird bei Benutzung der Preßluft zu Atmungszwecken in nicht atembaren Wettern die Preßluft allerdings nur selten frei ausströmen lassen, so etwa, wenn die Ventilation eines Betriebspunktes unterbrochen worden ist, ohne daß Explosion oder Brand die Ursache der mangelhaften Bewetterung sind. In der Mehrzahl der Fälle wird man Zapfstellen in den Leitungen vorsehen, an denen ein Schlauch angebracht wird, der zu einem Atmungsapparat führt, den die rettenden Arbeiter mit sich führen. Hierzu muß die Zapfstelle mit einem Drosselventil oder -hahn ausgerüstet sein, der nur soviel Luft unter geringem Druck ausströmen läßt, als ein Mensch zur Atmung benötigt. Der Atmungsapparat besteht aus einem luftdicht den Kopf umschließenden Helm oder einer Gasmaske mit Anschluß für den Schlauch und zwei darin befindlichen Atmungsventilen, von welchen sich das Einatmungsventil beim Einatmen öffnet und die Luft aus dem Schlauch einströmen läßt, während das Ausatmungsventil geschlossen ist. Beim Ausatmen schließt sich das Einatmungsventil und die verbrauchte Luft entweicht durch das Ausatmungsventil ins Freie.

Diese sogenannten Schlauchapparate, die auch bei mangelnder Preßluft durch einen Blasebalg gespeist werden können, sind auch von weniger geübten Bergleuten zu verwenden. Sie haben aber den Nachteil, daß sie nur ein geringes Aktionsfeld haben, welches von der Länge des Schlauches abhängig ist. Außerdem ist der Schlauch bei den Arbeiten sehr hemmend, so daß die Schlauchapparate fast nur bei stationären Arbeiten Verwendung finden.

Für ein weiteres Vordringen in unatembare Gase, insbesondere in Rauchgase, kommen lediglich frei tragbare Atmungsapparate zur Verwendung. Dieselben beruhen darauf, daß die beim Atmen verbrauchte

Luft ständig von Kohlensäure gereinigt und von neuem mit Sauerstoff angereichert wird und somit wieder gebraucht werden kann. Ein großes Verdienst um die Ausbildung und Vervollkommnung dieser Apparate gebührt den Dräger-Werken in Lübeck, deren Rettungsapparate in der ganzen Welt Verbreitung gefunden haben. Das Mittel, um die Kohlensäure aus der ausgeatmeten Luft zu absorbieren, ist Ätzkali. Dieses wird mit Zusatz von Ätznatron in pulverisierter Form in dünnen Schichten in einem Behälter, der Kalipatrone, aufgespeichert. Die Sauerstoffzufuhr erfolgt aus einem mit Sauerstoff gefüllten Zylinder von 8—10 cm Durchmesser, in dem 150—300 l Sauerstoff unter einem Druck von ca. 150 Atm. enthalten sind.

Abb. 280 stellt den Drägerapparat schematisch dar. Die Nasenklammer (N) verhindert die Atmung durch die Nase, die ausschließlich durch den Mund erfolgen soll. Zu diesem Zweck ist eine Mundkappe angebracht, von der zwei Schläuche (L_1 und L_2) ausgehen; der eine führt die verbrauchte Luft zur Kalipatrone (P), wo ihr die Kohlensäure und der Wasserdampf entzogen wird. Von hier aus strömt die gereinigte Luft in den Atmungssack (A), in welchen aus dem Sauerstoffzylinder (C) durch ein Drosselventil (R) Sauerstoff zugeführt wird. Aus dem Atmungssack strömt die aufgefrischte Luft durch den zweiten Schlauch (L_1) dem Munde wieder zu. Ein Überschußluftventil (Ue) am Atmungssack gestattet, daß die Luft, falls sie einen Überdruck von 40 mm erreicht, aus dem Atmungssack entweicht. Der Rhythmus der Atmung wird durch die beiden in den Schläuchen angebrachten Ventile (O_1 und O_2), die

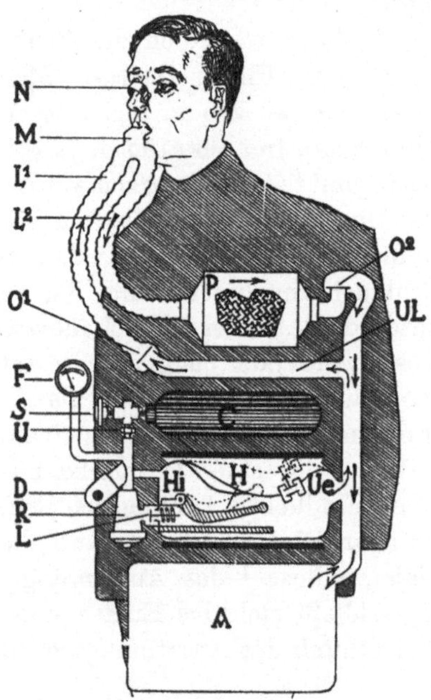

Abb. 280. Schema des Rettungsapparates der Drägerwerke, Lübeck.

in einer Luftumlaufleitung untergebracht sind, geregelt. Das Gerät ist ein vollkommen selbsttätiger Atmungsapparat, der mittels einer konstanten Dosierung minutlich 2,2 l Sauerstoff dem Atmungssacke zuführt. Durch ein Druckknopfventil (D) kann die Sauerstoffzufuhr verstärkt werden. Ein Vorratsmesser (F), Finimeter, zeigt den Sauerstoffvorrat an. UL ist das Luftumleitungsrohr, S ein Verschlußventil, U der Anschluß der Sauerstoffflasche, H und Hi stellen eine lungenautomatische Hebelmechanik und L die zugehörige Dosierung dar.

Die ganze Ausrüstung ist in einem Tornister untergebracht; die Schläuche werden entweder über der Schulter getragen oder seitlich dem Tornister zugeführt (Abb. 281). Will man dem Manne die gewohnte Nasen- und Mundatmung ermöglichen, so muß der Kopf mit einem dicht anliegenden Helm mit Glimmerplättchenfenster umgeben sein.

Das Gewicht des Apparates beträgt 16—18 kg. Mit einer Sauerstoffzylinderfüllung kann man je nach Größe der „Munition" und der Intensität der Arbeit $^1/_2$, 1 oder 2 Stunden in unatembaren Wettern arbeiten.

Neben den Rettungsapparaten kommen auch Wiederbelebungsapparate zur Anwendung. Am bekanntesten ist der Pulmotor, der künstlich die Lunge mit frischer Luft füllt und aus derselben wieder entfernt. Gegen diese Wiederbelebungsapparate setzte in den letzten Jahren eine heftige Kritik ein, welche darauf hinauslief, daß die Lunge bei Anwendung dieser Apparate unter Überdruck komme und infolgedessen leicht zerrissen werde. Der Wiederbeleber der Inhabad-Gesellschaft vermeidet diesen Überdruck, indem er eine Armstreckvorrichtung mit einem Bauchgurt verbindet, wodurch der Brustkorb zwangläufig gehoben und gesenkt wird,

Abb. 281. Rettungsausrüstung
mit Drägerapparat.

was notwendigerweise eine mehr natürliche Aus- und Einströmung der Luft in die Lunge zur Folge hat.

311. Schlußbetrachtung. Der Ölbergbau scheint, zumal wenn er auf leichtes Sickeröl umgeht, vom Sicherheitsstandpunkte ein Wagnis zu sein, da die Vorstellung von Grubenbrand und Explosionen sich dem Beobachter unwillkürlich aufdrängt. Tatsächlich ist die Gefahr aber bei weitem nicht so groß, als man ohne eingehende Würdigung aller der Sicherheit des Betriebes dienenden Hilfsmittel anzunehmen geneigt ist. Wenn man sich beim Betriebe eines Ölbergwerkes grundsätzlich an die aus Erfahrung gewonnenen Leitsätze hält und die Warnungen nicht leichtfertigerweise in den Wind schlägt, ist der Ölbergwerksbetrieb sicher nicht gefährlicher als etwa ein Betrieb auf Schlagwettergruben. So ist nicht eines der bisher zu verzeichnenden Unglücke in Ölbergwerken, welches sich nicht nach der nun einmal erfolgten unvermeidlichen Zahlung des Lehrgeldes in Zukunft vermeiden ließe. Hauptregel muß bleiben, daß die Lagerstätte vor der Durchörterung tunlichst weit vorweg entgast und entölt wird, daß alles Öl und Gas sofort bei seinem Austritt aus der Lagerstätte in geschlossenen Leitungen gefaßt und zutage gefördert wird, daß alle Öltümpel und -lachen vermieden werden, daß kein Raum der Grube unbewettert bleibt, daß der Betrieb mittels Preßluftwirtschaft weitgehendst durchgeführt wird und der Bewetterung und Beleuchtung die größte Aufmerksamkeit zuteil wird. Die Befolgung dieser Grundsätze dürfte die Grube gegen Katastrophen derart sichern, daß man ohne Bedenken selbst benzinreiche Öllager bergmännisch ausbeuten kann.

XVIII. Wasser- und Ölhaltung.

312. Herkunft des Wassers in Öllagerstätten. Von Natur aus sind die Öllager ursprünglich ebenso frei von Wasser wie etwa die Salzlagerstätten; sonst existiert sie nicht, denn das leichte Öl würde unfehlbar bei Wasserzutritt seinen Platz dem Wasser abgetreten haben und aufwärts bis zu Tage gewandert sein. Selbstverständlich kann aber das Öl noch auf der Wanderung nach oben begriffen sein, wie die zahlreichen Ölausbisse und Ölquellen beweisen. Dann natürlich ist die Wasserfrage für die Erdöllagerstätte schon ernsterer Natur. Im allgemeinen aber ist in der unverritzten Lagerstätte nur das schon bei der Bildung des Erdöles von Ursprung an vorhandene Salzwasser, das sogenannte Endwasser, vorhanden. Dieses lagert unterhalb des Öles, insbesondere in den Synklinalen. Als solches ist es tot und im allgemeinen ungefährlich.

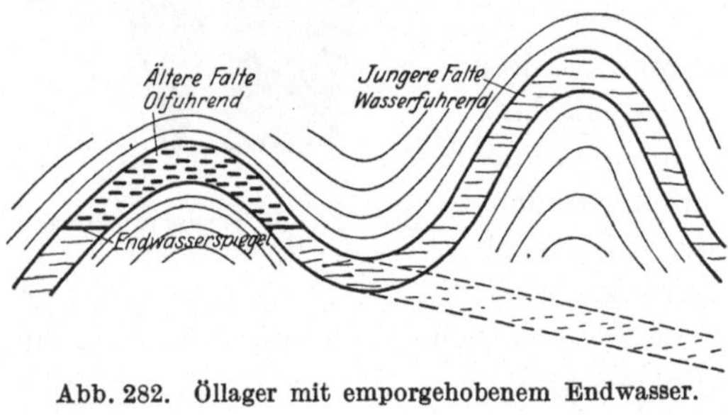

Abb. 282. Öllager mit emporgehobenem Endwasser.

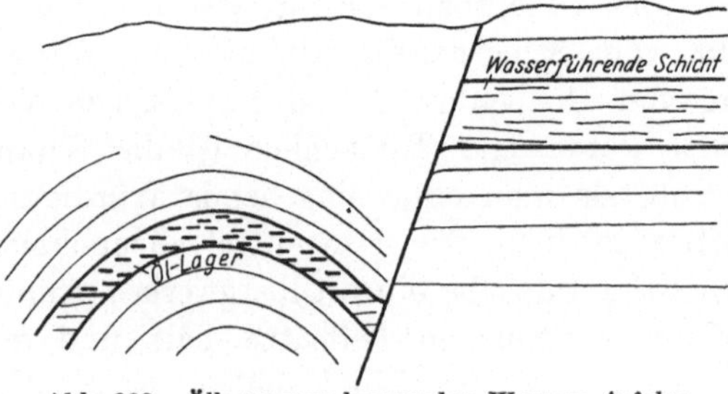

Abb. 283. Öllager von hangenden Wassern infolge Verwerfung bedroht.

Das Endwasser kann aber auch durch tektonische Vorgänge unter hydrostatischen Druck geraten sein und infolgedessen die Öllagerstätte bedrohen. Ein solcher Fall liegt z. B. vor, wenn das Endwasser durch eine jüngere Faltung derart emporgehoben ist, daß es nunmehr ein höheres Niveau einnimmt, als das Öllager in der älteren Falte (Abb. 282). Desgleichen kann auch durch eine jüngere Verwerfung hangendes Wasser Zutritt zum Endwasser erlangt haben (Abb. 283) und dadurch indirekt das Öllager unter Wasserdruck setzen. Wenn in diesen Fällen das an und für sich wasserfreie Öllager durch Bohrlöcher oder sonstwie abgezapft wird, so steigt das Endwasser in dem Maße höher, wie dem Öllager Öl oder Gas entzogen wird. Die tieferen Horizonte des Öllagers verwässern dann zuerst, die Endwasserlinie rückt immer höher, und schließlich ist die vordem mit Öl ausgefüllte Antiklinale bis in den Scheitel hinein durch nachdrängendes Wasser mit Wasser gefüllt. Der Zutritt von Wasser tritt aber am ersten durch Bohrlöcher ein, bei denen die Wassersperrung unvollkommen oder wieder undicht geworden ist. Unter diesen Umständen kann das Wasser auch beim Grubenbetriebe sehr unangenehm werden, so daß es nötig wird, die Wasser zutage zu heben. Die Wasserfrage hat aber in der Regel für den unterirdischen Ölbergbau nicht die Bedeutung, welche sie bei der Bohrtechnik spielt. Während bei einem Bohrloche ein Wasserzufluß von 1 l pro Minute unter Umständen schon das ganze Bohrloch unrentabel macht, wird in einer Grube von auch nur geringer Ausdehnung ein Zufluß von 50—100 l pro Minute kaum empfunden werden, da diese Wassermenge mit der Förderung der gewonnenen Gebirgsmassen gleichzeitig zutage gefördert wird.

Außer den aus Bohrlöchern und aus synklinalen Gegenflügeln zusitzenden Wassern ist aus der Ölgrube auch das künstlich zugeführte Betriebswasser, wie das Wasser des Spülversatzes, das Spritzwasser u. dgl., zu heben.

313. Gleichzeitiger Austritt von Öl und Wasser. Wenn Öl und Wasser unter gleichen Bedingungen einer Austrittsöffnung, etwa einem Bohrloche, zufließen, so wird das Verhältnis von Wasser zu Öl immer einen Überschuß von Wasser zeigen. Denn die Reibungswiderstände, die das Öl auf seinem Wege findet, sind infolge seiner größeren Viskosität immer größer als die des Wassers; je zähflüssiger das Öl ist, um so ungünstiger wird das Verhältnis von Wasser zu Öl beim Ertrage sein. Bei einer gewissen Viskosität wird überhaupt ein nennenswerter Ölzufluß nicht mehr stattfinden. Es kann also tatsächlich ein Öllager reichlich Schweröl enthalten und dabei doch das Bild durch den relativ starken Wasserzutritt so verwischt werden, daß der Eindruck fast völligen Ölmangels entsteht. Es unterliegt keinem Zweifel, daß infolge dieser ungleichen Fluidität der beiden Flüssigkeiten des öfteren Öllager überbohrt oder vorzeitig aufgegeben worden sind.

Das schnellere Vordringen des Wassers gegenüber dem des Öles und die damit zusammenhängende Irreführung des Beobachters macht es für viele verwässerte Öllager nicht unwahrscheinlich, daß Wasser in ihnen nur in begrenztem Maße vorhanden ist, und die im Lager etwa vorhandenen Wasserlinsen ohne allzu große Opfer an Zeit und Geld im unterirdischen Betriebe leer gepumpt werden können. Ein Leerpumpen der eingebrochenen Wassermassen ist auch öfters bei Tiefbohrungen zu verzeichnen gewesen. Ein solches Beispiel liefert das Uchimichikawafeld in Japan, welches einen schnellen Aufstieg nahm und eine glänzende Zukunft versprach, dann aber wahrscheinlich durch mangelhafte Wassersperrung versoff. Man pumpte durch die Tiefbohrlöcher etwa ein halbes Jahr lang täglich bis 500 blls Wasser, d. h. die für einen unterirdischen Betrieb geringe Menge von etwa 75 l pro Minute. Nach halbjähriger Frist war das Wasser erschöpft, ohne daß allerdings das Öl sich wieder einstellte, weil es wahrscheinlich vom Wasser in ein entlegenes Gebiet verdrängt worden war. Auch im Lima Indiana Feld ist es bekannt, daß manche Bohrlöcher zunächst längere Zeit hindurch nur Wasser fördern, um erst nach längerem Zeitraum sich in Ölproduzenten zu verwandeln. Ja, manche der besten Ölsonden sind in diesem Felde zunächst ausschließlich Wasserproduzenten gewesen.

314. Anfahren wasserbringender Bohrlöcher. Wenn das Wasser durch Bohrlöcher Zutritt zur Lagerstätte erhalten hat, kann es sowohl aus hangenden wie aus liegenden Schichten stammen. Besonders gefährlich für den unterirdischen Grubenbetrieb sind Bohrlöcher, die im Überschwemmungsgebiet von Flüssen angesetzt und nicht oder nur mangelhaft gesperrt sind. Das Nächstliegende bei der Bekämpfung der Wasserschwierigkeiten, die von Bohrlöchern herstammen, ist das nachträgliche Dichten der Bohrlöcher. Wenn diese noch offen stehen, ist diese Aufgabe meist ohne besondere Schwierigkeiten durch Zementieren zu erfüllen. Die Dichtungsarbeit setzt aber voraus, daß unterhalb des wasserführenden Horizontes feste, wasserundurchlässige Schichten anstehen. Ist unterhalb der wasserführenden Schicht kein fester, wassertragender Horizont vorhanden und das Gebirge zu Nachfall und Schlammbildung neigend, so ist der Abschluß schwierig. Noch schwieriger ist es, wenn die Bohrlöcher bereits verlassen sind und die Futterrohre teilweise oder ganz aus dem Bohrloche entfernt sind, und diese dabei überhaupt nicht gedichtet sind, was sehr oft der Fall ist. Ein Aufsuchen der Bohrlöcher und ein nachträgliches Dichten von Tage aus ist dabei ausgeschlossen. Man muß daher Vorkehrungen treffen, daß, falls die wasserbringenden Bohrlöcher unterirdisch Wasser in die Grubenbaue ergießen oder zu ergießen drohen, man nicht von den Wassern überrascht wird.

Am sichersten unter- oder überfährt man die Bohrlöcher, wenn man die Strecken nach der Brunelschen Vortriebsweise auffährt und dabei die Schutzkammer mit Verschlußtüren versehen ist; es ist also dieselbe Einrichtung, welche auch als Brandschotte dient und als Sicherheitsdamm bei der maschinellen unterirdischen Vorbohrung benutzt wird, die auch bis zu einem gewissen Grade Sicherheit gegen Wassereinbruch gewährt. Solange die Zuflüsse in mäßigen Grenzen bleiben, wird man die zusitzenden Wasser, wenn sie mit der Schutzeinrichtung angefahren werden, zunächst einfach zutage fördern. Wird der Zufluß aber stärker, so wird man die Türen schließen und hinter ihnen die Wasser wenigstens zum Teil aufgehen lassen, dabei aber ständig, um den Wasserdruck nicht allzu hoch steigen zu lassen, so viel Wasser wegpumpen, als die vorhandene Pumpenanlage bewältigen kann. Mittlerweile wird man den Damm durch Anhäufen von Sand- oder von mit Beton gefüllten Säcken so weit verstärken, daß er auch einem höheren Drucke gewachsen ist. Alsdann wird man den Wasserabfluß unterbinden und den Raum zwischen Ortsstoß und Damm und weiterhin den Wasserkanal bis zum Bohrloche im ruhenden Wasser durch Einpressen von Zement ausbetonieren.

Ist das Gebirge tonig und schlammbildend, so sind die Aussichten auf ein Gelingen der Zementierung gering, und wird man sich in den meisten Fällen mit der Erkenntnis abfinden, daß eine nachträgliche Dichtung der Bohrlöcher von unten her schwerlich zu erzielen ist. Man muß sich dann damit begnügen, die betreffende Strecke abzudämmen.

315. Unterirdische Dichtung eines wasserführenden Bohrloches in Pechelbronn. In Pechelbronn wurde die unterirdische Dichtung eines Bohrloches wie folgt erzielt. Das Bohrloch sehr alten Datums war in der Karte und im Verzeichnis nicht vermerkt. Wahrscheinlich war es ein Wasserbringer gewesen, der aus dem Liegenden des Lagers erhebliche Mengen Wasser gebracht hatte. Die ganze Situation ergab, daß das Lager in dem Bohrloche überbohrt worden war, denn die Strecke, mit welcher man unvermutet das Bohrloch anfuhr, bewegte sich in einem besonders reichen Ölnapf. Das Bohrloch war vor Jahren mangelhaft mit Zement gedichtet worden, wie die im Bohrloch befindlichen halbverfestigten Schlammassen bewiesen. Man konnte das Bohrloch im Liegenden etwa 2,5 m tief von Schlamm reinigen. Dann kam man auf festere Dichtungsmassen. Der Wasserzufluß betrug etwa 250 l pro Minute. Die vorhandenen Pumpeneinrichtungen reichten soeben aus, um diese Wassermengen zu bewältigen, so daß die Grube zu versaufen drohte. Ein Aufbohren des Bohrloches zum Zementieren desselben schien gefährlich, da man ja den Wasserhorizont hätte anbohren können, und dann die Wasser mit elementarer Gewalt auszubrechen drohten. Man entschloß sich daher, sich mit der ungenügenden Tiefe des offenen Bohrloches zu begnügen und in dieses ein Standrohr zum Zementieren einzubringen. Nachdem das Standrohr eingebaut und das Bohrloch unter seinem Schutze nach dem Versteinungsverfahren auszementiert war, schien die Arbeit gelungen zu sein. Aber schon nach Verlauf eines Tages preßte sich das Wasser in einiger Entfernung vom Bohrloche durch, weil das Bohrloch nicht tief genug gereinigt war, ein tieferes Aufbohren des Bohrloches aber unter dem Schutze des wenig tief ins Bohrloch eingeführten Standrohres nicht tunlich erschien. Unter dem Drucke des Wassers hob sich sogar die Sohle, so daß sie zum Schutze gegen einen Durchbruch des augenscheinlich unter sehr hohem Druck stehenden Wassers gegen die Streckenfirst abgestempelt werden mußte. Darauf wurde die Streckensohle bis zu einer Entfernung von etwa 5 m jederseits des Bohrloches mit einer Betondecke von 50 cm Stärke aufgesattelt, und in diese mitsamt dem bis zum alten Niveau wieder aufgebohrten Bohrloche das Standrohr einbetoniert. Alsdann wurde die Betonierung wiederholt mit dem Ergebnis, daß nun die Wasser in noch größerer Entfernung vom Bohrloche in die Strecke traten, und die Sohle mitsamt der aufgesattelten Betonschicht sich hob. Man entschloß sich daher, im Abstande von etwa 10 m vom Bohrloch einen Mauerdamm aufzuführen, dessen Sockel etwa 50 cm tief im Liegenden nach Ausheben einer Fundamentgrube angesetzt wurde. Das Bohrloch wurde nochmals bis zur Teufe der beiden ersten Versuche aufgebohrt und das Standrohr nunmehr 1,25 m hoch über der ursprünglichen Sohle einbetoniert, also die Strecke bis zu dieser Höhe mit einer Betondecke ausgefüllt, so daß über der aufgesattelten Betondecke nur ein Arbeitsraum von etwa 1,25 m zur Verfügung stand. Die Betondecke wurde noch kräftig gegen die First abgestützt, und darauf der Zement in das Bohrloch gepreßt. Diesmal gelang der Versuch, das Bohrloch abzudichten, vollständig. Darauf wurde der bis Brusthöhe aufgeführte Mauerdamm bis zur First aufgeführt und der verbliebene Raum ganz ausbetoniert.

316. Wältigung unreiner Grubenwasser. Wenn man genötigt ist, salzhaltige Wasser mittels Pumpen zutage zu heben, so werden die Konstruktionsteile der Pumpen dadurch sehr angegriffen. Deshalb ist es von Vorteil, die salzigen Wasser tunlichst durch verbrauchte Süßwasser, d. h. durch Spülversatzwasser, durch das Wasser des hydraulischen Spritzstrahles, das Wasser der Kraftmaschinen usw., zu verdünnen. Außerdem ist den zu hebenden Wassern, falls sie mit Kolben- oder Zentrifugalpumpen gehoben werden, für alle Fälle Gelegenheit zu geben, sich vorher gründlich zu klären; auch Ersatzstücke der besonders dem Verschleiße ausgesetzten Pumpenteile müssen in genügender Zahl vorhanden sein, wie denn überhaupt jedes Pumpenaggregat eine vollständige Reserve haben muß. Unempfindlich gegen Salzgehalt sind die ventillosen Pumpen, Strahlelevatoren, Mammutpumpen, Luftdruckheber usw., welche daher auch aus diesem Grunde zu empfehlen sind.

317. Sumpfstrecken. Die Wasser sammeln sich in einem Sumpf, in welchem sie nötigenfalls den Schlamm absetzen. Das beste Sammelbassin sind eigens für die Sammlung der Wasser angelegte Strecken oder ein Streckennetz, sogenannte Sumpfstrecken, welchen das gesamte Grubenwasser zuströmt oder zugeführt wird. Diese Sumpfstrecken werden im Grubentiefsten unterhalb der Sohle angelegt. Es ist aber nicht zweckmäßig, die Sumpfstrecken unmittelbar mit dem Schachtsumpfe in Verbindung zu bringen. Denn das Grubenwasser wird immer einen gewissen Gehalt an Öl führen, welches als Ölhaut auf dem Wasser schwimmt und verdunstet. Infolgedessen schweben oberhalb der Wasser in den Sumpfstrecken Öldämpfe, welche, wenn sie mit dem Schachte, der Schlagader des ganzen Betriebes, in Verbindung stehen, das ganze Unternehmen gefährden. Die Sumpfstrecken liegen daher zweckmäßigerweise abseits des Schachtes ohne Verbindung mit demselben. Wenn die Grubenwasser viel Schlamm, Ölsand usw. mitführen, ist es angebracht, wenn ein Hauptsumpf als Doppelkläranlage von einem Gesenk aus angelegt wird. Ist der eine Sumpf verschlammt, wird er gereinigt, während der andere in Betrieb genommen wird.

Es ist nicht immer erforderlich, daß die Grubenwasser vom Sumpfe aus durch Schachtleitungen zutage gepumpt werden. In manchen Fällen stehen reichlich Bohrlöcher zur Verfügung, welche als Steigleitungen benutzt oder zur Aufnahme von Steigleitungen eingerichtet werden können, so daß im Innern der Grube die Wasserwege nur kurz sind.

Jeder Sumpf ist ständig zu ventilieren, auch wenn das Wasser ölfrei ist, da in dem Sumpfe sich Öldämpfe ansammeln werden. Am besten ist zur Ventilation des Sumpfes eine Sonderbewetterung.

Baut man auf mehreren Sohlen, so wird man entweder auf jeder Sohle eine Sumpf- und Pumpenanlage anlegen, oder aber man wird das Wasser von allen Sohlen einem Sumpfe im Hauptwasserhorizont oder in der untersten Sohle zuführen. Im letzten Falle kann man das zur Verfügung stehende Gefälle zum Betriebe kleinerer Arbeitsmaschinen, z. B. von Sonderventilatoren, ausnutzen (Nr. 298), im ersten Falle muß man auf den unterhalb gelegenen Sohlen Zubringerpumpen anbringen, die die Wasser zu der oberen Sohle bringen. Die Größe des Sumpfes ist so zu bemessen, daß die Wasserzuflüsse von wenigstens 24 Stunden aufgenommen werden können.

318. Kulturelle Ausnutzung der Grubenwasser. Nicht immer sind Grubenwasser beim Ölbergbau unerwünscht. Es kann auch der Fall so liegen, daß die Ölfelder im Wüstenklima oder in niederschlagsarmen Gebieten liegen und gerade der Wassermangel sowohl der Entwicklung des Ölbergbaues als auch der allgemeinen Kultur im Wege steht, wie dies z. B. in den Rockymountains oder in einzelnen Ölfeldern Kaliforniens der Fall ist. In wasserarmen Gegenden wird man naturgemäß die zutage gehobenen Grubenwasser sorgfältig sammeln und nach Möglichkeit wieder benutzen, den Überschuß aber zum Nutzen der Allgemeinheit zu kulturellen Zwecken abgeben.

319. Die Waterdrivemethode im unterirdischen Grubenbetrieb. Ein Förderer der Ölproduktion kann das Wasser aber werden, wenn es in einem gewissen Prozentsatz Öl mitführt. Etwas Öl wird es ja fast immer enthalten, da es auf seinem Durchfluß durch die Lagerstätte Öl auswäscht und auch auf seinem Wege durch die Grube mehr oder weniger mit Öl in Berührung kommt. Ein Ölgehalt von nur $1^0/_0$ kann ein sehr gewinnbringendes Geschäft werden, da bei diesem geringen Ölgehalt der minutliche Zufluß von etwa 500 lt Wasser einer minutlichen Gewinnung von 5 l Öl entsprechen würde. Die Ausbeutung schwacher Flöze, die für die Gewinnung und den Abbau zu schwierig sind, läßt sich nach diesem Prinzip mit Vorteil durchführen. Zu diesem Zwecke wird oben eine streichende Strecke und unten eine solche getrieben. Die obere wird auf beiden Seiten durch Mauerdämme a, a (Abb. 284) abgeblendet und darauf mit Wasser unter mäßigem Druck gefüllt. Die obere Strecke ist in der Sohle, die untere in der First durchlässig gemauert. Das Wasser wird seinen Weg aus der oberen Strecke durch das Öllager in der Fallrichtung abwärts nehmen und unten mit Öl beladen austreten.

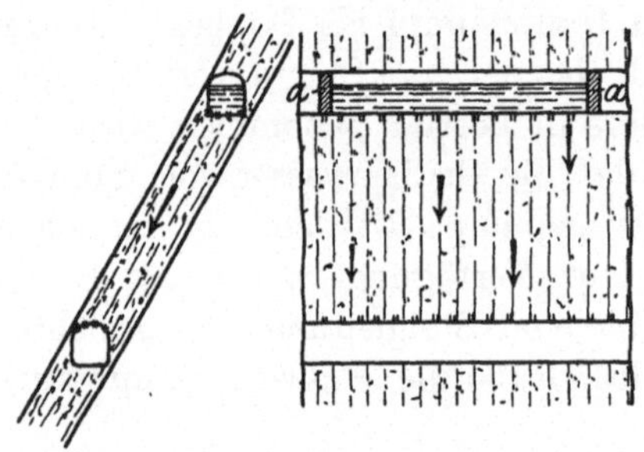

Abb. 284. Waterdrivemethode im Streckenbetriebe.

Das gleiche Verfahren wird man oft einschlagen können, wenn das Öllager mächtiger ist, aber aus festem Kalk oder Sandstein besteht, so daß das Auffahren von Strecken zu teuer ist. Es ist dies die sinngemäße Anwendung des Waterdrive- oder Bradfordverfahrens auf den unterirdischen Grubenbetrieb. Man kann den Prozeß unter Umständen durch Abblenden und unter Unterdrucksetzen der unteren Strecke mittels der Vacuum-air-Methode verstärken.

320. Erfassen des Sickeröles aus dem Streckenwangen. Wenn Sickeröl aus der Lagerstätte austritt, ist natürlich noch viel mehr wie bei den mehr oder weniger ölhaltigen Wassern darauf zu halten, daß das Öl sich nicht in offenen und ungesicherten Ölsümpfen sammelt. Ölsumpf und Wassersumpf sollten getrennt voneinander, jeder, wenn möglich, in Anschluß an ein oder mehrere zur Aufnahme der Steigleitungen dienende Bohrlöcher angelegt werden. Ein Abfluten des Öles in offenen Ölseigen ist ganz unstatthaft. Als man in Pechelbronn die ersten Erfahrungen sammelte, ließ man das Öl in der ersten Zeit in offenen

glasierten Tonrohrseigen von halbkreisförmigem Querschnitt abfließen,
die mit glasierten Tonplatten zugedeckt waren (Abb. 285). Der Druck
des zu losen Sandmassen zerfallenden Gebirges
schob die Türstockbeine in die Strecke hinein;
dabei zerstörten sie beim Vorrücken die Seigen,
was zu Ölüberflutungen der Strecke führte.
Infolgedessen legte man die Ölseigen später in
die Mitte der Strecke und ließ in der Wangen-
auskleidung zum Abfluß des aus den Wangen
aussickernden Öles kurze, röhrenförmige Zu-
bringerkanäle hin und wieder offen. Für das
aus den Streckenwangen aussickernde Öl kann
man diese Disposition beibehalten; es empfiehlt
sich indessen, daß die Deckel aus glasierten
Tonplatten einen Anschlag erhalten (Abb. 286),
der es verhütet, daß die Deckel sich seitlich
verschieben. Besser ist es aber, wenn an Stelle
der Ölseige bei Streckenmauerung eine Rohrleitung tritt, in welche die Zubringerrohrstücke
von den Streckenwangen mittels T-Stücken
münden. Man hat dann den Vorteil, daß man

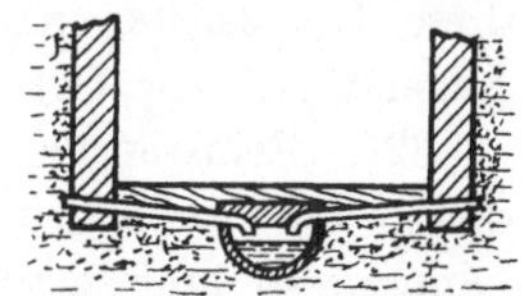

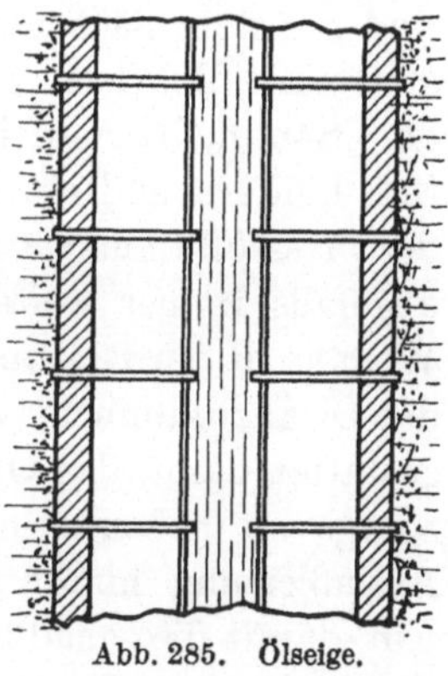

Abb. 285. Ölseige.

auch die Lagerstätte in den den Streckenwangen anliegenden Partien
unter Unterdruck setzen und intensiver entölen kann. Die Ölseigen
führen zu kleinen Sammelbehältern, aus denen das Öl
durch Pumpen entfernt wird.

Neuerdings legt man in Pechelbronn die Streckensohle oberhalb des Ölspiegels an. Man gräbt dazu in
der Sohle in der Mitte der Strecke einen Kanal, dessen

Abb. 286.
Verdeckte Ölseige.

Sohle bis zum Liegenden reicht (Abb. 287). In demselben fließt das
Öl ab, wobei es vollkommen verdeckt bleibt. Das Öl aus den Streckenwangen sickert nach der Pegelkurve $EFGH$
dem Kanal in der Mitte zu. Der Kanal ist
seitlich durch eine Bohlenverkleidung gestützt
und oben durch eine solche abgedeckt. Um
die Strecke aufzufahren, muß man, da die
Mächtigkeit des Lagers nicht ausreicht, einen
Teil des Hangenden nachreißen.

Bei dieser Betriebsweise arbeiten die Arbeiter zwar im Trockenen und entzieht sich
das abfließende Öl dem Blick, aber die Streckensohle ist immer mit Öl getränkt und auch der

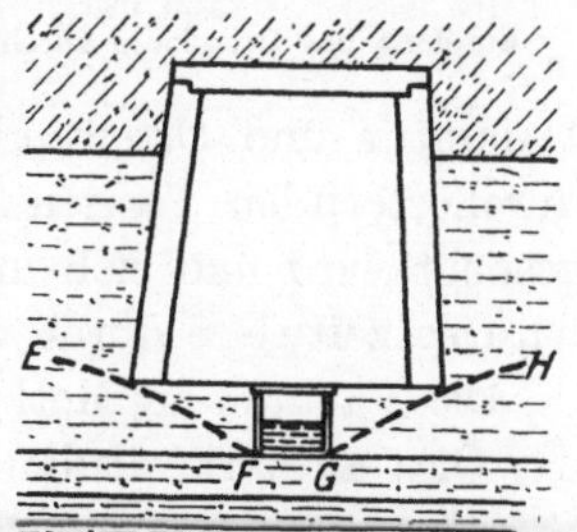

Abb. 287.
Öltragewerk in Pechelbronn.

Verdunstung des in ihr enthaltenen Öles ausgesetzt, so daß der Kanal
wohl ständig mehr oder weniger mit Öldampf gefüllt sein dürfte.

Außerdem ist das Mitreißen des Daches, welches eine größere Festigkeit zu haben pflegt, kostspielig und zeitraubend. Aber immerhin gestattet diese Disposition, das Öl schon sofort bei seinem Austritte aus der Lagerstätte vor Ort verschwinden zu lassen.

321. Erfassen des Sickeröles vor Ort. Will man die Gefahr, welche das in der Grube zirkulierende Öl für die Grube bedeutet, aus derselben bannen, so muß man das Öl auch vor Ort unmittelbar nach seinem Austritt in geschlossenen schmiedeeisernen Rohrleitungen fassen und auf dem nächsten Wege, d. h. tunlichst durch ein zur Verfügung stehendes Bohrloch zutage fördern. Hierzu wird man das Öl durch eine Sammelbarriere kurz hinter der Ortswand am ungehinderten Abfluß hindern und einer in ihr mündenden Abflußleitung zuführen. Da der Ortsstoß immer weiter ins Feld vorrückt, muß diese Sammelbarriere ebenfalls immer weiter nach vorne verlegt werden. Ein wanderndes Wehr stellt der Brunelsche voreilende Ausbau dar, dessen Türschwellen das Öl anzusammeln vermögen. Eine Abflußleitung in der Türschwelle gestattet dann, das Öl sofort in verdecktem Zustande abzuführen und zutage zu heben. Gegen Gasausbrüche, Ölausbrüche usw. muß die Abflußleitung hinter dem Damm mit einem Absperrventil versehen sein, damit die schädlichen Gase usw. nicht evtl. durch die Rohrleitung Zutritt zu den Grubenräumen haben.

322. Die Vacuum-air-Methode vor Ort. Wenn die Lagerstätte Sickeröl hergibt, kann die Vacuum-air-Methode auch in Verbindung mit

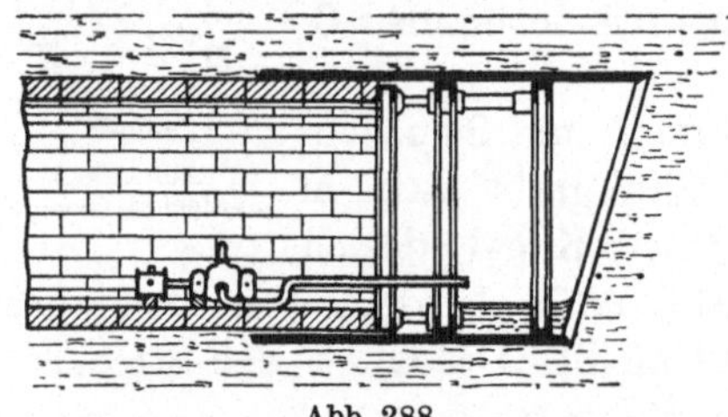

Abb. 288.
Entölung des Ortsstoßes durch Unterdruck.

dem wandernden Streckenausbau unter Abschluß des Streckenortes vorzügliche Dienste leisten. Um das Öl aus der Lagerstätte herauszuziehen, wird die Strecke vor Ort abgeblendet. Darauf kann man die Ortskammer mit einer Vakuumpumpe in Verbindung setzen, welche die Luft zwischen Dammtür und Ortswand so verdünnt, daß das in den zunächst zu durchörternden Partien der Lagerstätte enthaltene Öl (und Gas) angesaugt wird und sich in der Kammer sammelt (Abb. 288). Von hier wird es zeitweise durch das Abflußrohr abgelassen.

Die Vacuum-air-Methode wird so lange fortgesetzt, bis der Austritt des Öles aufhört; alsdann wird die Gesteinsgewinnungsarbeit und der Streckenvortrieb wieder fortgesetzt, nachdem der Damm wieder geöffnet ist. Auf diese Weise erreicht man, daß die vor Ort liegenden Partien der Lagerstätte jeweilig beim Streckenvortrieb trocken gelegt werden, und nur das durch Adhäsion und Kapillarwirkung an den Ölträger gebundene Öl zurückbleibt.

Man wird bei diesem Vorgehen die Arbeiten, einerseits die Lagerstätte durch ein Vakuum zu entölen, andererseits die Strecke vorzutreiben, in einem gewissen Rhythmus miteinander abwechseln lassen. Namentlich wird man alle Arbeitspausen zur Anwendung der Vacuumair-Methode benutzen, evtl. auch die Nachtschicht zur Ölgewinnung nach dieser Methode, die Tagschicht aber zum Streckenvortrieb verwenden und auch Sonntags die Lagerstätte vor Ort ausgiebig durch Unterdruck entölen.

Auf diese Weise läßt es sich erreichen, daß die Arbeiter im praktischen Sinne in ölfreiem Gebirge arbeiten. Damit wird der Grube der gefährliche Charakter genommen. In einer gut geleiteten und ausgerüsteten Ölgrube soll, je mehr frei fließendes Öl die Lagerstätte hergibt, um so mehr Nachdruck darauf gelegt werden, das Öl den Blicken zu entziehen und es nur in geschlossenen Leitungen und Sammelbehältern durch die Grube zirkulieren zu lassen und zutage zu fördern.

323. Entleerung der Ölsammeltanks. Während die Hauptmasse des Öles, welches vor Ort austritt, unmittelbar den Hauptleitungen zufließt oder zugeführt wird, wird das aus den Streckenwangen und kleineren verzettelten Ölsickerstellen stammende Öl geschlossenen Sammelstellen zugeführt, aus denen es den größeren Ölleitungen zugeführt wird. Hierzu kann man sich, wenn die kleinen Sammeltanks höher liegen als die betreffende Ölleitung, der Schwimmerventile bedienen, die das Öl selbsttätig entlassen, wenn die Sammelbassins gefüllt

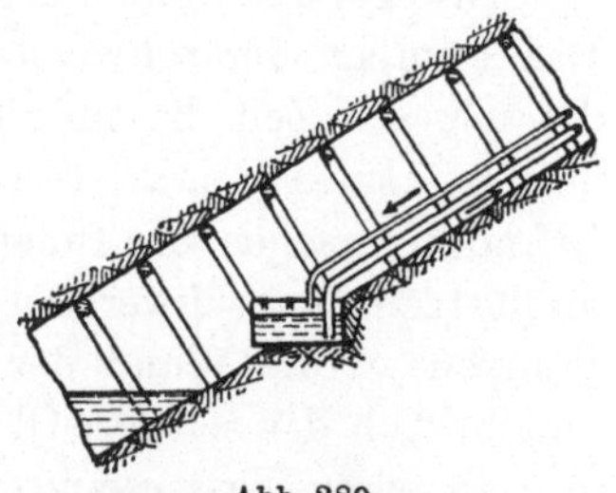

Abb. 289.
Pneumatische Ölförderung.

sind. Liegt die Hauptleitung aber in gleicher Höhe mit dem Sammeltank oder höher wie dieser, so muß man am besten durch Druckluft das Öl aus den Tanks in die Hauptleitungsrohre heben. Abb. 289 zeigt die pneumatische Ölförderung aus kleinen Sammelgefäßen zu höher gelegenen Leitungen, welche sich, solange die Pechelbronner Gruben in deutschem Besitz waren, vorzüglich bewährten, weil sie ganz unempfindlich gegen die vom Öle mitgerissenen Sandkörner sind.

324. Die Ölleitungen. Damit das Öl selbsttätig durch seine eigene Schwere in den Ölseigen und Ölleitungen fließt, muß man diesen und somit den Strecken eine etwas größere Neigung geben als dies für Wasserabfluß nötig ist. Es hängt dies zusammen mit der größeren Viskosität des Öles gegenüber Wasser. Die Ölleitungen werden namentlich bei großer Zähflüssigkeit des Öles unter Umständen zweckmäßig in nicht mehr benutzte Strecken verlegt, die nach Einbau der Ölleitung beiderseits abgeblendet werden. Dies hat den Vorteil, daß die Ölleitungen der Zerstörung durch äußere Einflüsse am ehesten entzogen sind und

auch ein Undichtwerden der Leitungen und die dadurch bedingten Öl-
verluste nicht von großem Nachteil sind, da das Lecköl ja noch in
geschlossenen Räumen bleibt. Führen die Leitungen Schweröl, so kann
dasselbe evtl. durch Einströmen von Dampf in die Leitungen, und zwar
zweckmäßigerweise durch Dampfelevatoren, leichtflüssiger gemacht
werden. Die damit verbundene Erwärmung der Streckenwangen und
des Gebirges fördert auch den Austritt des Öles aus dem Gebirge,
welches zu diesem Zwecke durchlässig zu vermauern ist. Das infolge
der Erwärmung nachträglich aus der Lagerstätte austretende Öl wird
wie das Lecköl aus der abgeblendeten Strecke durch Pumpensaug-
leitungen oder pneumatisch abgeleitet.

Vor Wiederbetreten der abgeblendeten Strecken zwecks Reparatur
der Leitungen muß natürlich die größte Vorsicht obwalten. Zunächst
muß die Dampfleitung abgestellt werden und darauf eine gründliche
Ventilation der abgeblendeten Strecke vorgenommen werden, ehe die
Strecke befahren werden kann. Zu diesem Zwecke sind am Fuße der
Blendmauern Ventilatoren zur Sonderbewetterung vorzusehen.

Schweröl kann man auch durch Wasserzusatz leichtflüssiger machen.
Das Pumpen der schwersten asphaltreichen Öle bereitete aber bis in
die neueste Zeit besondere Schwierigkeiten, die erst durch Isaaks
und Buckner Spead behoben zu sein scheinen. Diese kalifornischen
Erfinder versehen die Innenwandung der Rohrleitungen mit Drallzügen
und setzen dem schwersten Öle $10^0/_0$ Wasser zu; das Wasser wird beim
Pumpen an die Wand der Leitungen in die Züge gedrückt; dadurch
schiebt sich das schwere Öl mit erheblich verminderter Reibung gleichsam an einer Wasserwandung durch die Rohrleitung durch. Es sollen
selbst Öle vom spezifischen Gewicht 0,970 bis auf größere Entfernungen
zu pipen sein.

325. Allgemeines über die Wasserwältigung. Die Förderung von
Wasser und Öl aus der Grube erfolgt durch Wasserhebemaschinen.
Als solche haben sich Kolbenpumpen und kolbenlose Pumpen entwickelt.
Als letztere sind hauptsächlich Hochdruckzentrifugalpumpen, Wasser-
zieheinrichtungen, Strahlapparate und Druckluftheber in Betrieb.
Alles Wasser und Öl muß den Wasserhebeeinrichtungen durch Saug-
leitungen oder in natürlichem Gefälle zugeführt werden.

Die Saughöhe kann bei reinem Wasser bis 7 m betragen. Jedoch
ist die Saugleitung absolut dicht zu halten, damit nicht etwa Luft anstatt der zu hebenden Flüssigkeit angesaugt wird und die Pumpe
versagt. Man kann rechnen, daß, wenn man von Motordefekten absieht,
beim Versagen der Pumpen in 99 von 100 Fällen die Ursache für das
Versagen an der Saugleitung liegt.

Bei der Förderung von Öl oder ölhaltigem Wasser ist diese hohe
Saughöhe nicht zu erreichen. Das Öl verdunstet ja auch schon bei

normaler Temperatur, und so bilden sich in der Saugleitung Öldämpfe, deren Spannung die anzusaugende Flüssigkeit zurückdrängt. Die Öldämpfe in der Saugleitung wirken genau wie angesaugte Luft. Praktisch darf beim Pumpen von ölhaltigem Wasser oder noch mehr von reinem Öl die Saughöhe 2—3 m nicht übersteigen. Vorteilhafter ist es sogar, das Öl durch natürliches Gefälle der Pumpe zufließen zu lassen.

326. Aufstellungsort der Pumpen. Der Antrieb der Pumpen kann über Tage und unter Tage erfolgen. Obertägige Wasserhaltungsmaschinen sind veraltet und kommen für neu einzurichtende Bergwerksbetriebe nicht mehr in Frage; sie können daher bei den vorliegenden Erörterungen übergangen werden. Sie entsprechen übrigens den für Tiefbohrlöcher üblichen Gestängepumpen.

Unter Tage können die Pumpen durch Dampf, Elektrizität, Preßluft und Druckwasser angetrieben werden.

Die Pumpenkammer soll nur in Ausnahmefällen unmittelbar am Schachte oder im Schachte selbst liegen. Sie soll vielmehr in einiger Entfernung vom Schachte angelegt werden.

Die Pumpenkammer liegt zweckmäßigerweise in Sohlenhöhe, wenn möglich, in Verbindung mit Bohrlöchern, die zur Aufnahme der Steigleitungen, evtl. auch zur Sonderbewetterung der Pumpenkammer benutzt werden können. Die Tiefe des Sumpfes soll in Anbetracht der verminderten Saughöhe 2—3 m nicht übersteigen, wenn das Wasser ölhaltig ist. Infolgedessen muß die Sumpfanlage relativ eine größere Horizontalerstreckung haben wie dies bei anderen Bergwerksbetrieben der Fall ist. Jede Pumpenkammer ist mit einer vollkommenen Reservepumpe auszurüsten, welche möglichst unabhängig von dem anderen Pumpenaggregat ist.

Um die schädliche Ansammlung von Öl auf der Oberfläche des Sumpfes möglichst zu vermeiden, wurde in Pechelbronn zeitweise die Anordnung mit Erfolg so getroffen, daß der Saugkorb an der Oberfläche des ölhaltigen Wassers schwimmend erhalten wurde, so daß das Wasser von der Oberfläche des Sumpfes der Saugleitung zuströmt (Abb. 290).

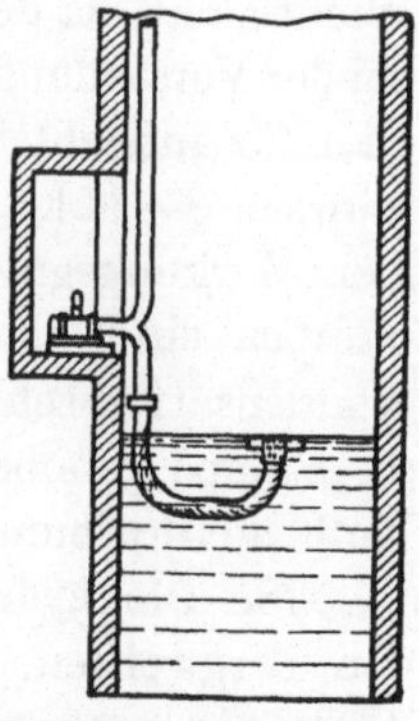

Die Maschinenkammer muß ebenso wie der Sumpf gut ventiliert werden, am besten durch Sonderventilation. Damit die Öldämpfe die Pumpenkammer nicht erreichen können, muß der Sumpf gegen die Maschinenkammer so abgetrennt sein,

Abb. 290. Sumpfen der Ölschicht von der Oberfläche des Sumpfes an.

daß nur frische Wetter nachströmen können. Vor jedem Betreten des Sumpfes ist für gründlichen Wetterwechsel zu sorgen. Das Entlüftungsrohr der Sumpf- und Pumpenkammerventilation mündet in den verbrauchten Wetterstrom bzw. in ein zutage gehendes

Bohrloch. Ist das Öl sehr zähflüssig, so tut man evtl. gut, durch Zusatz von Wasser das Öl pumpfähig zu machen.

Das Betreten eines Ölsumpfes ist immer gefährlich und sollte nur unter großer Vorsicht erfolgen. Denn auch ein des Schwimmens kundiger Mensch, der in das leichte Öl hineingerät, wird sofort betäubt werden und untergehen, um nicht wieder zum Vorschein zu kommen. Ein solcher beklagenswerter Unfall ereignete sich z. B. in Pechelbronn und mahnt zu größter Vorsicht.

327. Dampfkolbenpumpen. Da es sich bei Ölbergwerken, wenigstens in den nächsten Jahrzehnten, vorwiegend um relativ geringe Teufen handelt, so ist man in der Lage, die Wasserhaltung durch Dampf zu betreiben, zumal die Kondensation des verbrauchten Dampfes in den geringen Teufen auch keine Schwierigkeiten macht.

Als stationäre Dampfpumpen kommen liegende Kolbenpumpen mit Schwungrädern in Frage. Nur beim Schachtabteufen werden auch schwungradlose Senkpumpen als Duplexpumpen benutzt (Abb. 109). Man kann bei ununterbrochenem Betriebe mit 2,8 Pf. pro Pferdekraftstunde, bei 12stündiger Betriebsdauer mit 4,7 und bei 4stündiger Betriebsdauer mit 8,5 Pf. inkl. Verzinsung und Amortisation rechnen. Würde man 1 cbm Wasser minutlich 150 m hoch zu heben haben, so würden die täglichen Wasserwältigungskosten bei Dauerbetrieb etwa 23 M. pro Tag oder im Jahre 8500 M., bei 12stündigem Betrieb etwa 14000 M. und bei 4stündiger Dauer des Pumpens etwa 25000 M. betragen. Diese Belastung dürfte bei Ölgruben in den meisten Fällen, solange keine sonstigen Erschwernisse (Auswaschen des Gebirges usw.) vorliegen, nicht allzu fühlbar sein. Diese Feststellung ist von besonderer Wichtigkeit, da der Ölfachmann, der nur mit Tiefbohrungen zu tun hat, bei der Vorstellung von einem Wasserzufluß von 1 cbm minutlich den Betrieb für aussichtslos hält. Der Dampfverbrauch beträgt bei Schwungradpumpen 8—12 kg pro Pferdekraftstunde, bei Duplexpumpen 25—50 kg. Der Wirkungsgrad der Kolbendampfpumpen ist 90—95%. Dampfpumpen sind bei größerer Teufe nicht mehr zu verwenden, da die Kondensation schließlich ebensoviel Frischwasser beansprucht, als durch die Pumpe gehoben wird. Die Grenze der Anwendungsmöglichkeit von Kolbendampfpumpen liegt theoretisch bei etwa 800 m Tiefe.

328. Die hydraulischen Wasserhaltungsmaschinen. Diese sind aus den Bergwerken, die auf feste Mineralien bauen, fast ganz verdrängt, da das Anlagekapital ein hohes und das Dichthalten der Stopfbüchsen und Leitungen schwierig ist. Beim Ölbergbau können sie aber eine Zukunft haben, da die Bedenken, welche gegen die hydraulischen Wasserhaltungsmaschinen geltend gemacht werden, hier zum großen Teile fortfallen. Die hydraulische Wasserhaltung empfiehlt sich, besonders bei Leichtölgruben, weil keine Erwärmung der Grube und keine

Funkenbildung stattfindet; auch kann sich die Frage der Druckwasser-
leitungen durch die meistens zur Verfügung stehenden Bohrlöcher
einfacher gestalten. Vor allen Dingen aber wird in vielen Fällen
der Betrieb sich dadurch verbilligen, daß natürliche Wasserkräfte
zur Verfügung stehen, wodurch die Anlage eines Akkumulators nicht
erforderlich ist.

Die hydraulischen Wasserhaltungen arbeiten mit Kraftwasser von
200—250 Atmosphärenpressung. Unter dem Druck desselben werden
unter Tage die Tauchkolben der Pumpen in Bewegung gesetzt. Gewöhnlich sind 3—4zylindrige Pumpen angebracht, die sich gegenseitig
und selbst steuern.

Die Betriebskosten der hydraulischen Wasserhaltungsmaschinen
werden bei 12stündiger Pumpdauer mit 6 Pf. pro Pferdekraftstunde
angegeben, falls die Kraft über Tage erzeugt wird, ein Satz, der sich
aber reduziert, wenn natürliche Wasserkräfte zur Verfügung stehen.
Dann dürfte die hydraulische Wasserhaltung der Dampfpumpe überlegen sein, da annähernd die Hälfte der Betriebskosten, nämlich die
Erzeugung der Betriebskraft, größtenteils fortfällt.

329. Elektrisch angetriebene Zentrifugalpumpen. Die Wirkung der
Zentrifugalpumpen beruht auf dem gleichen Prinzip, auf dem auch die
Zentrifugalventilatoren beruhen. Ein in schneller Umdrehung be-
findliches Schaufelrad schleudert die zwischen seinen Schaufeln befindlichen Wassermassen radial nach auswärts und tangential fort; dabei
saugt es axial Wasser aus dem Sumpfe an. Einen besseren Wirkungsgrad erzielt man, wenn man das aus dem Schaufelrad austretende
Wasser durch einen Kranz fester Leitschaufeln in einem spiraligen
oder kreisringförmigen Auslauf und von da in die Steigleitung treten
läßt. Um die Förderhöhe zu erhöhen, schaltet man eine größere Anzahl
Schaufelräder hintereinander. Dann bringt jedes vorangegangene
Schaufelrad das Wasser dem folgenden Rade zu. Hierbei vergrößert
sich der Druck in dem Wasser von Rad zu Rad, von Stufe zu Stufe,
bis es schließlich unter dem gewünschten Drucke in die Steigleitung
eintritt. Man hat auf diese Weise schon Druckhöhen bis zu 1100 m
überwunden.

Da die Umdrehungszahl der Zentrifugalpumpen eine sehr hohe ist,
so ist der geeignete Motor für sie der elektrische Motor. Dessen Umdrehungszahl wird mit der für die Zentrifugalpumpen nötigen Umdrehungszahl in Übereinstimmung gebracht.

Die Zentrifugalpumpen sind gegen Änderung der Umdrehungszahl
sehr empfindlich, und sind infolgedessen Periodenschwankungen im
Stromnetz zu vermeiden. Von Schlamm und feinem Sand werden sie
zwar nicht so sehr angegriffen wie Kolbenpumpen, jedoch vertragen
auch die Zentrifugalpumpen nur geringe Verunreinigungen des Wassers.

Die Zentrifugalpumpen empfehlen sich besonders ihres geringen Raumbedarfes wegen. Indessen beträgt ihr Wirkungsgrad nur 70—75 %, während die Kolbenpumpe, wie bereits erwähnt, einen Wirkungsgrad von 90—95 % hat. Der Betrieb der elektrischen Zentrifugalpumpen ist infolgedessen meistens teurer als der der Kolbenpumpen. Für größere Teufen kommen indessen elektrische Zentrifugalpumpen neben hydraulischen Wasserhaltungen ausschließlich in Frage. Die Betriebskosten betragen etwa 6 Pf. pro PS bei 12stündiger Dauer der Pumpen.

330. Abteufpumpen. Sowohl schwungradlose Kolbendampfpumpen, als elektrische Hochdruckzentrifugalpumpen werden namentlich beim Abteufen von Schächten verwendet, da sie wenig Raum beanspruchen. Motor und Pumpe werden dabei übereinander angeordnet und das Ganze in einem Hängerahmen eingebaut (Nr. 106). Der Rahmen ist mit einer Seilrolle ausgerüstet und hängt an einem oder zwei Kabelseilen, wodurch es ermöglicht ist, daß die Pumpe, der jeweilig fortschreitenden Schachtteufe entsprechend immer tiefer gesenkt wird.

Einen Zufluß bis zu etwa 300 l pro Minute kann man noch aus 200—300 m Teufe bei großem Schachtdurchmesser ohne Pumpen beim Schachtabteufen mittels der zweiten Fördermaschine fördern. Selbstverständlich muß dabei eine Fördermaschine zur Wasserförderung ausschließlich zur Verfügung stehen.

331. Sonstige Pumpen. Von den anderen in Gebrauch befindlichen Pumpen sind die Mammutpumpen, Elevatoren und Strahlpumpen bereits erwähnt. Sie zeichnen sich alle durch einen geringen Wirkungsgrad aus. So haben Wasserstrahlpumpen einen Wirkungsgrad von nur 10—30 %, Mammutpumpen haben nur 25—50 % Wirkungsgrad. Ihr großer Vorteil liegt aber in ihrer Unempfindlichkeit gegen Verunreinigung der zu hebenden Wassermassen, weshalb sie, wie in Nr. 230 u. ff. dargetan, gerade zur Hebung von Sand und Schlammassen verwertet werden.

XIX. Die Aufbereitung.

332. Allgemeines. Unter Ölaufbereitung versteht man die Trennung des nicht freiwillig aussickernden Öls von den Substanzen, welche ihm als Träger dienen, dem es also vermöge seiner Adhäsion anhaftet. Zur Aufbereitung gehört auch die Trennung des Öls von dem es begleitenden Wasser, mit dem es vermischt ist. Dabei ist aber vorausgesetzt, daß das Öl während des Aufbereitungsprozesses in hydriertem Zustand erhalten bleibt und nicht in Dampfform übergeht. Ist die Trennung des Öls von seinem Träger nur unter Verdampfen des Öls, also unter Aufwendung höherer Temperaturen möglich, so erfolgt die Abscheidung des Öls von den begleitenden Mineralien durch Schwelen unter Luftabschluß. Schwelprozesse sind umfangreiche, selbständige Gebiete der chemischen Technologie, deren Darstellung außerhalb des Rahmens dieser Schrift liegt. Das gleiche gilt für die Extraktion des Öls, bei welcher das Öl in Schwerbenzin oder Benzol gelöst wird und seinen Träger entölt zurückläßt.

333. Die Ölsandhalde. In gewissem Grade findet eine Trennung des Öls von ölhaltigen Sanden auch unter dem Einfluß der Schwere der aufeinanderlagernden Ölsandmassen statt, weil die lose aufgeschütteten Massen, wenn sie sich setzen, ihr Porenvolumen verkleinern und das Öl zum Austritte zwingen. Dann ist das Öl gewissermaßen einem Filterprozeß unterworfen. Aus diesem Grunde wurde, solange die elsässischen Ölgruben in deutschem Besitz waren, die Sohle der Ölsandhalde in Pechelbronn mit Drainagetonröhren ausgelegt, in welche nennenswerte Mengen Öl einfilterten und durch sie zum Abfluß gebracht wurden. Erhöht wurden die Erträge aus der Halde bei stärkeren Niederschlägen und bei Sommertemperatur.

334. Die Ölwäsche. Im allgemeinen lassen sich erdige, tonigdichte und kalkige, ölgetränkte Gesteine nicht im Waschprozeß aufbereiten, sondern müssen geschwelt werden. Das ist besonders der Fall, wenn es sich um hochviskose Öle handelt, deren Adhäsion an dem Ölträger so groß ist, daß sie nur durch Zufuhr großer Wärme und Verwandlung des Öls in Dampf überwunden werden kann.

Für die eigentliche Aufbereitung, d. h. die Trennung von Öl und Sand bei Temperaturen, die unter dem Siedepunkt des Öls liegen, kommen lediglich reine Sandmassen in Betracht, an welchen das Öl unter verhältnismäßig geringer Adhäsionskraft haftet. Das Öl umhüllt jedes einzelne Sandkörnchen wie ein feines Häutchen und füllt auch mehr oder weniger die Poren des Haufwerkes. Setzt man die ölhaltigen Sande der Berührung mit Wasser, dem Waschwasser, aus, so löst sich das Ölhäutchen von seinem Wirt und vermischt sich mit dem Wasser. Das gleiche ist mit dem in den Sandporen enthaltenen Öl der Fall. Die Adhäsionskraft des Wassers an Sand ist also größer als die des Öls, weshalb dieses vom Wasser gewissermaßen verdrängt wird. Beschleunigt wird dieser Prozeß, wenn das Wasser angewärmt ist. Die Pechelbronner Sande entließen das Öl fast augenblicklich, wenn das Waschwasser eine Temperatur von 70° überschritt und in innige Berührung mit dem Ölsande trat. Andere Sande geben das Öl an das ·Wasser bei viel geringerer Temperatur ab, so z. B. der grobkörnige Kanadsusand im Niitzufelde in Japan, welcher sein Öl schon an Wasser abgibt, welches dem Gefrierpunkte nahe ist. Bei solchen Ölsanden genügt es, wenn man sie einfach vom Wasser durchspülen läßt. Aber auch bei der einfachsten Ölsandaufbereitung ist es von entscheidender Wichtigkeit, daß jedes einzelne Sandkorn von Wasser umspült wird; andernfalls ist die Ölausbeute zu unvollkommen, und sind die Verluste zu groß.

335. Ältere Ölsandwäschen. Die ältesten bekannten Ölsandwäschen waren in Pechelbronn, im Braunschweigischen, so bei Hordorf, in Wietze und an anderen Orten schon seit vielen Jahrzehnten, sogar seit länger als einem Jahrhundert bekannt. Man grub dort die „trockenen", „bituminösen", d. h. Öl in hydriertem Zustande enthaltenden, aber kein Sickeröl liefernden Sande, füllte sie in einen Bottich und übergoß sie in demselben mit siedendem Wasser; man „kochte" sie. Unter kräftigem Umrühren des Breies mit einer Handschaufel trennte sich das Öl mehr oder weniger von den Sandmassen und sammelte sich oben auf dem überschüssigen Wasser an, von dem es zeitweilig abgeschöpft wurde[1]).

Dieses „Auskochen" des Ölsandes unter Umrühren der Massen von Hand war natürlich ein mühseliges und wenig ertragreiches Geschäft, welches nur bei außerordentlich geringen Löhnen noch Gewinn abwerfen konnte, und in seinem Ergebnis auch nur den damaligen, sehr geringen, auf den Lokalverbrauch zugeschnittenen Bedarf befriedigen konnte. Für den neuzeitlichen Großbetrieb kann ein solches Verfahren natürlich nicht in Betracht kommen.

Als die wichtigste Arbeit bei dieser Aufbereitung der Ölsande erschien das Umrühren derselben. Indessen war die Beobachtung, daß die Hergabe des Öls aus den Sanden bei kräftigem Umrühren derselben beschleunigt wurde, doch in gewissem Sinne irreführend. Denn das Umrühren hatte in erster Linie die Wirkung, daß den einmal von ihrem Träger losgelösten Ölhäutchen und Ölbläschen Durchlaßöffnungen in den Sandmassen geboten wurden, durch welche sie bis zur Oberfläche des Breies entweichen konnten. Solange die Ölsandmassen dicht aufeinander im Bottich abgelagert sind, ist den Öltröpfchen ein Entweichen nach oben zu versperrt; jedes Ölhäutchen und Ölbläschen wechselt dabei höchstens seinen Wirt, es gibt seine Oberflächenspannung, mit welcher es an dem einen Korn haftet, zwar momentan auf, um sich aber sofort wieder an ein Nachbarkorn zu klammern, ein Vorgang, der beim Auswaschen auch anderer zu dicht gelagerter Massen zu beobachten ist.

336. Ölsandwäsche von Pechelbronn. Die irrige Annahme, daß es bei der Aufbereitung der Ölsande vorwiegend auf ein kräftiges Durcheinanderwühlen der Ölsandmassen ankomme, führte in Pechelbronn im Jahre 1917 dazu, eine Ölsandwaschanlage zu errichten, welche im Prinzip auf einem kräftigen Rührwerk beruhte. In der folgenden Abbildung ist die Anlage erläutert (Abb. 291).

Das von dem Förderschacht kommende Waschgut, der Ölsand, wird aus dem Förderwagen in einen Bunker (*a*) gestürzt, von dem es

---

[1]) Vergl. d. Bericht des Cellenser Hofmedicus Joh. Taube a. d. Jahre 1769.

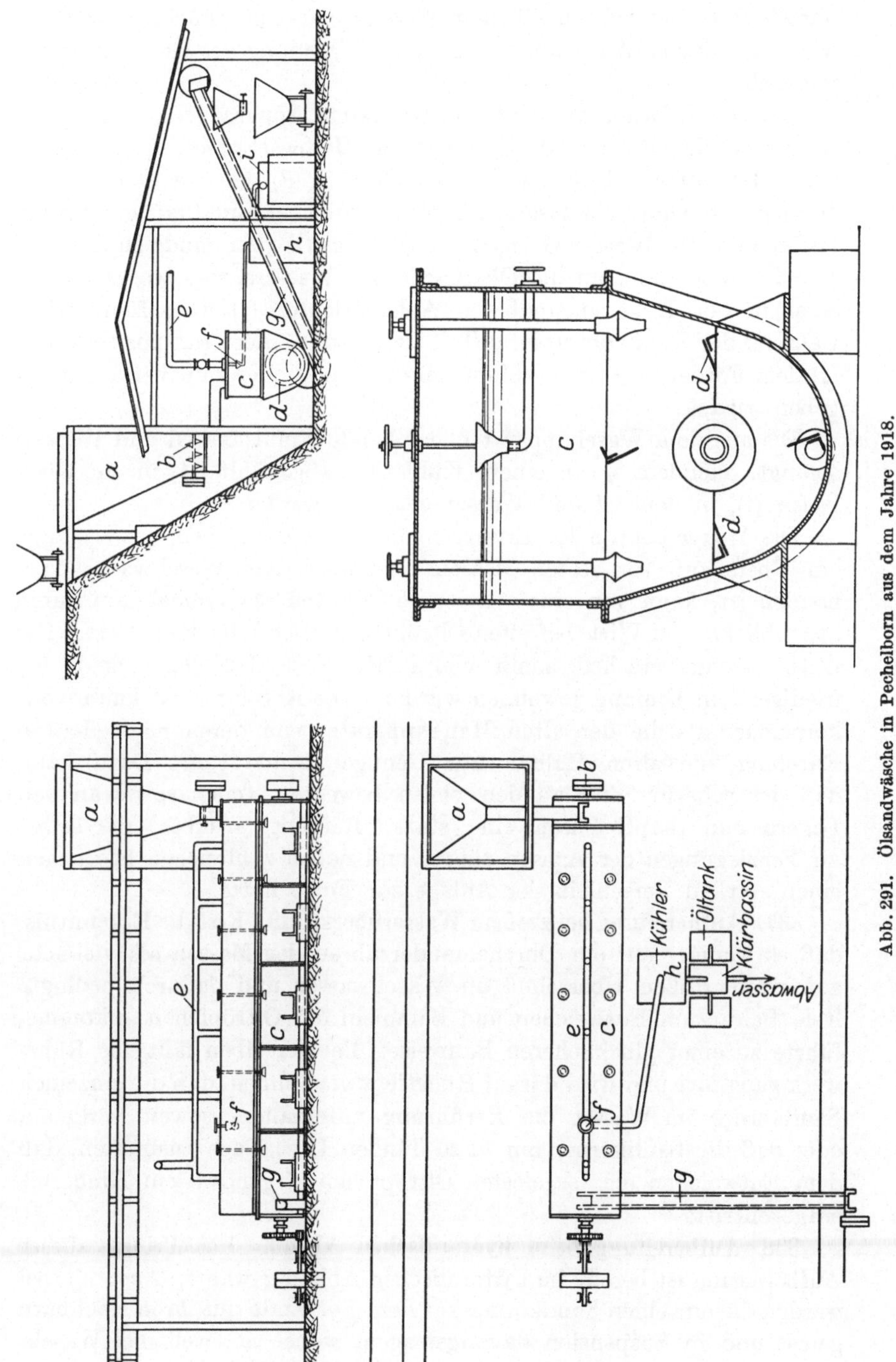

Abb. 291. Ölsandwäsche in Pechelborn aus dem Jahre 1918.

mittels einer Stachelwalze (*b*) dem Waschapparat gleichmäßig zugeführt wird. In diesem Waschapparat geht die Trennung des Öls vom Sande vor sich.

Der röhrenförmig ausgebildete, 8 m lange Apparat (*c*) ist mit Heißwasser gefüllt, welches stetig durch die Heißwasserleitung (*e*) ergänzt wird. Im unteren Teil bewegt ein Rührwerk (*d*) den aus dem Bunker kommenden Ölsand langsam vorwärts, wobei er ihn kräftig umrührt und so dem Heißwasser Gelegenheit gibt, das Öl vom Sande zu trennen. Das Öl steigt dann an die Oberfläche des Wassers, von wo es mittels eines in der Höhe einstellbaren Ablauftrichters (*f*) weggeführt wird, während der Sand vom unteren Teil aus mittels einer Transportschnecke (*g*) dem Förderwagen zur Abfuhr auf die Halde oder zum Versatz übergeben wird.

Die aus dem Waschapparat übergehende Emulsion, Öl und Wasser, gelangt, nachdem sie in einem Kühler (*h*) abgekühlt ist, in ein Klärbassin (*i*), in dem Öl und Wasser getrennt werden.

Die Anlage konnte den Erwartungen nicht entsprechen, denn solange ein Überschuß von festen Massen gegenüber dem Waschwasser vorhanden ist, kann von einem freien Entweichen der einmal von ihrem augenblicklichen Wirt befreiten Öltröpfchen nicht die Rede sein. Die Aufbereitung verzehrte somit viel Kraft, ohne daß Ölmengen in befriedigendem Umfang gewonnen wurden. Die Entölung war kaum vollkommener als die der alten Handapparate, von deren mangelhaften Entölung die alten Halden zur Genüge Kunde tun. Dazu kam, daß der scharfe Sand an den vielen bewegten Teilen sowie an den Lagern und Stopfbüchsen eine starke Reibung ausübte, die selbst zu Verbiegungen der Achsen führte und neben zahlreichen Störungen einen starken Verschleiß der Anlage zur Folge hatte.

337. Aufbereitung bei großem Wasserüberschuß. Erst die Erkenntnis, daß es weniger auf ein Durcheinanderrühren der Massen als vielmehr auf einen großen Überschuß an Waschwasser und dadurch bedingte freie Bahn zum Entweichen und Sammeln der Öltröpfchen ankomme, führte zu einer glücklicheren Bauweise. Bei derselben fällt das Rührwerk ganz fort und wird darauf Rücksicht genommen, daß die einzelnen Sandkörner im Wasser die Berührung miteinander soweit verlieren, oder daß die Sandkörner nur in so dünnen Lagen sich ausbreiten, daß dem Entweichen der losgelösten Öltröpfchen nirgendwo ein Hindernis entgegentritt.

338. Aufbereitung beim hydraulischen Abbau. Das Prinzip dieser Aufbereitung ist bereits im hydraulischen Abbau gewahrt. Auch hierbei werden die einzelnen Sandkörner aus dem Verbande mit ihren Nachbarn gelöst und in Suspension davongetragen, wobei sie, weil das Waschwasser im Überschuß vorhanden ist, Gelegenheit haben, das Öl an das

Wasser abzugeben. Beim hydraulischen Abbau wird aber gleichzeitig von dem gegen die Ölsandmassen anprallenden Wasserstrahl das Öl auch mechanisch aus den Poren herausgepreßt; auch die einzelnen Sandkörner erleiden beim Ausbrechen aus ihrem Verbande eine mehr oder weniger starke Reibung gegen ihre Nachbarkörner, so daß das sie umgebende Ölhäutchen abgescheuert wird. Wenn dazu dem Spritzwasser eine höhere Temperatur gegeben wird, wenn man also etwa das Kondensat unterirdischer Dampfmaschinen verwertet, so scheinen in vielen Fällen die Vorbedingungen für eine gute Aufbereitung der Ölsande schon bei ihrer Gewinnung gegeben zu sein. Gewinnung und Aufbereitung ist dann ein und derselbe Arbeitsprozeß. Bei dieser unterirdischen, schon bei der Gewinnung durchgeführten Aufbereitung erübrigt sich also gegebenenfalls die Schachtförderung, und ist man in der Lage, die Sandmassen sofort als Versatz, und zwar als Spülversatzgut in der Grube zu verwerten.

Am einfachsten gestaltet sich die gleichzeitige Gewinnung und Aufbereitung sowie der Versatz der ausgewaschenen Ölsande, wenn die Gewinnung und Aufbereitung in einem höheren Niveau der Grube vorgenommen wird, in einem tieferen Niveau der Grube aber die abgebauten Räume zu versetzen sind. Sind die Verhältnisse dem hydraulischen Abbau und der damit verbundenen Aufbereitung günstig, so wird man zunächst die unteren Sohlen abbauen und die später auf oberen Sohlen gewonnenen Sande in die abgeworfenen Räume der unteren Grubenbaue hineinspülen.

339. Nachaufbereitung beim Abfluß. Die Entölung der Sande bei der hydraulischen Gewinnung kann aber auch unvollkommen sein. Die Zugabe von Wärme in den abfließenden, die Sande wegschwemmenden Strom kann dann unter Umständen genügen, um den Ölsand weiter und bis zu dem gewünschten Grade der Reinheit zu entölen. Man kann diese Wärmezugabe manchmal erreichen, wenn man in die Abflußleitung Dampf einströmen läßt, welcher die Sande noch weiter erwärmt, so daß sie ihren Ölgehalt an das Spülwasser abgeben (Abb. 292). Hat der abfließende Strom auf seinem Wege einen größeren Widerstand zu überwinden, d. h. ist das Gefälle so gering, daß die Sande sich in der Leitung ablagern und sie verstopfen, oder muß der Spülstrom sogar aufwärts geleitet werden, so erfolgt die Zufuhr von Wärme am besten durch Dampfstrahlelevatoren, durch welche die flutende Masse nicht nur erwärmt, sondern auch weiter fortgespült wird.

Damit die Grubenbaue nicht unnötig erwärmt werden, wird man die Warmwasser- und Dampfleitungen tunlichst durch nicht befahrene, abgesperrte Strecken legen, wie dies bereits in Nr. 324 auseinandergesetzt ist.

340. Ölsandaufbereitung der Deutschen Erdöl A. G. Eignen sich die Ölsande nicht zur hydraulischen Gewinnung, so müssen sie auf andere Weise entölt werden. Die Aufbereitung kann in diesem Falle sowohl unterirdisch als auch obertägig erfolgen.

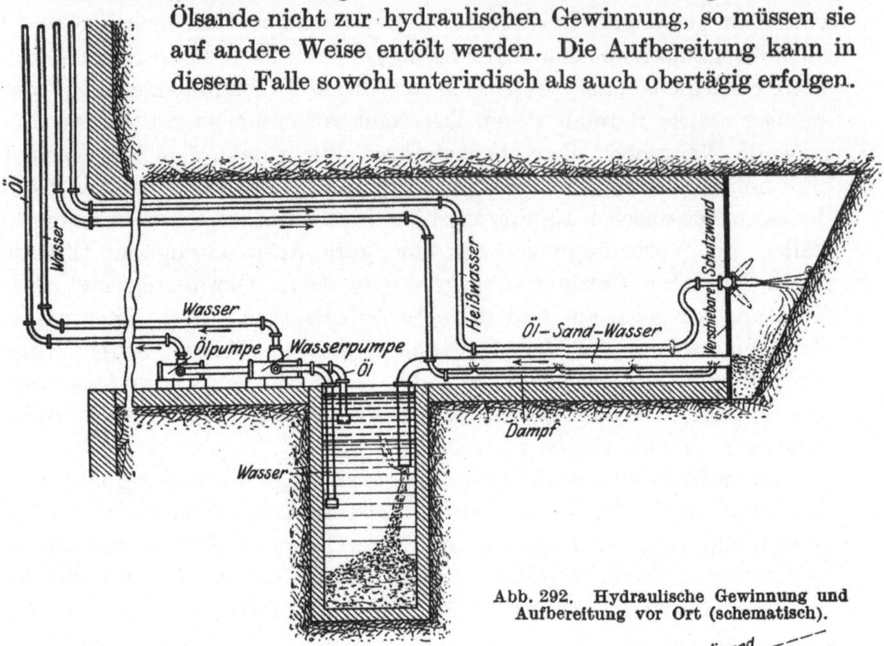

Abb. 292. Hydraulische Gewinnung und Aufbereitung vor Ort (schematisch).

Die Deutsche Erdöl A. G. gewinnt das Öl aus den Ölsanden von Wietze nach folgendem Verfahren (Abb. 293): Der geförderte Ölsand wird durch eine Rohrleitung (*a*) mittels Wasser in den im oberen Teil des Scheideapparates angeordneten Trichter (*b*) geschlemmt, der am unteren Ende einen Verteilungskegel besitzt, um den Ölsand für den Aufbereitungsprozeß möglichst zu zerstreuen. Unterhalb dieses Einführungstrichters sind mehrere untereinander angeordnete Leittrichter (*c*) eingebaut, deren Abflußöffnungen mit einer Dampfdüse (*d*) und einem Verschlußkegel versehen sind. Gleitet nun der Ölsand über den Verteilungskegel des Einführungstrichters, so gelangt er in den obersten Leittrichter, in

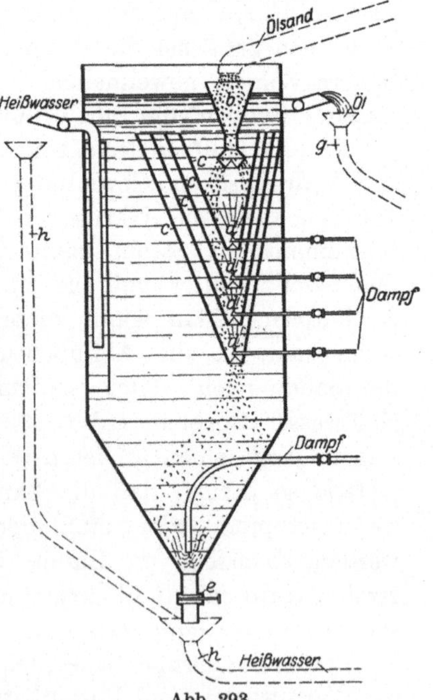

Abb. 293.
Ölsandaufbereitung der Deutschen Erdöl A. G.

dem er die erwähnte Dampfdüse passieren muß. Ist diese geöffnet, so wirbelt der aus ihr austretende Dampf den Sand innerhalb des Trichters auf, bewirkt eine kräftige Reibung des heißen Wassers an der Oberfläche der Sandkörner und löst so, unterstützt durch die Temperaturerhöhung, das Öl vom Sande. Nach kurzer Aufwirbelung wird der Dampfeinlaß unterbrochen, so daß der Sand infolge seiner spezifischen Schwere sich im unteren Teil des Trichters ansammelt, während das abgelöste Öl an die Oberfläche des Wassers steigt. Wird jetzt der Verschlußkegel des ersten Leittrichters geöffnet, so rutscht der Sand in den zweiten, darunter angebrachten Trichter, aus dem er nach Wiederholung der eben geschilderten Vorgänge in den dritten und vierten Trichter gelangt. Nachdem der Ölsand so alle Leittrichter passiert und in ihnen von Öl befreit ist, sammelt er sich in dem unteren Teil des Scheideapparates. Hier wird der ölfreie Sand mittels eines Schiebers (e) abgelassen. Die über dem Schieber angeordnete Dampfdüse (f) lockert den angesammelten Sand auf, so daß eine Verstopfung vermieden wird.

Der Abfluß des Öles von der Wasseroberfläche erfolgt durch das Ölabflußrohr (g), das durch ein Gelenk verstellbar ist, wodurch der Ölstand reguliert werden kann.

Das zweite obere Abflußrohr (h) dient zur Wasserableitung. Das abfließende Wasser wird entweder zur Aufbereitung frischen Ölsandes oder als Transportmittel des entölten Sandes zur Halde benutzt, oder es gelangt der ausgewaschene Sand mit dem verbrauchten Wasser als Spülversatz in die Grube.

Nach mündlichen Mitteilungen arbeitet die Anlage zufriedenstellend.

341. Aufbereitung auf einem Schüttelherd unter Wasser. Eine Aufbereitungsanlage, die nach den vom Verfasser mit Pechelbronner Ölsanden angestellten Versuchen gute Resultate verspricht, ist der in Abb. 294 zur Darstellung gebrachte Schüttelherd des Dipl.-Berging. K. Schneiders.

Die Anlage besteht aus einem 4 m hohen, 2 m breiten und 6 m langen, mit den Seitenwänden auf Mauerwerk ruhenden, oben offenen Bassin, dessen Boden geheizt werden kann. Oberhalb dieses Bodens ist ein auf Rollen stoßweise hin und her gleitender Tisch oder Herd mit verstellbarer Neigung angebracht, auf dem das Waschgut in dünnem Auftrag durch eine Walze gleichmäßig nach Durchfallen des Waschvorraumes ausgebreitet wird. Der Antrieb des Herdes erfolgt durch einen außerhalb des Herdes angebrachten Motor vermittels einer in Stopfbüchsen gleitenden Schubstange. Das Bassin ist mit Wasser von etwa 80—90 ° C angefüllt, dessen Temperatur durch die Heizung oder durch in den Boden des Bassins unter dem Tische einströmenden Dampf oder Abdampf auf konstanter Höhe gehalten wird. Der Hauptvorteil dieser Anlage besteht in dem geringen Verbrauch von Waschwasser, also dem geringen Wärmeverluste. Über die Leistung und die Kosten einer solchen Aufbereitung gibt nachstehende Kalkulation Aufschluß.

Die Jahresförderung an Waschöl soll 20000 t betragen; bei einer Ausbeute von 5 Gewichtsprozenten Öl aus den geförderten Ölsanden ergibt dies eine Jahresförderung von 400000 t Ölsand. Dies entspricht

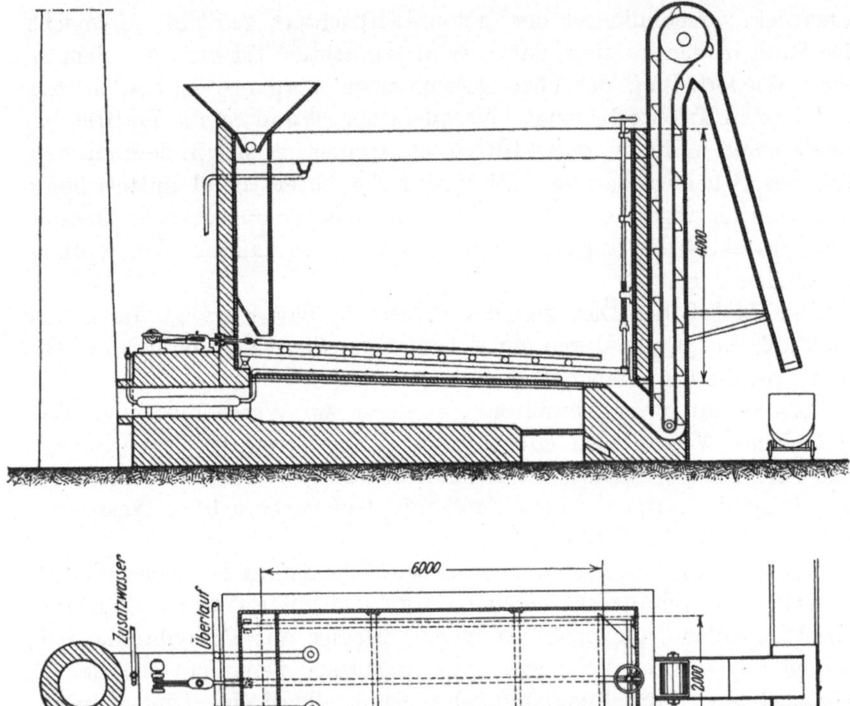

Abb. 294. Ölsandaufbereitung unter Wasser auf dem Schüttelherd.

bei 300 Arbeitstagen einer Tagesförderung von 1350 t, oder bei 16stündiger Förderzeit einer sekundlichen Aufgabe von 25 kg oder bei einem spezifischen Gewicht des Ölsandes von 2,00 von 12,5 l Ölsand. Nach den angestellten Versuchen ist tonfreier Ölsand bei einer Temperatur des Waschwassers von 80° C innerhalb von drei Sekunden ausreichend entölt. Rechnet man aber bei schwerer zu entölenden Sanden, daß 60 Sekunden Waschdauer erforderlich sind, so muß jedes Sandkorn die Länge der Herdplatte von 6 m in 60 Sekunden durchlaufen, also eine Geschwindigkeit von 10 cm/sk haben. Die aufgegebene Ölsandmasse von 12,5 l/sk oder unter Berücksichtigung des Schüttungskoeffizienten von 15 l/sk würde bei der angegebenen Herdfläche von 2×6 m in einer Höhe von 75 mm die Herdplatte bedecken. Nimmt man die für die vollständige Entölung in der angegebenen Zeit zulässige Schichthöhe zu 7,5 mm an, so würden zu der angestrebten Entölung der Sande zehn solcher Schüttelherde erforderlich sein.

Die Kosten der Aufbereitung stellen sich voraussichtlich etwa wie folgt: Die spezifischen Wärme des Ölsandes sei etwa 0,25. Dann sind zur Erwärmung des Ölsandes von 15 auf 85°C pro kg Ölsand $0{,}25 \times 70$ Kalorien und bei Aufgabe von 25 kg/sk $0{,}25 \times 70 \times 25 = 450$ Kal. pro Sekunde erforderlich. Mit dem ausgewaschenen Sand seien 10°/₀ Wasser, also 2,5 kg durch das Becherwerk abgeführt. Die hiermit verlorengehende Wärmemenge ist dann $2{,}5 \times 70 = 175$ Kal. Rechnet man für die Erwärmung des Öles noch weiter 75 Kal./sk, so sind für die Aufbereitung insgesamt 700 Kal./sk erforderlich.

Die Ausnutzung der Kohle durch die Heizanlage betrage 70°/₀, so daß also 1000 Kal./sk zu erzeugen sind. Es ergibt dies bei 16stündiger Aufbereitung rund 60000000 Kal. oder, wenn der Heizwert der Kohle mit 5000 Kal. angenommen ist, so sind pro Tag 12000 kg oder pro Jahr 3600 t Kohlen für den thermischen Verdrängungsprozeß erforderlich.

Hierzu kommt noch der Aufwand an Energie für den mechanischen Gang der Aufbereitung, also für den Antrieb der Herde, der Becherwerke, der Aufgabe, Pumpen usw. Der Energiebedarf für die mechanisch verzehrten Kräfte ist gering, so daß der Totalaufwand an Kohlen mit 15000 kg pro Tag oder 4500 t pro Jahr wohl genügen dürfte.

An sonstigen Unkosten erwachsen noch schätzungsweise durch die Bedienung pro Tag:

Löhne für 3 Heizer	je 5,50 M.	= 16,50 M.
„ „ 3 Waschmeister	„ 6,— „	= 18,— „
„ „ 3 Arbeiter	„ 5,— „	= 15,— „
ferner an Materialien, Reparaturen, Amortisation		50,— „
	Zusammen pro Tag rund	100,— M.
oder pro Jahr		30000,— M.
Hierzu kommt der Wert der Kohle, diese zu 20 M. pro Tonne gerechnet		90000,— „
	Zusammen also pro Jahr	120000,— M.

Diesen durch die Aufbereitung erwachsenen Unkosten in Höhe von 120000 M. steht der Ertrag von 20000 t Öl im Werte von etwa 75 M. pro Tonne gleich 1500000 M. gegenüber. Man sieht also, daß durch die Aufbereitung ein Bergwerksbetrieb voraussichtlich pro Tonne Öl mit etwa 6 M. oder pro Tonne Ölsand mit 0,30 M., pro Kubikmotor Sand mit 0,60 M. unter den vorstehenden Annahmen belastet wird.

342. Kalifornische Aufbereitung. An dieser Stelle sei auch noch eine Anlage erwähnt, die in Kalifornien mit gutem Erfolge ausgeführt worden ist. Dort handelt es sich zwar nicht um Ölsande, sondern um

Sandbeimengungen, die im Öl enthalten sind und aus dem Öl entfernt werden sollen. Das Öl, welches aus den Bohrlöchern austritt, reißt ziemlich viel Sand mit, der sich bei dem Pumpen unangenehm bemerkbar macht, so daß ein Abscheiden des Sandes aus dem Öle erforderlich wird. Mr. Lines W. Brown in Backersfield konstruierte hierzu einen Klärtank, in dem sich die feinsten mineralischen Beimengungen aus dem Öle abscheiden; er ist im Prinzip in Abb. 295 dargestellt.

Das sandhaltige Öl wird durch einen Injektor (*a*) in möglichst feinem Strahl in den halb mit Wasser gefüllten Tank (*b*) eingespritzt, wodurch die Ölhäutchen sich vom Sandkorn trennen. Das Öl steigt dann nach

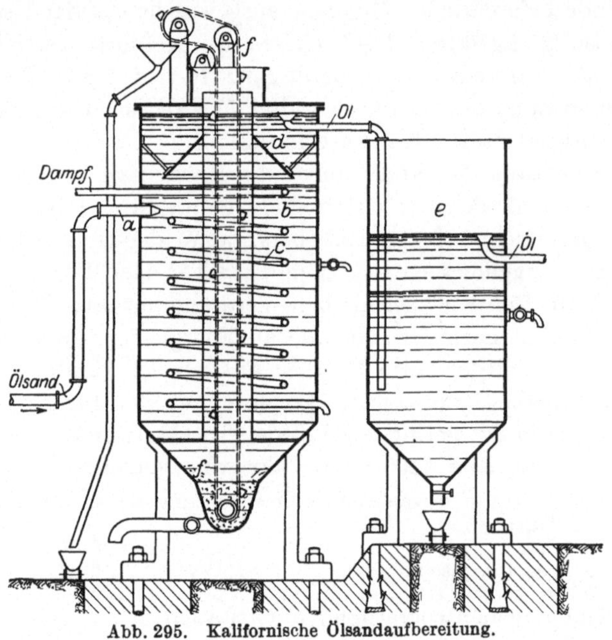

Abb. 295.   Kalifornische Ölsandaufbereitung.

oben, während die schwereren mineralischen Bestandteile zu Boden sinken. Die Heizung des Tanks erfolgt durch den Abdampf der Betriebsmaschinen, der durch eine im Innern des Tanks liegende Heizschlange (*c*) geleitet wird. Der Wasserstand wird automatisch konstant gehalten. Eine im oberen Teil angebrachte Überfallglocke (*d*) verhindert, daß etwa mitgerissene Sandpartikel in den zweiten Tank (*e*) übergehen. Der auf dem Boden sich absetzende Sand wird mittels eines automatischen Becherwerkes (*f*) entfernt. Von dem Klärtank gelangt das Öl in den unteren Teil des zweiten Tanks (*e*), der gleichfalls zum Teil mit Wasser gefüllt ist. Hier kommen die feinsten Beimengungen, die den ersten Tank noch passierten, zum Absetzen. Das gereinigte Öl sammelt sich oben an und wird vermittels einer Saugpumpe in die Ölreservoire befördert. Die beste Temperatur für das Wasser in den Tanks ist für ein Rohöl vom spezifischen Gewicht 0,97 82—85⁰ C. Um die abgesetzten feinen Unreinigkeiten im zweiten Tank abzuspülen, besitzt dieser 8 Einspritzöffnungen, durch die Wasser durch die Seitenwand gespritzt wird. Dies ist in 24 Stunden nur einmal nötig und erfordert etwa 5 Minuten Zeit. Der erste Tank bedarf vermöge des automatischen Sandelevators keiner Reinigung.

Leider sind von dieser Einrichtung keine weiteren Ergebnisse mitgeteilt.

343. Trennung von Öl und Wasser. Zur Aufbereitung gehört auch die Trennung des Öles von dem Wasser. Solange Öl und Wasser in Bewegung sind, bildet Öl und Wasser ein Gemisch, eine Emulsion. Bleibt die Emulsion sich selbst überlassen, so scheidet sich in der Ruhe das schwerere Wasser aus der Emulsion aus und sinkt nach unten, während das leichtere Öl nach oben steigt. Die Trennung erfolgt um so schneller, je leichter das Öl ist. Gewöhnlich ordnet man eine Anzahl Klärbassins hintereinander an (Abb. 111); jedes Bassin hat eine möglichst nahe am Boden befindliche Abflußöffnung, durch welche das Wasser dem nächsten, etwas tiefer stehenden Bassin zufließt. In gleicher Weise fließt das Wasser aus dem zweiten Bassin in das dritte usf. Auf jedem Bassin bleibt somit an der Oberfläche eine mehr oder weniger starke Öllage stehen, die abgeschöpft wird. Manche Bäche und kleinere Wasserläufe, die durch einen Sperrdamm gestaut werden, liefern auf diese Weise noch gute Ausbeute und vermeiden Ärger und Prozesse mit den Anliegern der Wasserläufe.

XX. Kraftwirtschaft und Rentabilität.
Kraftwirtschaft.

344. Allgemeines. Die Versorgung der Ölbergwerke mit der erforderlichen Kraft ist nicht nach einem allgemeingültigen Schema zu lösen; dafür sind die Verhältnisse zu verschieden. Ganz generell kann man nur sagen, daß Preßluft und Wasserkraft aus Gründen der Sicherheit, zum mindesten unter Tage, vor allen anderen Antriebsarten den Vorzug verdienen. Auch Dampfkraft kommt bei den geringen Teufen der Erdölbergwerke, besonders bei schwerölliefernden Lagerstätten in Wettbewerb. Elektrizität und Verbrennungsmotore werden ihr Anwendungsgebiet hauptsächlich bei obertägigen, maschinellen Einrichtungen behaupten. Erstere mag auch bei Schwerölbergwerken zum Betriebe unterirdischer, stationärer maschineller Anlagen bei sorgfältiger Kapselung und geschützter Verlagerung der Leitungen keine Bedenken aufweisen. Bei benzinreichen Ölen ist sie aber in den unterirdischen Arbeitsräumen bedenklich.

345. Wasserkraft. Während die Preßluft lediglich für kleinere Arbeitsmaschinen in der Grube Verwendung findet, kann Wasserkraft auch für große Aggregate in der Grube verwendet werden. Insbesondere gilt dies von der Wasserhaltung. Daneben kommt Wasserkraft in Frage für die hydraulische Gesteinsgewinnung, für Wasserstrahlventilatoren, Wasserstrahlelevatoren, hydraulische Preßeinrichtungen usw. Besonders vorteilhaft werden die Wasserkraftmaschinen, wenn natürliche Wasserkräfte zur Verfügung stehen, welche ohne Umformung in der Grube ausgenutzt werden können. Die Wasserkraftmaschine ist unvermeidlich dann am Platze, wenn es sich um Überwindung großer Widerstände bei langsamer Bewegung des arbeitenden Maschinenelementes handelt.

346. Dampfkraft. Da die Ölbergwerke im allgemeinen, wenigstens in den nächsten Jahrzehnten, kaum eine große Teufe erreichen werden, so kommt für dieselben, zumal für den Bergbau auf Schweröl, bei welchem die Öldampfbildung infolge Erwärmung der Wetter nicht so sehr zu befürchten ist, auch die Dampfkraft für den unterirdischen Betrieb sehr in Betracht. Freilich kann es sich hierbei nur um große Aggregate handeln, da eine in der Grube verzweigte Dampfleitung allzu große Abkühlungsverluste in sich bergen würde, und die Temperatur der Grubenluft und die damit zusammenhängende Verdunstung von Rohöl, zumal bei Leichtölgewinnung, bis zur Unerträglichkeit gesteigert würde. Selbstverständlich ist auch bei der Dampfwirtschaft auf unbedingte Dichtigkeit und gute Isolation der Dampfleitungen größter Wert zu legen, da sonst die Höhe des Dampfverbrauches jede Wirtschaftlichkeit ausschließt.

Für die Verwendung von Dampfkraft und Dampfwärme kommen in Betracht große unterirdische Wasserhaltungen, Dampfstrahlelevatoren und Wasserdampf zu Aufbereitungszwecken.

Dampfkraft sollte im übrigen nur dann unterirdisch zur Anwendung kommen, wenn die Dampfentnahme gleichmäßig und kontinuierlich erfolgen kann. In Schachtdampfleitungen betrugen nach Messungen auf einer Anzahl von Bergwerken die Kondensationsverluste

bei 1	Betriebsstunde am Tage			65,2 %
„ 4—4,5	„	„	„	34,4—46,0 %
„ 6,5	„	„	„	40,3 %
„ 8	„	„	„	20,1 %
„ 10—12	„	„	„	12,3—14,4 %
„ 20	„	„	„	6,9— 8,2 %
„ 24	„	„	„	2,2 %

Für die Verwendung von Dampf in Ölbergwerken spricht besonders auch der Umstand, daß bei Erdölbergwerken stets auch zu anderen Zwecken als zur Krafterzeugung Dampf benötigt wird. So erfolgt die Aufbereitung von Ölsanden durch Warmwasser, welches am zweckmäßigsten durch Dampf oder Abdampf auf die erforderliche Temperatur gebracht wird. Da die Ölbergwerke auch einen erheblichen Ziegelbedarf haben, zur Ziegelfabrikation aber Rohmaterial in den entölten Sanden meist reichlich zur Verfügung steht, ist Dampf im Nebenbetriebe bei der Kalksandsteinfabrikation ebenfalls benötigt. Endlich dient Dampf bei hochviskosen Ölen zur Verringerung der Viskosität, und ist er auch zur Heizung der Betriebsanlagen benötigt.

Für die Verwendung von Dampfkraft spricht ferner, daß man in den meisten Fällen über ein billiges Brennmaterial verfügt. Fast allen schwerölproduzierenden Gruben und auch vielen mittelschweres Öl fördernden Anlagen stehen Rückstände aus der Ölraffination (Masut, fuel oil) zur Verfügung, welche an Ort und Stelle verbraucht werden können. Aber auch ohne daß Rückstände auf der Anlage erzeugt werden, kann der Ölträger selbst manches Mal verheizt werden. Der von Sickeröl befreite Ölsand mit einem verbliebenen Waschölgehalt von etwa 10 Volumprozent enthält noch immerhin etwa 500 Kalorien pro kg, an und für sich ein sehr minderwertiges und außerordentlich aschereiches Brennmaterial. Bei der Lebhaftigkeit, mit welcher das Öl zur Entzündung gelangt, kann Ölsand trotzdem im Rohzustande auf geeigneten Rosten verheizt werden. Dazu gehört vor allen Dingen ein selbständiger Ascheaustrag. Der geeignete Rost für diese Verhältnisse scheint der Wanderrost zu sein. Während des Krieges und der damals herrschenden Not an Brennmaterialien wurde in Pechelbronn die Kesselfeuerung längere Zeit durch Zusatz von mehr oder weniger entöltem Ölsand aufrechterhalten, ohne daß damals die Roste für dieses dürftige Brennmaterial eingerichtet gewesen wären. Wenn der Wanderrost so eingestellt ist, daß das im Ölsand enthaltene Öl bei Verlassen der Heizfläche gerade aufgebrannt ist, dürfte man den Dampf jedenfalls verhältnismäßig billig erzeugen. Bei Ölkreide und Ölkalk mit Schwerölgehalt ist die Verfeuerung des Fördergutes schon schwieriger, weil die Masse des Brennmaterials dazu neigt, zu einem festen Kuchen zusammenzubacken. Trotzdem hat man mit der Verfeuerung von Ölkreide in Heide i. Holst. vielversprechende Studien machen können. Dort kann die Frage der Ölkreidefeuerung mittels des Raupenrostes von Albrecht & Kunze als gelöst betrachtet werden.

347. Allgemeines über die Preßluftwirtschaft. In Erdölbergwerksbetrieben wird die Preßluft wohl immer ihre Vorherrschaft anderen motorischen Kräften gegenüber unbestritten behaupten. Sie hat den großen Vorteil, daß sie beim unterirdischen Betriebe absolut gefahrlos ist und wesentlich zur Ventilation der Grube sowie bei der Expansion der Luft in den Arbeitsmaschinen zu deren Abkühlung beiträgt. Außerdem ist es leicht, mit ihr auch entferntere Betriebspunkte mit Kraft zu versorgen und vermittels Preßluftschläuchen die Preßluftarbeit bis in enge Winkel vorzutragen. Der Preßluftantrieb gehört vor allen Dingen an die gefährlichsten Punkte, die Ortsbetriebe und Abbaue, und sind somit die Gewinnungsmaschinen vornehmlich mit Preßluft zu betreiben. Ebenso kommt die Preßluft für die Haspelförderung, für maschinelle Strecken- und Abbauförderung fast ausschließlich in Frage. Als größter Nachteil steht der Preßluftwirtschaft im allgemeinen der geringe Wirkungsgrad und somit ihre Unwirtschaftlichkeit gegenüber; jedoch sind auch in dieser Hinsicht in den letzten Jahren von den Maschinen-bauanstalten ganz erhebliche Fortschritte gemacht, so daß der Luft-verbrauch mancher Arbeitsmaschinen heute bei gleicher Leistung kaum die Hälfte desjenigen beträgt, was vor einigen Jahren noch als unver-meidliche Norm angesehen wurde. Im übrigen ist die Preßluftwirtschaft um so ökonomischer, je höher die Spannung der verwandten Preßluft ist, eine Regel, die an der Möglichkeit, Leitungen und Armaturen ge-nügend dicht zu halten, ihre Grenze findet.

Insbesondere überall dort, wo es sich um schnell hin und her gehende Bewegung handelt, ist der Preßluftmotor anderen Motoren im allgemeinen überlegen.

348. Kompressoren. Nach dem Vorstehenden ist eine der wesent-lichsten Einrichtungen für den Betrieb von Ölbergwerken die Kom-pressorenanlage, in welcher die Preßluft erzeugt wird. Die Kompressoren werden nach zwei Typen gebaut; der ältere und auch heute noch ver-breitetste Typ ist der Kolbenkompressor, der neuere der Turbokompressor. Bei dem Kolbenkompressor wird die atmosphärische Luft infolge des Her-ganges eines Kolbens in einen Zylinder gesogen, während die vor dem Kol-ben befindliche, beim vorigen Hub angesaugte Luft zusammengepreßt wird. Sobald die Luft vor dem Kolben im Zylinder die vorgesehene Spannung erreicht hat, strömt sie durch ein sich öffnendes Ventil in den Druck-raum. Bei der Kolbenumkehr schließt sich der bisher offene Saugkanal an der hinteren Zylinderhälfte, während er sich vorne öffnet und nun-mehr der vorderen Zylinderhälfte atmosphärische Luft zuführt.

Im allgemeinen ist dieser einfache Arbeitsvorgang nur für niedrige Drücke bis zu etwa 4 Atm. Endspannung durchführbar. Denn beim Zusammenpressen der Luft findet eine erhebliche Temperatursteigerung derselben statt, der mit der Höhe der Endspannung zunimmt. Würde die Luft etwa eine Anfangstemperatur von 20° C haben, so würde die Lufttemperatur bei 6 Atm. 220°, bei 7 Atm. 234° und bei 8 Atm. 260° betragen. Bei diesen Temperaturen würden die Zylinderwandungen sehr heiß, und es bestände die Gefahr, daß das Schmieröl verharzt. Das Mittel, diese hohen Temperaturen zu vermeiden, ist die mehr-stufige Kompression mit Zwischenkühlung. Bei dieser wird die Luft zunächst auf einen Druck gepreßt, der etwa der Quadratwurzel des absoluten Enddruckes entspricht. Alsdann strömt sie einem Zwischen-kühler zu, in dem sie auf nahezu die Ausgangstemperatur zurückgebracht wird. Darauf wird die abgekühlte Luft in der Hochdruckstufe bis auf den vollen Druck gepreßt.

Der Kraftbedarf eines zweistufigen Kompressors ist bei gleicher Luftlieferung beträchtlich geringer als der einer einstufigen Maschine. Der Unterschied beträgt nach den Mitteilungen der Frankfurter Maschinenbau A. G. zu Frankfurt bei Kompression auf 6 Atm. 13,5%, bei 7 Atm. 15,0% und bei 8 Atm. 16,0%. Aus dieser Darlegung ergibt sich, daß für die hier in Rede stehenden Betriebe vornehmlich mehrstufige Kompressoren in Betracht kommen. Die Durchführung der Stufenkompression kann in zwei getrennten oder in einem einzigen Zylinder geschehen. Im ersten Falle spricht man von Verbundkompressoren, im zweiten Falle von Einzylinderstufenkompressoren. Nebenstehende Tabelle gibt die Daten liegender Einzylinderstufenkompressoren mit Riemenantrieb für Kompression bis 8 Atm. der F. M. A. an.

Nach dem gleichen Prinzip der Stufenkompression werden auch die Hochdruckkompressoren gebaut, welche die Luft bis auf 20—250 und mehr Atmosphären zusammenpressen. Die höchsten Drücke werden meist in fünf bis sechs Luftstufen erzeugt. Die Kühlung jeder Stufe erfolgt meistens nach Art der Oberflächenkondensation, die höheren Stufen mit Schlangenkühler.

Die Turbokompressoren beruhen auf demselben Prinzip, auf dem auch die Zentrifugalventilatoren und Zentrifugalpumpen aufgebaut sind. Die Luft wird in den Saugstutzen in axialer Richtung durch ein schnell rotierendes Laufrad angesaugt und in ein um jedes Laufrad angeordnetes Leitrad gedrückt. Aus diesem wird sie wieder axial nach innen dem folgenden Laufrad und wieder axial nach außen dem folgenden Leitrad und so fort durch eine Anzahl Stufen gepreßt. Das Laufrad besteht aus der Laufradscheibe, den auf dieser aufgenieteten Schaufeln und dem darauf

Liegender Einzylinderstufenkompressor mit Riemenantrieb für Kompression bis 8 Atm.

Saugleistung . . cbm/min	3,3	5	7,5	11	15	20	25	30
Hub . . . . mm	200	240	280	320	400	450	500	550
Kolbendurchmesser . . ,,	320/270	380/320	450/380	530/450	560/470	620/515	685/560	730/600
Umdrehung in der Minute	225	200	185	170	165	160	150	145
Kraftbedarf an der Kompressorwelle in PS { bei 6 Atm. Überdruck	20,8—21,8	31,0—32,8	46,5—49	68—71,5	92—97	122—128	151—159	181—190
bei 7 Atm. Überdruck	22,0—23,2	33,2—35	49,5—52	72,5—76	98—103	130—137	162—170	194—204
bei 8 Atm. Überdruck	23,5—24,5	35—37	52,5—55	76,5—80,5	104—109	138—145	171—180	205—216

aufgenieteten Deckblech. An den geschaufelten Leitapparat schließt sich der Kanal an, in dem die Umkehr der Luftbewegung von der nach außen strebenden Richtung in die Innenrichtung stattfindet. Auf diesem Wege zur Welle passiert die Luft einen zweiten Leitapparat, wobei die Kompressionswärme an die gekühlten Schaufeln abgegeben wird. Hierzu sind die Zwischenwände der Turbokompressoren meist hohl und mit Wasserkammern versehen, durch welche das Kühlwasser zirkuliert.

Turbokompressoren eignen sich ihrer großen Umdrehungszahl wegen vorzüglich für elektrischen Antrieb oder für direkte Kuppelung mit einer Dampfturbine. Sie kommen im allgemeinen nur für größere Leistungen zur Anwendung, und zwar muß mit Rücksicht auf die Wirtschaftlichkeit die Förderung um so höher sein, je höher der verlangte Enddruck ist. Der Enddruck geht bis zu 9 Atm. Die kleinsten Aggregate haben bei elektrischem Antrieb und mindestens 3000 Umdrehungen pro Minute 800 cbm Saugleistung stündlich, bei direkter Kuppelung mit einer Dampfturbine eine solche von 6000 cbm stündlich.

Nicht unerwähnt bleibe, daß sowohl Kolbenkompressoren wie auch Turbokompressoren mit Abdampf betrieben werden können. Kolbenkompressoren werden in der Regel mit Zwillingsabdampfkolbenmaschinen, Turbokompressoren durch Abdampfturbinen betrieben. Der Abdampf für die Kolbenkompressoren wird zumeist der Fördermaschine entnommen. Abdampfkolbenkompressoren verbrauchen bei guter Ausführung nur 12—14 kg Abdampf pro Pferdekraftstunde, in günstigen Fällen für einen Enddruck von 6 Atm. nur 1,1—1,4 kg Dampf pro Kubikmeter angesaugter Luft.

Im rohen Überschlag kann man die Erzeugungskosten von Preßluft mit etwa $^1/_3$ Pf. pro Kubikmeter bei 6 Atm. und bei großen Aggregaten bewerten.

349. Die Preßluftleitungen und Arbeitsmaschinen. Von größter Wichtigkeit ist es, daß die Preßluftleitungen und Armaturen möglichst dicht sind, so daß Druckluftverluste in den Leitungen vermieden werden. Die Schwierigkeit, die Leitungen dicht zu halten, ist die Hauptursache dafür, daß der Preßluftbetrieb im allgemeinen teuer ist. In manchen Gruben, in denen sonst streng auf Ökonomie im Betriebe gehalten wird, ist es trotzdem keine Seltenheit, daß 50 und mehr Prozent der erzeugten Preßluft infolge Undichtigkeiten in den Leitungen wieder verlorengehen. Eine scharfe Überwachung der Leitungen auf Undichtigkeiten und sorgfältige Messungen des Luftverbrauches sind daher durchaus geboten. Die Verluste in den Leitungen dürfen höchstens 25—30 % der angesaugten Luftmengen betragen. Die Leitungen selbst sollen daher leicht zugänglich verlagert werden. Bohrlöcher können also für die Aufnahme von Luftleitungen nicht benutzt werden. Am besten ist es, wenn die Leitungen an den Verbindungsstellen geschweißt sind. Alle Leitungen sind in Strömungsrichtung mit einem Gefälle von 1 : 200 bis 1 : 400 zu verlegen und mit Wasserabscheidern auszurüsten. Für jedes Kubikmeter angesaugter Luft von 5—9 Atm. gibt man den Leitungen 8 qcm Querschnitt; bei Saugleistungen über 10 cbm pro Minute und Rohrlängen bis 300 m kann man den Querschnitt 10 % kleiner wählen, bei geringem Luftbedarf und mehr als 100 m Länge wählt man entsprechend größeren Querschnitt. Den Abzweigleitungen bis 50 m Länge gibt man im allgemeinen einen Durchmesser von 40 mm, langen Leitungen einen Durchmesser von 50—60 mm, kurze Leitungen erhalten 1″ Gasrohranschlüsse.

Ehe die Luft in die Leitungen gelangt, soll sie einen größeren Kessel passieren, in dem die durch die unregelmäßige Entnahme der Luft bedingten Druckschwankungen ausgeglichen werden. Den Inhalt (I) des Luftkessels wählt man zweckmäßig so, daß $I = {}^1\!/_2 \sqrt{10 \times Q}$ ist, wobei Q die Saugleistung des Kompressors in Kubikmeter pro Minute ist. Zwischen den Kompressor und den Windkessel sollen keine Absperrschieber oder Ventile eingebaut werden, da sie den Gang des Kompressors ungünstig beeinflussen. Absperrventile gehören nur in die Ableitungen.

Hinsichtlich der Preßluftarbeitsmaschinen stand man bis vor kurzem auf dem Standpunkte, daß die Preßluft lediglich bei hin und her gehenden Maschinen Berechtigung habe. Diesen Standpunkt wird man heute verlassen müssen, da es gelungen ist, Kolbenluftmotore so schnell laufen zu lassen, daß bei einer Umwandlung ihrer hin und her gehenden Bewegung durch Übertragung auf eine Welle eine rotierende Bewegung entsteht, die genau wie die des Elektromotors durch Zahnrad, Riemenscheibe und Kuppelung ausgenutzt werden kann. Ein Typ derartiger Luftmotore ist der Lukramotor der Frankfurter Maschinenbauanstalt. Bei diesem ragt aus einem vollständig geschlossenen Gehäuse ein Wellenende hervor, das je nach Größe der Maschine 620—2000 Umdrehungen macht. Der Motor ist als Vierzylindermotor gebaut, dessen Zylinder in einem Block gegossen sind. Die Kolben wirken nur einseitig. Die vier Triebwerke befinden sich in einem vollständig geschlossenen Gehäuse, welches einen Ölvorrat zur Schmierung enthält, in den jedes Triebwerk bei jeder Umdrehung eintaucht. Die Steuerung erfolgt durch einen über dem Zylinder angebrachten Umlaufschieber, der dem Zylinder 45—50 % Füllung zuweist.

Diese Motoren arbeiten sehr vorteilhaft und benötigen nur 40—80 % der Luft, welche ältere Typen bei gleicher Leistung bedürfen. Dazu empfehlen sich derartig gebaute Motoren durch ihren geringen Platzbedarf. Sie werden mit Leistungen von 3—100 PS hergestellt.

Es eignen sich diese Motoren für die meisten in Ölbergwerken benötigten Arbeitsmaschinen, z. B. lassen sie sich direkt mit Zentrifugalpumpen zur Förderung von Wasser und Öl kuppeln, sie eignen sich auch für den Antrieb von Ventilatoren, insbesondere von Luttenventilatoren, sind aber auch zweckmäßigerweise zum Antrieb von Haspeln zu verwerten.

1 Luftmotor, Bauart Lukra, verbraucht bei

4,5 Atm.	Überdruck	6 Atm.	Überdruck
Leistung	Luft	Leistung	Luft
3,0 PS	40 cbm/st	4,3 PS	36 cbm/st
7,5 ,,	33 ,,	11,0 ,,	30 ,,
12,5 ,,	30 ,,	18,0 ,,	28 ,,
30,0 ,,	30 ,,	43,0 ,,	28 ,,
50,0 ,,	30 ,,	72,0 ,,	28 ,,

350. Elektrische Maschinen. Im unterirdischen Betriebe der Ölgruben ist bei ihrer Verwendung die größte Vorsicht am Platze, wie dies schon zur Genüge aus den in Nr. 274 aufgeführten Explosionen und Bränden hervorgeht. Zwar ist es nicht zu verkennen, daß die Kapselung der Motoren und die Sicherheit gegen die Schlagwettergefahr in den letzten Jahren außerordentliche Fortschritte gemacht haben. Man muß auch anerkennen, daß die stationären Maschinen und gegen äußere Verletzungen gesicherte Leitungen die Sicherheit vollständig gewährleisten. Aber gerade im Ölbergbau, in dem man bei dem mürben Charakter der Ölträger mit Gebirgsbewegungen rechnen muß, liegt die Gefahr nahe, daß die auf das allersicherste ausgerüstete Anlage durch äußere Einwirkungen verletzt werden kann, und die Sicherheit illusorisch wird. In erdbebenreichen Gebieten ist diese Gefahr noch besonders erhöht. Man ist auch auf zuverlässiges und gewissenhaft arbeitendes Personal angewiesen, welches in den meist entlegenen Erdölgebieten nicht immer leicht zu bekommen ist.

Die elektrischen Arbeitsmaschinen scheiden somit in der Regel in den entfernten Betriebspunkten aus. Auch im verbrauchten Wetterstrom ist der elektrische Antrieb unstatthaft. Dies gilt sowohl für schweröl-, wie auch für leichtölliefernde Gruben, für letztere natürlich in erhöhtem Maße.

Als Objekt für die unterirdische Anwendung der Elektrizität verbleibt lediglich die Wasserhaltung und die Beleuchtung. Da die elektrische Wasserhaltung in ihrem Wirkungsgrade der Dampf- oder hydraulischen Wasserhaltung unterlegen ist, so kann ihr in Ölgruben auch nicht immer das Feld überlassen werden. Unter allen Umständen ist aber auch diese Anlage nur im einziehenden Wetterstrom zu billigen; bei Umkehrung der Wetterführung ist sie meist hinderlich.

351. Verbrennungsmotoren. Schließlich kommen für Ölbergwerke auch noch die Rohölmotoren, insbesondere die Dieselmotoren, in Betracht. Dieselben gestatten bekanntlich die höchste Ausnutzung des Brennstoffes und sind jederzeit betriebsbereit, ohne daß ein vorheriges Anwärmen erforderlich wäre. Dazu können im Dieselmotor die billigsten und im allgemeinen schwer zu entzündenden Öle verwandt werden. Sie kommen nur für übertägige Krafterzeugung in Betracht.

352. Brennstoffverbrauch. Schließlich möge über den Brennstoffverbrauch noch folgende vergleichende Übersicht Platz finden. Dieselbe ist dem Taschenbuch für Berg- und Hüttenleute entnommen und gibt den Verbrauch der Nennleistung an, die bis 20 % überschritten werden kann. Bei $^3/_4$—$^1/_2$ % der Normalbelastung ist der Verbrauch 10—31 % größer, bei Dieselmotoren 4—14 % und bei Sauggasanlagen 11—34 %.

Betriebsmittel (Betriebsart) PS	Verbrauch für die eff. PS-Stunde									
	2—3	4—5	6—10	12—16	18—22	25—45	50—90	100—190	200—250	300—500
Elektrischer Strom kW/st	0,91	0,87	0,86	0,85	0,85	0,84	0,82	—	—	—
Leuchtgas(3500 WE/m³) m³	1,10	1,06	0,84	0,78	0,74	0,72	—	—	—	—
Benzin(10 000 WE/kg) kg	0,35	0,31	0,31	0,31	0,31	0,31	—	—	—	—
Benzol (10 000 WE/kg kg	0,35	0,32	0,28	0,27	0,27	0,27.	—	—	—	—
Petroleum(10 000 WE/kg) kg	0,45	0,41	0,39	0,38	0,38	0,38	—	—	—	—
Anthrazit (8000 WE/kg) (Sauggas) garant. kg	—	—	0,48	0,46	0,44	0,44	0,42	0,38	0,38	0,38
Anthrazit (Betriebsverbr.)kg	—	—	0,68	0,63	0,58	0,55	0,55	0,50	0,50	0,50
Koks 7000 WE/kg (Sauggas) garant. kg	—	—	0,55	0,53	0,53	0,51	0,49	0,43	0,43	0,43
Koks (Betriebsverbr.) kg	—	—	0,69	0,64	0,64	0,59	0,57	0,50	0,50	0,50
Braunkohlenbr.(5000 WE/kg) (Sauggas) garant. kg	—	—	—	—	0,75	0,74	0,71	0,64	0,64	0,64
Braunkohlenbriketts (Betriebsverbrauch) kg	—	—	—	—	0,87	0,85	0,82	0,74	0,74	0,74
Gasöl (10 000 WE/kg) (Glühkopf) kg	—	—	0,30	0,28	—	—	—	—	—	—
Gasöl (Dieselmotor) kg	—	—	—	—	0,24	0,23	0,22	0,19	0,19	0,19
Teeröl (9000 WE/kg) (Dieselmotor) kg	—	—	—	—	0,25	0,24	0,23	0,225	0,205	0,195
Teeröl (Gasölzusatz) kg	—	—	—	—	0,025	0,020	0,015	0,015	0,015	0,015
Kohle (7500 WE/kg) (Heißdampflokomob.) garant. kg	—	—	—	1,85	1,40	1,15	0,82	0,76	0,69	0,55
Kohle (Betriebsverbr.) kg	—	—	—	2,90	2,10	1,65	1,10	0,93	0,84	0,75
Schmierölverbrauch (Verbrennungsmotor) g	10	7	8	6	6	6	5	4	3	2,5
Schmierölverbrauch (Dampfmaschine) g	—	—	—	5,5	5,5	5,5	4,6	3,7	2,8	2,3

Rentabilität.

353. Die Rentabilität der bisher in Betrieb genommenen Ölbergwerke. Der große Erfolg der Pechelbronner Ölwerke ist bekannt. Bei einem Durchschnittsertrage eines jeden Streckenmeters von 11 Tonnen Sickeröl im Werte von etwa 80 M. pro Tonne bedarf die hohe Rentabilität des Grubenbetriebes keiner weiteren Begründung. Daran kann auch der Umstand nichts ändern, wenn heute die einzelnen bergmännisch ausgebeuteten Ölsandlinsen in Pechelbronn zum Teil infolge natürlicher

Erschöpfung in ihrem Ertrage wesentlich nachgelassen haben, oder auch die später erschlossenen Linsen vielleicht unter dieser Ergiebigkeit geblieben sein sollten. Es ist bezeichnend, daß neben den von den Deutschen während des Krieges gebauten drei Schachtanlagen drei weitere Schächte in der Nachkriegszeit abgeteuft und in Betrieb genommen sind.

Diesen glänzenden Erfolgen stehen freilich zwei andere Ölbergwerksunternehmen gegenüber, die auch nicht annähernd die gleich günstigen Ergebnisse gezeitigt haben. Es sind die Bergwerksanlagen in Wietze bei Hannover und das Ölkreidebergwerk von Heide in Holstein. Von dem ersteren ist wenig bekanntgeworden. Nach mündlichen Mitteilungen von dem Unternehmen nahestehenden Personen soll die Wietzer Anlage einen Jahresertrag von 25000 Tonnen Öl aufweisen. Weitere Daten waren nicht erhältlich, so daß man sich eines weiteren Urteils enthalten muß.

Klarer liegen die Betriebsverhältnisse in Heide i. Holst. Dieses Unternehmen wurde nicht angelegt, weil man mit einem großen Zufluß von Sickeröl rechnen konnte; es basiert vielmehr auf dem Abbau ölhaltiger Kreide. Der Durchschnittsgehalt der Kreide erwies sich zu 15%. Es stand von vornherein fest, daß das Öl nur durch Schwelung zu gewinnen sei. Leider zeigten sich bei Durchführung der Schwelversuche überraschend große Schwierigkeiten.

Solange keine Möglichkeit vorlag, das Fördergut zu verarbeiten, mußte der Grubenbetrieb ruhen oder konnte doch nur so schwach aufrechterhalten werden, daß von einem Bergwerksbetriebe kaum noch die Rede sein konnte. Dazu kam, daß infolge der unter Nr. 274 mitgeteilten Katastrophe das bis dahin fertiggestellte Streckennetz und der innere Ausbau des Schachtes fast ganz zerstört wurden. Zwar raffte man sich dazu auf, das Zerstörte unter großen Opfern soweit wie möglich wiederherzustellen; aber bei dem Mißerfolge, die die Schwelversuche aufwiesen, waren schließlich doch Geld, Geduld und Vertrauen zu dem Unternehmen bei den Geldgebern erschöpft, so daß am 1. Mai des Jahres 1926 der Betrieb eingestellt wurde. Ob der Betrieb in absehbarer Zeit nochmals aufgenommen wird, muß dahingestellt bleiben. Jedenfalls ist das Unternehmen vorerst nicht am Grubenbetrieb, sondern an der Schwierigkeit, die Ölkreide zu verarbeiten, gescheitert.

Im übrigen hatte sich der Grubenbetrieb ganz auf Handgewinnung unter Ausschaltung maschinellen Abbaues eingestellt. Ob aber hierbei die Bergwerksbesitzer noch ihre Rechnung beim Grubenbetrieb gefunden hätten, muß dahingestellt bleiben, wie die nachstehenden allgemeingültigen Betrachtungen erweisen.

354. Prozentgehalt und Wert des Öllagers. Bei der Beurteilung der Abbauwürdigkeit einer Öllagerstätte, die kein Sickeröl liefert, ist in erster Linie der Ölgehalt entscheidend. Bei der Bestimmung des Ölgehalts muß man den Prozentgehalt nach dem Gewichte von dem Prozentgehalte nach dem Volumen unterscheiden. Ist V der Volumenprozentgehalt und P der Gewichtsprozentgehalt, so stehen die beiden Größen zueinander in folgender Beziehung: $V = \dfrac{P \times S}{s}$, wobei S das spezifische Gewicht des Ölträgers und s das des Öles bedeutet. Nimmt man S zu 2,2, s zu 0,9 an, so ist also der Volumengehalt mehr wie das Doppelte des Gehaltes nach dem Gewichte. Der Gehalt des Öles dem Volumen nach gestattet eine Massenberechnung des in dem Felde vorhandenen Öles. Beträgt der Volumengehalt V Prozent, so ist das Gewicht des in einem Kubikmeter des Ölträgers enthaltenen Öles $10\,Vs$ kg $= \dfrac{Vs}{100}$ Tonnen. Ist der Wert des Öles m M. pro Tonne, so ist der Wert des in einem Kubikmeter ölhaltigen Gesteins enthaltenen Öles $\dfrac{Vs}{100}\,m$ M. Setzt man im vorstehenden Ausdrucke $V = 30$, $s = 0,9$ und $m = 75$, so hat das in einem Kubikmeter Ölgestein enthaltene Öl einen Wert von $\dfrac{30 \times 0,9 \times 75}{100} =$ rund 20 M. Bei einem Volumengehalt von $10\,^0/_0$ würde der Wert des Öles noch etwa 6,5 M. pro Kubikmeter Ölgestein sein. Wie man erkennt, ist bei vorstehender Preislage der Wert selbst eines dürftigen Öllagers dem eines Braunkohlenlagers mindestens gleichzusetzen, wenn es gelingt, den Ölträger in gleich billiger Weise zutage zu fördern und ihm den Ölgehalt in entsprechend billiger Weise zu entziehen.

Würde man die Leistungen und Kosten des Braunkohlenbergbaues dem Abbau von Öllagern zugrunde legen, so könnte man die Gewinnungskosten von 1 cbm Ölträger vielleicht mit etwa 3,50 M. in Rechnung stellen. Zu diesen Kosten kommen noch die Kosten der Aufbereitung, die in Nr. 341 zu 0,6 M. pro Kubikmeter Ölsand errechnet worden sind. Sollte der Betrieb bei einem dem Braunkohlentiefbau entsprechenden Abbau noch gewinnbringend sein, so müßte der Mindestgehalt eines bauwürdigen Öllagers immerhin etwa 10 Volumenprozent sein.

Diese Kalkulation ist nur durchgeführt worden, um eine Vergleichsbasis und einen Anhalt für den Wert des Ölträgers zu gewinnen. Aus Gründen, die in Nr. 233 dargetan, ist der Pfeilerbruchbau im Erdölbergbau nicht durchzuführen; jedoch kann vorstehende Gegenüberstellung vielleicht auch für die tatsächlich in Frage kommenden Abbaumethoden bei Handgewinnung einen, wenn auch nur rohen, Anhalt geben.

355. Erforderlicher Mindestgehalt beim Stoßortsbetrieb. Die normale Abbaumethode für die Ölträger ist Stoßortsbetrieb. Um die Möglichkeit seiner Rentabilität zu prüfen, sei ausschließliche Gewinnung des Gesteins von Hand vorausgesetzt.

Ist der Ölträger so locker, daß er mit Schaufeln und Spaten hereingenommen werden kann, so kann man die Leistung eines Hauers mit 1 cbm pro Stunde annehmen. Die Hälfte der Schicht beansprucht der Grubenausbau, so daß die Schichtleistung bei achtstündiger Arbeitszeit 4 cbm beträgt. Bei einem Arbeitslohne von 6 M. pro Schicht in einem Ölgebiete mit mittelteuren Lebensverhältnissen ergibt dieses den Hauerlohn zu 1,5 M. pro Kubikmeter.

Den Ausbau wird man beim Streckenvortrieb bzw. beim Stoßortsbetriebe in dem gebrächen Gebirge mit mindestens 30 M. pro laufendes Meter annehmen können, wobei die Löhne zum größten Teile bereits auf die Gewinnungskosten geworfen sind. Entfallen beim Auffahren der Strecken 6 cbm ölhaltiges Gestein auf 1 Streckenmeter, so ist der Anteil der Kosten für den Ausbau 5 M. pro Kubikmeter.

Setzt man die Kosten der Förderung mit 1 M. pro Kubikmeter, die des sonstigen Grubenbetriebes mit 1,00 M. anteilig in Rechnung, so dürfte die Gewinnung von 1 cbm Fördergut 8,50 M. oder etwa 4,5 M. pro Tonne kosten. Hierzu kämen die Kosten des Spülversatzes mit 0,50 M. pro Kubikmeter, sowie die der Aufbereitung, die mit 0,60 M. pro Kubikmeter zu veranschlagen sind, so daß das in einem Kubikmeter Ölgestein enthaltene Öl mit 9,60 M. zu gewinnen ist. Damit der Betrieb noch gewinnbringend ist, muß der Wert des in einem Kubikmeter Ölgestein enthaltenen Öles, also $\frac{V\,s\,m}{100} \geq 9{,}60$ M. sein oder, wenn man die Werte für s und m wie oben einsetzt, ist $\frac{V\,0{,}9\,75}{100} \geq 9{,}60$ M. und $V = \frac{9{,}60\,100}{0{,}9\,75} =$ rund 14,2 Volumenprozent. Der Betrieb ist also nur dann lohnend, wenn der Ölgehalt höher als 14,2 Volumenprozent ist.

Ist das Gebirge etwas fester, so daß man mit der Keilhaue arbeiten muß, so muß man die Kosten für die Gewinnungsarbeit verdoppeln. Unter Berücksichtigung der für den Ausbau benötigten Zeit wird man demnach 2 Stunden zur Gewinnung von 1 cbm Ölgestein benötigen oder pro Arbeiter und Schicht 2 cbm leisten, so daß der Hauerlohn für die Gewinnung etwa 3,00 M. betragen würde. Die übrigen Zahlen kann man im allgemeinen beibehalten, also mit 8,10 M. pro Kubikmeter in dem Anschlag einsetzen. Die Gesamtgewinnungskosten für 1 cbm Ölgestein betragen dann 11,10 M. Für die Rentabilität des Abbaues muß dann die Bedingung erfüllt sein: $\frac{V\,s\,m}{100} \geq 11{,}10$ M. oder beim Einsetzen obiger Werte $V \geq \frac{11{,}10\,100}{0{,}9\,75} \geq$ rund 16,4 Volumenprozent. Würde man drei Arbeitsstunden für das Lösen von 1 cbm Ölgestein benötigen, so würde die für den Ausbau erforderliche Zeit wegen der größeren Festigkeit des Gebirges im allgemeinen vermindert werden können; nimmt man diese Kosten des Ausbaues exklusive Arbeitslohn zu 20 M. pro laufendes Meter an, so kann man andererseits nur mit einer Schichtleistung von etwa 1,5 cbm rechnen. Der Hauerlohn würde dann mit 4.00 M. pro Kubikmeter, die Ausbaukosten mit 3,30 M. pro Kubikmeter einzusetzen sein und damit die Gesamtgestehungskosten pro Kubikmeter 10,40 M. betragen. Der Ölgehalt müßte in diesem Falle 15,4 Volumenprozent übersteigen.

Der zuletzt erörterte Fall wird wohl der am ersten zutreffende sein. Den Hauptanteil bei den Gestehungskosten trägt beim Stoßortsbetrieb zumeist der Grubenausbau. Das Bild ändert sich sofort, wenn es gelingt, mit dem gleichen Streckenausbaumaterial eine größere Masse des Ölträgers hereinzugewinnen, wie das unter Nr. 247 angestrebt ist. Wenn z. B. das Streckenort 3×4 cbm, also etwa das Doppelte der einfachen Strecke lieferte, und die Strecke als Zugang zum Abbauort in normalen Dimensionen ausgebaut würde, so würden die Ausbaukosten um die Hälfte, d. h. bis auf 1,6 bis 2,5 M. sinken und der Prozentgehalt in den drei angegebenen Fällen bis auf rund 10,5 bis 14 % heruntergehen, ehe der Betrieb seine Rentabilität verliert.

Selbstverständlich können die vorstehenden zahlenmäßigen Ergebnisse nur innerhalb mehr oder weniger weit zu ziehenden Grenzen Anspruch darauf machen, im allgemeineren Sinne zuzutreffen. Dafür sind die einzelnen Faktoren (Arbeitslohn, Kosten des Grubenausbaumaterials, der Krafterzeugung usw.) viel zu sehr voneinander verschieden. Die Zahlen sollen demzufolge auch nur ein in allgemeinen Umrissen gezeichnetes Bild für die Möglichkeit des Abbaues der Ölträger geben, falls diese kein Sickeröl abzugeben vermögen. Sie zeigen auch, daß der für die Rentabilität des Betriebes erforderliche Mindestgehalt des Ölträgers ungefähr mit dem verlangten Mindestgehalt der Ölschiefer zusammenfallen wird.

An zweiter Stelle stehen die Arbeitslöhne. Man erkennt, welche Bedeutung es hat, wenn die Arbeitslöhne durch mechanische Gewinnung vermindert werden. Dann liegt die Grenze der gewinnbringenden Abbaumöglichkeit unter Berücksichtigung der oben angeführten Ausbauersparnisse zumeist unter 10 Volumenprozent. Wenn der Ölträger der hydraulischen Gewinnung zugänglich ist, wird die Grenze der Bauwürdigkeit jedenfalls noch tiefer zu suchen sein. Dies gilt besonders innerhalb gewisser Grenzen auch von den Öllagern der neuen Welt. Hier würde selbst bei höchstem Prozentgehalt des Ölträgers der Abbau ohne maschinelle oder hydraulische Gewinnungsmethoden nicht lohnend sein können, da die hohen Arbeitslöhne bei Handgewinnung einen Verdienst unmöglich machen. Würde z. B. die

Leistung pro Kopf und Schicht 2,5 cbm bei einem Ölgehalte von $25\,^0/_0$ betragen, so würde bei einem Arbeitslohne von 5 $ pro Schicht von einem Verdienst beim Abbau von Öllagern nicht mehr die Rede sein können. Ebenso wie auch in den übrigen Zweigen des amerikanischen Bergbaues die hohen Arbeitslöhne zu weitgehender maschineller Gewinnung und Förderung zwingen, muß dies daher auch für den Ölbergbau Grundsatz bleiben, womit nicht gesagt sein soll, daß die maschinelle Gewinnung in der Alten Welt nicht vonnöten ist.

356. Die Rentabilität bei Zufluß von Sickeröl. Die Rentabilität wird wesentlich günstiger, wenn bei der Vorrichtung auch Sickeröl gewonnen wird: Dabei kann wenigstens bei durchlässigen Sanden und Ölen von geringer Viskosität der Ölträger selbst meist nur unterhalb der Senkungskurve als ein gesättigtes und hochwertiges Fördergut angesehen werden.

Bei hoch viskosen Ölen indessen pflegt der Ölträger noch in seiner ganzen Mächtigkeit mit Öl gesättigt zu sein und behält den seinem Volumengehalt entsprechenden hohen Wert.

Falls beim Streckenvortrieb etwa 1—2 t Öl pro Streckenmeter zufließen, dürften die Selbstkosten auch beim Handbetrieb im allgemeinen wenigstens in der Alten Welt, gedeckt sein. Darüber aber, in welcher Menge Öl zufließen wird, können die Untersuchungen in Nr. 141 einigen Anhalt geben. Stellt man etwa durch Versuche mit zusammengestampftem Ölsand dessen Porenvolumen fest, so kann man die Grenze, bis zu welcher der mit Öl gesättigte Sand das Öl voraussichtlich abtropfen läßt, annähernd ermitteln. Bei mittelschweren Ölen und einem Porenvolumen von etwa $20\,^0/_0$ kann man die Tropfgrenze bis zu etwa 10 Volumenprozent annehmen und daraus den zu erwartenden Zufluß mit einiger Wahrscheinlichkeit bestimmen. Einen gewissen Anhaltspunkt bietet dabei auch, wie eben dort erwähnt, die Fördergröße der Sonden bei Aufgabe derselben bzw. bei Beginn des Schachtabteufens, wobei auch die Entfernung der Bohrlöcher voneinander Berücksichtigung verdient.

Namen- und Sachverzeichnis.

(Die beigefügten Zahlen geben die Seiten an.)

Technologie der Fette und Öle. Handbuch der Gewinnung und Verarbeitung der Fette, Öle und Wachsarten des Pflanzen- und Tierreichs. Unter Mitwirkung von G. Lutz, Augsburg, O. Heller, Berlin, Felix Kaßler, Galatz, und anderen Fachleuten herausgegeben von Fabrikdirektor Dr. **Gustav Hefter,** Triest.

Erster Band: **Gewinnung der Fette und Öle.** Allgemeiner Teil. Mit 346 Textfiguren und 10 Tafeln. XVIII, 742 Seiten. 1906. Unveränderter Neudruck. 1921. Gebunden RM 33.50

Zweiter Band: **Gewinnung der Fette und Öle.** Spezieller Teil. Mit 155 Textfiguren und 19 Tafeln. X, 974 Seiten. 1908. Unveränderter Neudruck. 1921. Gebunden RM 46.—

Dritter Band: **Die Fett verarbeitenden Industrien.** Mit 292 Textfiguren und 13 Tafeln. XII, 1024 Seiten. 1910. Unveränderter Neudruck. 1921. Gebunden RM 50.—

Vierter (Schluß-) Band: **Die Fett verarbeitenden Industrien.** (2. Teil.) Seifenfabrikation und Glyzerinindustrie. In Vorbereitung

Kohlenwasserstofföle und Fette sowie die ihnen chemisch und technisch nahestehenden Stoffe. Von Prof. Dr. **D. Holde,** Dozent an der Technischen Hochschule Berlin. Sechste, vermehrte und verbesserte Auflage. Mit 179 Abbildungen im Text, 196 Tabellen und einer Tafel. XXVI, 856 Seiten. 1924. Gebunden RM 45.—

Analyse der Fette und Wachse sowie der Erzeugnisse der Fettindustrie. Erster Band: Methoden. Von Dr. **Adolf Grün,** Aussig. Mit 77 Abbildungen. XII, 575 Seiten. 1925. Gebunden RM 36.—

Chemische Betriebskontrolle in der Fettindustrie. Von Dr.-Ing. **Hugo Dubovitz.** Mit 31 Textabbildungen. V, 136 Seiten. 1925. Gebunden RM 6.90

Lehrbuch der Bergbaukunde mit besonderer Berücksichtigung des Steinkohlenbergbaues. Von Prof. Dr.-Ing. e. h. **F. Heise,** Direktor der Bergschule zu Bochum, und Prof. Dr.-Ing. e. h. **F. Herbst,** Direktor der Bergschule zu Essen. In 2 Bänden.

Erster Band: Gebirgs- und Lagerstättenlehre. Das Aufsuchen der Lagerstätten (Schürf- und Bohrarbeiten). Gewinnungsarbeiten. Die Grubenbaue. Grubenbewetterung. Fünfte, verbesserte Auflage. Mit 580 Abbildungen und einer farbigen Tafel. XIX, 626 Seiten. 1923. Gebunden RM 11.—

Zweiter Band: Grubenausbau. Schachtabteufen. Förderung. Wasserhaltung. Grubenbrände. Atmungs- und Rettungsgeräte. Dritte und vierte, verbesserte und vermehrte Auflage. Mit 695 Abbildungen. XVI, 662 Seiten. 1923. Gebunden RM 11.—